Joachim Dobers
Imme Freundner-Huneke
Siegfried Schulz
Annely Zeeb

ERLEBNIS Biologie

Gesamtband

Ein Lehr- und Arbeitsbuch

ab 7. Schuljahr

Schroedel

ERLEBNIS
Biologie Gesamtband ab 7. Schuljahr

Herausgeber
Joachim Dobers
Imme Freundner-Huneke
Siegfried Schulz
Annely Zeeb

Autoren
Gerd-Peter Becker
Heike Claßen
Joachim Dobers
Imme Freundner-Huneke
Dr. Helmut Gaßmann
Dr. Andreas Heinrich
Marietta und Dieter Keller
Fritz Klöckner
Hauke und Christine Kruse
Dagmar Mehliß
Ralph Möllers
Rita Nowakowski
Ulrike Preuß
Anke Roß
Siegfried Schulz
Dorothee Tietge
Sabine Vogt
Michael Walory
Annely Zeeb

Mit Beiträgen von
Hans-Günther Beuck, Eva Döhring, Hartmut Eulner, Alex Knippenberg, Ernst-August Kuhlmann, Dr. Wolfgang Martin-Beyer, Erhard Mathias, Sabine Nelke, Günter Rabisch, Antje Starke, Rüdiger Stelling

unter Mitarbeit der Verlagsredaktion

Illustrationen:
Jan Bintakies
Dr. Peter Güttler
Theiss Heidolph
Brigitte Karnath
Joachim Knappe
Langner & Partner
Liselotte Lüddecke
Karin Mall
Tom Menzel
Heike Möller
Kerstin Ploß
Thilo Pustlauk
Barbara Schneider
Ingrid Schobel
Susanne Thater
Werner Wildermuth

Grundlayout:
Atelier *tiger*color Tom Menzel

Umschlaggestaltung:
SINNSALON, Büro für Konzept und Gestaltung

Druck A [4] / Jahr 2010
Alle Drucke der Serie A sind im Unterricht parallel verwendbar.

Satz: media service schmidt, Hildesheim
Repro: westermann druck GmbH, Braunschweig
Druck und Bindung: westermann druck GmbH, Braunschweig

ISBN 978-3-507-**77407**-0

Die Zelle – Grundbaustein aller Lebewesen

Leben in Ökosystemen

Ökosystem Wald

Ökosystem See

Ökosystem Stadt
und das Umland

Erleben mit allen Sinnen

Steuern und Regeln
GABA

Organssysteme wirken zusammen

Gesundheit des Menschen

Sexualität und Partnerschaft

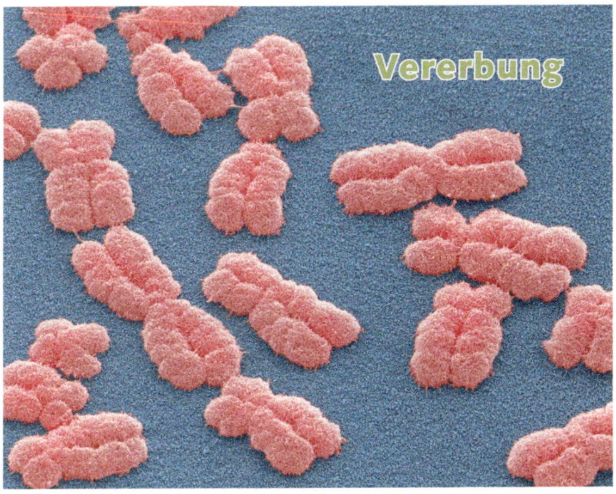
Vererbung

Evolution – Entwicklung der Vielfalt

Methode	Hier findest du Methoden, die dir helfen, naturwissenschaftliche Themen zu verstehen und zu bearbeiten.
Pinnwand	Hier findest du zusätzlich Bilder und Informationen zum jeweiligen Thema und Aufgaben, die du selbstständig bearbeiten und lösen kannst.
Streifzug	Hier findest du weitere Informationen zu Themen, die in anderen Bereichen von großer Bedeutung sind.
Lernen im Team	Hier findest du Themenvorschläge für die Arbeit in Gruppen. Eine Gruppe bearbeitet jeweils einen Vorschlag. Am Ende stellt jede Gruppe ihre Ergebnisse vor.
Auf einen Blick	Hier findest du die Inhalte des Kapitels in kurzer und übersichtlicher Form dargestellt.
Zeig, was du kannst	Hier findest du vielfältige Aufgaben zum Wiederholen und Vertiefen der Inhalte des Kapitels.

Weitere Informationen über das Wort, das mit ▸ gekennzeichnet ist, erhältst du über das Stichwortverzeichnis am Ende dieses Buches.

Kennzeichnung der Aufgaben:

- (Buch-Symbol) Diese Aufgabe kannst du mit deinem Vorwissen oder mit den Informationen aus dem Buch beantworten.
- (Lupen-Symbol) Dieses Symbol kennzeichnet eine Aufgabe, bei der du beobachten, untersuchen oder experimentieren musst.
- (Notizblock-Symbol) Um diese Aufgabe zu lösen, nutze weitere Informationsquellen wie Fachbücher, Lexika oder das Internet. Manchmal beinhalten diese Aufgaben auch Arbeitsaufträge, die außerhalb des Klassenzimmers zu erfüllen sind.

Die Zelle – Grundbaustein aller Lebewesen

Entdeckungen im Wassertropfen: was ist denn das?

Sind dies Zellen von einer Pflanze oder eines Tieres? Welches Organ könnte aus diesen Zellen aufgebaut sein?

Warum haben wir an der Schule kein Elektronenmikroskop? Was können Forscher damit entdecken?

Bei größter Vergrößerung im Lichtmikroskop gerade noch erkennbar – so kleine Zelllen?

Welche Funktionen erfüllen die verschiedenen Zellbestandteile?

Zellen im Lichtmikroskop betrachtet

1. a) Ordne in einer Tabelle die Teile eines Lichtmikroskops den jeweiligen Funktionen zu.
b) Formuliere schriftlich die wichtigsten Mikroskopierregeln in deinem Heft.

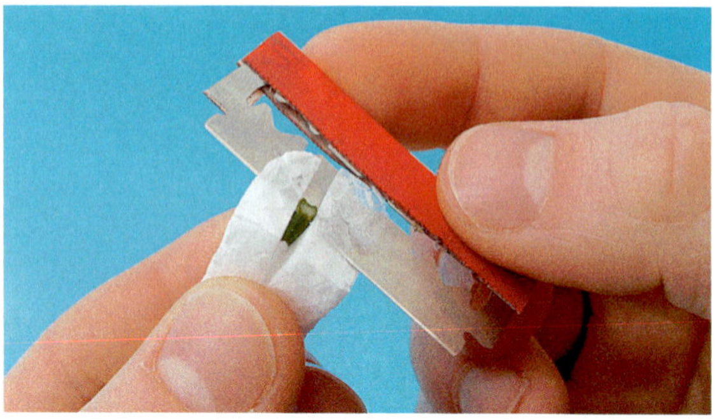

2. Auch Bakterien kannst du im Lichtmikroskop betrachten. Nutze dazu folgende Anleitung:
a) Möhrenstücke von 5 cm Länge werden zunächst drei Minuten lang gekocht und dann über Nacht in den Wärmeschrank bei 30 °C gestellt. Es bildet sich eine schleimige Schicht, die Riesenbakterien enthält. Entnimm davon etwas mit einer Präpariernadel und mikroskopiere.
b) Verdünne etwas Naturjogurt mit Wasser in einer Verdünnung von 1:2 und gib einen Tropfen davon auf den Objektträger.
c) Beschreibe Form und Beweglichkeit der unterschiedlichen Bakterien.

3. Pflanzenzellen eignen sich besonders gut für die Lichtmikroskopie. Je nachdem, was du genau betrachten möchtest, kannst du unterschiedliche Pflanzen für die Beobachtung nehmen:
a) An der Gartenpflanze Clematis kannst du gut die Zellwandstruktur erkennen. Lege dazu einen kurzen Stängelabschnitt über Nacht in Alkohol. Stelle dann einen Stängelquerschnitt her. Fertige den Schnitt so dünn an, dass das Deckgläschen nicht wackelt. Betrachte das Präparat im Mikroskop und erstelle eine mikroskopische Zeichnung einiger Zellen mit dem Zellwandverlauf.
Tipp: Zellwände lassen sich gut mit Chlorzinkjodlösung einfärben.
b) Untersuche das Fruchtfleisch roter und grüner Paprika und ein Häutchen der roten Küchenzwiebel darauf, wie jeweils die Färbung zustande kommt. Zeichne farbige Zellorganellen auch farbig ein.
c) Amyloplasten finden sich in Kartoffeln. Schabe von einer angeschnittenen Kartoffel mit einem Spatel etwas ab und färbe es auf dem Objektträger mit einem Tropfen **Iod-Kaliumiodidlösung.** Zeichne die Amyloplasten farbig.

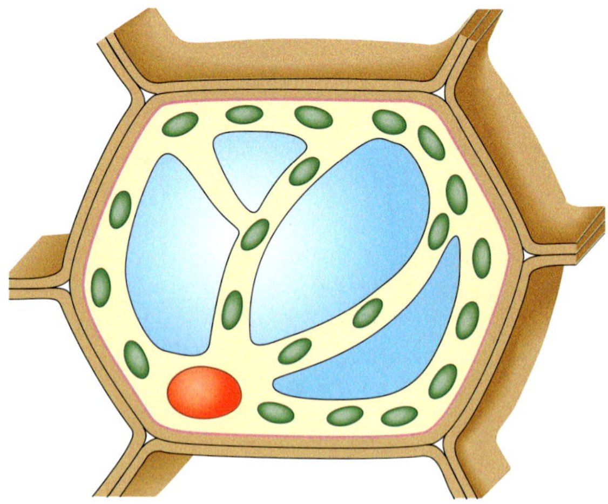

10 µm

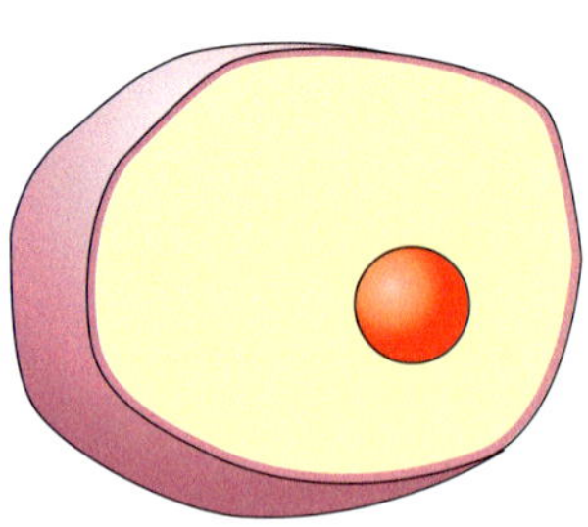

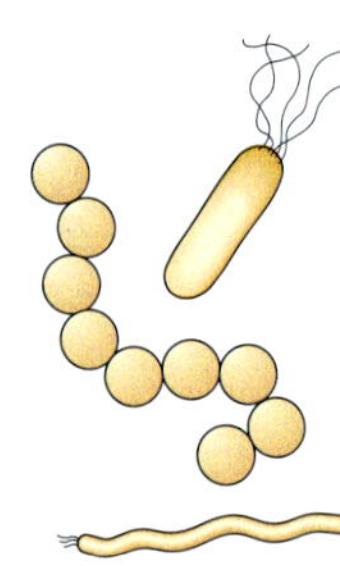

4. Erstelle zwei Tabellen. Vergleiche in der ersten Tier- und Pflanzenzellen miteinander und in der zweiten Eukaryoten und ▸ Prokaryoten.

5. a) Zeichne die abgebildeten Zellen ab und beschrifte die Zeichnungen.
b) Begründe mit einigen Argumenten, um was für eine Zelle es sich jeweils handelt.
c) Gib für jede Zelle ihre natürliche Größe in Millimeter an. Nutze dazu den angegebenen Maßstab.

Zellen bilden Gewebe und Organe

Beim Mikroskopieren eines Querschnitts durch einen Pflanzenstängel oder eines ▸ Blattquerschnittes sind selbst bei geringer Vergrößerung zahlreiche Zellen zu erkennen. Diese bilden verschiedene **Gewebe,** die gemeinsam ein gut funktionierendes **Organ** wie einen Stängel oder ein Blatt aufbauen. Auch alle Organe der Tiere bestehen aus Zellen, die in unterschiedlichen Geweben ihre besonderen Funktionen haben.

Pflanzliche Zellen haben Besonderheiten

Beim Mikroskopieren pflanzlicher Zellen fallen sofort die **Zellwände** auf, die die Zellen begrenzen. Sie bestehen zum großen Teil aus **Zellulose.** Die Zellulosemoleküle sorgen dafür, dass die Zellwände gleichzeitig stabil und dehnbar sind.
Bei stärkerer Vergrößerung sieht man in den Zellen mehr Einzelheiten. Zum Beispiel wird im ▸ Palisadengewebe eines Blattes der Grund für die Grünfärbung deutlich: **Chloroplasten** liegen in großer Zahl in den Zellen. Sie sind mit dem grünen Farbstoff **Chlorophyll** für die ▸ **Fotosynthese** verantwortlich. Chloroplasten gehören zu den Plastiden, zu denen auch die Chromoplasten und die Amyloplasten zählen. Chromoplasten geben oft Früchten ihre rote oder gelbe Farbe und sind für die Herbstfärbung der Blätter verantwortlich. Amyloplasten speichern ▸ Stärke und sind zum Beispiel in Bananen und Kartoffeln zu finden. Schaut man sich die Zellen genauer an und stellt man mit dem Feintrieb verschiedene Schichten scharf, wird deutlich, dass die Chloroplasten nur am Rande der Zelle zu finden sind. In ausgewachsenen Zellen drückt eine zentrale, mit Flüssigkeit gefüllte **Vakuole** das **Zellplasma** an die Wand. Daher sind die im Zellplasma enthaltenen Chloroplasten und auch der ▸ **Zellkern** ganz an den Rand der Zelle gedrängt. Die Vakuolenflüssigkeit kann Farbstoffe, aber auch Zellablagerungen oder Reservestoffe enthalten. Die dicht unter der Zellwand liegende **Zellmembran** ist oft nicht deutlich zu erkennen.

Pflanzen- und Tierzellen sind Eukaryotenzellen

In einer angefärbten Mundschleimhautzelle ist der **Zellkern** deutlich zu erkennen. Er liegt mitten in der Zelle im Zellplasma. Die Tierzelle enthält im Gegensatz zur Pflanzenzelle keine Vakuole, keine Plastiden und hat keine Zellwand. Als Zellbegrenzung dient hier nur die Zellmembran.
Insgesamt aber überwiegen die Gemeinsamkeiten von Tier- und Pflanzenzellen. Eine entscheidende Gemeinsamkeit ist der echte Zellkern, der die ▸ Erbinformation enthält. Aufgrund dieses echten Zellkerns werden Pflanzen und Tiere auch als **Eukaryoten** (griechisch eu = echt, karyon = Kern) bezeichnet. Weitere gemeinsame Zellbestandteile erkennt man erst, wenn man die Zellen im ▸ Elektronenmikroskop betrachtet. Die verschiedenen Zellbestandteile, die in der Zelle jeweils bestimmte Funktionen erfüllen, nennt man auch **Organellen.**

Bakterien sind im Lichtmikroskop gerade noch zu erkennen

Bei größter Vergrößerung kann man in der Kahmhaut eines Heuaufgusses ein Gewimmel von unzähligen Heubakterien sehen. Bakterienzellen sind viel kleiner als die Zellen von Pflanzen oder Tieren. ▸ Bakterien gibt es in verschiedenen Formen und manche bewegen sich mithilfe von Geißeln. Ihre Zellen sind nicht nur kleiner, ihnen fehlen auch bestimmte Zellorganellen und ihr Erbgut liegt nicht in einem echten Zellkern, weshalb sie auch als **Prokaryoten** bezeichnet werden.

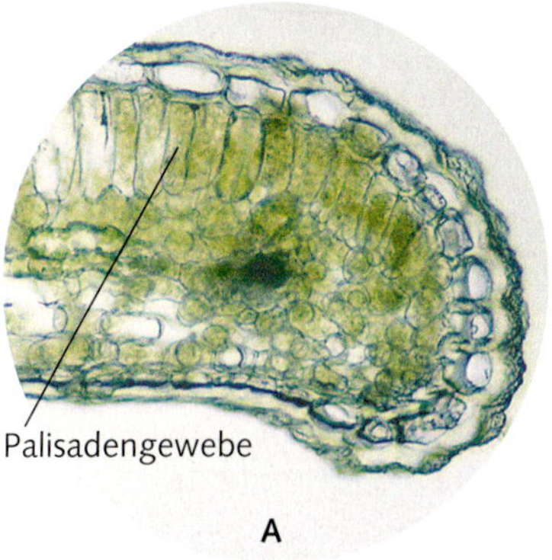

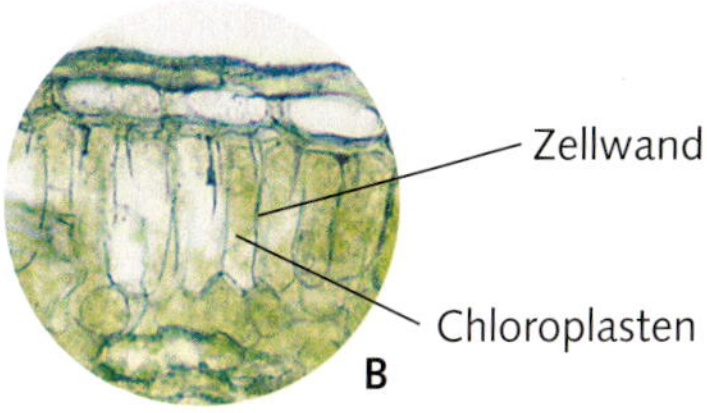

1 Pflanzenzellen.
A *Blattquerschnitt;* **B** Ausschnitt aus dem *Palisadengewebe*

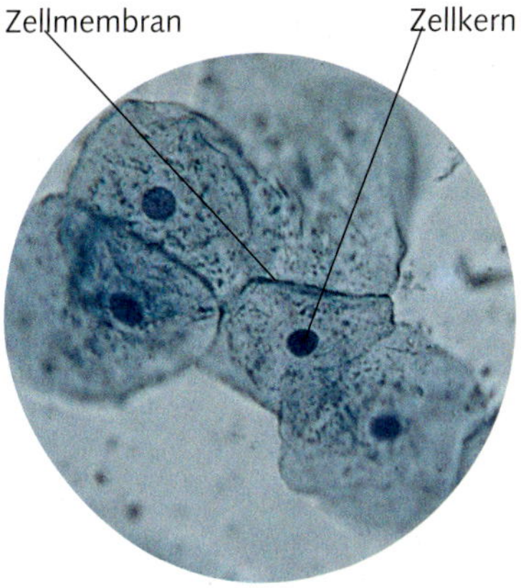

2 Mundschleimhautzellen

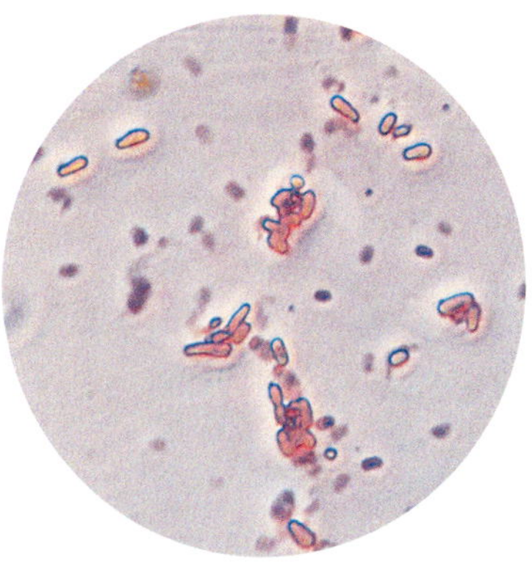

3 Heubakterien

Einzeller – mit allen Kennzeichen von Lebewesen

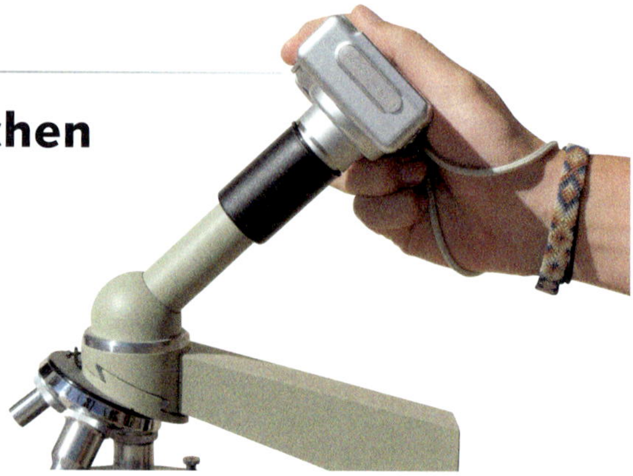

1. In einem Wassertropfen kannst du unter dem Mikroskop verschiedenste Kleinstlebewesen entdecken. An folgenden Stellen lässt sich mit Aussicht auf Erfolg Material entnehmen:
- Gartenteich: Abgeschabtes von Pflanzenstängeln, Steinen oder vermodernden Blättern und anderen Pflanzenteilen
- Aquarium: Bodensatz
- Blumenvase mit älterem Blumenwasser: Tropfen von der Kahmhaut an der Oberfläche
- Heuaufguss: Wenig Heu in einem großen Glas mit Teichwasser auffüllen und ein bis zwei Wochen stehen lassen, dann einen Tropfen aus der Kahmhaut mikroskopieren.

Am besten gibst du die Probe direkt auf einen Objektträger, deckst den Tropfen mit einem Deckgläschen ab und mikroskopierst die empfindlichen Lebewesen sofort.

a) Vergleiche die Lebewesen unter folgenden Gesichtspunkten:
- Farbe: Welche Rückschlüsse kannst du auf die Ernährungsweise ziehen?
- Beweglichkeit: Beschreibe Bewegungsweisen.
- Größe: Schätze die Zellgröße mithilfe von Millimeterfolie oder durch Größenvergleiche
- Form, Zahl und Anordnung der Zellen: Zeichne typische Formen
- Verhalten: Beschreibe Reaktionen auf Reize wie beim Anstoßen an Hindernisse.

b) Bestimme einige der Lebewesen. Benutze dazu die Pinnwand „Leben im Wassertropfen" oder ein Bestimmungsbuch.

c) Notiere mithilfe eines Bestimmungsbuches einige Eigenschaften der gefundenen Arten. Anhand des Vorkommens bestimmter Arten kann man auch Rückschlüsse auf die Wassergüte eines Gewässers ziehen.

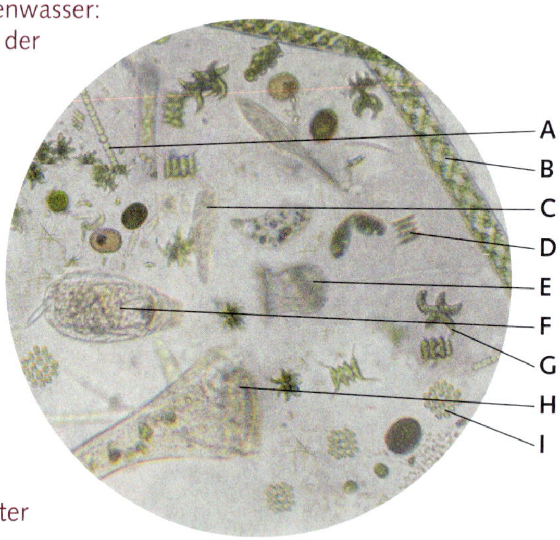

3. Das Mikrofoto links zeigt Kleinstlebewesen aus einem Teich. Bestimme mithilfe der Pinnwand „Leben im Wassertropfen" die mit Buchstaben gekennzeichneten Lebewesen.

2. Fotografiere einige der mikroskopierten Lebewesen zum Beispiel mithilfe einer auf das Mikroskop aufgesetzten Digitalkamera. Du kannst auch kurze Filmsequenzen aufnehmen und am Bildschirm deiner Klasse vorführen.

4. Notiere die für Lebewesen typischen Kennzeichen. Erläutere Beispiele, welche davon sich bei Einzellern unter dem Mikroskop direkt beobachten lassen.

5. Beschreibe den hier skizzierten Vorgang möglichst genau. Welche Kennzeichen von Lebewesen, die man nicht immer so einfach beobachten kann, sind hier am Beispiel eines Pantoffeltierchens dargestellt?

Leben im Wassertropfen

Je nachdem, wo und zu welcher Jahreszeit du eine Wasserprobe entnimmst und mikroskopierst, triffst du auf sehr unterschiedliche Kleinstlebewesen.
In einem sommerlichen Teich oder Graben finden sich zwischen den Wasserpflanzen oder auch frei im Wasser schwebend viele ▸ **Algen.** Du erkennst sie an der oft grünen Farbe. Der grüne Farbstoff Chlorophyll weist darauf hin, dass diese Lebewesen im Wasser ▸ Fotosynthese betreiben. Manche Algen bilden lange Fäden aus vielen Zellen, bei anderen liegen die Zellen in Gruppen zusammen. Wieder andere Algen sind **Einzeller,** bestehen also nur aus einer einzigen Zelle. Einige dieser Einzeller sind unbeweglich, andere schwimmen mithilfe von Geißeln umher.
Aber nicht alles, was grün ist, ist eine Pflanze. So findet man zum Beispiel kleine, blaugrüne Kügelchen, die man früher für Pflanzen hielt und „Blaualgen" nannte. Wie man heute weiß, handelt es sich aber um Bakterien und man bezeichnet sie daher als ▸ **Blaugrüne Bakterien.** Oft liegen Blaugrüne Bakterien auch zusammen in einer durchsichtigen Gallerte oder bilden lange, manchmal schwingende Fäden.

Viele **Tiere** fallen durch ihre Bewegungen auf. Rädertiere und Fadenwürmer beispielsweise gehören mit 0,1 bis 1 mm Länge noch zu den „Großen" unter dem Mikroskop. Es handelt sich hierbei um mehrzellige Organismen mit Organen wie einem Darm oder besonderen Körperanhängen.
Zahlreich sind aber auch die **tierischen Einzeller** wie die verschiedensten ▸ Wimpertierchen, die mithilfe ihrer sichtbar schlagenden Wimpern meist schnell umherschwimmen. Viele ernähren sich von Bakterien, die sie in ihre Zellkörper aufnehmen und verdauen.
▸ **Bakterien** sind ebenfalls einzellige Lebewesen, aber sie sind sehr viel kleiner und einfacher gebaut als die tierischen Einzeller. Sie sind im Schulmikroskop gerade noch als kleine, manchmal sich bewegende Punkte, Stäbchen oder Spiralen zu erkennen.

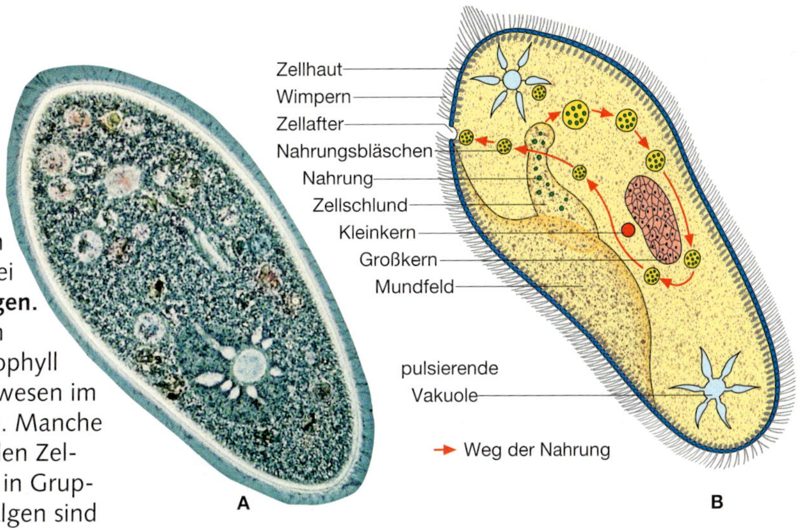

1 Pantoffeltierchen. A *Mikrofoto;* **B** *Schema*

Pantoffeltierchen

Eines der größten Wimpertierchen ist mit bis zu 0,3 mm Länge das Pantoffeltierchen, dessen Gestalt an einen Pantoffel erinnert. Es findet sich häufig in fauligem Wasser wie in der Kahmhaut von Heuaufgüssen. Pantoffeltierchen können sich gewandt vorwärts wie rückwärts **bewegen.** Angetrieben werden sie durch ihre Wimpern – dünne Plasmafäden, die die ganze Zelloberfläche bedecken und aufeinander abgestimmt rhythmisch schlagen. Stößt das Pantoffeltier auf ein Hindernis, ändert es die Schlagrichtung der Wimpern und schwimmt rückwärts. Pantoffeltierchen haben keine Sinnesorgane, **reagieren** aber auf mechanische und chemische **Reize** sowie auf Temperaturreize.

Pantoffeltierchen **ernähren** sich von Bakterien und kleinen Einzellern, die sie in das dicht mit Wimpern besetzte Mundfeld strudeln. Am Zellschlund werden die Nahrungsteilchen in Bläschen eingeschlossen und ins Zellinnere aufgenommen. Die Nahrungsbläschen wandern durch den Körper und die Nahrung wird dabei verdaut. Unverdaute Reste werden am Zellafter wieder ausgeschieden. Eindringendes Wasser wird mithilfe pulsierender Vakuolen aus der Zelle gepumpt.

Pantoffeltierchen **vermehren** sich überwiegend ungeschlechtlich durch ▸ Zellteilung. Zuerst teilen sich die beiden Zellkerne, danach schnürt sich das Zellplasma quer durch. Die beiden Tochtertiere **wachsen** wieder heran. Pantoffeltierchen können sich mehrere Male am Tag teilen.

Einzeller wie das Pantoffeltierchen zeigen die **Kennzeichen von Lebewesen** wie Stoffwechsel, Bewegung, Reaktion auf Reize, Fortpflanzung sowie Wachstum und Entwicklung. Hier zeigt sich, dass Zellen nicht nur die Grundbausteine der Lebewesen sind, sondern sogar selbstständig lebensfähig sein können.

Leben im Wassertropfen

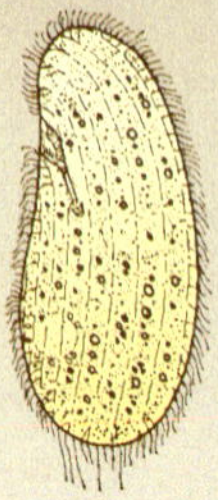

Nieren-
tierchen

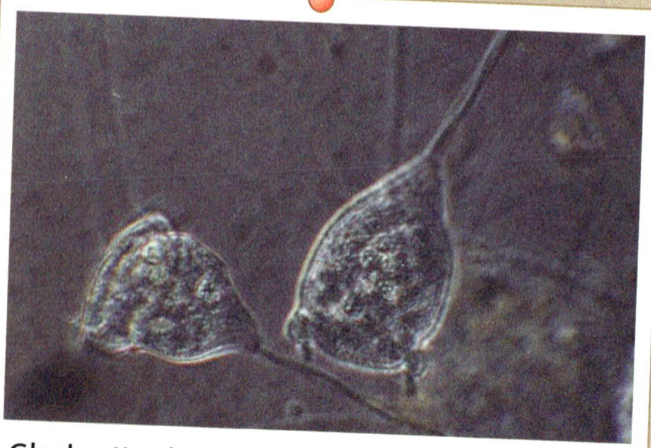

Glockentierchen sind eng verwandt mit den ▸ Pantoffeltierchen. Beide gehören zur Gruppe der **Wimpertierchen.** Glockentierchen schwimmen nicht frei umher, sondern sitzen mit beweglichen Stielen an Pflanzen oder Steinen fest. Oft bilden sich ganze Kolonien vieler aufeinander sitzender Tiere. Weitere Arten von Wimpertierchen sind um diese Pinnwand herum abgebildet.

1. a) Stelle die Fortbewegung einer Amöbe und ihre Nahrungsaufnahme in einer einfachen Skizzenfolge dar.
b) Mit etwa sechzehn aufeinander folgenden Skizzen kannst du die Vorgänge wie in einem Film in Form eines Daumenkinos lebendig werden lassen.

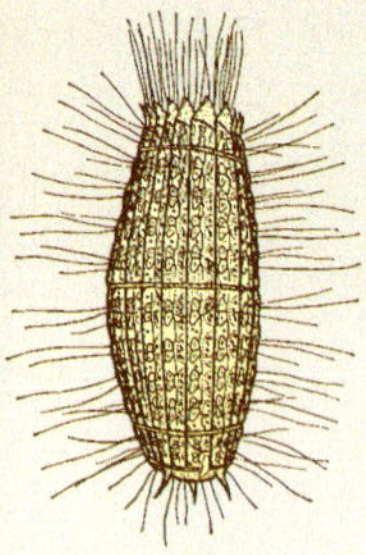

Tonnen-
tierchen

Rädertiere sind mit etwa 0,1 mm bis 0,5 mm recht groß und kommen in vielen verschiedenen Arten vor. Sie sind keine Einzeller, sondern bestehen aus etwa 100 Zellen.
Sie fallen durch zwei Wimperkränze auf, die sich wie zwei Rädchen nach innen zu drehen scheinen. Damit strudeln sie sich Wasser mit Bakterien und Einzellern in den Mund.

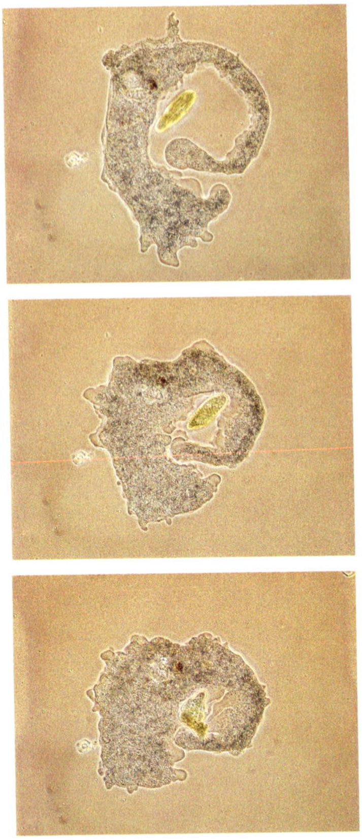

Amöben an Pflanzen oder aus dem fauligen Untergrund von Teichen heißen auch Wechseltierchen, weil sich ihre Gestalt laufend verändert. Diese oft über 1 mm großen Einzeller bewegen sich langsam vorwärts, indem sie ihre Zelloberfläche ausstülpen und so genannte Scheinfüßchen bilden. Hier hinein fließt das Zellplasma, sodass die Scheinfüßchen immer größer werden und der Rest des Zellplasmas von hinten nachgezogen wird. So wandern die Amöben in beliebige Richtungen.
Auch bei der Nahrungsaufnahme umfließen die Scheinfüßchen ein Beutetier, zum Beispiel wie oben abgebildet ein grünes Pantoffeltierchen. Das Beutetier wird dann in ein Nahrungsbläschen eingeschlossen und verdaut. Dabei wird es durch ▸ Verdauungsenzyme zersetzt.
Die Nährstoffe werden ins Zellplasma aufgenommen. Die Atmung geschieht wie bei allen Einzellern direkt durch die dünne Zellmembran.

Schwanenhalstierchen

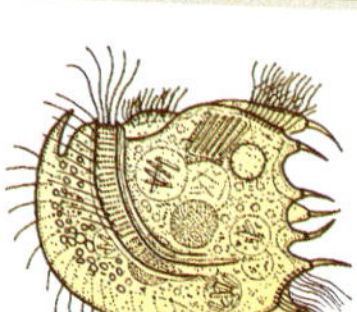

Kronentierchen

Schraubentierchen

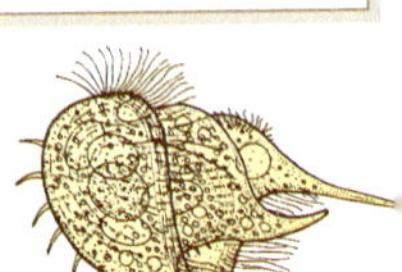

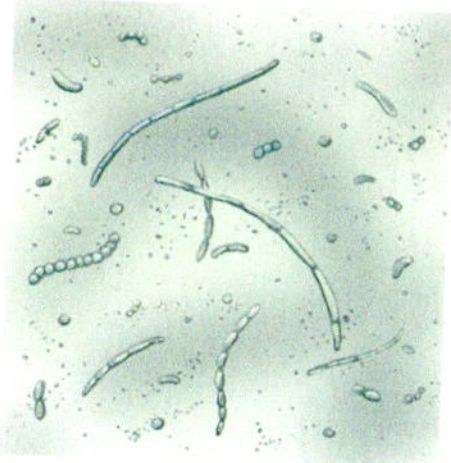

Bakterien sind die einfachsten Lebewesen. Da sie mit etwa 0,001 bis 0,01 mm sehr klein sind, kann man sie mit dem Lichtmikroskop gerade noch erkennen. Ihre Zellen sind einfacher gebaut als die von einzelligen Pflanzen oder Tieren. Sie besitzen auch keinen Zellkern, sondern ihr Erbgut liegt frei im Zellplasma.
Viele Bakterien bauen abgestorbene Tier- und Pflanzenreste ab. Sie selbst dienen dann wieder kleinen Tieren als Nahrung.

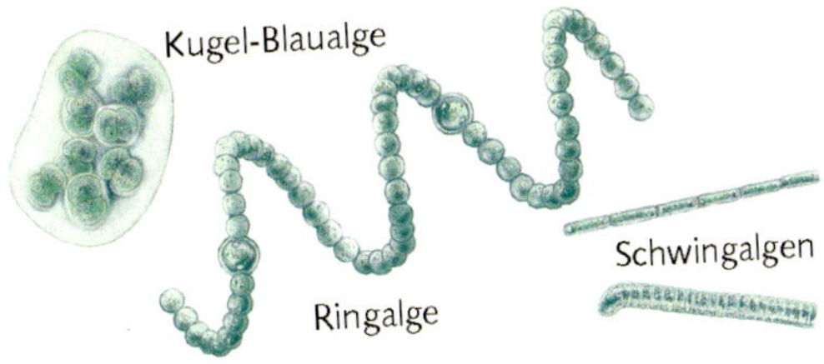

Blaugrüne Bakterien besitzen wie die Pflanzen den grünen Farbstoff Chlorophyll und betreiben ▸ Fotosynthese. Diese früher und oft auch heute noch als „Blaualgen" bezeichneten Bakterien finden sich zum Beispiel massenhaft in Seen und Teichen, wenn im Sommer günstige Bedingungen zu ▸ „Algenblüten" führen.

2. Erläutere am Beispiel des Glockentierchens und des Hüllenflagellaten, dass die Einteilung in Pflanzen oder Tiere bei den Einzellern nicht einfach ist.

3. Die Algen im Plankton müssen in den oberen Wasserschichten schweben, um für die Fotosynthese genügend Licht zu erhalten. Beschreibe Schwebeeinrichtungen der abgebildeten Algen.

Der **Hüllenflagellat** ist eine einzellige Alge. Er ist durch zwei Geißeln frei beweglich. Diese Algenzelle kann mithilfe eines Augenfleckes auf Lichtreize reagieren.

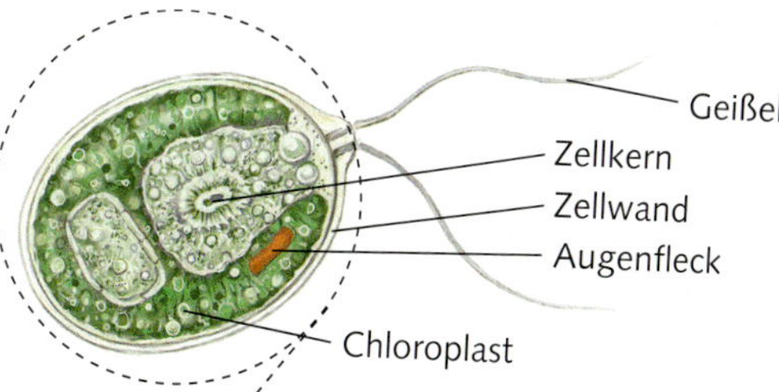

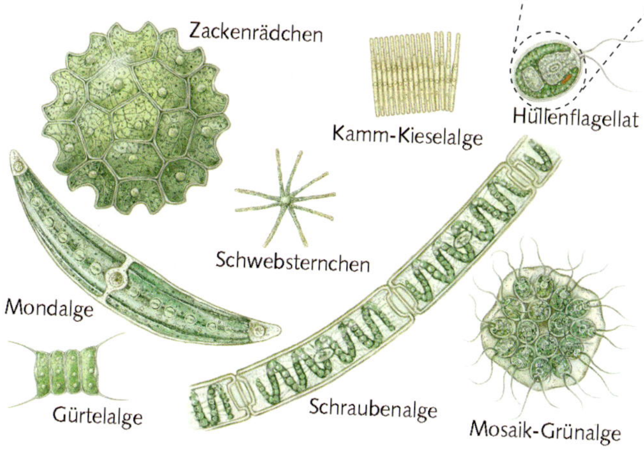

Algen sind einfache Pflanzen. Sie stellen mithilfe des Sonnenlichtes ihre Nährstoffe durch ▸ Fotosynthese selbst her. Ihre Chloroplasten haben oft ungewöhnliche Formen: es gibt becherförmige, sichelförmige oder spiralige. Manche Algen sind einzellig, bei anderen lagern sich die Zellen in Gruppen zusammen oder bilden lange Fäden.

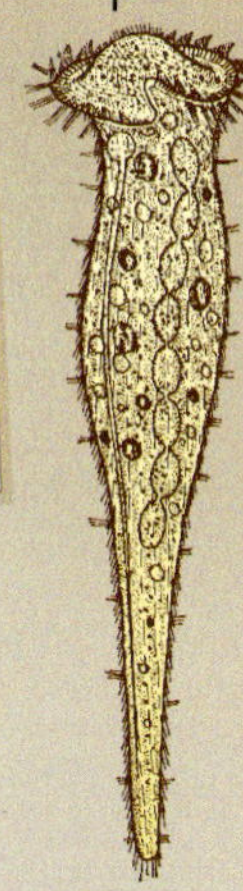
Blaues Trompetentierchen

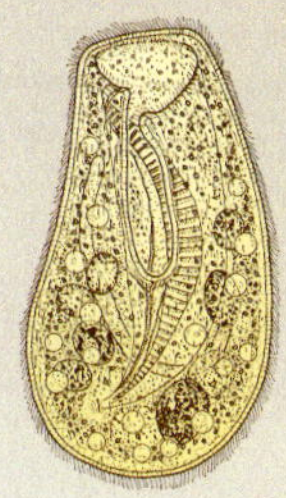
Beuteltierchen

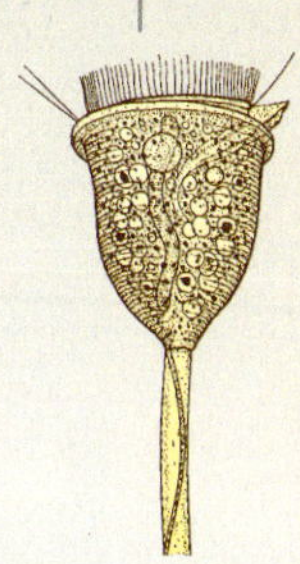
Glockentierchen

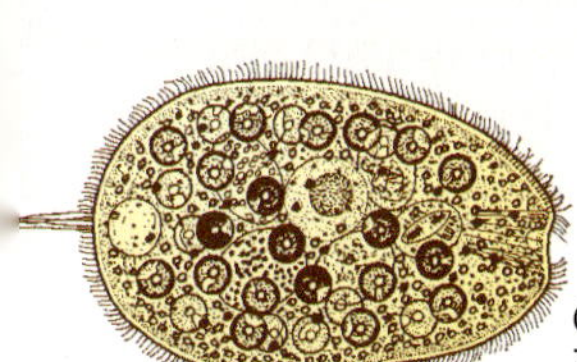
Grüne Zahnwalze

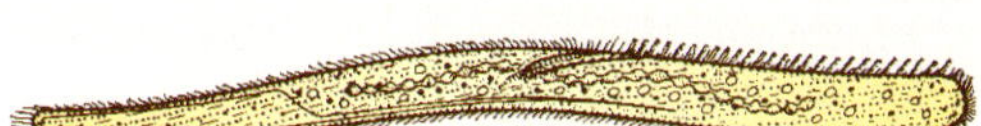
Sumpf-„Wurm"

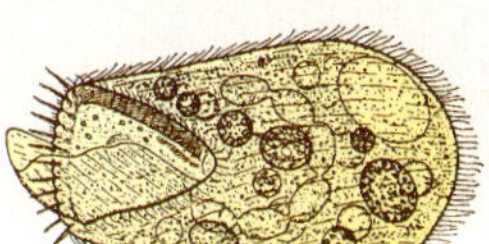
Beulentierchen

Von der Zelle zum Organismus

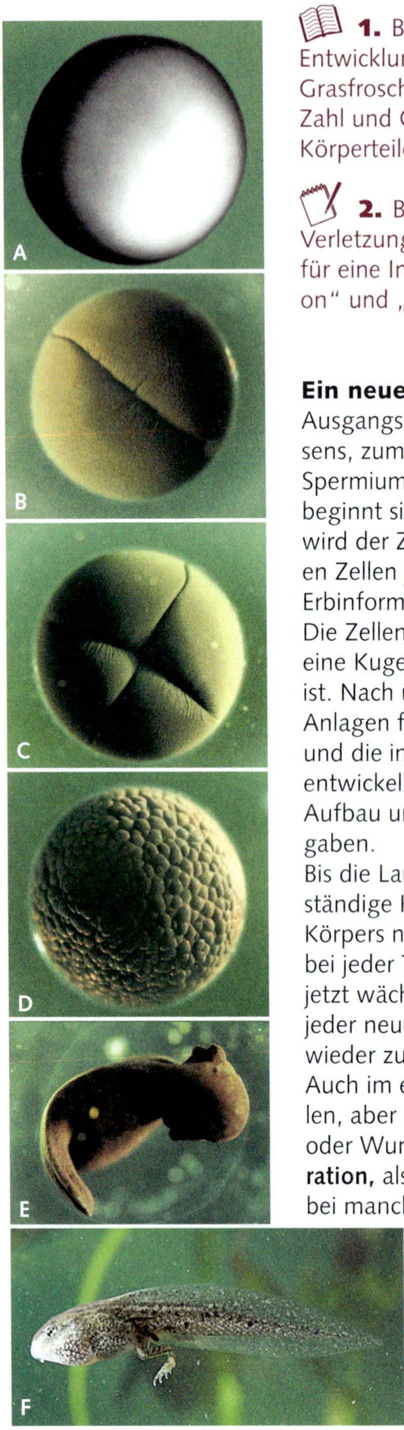

1 **Entwicklung eines Grasfrosches. A** *befruchtete Eizelle;* **B–D** *Zellteilungen;* **E** *Embryo;* **F** *Larve eines Grasfrosches*

1. Beschreibe die in Abbildung 1 dargestellte Entwicklung von der befruchteten Eizelle eines Grasfrosches bis zur Kaulquappe. Beachte dabei die Zahl und Größe der Zellen und die Bildung von Körperteilen.

2. Berichte über Tiere, die Körperteile nach Verletzungen ersetzen können. **Tipp:** Als Suchworte für eine Internetrecherche kannst du „Regeneration" und „nachwachsende Organe" nutzen.

2 **Maiskeimling**

Ein neues Lebewesen entwickelt sich

Ausgangspunkt für die Entwicklung eines Lebewesens, zum Beispiel eines Frosches, ist die durch ein Spermium befruchtete Eizelle. Nach der Befruchtung beginnt sich diese zu teilen. Vor jeder **Zellteilung** wird der Zellkern verdoppelt, sodass die beiden neuen Zellen je einen Zellkern mit der vollständigen Erbinformation als Steuerzentrale erhalten.
Die Zellen teilen sich immer und immer wieder, bis eine Kugel aus mehreren tausend Zellen entstanden ist. Nach und nach bildet sich ein **Embryo** mit den Anlagen für den Kopf, den Schwanz, den Rumpf und die inneren Organe. Je nach Lage im Körper entwickeln die Zellen einen etwas unterschiedlichen Aufbau und **spezialisieren** sich auf bestimmte Aufgaben.
Bis die Larve aus der Eihülle schlüpft und als selbstständige Kaulquappe lebt, hat die Gesamtmasse des Körpers noch nicht zugenommen. Die Zellen sind bei jeder Teilung kleiner geworden. Wenn das Tier jetzt wächst, teilen sich weiterhin Zellen, aber vor jeder neuen Teilung wachsen die Tochterzellen wieder zur ursprünglichen Größe heran.
Auch im erwachsenen Frosch teilen sich noch Zellen, aber nur, um abgestorbene Zellen zu ersetzen oder Wunden zu heilen. Die Fähigkeit zur **Regeneration,** also zur Wiederherstellung von Organen, ist bei manchen Tieren ganz erstaunlich: Molche zum Beispiel können ein ganzes Bein oder ein verletztes Herz erneuern.

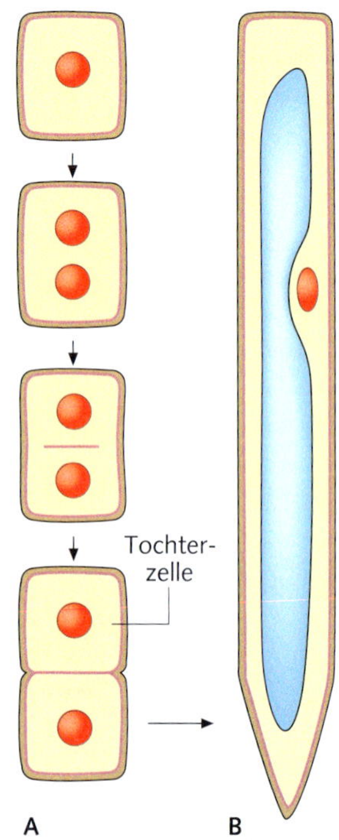

3 **Wachstum. A** *Zellteilung;* **B** *Zellstreckung*

Wie wächst eine Pflanze?

Bei Pflanzen vermehren sich die Zellen vor allem an den ▸ Wurzelspitzen und an den Triebspitzen durch ▸ **Zellteilung.** Nach jeder Teilung wachsen die Tochterzellen wieder auf Normalgröße heran. Das Größenwachstum geschieht aber hauptsächlich auf eine andere Weise. Der Stängel einer Pflanze verlängert sich durch **Zellstreckung.** Die anfangs etwa 0,02 mm langen Zellen können zum Beispiel in einem Maisstängel auf mehrere Zentimeter Länge heranwachsen.

Mikroskopiertechnik und Zellforschung

Neuartige Entdeckungen werden in den Naturwissenschaften häufig gemacht, wenn neue technische Geräte die Wahrnehmung erweitern. Dafür liefert die Geschichte der Mikroskopie und der damit eng verbundenen Zellforschung ein eindrucksvolles Beispiel.

Ende des 16. Jahrhunderts stellten niederländische Linsenschleifer die ersten einfachen **Mikroskope** her. Was man damit sehen konnte, diente oft nur auf Jahrmärkten der Volksbelustigung. Anton van LEEUWENHOEK (1632–1723) baute Mikroskope mit nur einer kleinen Linse aus Diamant oder Bergkristall, die er in einer Metallplatte befestigte. Mit diesen Mikroskopen erreichte er eine bis zu 270-fache Vergrößerung und sah erstmals ▸ **Einzeller** im Wasser, Spermien und sogar Bakterien. Dies wissen wir aus den Zeichnungen, die er über seine Beobachtungen anfertigte. Der Engländer Robert HOOKE (1635–1702) baute Mikroskope aus zwei Linsen. Mit einer etwa 100-fachen Vergrößerung entdeckte er die wabenartige Struktur von dünn geschnittenem Flaschenkork. Er prägte den bis heute gebräuchlichen Begriff der **Zelle.**
Erst Mitte des 19. Jahrhunderts waren die Optik der Mikroskope und die Präpariertechniken so weit entwickelt, dass man systematisch verschiedenste Gewebe von Pflanzen und Tieren untersuchen konnte. Dabei zeigte sich, dass Zellen die Grundbausteine aller Lebewesen sind. Diese Erkenntnis formulierten der Botaniker Matthias SCHLEIDEN (1804–1881) für die Pflanzen und der Mediziner Theodor SCHWANN (1810–1882) für die Tiere und Menschen um 1840 als so genannte **Zelltheorie.** Der Berliner Arzt Rudolf VIRCHOW (1821–1902) beobachtete Zellteilungen und stellte 1855 fest, dass sich Zellen nur aus anderen Zellen entwickeln können.
Um 1900 wurden die Eigenschaften des Lichtes genauer erforscht. Danach gelang es in den 1930iger Jahren, durch spezielle Beleuchtungstechniken das Auflösungsvermögen der Mikroskope noch zu verbessern. Allerdings wurde auch klar, dass der Mikroskopie durch die physikalischen Eigenschaften des Lichtes Grenzen gesetzt sind. Es lassen sich nur Dinge sehen, die nicht viel kleiner als ein Tausendstel Millimeter sind.
So konnte man die Feinstrukturen von Zellen erst aufklären, nachdem ebenfalls in den 1930iger Jahren von KNOLL und RUSKA die ersten ▸ Elektronenmikroskope entwickelt wurden, die mit Elektronenstrahlen anstatt mit Lichtstrahlen arbeiten. Sie vergrößern bis zu 100 000-fach. Auch ▸ Viren konnte man damit nun erstmals „sehen“, die man vorher zwar als Krankheitserreger vermutet hatte, von deren Aufbau man sich aber keine Vorstellung machen konnte.

1 LEEUWENHOEKs Mikroskop und Zeichnung von Spermien

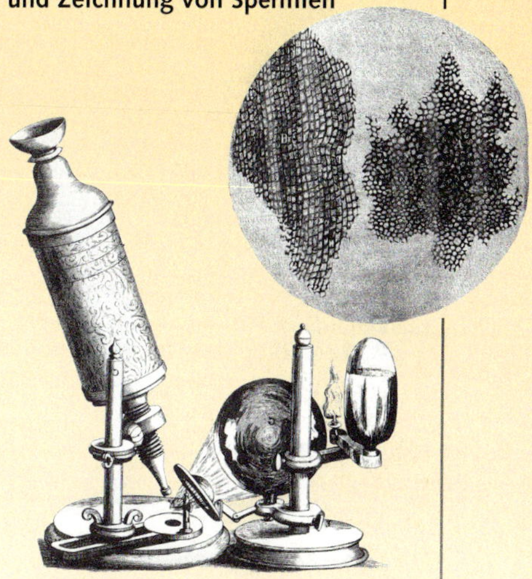

2 HOOKEs Mikroskop und Zeichnung von Korkzellen

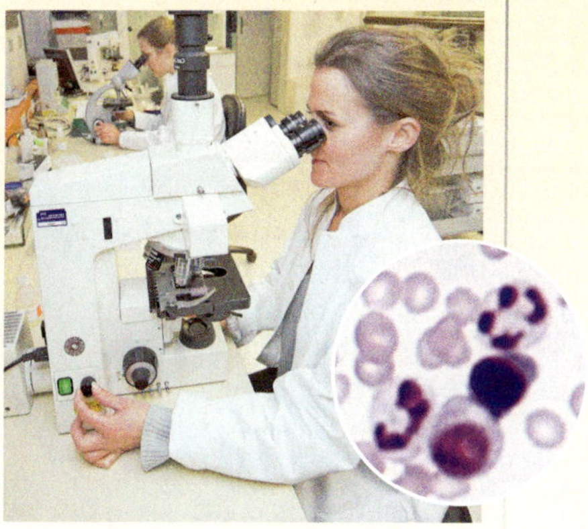

3 Modernes Lichtmikroskop und Foto von Blutzellen

1. Erstelle eine Zeitleiste, in die du zum Thema Mikroskopie und Zellforschung wichtige Jahreszahlen, Forschernamen und wissenschaftliche Entdeckungen stichwortartig einträgst.

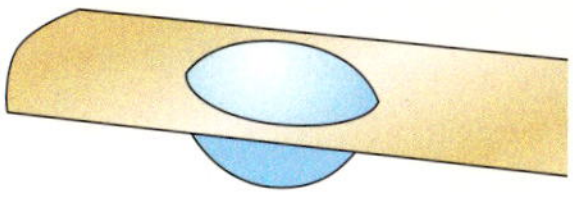

2. Setze in das Loch in der Deckleiste eines Heftstreifens einen Tropfen Wasser und probiere die Lupenwirkung des Wassertropfens aus.

Das Elektronenmikroskop eröffnet neue Dimensionen

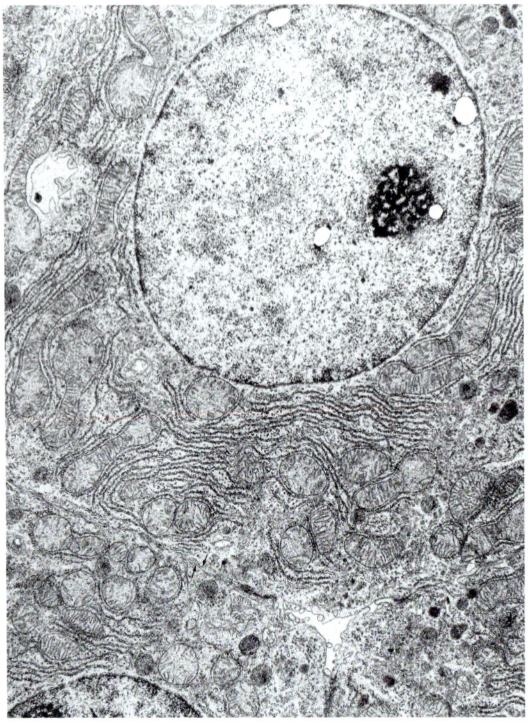

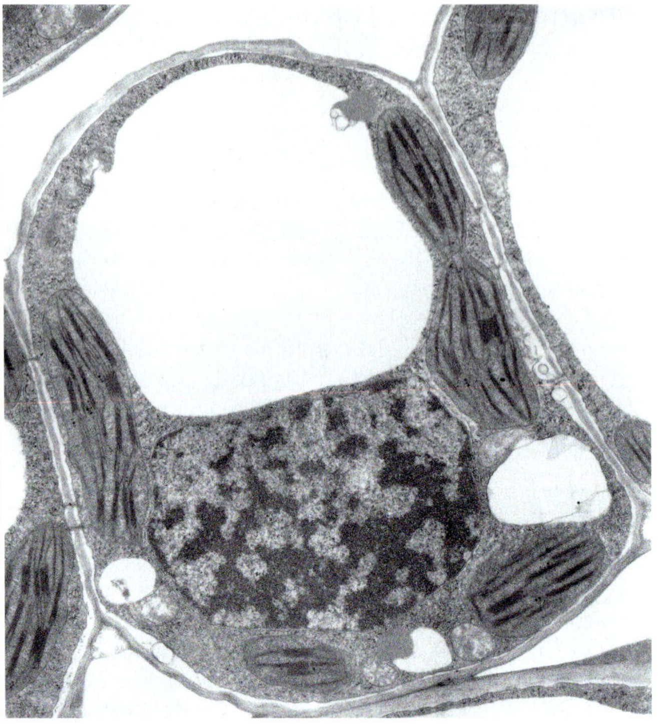

1. Die beiden obigen Abbildungen zeigen Zellen, die mit einem Elektronenmikroskop aufgenommen wurden.
a) Finde heraus, bei welcher Zelle es sich um eine Pflanzen- beziehungsweise um eine Tierzelle handelt.
Begründe deine Wahl ausführlich.
b) Zu welcher Zelle gehört die Schemazeichnung? Fertige eine ähnliche Schemazeichnung zu der anderen Zelle an und beschrifte sie.

2. Liste jeweils Vor- und Nachteile der Elektronenmikroskopie und der Lichtmikroskopie auf.

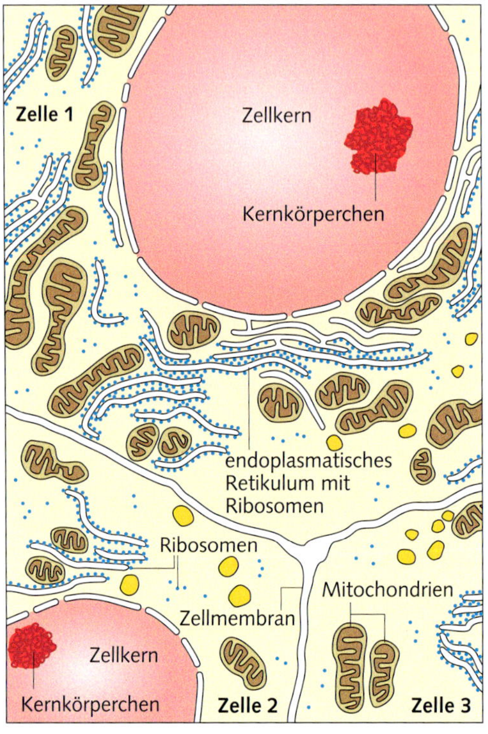

3. Stelle in einer Tabelle Organellen mit einer Membran den Organellen mit einer Doppelmembran gegenüber und nenne jeweils ihre Funktionen.

4. Stelle den Vesikeltransport zwischen ER, Dictyosom und Zellmembran mit Knetmasse nach.

5. Recherchiere und berichte, welche Krankheiten Bakterien beim Menschen auslösen können und wo Bakterien dem Menschen nützlich sind.

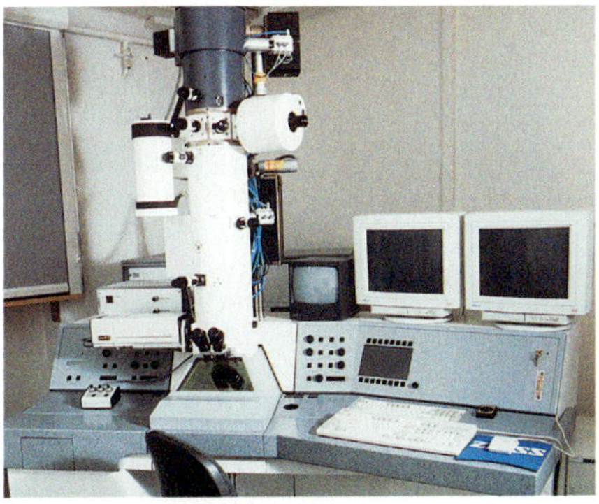

1 Elektronenmikroskop

Das Elektronenmikroskop lässt Kleines groß erscheinen

Mit dem Lichtmikroskop kann man Objekte bis zur Größe eines Bakteriums erkennen. Ein Bakterium aber genauer zu untersuchen, ist nur mit dem **Elektronenmikroskop** – kurz EM – möglich. Es vergrößert bis zu 1000-mal stärker als das Lichtmikroskop und lässt uns Details innerhalb von Zellen entdecken. Mit aufwändigen Methoden müssen die Objekte dafür vorbereitet werden. Allerdings lassen diese Präparationsmethoden und die Arbeitsweise eines EM es nicht zu, lebende Objekte zu mikroskopieren. Statt mit Lichtstrahlen und Glaslinsen arbeiten die Elektronenmikroskope mit Elektronenstrahlen, die von magnetischen Linsen gelenkt werden. Das Bild wird dann auf einem Bildschirm dargestellt.

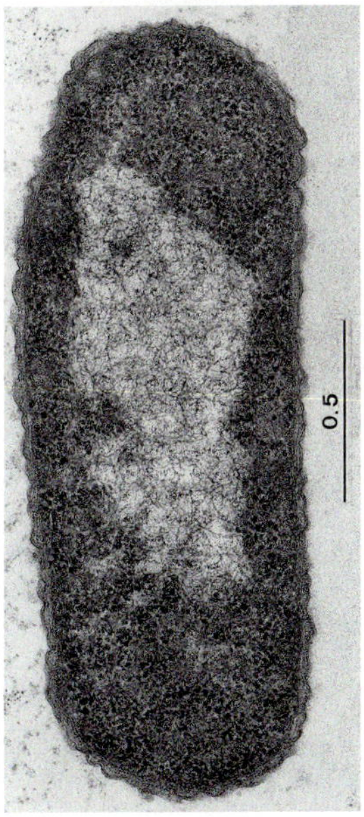

2 Bakterium im EM

Bakterien im Elektronenmikroskop

Schaut man sich ▸ **Bakterien** im Elektronenmikroskop an, erscheint das Innere der Zelle durch Helligkeitsunterschiede strukturiert. Man erkennt aber keine durch Membranen umhüllten Organellen in der Zelle. Es gibt keinen Zellkern, die ▸ **DNA** liegt frei im Zellplasma. Solche Zellen ohne echten Zellkern heißen **Prokaryoten.**
Außer einem großen DNA-Knäuel kann es noch weitere kleinere DNA-Ringe geben, die ▸ **Plasmide**.
Die Bakterienzelle ist außer durch die Zellmembran noch durch eine Zellwand begrenzt, die jedoch anders aufgebaut ist als die der Pflanzenzelle. In dieser Zellwand sind oft **Geißeln** verankert, mit denen sich manche Bakterien fortbewegen.
Bakterien vermehren sich durch Zellteilung. Unter günstigen Bedingungen kann ein Bakterium sich alle 20 Minuten teilen.

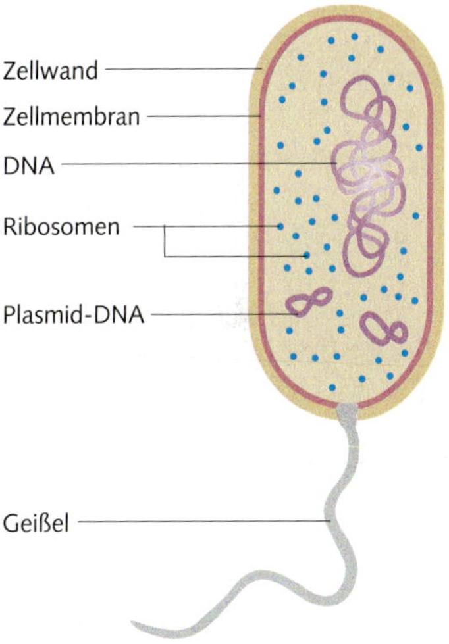

3 Bakterium im Schema

Viren sind keine Zellen

Auch ▸ Viren kann man im Elektronenmikroskop sichtbar machen. Sie sind viel kleiner als Bakterien, sind aber keine Zellen. Sie bestehen aus einer Proteinhülle, die die Erbinformation umschließt. Viren haben keinen eigenen Stoffwechsel und können sich nur mithilfe lebender Zellen vermehren.

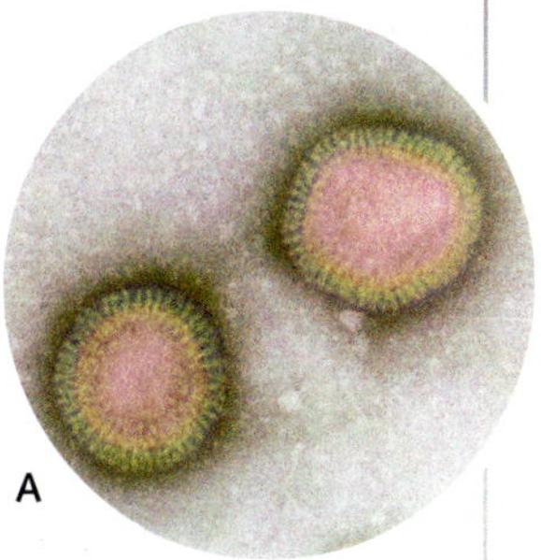

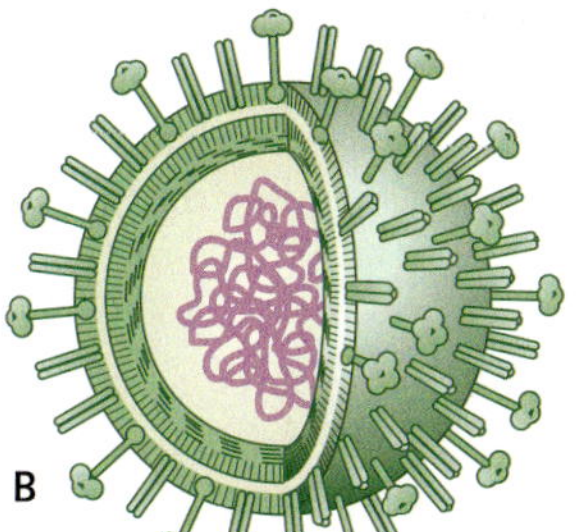

4 Grippeviren. A *EM-Aufnahme;* B *Schema*

Membranen gliedern Eukaryotenzellen

Im Elektronenmikroskop ist bei allen Zellen die Zellmembran als dünnes Häutchen zu erkennen. Bei ▸ **Eukaryotenzellen** grenzen sie auch Reaktionsräume innerhalb der Zelle voneinander ab. Für Wasser sind alle Membranen durchlässig. Ionen und große Moleküle wie zum Beispiel Traubenzucker lassen sie nicht oder nur ganz gezielt passieren. Membranen können Bläschen, so genannte **Vesikel** abschnüren, die sich wieder mit anderen Membranen verbinden können. In diesen Vesikeln werden Stoffe von einem Organell zum anderen oder aus der Zelle heraus transportiert. Membranen können vielfach gefaltet sein, das bewirkt eine **Oberflächenvergrößerung.** In **Chloroplasten** beispielsweise laufen die Reaktionen der ▸ Fotosynthese an Membranen ab.

Die meisten Zellorganellen erkennst du in einer **jungen Pflanzenzelle.** Sie enthält die gleichen Organellen, die auch in einer Tierzelle vorkommen, zusätzlich aber noch die Chloroplasten, die Zellwand und Vakuolen.

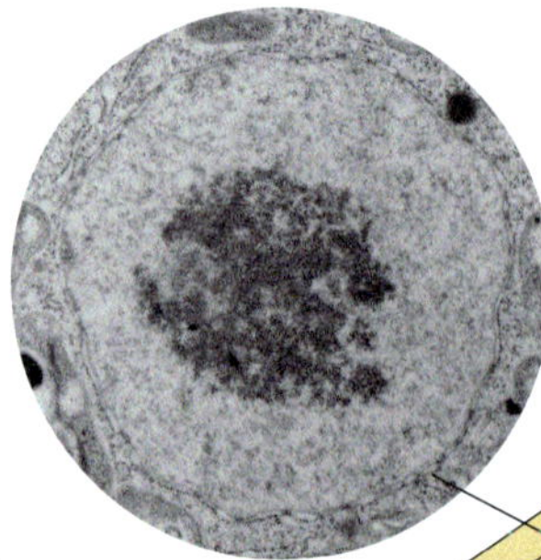

Der Zellkern

Der Zellkern ist meistens kugelförmig und nimmt oft einen großen Teil der Zelle ein. Durch zwei Membranen, die zusammen auch **Doppelmembran** heißen, ist er vom Zellplasma abgegrenzt. Zusammen mit den Kernporen in der Doppelmembran sorgt sie dafür, dass nur bestimmte Stoffe den Kern verlassen oder in ihn aufgenommen werden können. Im Innern des Zellkerns sind häufig ein oder mehrere **Kernkörperchen** zu erkennen. Hier wird ▸ **RNA** zum Aufbau der Ribosomen hergestellt. Der Zellkern enthält in der ▸ **DNA** die Baupläne aller Proteine der gesamten Pflanze und damit alle Informationen, die die Pflanze zum Überleben braucht.

Das Endoplasmatische Reticulum oder kurz ER

Das ER ist eng mit dem Zellkern verbunden. Die Kernmembran geht in das ER über. Es besteht aus zusammenhängenden Röhren und flachen Hohlräumen, die jeweils von einer Membran umgeben sind. Weite Bereiche des ER sind mit Ribosomen besetzt. In diesen Bereichen heißt es **raues ER.** Hier werden verschiedene Stoffe, zum Beispiel Proteine, gebildet. Das ER schnürt dann Vesikel ab und verschickt die darin verpackten Proteine an andere Orte in der Zelle. In vielen Fällen ist die nächste Station dann ein Dictyosom.

Im nicht mit Ribosomen besetzten **glatten ER** werden weitere wichtige Stoffe für die Zelle gebildet, zum Beispiel Farbstoffe, die in die Vakuole transportiert werden und dort die Färbung einer Blüte ausmachen.

Die Ribosomen

Ribosomen bestehen aus zwei Untereinheiten, sind nicht von einer Membran umgeben und enthalten RNA und Proteine. Ribosomen sind entweder an das ER gebunden oder man findet sie frei im Zellplasma. An Ribosomen werden mithilfe der Erbinformation des Zellkerns die Proteine gebildet. Dieser Vorgang heißt ▸ **Proteinbiosynthese.**

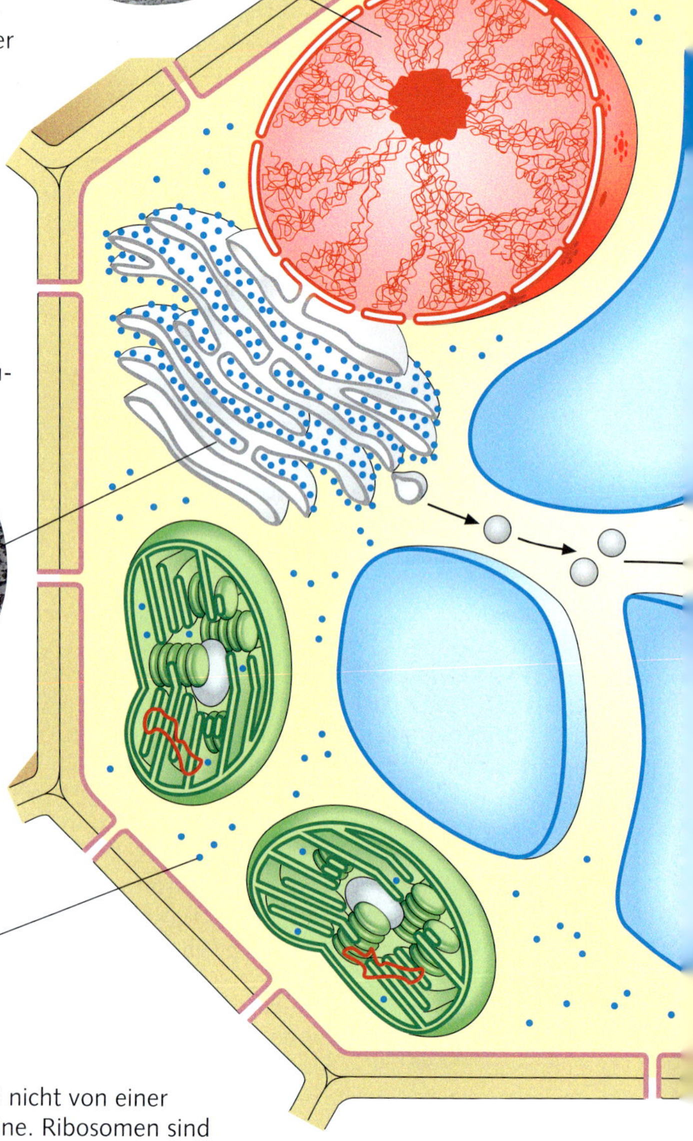

5 Elektronenmikroskopisches Bild einer Pflanzenzelle *(Schema und Zellorganellen)*

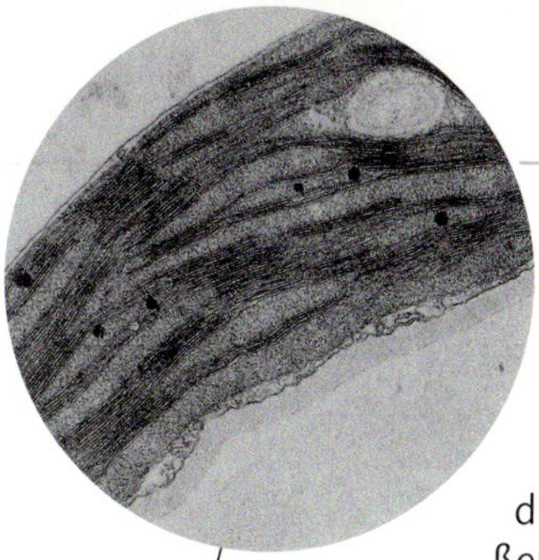

Die Chloroplasten

Chloroplasten sind linsenförmige Organellen, die durch eine Doppelmembran vom Zellplasma abgegrenzt sind. Im Innern der Chloroplasten fallen vor allem die Membranstapel auf. An diesen Membranen läuft die ▸ **Fotosynthese** ab. Durch die Stapelung der Membranen, die den Farbstoff Chlorophyll enthalten, wird die Oberfläche so vergrößert, dass zahlreiche Fotosynthese-Reaktionen gleichzeitig stattfinden können. Die Energie des Lichtes, das auf die Membranstapel fällt, wird zum Aufbau von Traubenzucker aus Kohlenstoffdioxid und Wasser genutzt. Dabei wird Sauerstoff frei. Oft wird im Chloroplasten der Traubenzucker zu Stärke umgewandelt. Dabei wer-den viele Traubenzuckermoleküle miteinander verknüpft und es entstehen die im Bild zu sehenden weißen Bereiche.

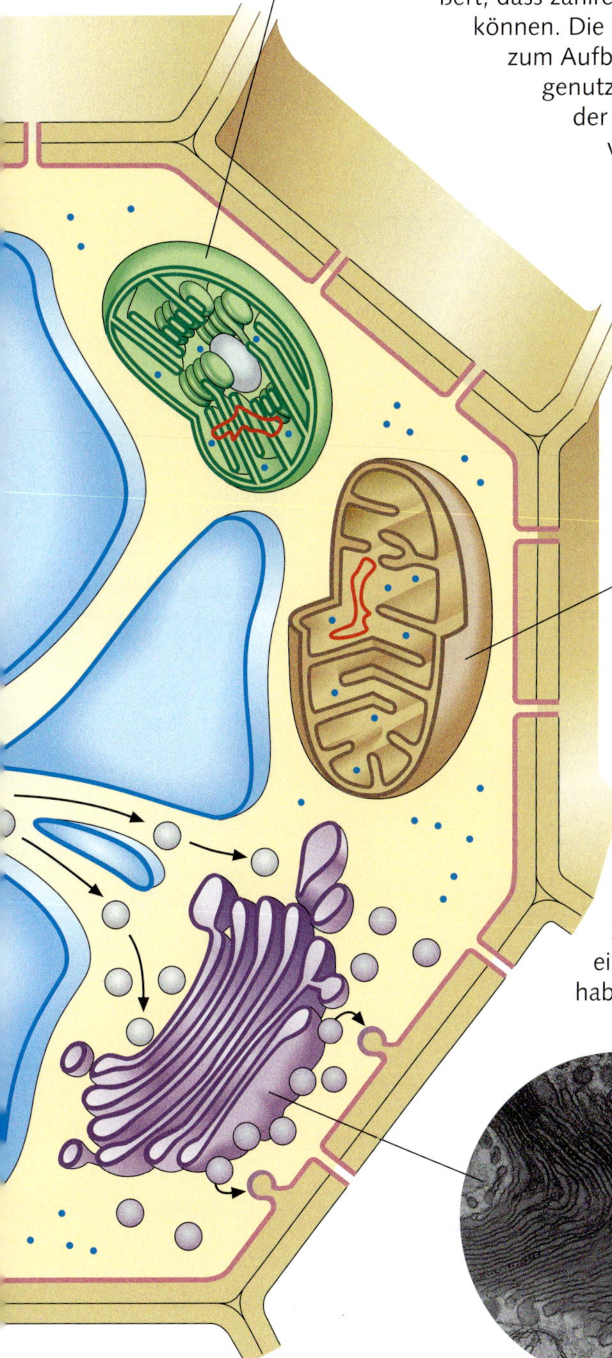

Die Mitochondrien

Mitochondrien sind langgestreckte Organellen, die von einer Doppelmembran umhüllt sind. Die innere Membran ist vielfach eingefaltet. Dies dient der **Oberflächenvergrößerung,** denn an dieser inneren Mitochondrienmembran findet die ▸ **Zellatmung** statt. Hierbei wird Energie aus Traubenzucker unter Verbrauch von Sauerstoff so umgewandelt, dass sie überall in der Zelle genutzt werden kann. Dabei entstehen Kohlenstoffdioxid und Wasser.

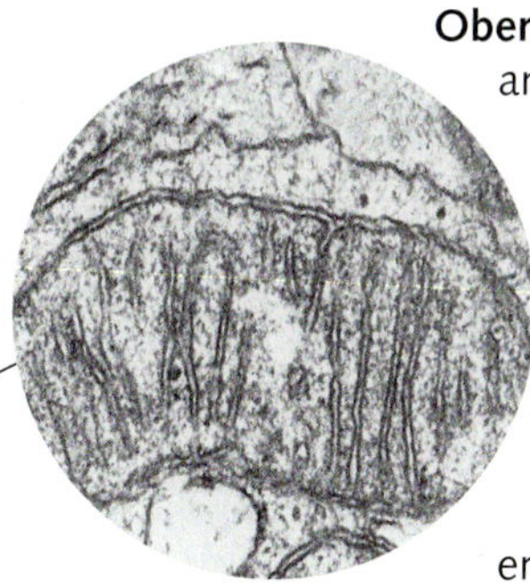

Das Dictyosom

Das Dictyosom ist aus flachen Hohlräumen aufgebaut, die jeweils von einer Membran umgeben sind. Die Membranstapel sind in einer bestimmten Weise zum Zellkern und zum ER hin ausgerichtet und nur an einer Seite verschmelzen Vesikel, die das ER verlassen haben, mit der Membran des Dictyosoms. So werden Stoffe vom ER in das Dictyosom transportiert. An der anderen Seite des Dictyosoms schnüren sich wiederum Vesikel ab und wandern zielgerichtet zu ihren Bestimmungsorten. Auf dem Weg von der einen zur anderen Seite werden die Stoffe im Dictyosom abgewandelt. Auf diese Weise stellt das Dictyosom auch Zellwandmaterial her. Dieses wird in Vesikeln zur Zellmembran verschickt, verschmilzt dort mit ihr, und der Inhalt gelangt nach außen zur Zellwand.

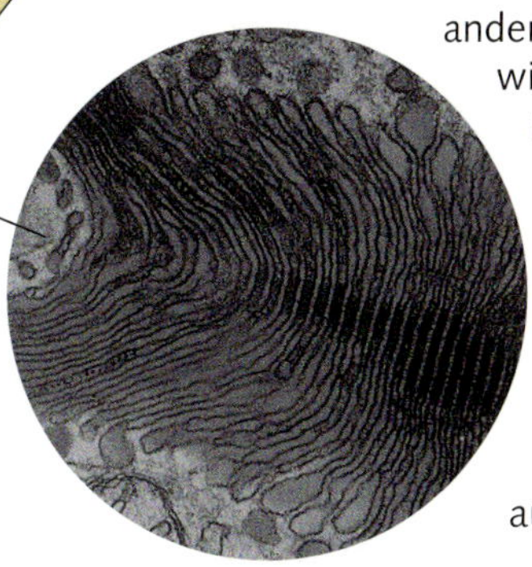

Lebewesen bestehen aus Zellen

Alle Lebewesen bestehen aus Zellen. Die Zellen liegen in Geweben zusammen und sind in den verschiedenen Organen auf bestimmte Funktionen spezialisiert. Alle Organe zusammen bilden einen Organismus, ein eigenständiges Lebewesen.

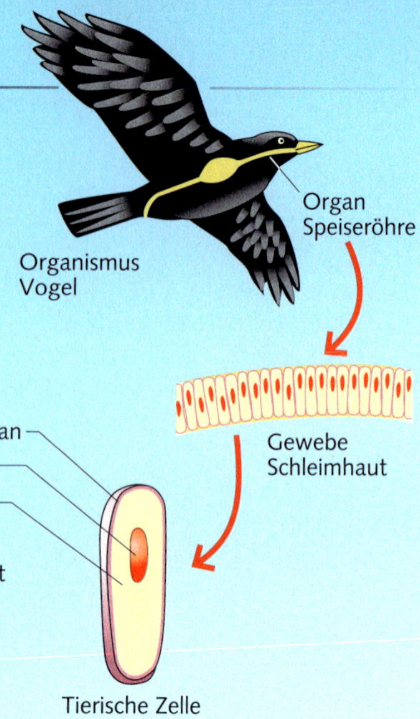

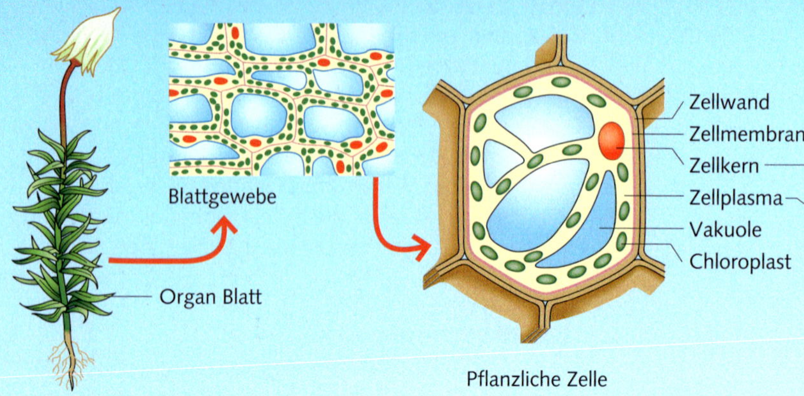

Zellen vermehren sich durch Teilung

Bei der Zellteilung verdoppelt sich zunächst der Zellkern mit den Erbinformationen. Danach teilt sich die Zelle. Jede Tochterzelle erhält einen Zellkern als Steuerzentrale.
Durch Zellteilungen und Spezialisierung kann sich aus einer befruchteten Eizelle ein ganzer Organismus entwickeln. Wachstum lässt sich auf Zellteilungen und Zellwachstum zurückführen. Durch Zellteilungen können abgestorbene Zellen ersetzt oder verletzte Gewebe regeneriert werden. Einzeller vermehren sich durch Zellteilung.

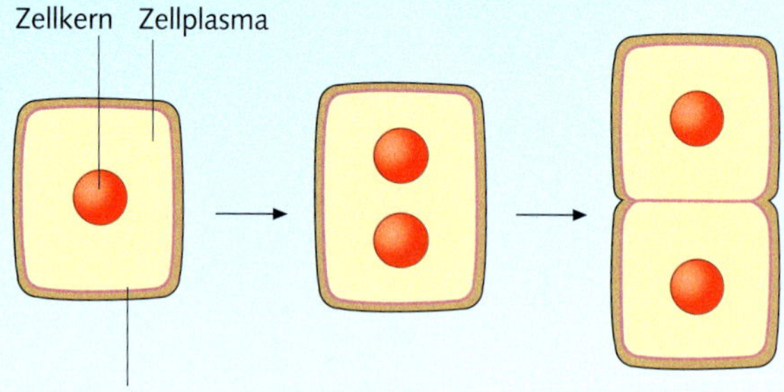

Eukaryotenzellen

Mit dem Elektronenmikroskop lassen sich Tier- und Pflanzenzellen genauer untersuchen. Sie enthalten verschiedene Zellorganellen mit jeweils speziellen Funktionen. Bei eukaryotischen Zellen liegt das Erbgut in einem Zellkern, der durch eine doppelte Kernmembran vom Zellplasma abgegrenzt ist.

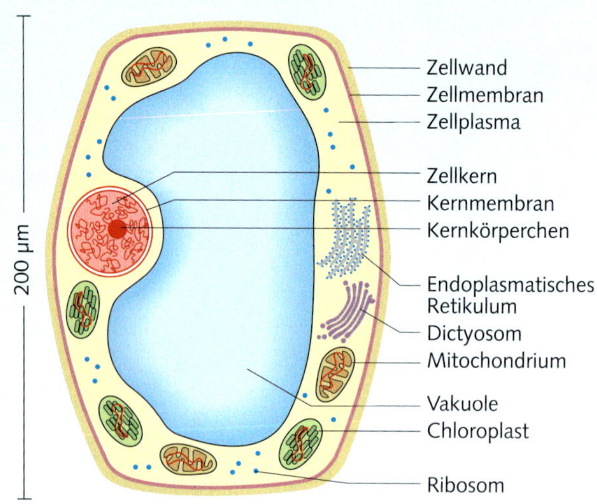

Bakterien

Bakterien sind Prokaryoten. Ihre Zellen sind kleiner als die von Tieren oder Pflanzen. Ihre DNA ist ringförmig und liegt frei im Zellplasma.

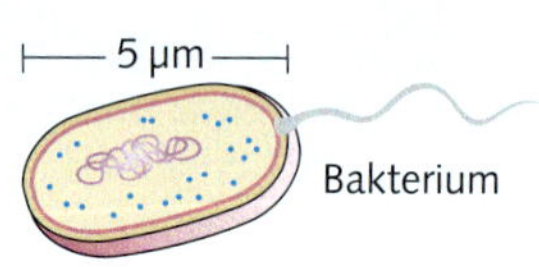

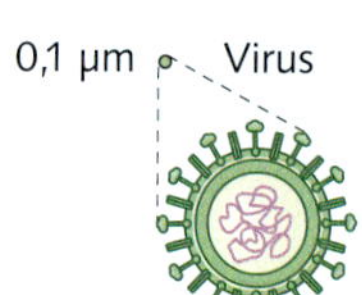

Viren

Viren sind keine Zellen. Sie bestehen aus einer Proteinhülle und Erbgut aus DNA oder RNA. Viren haben keinen Stoffwechsel und benötigen für ihre Vermehrung lebende Wirtszellen.

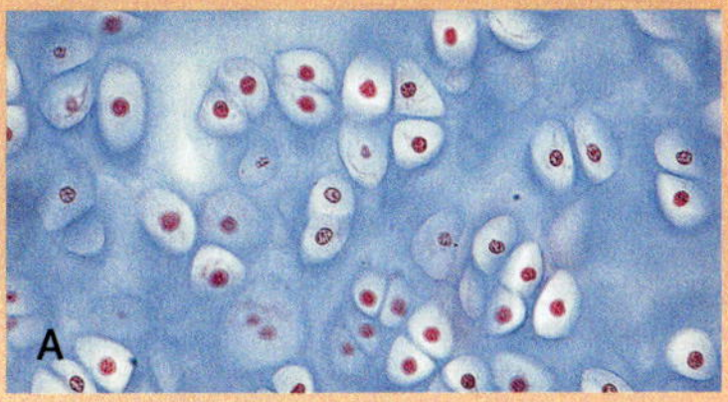

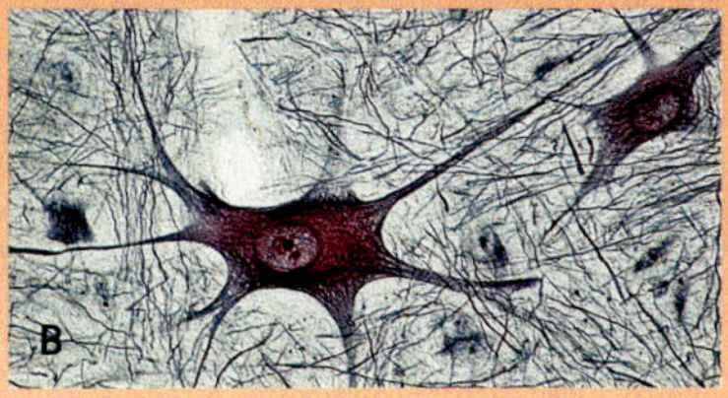

1. Im Nervengewebe des Gehirns tauschen Nervenzellen Informationen mit anderen Nervenzellen aus. Im Knorpelgewebe eines Gelenkes ist eine gute Federung nötig, weshalb Knorpelzellen elastische Eiweißsubstanzen um sich herum abscheiden.
Ordne die beiden abgebildeten Gewebe Nerven- oder Knorpelgewebe zu. Begründe, wie Formen und Anordnungen der Zellen zu ihren Funktionen passen.

2. Mithilfe eines Daumenkinos aus Zetteln mit aufeinanderfolgenden einfachen Skizzen kannst du Vorgänge darstellen, z. B. die Bewegung oder Nahrungsaufnahme eines Einzellers, die Teilung einer Zelle oder die ersten Entwicklungsschritte eines Grasfrosch-Embryos. Stattdessen kannst du auch eine kleine Animation am Computer aus aufeinanderfolgenden Folien erstellen.
Wähle eine der Aufgaben und führe sie durch.

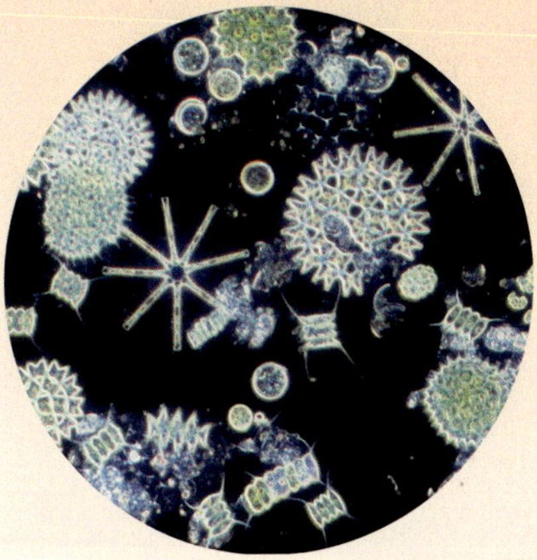

3. a) Bestimme einige der abgebildeten Algen, wie man sie im Plankton eines Teiches finden kann.
b) Die Formen der Algen sehen nicht nur schön aus, sondern erfüllen eine bestimmte Funktion. Erläutere.

4. Recherchiere im Internet Bilder, kleine Filme und Informationen zu weiteren interessanten Einzellern des Teichwassers. Berichte vor der Klasse.

5. Das Augentierchen Euglena ist ein weiterer Einzeller des Süßwassers. Vergleiche es mit dem ▸ Hüllenflagellaten.
a) Benenne die gekennzeichneten Zellbestandteile und beschreibe ihre Aufgaben.
b) Welche Eigenschaften kennzeichnen das Augentierchen eher als Tier, welche eher als Pflanze?
c) Entwickle eine Vermutung, wie die Stärkekörner gebildet werden.
d) Bei zu wenig Licht verliert Euglena dauerhaft die grüne Farbe und ernährt sich wie ein tierischer Einzeller. Beschreibe, wie sich Euglena dann ernähren könnte.

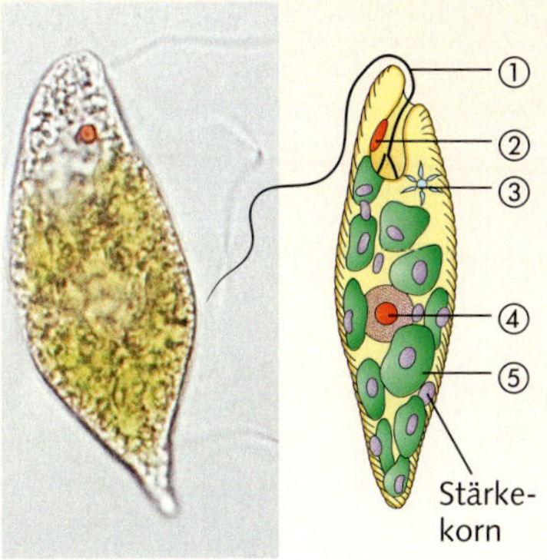

6. a) Benenne alle membranumhüllten Zellorganellen eukaryotischer Zellen und gib an, ob sie durch eine einfache Membran oder durch eine Doppelmembran begrenzt sind.
b) Beschreibe die Hauptfunktionen der genannten Organellen.
c) Welche der Organellen kommen nur bei Pflanzen vor?

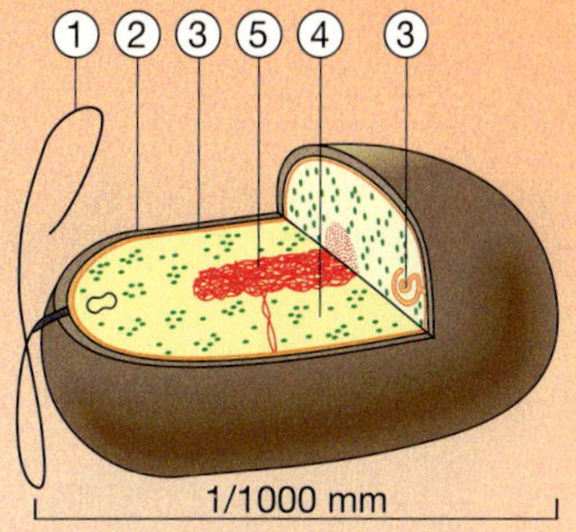

7. a) Benenne die mit Ziffern gekennzeichneten Bestandteile der Bakterienzelle.
b) Vergleiche Bakterienzellen mit tierischen Zellen. Liste Gemeinsamkeiten und Unterschiede auf.

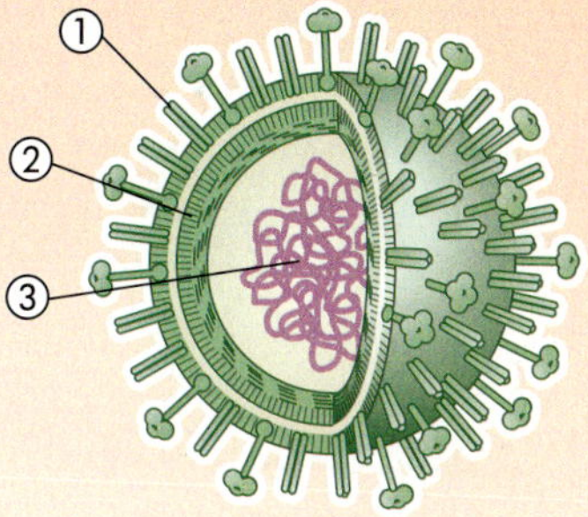

8. a) Benenne die mit Ziffern gekennzeichneten Virusteile und beschreibe sie nach dem Basiskonzept „Struktur und Funktion".
b) Nenne mindestens drei Eigenschaften von Viren, die sie von allen zellulären Lebewesen unterscheiden.

9. Wie groß müssten Modelle von Bakterien- und Pflanzenzellen im selben Maßstab sein, wenn ein Virusmodell 1 cm groß ist?

Leben in Ökosystemen

Warum gibt es auf der Erde unterschiedliche Lebensräume mit typischen Pflanzen- und Tierarten?

Wie kann das Wasser in den höchsten Bäumen über 100 m hoch steigen?

Kann die Nahrung in einem Lebensraum zu Ende gehen?

Können wir ohne Pflanzen leben?

Wie und weshalb verändert sich das Klima weltweit? Welche Folgen haben die Veränderungen für das Leben auf der Erde?

Wie können wir die Artenvielfalt auf der Erde für die Zukunft bewahren?
Warum reicht es nicht aus, begrenzte Gebiete oder einzelne Arten unter Schutz zu stellen?

Nicht alle Lebensräume sind gleich

1. a) Wenn man ein Satellitenbild der Erde betrachtet, erkennt man auf der Erdoberfläche verschiedene Farben. Erklärt, welche Bedeutung die einzelnen Farben haben und wie es zu dieser unterschiedlichen Oberflächenbeschaffenheit der Erde kommt. Nehmt einen Atlas zu Hilfe.
b) Welches Ökosystem ist in der Abbildung 1 dargestellt? Zu welcher großen Klimazone gehört dieser Lebensraum? Beschreibt die dort herrschenden Klimabedingungen.
c) Auf dieser Seite sind drei weitere Ökosysteme abgebildet. In welcher Klimazone könnten sie liegen? Begründet eure Zuordnung.

2. Betrachte die abgebildeten Ökosysteme.
a) Ordne sie nach künstlichen und natürlichen Öko systemen und begründe deine Zuordnung.
b) Nenne für eines der Ökosysteme drei bestimmende abiotische Faktoren.

3. Erkläre folgende Begriffe:
- Biotop
- Biozönose
- Ökosystem

Wie sich Lebensräume unterscheiden

Auf der Erde gibt es verschiedene **Lebensräume** wie Wälder, Seen, Wüsten, Meere oder Gebirge. In jedem dieser Lebensräume herrschen ganz unterschiedliche **Lebensbedingungen.** Wie unterscheidet sich zum Beispiel ein mitteleuropäischer Laubwald von einem tropischen Regenwald?

Mitteleuropa gehört zur gemäßigten Zone. Dafür typisch sind warme Sommer und kalte Winter mit Frost. Unsere Laubbäume werfen daher im Herbst ihre Blätter ab und überdauern in einem Ruhestadium bis zum nächsten Frühling. Tropische Regenwälder dagegen liegen, wie der Name schon sagt, in den Tropen beiderseits des Äquators. Dort gibt es ganzjährig gleichbleibend hohe Temperaturen und keine Jahreszeiten. Es gibt daher auch keinen jahreszeitlich bedingten Laubabwurf.

Die Temperatur bestimmt also wesentlich die Lebensbedingungen in einem Lebensraum. Andere wichtige Faktoren sind die Menge und Art der Niederschläge, die Lichtmenge, die Sonneneinstrahlung oder die Wind- und Bodenverhältnisse. Solche Einflüsse der unbelebten Umwelt nennt man auch **abiotische Faktoren.** Die unterschiedlichen abiotischen Faktoren sind der Grund, warum sich beispielsweise ein See in Niedersachsen wie der Dümmer sehr deutlich von einem Bergsee in den Zentralalpen unterscheidet. Beide gehören zwar zur gemäßigten Zone, sie liegen aber in ganz unterschiedlichen Höhen. Die Höhenlage hat Auswirkungen auf die abiotischen Faktoren.

Ein Lebensraum, den man auch als **Biotop** bezeichnet, wird also durch ganz bestimmte abiotische Faktoren gekennzeichnet.

1 Buchenmischwald mit typischen Lebewesen.
A *Lebensraum;* **B** *Wildschweinsuhle;* **C** *Bache mit Frischlingen*

Lebensgemeinschaften

Die unterschiedlichen Lebensbedingungen führen dazu, dass sich in jedem Biotop eine besondere Lebensgemeinschaft, eine **Biozönose,** aus Pflanzen und Tieren bildet. Alle Lebewesen einer Biozönose sind von den abiotischen Faktoren des Lebensraums abhängig. So bevorzugen Wildschweine feuchte Böden, in denen sie schlammige Gruben zum Suhlen anlegen können. Diese Bedingungen gibt es zum Beispiel im ▸ Wald. Alle Pflanzen und Tiere einer Biozönose stehen daher auch in Wechselbeziehungen zueinander. Dies kommt zum Beispiel in ▸ Nahrungsketten und ▸ Nahrungsnetzen zum Ausdruck. Solche Einflüsse auf einen Organismus nennt man **biotische Faktoren.**

Die Einheit aus Biotop und Biozönose wird als **Ökosystem** bezeichnet. Innerhalb eines Ökosystems leben viele Pflanzen und Tiere manchmal auf sehr engem Raum. Dies ist deshalb möglich, weil Tiere wie beispielsweise ▸ Wasservögel zwar im gleichen Gebiet leben, aber unterschiedliche Nahrung oder Brutplätze nutzen und deshalb nicht in Konkurrenz zueinander treten. Diesen Sachverhalt bezeichnet man als **ökologische Nische.** Er beschreibt die „Planstelle", die eine Art in einem Ökosystem einnimmt. Dabei werden die Merkmale und Bedürfnisse einer Art sowie Umweltfaktoren in ihren Wechselwirkungen betrachtet.

Jedes Ökosystem unterscheidet sich in bestimmten Eigenschaften von angrenzenden Ökosystemen. Oft gibt es dabei aber fließende Übergänge. So leben im Uferbereich eines Sees, der sich im Wald befindet, Pflanzen und Tiere beider Ökosysteme.
Verändern sich die Lebensbedingungen wie zum Beispiel auf einem ▸ Brachland, verändert sich auch die Lebensgemeinschaft innerhalb dieses Ökosystems. Diesen Wandel nennt man ▸ **Sukzession.**

Es gibt natürliche Ökosysteme wie ▸ tropische Regenwälder, ▸ Seen, Meere oder Wüsten. Manche Ökosysteme wie ▸ Städte, ▸ Wiesen oder Felder wurden jedoch erst durch Menschen geschaffen. Man bezeichnet sie deshalb auch als künstliche Ökosysteme.

2 Biotop und Biozönose bilden ein Ökosystem

Pflanzen bilden die Grundlage

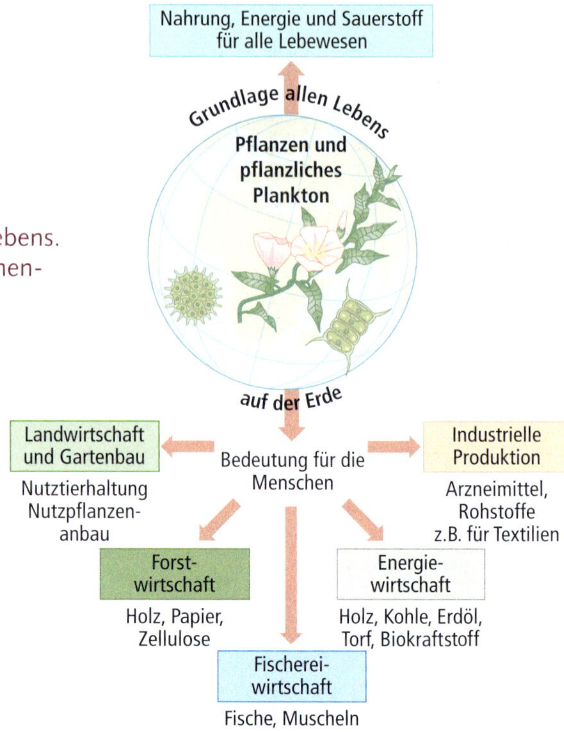

1. Pflanzen bilden die Grundlage des Lebens. Erläutert diese Aussage mithilfe der nebenstehenden Abbildung.

2. Pflanzen gibt es in allen Regionen der Erde.
a) Wodurch unterscheiden sich Pflanzen, die im tropischen Regenwald wachsen, von Pflanzen, die in trockenen Gebieten vorkommen? Nennt einige Unterschiede.
b) Welche Fähigkeiten müssen Pflanzen zeigen, die in trockenen Wüsten wachsen? Erstellt ein Plakat.

Bedeutung der Pflanzen

Überall auf der Welt leben Pflanzen. Sie kommen auf dem Land und auch in Gewässern vor. Es gibt sie von mikroskopisch kleinen ▸ Algen bis hin zu Baumriesen. Ihnen allen gemeinsam ist die Fähigkeit, mithilfe des Sonnenlichts Sauerstoff und Nährstoffe zu produzieren und daraus eigene Körpermasse wie Blätter, Holz und Früchte herzustellen. Diesen Vorgang bezeichnet man als ▸ Fotosynthese. Die von den grünen Pflanzen gebildete ▸ **Biomasse** ist die **Nahrungsgrundlage** für alle Tiere und die Menschen. Ohne sie gäbe es kein tierisches und menschliches Leben.

1 Südamerikanischer Regenwald mit Jaguar

Tropischer Regenwald

Die meisten unterschiedlichen Pflanzen wachsen in den tropischen Regenwäldern beiderseits des Äquators. Die klimatischen Bedingungen in den Tropen ermöglichen ein üppiges Pflanzenwachstum. Auf einem Quadratkilometer kommen rund 100 verschiedene Baumarten vor, in unseren Wäldern sind es nur 10–12 verschiedene Arten. Auf den Ästen der 40 und mehr Meter hohen Bäume wachsen weitere Pflanzen wie Lianen, Farne, Moose und Orchideen. Sie siedeln sich in den Kronen der Bäume an, um an das Sonnenlicht zu gelangen. Viele von ihnen haben Einrichtungen, mit denen sie Wasser speichern können. Von diesen Pflanzen leben zahlreiche unterschiedliche Tierarten, darunter besonders viele Arten von ▸ Insekten. Die meisten Tiere ernähren sich direkt von Pflanzenteilen wie Früchten oder Blättern. Diese Tiere bilden dann wieder die Lebensgrundlage für Beutegreifer wie etwa den Jaguar in Mittel- und Südamerika.

Menschen nutzen viele Pflanzen des Regenwalds zum Beispiel in der Holzindustrie oder als Rohstoffe für Kosmetika, Medikamente oder andere Industrieprodukte.

Wüsten

Pflanzen gibt es aber auch in weniger lebensfreundlichen Lebensräumen. Sie leben selbst in den trockenen Wüsten Nord- und Südamerikas, Afrikas und Asiens, in denen oft jahrelang kein Tropfen Regen fällt. Diese Pflanzen müssen während der Trockenperioden sehr sparsam mit Wasser umgehen, um überleben zu können.
Kakteen und andere Trockenpflanzen können viel Wasser speichern und geben auch bei großer Hitze nur wenig Wasser ab. Von den Blüten und Früchten dieser Pflanzen ernähren sich viele Insekten. Diese werden von Reptilien gefressen. In den Wüsten Nordafrikas und Arabiens lebt der Wüstenfuchs, auch Fennek genannt. Er ernährt sich von Reptilien, Wüstenmäusen und Vögeln, die er nachts jagt.

Polarzonen

Aber nicht nur in den trockenen Wüsten findet man Pflanzen und Tiere. Auch im dicken Eis Grönlands und der Antarktis wachsen Pflanzen. In den warmen Monaten siedeln sich dort auf der Eisoberfläche grüne Algen an. Gefriert diese Schicht, werden die Algen im Eis eingeschlossen. Sobald das Eis schmilzt, gelangen die Algen mit dem Schmelzwasser ins Meer, wo sie von im Wasser lebenden kleinen Tieren, zum Beispiel kleineren Krebsen gefressen werden. Diese wiederum sind die Nahrungsgrundlage für größere Wassertiere wie Fische, die dann von Robben oder Pinguinen gefressen werden. Eine solche Abfolge aus voneinander abhängigen Organismen bezeichnet man als ▸ Nahrungskette. Da Beutegreifer wie Robben aber unterschiedliche Fischarten fressen, sich also von verschiedenen Beutetieren ernähren, sind in Ökosystemen die einzelnen Nahrungsketten zu ▸ Nahrungsnetzen verknüpft.

Menschen nutzen Pflanzen

Auch wir Menschen ernähren uns im Wesentlichen von Pflanzen. **Nahrungsmittel** liefernde Nutzpflanzen sind beispielsweise Weizen, Mais, Reis, Zuckerrüben und Kartoffeln. Futterpflanzen der Weiden, Wiesen und Felder werden von Haustieren gefressen und kommen dann in anderer Form als Eier, Fleisch und Milcherzeugnisse auf unseren Tisch.

Wie sehr der Mensch von den Pflanzen und ihren Leistungen abhängig ist, wird besonders in den so genannten Entwicklungsländern deutlich. Ernteausfälle durch Dürreperioden oder Überschwemmungen haben häufig Hungerkatastrophen in den jeweiligen Gebieten zur Folge. Nach Angaben der Weltgesundheitsorganisation WHO sterben jedes Jahr etwa 20 Millionen Menschen an ▸ Unterernährung und Hunger.

Pflanzen dienen aber nicht nur der Ernährung von Tier und Mensch. Faserpflanzen wie Baumwolle und Hanf liefern Rohstoffe, die zu Textilien verarbeitet werden. Fast die Hälfte der Weltbevölkerung ist vom Rohstoff ▸ Holz als Energiequelle abhängig. Es wird aber nicht nur als Brennstoff benötigt, sondern auch zur Papierherstellung und zum Bau von Häusern.

2 Afrikanische Wüste mit Wüstenfuchs

3 Antarktis mit Kaiserpinguinen

Wasser- und Stofftransport in den Pflanzen

1. a) Wenn ihr den Bau von Wurzeln untersuchen wollt, besorgt euch Kressesamen. Legt eine Petrischale mit feuchtem Filterpapier aus und streut den Samen darauf. Legt anschließend den Deckel auf und stellt das Gefäß bei Zimmertemperatur auf die Fensterbank. Achtet darauf, dass das Papier immer feucht bleibt.
b) Untersucht nach einigen Tagen die gekeimten Samen mit dem Binokular. Zeichnet einen Samen mit Wurzelspitze und beschriftet eure Zeichnungen.

2. Wie ist der Stängel einer Pflanze gebaut? Zur Untersuchung könnt ihr einen gefärbten Stängel aus Versuch 5 nutzen.

a) Nehmt den gefärbten Stängel und fertigt einen hauchdünnen Querschnitt, wie es die Abbildung zeigt. Am besten arbeitet ihr dabei mit einer Rasierklinge mit Korkhalterung. Stellt ein mikroskopisches Präparat her und mikroskopiert.
b) Erstellt eine mikroskopische Zeichnung.

3. Unter dem Mikroskop kann man die ▸ Spaltöffnungen von Blättern erkennen. Gut geeignet sind Blätter von Flieder, Tulpen oder Alpenveilchen.
a) Stelle ein mikroskopisches Präparat her: Ritze mit einer Rasierklinge die Blatthaut ein und ziehe mit einer Pinzette von Unter- und Oberseite eines Blattes je ein kleines Hautstück ab. Gib jedes in einen Wassertropfen auf Objektträgern, decke mit Deckgläsern ab.
b) Fertige eine mikroskopische Zeichnung an. Wie unterscheiden sich die beiden Präparate?

4. Erläutere mithilfe der Abbildung und des Informationstextes die Wasseraufnahme in eine Wurzelhaarzelle.
Tipp: Der Zellsaft ist chemisch gesehen eine Lösung und entspricht in der Abbildung den im Wasser gelösten Zuckerteilchen. Die Zellmembran ist halbdurchlässig und entspricht der Schweinsblase.

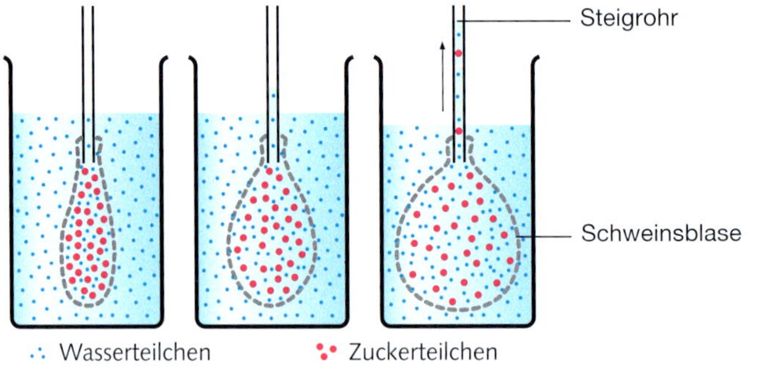

5. Mit diesem Versuch könnt ihr die Wasserleitung in Pflanzen und die Verdunstung näher untersuchen. Fertigt ein Versuchsprotokoll an.
a) Ihr braucht drei Sprosse von einem Fleißigen Lieschen oder einem Springkraut. Die Sprosse müssen etwa gleich groß sein. Einer sollte viele Blätter haben, beim nächsten entfernt ihr die Hälfte der Blätter und beim dritten alle Blätter. Füllt nun drei Reagenzgläser gleich hoch mit Wasser, das ihr mit Tinte zuvor gefärbt habt und stellt die Sprosse in die Gläser.
b) Gebt die Reagenzgläser in einen Reagenzglashalter und stellt ihn am Morgen auf eine sonnige Fensterbank. Formuliert eine Hypothese, wie sich der Wasserstand in den Reagenzgläsern im Lauf des Tages entwickeln wird.
c) Vergleicht den Wasserstand in den Reagenzgläsern nach einigen Stunden und erklärt das Versuchsergebnis. Überprüft, ob eure Hypothese richtig war.

6. Osmose lässt sich an Kartoffelstäbchen beobachten.
a) Schneidet aus dem Kartoffelinneren frische Kartoffelstäbchen. Legt eines in Leitungswasser und das andere in eine konzentrierte Zuckerlösung. Formuliert eine Hypothese, was passiert, und lasst den Versuch mehrere Stunden stehen.
b) Nehmt die Stäbchen danach aus dem Wasser und versucht sie zu biegen. Beschreibt den Unterschied und erklärt, wie es zum unterschiedlichen Biegeverhalten der Kartoffelstäbchen kommt. War eure Hypothese richtig?

Wie kommt das Wasser in die Pflanzen?

Im Frühjahr säen die Landwirte den Mais auf ihren Feldern aus. Nach dem Keimen des Samens bildet sich ein ausgedehntes **Wurzelsystem.** Gleichzeitig wächst die Pflanze in die Höhe. Bis zum Sommer ist aus dem Samen eine bis zu 2 Meter hohe Pflanze herangewachsen. In dieser Zeit hat sie über ihre Wurzeln große Mengen an Wasser und darin gelösten Mineralstoffen aufgenommen. Wie aber gelangt die Pflanze an dieses Wasser? Wir sehen uns dazu die Wurzel genauer an.

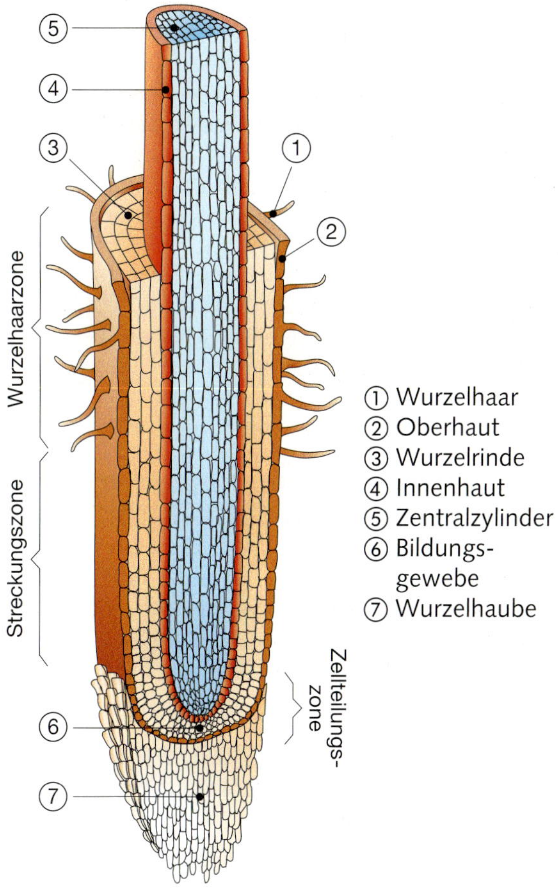

1 Wurzelspitze im Schnitt

Bau der Wurzeln

Wurzeln wachsen nur an ihrer Spitze. Dort liegt die **Zellteilungszone,** das zarte Bildungsgewebe, in dem durch ständige ▸ Zellteilungen neue Zellen entstehen. Das Bildungsgewebe wird von der Wurzelhaube umhüllt, deren äußere Zellen verschleimen und so das Eindringen der Wurzel in den Boden erleichtern.

An die Zellteilungszone schließt sich die **Streckungszone** an. Hier wachsen die Zellen in die Länge. Die Streckungszone geht in die **Wurzelhaarzone** über. Diese ist für die **Wasseraufnahme** verantwortlich. Hier bilden die meisten Zellen der Oberhaut dünne Wurzelhaare aus. Diese schieben sich zwischen die Bodenteilchen und erreichen dort das dazwischen haftende Wasser mit den darin gelösten Mineralstoffen, die die Pflanzen für ein gesundes Wachstum brauchen.

Wichtige **Mineralstoffe** sind beispielsweise chemische Verbindungen mit Calcium, Kalium, Phosphor, Stickstoff, Magnesium, Eisen und Schwefel. Die Stickstoffverbindungen nennt man Nitrate, die Phosphorverbindungen Phosphate. Wenn ein Mineralstoff wie zum Beispiel Calcium fehlt, bleiben die Pflanzen klein und die Blätter werden bräunlich. Fehlende Mineralstoffe im Boden kann man durch gezielte **Düngung** wieder hinzufügen, wobei die einzelnen Mineralstoffe in einem bestimmten Mengenverhältnis zueinander stehen müssen.

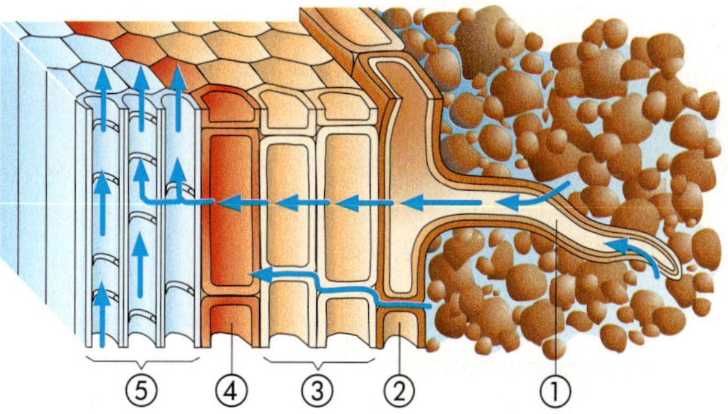

2 Wasseraufnahme durch die Wurzel und Weg des Wassers in das Leitgewebe

Transport von Wasser, Mineralstoffen und Nährstoffen

Über ihre zarten Zellwände nehmen die Wurzelhaare das Wasser und die darin gelösten Mineralstoffe auf. Wie der weitere Transport in die Zellen hinein geschieht, kann man folgendermaßen erklären.

3 Versuch zur Diffusion mit Kaliumpermanganatlösung

Unterschichtet man reines Wasser mit einer Kaliumpermanganat-Lösung, dann durchmischen sich alle Teilchen so lange, bis die Flüssigkeit überall gleich intensiv gefärbt ist. Dies bedeutet, dass die Konzentration der Lösung nun überall gleich ist. Der Vorgang, der eine solche Durchmischung von Teilchen und damit einen Konzentrationsausgleich verursacht, wird als **Diffusion** bezeichnet. Was passiert aber, wenn diesem Vorgang eine dünne Wand mit winzigen Poren, eine halbdurchlässige **Membran,** im Wege steht?
Folgender Versuch gibt eine Antwort darauf: Eine mit einer Zuckerlösung gefüllte Schweinsblase wird in reines Wasser gehalten. Die Poren in der Hülle der Blase sind zu klein für die Zuckerteilchen, die kleineren Wasserteilchen hingegen können durch die Poren in die Blase diffundieren. Deshalb fließt ständig Wasser in die Blase, so dass ein Konzentrationsausgleich erreicht werden kann. Gleichzeitig entsteht ein Überdruck in der Blase, der zum Anstieg der Flüssigkeit in dem angeschlossenen Steigrohr führt. Diese Art der Diffusion durch eine halbdurchlässige Membran wird **Osmose** genannt.

Die Wasseraufnahme über die Wurzelhaare und der anschließende Transport durch die Zellen der Wurzelrinde bis in den Zentralzylinder erfolgt nach demselben Prinzip. Das Bodenwasser mit den darin gelösten Mineralstoffen stellt eine Lösung dar, die eine geringere Konzentration besitzt als die Lösung im Zellplasma der Wurzelhaarzellen. Folglich wird das Bodenwasser mit den darin gelösten Mineralien über die halbdurchlässige ▸ Zellmembran der Wurzelhaare aufgenommen. Die Wurzelrindenzellen besitzen hingegen eine noch höhere Konzentration an gelösten Kohlenhydraten, Mineralstoffen und Proteinen in ihrem Zellinnern als die Wurzelhaare, so dass wiederum ein osmotischer Wassertransport zu den Wurzelrindenzellen erfolgt. Die Flüssigkeit im Leitgewebe des Zentralzylinders schließlich ist noch stärker konzentriert als das Zellplasma der Rindenzellen, so dass das Wasser über Zellen der Innenhaut in das Leitgewebe des Zentralzylinders Wurzel gelangt. Von dort steigt es nach oben in die **Leitbündel** des Pflanzenstängels.

Leitbündel setzen sich aus einem Gefäßteil und einem Siebteil zusammen. Der Gefäßteil besteht aus dünnen Röhren aus abgestorbenen Zellen ohne Querwände. Da über die ▸ Spaltöffnungen der Blätter ständig Wasser durch Verdunstung an die Luft abgegeben wird, entsteht in den dünnen Wasserleitungsröhren ein Unterdruck, der das Wasser mit den gelösten Mineralstoffen entgegen der Schwerkraft nach oben zu allen Blättern einer Pflanze steigen lässt.

Nährstofftransport
Im Siebteil werden in den Siebröhren gelöste Nährstoffe aus den Blättern durch die Pflanze in andere Pflanzengewebe wie Wurzeln oder Früchte und Samen transportiert.

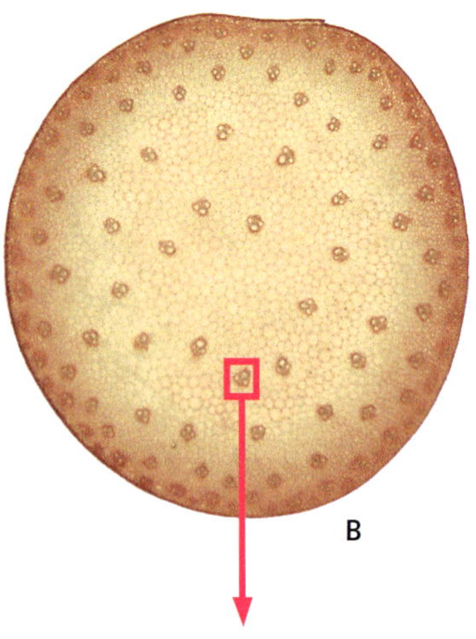

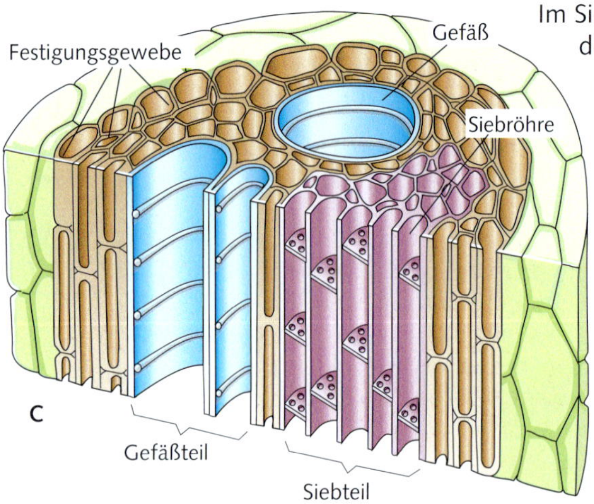

4 Mais. A *Stängelabschnitt;* **B** *Stängelquerschnitt;* **C** *Leitbündel (Blockbild)*

Aufbau und Speicherung von organischen Stoffen

1. Um herauszufinden, welches Gas bei der Fotosynthese entsteht, könnt ihr folgenden Versuch durchführen.

a) Bindet frische Sprosse der Wasserpest mit Draht zusammen. Schneidet die Stängel mit einem scharfen Messer frisch an. Gebt die Pflanzen mit den Stängeln nach oben in ein Wassergefäß. Stülpt einen Trichter so über die Pflanzen, dass dieser ganz von Wasser bedeckt ist. Füllt nun ein Reagenzglas randvoll mit Wasser. Eine Person verschließt es solange mit dem Daumen, bis sich die Öffnung unter der Wasseroberfläche befindet und stülpt es unter der Wasseroberfläche über den Hals des Trichters. Es darf kein Wasser aus dem Reagenzglas austreten. Belichtet den Versuchsaufbau mit einer hellen Lampe und lasst ihn einige Zeit stehen.

b) Wenn sich das Reagenzglas etwa zur Hälfte mit Gas gefüllt hat, zieht eine Person das Reagenzglas vorsichtig unter Wasser vom Trichterhals und verschließt es wieder mit dem Daumen. Es wird dann aus dem Wasser gehoben, umgedreht und erst danach wird der Daumen zurückgezogen. Eine andere Person führt unmittelbar nach dem Öffnen einen glimmenden Holzspan in das Reagenzglas ein.

Hinweis: Man zündet dazu einen Holzspan an, lässt ihn kurze Zeit brennen und bläst dann die Flamme aus, die Glut bleibt noch sichtbar. Ein glimmender Holzspan entflammt in reinem Sauerstoff.

c) Fertigt ein ausführliches ▸ Protokoll von eurem Versuch an, beschreibt eure Beobachtungen und formuliert danach ein Ergebnis.

d) Wasserpflanzen wachsen in unterschiedlichen Tiefen. Dies hat Auswirkungen auf die für die Fotosynthese zur Verfügung stehende Lichtmenge und damit auch auf die Produktion von Sauerstoff und Nährstoffen. Überlegt euch, wie ihr den Versuch so abwandeln könnt, so dass ihr diese Aussage darstellen könnt.

2. Die Stärkebildung in Blättern ist von mehreren Faktoren abhängig. Die Abbildungen A und C geben die Versuchsanordnungen zur Untersuchung von zwei dieser Faktoren wieder. In den Abbildungen B und D ist der jeweilige Stärkenachweis dargestellt. Zuvor wurde das Blattgrün aus den Blättern herausgelöst.

a) Beschreibe die Versuche A und C. Von welchen Faktoren ist die Stärkebildung hier abhängig?

b) Fertige von Versuch C ein Versuchsprotokoll an. Nenne den Einflussfaktor, der hier untersucht wurde.

c) Es gibt zwei weitere Faktoren, von denen die Stärkebildung abhängig ist und die hier nicht untersucht wurden. Um welche Faktoren handelt es sich?

3. Beschreibe den Bau von Laubblättern und erläutere die Funktion der einzelnen Schichten und Zellen. Gestalte ein Plakat und halte einen Kurzvortrag.

Pflanzen bauen organische Stoffe auf

Getreide, Kartoffeln, Zuckerrüben, Sonnenblumen, Obst und Gemüse sind wichtige Lieferanten von ▸ Kohlenhydraten, ▸ Eiweißen und ▸ Fetten für unsere Ernährung. In diesen **Nährstoffen** ist Energie gespeichert, die bei der ▸ Zellatmung wieder freigesetzt wird und die zur Aufrechterhaltung von Lebensvorgängen wie Atmung, Bewegung oder Wärmeerzeugung notwendig ist. Wie aber gelingt es den grünen Pflanzen, diese organischen Stoffe zu bilden und zu speichern?

Bau der Blätter

Der Grundbaustoff für diese ▸ Nährstoffe ist der **Traubenzucker,** den die Pflanze in ihren grünen **Blättern** bildet. Die Blätter haben eine große Oberfläche, um möglichst viel Sonnenenergie einzufangen. Der Querschnitt durch ein Blatt zeigt, dass es aus mehreren Schichten besteht. Die oberste Schicht, die Epidermis, besteht aus ▸ Zellen, die so dicht miteinander verbunden sind, dass man sie als feines Häutchen abziehen kann. Eine wachsartige Schicht, die **Kutikula,** überzieht die **Epidermis** und schützt das Blatt vor übermäßigem Wasserverlust. Auch auf der Blattunterseite wird das Blatt von einer Epidermis nach außen abgeschlossen. Unterhalb der oberen Epidermis liegt das **Palisadengewebe,** wo sich besonders viele Blattgrünkörner, die ▸ Chloroplasten, befinden. Sie enthalten das Blattgrün, das auch Chlorophyll genannt wird. Unter dem Palisadengewebe liegt das lockere **Schwammgewebe,** das große Hohlräume aufweist, die der Durchlüftung des Blattes dienen. Jedes Blatt ist von ▸ Leitbündeln durchzogen, die als Blattadern erkennbar sind. In der unteren Epidermis befinden sich viele Poren, die so genannten **Spaltöffnungen,** durch die die Hohlräume des Blattgewebes mit der Außenluft in Verbindung stehen. Jede Spaltöffnung wird von zwei Schließzellen begrenzt. Sie können je nach Umweltbedingungen ihre Gestalt verändern. Wenn durch Wasseraufnahme der Innendruck der Zellen steigt, nehmen sie bananenförmige Gestalt an und der Spalt öffnet sich.

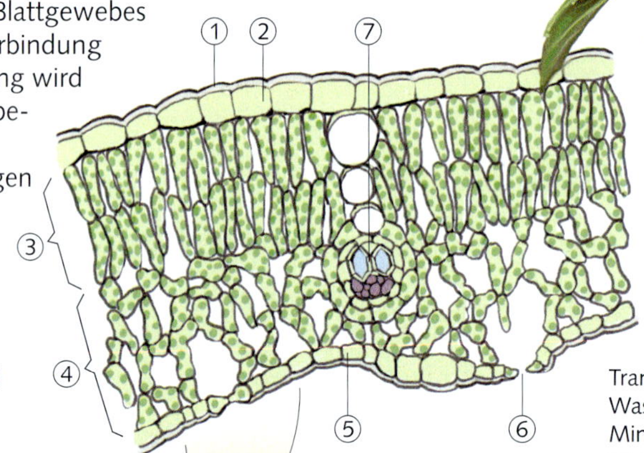

2 Blattquerschnitt
① Kutikula
② obere Epidermis
③ Palisadengewebe mit Chloroplasten
④ Schwammgewebe mit Chloroplasten
⑤ untere Epidermis
⑥ Spaltöffnung
⑦ Leitbündel

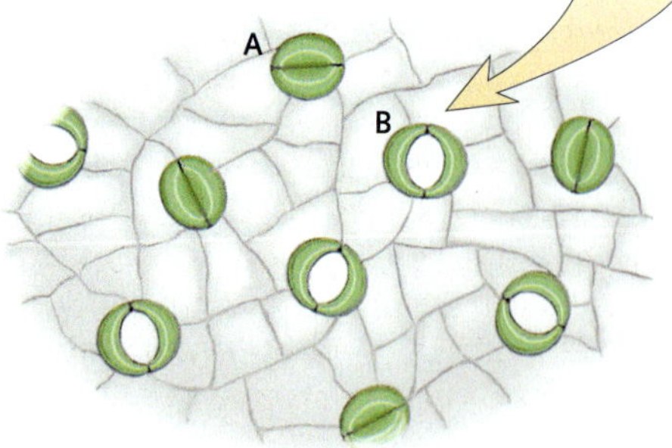

1 Spaltöffnungen. A *geschlossen;* **B** *geöffnet*

3 Sonnenblume

Die Blätter geben dann Wasserdampf ab und saugen gleichzeitig Wasser aus den ▸ Gefäßteilen der Leitbündel nach. Nimmt dagegen der Innendruck der Schließzellen ab, z. B. bei trockenem Wetter, dann strecken sie sich, sodass sich ihre Wände aneinanderlegen und der Spalt geschlossen ist. Mithilfe der Spaltöffnungen regulieren die Pflanzen aber nicht nur ihren Wasserhaushalt, sondern auch Aufnahme und Abgabe von Gasen wie Kohlenstoffdioxid und Sauerstoff.

Vorgänge bei der Fotosynthese

Bei geöffneten Spaltöffnungen kann das für die Zuckerproduktion wichtige Kohlenstoffdioxid der Luft ins Blatt gelangen.

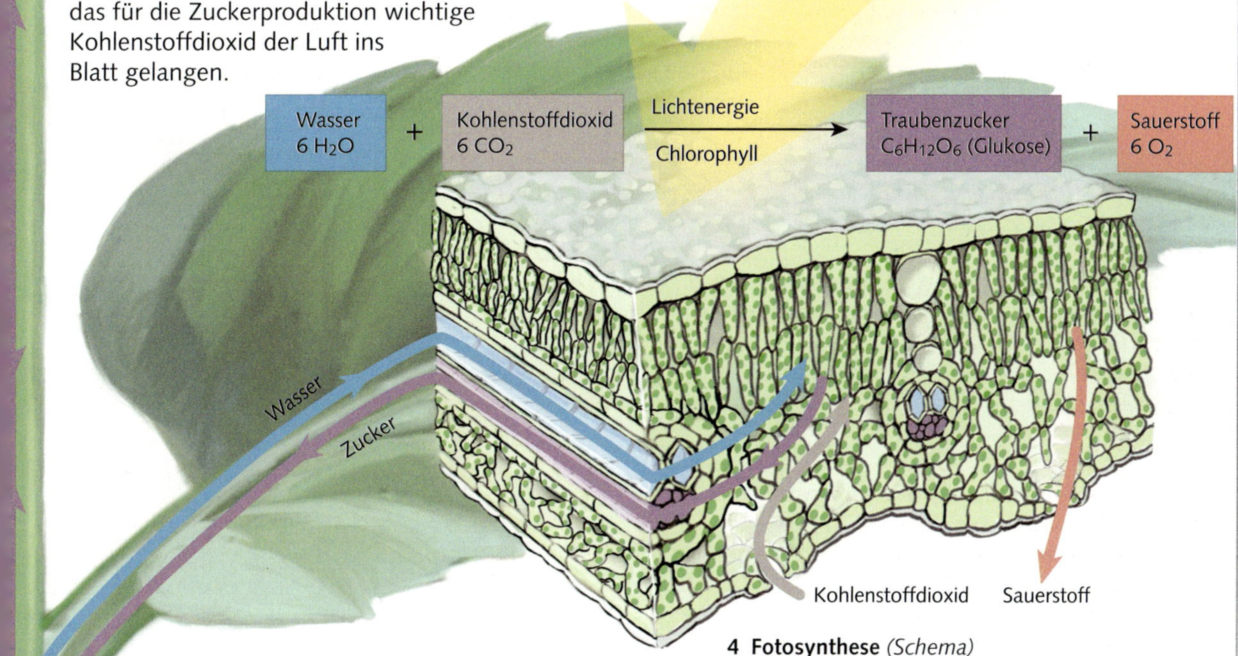

4 Fotosynthese *(Schema)*

Es verteilt sich durch die Hohlräume zwischen den Zellen des Schwammgewebes. Über den Gefäßteil der Blattadern wird Wasser herantransportiert. Die Chloroplasten nehmen beides auf. In den Chloroplasten werden nun mithilfe des Chlorophylls und der Energie des Sonnenlichts die Wasserteilchen gespalten. Dabei entstehen Wasserstoff und Sauerstoff. Der Sauerstoff gelangt durch Spaltöffnungen in die Außenluft. Gleichzeitig wird das Kohlenstoffdioxid aus der Luft mithilfe des gebildeten Wasserstoffs in den organischen Stoff Traubenzucker oder Glukose umgewandelt. Aus sechs Teilchen Kohlenstoffdioxid (CO_2) und sechs Teilchen Wasser (H_2O) kann so ein Teilchen Traubenzucker ($C_6H_{12}O_6$) aufgebaut werden. Dabei entstehen sechs Teilchen Sauerstoff (O_2). Diesen Prozess des Aufbaus von organischem Material bezeichnet man als **Fotosynthese.** Ein Teil der Lichtenergie wird dabei als chemische ▸ Energie in Traubenzucker gespeichert. In den Chloroplasten wird der Traubenzucker in **Stärke** umgewandelt und dort kurzzeitig gespeichert.

Pflanzen speichern Kohlenhydrate

Während der Nacht wird diese Stärke wieder zu Zucker abgebaut und im ▸ Siebteil der Leitbündel zu den nicht grünen Pflanzenteilen wie Wurzeln, Knollen, Samen oder Früchten transportiert. Dort wird der Zucker wieder in Stärke umgewandelt, die man dann als Speicherstärke bezeichnet. Traubenzucker und Stärke sind ▸ Kohlenhydrate, die Kohlenstoff enthalten.

Bei der Keimung oder beim Austreiben im Frühjahr greifen die Pflanzen auf diese Vorräte zurück. Mithilfe von ▸ Enzymen wird dann die Stärke wieder in ihre Bausteine, den Traubenzucker, zerlegt. Aus Traubenzucker stellt die Pflanze weitere energiereiche organische Stoffe wie Eiweiße und Fette her, aber auch Zellulose, den Baustoff der Zellwände. Sie produziert ▸ **Biomasse.** Mit diesem Begriff wird das gesamte organische Material bezeichnet, das die Pflanzen aufbauen.

Nahrungsbeziehungen und Stoffkreisläufe

1. a) Füllt das Schema einer Nahrungspyramide mit Organismen eines Ökosystems eurer Wahl. Anregungen findet ihr bei den Kapiteln zu den Ökosystemen Wald, See oder Meer.

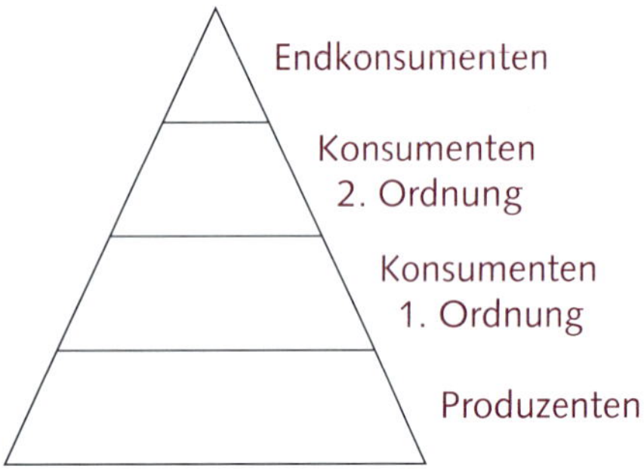

b) Erläutert, welche Stellung der Mensch in einer Nahrungspyramide einnimmt.

2. Erklärt den Begriff „Stoffkreislauf in Ökosystemen". Erstellt dazu Folien mit dem PC und präsentiert.

3. Stellt den Kreislauf des Kohlenstoffs dar. Verwendet dabei die Begriffe Produzenten, Konsumenten, Destruenten, Fotosynthese und Atmung. Über welche Vorgänge ist der Kreislauf des Kohlenstoffs mit dem des Sauerstoffs gekoppelt?

4. Die Uratmosphäre enthielt keinen Sauerstoff. Informiert euch über ihre Zusammensetzung. Wie kam es im Verlauf der Erdgeschichte zur Anreicherung mit Sauerstoff?

5. Mit diesem Versuch könnt ihr Kohlenstoff in Biomasse nachweisen.
Sicherheitshinweis: Schutzbrille tragen!
Ihr braucht dazu Eisenblech, eine Zange, Gasbrenner und verschiedene Stoffproben (zum Beispiel Laubblätter, Holz, Getreidekörner, Kochsalz, Zucker, Sand, Kreide, Eiklar).
a) Gebt von den Proben kleine Häufchen auf das Blech. Haltet es mit der Zange über die Flamme des Bunsenbrenners, bis sich die Proben nicht mehr verändern.
b) Nennt die Proben, die sich verändert haben, und beschreibt die Veränderungen.
c) Welche Proben enthalten Kohlenstoff?
d) Bei welchen Proben handelt es sich um Biomasse?
e) Haltet eure Beobachtungen in einer Tabelle fest.

Erzeuger, Verbraucher und Zersetzer

Pflanzen bauen bei der ▸ Fotosynthese **Biomasse** auf. Man bezeichnet sie deshalb auch als Erzeuger oder **Produzenten.** Von ihnen leben Tiere und der Mensch. Solche Organismen nennt man Verbraucher oder **Konsumenten.** Tiere, die sich direkt von Pflanzen ernähren wie ▸ Raupen oder Rehe bezeichnet man als Konsumenten 1. Ordnung. Von Raupen ernähren sich Tiere wie ▸ Ameisen oder kleinere Vögel. Solche Tiere sind Konsumenten 2. Ordnung. Von kleineren Vögeln ernähren sich wiederum größere Beutegreifer wie Marder oder Greifvögel, die dann Konsumenten 3. Ordnung genannt werden.

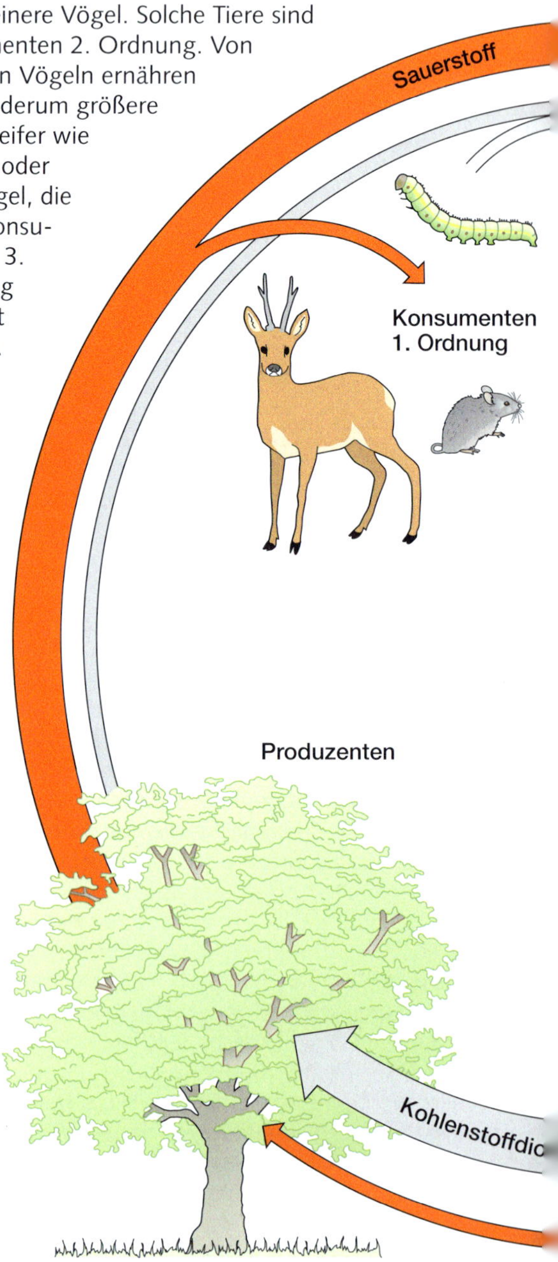

1 Kreislauf des Kohlenstoffs und Sauerstoffs

Stehen sie am Ende einer ▸ **Nahrungskette,** werden sie auch als Endkonsumenten bezeichnet.

Diese Nahrungsbeziehungen lassen sich in Form einer ▸ **Nahrungspyramide** darstellen, bei der die Gesamtbiomasse der Organismen von Stufe zu Stufe abnimmt. Ein Teil der Pflanzen wird jedoch nicht gefressen, sondern stirbt ab und fällt zu Boden. Dazu zählen Blätter und tote Äste. Sie werden, ebenso wie tote Tiere, von Bodenorganismen abgebaut. Man bezeichnet diese Bodenorganismen als Zersetzer oder **Destruenten.** Beim Abbau bleiben Mineralstoffe übrig, die von den Pflanzen wieder aufgenommen werden können. Damit hat sich der **Stoffkreislauf** geschlossen.

Kohlenstoffkreislauf
Mit diesem Kreislauf sind auch die Kreisläufe der Elemente Kohlenstoff (C) und Sauerstoff (O) verbunden.
Kohlenstoff ist Bestandteil des Gases Kohlenstoffdioxid (CO_2). Bei der ▸ Fotosynthese gelangt Kohlenstoff aus der Luft in die Pflanze. Er wird dort in Nährstoffen wie z. B. Traubenzucker oder Stärke gespeichert. Ein Teil der Nährstoffe wird von den Pflanzen bei der ▸ Zellatmung selbst verbraucht. Dabei entsteht Kohlenstoffdioxid, das die Pflanzen wieder in die Luft abgeben. Über die Nahrung nehmen Konsumenten wie Tiere oder Menschen den Rest der von den Pflanzen produzierten kohlenstoffhaltigen Stoffe auf. Sie werden in körpereigene Stoffe umgewandelt oder direkt zur Energiegewinnung abgebaut. Ein Teil des Kohlenstoffs wird mit der Atemluft in Form von Kohlenstoffdioxid (CO_2) wieder in die Luft abgegeben. Destruenten bauen totes Pflanzenmaterial, Tierausscheidungen und tote Tiere ab. Auch dabei wird Kohlenstoffdioxid frei, das an die Luft abgegeben wird. Es kann dann wieder von den Pflanzen aufgenommen werden. So schließt sich der Kohlenstoffkreislauf.

Sauerstoffkreislauf
Eng mit dem Kohlenstoffkreislauf verbunden ist der Sauerstoffkreislauf. Das Gas **Sauerstoff** (O_2) entsteht bei der Fotosynthese der grünen Pflanzen. Bei der Atmung nehmen Pflanzen, Tiere und Menschen Sauerstoff in ihren Körper auf. Sauerstoff ist am Abbau von Traubenzucker bei der ▸ Zellatmung beteiligt, bei der Energie für alle Lebensvorgänge gewonnen wird. Beim Abbau der kohlenstoffhaltigen Nährstoffe entstehen als Endprodukte unter anderem Kohlenstoffdioxid (CO_2), das ausgeatmet wird, und Wasser. Die Pflanzen nehmen das Kohlenstoffdioxid wieder auf. Bei der Fotosynthese entsteht unter anderem wieder erneut Sauerstoff. Auf diese Weise schließt sich der Sauerstoffkreislauf. Sauerstoff findet man nicht nur in der Luft, sondern auch im Wasser gelöst. Hier produzieren Wasserpflanzen wie beispielsweise Algen den Sauerstoff, den Wassertiere zum Leben brauchen.

Stickstoffkreislauf
Alle Lebewesen benötigen neben Kohlenstoff und Sauerstoff auch **Stickstoff** als Baustein beispielsweise für ▸ Eiweiße. Der gasförmige Stickstoff (N_2), der zu etwa 78 Prozent in der Luft vorkommt, kann von Pflanzen in dieser Form nicht genutzt werden. Die Pflanzen nehmen Stickstoff hauptsächlich in der Form von ▸ Nitraten aus dem Boden auf. Wenn Pflanzen und Tiere sterben, werden ihre Eiweißstoffe von den Destruenten abgebaut. Dadurch gelangt Stickstoff in den Boden zurück, wo er durch Bakterien in Nitrate umgewandelt wird. Nitrate sind wasserlösliche Salze, die mit dem Wasser über die Wurzeln der Pflanzen aufgenommen werden können.

Alle Lebewesen benötigen Energie

1. Erkläre, woher Pflanzen ihre Energie erhalten und wofür sie diese verwenden. Die Abbildungen zu dieser Aufgabe geben dir Hinweise.

2. a) Woher erhalten Tiere ihre Energie und wofür verwenden sie Energie? Die Abbildungen zu dieser Aufgabe und der Informationstext geben dir Hinweise. Schlage auch unter den Begriffen ▸ Nahrungskette und ▸ Nahrungsnetz nach. Gestalte ein Plakat zu einer Tierart deiner Wahl.

b) Der sparsame Umgang mit Energie ist für Tiere lebenswichtig. Nenne Möglichkeiten, wie Tiere Energie sparen können.
Tipp: Besonders im Winter ist die Versorgung mit Energie für Tiere ein Problem.

3. Welcher Stoffwechselvorgang läuft bei der Keimung ab?
Formuliere eine Vermutung und überprüfe sie, indem du folgenden Versuch durchführst und mithilfe eines ▸ Versuchsprotokolls dokumentierst.
Lasse getrocknete Erbsen oder Bohnen etwa 10 Stunden lang in Wasser quellen. Gib dann die gequollenen Samen in ein Gurkenglas, verschließe es sorgfältig und bewahre es einen Tag auf. Befestige die Kerze an einem Draht. Öffne dann vorsichtig das Gurkenglas mit den Samen und senke die brennende Kerze hinein. Senke zum Vergleich eine brennende Kerze in ein anderes leeres Gurkenglas.
Notiere deine Beobachtungen und erkläre sie.

4. Beschreibe den Unterschied zwischen dem Stofffluss und dem Energiefluss in Ökosystemen.

5. Erkläre den Zusammenhang zwischen Fotosynthese und Zellatmung.

Wie Pflanzen Energie gewinnen

Alle Lebewesen benötigen für Lebensvorgänge wie Wachstum, Stoffwechsel oder Bewegung ständig Energie. Die Pflanzen erhalten diese Energie durch die Verbrennung von Traubenzucker, den sie zuvor bei der ▸ Fotosynthese aufgebaut haben. Sie benötigen dazu einen Teil des Sauerstoffs, den sie ebenfalls bei der Fotosynthese produziert haben und den sie über die Blätter wieder aus der Luft aufnehmen. In den Pflanzenzellen wird der Traubenzucker in mehreren Reaktionsschritten zu Kohlenstoffdioxid und Wasser umgewandelt. Dabei wird die im Traubenzucker gespeicherte Energie des Sonnenlichts wieder frei und für die Pflanze verfügbar. Man bezeichnet diesen Vorgang als ▸ **Zellatmung.**

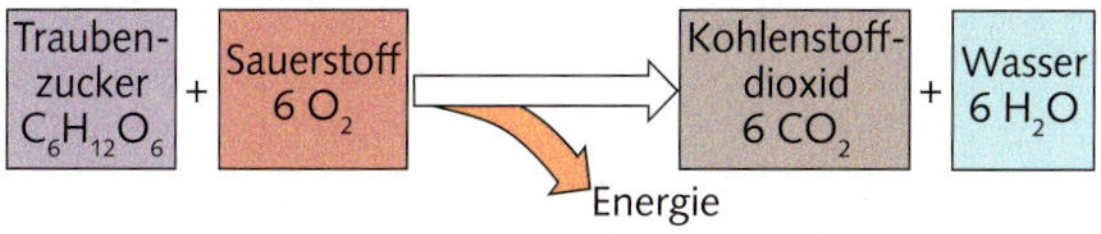

Etwa die Hälfte des in den Blättern gebildeten Traubenzuckers „veratmen" die Pflanzen selbst. Der Rest und die darin enthaltene Energie kann in unterschiedlichen Pflanzenteilen gespeichert werden.

Wie Menschen und Tiere Energie erhalten

Auch Tiere und Menschen gewinnen die Energie für ihre Lebensvorgänge durch die Zellatmung. Im Gegensatz zu den Pflanzen können sie den dafür nötigen Traubenzucker sowie den Sauerstoff nicht selbst herstellen. Den Traubenzucker nehmen sie mit der Nahrung auf. Den für die Zellatmung benötigten Sauerstoff entnehmen sie der Luft. Das bei der Zellatmung frei werdende Kohlenstoffdioxid verwenden die Pflanzen wieder zur Fotosynthese.

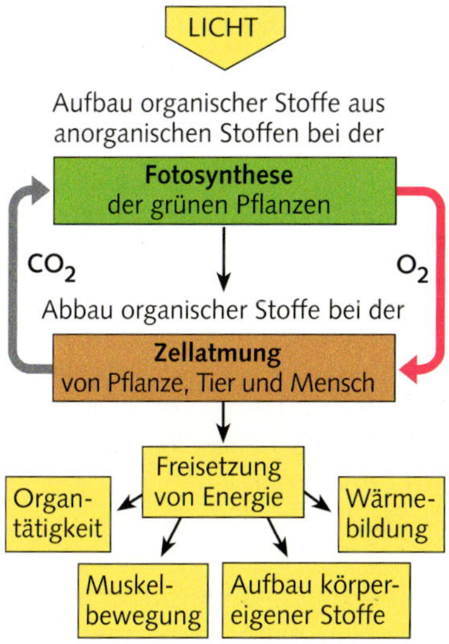

1 **Zusammenhang zwischen Fotosynthese und Zellatmung**

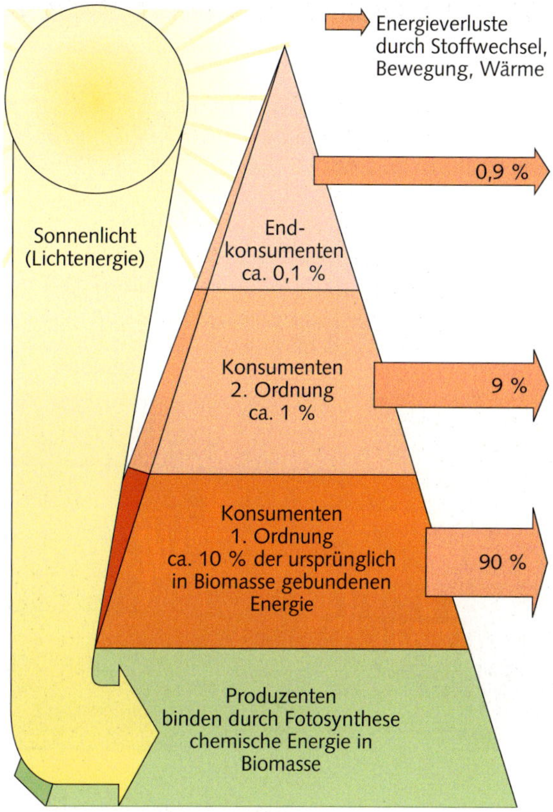

2 **Energiefluss in Ökosystemen**

Energie wird weitergegeben

Alle ▸ Nahrungsketten beginnen mit Pflanzen. Pflanzen fressende Tiere benötigen etwa 90% der aufgenommenen Energie für ihre eigenen Lebensvorgänge wie etwa für die Tätigkeit von Muskeln oder Nerven. Dabei wird Wärme nach außen abgegeben. Nur etwa 10 % der Energie wird chemisch gebunden und an die Konsumenten 2. Ordnung weitergegeben. Ähnlich wiederholt es sich auf den weiteren Stufen, so dass schließlich nur noch etwa 0,1 % der von den Pflanzen ursprünglich aufgenommenen Sonnenenergie bei den Endkonsumenten ankommen.
Deshalb kann der Weg der Energie als Einbahnstraße bezeichnet werden. Dagegen verläuft der Weg der Stoffe in ▸ Stoffkreisläufen. Nur durch die Fotosynthese gelangt Energie immer neu in die unterschiedlichen Ökosysteme.

Ökosysteme sind dann intakt, wenn der Stoffkreislauf und der Energiefluss relativ stabil funktionieren. Wenn auch nur ein Faktor, wie etwa die Temperatur, in Ökosystemen verändert wird, kann das dramatische Folgen für einzelne Arten haben. Weltweit ist dies zur Zeit an der ▸ Klimaerwärmung zu beobachten.

Das Klima verändert sich weltweit

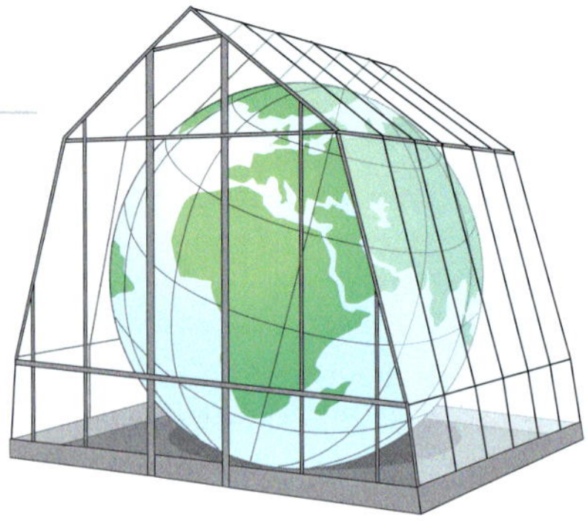

1. Die Atmosphäre unserer Erde wird oft mit einem Treibhaus verglichen. Informiere dich, wie ein Treibhaus funktioniert und fertige eine Grafik dazu an.

2. Ein Gas, das maßgeblichen Anteil an der Zunahme des zusätzlichen Treibhauseffektes hat, ist Kohlenstoffdioxid (CO_2). Werte die Abbildung aus. Beschreibe und erläutere den Verlauf der Kurve.
Hinweis: ppm = Konzentrationsangabe „parts per million": Teilchenzahl pro 1 Million Teilchen.

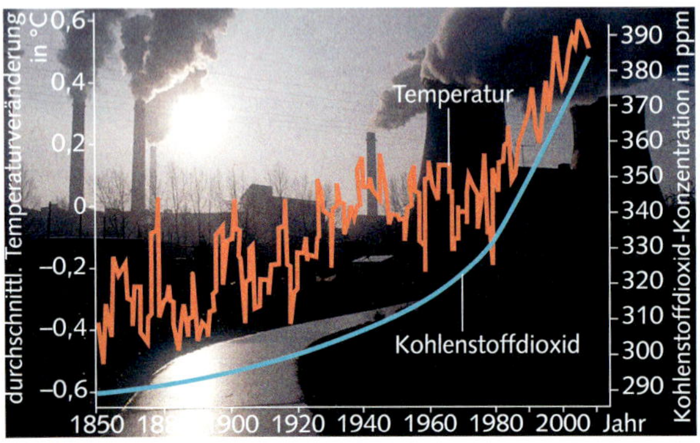

3. Plant einen Versuch, mit dem ihr die Wirkung von CO_2 auf die Temperatur der Atmosphäre in einem Experiment nachweisen könnt und führt ihn anschließend zusammen mit dem Lehrer durch.
Tipp: Verwendet zwei 1 Liter-Erlenmeyerkolben, 2 durchbohrte Gummistopfen, 2 Thermometer, eine CO_2-Gasflasche und einen Overheadprojektor. ▸ Visualisiert die Ergebnisse in einer geeigneten Grafik.

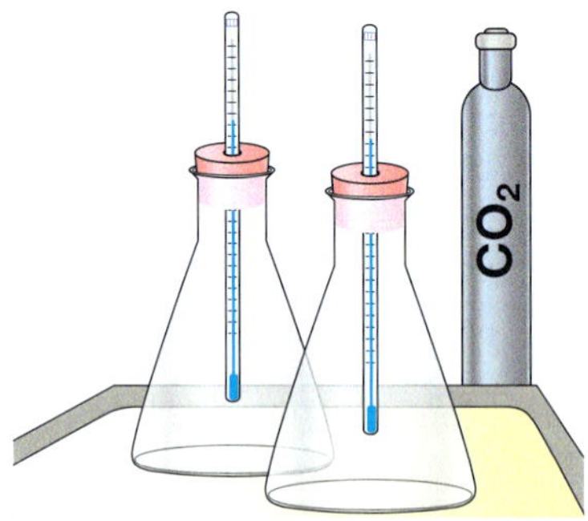

4. Es gibt außer CO_2 weitere klimaschädliche Gase von großer Bedeutung. Informiere dich über diese Gase, ihre Herkunft und ihre anteilige Bedeutung für den Treibhauseffekt.

5. Weltweit ist der Rückgang der Eismassen zu beobachten. Sowohl die Eismassen der Pole als auch die Gebirgsgletscher schmelzen.
a) Erläutere die Folgen.
b) Ermittle mit einem Atlas die Regionen der Erde, die von einem Meeresspiegelanstieg am stärksten betroffen wären.

6. Wissenschaftler versuchen, mithilfe unterschiedlicher „Szenarien" Auswirkungen weltweiter Klimaveränderungen zu beschreiben. Recherchiert, welche Folgen ein Anstieg der weltweiten Jahrestemperaturen für die verschiedenen Klimazonen der Erde haben könnte und stellt diese Szenarien in der Klasse vor.

Ein Überblick: CO_2-Produktion in Deutschland

… für Strom:	ca. 0,62 kg CO_2 je kWh
… Heizung (Erdöl):	ca. 2,9 kg CO_2 je Liter
… Heizung (Erdgas):	ca. 0,2 kg CO_2 je kWh
… Benzin/Diesel:	ca. 2,8 kg CO_2 je Liter
… Fahrten mit Bahn/Bus:	ca. 0,06 kg CO_2 je km pro Person
… Flüge mit dem Flugzeug:	ca. 0,15 kg CO_2 je km pro Person
hinzu kommen gerundete allgemeine Werte:	
… für Lebensmittel	ca. 1650 kg pro Person und Jahr
… sonstige Güter	ca. 2750 kg pro Person und Jahr
… allgemeine Kosten	ca. 1250 kg pro Person und Jahr

7. Man kann die CO_2-Produktion verschiedener menschlicher Aktivitäten bestimmen und daraus eine so genannte CO_2-Bilanz errechnen. Jeder Bundesbürger produziert im Mittel etwa 11 000 kg CO_2 pro Jahr.
a) Bestimme aus den Daten der Tabelle deine CO_2-Bilanz bzw. die deiner Familie pro Jahr.
b) Im Internet findest du leicht zu bedienende „CO_2-Bilanz-Rechner". Nutze einen Rechner und bestimme deine Bilanz und die deines Haushaltes.
c) Wie könntest du deine persönliche CO_2-Bilanz und die deines Haushaltes verbessern?

Wir leben in einem Treibhaus

Unsere Erdkugel ist von einer sehr dünnen, schützenden Hülle umgeben: der Atmosphäre. Ohne sie würde die Energie der Sonnenstrahlung von der Erdoberfläche sofort wieder reflektiert werden. Auf der Erde würde eine mittlere Temperatur von etwa –18 °C herrschen.

Die Gase der Erdatmosphäre wirken wie die Scheiben eines Treibhauses. Scheint die Sonne, so erwärmen ihre energiereichen Strahlen die Luft im Treibhaus. Die Gasteilchen in der Atmosphäre und die Erdoberfläche bewirken, dass ein Teil der Energie, die als Lichtstrahlen auf die Erde treffen, in Wärmeenergie umgewandelt wird. Diese Wärmestrahlung wird zudem wie in einem Treibhaus von den Gasteilchen teilweise reflektiert und somit erst verzögert wieder in den Weltraum abgestrahlt. Bei unserer heutigen Atmosphäre liegt die durchschnittliche Temperatur bei etwa 18 °C. Diese Vorgänge werden als **natürlicher Treibhauseffekt** bezeichnet. Durch diesen konnte das reichhaltige Tier- und Pflanzenleben auf unserer Erde erst entstehen.

Unter den **Treibhausgasen** hat Kohlenstoffdioxid (CO_2) den größten Anteil. Es lässt die wärmenden Sonnenlichtstrahlen auf die Erdoberfläche durch, vermindert aber die Reflektion der Wärmestrahlen zurück in den Weltraum.

Wir beeinflussen den Treibhauseffekt

Die Menschheit ist dabei, in die Zusammenhänge des natürlichen Treibhauseffektes einzugreifen. Wir erwärmen die Atmosphäre durch das Verbrennen von ▸ **fossilen Brennstoffen.** Dabei setzen wir auch große Mengen an CO_2 frei. Dies verstärkt den Treibhauseffekt deutlich. Neben Kohlenstoffdioxid gibt es jedoch weitere klimawirksame Gase wie Methan (CH_4) und Lachgas (N_2O). Beide entstehen hauptsächlich in der intensiven Landwirtschaft – Methan vor allem durch Viehhaltung und Reisanbau, Lachgas durch den Einsatz von stickstoffhaltigen Düngemitteln. Die Summe der Klimaveränderungen, die durch menschliche Aktivitäten verursacht werden, bezeichnet man als **zusätzlichen Treibhauseffekt.**

1 **Alpengletscher 1900 und 2000**

Wissenschaftler nehmen eine zusätzliche **Erwärmung der Erde** um bis zu 3 °C bis zum Jahre 2100 an. Die Eismassen der Erde drohen weiter abzuschmelzen. Bislang im Eis gebundenes Wasser gelangt dann in die Meere. Nimmt die Temperatur des Meerwassers ebenfalls zu, führt dies zu einer Ausdehnung des Wasserkörpers und damit zu einem weiteren Anstieg des Meeresspiegels. In den flachen Randgebieten der Kontinente kann es zu massiven Überschwemmungen kommen und viele Millionen Menschen in den küstennahen Bereichen würden dann in ihrer Existenz bedroht.

Eine weitere Folge könnte die **Verschiebung der Klimazonen** sein. In heute trockenen Gebieten würden sich zunehmend Dürren ausbreiten. Unsere gemäßigten Breiten könnten wesentlich trockener werden. Überschwemmungen auf der einen Seite, zunehmende Trockenheit auf der anderen Seite würden die Landwirtschaft stark negativ beeinträchtigen, sodass die Ernährung der Menschheit noch stärker in Gefahr geriete. Befürchtet wird auch eine Ausbreitung von bislang auf tropische und subtropische Gebiete beschränkte ▸ Infektionskrankheiten.

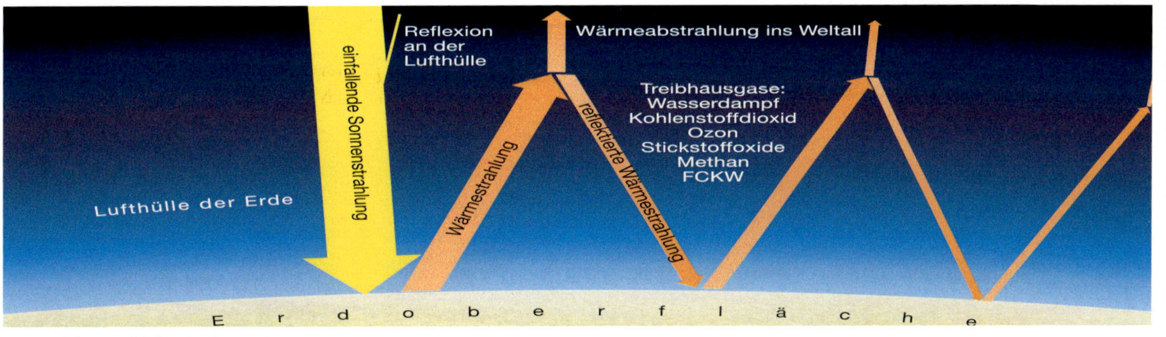

2 **Treibhauseffekt** *(Schema)*

Belastung der Atmosphäre = Gefahr für uns Menschen

1. Informiere dich über das Gas „Ozon“, seine Zusammensetzung, seine Entstehung und seine Eigenschaften. Erstelle aus den Informationen einen Steckbrief.

2. Man kann Ozon auch selber „herstellen“: Schlage zwei Feuersteine kräftig gegeneinander. Dabei entsteht ein stechender Geruch. Dieser stammt vom Ozon.

3. Die beiden Seiten einer Medaille: „Ozon nützt – Ozon schadet.“ Was ist damit gemeint?

4. a) Ist es im Sommer über Tage bis Wochen heiß und sonnig, werden Ozonwarnungen ausgesprochen. Erläutere die Zusammenhänge.
b) Berichte, wie man sich bei erhöhten Ozonwerten verhalten sollte.
c) Informiere dich über Grenzwerte für Stickstoffoxide und Schwefeldioxid und berichte.

5. Trage Informationen zum Thema „Smog“ zusammen.
a) Erläutere die Herkunft des Wortes „Smog“.
b) Wie wirkt sich Smog auf unsere Gesundheit aus?
c) Erläutere die Unterschiede zwischen Wintersmog und Sommersmog.

6. Die Tortendiagramme zeigen die Anteile und Herkunft der in Deutschland im Jahr 2005 durch menschliche Aktivitäten verursachten Schwefeldioxid (SO_2)- und Stickstoffoxidemissionen (NO_x), die hauptsächlich verantwortlich sind für die Bildung von Smog. Werte die Diagramme aus.
a) An welchen Stellen muss etwas getan werden, um die Ursachen zu reduzieren?
b) Was könnte getan werden?
c) Welchen Beitrag könnte jeder Einzelne von uns leisten?
Erstellt ein Plakat zu diesem Thema.

7. Sammle Informationen zu den Themen „Feinstaub“, „Feinstaubproblematik“ und „Rußpartikelfilter“. Worum geht es hierbei?

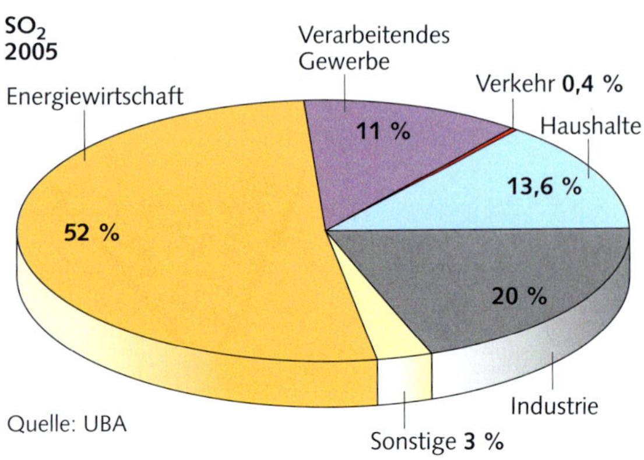

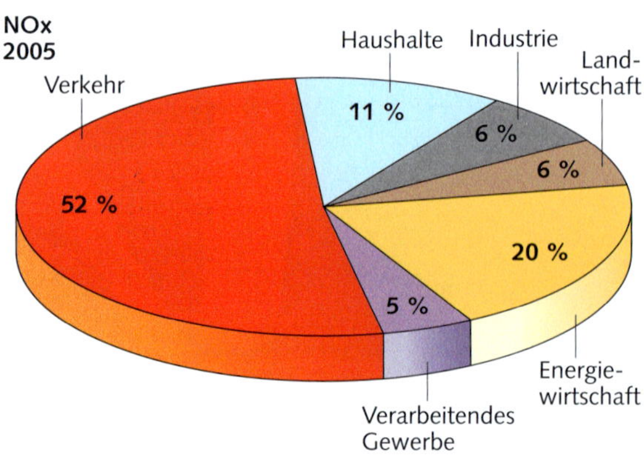

Quelle: UBA

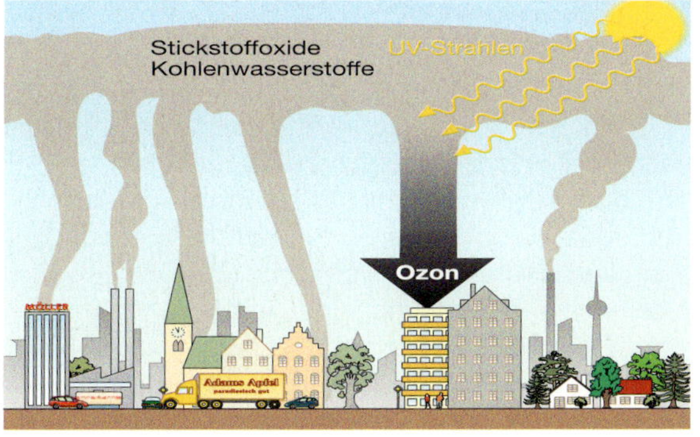

1 Sommersmog

Ozon oben – Ozon unten

Die ▸ Atmosphäre unserer Erde hat sich im Verlauf der Erdgeschichte zu ihrer heutigen Zusammensetzung entwickelt. In etwa 20–50 km Höhe über der Erdoberfläche bildete sich eine **Ozonschicht. Ozon** ist ein Gas. Ein Ozonmolekül (O_3) besteht aus drei Sauerstoffatomen. Die Bildung von Ozon erfordert eine große Energiemenge, die durch die ▸ **ultraviolette Strahlung** (UV) der Sonne geliefert wird. Ozon ist ein blass-blaues Gas mit einem stechenden Geruch. In höherer Konzentration ist es giftig, reizt die Schleimhäute, greift die Blattoberflächen der Pflanzen an und zerstört sie.
Die Ozonschicht filtert ähnlich einer Sonnenbrille bis zu 90 % der ultravioletten Strahlung aus dem Sonnenlicht heraus. Dies basiert auf der Spaltung des Ozons durch die energiereiche UV-Strahlung in ein zweiatomiges Sauerstoffmolekül (O_2) und ein sehr reaktionsfreudiges Sauerstoffatom (O). Dieses Sauerstoffatom verbindet sich sofort wieder mit einem Sauerstoffmolekül zu einem neuen Ozonmolekül. Die Sonnenstrahlen sind also durch ihren hohen Energiegehalt sowohl an der Bildung als auch an der Zerstörung des Ozons beteiligt. Normalerweise besteht zwischen Bildung und Zerstörung des Ozons ein Gleichgewicht und die Dicke der Ozonschicht bleibt daher mehr oder weniger konstant.
Die Neubildung des Ozons wird jedoch durch den Menschen beeinflusst. Wir produzieren so genannte **Chlor-Fluor-Kohlenwasserstoffe (CFKW,** umgangssprachlich auch **FCKW** genannt). Sie wurden als Kühlmittel in Kühlgeräten und als Treibmittel in Spraydosen verwendet. Eingesetzt werden sie auch heute noch vielfach in Autoklimaanlagen. Die CFKW steigen in die Atmosphäre auf und führen dazu, dass mehr Ozon abgebaut als wieder gebildet wird. In verschiedenen Bereichen der Ozonschicht entstanden hierdurch Löcher, vor allem im Bereich der Antarktis, aber auch über dem Nordpol. Durch die **Ozonlöcher** kann die ultraviolette Strahlung der Sonne ungehindert bis zu Erdoberfläche gelangen. Eine zu starke UV-Strahlung kann ▸ Mutationen und somit auch die Entstehung von ▸ Hautkrebs verursachen. Die Verwendung der „Ozonkiller" ist zwar mittlerweile weitgehend verboten, aus früheren Jahrzehnten befinden sie sich jedoch immer noch in der Atmosphäre.
Ozon kann jedoch nicht nur aus reinem Sauerstoff gebildet werden. Auch Stickstoffdioxid (NO_2) und verschiedene Kohlenwasserstoffverbindungen (CH) aus Abgasen tragen über komplizierte chemische Prozesse bei starkem UV-Licht zur Ozonbildung bei. Hierbei werden dann vor allem im Bereich von Ballungsgebieten große Mengen an Ozon in Bodennähe angereichert. Man nennt diese Erscheinung **Sommersmog,** weil sie vor allem im Hochsommer auftritt.

Smog

Der Begriff Smog setzt sich zusammen aus zwei englischen Wörtern, nämlich Smoke (Rauch) und Fog (Nebel). Für die Entstehung von Smog sind bestimmte Wetterlagen Voraussetzung. Im Winter kann es bei Windstille passieren, dass sich warme aufsteigende Luft wie eine Glocke über kältere Luftmassen legt, die sich in Bodennähe befinden. Abgase, Rauch und Staub können nicht aufsteigen, sondern sammeln sich in Bodennähe an. Sie können sich bei diesem als **Wintersmog** bezeichneten Phänomen stark anreichern und unsere Gesundheit gefährden. Sie führen vor allem zu Herz- und Kreislaufbeschwerden sowie Atemwegserkrankungen. In den letzten Jahren hat die Smoggefahr bei uns etwas abgenommen, weil zunehmend abgasarme Fahrzeuge und abgasverminderte Heizungs- und Industrieanlagen entwickelt wurden.
Zusätzlich wurden weitere Maßnahmen zur Reduzierung der Abgase in Ballungsräumen durchgeführt. So haben größere Städte zur Verminderung der **Feinstaubbelastung** Fahrverbote eingerichtet. Für Dieselfahrzeuge werden so genannte Rußpartikelfilter angeboten, die die entstehenden Rußteilchen herausfiltern sollen.

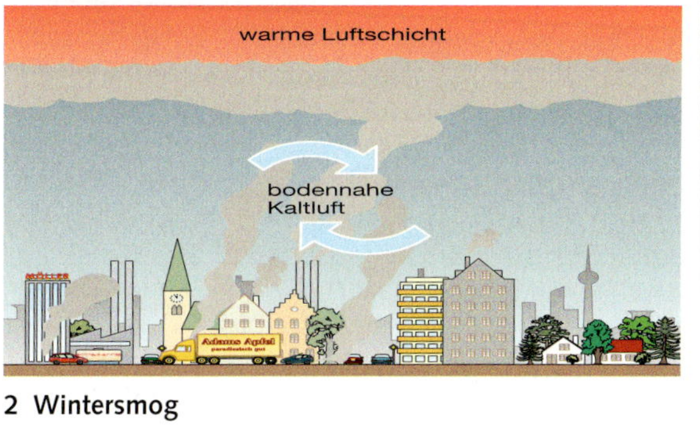

2 Wintersmog

Entstehung fossiler Brennstoffe

Fossile Brennstoffe

Stein- und Braunkohle, Erdöl und Erdgas sind fossile Brennstoffe. Sie befinden sich meist nicht in der Nähe der Erdoberfläche, sondern werden aus größeren Tiefen gefördert. Gemeinsam ist ihnen, dass sie große Mengen Kohlenstoff enthalten, der vor Millionen von Jahren durch die Prozesse der Fotosynthese gebunden wurde. Kohlenstoff liefert bei der Verbrennung Wärmeenergie. Derzeit werden etwa 90 Prozent der weltweit benötigten Energiemengen aus fossilen Energieträgern gedeckt. Durch ihre Verbrennung gelangen große Mengen an Kohlenstoffdioxid in die Erdatmosphäre. Diese Freisetzung hat Auswirkungen auf die weltweite Entwicklung des ▸ Klimas.

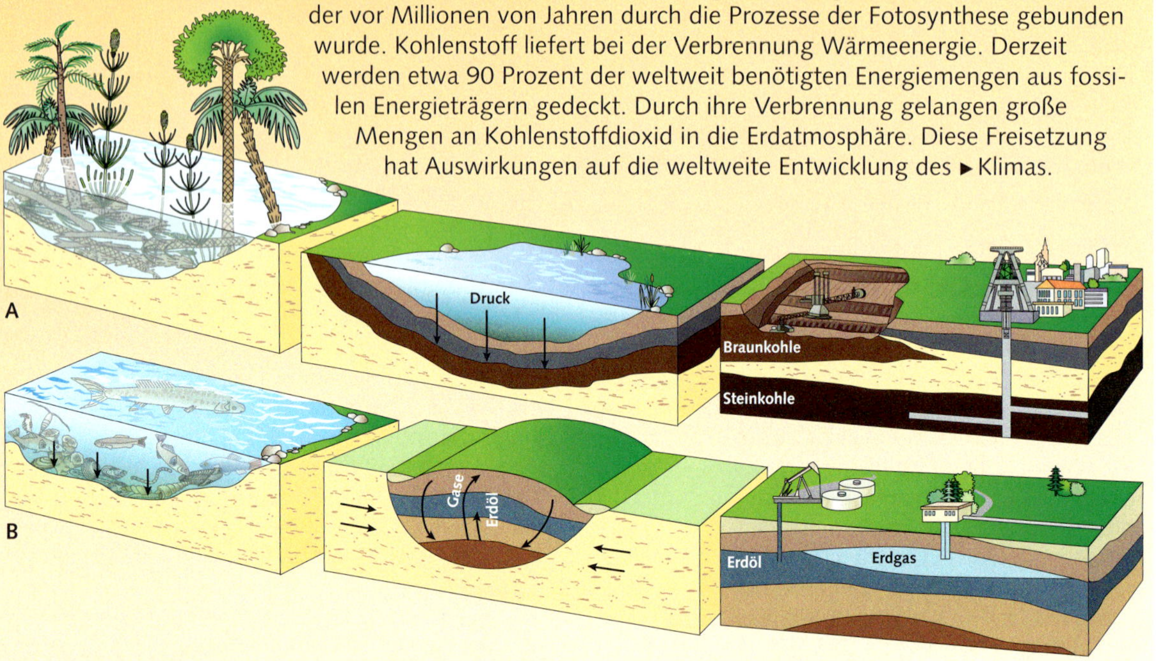

1 Entstehung und Förderung von fossilen Brennstoffen.
A *Stein- und Braunkohle;* **B** *Erdöl und Erdgas*

Steinkohle

Sie entstand im Erdzeitalter des ▸ **Karbon** vor etwa 330 Millionen Jahren. Üppige Sumpfwälder bedeckten die Erde. Abgestorbene Pflanzen versanken im Schlamm und gelangten unter Luftabschluss. Daher wurden sie nicht vollständig zersetzt. Kohlenstoffhaltige Schichten reicherten sich an. Hoher Druck und hohe Temperaturen setzten einen Prozess in Gang, den man ▸ **Inkohlung** nennt. Im Laufe vieler Millionen Jahre bildete sich so die Steinkohle.

Erdöl und Erdgas

Erdöl und Erdgas entstanden in verschiedenen Erdzeitaltern vor 300 bis 50 Millionen Jahren durch die Ablagerung toter Kleinorganismen am Grunde von Gewässern. Die dort herrschende Sauerstoffarmut führte zur Bildung von Faulschlamm. Dieser wurde später mit anderen Ablagerungen überdeckt. Dadurch entstand ein hoher Druck. Im Laufe langer Zeiten bildeten sich so aus dem kohlenstoffreichen Faulschlamm durch Luftabschluss, Druck und hohe Temperaturen Erdöl und Erdgas.

Braunkohle

Ihr Entstehungsprozess begann vor etwa 70 Millionen Jahren im ▸ **Tertiär.** Ausgedehnte Wälder gerieten nach ihrem Absterben und Absinken unter Luftabschluss. Die Inkohlung ist wegen des geringeren Alters noch nicht so weit fortgeschritten wie bei der Steinkohle. Die Braunkohlenvorkommen lagern in Deutschland relativ dicht unter der Erdoberfläche und werden im Tagebau gewonnen.

1. Stelle für Steinkohle, Braunkohle sowie Erdöl und Erdgas grundlegende Informationen zu folgenden Themen in einer übersichtlichen Tabelle zusammen: Entstehungszeit, beteiligte Organismen, Entstehungsbedingungen, Lagerstätten, Förderung, Verwendung.

2. Erläutere den Satz: „Die in den fossilen Energieträgern enthaltene Energie stammt von der Sonne".

3. a) Ermittelt, wo sich auf der Welt große Lagerstätten von Stein-, Braunkohle, Erdöl und Erdgas befinden. Tragt diese in eine Weltkarte ein.
b) Sammelt Informationen über die noch vorhandenen Reserven an fossilen Energieträgern und die zeitliche Reichweite der einzelnen Energierohstoffe. Stellt Vermutungen darüber an, warum die Angaben in verschiedenen Quellen so unterschiedlich sind.

Streitgespräch in einer Expertenrunde

In einem Streitgespräch geht es um den Austausch von Argumenten zu einem strittigen Thema. Im vorliegenden Fall soll es um das in der Öffentlichkeit heftig diskutierte Thema „Biokraftstoffe – eine Alternative?“ gehen. Wichtig sind zunächst die zugrunde liegenden Fakten, aber auch unterschiedliche Auffassungen im Bezug auf die Nutzung von Biokraftstoffen. Diese hängen unter anderem auch von gewissen wirtschaftlichen Interessen ab.
Die Argumente werden im Streitgespräch von entsprechenden Experten vorgetragen. Experten sind Personen, die sich mit einer bestimmten Thematik beschäftigen und sich dort gut auskennen. Für euch ist es daher wichtig, euch zuerst mit Informationen zum Thema vertraut zu machen.

Biokraftstoffe – was ist das?
Biokraftstoffe sind Kraftstoffe, die in Verbrennungsmotoren oder Heizungsanlagen verbrannt werden. Anders als die ▸ fossilen Brennstoffe entstammen sie der laufenden land- und forstwirtschaftlichen Produktion.
Durch zum Teil komplizierte chemische Verfahren können aus Pflanzen oder deren Früchten, aus Holzresten oder auch aus Mist so Treibstoffe produziert werden. Bekannte Beispiele sind Biodiesel, Biogas, Bioethanol oder reines Pflanzenöl.

Vorbereitung und Durchführung

- Legt zunächst Gesprächsregeln fest, die bei dem Streitgespräch beachtet werden sollen.
- Bildet dann mehrere Teams für das Streitgespräch, die sich jeweils für eine der Interessengruppen entscheiden: zum Beispiel Landwirtschaft, Naturschutz, Klimaschutz, Autoindustrie, Politik.
- Jedes Team macht sich auf seinem Gebiet kundig, beispielsweise durch Recherchen im Internet, in Zeitungen und Zeitschriften oder durch Befragung von Personen, die sich mit der Thematik befassen.
- Notiert die Pro- und Contra-Argumente auf Kärtchen, um diese bei der Diskussion zur Verfügung zu haben.
- Bedenkt vor dem Gespräch auch mögliche Argumente eurer Gesprächspartner, damit ihr in der Diskussion rasch darauf reagieren könnt.
- Legt fest, wer aus eurem Team am Streitgespräch teilnimmt. Die Diskussion leitet ein Moderator. Er führt in die Thematik ein, eröffnet die Diskussion, überwacht die Einhaltung der Gesprächsregeln und beendet mit einer Zusammenfassung.

Auswertung

Beurteilt den Verlauf des Streitgesprächs, wie zum Beispiel die Einhaltung der Gesprächsregeln, die jeweiligen Argumentationen oder Reaktionen auf Beiträge der anderen Teilnehmer.
Welche Beiträge haben überzeugt, wo sind noch weitere Informationen nötig? Welche sind die schwerwiegenden, welche die weniger gewichtigen Argumente?

Globale Umweltprobleme – Nachhaltige Nutzung der Ressourcen

1. In der Grafik sind die Verteilung des Gesamtenergieverbrauchs und der Pro-Kopf-Energieverbrauch in verschiedenen Weltregionen dargestellt.
a) Werte die Grafik aus und formuliere allgemeine Aussagen. Welche Probleme ergeben sich?
b) In welchem Zusammenhang steht dazu die Aussage: „Verzicht fordern, ihn aber selbst nicht üben"?

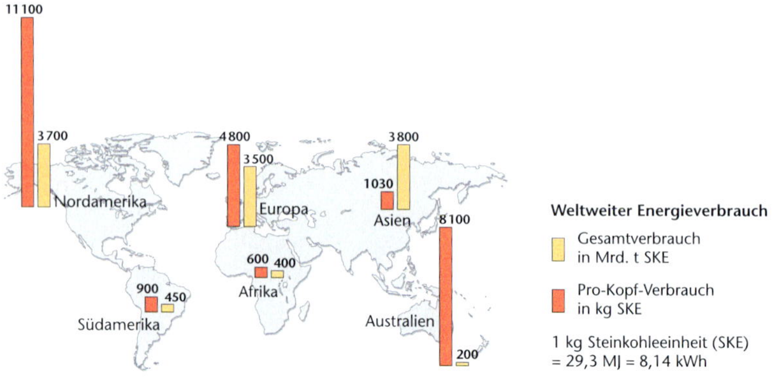

2. Die Abbildung zeigt eine Prognose des „Club of Rome", in dem international anerkannte Experten zu vielen Bereichen des Lebens auf der Erde zusammenarbeiten. Sie betrachten den Zustand der Welt und versuchen, die weiteren Entwicklungen abzuschätzen.
a) Informiere dich über den „Club of Rome". Welche Ziele verfolgt die Organisation? Stelle den „Club of Rome" in einem Kurzreferat vor.
b) Beschreibe die Aussagen der Grafik.

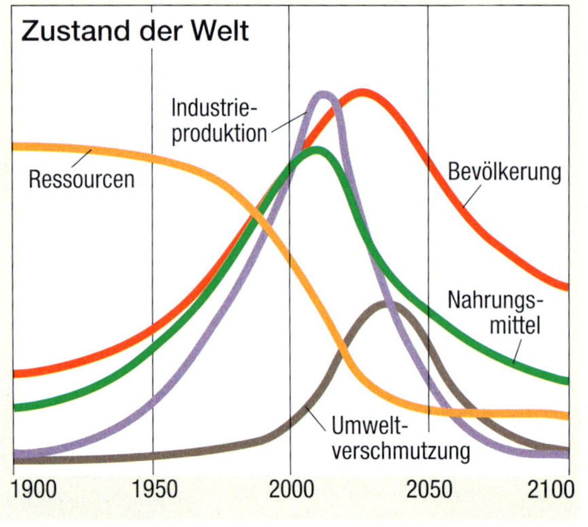

3. Was versteht man unter der „AGENDA 21"? Welche Rolle spielt der Begriff der Nachhaltigkeit?

4. Umweltschutzmaßnahmen lassen sich drei Bereichen zuordnen: dem technischen Umweltschutz, dem biologisch-ökologischen Umweltschutz und dem Ressourcenschutz. Nenne für jeden Bereich mindestens zwei Beispiele.

5. Stelle dar, wie umweltfreundliches Verhalten im Hinblick auf Nahrungsmittel aussehen könnte.
Informiere dich dazu über die Frage, woher unsere Lebensmittel kommen. Meistens ist im Supermarkt nur das Herkunftsland angegeben.
Du kannst über das Internet die Wege bestimmter Nahrungsmittel vom Produzenten bis zum Konsumenten verfolgen. Gib ein Nahrungsmittel, z. B. „Kaffee", bei einer Suchmaschine ein und arbeite dich von dort aus weiter vor. Weitere mögliche Stichworte: Handel, Welthandel, fairer Handel, Weg einer Banane, Weg des Kaffees.

Die AGENDA 21 – ein Programm für die nachhaltige Nutzung unserer Umweltgüter

„Nachhaltiges Handeln bedeutet den Erhalt unserer Lebensgrundlagen auch für nachfolgende Generationen und damit die Verwirklichung von Generationengerechtigkeit."

Horst FRANK, Mitglied des Rates für Nachhaltige Entwicklung

1 Weltweite Partnerschaft

In jeder Sekunde werden auf unserem Planeten drei Kinder geboren. Wenn das **Bevölkerungswachstum** so weitergeht wie bisher, wird sich die Menschheit in 30 bis 40 Jahren verdoppelt haben. Schätzungen gehen von 9 bis 12 Milliarden Menschen auf der Erde aus. Was bedeutet dies für unsere Zukunft? Je mehr Menschen auf der Erde leben, desto mehr **Ressourcen,** also Nahrungsmittel, Wasser, Rohstoffe, Energie und Boden werden benötigt. Damit steigt die Belastung der Erde. Allerdings belasten nicht alle Menschen die natürlichen Grundlagen gleich stark: Den weitaus größten Anteil daran hat die Bevölkerung der Industriestaaten, der so genannten „hoch entwickelten" Länder. Entwicklung wird also häufig mit einer starken Belastung der Umwelt „erkauft".

1972 veröffentlichte der **„Club of Rome"** den Bericht „Grenzen des Wachstums". In ihm wurden die Probleme des Umgangs mit den natürlichen Ressourcen der Erde erstmals umfassend kritisch beleuchtet. Ab diesem Zeitpunkt begann ein Umdenken in den Industriestaaten. 1992 trafen sich zum ersten Mal in der Geschichte Vertreter von insgesamt 178 Staaten der Erde in Rio de Janeiro in Brasilien. Bei dieser Konferenz der Vereinten Nationen über Umwelt und Entwicklung diskutierten die Vertreter mögliche Lösungen für die globalen Probleme wie Hunger, Armut, Krieg und die wachsenden sozialen Unterschiede zwischen Industrie- und Entwicklungsländern. Verabschiedet wurde ein Programm, das der Menschheit eine sichere Zukunft bringen soll: die **AGENDA 21** – eine Handlungsanleitung für das 21. Jahrhundert. Ein wichtiger Aspekt ist dabei die nachhaltige Entwicklung.
Unter **Nachhaltigkeit** versteht man eine umweltverträgliche Nutzung unserer Lebensgrundlagen, sodass auch die nachfolgenden Generationen überall auf der Welt gut leben können und ihnen eine lebenswerte Existenz möglich ist.
Drei Themenbereiche sind für diese nachhaltige Entwicklung gleichermaßen wichtig: das ökologische Gleichgewicht, die ökonomische Sicherheit und die soziale Gerechtigkeit. Diese drei Schwerpunkte kommen auch im „magischen Dreieck der Nachhaltigkeit" zum Ausdruck.
Eine wichtige Erkenntnis ist die, dass Umweltprobleme und soziale Fragen nicht getrennt voneinander betrachtet werden können. So haben alle Menschen das gleiche Recht auf Entwicklung. Kein Land darf aber dabei auf Kosten der Natur, anderer Länder und zukünftiger Generationen leben. Leider entspricht dies in vielen Fällen nicht der Wirklichkeit. Eine Möglichkeit der nachhaltigen Entwicklung besteht im Ausbau und der zunehmenden Nutzung regenerativer Energiequellen.

2 Dreieck der Nachhaltigkeit

10 Jahre nach der Rio-Konferenz fand in Johannesburg (Südafrika) eine Folgekonferenz statt. Hier wurde eine erste Bilanz gezogen. Einiges hatte sich verbessert, in vielen Bereichen jedoch wurden keine Fortschritte oder sogar Rückschritte erkennbar. Nach wie vor gibt es gewaltige Probleme, vor allem in den Bereichen Wasser, Energie, Armut, soziale Gerechtigkeit, Artenvielfalt und Gesundheit.

Es gibt zahlreiche Möglichkeiten, sich auch in der Schule mit Projekten der AGENDA 21 zu beschäftigen. Das Motto „global denken – lokal handeln" macht es deutlich.

3 Verschiedene Aspekte

Maßnahmen zum Schutz der Umwelt

Das wichtigste Ziel im Hinblick auf die Nachhaltigkeit ist die Erhaltung der Lebensgrundlagen des Menschen. Umweltschutz findet dabei auf vielerlei Ebenen statt.

Der **biologisch-ökologische Umweltschutz** befasst sich mit der Erhaltung, Wiederherstellung und schonenden Nutzung der Landschaft. Es geht unter anderem um Landschaftspflege und Artenschutz.

Bio nach EG-Öko-Verordnung

Der **technische Umweltschutz** kümmert sich beispielsweise um die Erhaltung der Qualität der Luft und der Gewässer.
Mithilfe von immer effektiveren Filteranlagen werden die Rauchabgase von Kohlekraftwerken gereinigt. Katalysatoren und Partikelfilter sorgen dafür, dass die Belastungen durch die Abgase der Kraftfahrzeuge geringer werden. In Kläranlagen werden die Abwässer gereinigt. Es ist daher wichtig, dass alle Haushalte an die öffentliche Kanalisation angeschlossen sind.

Der **Ressourcenschutz** hat zum Ziel, die begrenzten Vorräte auf der Erde so zu nutzen, dass sie auch nachkommenden Generationen noch zur Verfügung stehen. Wie beim Umweltschutz geht es auch hier insbesondere um die nachhaltige Nutzung der Güter. Energiequellen wie Sonne und Wind stehen zeitlich unbegrenzt zur Verfügung und können helfen, das Problem des ▸Treibhauseffekts einzudämmen.

Nur wenn Maßnahmen aus diesen Bereichen kombiniert werden, kann das Überleben zukünftiger Generationen von Menschen auf der Erde gesichert werden. Es geht aber auch darum, Zeichen zu setzen. Jeder Einzelne kann hierzu beitragen, zum Beispiel durch die Nutzung regenerativer Energiequellen und durch den Kauf von Produkten, die umweltverträglich produziert worden sind. Solche Produkte werden durch die verschiedensten Umweltzeichen und Logos gekennzeichnet, und zwar nicht nur im Lebensmittelbereich, sondern in allen Bereichen der Produktion und des Handels.

Natur- und Artenschutz

Einrichtung von Biosphärenreservate

Der Schutz und die Pflege von Pflanzen, Tieren und ihren Lebensräumen ist ein wichtiger Teil des Umweltschutzes. In Deutschland wird der Naturschutz über das Bundesnaturschutzgesetz geregelt. Größere zusammenhängende Naturschutzgebiete können von der UNESCO (United Nations Educational, Scientific and Cultural Organization) als Biosphärenreservate ausgewiesen werden. So können für eine Vegetationszone typische Kulturlandschaften besonders geschützt werden. Im Mai 2009 gab es 553 Biosphärenreservate in 107 Ländern.

1. Informiere dich über Biosphärenreservate und beschreibe einige Beispiele.

2. Das Biosphärenreservat **Pfälzerwald-Nordvogesen** wurde 1998 als erstes grenzüberschreitendes Biosphärenreservat der UNESCO in Europa ausgewiesen. Halte einen Kurzvortrag.

Rote Liste

In sogenannten „Roten Listen“ werden Tier- und Pflanzenarten aufgeführt, die in einer Region, einem Land oder weltweit besonders bedroht sind. Von den Vereinten Nationen wurden in den letzten Jahren mehr als 44 800 Arten untersucht. Danach kamen 16 928 Arten auf die Rote Liste 2008.

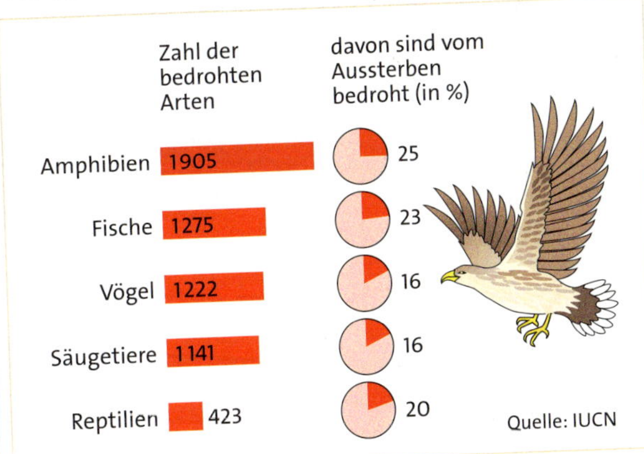

3. a) Erläutere, was man unter der „Roten Liste“ versteht. Wie wird sie erstellt und wie ist sie aufgebaut?
b) Beschreibe die Aussage der Grafik in eigenen Worten und nenne für jede Wirbeltierklasse ein Beispiel aus der höchsten Gefährdungsstufe.
c) Erläutere, wodurch die in der „Roten Liste“ genannten unterschiedlichen Arten hauptsächlich bedroht sind und mit welchen Maßnahmen ihnen geholfen werden könnte.

Nahrungsbeziehungen
Pflanzen (Produzenten) nutzen die im Traubenzucker gespeicherte Energie für ihre eigenen Lebensvorgänge und bauen energiereiche Biomasse auf. Die darin enthaltenen Nährstoffe und damit auch die Energie werden über Nahrungsketten an Menschen und Tiere (Konsumenten) weitergegeben. Viele Nahrungsketten bilden ein Nahrungsnetz. Nahrungsbeziehungen lassen sich in Nahrungspyramiden darstellen, bei denen die Gesamtbiomasse der Lebewesen von Stufe zu Stufe abnimmt.

Stoffkreisläufe und Energiefluss
Pflanzen, Tiere und abbauende Mikroorganismen bewirken Stoffkreisläufe. In einem intakten Ökosystem bleiben die Stoffe erhalten. Kohlenstoff, Sauerstoff und Stickstoff bewegen sich in Kreisläufen. Energie muss in Ökosystemen ständig über die Sonne neu zugeführt werden. Die verfügbare Energie nimmt in Nahrungspyramiden von Stufe zu Stufe ab.

Ökosystem

Ein Ökosystem ist eine Einheit, in der Lebensraum (Biotop) und Lebensgemeinschaft (Biozönose) in Wechselbeziehung zueinander stehen. Jedes Ökosystem ist durch ganz bestimmte abiotische Faktoren geprägt. Zu ihnen gehören die herrschende Temperatur, die Art und Menge der Niederschläge, die Lichtmenge und die Bodenverhältnisse. Man unterscheidet natürliche Ökosysteme (z. B. Seen, Wälder, Meer) und künstliche Ökosysteme (z. B. Städte, Felder, Wiesen).

Fotosynthese und Zellatmung
Die grünen Pflanzen bilden die Grundlage des Lebens in allen Ökosystemen auf der Erde. Sie sind an die unterschiedlichsten Lebensräume angepasst. Bei der Fotosynthese bauen sie mithilfe von Chlorophyll aus Kohlenstoffdioxid und Wasser Traubenzucker auf. Dabei wird Sauerstoff frei. Das Sonnenlicht liefert die Energie für diesen Vorgang.

Wasser + Kohlenstoffdioxid —(Lichtenergie, Chlorophyll)→ Traubenzucker + Sauerstoff

Bei der Zellatmung der Lebewesen wird Traubenzucker abgebaut. Dabei wird Energie für alle Lebensvorgänge bereitgestellt.

Traubenzucker + Sauerstoff → Kohlenstoffdioxid + Wasser (→ Energie)

Belastung oder Zerstörung von Ökosystemen:
- Abholzung, Straßen- und Siedlungsbau, Industrie, Landwirtschaft, Entwässerung, Stauseen
- Gefährdung von Arten
- Belastung von Boden, Wasser, Luft

Ökologisch verantwortlich handeln
- Schutz gefährdeter Ökosysteme
- Vermeidung und vermehrte Reinigung von Abwässern und Abgasen, Recycling von Abfall
- nachhaltige Land-, Forst- und Fischereiwirtschaft

1. Ökosysteme werden durch abiotische und biotische Faktoren geprägt.
a) Erkläre die Begriffe „abiotisch" und „biotisch".
b) Ordne die aufgeführten Beispiele nach abiotischen und biotischen Faktoren: Sand, Wildschwein, Hagebutte, Schatten, Kleiner Fuchs, Hitze, Humus, Klatschmohn, Bodenfeuchtigkeit, Regenwurm.

2. Die Abbildung zeigt den Querschnitt eines Laubblattes einer Rotbuche.

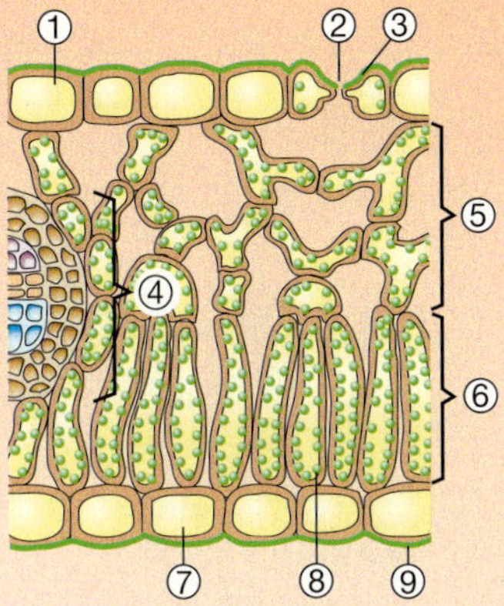

a) Benenne die einzelnen Teile.
b) Irgendetwas ist hier nicht richtig dargestellt. Finde es heraus.

3. Welche Aussagen treffen für den Wasser- und Stofftransport in Pflanzen zu?
a) Über die Blätter nehmen Pflanzen Wasser und darin gelöste Mineralstoffe auf.
b) Der Wassertransport entgegen der Schwerkraft wird durch die Transpiration über die Blätter und den Druck des in die Wurzeln nachströmenden Wassers ausgelöst.
c) Über den Gefäßteil der Leitbündel wird der bei der Fotosynthese gebildete Traubenzucker in Samen, Früchte oder Wurzeln transportiert.
d) Der gebildete Zucker wird in den Speicherorganen der Pflanzen meist in Form von Stärke gespeichert.

4. Schreibe den Vorgang der Fotosynthese als Wortgleichung auf.

5. Schreibe den Vorgang der Zellatmung als Wortgleichung auf.

6. Beschreibe ein Experiment, mit dem du nachweisen könntest, dass gequollene Erbsen Zellatmung betreiben. Wie würdest du testen, welches Gas dabei entsteht?

7. Die Versuche A–D wurden mit Sprossen der Wasserpest durchgeführt.

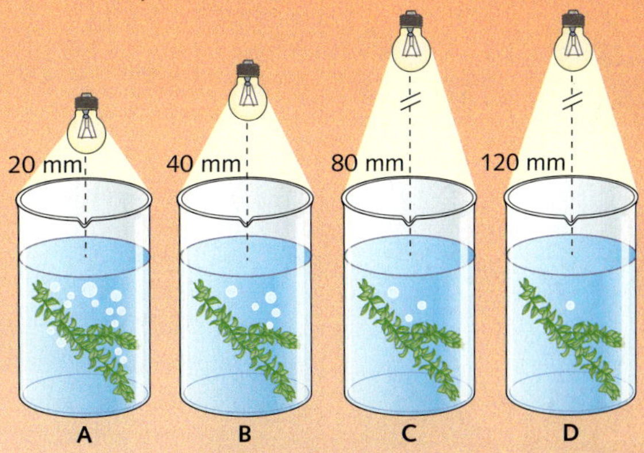

a) Beschreibe die Beobachtungen in den Versuchen A–D.
b) Interpretiere die Beobachtungen und formuliere eine allgemeine Aussage.

8. Beschreibe die Vorgänge ① bis ⑤, die in der Abbildung dargestellt sind.

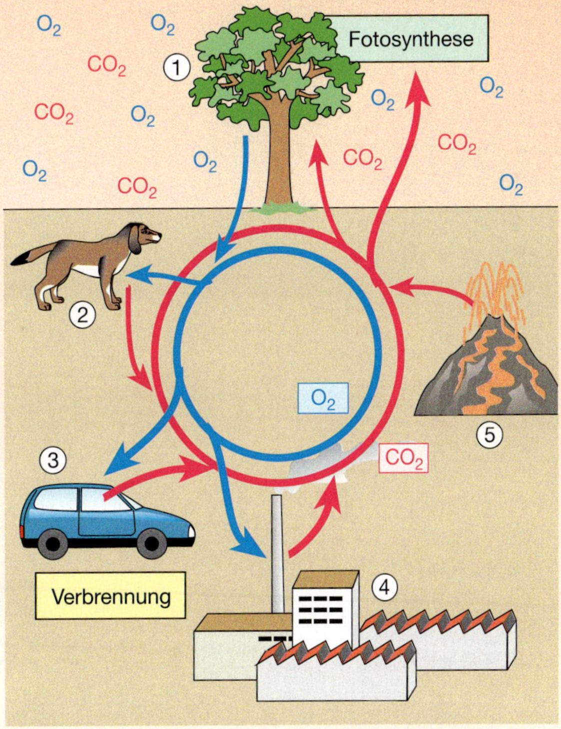

9. Erkläre den Begriff Treibhauseffekt und erläutere kurz, wie der durch den Menschen verursachte Treibhauseffekt entsteht.

Wald ist nicht gleich Wald. Worin unterscheiden sich Wälder und wie kommt es zu diesen Unterschieden?

Ökosystem Wald

Ein Wald liefert Holz. Aber wozu braucht man einen Wald sonst noch? Warum sollte der Wald für uns wertvoll sein?

Den Wald vor lauter Bäumen nicht sehen. Was übersieht man denn dann?

Der Wald ist Lebensraum für viele Tiere. Ameisen, Rehe und was noch?

Wald in Gefahr? Worin bestehen diese Gefahren und was kann man tun, um den Wald zu schützen?

Der Wald – ein Ökosystem

1. Erstellt eine Mindmap zum Thema Wald. Die Bilder in diesem Kapitel geben euch hierzu Anregungen.

2. Erkundet in Gruppen verschiedene Wälder in der Nähe der Schule oder in eurer Wohnumgebung. Fertigt Skizzen vom Aufbau dieser Wälder oder macht Fotos. Tragt die Ergebnisse zusammen und beschreibt die verschiedenen Waldtypen.

3. a) Beschreibt auf der Grundlage der Erfahrungen bei einem Lerngang und mithilfe der Abbildungen, Skizzen, Fotos auf diesen Buchseiten den Stockwerkbau des Waldes.
b) Legt eine Tabelle an und nennt möglichst viele Pflanzen- und Tierarten der verschiedenen Waldstockwerke.
c) Beschreibt die Lebensbedingungen für Pflanzen und Tiere in den verschiedenen Stockwerken des Waldes.

4. Am Waldrand wachsen viele verschiedene Straucharten, häufig mehr als mitten in einem Wald. Erkläre dies.

5. Beschreibe, wie sich der Wald im Lauf der Jahreszeiten verändert. Fertige ein Naturtagebuch an und halte diese Veränderungen und weitere interessante Aspekte darin fest.

6. Sammle Beispiele, in denen du erläuterst, welche Bedeutung der Wald für den Menschen hat.

Lebensraum Wald

Wälder können sehr unterschiedlich aussehen und doch gibt es einige Gemeinsamkeiten. Viele Wälder sind in mehrere verschiedene Schichten oder **Waldstockwerke** untergliedert. Diese Stockwerke sind durch bestimmte Bedingungen gekennzeichnet und bieten damit Pflanzen und Tieren vielfältige Lebensmöglichkeiten.

Wurzelschicht

Im Waldboden sind die Wurzeln der Pflanzen verankert, die aus dem Boden Wasser und darin gelöste Mineralstoffe aufnehmen. Abgestorbene Pflanzenteile wie Blätter und Äste, aber auch Tierkot und tote Tiere werden hier zerkleinert und abgebaut. Diese Abbauarbeit wird von den ▸ Destruenten, zahllosen größeren und kleineren Organismen geleistet. Zu ihnen gehören beispielsweise ▸ Regenwürmer und Asseln, aber auch ▸ Pilze und Bakterien. Durch die Abbauprozesse wird mineralstoffreicher ▸ Humus gebildet, der den Pflanzenwurzeln die wichtigen ▸ Mineralstoffe zur Verfügung stellt.

Moosschicht

Diese Schicht befindet sich unmittelbar auf dem Erdboden. Sie wird meist nicht höher als 10 bis 20 cm. Je nach Waldtyp kann sie sehr unterschiedlich ausgeprägt sein. ▸ Moose gehören zu den Pflanzen, die auch an Stellen wachsen können, die nur wenig Sonnenlicht erhalten. Die Moosschicht dient dem Wald als ein wichtiger Wasserspeicher. In der Moosschicht wachsen außerdem verschiedene Arten niedriger Gräser. Zudem findet man hier die Fruchtkörper vieler ▸ Pilze und viele wirbellose Tiere.

Krautschicht

In diesem Stockwerk des Waldes wachsen Gräser und andere Blütenpflanzen sowie ▸ Farne. Im Frühjahr kann man in manchen Waldtypen einen Blütenteppich aus verschiedenen Frühblühern wie Buschwindröschen, Scharbockskraut oder Maiglöckchen entdecken. Im Sommer wachsen hier vor allem Pflanzen, die mit wenig Licht auskommen wie Springkraut, Schattenblume oder Sauerklee. Die Krautschicht reicht bis in eine Höhe von etwa einem Meter. Sie hat eine große Bedeutung für Blüten besuchende ▸ Insekten und auch für andere Tiere wie beispielsweise Vögel und kleine Säugetiere.

1 Der Stockwerkbau des Waldes

Strauchschicht

Oberhalb der Krautschicht schließt sich die Strauchschicht an. Die hier vorkommenden Sträucher wie Haselnuss, Holunder oder Weißdorn werden meist zwei bis sechs Meter hoch. Zu diesem Waldstockwerk gehören außerdem Kletterpflanzen wie die Waldrebe, aber auch junge Bäume. Ebenfalls befinden sich in dieser Schicht die Stämme der größeren Bäume. In ihnen finden zum Beispiel Spechte und Fledermäuse sowie Holz bewohnende Insekten geeignete Lebensbedingungen.

Baumschicht

Die Baumschicht ist die Schicht, die in einem Wald den größten Raum einnimmt. Im unteren Bereich der Baumschicht befinden sich die kleineren bzw. jüngeren Bäume, die ihre Kronen in Höhen von 10 bis 15 m ausbreiten. Im oberen Bereich findet man die Kronen der Laubbäume, zum Beispiel von ▸ Rotbuche, Hainbuche, Eiche, Esche oder Ahorn oder die von Nadelbäumen wie Fichte, ▸ Waldkiefer, Lärche oder Tanne. Die Kronenbereiche der Bäume bieten zahlreichen Insektenarten, Säugetieren und Vögeln einen Lebensraum.

Spezialisten an Bäumen

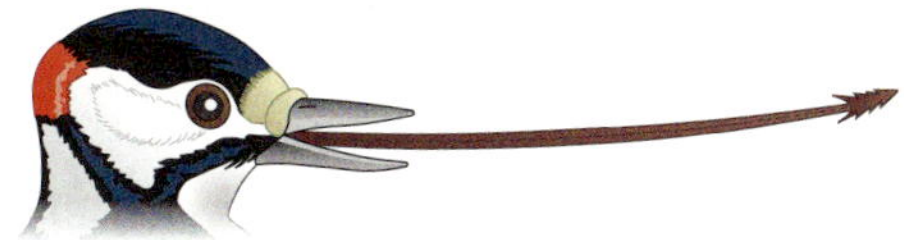

A

1. Die Zeichnung zeigt Buntspechte bei verschiedenen Tätigkeiten am Baum. Nenne das jeweils dargestellte Verhalten.

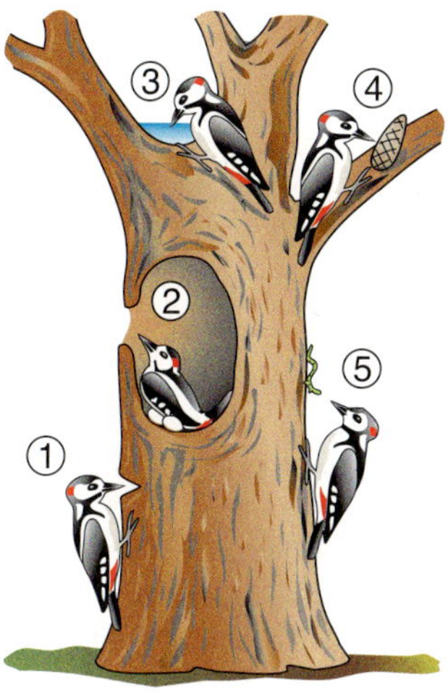

2. Erläutere, wie Spechte an das Leben an Bäumen angepasst sind.

	Zungen-länge	Schnabel-länge
Schwarzspecht	18 cm	6,3 cm
Buntspecht	6 cm	2,5 cm
Kleinspecht	3 cm	1,4 cm

3. Die Schnäbel von Buntspecht (A), Kleiber (B) und Gartenbaumläufer (C) verraten etwas über die Nahrungsorte. Erläutere.

B

C

4. a) Erläutere die jeweilige Zusammensetzung der „Speisezettel" von Spechtarten im Verlauf eines Jahres anhand der Diagramme in den unteren Abbildungen.

b) Erläutere am Beispiel von Buntspecht, Schwarzspecht und Kleinspecht, wie sich diese die Nahrung „aufteilen" und wodurch dieses geschieht.

c) Zur Brutzeit im Mai/Juni ändert sich beim Buntspecht die Zusammensetzung der Nahrung. Nenne mögliche Gründe.

Ameisen und Ameisenpuppen	Nadelholz-samen	Beeren	Blattläuse	Käfer, Käferlarven und verschiedene Insekten

Schwarzspecht — **Buntspecht** — **Kleinspecht**

Im Revier der Spechte

Im Frühjahr kann man im Wald kurze Trommelwirbel hören. Sie stammen von Spechten, die in kurzer Folge mit ihrem Schnabel auf einen trockenen Ast hämmern. Da Spechte nicht wie Singvögel singen können, grenzen sie auf diese Weise ihr Revier ab und locken paarungswillige Weibchen an. Wenn man den Trommelwirbeln nachgeht, findet man häufig einen **Buntspecht**. Er ist etwa so groß wie eine Amsel und schwarz-weiß-rot gekennzeichnet.

Körpermerkmale der Spechte

Spechte sind für das Leben auf Bäumen gut ausgerüstet. Ihre Beine sind kurz, so dass sie sich dicht an den Stamm anschmiegen können. Ihre vier Zehen haben spitze, gebogene Krallen. Zwei Zehen weisen nach vorn und zwei nach hinten. Wenn sie mit diesen **Kletterfüßen** an einem Baum hochhüpfen, dienen die vorderen Zehen als Aufhängehaken, die beiden hinteren stützen die Spechte ab. Der Schwanz ist mit besonders starken Federn besetzt und wird beim Sitzen am senkrechten Stamm gegen diesen gedrückt. So gibt der **Stützschwanz** den Vögeln sicheren Halt.

Mit dem keilförmigen und harten **Meißelschnabel** können Spechte die Borke von Bäumen und morsches Holz leicht abspalten und damit Insektenlarven in ihren Fraßgängen freilegen. In diese schnellt dann die lange, dünne und biegsame **Schleuderzunge** hinein. Die verhornte Zungenspitze trägt harpunenartige Widerhaken. Mit ihr werden größere Beutetiere wie Larven von Käfern aufgespießt. Kleinere bleiben an der klebrigen Zunge haften.

Spechtschmieden

Vor allem in den Wintermonaten, wenn Spechte nur wenige Insekten und Spinnen finden, ernähren sie sich unter anderem von den fettreichen Samen der Kiefern und Fichten. Um an die Samen zu gelangen, „pflücken" sie die Zapfen und klemmen diese in eine Astgabel oder in Risse der Rinde. Nun hämmern sie auf diese ein und legen so unter den einzelnen Zapfenschuppen die Samen frei. Solche Spechtschmieden erkennt man an den vielen Zapfenresten, die am Fuße eines Baumes herumliegen.

Höhlenbrüter

Hat sich ein Buntspechtpärchen gefunden, meißelt es eine Nisthöhle in einen meist schadhaften, morschen Baum. Dort zieht es seine Jungen groß.

1 Buntspechte, Kleiber und Baumläufer an einem alten Baum.
A *Spechtschmiede;* **B** *Spechtweibchen beim Aufspießen einer Insektenlarve;* **C** *Bruthöhle des Buntspechtes mit Eiern;* **D** *Buntspechtmännchen;* **E** *Stützschwanz;* **F** *Kletterfuß;* **G** *Kleiber, auch „Spechtmeise" genannt;* **H** *Gartenbaumläufer*

Kleiber dagegen sind Nachmieter solcher Höhlen. Sie zimmern sich keine Höhlen selbst. Ist das Einschlupfloch für sie zu groß, verkleben sie es mit Lehm. Den Baumläufern, die stets in Spiralen die Bäume hinaufklettern, genügt eine Nische hinter abstehender Rinde, um dort ein Nest anzulegen.

Methode

Messungen durchführen und auswerten

Die Biologie ist eine Naturwissenschaft, die versucht, Erscheinungen in der Natur möglichst exakt zu erfassen und zu beschreiben. Häufig werden Daten vor Ort erfasst und notiert: Es wird gezählt, gemessen und gewogen. Daten werden, damit man sie besser beurteilen kann, oft in grafischer Form als **Diagramm** dargestellt.
Ein Beispiel soll zeigen, wie so etwas funktioniert. Hierzu sollen erfasste Messwerte zunächst notiert, in einer Tabelle zusammengefasst, grafisch dargestellt und ausgewertet werden.

Messwerte erfassen und notieren

Im Bereich eines Waldrandes werden zwei Messwerte erfasst: Temperatur und Lichtmenge. Zur Messung der Temperatur verwendet man am besten ein digitales Thermometer, zur Messung der Lichtmenge ein so genanntes Luxmeter. Dieses Gerät gibt die Lichtmenge in der Einheit Lux an. Die Messungen werden, beginnend von einem Startpunkt etwa 30 m vor dem Waldrand, alle fünf Meter in einer Höhe von etwa einem halben Meter über dem Erdboden, bis in den Wald hinein durchgeführt. Das Luxmeter wird immer mit der Fotozelle gerade nach oben gehalten, da eine Veränderung der Ausrichtung des Gerätes zu starken Abweichungen zwischen den Messergebnissen und damit zu Fehlern führen kann.
Die erhaltenen Messwerte trägt man dann in eine vorbereitete Tabelle ein, die etwa so aussehen kann.

Messpunkte (Abstand 5m)	Temperatur in °C	Lichtmenge in Lux
1	19,6	19900
2	19,3	17300
3	19,6	16400
4	19,4	15100
5	18,9	6800
6	17,1	4300
7	14,4	2700
8	14,1	980
9	13,8	1050
10	13,9	330

1 Tabellarische Darstellung der Messwerte

Grafische Darstellung

Die Daten werden in Verlaufsdiagramme umgesetzt. Die Messpunkte gehören auf die waagerechte Achse (x-Achse) der Grafik, die gemessenen Werte auf die senkrechte Achse (y-Achse).

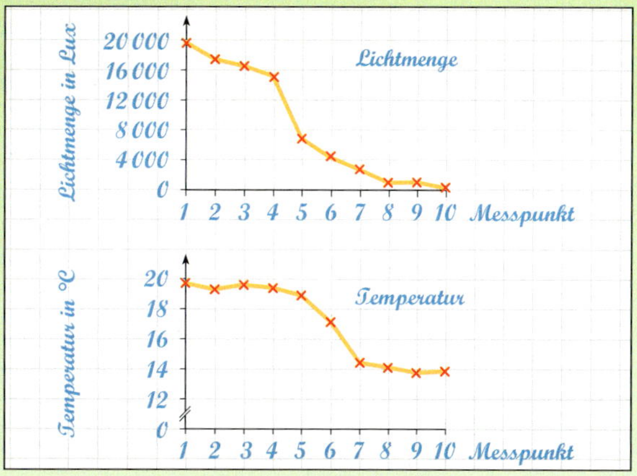

2 Grafische Darstellung der Messwerte

Auswertung

Beschreibung: Man sieht auf den ersten Blick, dass sich die Messwerte für beide Größen im Laufe der Messreihe deutlich ändern. Bei den ersten Messpunkten erreichen sowohl Temperatur als auch Lichtmenge hohe Werte. Die Lichtmengen sinken ab Messpunkt 1 allmählich, zwischen Punkt 4 und Punkt 5 stark ab. Hinter Punkt 5 gehen sie weiter zurück, ab Punkt 8 werden nur noch sehr geringe Lichtwerte gemessen, sie verändern sich bis zum letzten Messpunkt kaum noch.
Einen ähnlichen Verlauf nehmen die Werte der Temperatur. Allerdings bleiben die Temperaturwerte bei den ersten fünf Messpunkten nahezu gleich beziehungsweise sinken nur ganz wenig ab. Zwischen Messpunkt 5 und 7 fällt die Temperatur deutlich um knapp 5 °C. Bis zum Messpunkt 10 bleiben die Temperaturen einigermaßen gleich.

Interpretation

Sowohl Licht als auch Temperatur zeigen auf der Wiese (erste Messpunkte) hohe Werte, im Wald geringe Messwerte (letzte Messpunkte). Der Abfall beider Werte erfolgt sehr deutlich zwischen dem vierten und siebten Messpunkt. Dies deutet darauf hin, dass in diesem Bereich der Waldrand liegt. Die Bäume vermindern die einfallende Lichtmenge stark (Wiese : 19900 Lux, Wald : 330 Lux; dies entspricht etwa 1,7 % des Freilandwertes). Die deutliche Verminderung der Temperatur von knapp 20 °C im Bereich der Wiese auf knapp 14 °C im Wald ist unter anderem auf die dort deutlich geringere Sonneneinstrahlung zurückzuführen.

Diagramme mit dem Computer erstellen und auswerten

Die Bildfolge zeigt dir, wie du **ein Diagramm mit dem Computer erstellen** kannst.
1. Öffne ein Tabellenkalkulations-Programm und gib die Daten in die Zellen der Programm-Tabelle ein.
2. Markiere nun mit der Maus die Zellen der Tabelle, von denen das Diagramm erstellt werden soll. Klicke dann das Diagramm-Symbol an. Jetzt öffnet sich in einem Fenster der „Diagramm-Assistent". Du kannst zwischen verschiedenen Diagrammtypen wählen.
3. Mit einem **Kreisdiagramm** kannst du die verschiedenen Anteile von einer Gesamtheit darstellen, zum Beispiel die Zusammensetzung der Luft. Ein **Säulendiagramm** bietet sich für Vergleiche an, zum Beispiel der Wuchshöhen verschiedener Bäume. Soll wie in Bild 1 eine Größe wie die Temperatur in Abhängigkeit von einer anderen, der Tageszeit, dargestellt werden, musst du das **xy-Diagramm** wählen. Achte darauf, dass du auf der x-Achse die vorgegebene Größe, hier die Tageszeit, und auf der y-Achse die davon abhängige Größe, die Temperatur, aufträgst.
4. Beschrifte die Achsen mit den Größen und Einheiten. Gib dem Diagramm einen Titel.
5. Nun kannst du das Diagramm noch gestalten, bevor du es speicherst und ausdruckst.

Tageszeit in h	6	10	12	15	19	22
Wiese: Temp. in °C	10	17	24	28	25	18
Wald: Temp. in °C	14	16	19	24	22	19

A

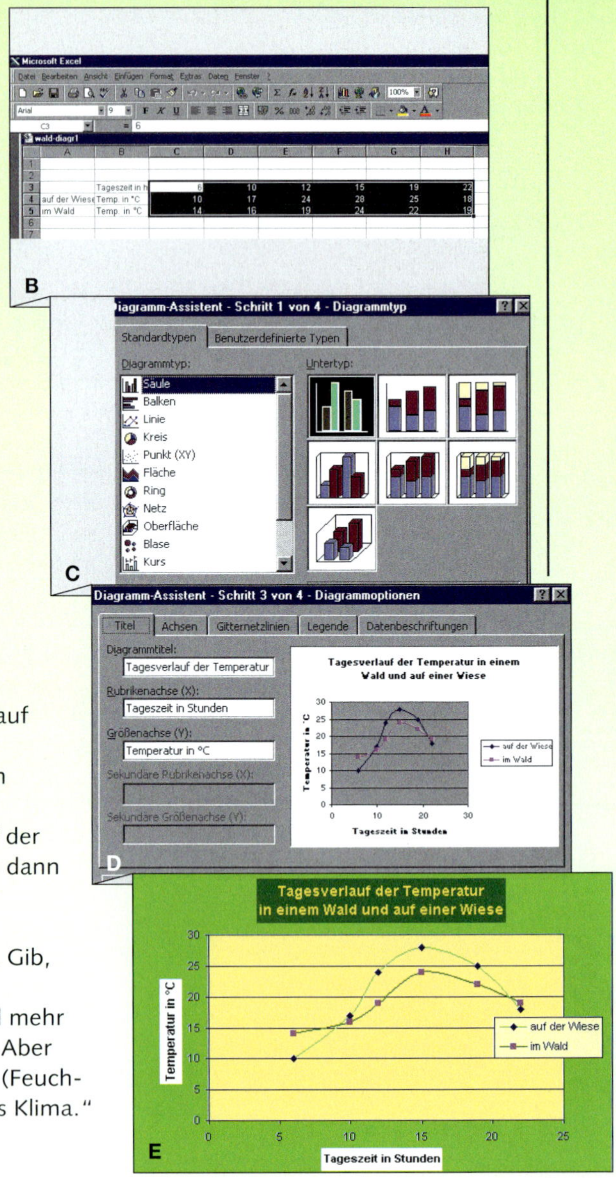

1 Ein Diagramm erstellen.
A *Messtabelle;* **B** *Eingabe der Messdaten in die Programm-Tabelle;* **C** *Auswahl des Diagrammtyps;* **D** *Benennung des Titels und der Achsen;* **E** *fertiges xy-Diagramm*

Gehe zur **Diagrammauswertung** schrittweise vor:
1. Schreibe zuerst in einem Satz auf, was das Diagramm darstellt:
„Das Diagramm zeigt die Temperatur in einem Wald und auf einer Wiese abhängig von der Tageszeit."
2. Formuliere grundlegende Sachverhalte, die sich aus dem Diagramm ablesen lassen:
„Im Laufe des Tages steigen die Temperaturen sowohl auf der Wiese als auch im Wald bis zum Nachmittag an und fallen dann wieder ab. Im Wald sind die Temperaturunterschiede aber geringer als auf der Wiese."
3. Versuche zuletzt Gründe für die Sachverhalte zu finden. Gib, wo es passt, weitere Erläuterungen:
„Die Sonne erwärmt im Tagesverlauf die Luft. Da im Wald mehr Wasser verdunstet als auf der Wiese, bleibt es hier kühler. Aber auch in der Nacht kühlt der Wald weniger aus, da Wasser (Feuchtigkeit) ein guter Wärmespeicher ist. Wälder regulieren das Klima."

1. In einem Wald wurde in etwa 10 m Höhe einen Tag lang die CO_2-Konzentration gemessen. Erstelle aus den Messdaten ein Diagramm und werte es aus.

Tageszeit	h	6	9	12	15	18	21	24
CO_2-Konz.	%	0,034	0,032	0,031	0,03	0,031	0,032	0,033

Walduntersuchungen

Die interessantesten Ergebnisse über den Wald erhaltet ihr, wenn ihr selber Informationen sammelt und auswertet. Im Folgenden geht es deshalb darum, ein Waldstück selbstständig zu erkunden. In verschiedene Teams aufgeteilt, sollt ihr unterschiedliche Teilaufgaben bearbeiten und Daten erfassen, um den Lebensraum Wald besser kennen zu lernen.
Mit den Ergebnissen eurer Untersuchungen könnt ihr beispielsweise in eurer Schule eine Waldausstellung vorbereiten. Hierzu sammelt und identifiziert ihr die verschiedensten Materialien, außerdem könnt ihr Informationen zusammentragen, zum Beispiel zu Waldbäumen und Sträuchern oder zu verschiedenen Waldtypen. Schön wäre es, wenn ihr Originalobjekte aus dem Wald ausstellen könntet, aber auch selbst angefertigte Zeichnungen und Fotos.

1. Bestimmung der Höhe von Bäumen und Sträuchern
Ihr benötigt einen geraden Stock von ca. 1 m Länge, ein Bandmaß, einen Markierungsstift. Miss von der Stockspitze 80 cm ab und markiere diese Stelle mit dem Stift (Markierung 1). 4 cm von diesem Punkt in Richtung Stockspitze markierst du einen weiteren Punkt (2).
Strecke nun deinen Arm aus und halte den Stock senkrecht. Suche dir ein gutes Stück vom Baum entfernt einen Standpunkt und peile mit der Stockspitze die Baumspitze und mit Markierung 1 den Fuß des Baumes an. Schaue nun an Markierung 2 vorbei auf den Baumstamm. Lass den Helfer seinen Daumen genau auf die Stelle des Baumes legen, auf die du schaust. Miss nun am Baum die Entfernung zwischen dieser Stelle und dem Fuß des Baumes. Dieses Messergebnis musst du mit 20 multiplizieren, weil es dem Verhältnis der 4 cm und der 80 cm an deinem Stock entspricht. Bestimme nun die Höhe verschiedener Bäume und Sträucher.

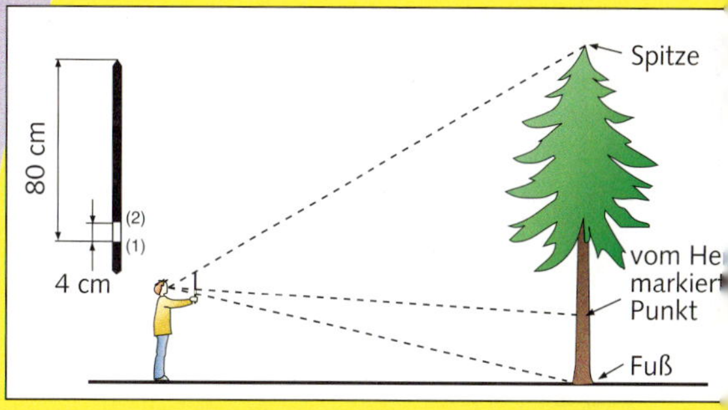

2. Einfache Bestandsaufnahmen im Wald
Steckt mit Zeltheringen oder anderen Pflöcken und einer Schnur in einem Waldstück eine 4 m mal 4 m große, mit Pflanzen bestandene quadratische Fläche ab. Bestimmt die in diesem Quadrat vorkommenden Pflanzen und Tiere mithilfe von Bestimmungsbüchern oder -tafeln.
Fertigt eine Tabelle an und tragt eure Ergebnisse ein:

Schicht	Pflanzen	Tiere
Moosschicht	...	...
Krautschicht	...	...
Strauchschicht	...	...
Baumschicht	...	...

Führt die gleichen Untersuchungen an verschiedenen Stellen des Waldes und in verschiedenen Waldtypen durch und vergleicht eure Ergebnisse miteinander.

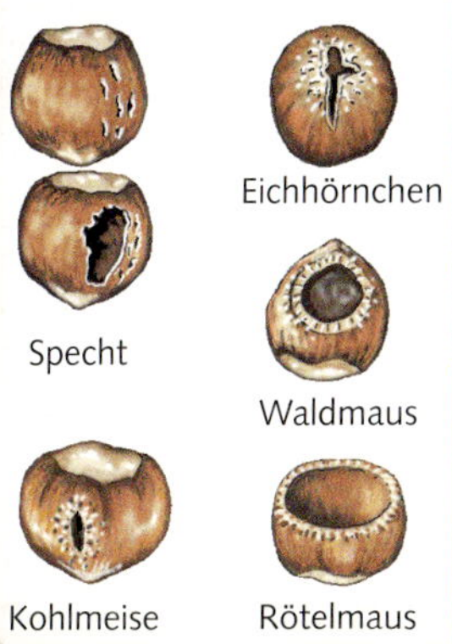

Fraßspuren an Haselnüssen

Gewölle einer Eule

Gallen, hervorgerufen durch Gallwespen

Losung

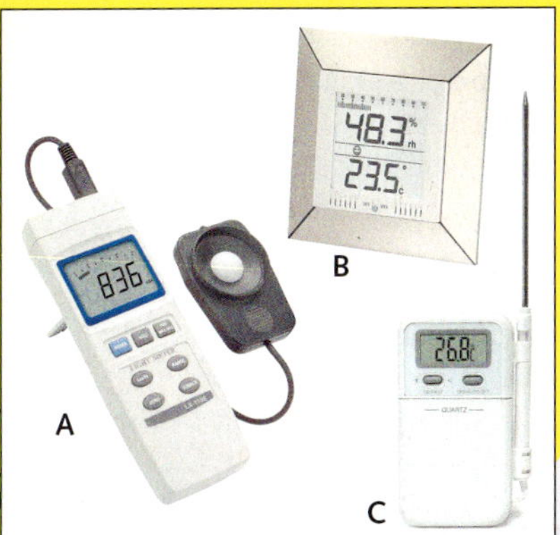

3. Spuren im Wald

Sucht im Wald nach verschiedenen Spuren, die Tiere hinterlassen haben könnten. Dies können zum Beispiel Fraßspuren, Trittspuren, Federn u.a. sein. Sammelt die verschiedenen Gegenstände ein und bewahrt sie in Gläsern auf, zeichnet oder fotografiert sie.

Ihr könnt als Hilfe die nebenstehenden Abbildungen benutzen. Versucht herauszubekommen, welche Tiere die jeweiligen Spuren hinterlassen haben.

4. Bestimmung von Umweltfaktoren im Wald

Mithilfe verschiedener Messgeräte werden die ▸ abiotischen Faktoren Lichtmenge (A), Luft- (B) und Bodentemperatur (C) und Luftfeuchtigkeit (B) bestimmt.

Standort	freie Fläche	Waldrand	Waldinneres
Lichtmenge	...	...	...
Lufttemperatur	...	...	...
Bodentemperatur	...	...	...
Luftfeuchtigkeit	...	...	...

Geht vorsichtig mit den empfindlichen Messgeräten um. Führt als erstes die Lichtmessungen durch. Dazu messt ihr die Werte in einem halben Meter Höhe über dem Erdboden bei gleichmäßiger Bedeckung des Himmels. Bestimmt dann die Lufttemperatur und die Temperatur des Bodens (in 10 cm Bodentiefe). Ermittelt schließlich mit dem Hygrometer die relative Luftfeuchtigkeit. Bestimmt die Werte an den oben genannten Standorten und tragt die Werte in eine Tabelle ein. Stellt die Ergebnisse für die ▸ Messwerte übersichtlich in einer Grafik dar. Beschreibt die von euch gewonnenen Resultate und erklärt, wie die unterschiedlichen Messwerte zustande kommen.

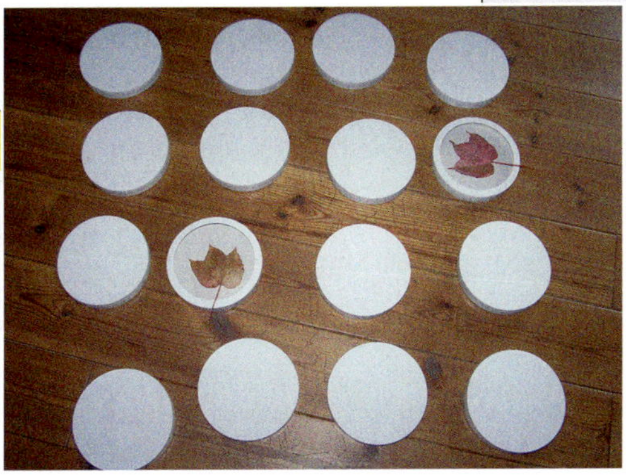

5. Erstellung eines Wald-Spiels: Paare finden

Sammelt Borke, Blätter, Früchte oder andere Teile von Bäumen und Sträuchern für das Spiel. Jedes Material sollte doppelt vorliegen. Ihr könnt entweder jeweils zwei gleichartige Materialien einer Pflanzenart verwenden (Blatt/Blatt; Blüte/Blüte usw.) oder aber zwei unterschiedliche Elemente einer Pflanzenart (Blatt/Blüte; Borke/Frucht usw.). Außerdem braucht ihr etliche gleichartige Dosen, Jogurt- oder Quarkbecher, in denen ihr die Spielteile verdeckt aufbewahrt.
Es gilt, jeweils möglichst viele Objekt-Paare zu entdecken und zuzuordnen. Verteilt dazu die einzelnen Objekte unter die Jogurtbecher, ohne dass dies die Mitspieler sehen können. Ein Mitspieler deckt zwei Jogurtbecher auf. Findet er ein passendes Paar und kann er die Pflanzenart richtig benennen, darf er weitermachen, ansonsten ist der Nächste an der Reihe. Sieger ist, wer am Ende die meisten Paare hat.

Wald ist nicht gleich Wald

Irkutsk, Russland

	Jan	Feb	Mrz	Apr	Mai	Jun	Jul	Aug	Sep	Okt	Nov	Dez
°C	–18,8	–17,0	–7,5	1,4	9,3	15,1	17,5	15,0	8,7	0,9	–8,5	–16,0
l/m²	14	8	13	18	33	62	119	80	49	28	18	19
Durchschnittstemperatur: 0,0 °C						Jährliche Niederschlagsmenge: 461 l/m²						

Hannover, Deutschland

	Jan	Feb	Mrz	Apr	Mai	Jun	Jul	Aug	Sep	Okt	Nov	Dez
°C	1,4	1,7	4,8	8,1	13,0	15,7	17,7	17,5	13,8	9,5	5,1	2,7
l/m²	53	36	52	44	53	71	59	60	54	49	50	62
Durchschnittstemperatur: 9,2 °C						Jährliche Niederschlagsmenge: 642 l/m²						

Manaus, Brasilien

	Jan	Feb	Mrz	Apr	Mai	Jun	Jul	Aug	Sep	Okt	Nov	Dez
°C	25,8	26,1	26,1	26,3	26,3	26,2	26,5	27,4	27,5	27,5	27,3	26,6
l/m²	258	274	332	303	257	115	83	55	84	108	180	223
Durchschnittstemperatur: 26,6 °C						Jährliche Niederschlagsmenge: 2272 l/m²						

1 Wälder verschiedener Klimazonen.
A *borealer Wald;* **B** *Buchenmischwald;* **C** *tropischer Regenwald*

1. Betrachte die Abbildungen 1 A–C.
a) Beschreibe die drei dargestellten Wälder. Welche Unterschiede kannst du auf den Fotos erkennen?
b) Erstelle aus den angegebenen Klimadaten Diagramme und erkläre mit diesen einige Unterschiede zwischen den gezeigten Wäldern.

2. Finde mehr über verschiedene Waldtypen heraus und stelle die Informationen in einer Mindmap zusammen. Informiere dich z. B. über Mangroven-, Monsun-, Bergnebel-, Sukkulenten- und trockenkahle Wälder.

3. Nenne ▸ abiotische Faktoren, die das Erscheinungsbild eines Waldes prägen und erkläre jeweils kurz, auf welche Weise sie den Wald beeinflussen.

4. Übertrage die Tabelle in dein Heft und vervollständige sie. Nutze die Abbildung 2 und den Informationstext.

Höhenstufe	Bodenfeuchte	Typische Bäume	Waldtyp	Bemerkungen
Flachland und bis über 500 m	ausreichend feucht	Buchen	Buchenwald	kommen mit versch. Bodenarten zurecht

Waldtypen unterschiedlicher Klimazonen

Auf der Erde gibt es verschiedene Klimazonen, die sich z. B. in Bezug auf Niederschlagsmenge oder Temperatur unterscheiden. Diese unterschiedlichen Bedingungen ermöglichen es jeweils nur bestimmten Pflanzen, sich im Konkurrenzkampf durchzusetzen und zu überleben. Bei uns setzen sich aufgrund der herrschenden Bedingungen meist die Buchen durch. Sie prägen das Erscheinungsbild der Buchen- und **Mischwälder.**

Völlig anders erscheinen die lichten **borealen Wälder.** Sie sind von Nadelgehölzen geprägt und in den kalten Zonen der Erde, etwa in Alaska oder Sibirien, zu finden. Dort sind die Böden fast ständig gefroren und es regnet nur unregelmäßig, sodass die Bedingungen für Laubbäume zu karg sind. Wiederum völlig anders erscheint der ▸ **tropische Regenwald.** In den Tropen sind die Temperaturen das ganze Jahr über günstig und auch Wasser ist reichlich vorhanden. Hier gewinnen solche Pflanzen den Überlebenswettkampf, die schnell wachsen und so den Wettlauf ans Licht für sich entscheiden, oder solche, die mit sehr wenig Licht auskommen und im Schatten der Größeren überleben.

Waldtypen verschiedener Höhenstufen

Man muss nicht um die Welt reisen, um die Verschiedenartigkeit von Wäldern beobachten zu können. Wenn man Deutschland von der Küste bis in die Alpen durchquert, findet man je nach den am jeweiligen Standort herrschenden ▸ **abiotischen Faktoren** sehr unterschiedliche Wälder.

Im Flachland bis in Höhen von etwa 500 m findet man meist **Buchenwälder.** Buchen kommen mit verschiedenen Bodenarten zurecht, benötigen aber ausreichend Feuchtigkeit. In der Nähe von Wasserläufen oder wo sich in Senken Wasser sammelt, können nur Baumarten überleben, die mit nassem Boden und gelegentlichen Überflutungen zurechtkommen. Weiden, Erlen und Pappeln bilden an diesen Stellen **Bruch-** oder **Auwälder.**

In den Mittelgebirgen, also in Höhen von etwa 500 bis wenig über 1000 m, liegt die Temperatur meist um einige Grad niedriger als im Flachland. Buchen können hier noch wachsen, wegen der raueren Bedingungen setzen sich jedoch mit zunehmender Höhe auch Nadelbäume durch. Daher kamen Buchen in den Mittelgebirgen früher meistens gemischt mit Tannen vor. Allerdings wurden diese **Mischwälder** fast überall gerodet und durch **Fichtenforste** ersetzt. Solche ▸ Monokulturen entsprechen nicht dem natürlichen Erscheinungsbild des Waldes, lassen sich aber leichter bewirtschaften als naturnahe Mischwälder, in denen z. B. auch Bergahorn und Bergulmen zu finden sein können.

Im Gebirge machen mit zunehmender Höhe die sinkenden Temperaturen und der immer steiniger werdende Boden den Pflanzen zu schaffen. Daher findet man ab etwa 1000 m reine **Nadelwälder** z. B. aus Fichten und Lärchen. Laubbäume kommen mit den dortigen Bedingungen nicht mehr zurecht.

Ab etwa 1500 bis 1800 m wird es in den Alpen für Bäume generell zu kalt und zu windig. Die Waldgrenze ist erreicht. Nur Latschenkiefern können noch vorkommen. In noch größerer Höhe wachsen sie kriechend. Sie bilden dann keine aufrecht stehenden Stämme, sondern wachsen gekrümmt über den Boden. Dieser Bereich wird daher **Krummholzzone** genannt.

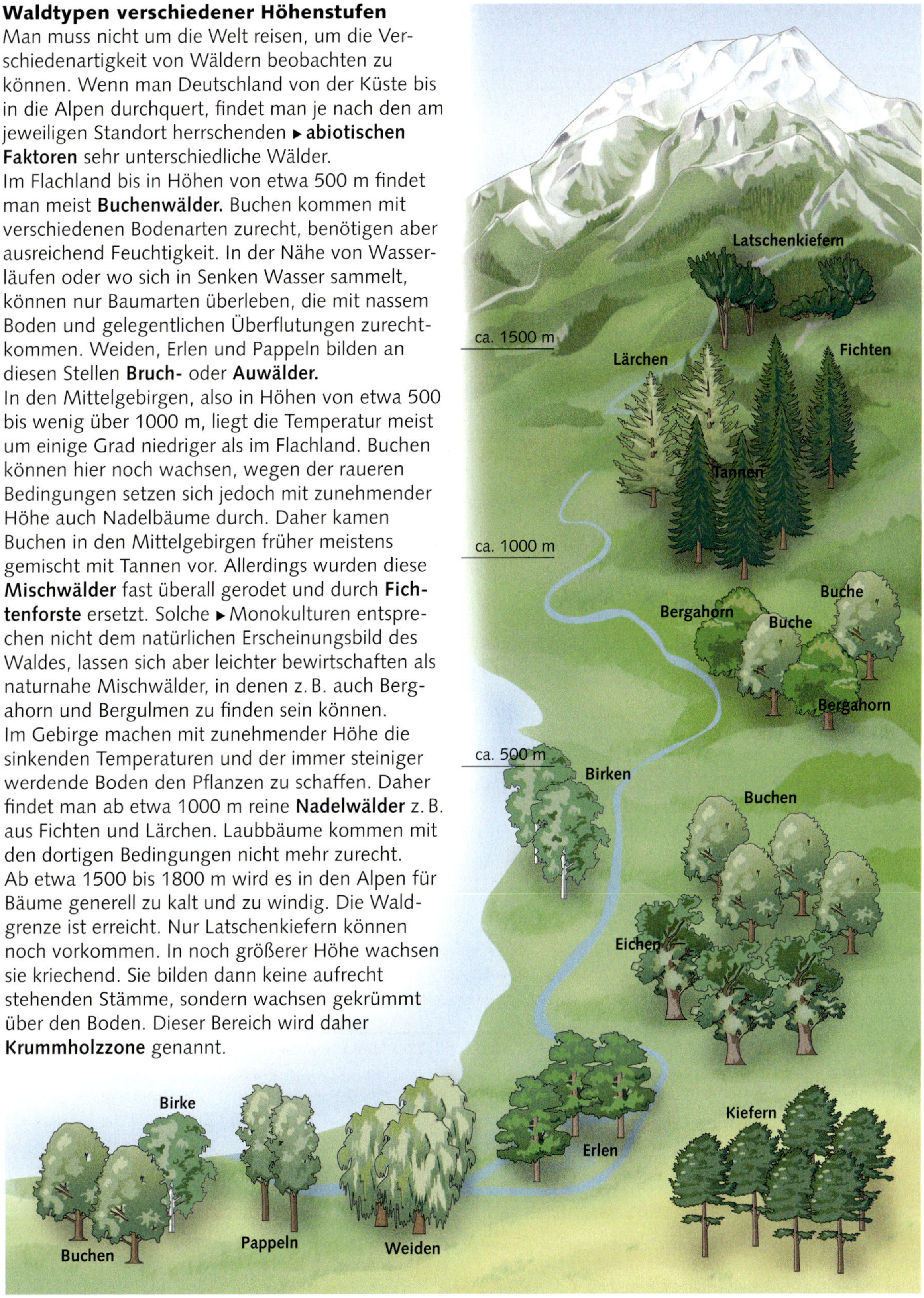

2 **Verteilung der Baumarten vom Flachland bis zum Hochgebirge** *(Schema, vereinfacht)*

Rotbuche und Waldkiefer – zwei typische Waldbäume

1. a) Stelle Informationen über Rotbuche und Waldkiefer als Mindmap oder Tabelle zusammen und erläutere sie.
b) Ergänze um Informationen zu weiteren ▸ Waldbäumen.

1 Rotbuche.
A *Wuchsform;* B *Blütenstände;* C *Fruchtbecher mit Früchten*

Die Rotbuche

Ohne den Eingriff des Menschen würden in unseren Breiten vielerorts Buchenmischwälder entstehen. Hier gehen die Kronen der einzelnen Buchen ineinander über, im Sommer lassen sie nur wenig Licht bis zum Boden durch. Dort wachsen deshalb nur wenige andere Pflanzenarten.

Die Blätter an ein und derselben Buche können sehr unterschiedlich sein: Im äußeren Bereich der Kronen findet man kleine Sonnenblätter. Sie können das reichlich vorhandene Sonnenlicht für die ▸ Fotosynthese nutzen, ohne durch Verdunstung zu viel Wasser zu verlieren. Im Inneren der Kronen und an weiter unten liegenden Ästen findet man dagegen viel größere Schattenblätter. Sie nutzen durch ihre größere Oberfläche das wenige Licht, das bis hierher durchkommt.

Blüten und Früchte der Rotbuche

Rotbuchen blühen Ende April. Sie sind getrenntgeschlechtlich und einhäusig. Männliche Blüten hängen als kugelige Kätzchen am Ende der Triebe, die weiblichen Blütenstände stehen direkt daneben. Sie sehen zwar büschelig aus, enthalten aber jeweils nur zwei Blüten. Der Pollen wird durch den Wind übertragen. Nach der Bestäubung entwickeln sich aus den zwei Blüten zwei Nussfrüchte, die Bucheckern. Sie sind wichtige Nahrung für viele Waldtiere.

Die Waldkiefer

Waldkiefern sind immergrüne Nadelbäume. Die Nadeln überstehen Sturm und Frost und werden im Herbst nicht abgeworfen. An hoch gelegenen oder kalten Orten haben Kiefern daher Vorteile. Über Nadeln verliert ein Baum außerdem weniger Wasser als über Laubblätter. Da Kiefern zudem sehr tief reichende Wurzeln haben, können sie auch an trockenen Stellen wachsen. Die lichten Kronen der Kiefern lassen im Gegensatz zu denen der Buchen viel Licht bis zum Waldboden durch. Daher ist es am Boden eines Kiefernwaldes weniger schattig als im Laubwald. Weil aber bei der Zersetzung der Nadeln Säuren frei werden, überleben unter Kiefern nur solche Pflanzen, die sauren Boden vertragen.

Blüten und Früchte der Waldkiefer

Kiefern blühen im Mai. Auch sie sind getrenntgeschlechtlich und einhäusig. Die männlichen Blütenstände erscheinen wie gelbe, schlanke Ähren. Die weiblichen ähneln den Zapfen, zu denen sie sich nach der Bestäubung und einer langen Reifezeit entwickeln. Erst zwei Jahre nach der Bestäubung entlassen die Zapfen die geflügelten Samen, die durch den Wind verbreitet werden. Die leeren Zapfen fallen danach herunter.

2 Waldkiefer.
A *Wuchsform;* B *Blütenstände;* C *Frucht (Zapfen)*

Rollenspiel

Ein Rollenspiel ist vergleichbar mit einer Filmszene oder einem Theaterstück, bei dem die Schülerinnen und Schüler wie Schauspieler verschiedene Rollen übernehmen und eine Situation oder Szene spielen. Durch ein Rollenspiel werden die verschiedenen Meinungen und Argumente anschaulich dargestellt und Lösungsmöglichkeiten spielerisch erarbeitet.

Vorbereitung
Besprecht mit dem Spielleiter oder der Spielleiterin (Lehrer, Lehrerin oder eine dafür gewählte Schülerin oder Schüler) ein **Thema.** So könnte ein solches heißen:
„Ein Waldstück soll für den Bau eines Abenteuerspielplatzes mit einer Grillhütte gerodet werden. Unterschiedliche Waldnutzer treffen auf einer Waldlichtung aufeinander und diskutieren dieses geplante Vorhaben."

Zu diesem Thema gibt es verschiedene **Rollen,** in denen unterschiedliche Meinungen vertreten werden. Beim oben genannten Beispiel könnte es einen Förster, eine Jägerin, einen Mountainbiker, eine Vogelbeobachterin, einen Spaziergänger, eine Familie mit zwei Kindern und einen Lokalpolitiker geben.
Legt nun in eurer Klasse die verschiedenen Rollen fest. In einem weiteren Schritt bestimmt ihr gemeinsam, welche Schülerin und welcher Schüler welche Rolle übernimmt. Die zugeteilte Rolle sollte kenntlich gemacht werden durch ein Requisit oder die Rollenbezeichnung auf einem Kreppband.

Um die Rollenspielerinnen und Rollenspieler bilden sich nun **Kleingruppen,** die sich gemeinsam überlegen, wie diese Rolle gespielt werden soll und welche Requisiten noch benötigt werden. Außerdem wird besprochen, welche Meinung mit welchen Argumenten in der Rolle vertreten wird. Die Spieler und Spielerinnen machen sich dazu Notizen.

Durchführung
Die **Spielsituation** wird aufgebaut und von der Spielleitung eröffnet. Im Beispiel eine Waldlichtung, die nach und nach von den unterschiedlichen Waldnutzern betreten wird und die sich dann an einem gemeinsamen Gespräch beteiligen.

Die Schülerinnen und Schüler, die nicht als Schauspieler am Rollenspiel beteiligt sind, beobachten den Ablauf und machen sich zu der gespielten Szene Notizen unter anderem zu Mimik, Gestik, Verhalten und Argumenten der Rollendarsteller.
Falls die Spielszene irgendwann „endlos" wird, kann das Spiel durch den Spielleiter oder die Spielleiterin abgebrochen werden.

Auswertung
Die Beobachter beschreiben den **Spielverlauf.** Sie geben wichtige Aussagen der Spieler wieder und bewerten den Inhalt der Spielszene. Folgende Fragen könnten dabei helfen:

- Welche Rolle hat mich am meisten/am wenigsten überzeugt und warum?
- Wer hat dazu beigetragen, einen Kompromiss zu finden, und mit welchen Mitteln ist dies geschehen?
- Welche Aussagen haben eine besondere Reaktion hervorgerufen, beispielsweise Verständnis oder Wut?
- Wie haben sich die Rollendarsteller in der Rolle gefühlt?

Die schauspielerische Leistung der Spieler soll dabei nicht bewertet werden!

1. Bereitet zu dem im Beispiel gegebenen Thema ein Rollenspiel vor und führt dieses mithilfe der genannten Punkte durch.

Tropischer Regenwald

1. a) Zeichnet in eine Weltkarte die drei größten zusammenhängenden tropischen Regenwaldgebiete ein.

b) Jedes Gruppenmitglied wählt aus jedem der drei Gebiete eine Tier- oder Pflanzenart aus, die besonders interessant erscheint und erstellt jeweils einen Steckbrief. Markiert mit Fähnchen, wo die jeweiligen Arten leben. Begründet, warum ihr euch gerade für die Beschreibung dieser Arten entschieden habt.

c) Zeichnet in eure Karte kleinere Regenwaldgebiete ein, und stellt je eine dort endemisch lebende Art vor. Warum sind gerade solche Arten besonders bedroht?

2. Beschreibe die Umweltbedingungen in einem tropischen Regenwald. Werte dazu die abgebildeten Klimadiagramme aus. Welche Unterschiede zu unseren Wäldern gibt es?

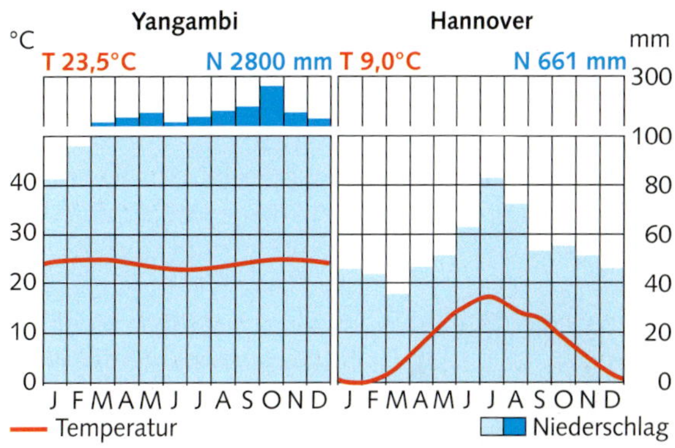

3. Der tropische Regenwald ist stark gefährdet. Sammelt Informationen zu diesem Thema und erstellt Plakate, die folgende Aspekte darstellen:
- Formen der Zerstörung und ihre Auswirkungen
- Gründe, warum wir uns für den Schutz der Regenwälder einsetzen müssen
- konkrete Maßnahmen

Tipp: Die nebenstehenden Zeichen können euch helfen.

FSC

TRANSFAIR FAIRTRADE

4. a) Viele Produkte unseres täglichen Bedarfs haben einen Bezug zum tropischen Regenwald. Erläutere diese Aussage in Bezug auf die abgebildeten Produkte.

b) Welches der abgebildeten Produkte hat nichts mit tropischen Wäldern zu tun? Begründe deine Aussage.

Leben im tropischen Regenwald

Die unterschiedlichen klimatischen Bedingungen haben einen entscheidenden Einfluss auf das Vorkommen bestimmter Waldarten. So erstreckt sich der tropische Regenwald beiderseits des Äquators zwischen den Wendekreisen. Hier scheint die Sonne mit steilem Einfallswinkel ganzjährig etwa 12 Stunden am Tag. Es gibt keine ausgeprägten Jahreszeiten. Das ganze Jahr hindurch ist es dort feucht-warm und die Niederschlagsmenge beträgt im Durchschnitt mehr als 2000 mm pro Jahr, was etwa dem Dreifachen unserer durchschnittlichen Niederschlagsmenge entspricht.

Die größten noch unberührten Flächen liegen im Amazonasbecken in Südamerika, in Südostasien und im Kongobecken in Afrika. Weitere Regenwaldgebiete liegen zerstückelt in Mittel- und Südamerika, in Afrika, Asien und Australien. Alle Regenwaldgebiete zusammen nehmen weniger als 10% unserer Erdoberfläche ein, behei-

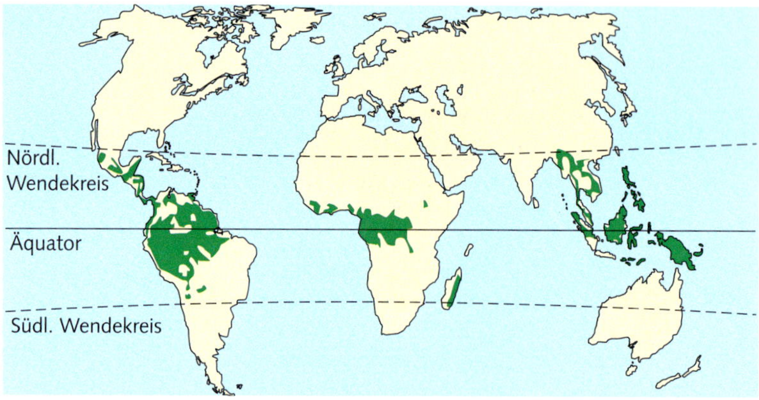

1 Weltweite Verbreitung des tropischen Regenwaldes

maten aber einen Großteil aller Tier- und Pflanzenarten. Darunter befinden sich auch viele nur kleinräumig vorkommende Lebewesen wie etwa die Berggorillas im östlichen Afrika. Gerade in kleineren Regenwaldgebieten – zum Beispiel auf Inseln wie Madagaskar, in Australien oder im subtropischen atlantischen Regenwald in Brasilien – leben besonders viele **endemische** Tier- und Pflanzenarten. Das sind Arten, die nur dort vorkommen.
Wegen des Lichtmangels am Boden von Regenwäldern leben die meisten Arten in den Kronen der großen Bäume. In den Regenwäldern sind fast alle Mineralstoffe in der lebenden ▸ Biomasse gebunden. Es gibt keine ausgeprägte ▸ Humusschicht. Daher verschwinden beim Roden des Regenwaldes mit den Pflanzen auch die in ihnen gespeicherten Mineralstoffe.

Regenwälder sind gefährdet

Die beiden Hauptgründe für das großflächige Abholzen von Regenwäldern sind die Gewinnung von Nutzholz und die Vergrößerung landwirtschaftlicher Nutzflächen, beispielsweise für Plantagen mit Sojabohnen und Ölpalmen oder als Weideland für Rinder.
Der Boden lässt sich jedoch nur ein paar Jahre lang beweiden, dann ist das Land meist rasch durch Erosion zerstört, und es müssen neue Flächen gewonnen werden. Die erwirtschafteten Lebensmittel wie Fleisch oder pflanzliche Produkte wie Früchte, Kautschuk oder Palmöl werden überwiegend in die Industrienationen exportiert. Sie dienen meist nicht zur Versorgung der Bevölkerung vor Ort.

Erst langsam beginnen wir zu begreifen, dass wir die noch intakten Regenwaldgebiete schützen müssen, da sie Wetter und ▸ Klima regulieren, klimaschädliche ▸ Treibhausgase wie Kohlenstoffdioxid speichern und unzähligen Tier- und Pflanzenarten Lebensraum bieten. Daher reicht es nicht aus, begrenzte Gebiete unter Schutz zu stellen. Die reichen Industrienationen müssen helfen, dass die Menschen in den betroffenen Gebieten von ihrer intakten Natur leben können. Dies geschieht zum Beispiel über den Erwerb von Emissionszertifikaten. Durch solche Zertifikate werden die Erhaltung und Pflanzung von Bäumen zur Speicherung von Kohlenstoffdioxid oder Umweltschutzprojekte in Entwicklungsländern belohnt. Aber auch jeder Einzelne kann durch den Kauf von Produkten aus fairem Handel zu einer lebenswerten Umwelt für alle Menschen beitragen.

Wälder

Die Wälder der Erde unterscheiden sich stark. Tropische Regenwälder, sommergrüne Laubwälder oder boreale Wälder kommen in verschiedenen Klimazonen der Erde vor. Im klimatisch gemäßigten Mitteleuropa wachsen Buchenmischwälder im Flachland und in den Mittelgebirgen, Fichtenwälder in größeren Höhen, Kiefern auf trockenen Standorten und Erlen auf feuchten Böden der Auwälder.

Nadel- und Laubbäume

Nadelbäume wie die Kiefer haben schmale, nadelförmige Blätter. Dadurch sind die Bäume gut an trockene und kalte Standorte angepasst. Sie werfen auch im Winter die Nadeln nicht ab. Samen entwickeln sich in Zapfen.

Laubbäume wie Rotbuche oder Eiche werfen die Blätter im Winter ab. Sie kommen nur bis in mittlere Höhenlagen vor. Nussfrüchte wie Bucheckern und Eicheln bilden eine wichtige Nahrungsgrundlage für die Überwinterung vieler Waldtiere.

Wälder schützen Boden und Klima

Wälder schützen den Boden vor Erosion durch heftige Regenfälle. Indem sie einen Großteil des Regenwassers verdunsten, sorgen sie zudem für eine hohe Luftfeuchtigkeit und ausgeglichene Temperaturen. Das Kleinklima direkt am Ort wie auch das regionale Klima werden positiv beeinflusst.

Wälder nutzen und schützen

Wälder dienen zur Holzproduktion, als Schutzwald und zur Erholung. Der Mensch gefährdet viele Wälder. Gegen Waldschäden sind Maßnahmen zur Luftreinhaltung erforderlich. Eine nachhaltige Waldbewirtschaftung fördert die Entwicklung naturnaher Wälder.

Fotosynthese

Im Wald nutzen vor allem die Bäume die Sonnenenergie zur Fotosynthese. Sie produzieren den Großteil der Biomasse.
Im Schatten der Baumkronen wachsen Pflanzen der Strauch-, Kraut- und Moosschicht, die dem Lichtmangel als begrenzendem abiotischem Faktor angepasst sind. Farne und Moose brauchen nur wenig Licht.

Nahrungsbeziehungen

Über das Prinzip „Fressen und Gefressenwerden" (Räuber-Beute-Beziehung) sind die Lebewesen in Nahrungsketten und Nahrungsnetzen miteinander verbunden. Pflanzen bilden den Anfang jeder Nahrungskette, Endkonsumenten das Ende.

Recycling

Herabgefallene Blätter, tote Tiere und Pflanzen dienen den Destruenten als Nahrung. Kleine Tiere der Bodenschicht, Bakterien und Pilze bauen die Biomasse ab und bilden dabei Kohlenstoffdioxid und Mineralstoffe. Hierdurch schließen sich die Stoffkreisläufe im Wald.

1. Bei einer Waldexkursion wurden an einem heißen Sommertag folgende Messwerte aufgenommen:

Messpunkte	m	0	5	10	15	20
Lichtstärke	Lux	52 000	36 000	8 500	560	720
Temperatur	°C	32	28	24	24	25
Feuchtigkeit	%	25	40	75	77	75

a) Stelle die Messergebnisse in Diagrammen dar.
b) Beschreibe jeweils in einem Satz, wie sich Lichtstärke, Temperatur und Luftfeuchtigkeit beim Übergang von der Wiese in den Wald verändern.
c) Erkläre die Versuchsergebnisse.
d) Entwickle eine begründete Vermutung über mögliche Windstärken an den verschiedenen Messpunkten.

2. Was ist im Ameisenhügel los? Schreibe einen „Fachartikel".

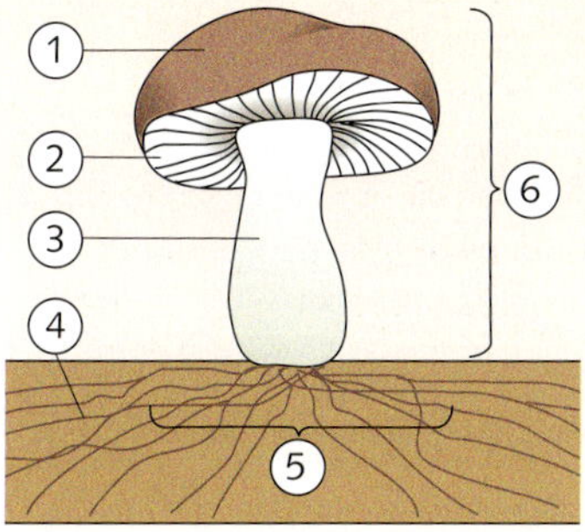

3. a) Wie heißen die Teile des Pilzes?
b) Nenne zwei Beispiele für Pilze, die in Symbiose mit einem Baum leben.
Erkläre die Bedeutung dieser Symbiosen für beide Partner.

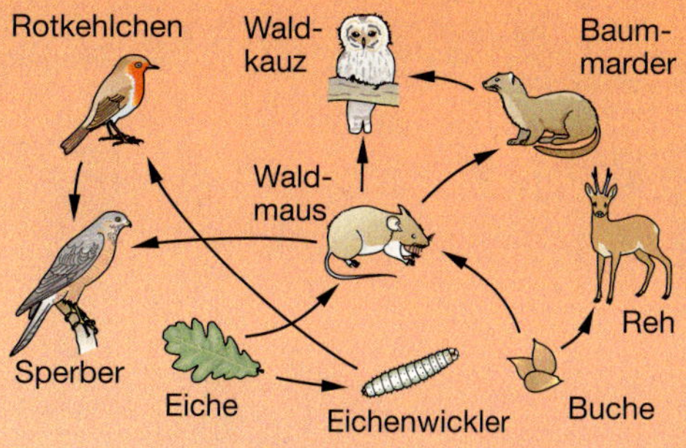

4. a) Schreibe aus dem oben angedeuteten Nahrungsnetz alle möglichen Nahrungsketten heraus.
b) Kennzeichne in den Nahrungsketten die Produzenten mit P, die Konsumenten mit K1 und K2 sowie die Endkonsumenten mit EK.
c) Warum gibt es in jedem Ökosystem eine größere Biomasse an Produzenten als an Konsumenten?

5. Benenne die Schichten des Waldes und ordne ihnen folgende Arten zu: Fliegenpilz, Frauenhaarmoos, Wurmfarn, Holunder, junge Eiche, alte Eiche, Sauerklee, Springschwanz.

6. Beschreibe und beurteile das Erscheinungsbild der abgebildeten Fichte.

7. a) Fotografiert geschädigte Bäume in der Nähe eures Schulortes.
b) Gestaltet Plakate zum Thema Waldsterben. Geht dort auch auf die Ursachen und mögliche Gegenmaßnahmen ein.

8. Gestaltet eine Mindmap zum Thema Waldnutzung.

Öko-system See

Wie verändern sich Seen im Laufe der Zeit?
Können sie ganz verschwinden?

Welche Tiere und Pflanzen leben in Seen und um Seen herum?
Wie sind sie voneinander abhängig?

Wie leben Unterwasserpflanzen?

Was passiert, wenn Dünger aus der Landwirtschaft in einen See gelangt?

Manche Seen sind im Winter von einer dicken Eisschicht bedeckt. Können in solchen Seen trotzdem Fische leben?

Wie atmen Tiere unter Wasser?

Wir untersuchen einen See

1. Erstellt eine Mindmap zum Thema „Ökosystem See“.

2. Vergleicht die abgebildeten Seen miteinander. Welche ▸ abiotischen Faktoren bestimmen die einzelnen Seen? Wie sehen die Uferzonen aus? Welche Pflanzen und Tiere könnten hier jeweils leben? Stellt Vermutungen an. Vielleicht könnt ihr eure Vermutungen mit Fotos oder Texten belegen. Stellt die Ergebnisse eurer Arbeit in einem Kurzvortrag vor.

3. Hinsichtlich der Größe bestehen unter den Seen beträchtliche Unterschiede. Das Foto rechts zeigt Niedersachsens zweitgrößten Binnensee. Er liegt in einem Naturschutzgebiet. Wie heißt der See? Verschafft euch Informationen über ihn und stellt ihn auf einem Plakat vor.

4. Vielleicht gibt es in der Nähe eures Wohnorts einen See oder Teich. Plant einen Unterrichtsgang, bei dem ihr verschiedene Aspekte untersucht. Stellt eure Vorbereitungen, Untersuchungen und Beobachtungen und die Auswertung eurer Ergebnisse in einer Sachmappe zusammen.

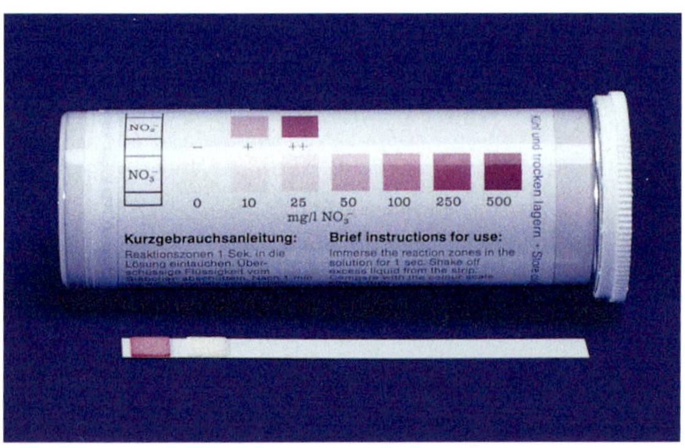

a) Bestimmt mit Nitrat-Teststäbchen den Nitratgehalt des Seewassers. Ab 10 mg/l ist das Wasser belastet, ab >25 mg/l stark belastet. Welche Folgen kann die Belastung des Wassers mit Nitrat haben?

b) Denkt euch einen Versuch aus, mit dem ihr mit einfachen Geräten die Sichttiefe eines Sees bestimmen könnt. Führt diesen durch und stellt Vermutungen an, welche Bedeutung die Sichttiefe für die dort vorkommenden Lebewesen haben kann.

c) Wählt Pflanzen und Tiere eures Sees aus und stellt sie in Steckbriefen vor.

5. Der Froschlöffel ist eigentlich eine Pflanze, die im ▸ Röhricht wächst. Sie gedeiht aber auch als Landpflanze oder als Unterwasserpflanze.
a) Beschreibt, welche Veränderungen man an der Pflanze entsprechend ihrer unterschiedlichen Standorte erkennen kann.
b) Sucht andere Pflanzen, die wie der Froschlöffel ebenfalls Angepasstheiten an die unterschiedlichen Pflanzenzonen eines Sees aufweisen. Beschreibt, in welchen Merkmalen sich die Pflanzen unterscheiden, und begründet das unterschiedliche Aussehen.

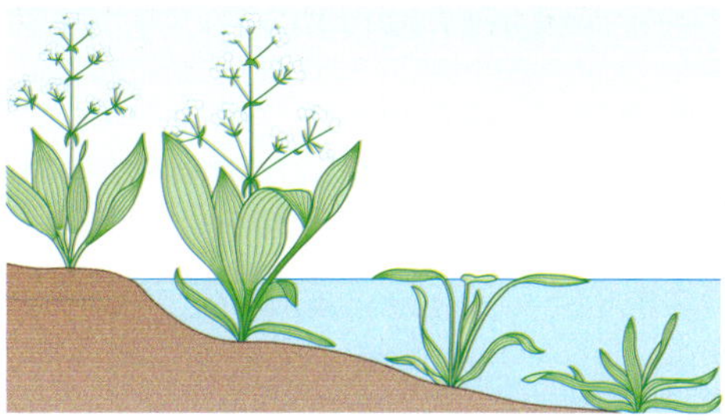

6. a) Wozu brauchen die an einem See nistenden Vögel das Schilf?
b) Begründet, warum Seeufer oft unter Naturschutz stehen. Entwerft Regeln für das Verhalten am Seeufer und auf einem See.
c) In welcher Zeit sollten Uferzonen auf jeden Fall von Menschen gemieden werden? Nutzt die nebenstehende Abbildung.

Brutzeiten von Wasservögeln

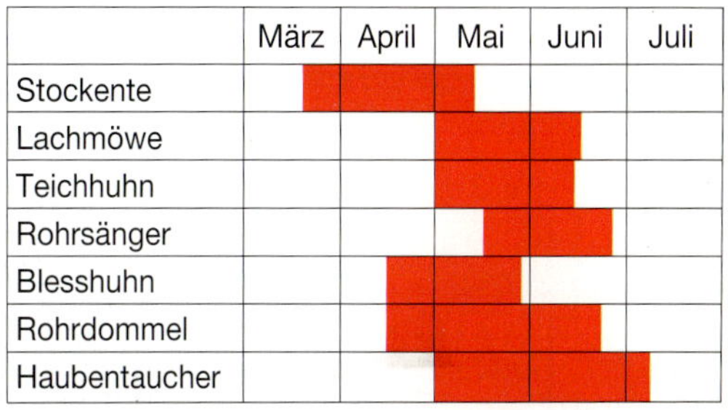

7. Stockenten sind in Körperbau und Lebensweise ihrem Lebensraum angepasst. Erstellt einen Steckbrief und stellt die Vögel und ihre Anpassungen in einem Kurzvortrag vor.

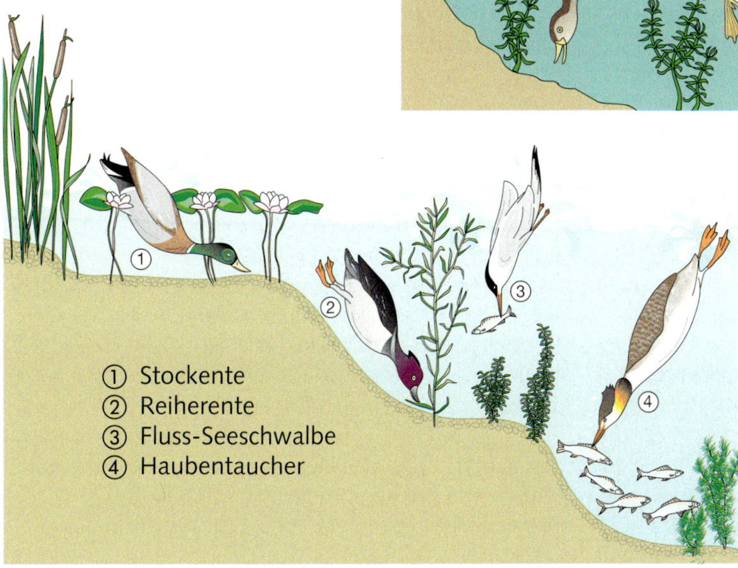

8. Erklärt mithilfe der Abbildung und anhand des Informationstextes den Begriff der ▸ „ökologischen Nische" in Bezug auf die Nutzung von Nahrungsquellen durch verschiedene Wasservögel.

Seen sind verschieden

Wer schon einmal an einem naturbelassenen Waldsee entlanggewandert ist und in einem Naherholungsgebiet in einem Baggersee gebadet hat, wird festgestellt haben, dass See nicht gleich See ist.
Ein naturbelassener See hat an der vom Wind geschützten Seite meist eine dicht bewachsene Uferzone. Auch im Wasser wachsen zahlreiche Pflanzen. Im Dickicht der Pflanzen leben viele Tiere. Das Wasser ist klar und sauerstoffreich.
Als Badeseen werden häufig Baggerseen genutzt. Sie haben meist Schotter- oder Sandufer oder künstlich angelegte Grasufer. Im Uferbereich gedeihen nur wenige Pflanzen. Die Aktivitäten der Menschen haben die meisten Tierarten vertrieben.
Neben den Seen sind auch die kleineren und flacheren Weiher, Teiche und Tümpel stehende Gewässer.

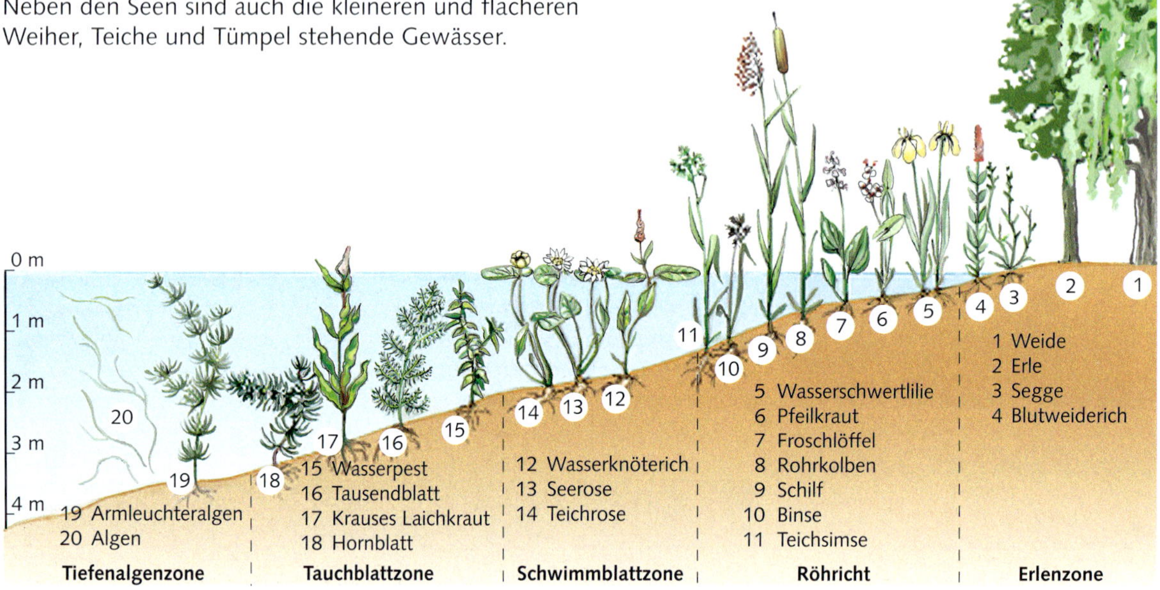

1 Pflanzenzonen eines naturbelassenen Sees

Die Pflanzenzonen eines Sees

Geht man über einen Steg vom Land zum offenen Wasser, erkennt man, dass sich der Pflanzenbewuchs des Uferbereichs auf einer Strecke von wenigen Metern schnell ändert. Der Pflanzenwuchs wird scheinbar niedriger. Zuletzt ragen nur noch schwimmende Blätter und Blüten über die Wasseroberfläche. Weiter draußen sind die Pflanzen dann ganz untergetaucht.

Im Uferbereich, der **Erlenzone,** wachsen Weiden und Erlen. Darunter blüht der Blutweiderich und Binsen und Seggen breiten sich hier aus. Die Pflanzen dieser Zone vertragen ständig hohes Grundwasser oder teilweise Überflutung.
Etwas weiter am Uferrand, wo immer Wasser steht, beginnt das **Röhricht.** Hier gedeihen Schilf und Rohrkolben. In dieser Zone wachsen auch Schwertlilie, Pfeilkraut und Froschlöffel. Sie kommen bis zu einer Wassertiefe von 1,5 m vor.
An das Röhricht schließt sich die **Schwimmblattzone** an. Zu den Schwimmblattpflanzen zählen gelb blühende Teichrosen und weiß blühende ▸ Seerosen sowie der rosa blühende ▸ Wasserknöterich.
Je tiefer das Wasser wird, um so mehr treten die Schwimmpflanzen zurück und andere Wasserpflanzen, die ganz untergetaucht leben, breiten sich aus. In dieser **Tauchblattzone** finden wir Pflanzen wie Laichkräuter, Tausendblatt, Wasserpest und Hornkraut. Stängel und Blätter dieser Pflanzen werden vom Wasser gestützt und benötigen daher keine Schutzschicht oder ein Festigungsgewebe. Die Blätter sind oft sehr klein oder zerschlitzt.
In der **Tiefalgenzone** wachsen in klaren Seen Quellmoos und blütenlose Armleuchteralgen, die auf dem Seeboden große Unterwasserwiesen bilden. Andere ▸ Algen findet man in allen Zonen des Sees. Diese mikroskopisch kleinen Lebewesen bezeichnet man als pflanzliches ▸ Plankton. Sie bestehen meistens nur aus einer oder wenigen Zellen.

Je nach Trübung des Wassers können ab 5 – 10 m Tiefe keine Pflanzen mehr wachsen, weil das Sonnenlicht nicht mehr zur ▸ Fotosynthese ausreicht.

Tiere eines Sees

An einem naturnahen Gewässer leben viele Tiere auf engem Raum. Am Beispiel unterschiedlicher Vogelarten kann man beobachten, wie dieses Zusammenleben gelingt, ohne dass die einzelnen Arten in ▸ Konkurrenz zueinander treten.

Stockenten bevorzugen pflanzliche Nahrung. Sie tauchen von Zeit zu Zeit Kopf und Vorderkörper ins Wasser und durchpflügen mit offenem Schnabel den schlammigen Grund auf der Suche nach Teilen von Wasserpflanzen, aber auch Insektenlarven, Würmern und Schnecken. Wenn sie den Schnabel schließen, wird der Schmutz mit dem Wasser herausgedrückt. Die Nahrung bleibt bei diesem Seihschnabel zwischen den Hornleisten wie in einem Sieb hängen und wird verschluckt. **Reiherenten** können ganz untertauchen. Sie suchen ihre Nahrung in größerer Tiefe und bleiben bis zu 40 Sekunden unter Wasser. Dabei erbeuten sie kleine Muscheln, Schnecken, aber auch Insektenlarven und Würmer.

2 Tiere an einem naturbelassenen See. A *Uferzone eines Sees;* **B** *Haubentaucher;* **C** *Reiherente;* **D** *Teichmolch*

Haubentaucher sind ausgezeichnete Taucher. Sie gleiten in bis zu sieben Meter Tiefe hinab. Ihre Beute sind kleine Fische, die sie mit dem spitzen Schnabel packen und ganz hinunterschlucken. Wenn **Fluss-Seeschwalben** aus der Luft einen Fisch erspähen, legen sie die Flügel an und schießen wie ein Pfeil ins Wasser. Die Beute wird im Flug verzehrt.
Die einzelnen Arten haben sich also auf unterschiedliche Bereiche eines Sees und das dort verfügbare Nahrungsangebot spezialisiert.

Wie die Nahrungsreviere sind auch die Nester der Vögel in den Pflanzenzonen unterschiedlich verteilt. Stockenten brüten an Land, Reiherenten auf kleinen Inseln. Haubentaucher bauen ein schwimmendes Nest am Rand des Röhrichts. Fluss-Seeschwalben nisten an Ufern ohne Pflanzenbewuchs.
Die Vogelarten zeigen unterschiedliche Angepasstheiten an den Lebensraum, wo sie Schutz finden, Nahrung suchen und Junge aufziehen. Man bezeichnet diese Spezialisierung als ▸ **ökologische Nische.** Dadurch ist es möglich, dass viele Arten auf engstem Raum nebeneinander leben können.

Im Uferbereich sind der Boden und die Pflanzen von zahlreichen Tierarten besiedelt. Hier findet man Wasserinsekten, Würmer und Schnecken. Frösche und Teichmolche nutzen die Uferzonen, kommen aber auch in größeren Wassertiefen vor. Im freien Wasser eines Sees leben Fische wie Rotauge und Hecht.

Pflanzen, Tiere und ihre Beziehungen zueinander nennt man belebte Einflüsse oder ▸ **biotische Faktoren.** Ein See ist aber nicht nur durch seine Nutzung und seine Lebewesen, sondern auch beispielsweise durch Lichtverhältnisse, Wassertemperatur, Sauerstoffgehalt, Wind und Wellenbewegung gekennzeichnet. Das sind die unbelebten Einflüsse oder ▸ **abiotische Faktoren.**

Angepasstheit von Wasserpflanzen

1. Vielleicht gibt es in der Nähe eurer Schule ein stehendes Gewässer, beispielsweise einen See. An seinem Ufer und im Wasser wachsen verschiedene Pflanzen.
Um welche Pflanzenarten handelt es sich? Bestimmt, fotografiert oder zeichnet vorkommende Arten. Stellt die Pflanzen in Steckbriefen vor. Benutzt ein Bestimmungsbuch.

2. Führt Versuche mit Seerosen durch.
Hinweis: Die Weiße Seerose steht unter Naturschutz. Man darf sie aus einem See nicht herausnehmen oder beschädigen. Besorgt euch daher für eure Versuche mit Seerosen Pflanzen aus einer Gärtnerei oder aus einem Gartenteich.
a) Stecht mit einer Nadel in die Blattadern einer Seerose und blast wie in der Abbildung kräftig Luft in den Stängel, um den Weg der Luft durch das Seerosenblatt verfolgen zu können. Wiederholt den Versuch.

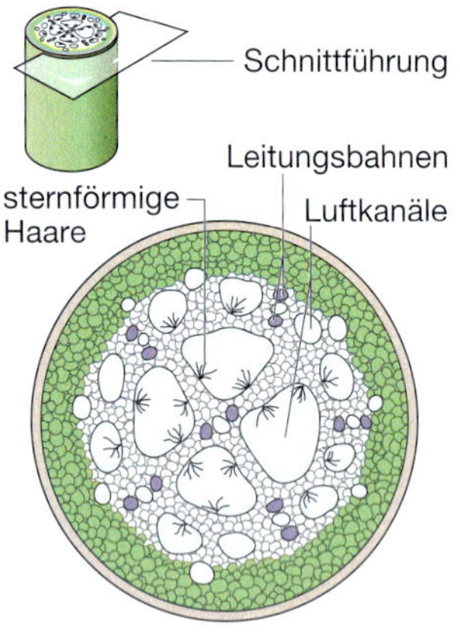

Beschreibt, was ihr bei den Versuchen beobachtet habt, und erläutert eure Beobachtungen. Zeichnet ein Seerosenblatt mit Stiel und markiert mit Farbe den Weg der Luft.
b) Stellt hauchdünne Querschnitte eines Seerosenstängels her und ▸ mikroskopiert sie bei schwacher Vergrößerung.
Betrachtet die Schnitte und fertigt Zeichnungen davon an. Beschriftet eure Zeichnungen und vergleicht sie dazu mit der Abbildung auf dieser Seite. Beschreibt die Anordnung der Leitungsbahnen und Luftkanäle und erklärt ihre Funktionen.
Erklärt, warum die Ergebnisse der Versuche der Aufgaben 2a) und 2b) Angepasstheiten der Seerose an ihren Standort beschreiben.

3. Baut den Versuch nach und beschreibt eure Ergebnisse. An welche Umweltbedingungen ist das Schilfblatt mit den untersuchten Eigenschaften angepasst?

4. Betrachtet die Abbildung. Formuliert Vermutungen, warum der Wasserhahnenfuß zwei unterschiedliche Blattformen ausgebildet hat.

5. Betrachtet die Abbildung. Erklärt den Unterschied zwischen dem Blatt einer Landpflanze und dem Schwimmblatt des Wasserknöterichs.

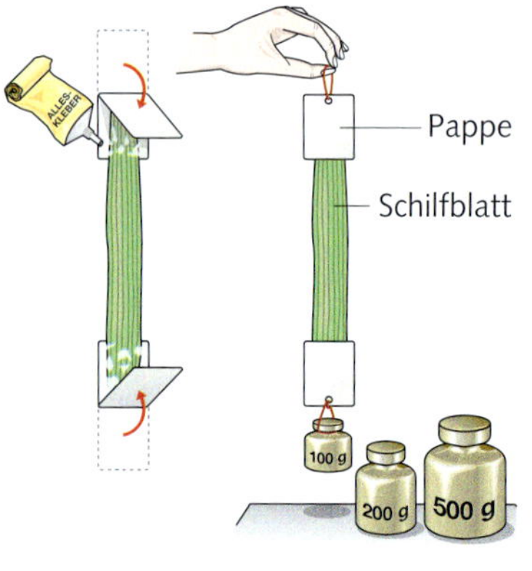

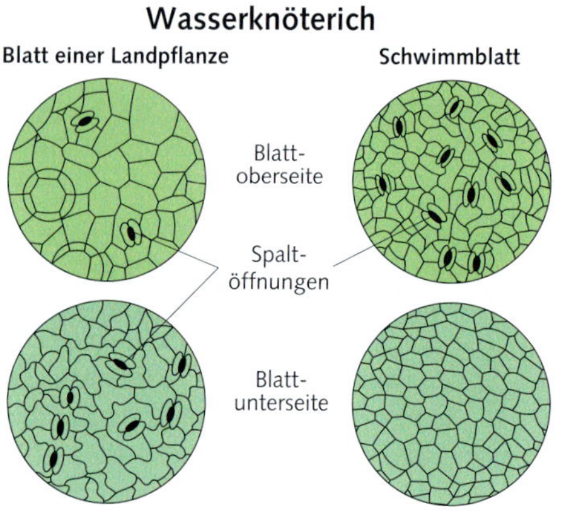

1 Seerose. A *Wasserperlen auf den wachsüberzogenen Blättern;* **B** *Angepasstheit an den Wasserstand*

Pflanzen im Uferbereich

Schilf und Rohrkolben sind mit ihren verzweigten Wurzelstöcken fest im Schlamm verankert. Das Schilf erweist sich gegenüber Windstößen und Wellenschlägen als sehr widerstandsfähig. Ihrem Druck geben die elastischen Halme federnd nach. Die schmalen bandförmigen Blätter sind derb und äußerst reißfest. Bei Sturm flattern sie wie Fahnen zur windabgewandten Seite.

Typische Schwimmblattpflanzen

In Ufernähe wachsen typische Schwimmblattpflanzen wie die Seerose und die Teichrose. Sie verankern sich mit kräftigen Erdstängeln im schlammigen Untergrund. Die tellergroßen Schwimmblätter sind lederartig derb, um aufprallenden Regentropfen und Wellengang widerstehen zu können. Sie enthalten mit Luft gefüllte Hohlräume und schwimmen an meterlangen biegsamen Stängeln wie eine Luftmatratze an der Wasseroberfläche. So befinden sie sich bei wechselnden Wasserständen stets an der Wasseroberfläche.

2 Wasserhahnenfuß. A *Schwimmblätter;* **B** *Tauchblätter*

Die Oberfläche der Seerosenblätter überzieht eine Wachsschicht, so dass darauf Wasser abperlt. Die Spaltöffnungen, die den Gasaustausch ermöglichen, sitzen nur an der Blattoberseite. Die Blattunterseite besitzt zudem keine Wachsschicht. Mit dieser Blattunterseite haftet das Blatt auf dem Wasser, es „klebt" auf der Wasseroberfläche. So schlägt das Blatt auch bei Wind und Wellen nicht so leicht um. Die gesamte Pflanze ist von Luftkanälen durchzogen. Dadurch werden die Erdstängel im sauerstoffarmen Boden mit Luft versorgt.

Pflanzen, die unter Wasser leben

Als Tauchblattpflanzen werden Pflanzen bezeichnet, die untergetaucht im Wasser leben. Zu ihnen gehören verschiedene Laichkräuter, das Tausendblatt, das Hornkraut und die Wasserpest. Ihre Blätter sind meist sehr klein und besitzen keine Spaltöffnungen.
Tauchblattpflanzen wie das Laichkraut haben stark zerschlitzte Blätter, die nur eine dünne ▸ Epidermis besitzen. Über diese nehmen sie gelöste Mineralstoffe direkt aus dem Wasser auf. Auch der Gasaustausch geschieht über die Blattoberfläche. Tauchblattpflanzen wachsen lediglich bis in die Wassertiefen, in denen das Licht gerade noch zur ▸ Fotosynthese ausreicht.
In Tiefen, in denen das Sonnenlicht nicht mehr zur Fotosynthese ausreicht, können Tauchblattpflanzen nicht mehr wachsen.

Pflanzliches Plankton

In allen Zonen des Sees findet man ▸ Algenarten. Viele Algen sind als ▸ Einzeller mikroskopisch kleine Lebewesen und kommen als pflanzliches ▸ Plankton überall im Wasser vor. Öltröpfchen oder Gasbläschen im Zellkörper oder Schwebefortsätze zur Vergrößerung der Oberfläche ermöglichen den Algen im Wasser zu schweben.

Aus dem Wasser in die Luft

1. Erstelle einen Steckbrief für die Große Königslibelle.

2. Beschreibe, wie sich die Lebensweise einer Libelle von der ihrer Larve unterscheidet.

3. Erkläre anhand der Zeichnung die Entwicklung von Großlibelle und Stechmücke. Nimm auch den Informationstext zu Hilfe. Benenne die einzelnen Entwicklungsabschnitte der Stechmücke. Welcher Entwicklungsabschnitt fehlt bei der Libelle?

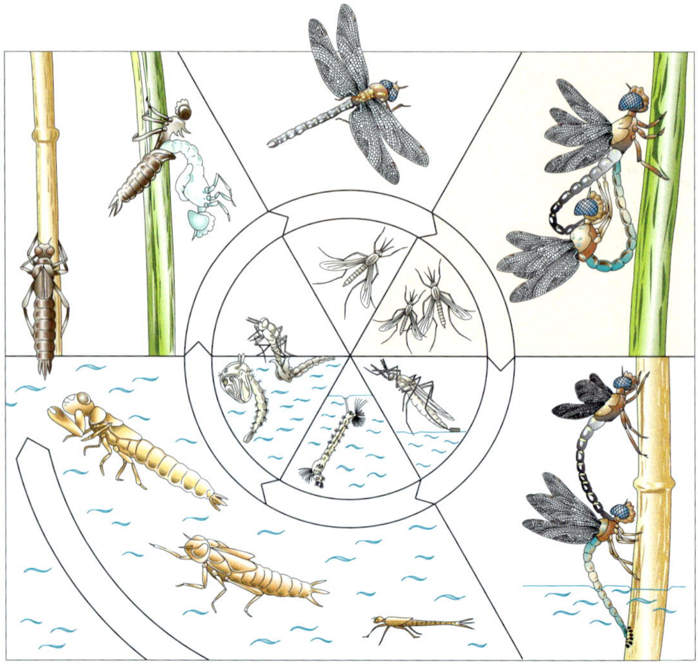

1 **Große Königslibelle**

Entwicklung von Libellen

An schönen Sommertagen jagen Libellen über den Schilfgürteln und der Wasseroberfläche von Seen und Teichen. Sie sind hervorragende Flieger und können blitzschnelle Flugbewegungen und Richtungsänderungen durchführen und im Zickzack- oder Rückwärtsflug manövrieren. Ihre Beute fangen sie in der Luft. Beobachtet man Libellen bei ihren Flugkünsten, kann man sich kaum vorstellen, dass sie schon mehr als ein Jahr in ganz anderer Form im Wasser gelebt haben.

Eine Libelle lebt als Vollinsekt nur einen Sommer. Während einer manchmal mehrwöchigen Reifungszeit nach dem Schlüpfen ist ihr Körper noch weich und nicht voll ausgefärbt. Danach beginnt etwa im Juni die Paarungszeit. Die Geschlechtspartner bilden bei der Begattung ein Paarungsrad, wobei das Männchen das Weibchen am Kopf festhält. Das Weibchen biegt sein Hinterleibsende nach vorn an das Begattungsorgan des Männchens. Die befruchteten Eier werden an Wasserpflanzen abgelegt. Aus den Eiern schlüpfen keine fertige Libellen, sondern flügellose ▸ Larven. Sie leben ausschließlich im Wasser. Während ihrer ein- bis dreijährigen Larvenzeit streifen Libellen mehrmals die zu eng gewordene Körperhülle aus Chitin ab. Zur letzten **Häutung** klettern sie an einem Pflanzenstängel aus dem Wasser. Aus der Larvenhaut schlüpft eine ausgewachsene Libelle.

2 Entwicklung einer Großlibelle

Libellen durchlaufen während ihrer Entwicklungszeit kein Puppenstadium. Eine solche Entwicklung nennt man eine **unvollständige Verwandlung.**

Entwicklung von Stechmücken

Stechmücken entwickeln sich in stehenden Gewässern wie Seen, Teichen und Weihern, ja sogar in Pfützen und Regentonnen. Das Weibchen legt auf der Oberfläche bis zu dreihundert Eier ab. Diese verkittet sie zu einem Eischiffchen, das wie ein Floß auf der Wasseroberfläche schwimmt. Nach etwa acht Tagen schlüpfen Larven aus den Eiern. Sie hängen kopfabwärts an der Wasseroberfläche. Dabei atmen sie durch eine Atemröhre, die sie wie einen Schnorchel aus dem Wasser halten. Bei Störungen durch Erschütterungen oder Schatten verschwinden die Larven blitzschnell in tieferes Wasser.

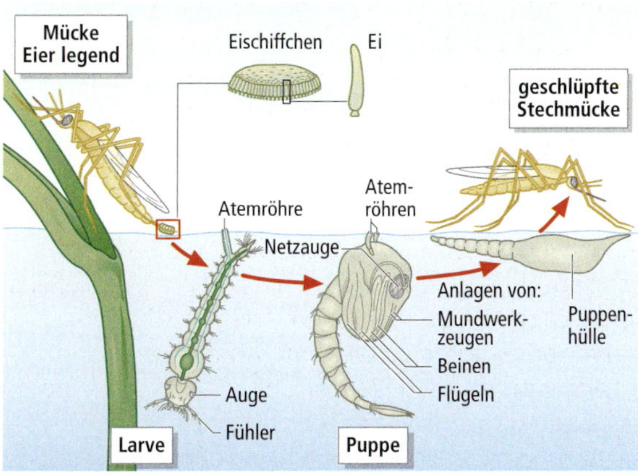

3 Entwicklung einer Stechmücke

Beim Wachsen häuten sich die Larven mehrmals, bis sie etwa einen Zentimeter groß sind. Nach Ende der Larvenzeit bilden sie eine Puppe aus. In der Puppenhülle wandeln sich während einer Ruhezeit die Organe der Larve in die eines vollständig entwickelten Insekts um. Die Puppenhülle reißt nach etwa drei Tagen auf, und eine junge Mücke zwängt sich heraus. Die **vollständige Verwandlung** (Metamorphose) der Stechmücke vom Ei über die Larve und Puppe zum fertigen Insekt dauert etwa sechs Wochen.

Bei den Stechmücken stechen nur die Weibchen

Bei den Stechmücken eignen sich nur die Mundwerkzeuge der Weibchen zum Stechen. Sie müssen nach der Befruchtung durch die Männchen eine Blutmahlzeit zu sich nehmen, da sie Eiweiß benötigen, um Eier zu bilden. Die eigentliche Nahrung besteht nur aus Fruchtsaft und Nektar, die kein Eiweiß enthalten. Ohne die Aufnahme von Blut können sich Stechmücken nicht fortpflanzen.

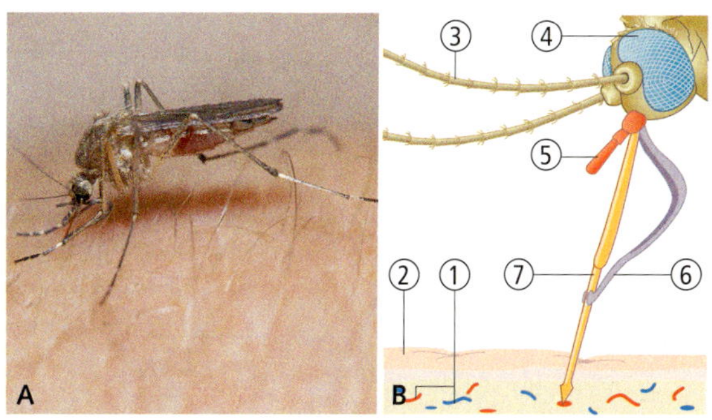

4 Stechmücke. A *Weibliche Stechmücke;* **B** *Stechapparat*
① Blutgefäße, ② Haut, ③ Fühler, ④ Auge, ⑤ Oberkiefer, ⑥ Unterlippe, ⑦ Oberlippe mit Stechborsten

Atmen – mit allen Tricks

1. Fertige zur Wasserspinne einen ausführlichen Steckbrief an.

2. Vergleiche die Atmung von Rückenschwimmer, Wasserskorpion und Kleinlibellenlarve.

3. Bildet Teams, um Kleintiere eines Sees oder Teiches zu fangen und zu bestimmen. Hierfür benötigt ihr Kescher, Gläser (z. B. Marmeladengläser), Petrischalen, Lupen, einen Pinsel und ein Bestimmungsbuch.
Zieht den Kescher am Ufer mehrmals in verschiedenen Tiefen durch das Wasser. Streift die Tiere mit dem Pinsel einzeln vorsichtig in je ein Marmeladenglas, das ihr zur Hälfte mit Seewasser gefüllt habt. Schraubt das Glas sofort zu.
a) Bestimmt die gefangenen Kleintiere mithilfe eines Bestimmungsbuches.
b) Beschreibt, wie die Wasserinsekten Luft aufnehmen.
c) Erklärt, warum die Tiere so lange unter Wasser bleiben können.
Wichtig! Setzt die gefangenen Kleintiere anschließend unbeschadet in den See zurück.

Rückenschwimmer

Um einen Vorrat an Atemluft aufzunehmen, streckt der Rückenschwimmer das Ende seines Hinterleibes aus dem Wasser und nimmt zwischen die Härchen der Bauchseite silbrig schimmernde Luftbläschen auf. Durch dieses Luftpolster entsteht ein Auftrieb. Dieser führt dazu, dass die Bauchseite ständig nach oben zeigt.

Wasserspinne

Die Wasserspinne sammelt ihre Atemluft in einem dicht gesponnenen Netz, das sie unter Wasser in der Uferzone gebaut hat. Zum Luftholen streckt die Spinne ihre Hinterbeine und einen Teil ihres Hinterleibes aus dem Wasser und taucht ruckartig wieder unter. Dabei nimmt sie eine Luftblase mit, die sich zwischen den Haaren und Beinen verfangen hat. Die Luftblase streift sie in ihrer „Taucherglocke" ab. In diesem Luftspeicher spielt sich der Großteil des Lebens dieser Spinne ab.

Schlammröhrenwürmer

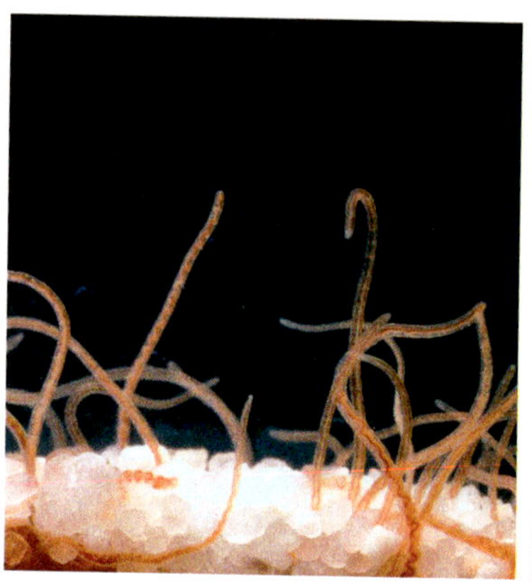

Im Faulschlamm leben Spezialisten, die mit wenig Sauerstoff auskommen. Schlammröhrenwürmer nehmen die noch vorhandenen geringen Reste von Sauerstoff über die Haut auf. Andere Arten atmen mit dem Darm. Schlammröhrenwürmer können bis zu 48 Stunden ohne Sauerstoff auskommen.

Larve der Kleinlibelle

Die Larven der Kleinlibellen brauchen zum Atmen nicht aufzutauchen. Sie atmen mithilfe der drei blattförmigen Tracheenverzweigungen am Hinterende und mit dem Enddarm. Dieser ist an der Innenseite mit zahlreichen dünnwandigen Häutchen, den Tracheenkiemen, ausgekleidet. Sie entziehen dem eingesogenen Atemwasser den Sauerstoff.

Ruderwanzen

Ruderwanzen leben vor allem in stehenden Gewässern. Sie halten sich am Gewässergrund auf und tauchen nur gelegentlich zur Erneuerung des Luftvorrates zur Wasseroberfläche auf. Sie springen dazu kurz aus dem Wasser. In ihrem Haarpelz bleiben dabei Luftbläschen hängen, die sie zum Atmen unter Wasser benötigen.

Gelbrandkäfer

Zum Erneuern der Luftreserven strecken Gelbrandkäfer ihr Hinterteil aus dem Wasser und nehmen Atemluft in einem Hohlraum unter den Deckflügeln auf. Damit können sie längere Zeit unter Wasser bleiben. Die Luft wird durch kleine Öffnungen in den Hinterleibsringen in das Tracheensystem aufgenommen.

Wasserskorpion

Wasserskorpione haben am Hinterleib zwei lange Fortsätze, die eine Rinne besitzen. Beim Atmen legen sie diese zu einer geschlossenen Röhre zusammen. Diese strecken sie aus dem Wasser und holen dadurch Luft. Weil sie schlechte Schwimmer sind, halten sie ihr Atemrohr stets in Reichweite der Wasseroberfläche.

Larve der Eintagsfliege

Die Larven der Eintagsfliege leben bis zu vier Jahre im Wasser. Zum Atmen brauchen sie nicht aufzutauchen. Sie entziehen dem Wasser den Sauerstoff über kleine Kiemenblättchen, die sich am Hinterleib befinden. Durch ihre Bewegung erzeugen die Larven eine Wasserströmung, die ständig frisches Wasser an diese Atmungsorgane heranführt.

4. Ordne die Körpermerkmale und die Art der Versorgung mit Sauerstoff der Wasserinsekten den entsprechenden technischen Erfindungen zu. Begründe.

Fotosynthese – so gut es geht

1. Wasserpflanzen produzieren Sauerstoff. Die Nachweisreaktion könnt ihr bei der ▸ Fotosynthese nachschlagen. Überprüft, ob die Fotosynthese von bestimmten Umweltfaktoren abhängig ist. Bildet Hypothesen, wodurch die Sauerstoffbläschenproduktion beschleunigt oder verringert werden könnte. Überlegt euch Versuche, mit denen ihr die Abhängigkeit der Fotosynthese von den Faktoren Licht und CO_2 nachweisen könnt. Führt diese durch und berichtet darüber.

2. Luft löst sich in Wasser. Markiert auf zwei Bechergläsern jeweils eine 1 cm x 1 cm große Fläche. Füllt die Gläser mit abgekochtem Leitungswasser und lasst es abkühlen. Schlagt das Wasser in einem Glas mit dem Schneebesen und stellt die Gläser an einen warmen Ort. Zählt nach einer halben Stunde die Luftbläschen in den markierten Bereichen.
Vergleicht die Ergebnisse und erklärt die Unterschiede.

3. Mit speziellen Messgeräten kann man den Sauerstoffgehalt von Wasserproben messen. Wenn man gleichzeitig die Temperatur der Wasserproben festhält, ergibt sich die nebenstehende Kurve. Interpretiert sie.

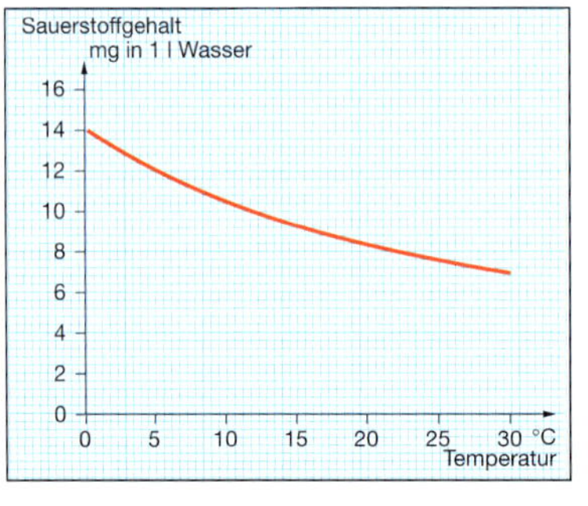

4. Die Aufnahmefähigkeit für Sauerstoff ist in kaltem Wasser höher als in warmem Wasser. Dennoch enthält warmes, lichtdurchflutetes See- oder Teichwasser oft mehr Sauerstoff als kaltes Tiefenwasser. Sucht hierfür Erklärungen.

5. Nehmt aus einem See grünes, algenreiches Wasser. Untersucht die Proben unter dem ▸ Mikroskop. Zeichnet die unterschiedlichen Formen der Algen. Vergleicht eure Ergebnisse mit der Abbildung. Welche Algen habt ihr gefunden?

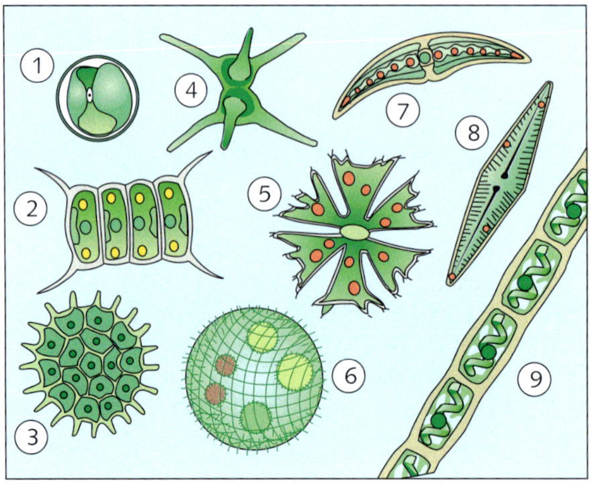

① Kugelalge
② Gürtelalge
③ Zackenrädchen
④ Dornenstern
⑤ Strahlenstern
⑥ Gitterkugel
⑦ Mondalge
⑧ Weberschiffchen
⑨ Spiralbandalge

Fotosynthese …

Wie Landpflanzen betreiben auch die grünen Blütenpflanzen im Wasser eines Sees und das pflanzliche ▸ Plankton, zu dem viele Algenarten gehören, ▸ Fotosynthese. Sie bilden damit die Grundlage der Lebensprozesse im Wasser. Die Fotosynthese liefert die Nährstoffe für ▸ Konsumenten und ▸ Destruenten und den lebensnotwendigen Sauerstoff. Dabei ist die Fotosynthese von verschiedenen ▸ **abiotischen Faktoren** abhängig, die begrenzend oder fördend wirken können. Dazu zählen zum Beispiel Lichtintensität, CO_2-Gehalt und Temperatur des Wassers.

Sauberes Seewasser ist meist klar und hat eine entsprechende Sichttiefe. In der obersten lichtdurchfluteten Schicht eines Sees können grüne Pflanzen mithilfe des Sonnenlichtes und des im Wasser gelösten Kohlenstoffdioxids (CO_2) bei der Fotosynthese mehr organische Substanz und Sauerstoff produzieren als sie verbrauchen. Der Rest dient der Ernährung und Atmung der übrigen Seebewohner.

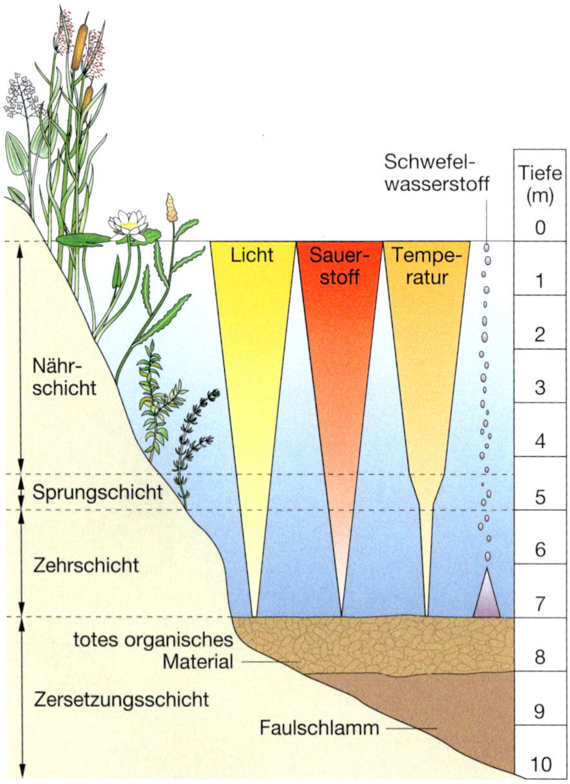

1 Umweltfaktoren in einem See

… so gut es geht

Unerlässlich für die Fotosynthese ist **Licht.** Aber selbst in einem See mit sauberem Wasser verliert das Licht mit zunehmender Tiefe an Helligkeit, und man findet immer weniger Wasserpflanzen, die Fotosynthese betreiben. Ab etwa fünf Meter Tiefe ist das Licht so schwach, dass es nur noch bestimmte Algen nutzen können.
Im Wasser hält sich darum **pflanzliches Plankton** möglichst lange in der hellen oberen Wasserschicht auf. Verschiedene Grünalgen haben deshalb ein sternförmiges Aussehen. Borsten und Stacheln sind Schwebefortsätze, die das Herabsinken auf den Seeboden verlangsamen. Andere Planktonarten besitzen Öltröpfchen oder Gasbläschen in ihren Zellen, die es ihnen ermöglichen zu schweben. Eine Wassertrübung durch Schwebstoffe oder ▸ Algenblüte vermindert den Lichteinfall und wirkt begrenzend auf die Fotosynthese.

Unverzichtbar für den Prozess der Fotosynthese ist **Kohlenstoffdioxid.** Es ist ein im Wasser lösliches Gas, das Lebewesen bei der ▸ Zellatmung bilden und an die Umgebung abgeben, wenn sie ausatmen. Ein geringer Gehalt an Kohlenstoffdioxid im Wasser verringert die Fotosynthese.

Die **Temperatur** des Wassers in einem See beeinflusst den Sauerstoffgehalt. In kaltem Wasser löst sich mehr Sauerstoff als in warmem Wasser. Dennoch ist der Sauerstoffgehalt des Wassers in der wärmeren, oberflächennahen Schicht besonders hoch, weil die Wasserpflanzen hier tagsüber durch Fotosynthese Sauerstoff produzieren. Sie wird deshalb auch Nährschicht genannt.
In der kälteren und dunkleren Zehrschicht gedeihen keine grünen Pflanzen mehr. Aufgrund der fehlenden Sauerstoffproduktion der grünen Pflanzen sowie des Sauerstoffverbrauchs in den tieferen Wasserschichten ist hier der Sauerstoffgehalt sehr gering. In der Zersetzungsschicht sammeln sich die Reste abgestorbener Pflanzen und Tiere an. Dieses organische Material wird von Bakterien und Pilzen, die ohne Sauerstoff leben können, zersetzt.

Sammelt sich mehr abgestorbenes Tier- und Pflanzenmaterial an als abgebaut werden kann, bilden sich Faulschlamm und giftige Gase wie Schwefelwasserstoff. Durch den Eintrag von Düngemitteln kann sich ein Gewässer mit ▸ **Mineralstoffen** anreichern. Sie sind wichtig für das Pflanzenwachstum. Ein zu hoher Gehalt an Mineralstoffen kann jedoch zur ▸ Eutrophierung eines Sees führen.

Nahrungsbeziehungen im See

①

1. a) Erläutert die Nahrungskette von Abbildung 2. Benutzt dazu die Begriffe „Produzenten“ und „Konsumenten“.
b) Welches Teil des Stoffkreislaufs fehlt?

2. Welche Lebewesen stehen am Anfang einer Nahrungskette in einem See? Stelle einige Vertreter vor.

②

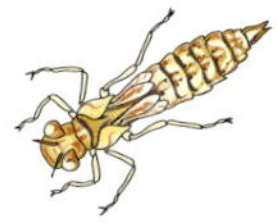

③

3. Welche Lebewesen in einem See gehören zu den Destruenten? Welche Aufgabe erfüllen sie?

④

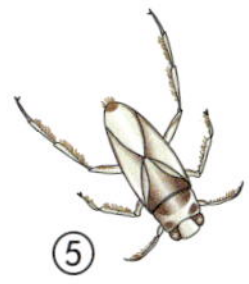

⑤

⑥

4. Was stellt die folgende Abbildung dar? Ergänzt die fehlenden Begriffe.

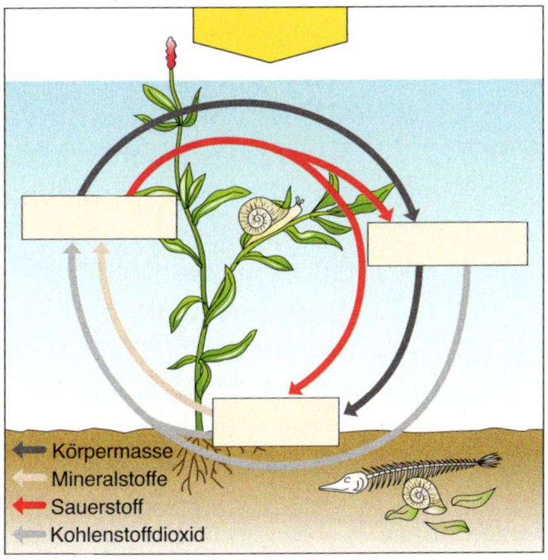

⑦

⑧

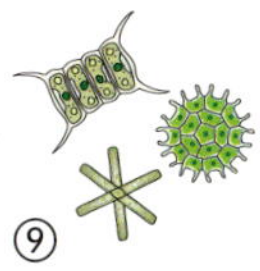

⑨

⑩

⑪

⑫

5. Stellt euch vor, alle Fische in einem See wären verschwunden. Welche Auswirkungen hätte dies auf die anderen Lebewesen im See? Beschreibt.

⑬

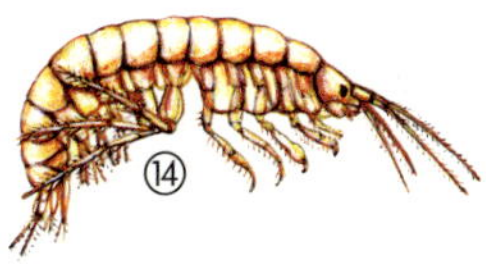

⑭

⑮

wird gefressen von

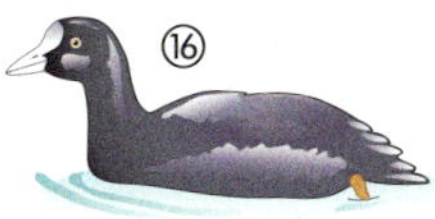

⑯

⑰

⑱

⑲

6. Die Abbildungen zeigen verschiedene Pflanzen und Tiere eines Sees.
a) Welche Lebewesen sind abgebildet? Ordnet jeder Abbildung den richtigen Namen zu: Blesshuhn, Flohkrebs, Gelbrandkäferlarve, Graureiher, Haubentaucher, Hecht, Kaulquappe, Libellenlarve, Pflanzenreste, pflanzliches Plankton, tierisches Plankton, Rotauge, Ruderwanze, Schlammröhrenwurm, Schwebe- und Sinkstoffe, Stechmückenlarve, Teichmuschel, Teichrose, Wasserfloh, Wasserschnecke.
b) Stellt aus diesen Lebewesen ein Nahrungsnetz zusammen. Benutzt den roten Pfeil, um anzuzeigen, wer von wem gefressen wird. Erstellt ▸ Folien mit dem PC und präsentiert sie mithilfe eines Präsentationsprogramms.

⑳

Im Wasser eines Sees schweben winzige Algen. Diese Organismen bezeichnet man als pflanzliches Plankton. Sie sind die wichtigste Grundlage für die Ernährung aller tierischen Lebewesen im Wasser. Denn nur grüne Pflanzen, zu denen ▸ Algen und ▸ Wasserpflanzen gehören, können mithilfe des Sonnenlichts aus Wasser und Kohlenstoffdioxid selbst Nährstoffe herstellen. Sie gehören zu den **Produzenten.**
Von ihnen ernähren sich alle Pflanzenfresser wie beispielsweise der Wasserfloh. Er ist ein **Konsument erster Ordnung.**
Aber auch Wasserflöhe können gefressen werden, zum Beispiel von ▸ Libellenlarven. Eine Libellenlarve ist dann ein **Konsument zweiter Ordnung.**
Viele Fische ernähren sich von im Wasser lebenden Kleintieren, so auch das Rotauge. Es ist ein **Konsument dritter Ordnung.**
Rotaugen wiederum sind eine begehrte Beute für größere Raubfische wie den Hecht oder Wasservögel wie den Haubentaucher. Diese werden dann als **Konsumenten vierter Ordnung** bezeichnet. Sie stehen als **Endkonsumenten** an der Spitze der **Nahrungspyramide.**

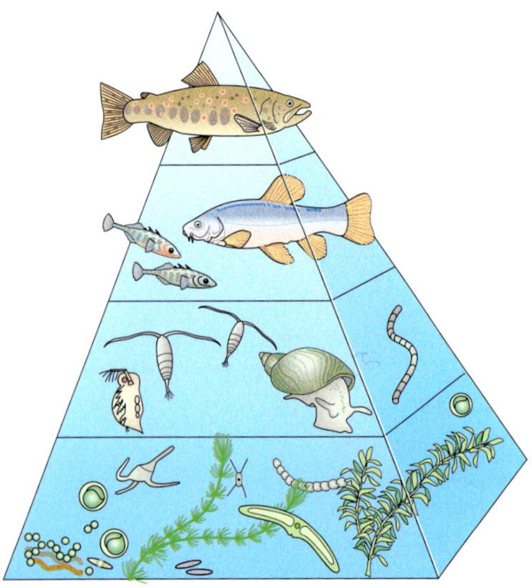

1 **Nahrungspyramide**

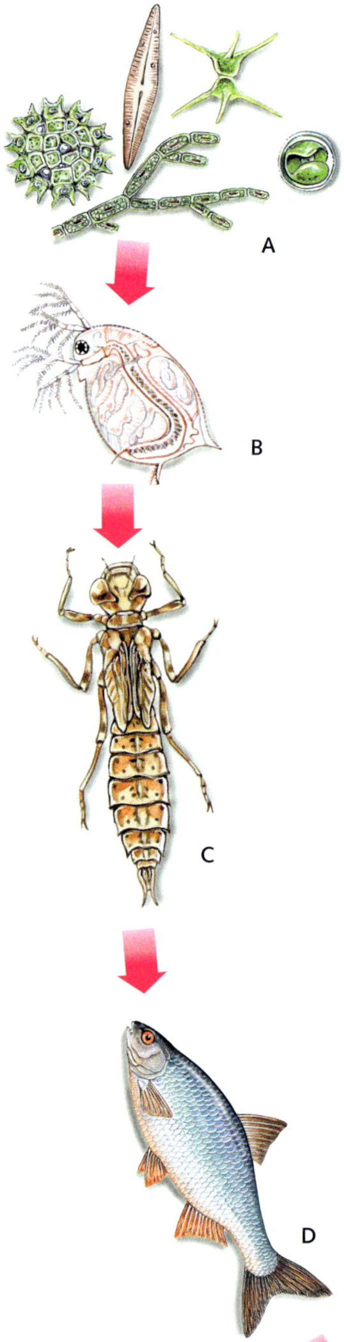

2 Nahrungskette im See.
A *Algen;* **B** *Wasserfloh;*
C *Libellenlarve;*
D *Rotauge;* **E** *Hecht*

Die Lebewesen im See bilden ▸ **Nahrungsketten.** Am Anfang einer Nahrungskette stehen stets Pflanzen. Dann folgen Pflanzenfresser, die wiederum von Fleischfressern verzehrt werden.
Dieses einfache Modell entspricht jedoch nur teilweise der Wirklichkeit.
Meistens ernährt sich ein Tier von unterschiedlichen Pflanzen oder fängt verschiedene Beutetiere. Dieses Fressen und Gefressenwerden lässt sich als ▸ **Nahrungsnetz** darstellen, weil verschiedene Nahrungsketten darin wie die Fäden eines Netzes verknüpft sind. Räuber und Beute hängen voneinander ab, ohne dass eine Art ausstirbt. So entsteht in einem natürlichen See ein **ökologisches Gleichgewicht.**

Abgestorbene Lebewesen sowie tierische oder pflanzliche Abfälle werden durch Bakterien, Pilze und weitere ▸ Destruenten zersetzt. Zu ihnen gehören zum Beispiel Kleinkrebse und Würmer. Diese Zersetzer bauen die organischen Bestandteile ab. Dabei entstehen lösliche Mineralstoffe und Kohlenstoffdioxid, die von Pflanzen wieder aufgenommen werden. Somit schließt sich der ▸ **Stoffkreislauf,** der das Leben im See erhält.

Wird mehr pflanzliches Material produziert als gefressen oder abgebaut werden kann, entstehen durch **unvollständige Zersetzung** von Pflanzen Verlandungszonen.

Präsentieren mit Folien

Bei einer Präsentation stellen eine oder mehrere Personen ausgewählte Inhalte eines Themas vor. Die Darstellung wird lebendig, wenn die Aussagen mit Texten, Bildern oder Symbolen unterstützt werden. Zum Präsentieren eignen sich Folien, die ihr mit dem Tageslichtprojektor abbilden könnt. Folien lassen sich einfach und wirkungsvoll mit einem Textverarbeitungsprogramm am PC erstellen.

Überschrift

Die Schriftgröße sollte etwa 30 pt betragen.

Schaubilder

Sie vereinfachen komplizierte Zusammenhänge. Größen- oder Mengenangaben lassen sich in Balken- oder Kreisdiagrammen übersichtlich darstellen.

Texte

Verwende nur wenige Schriftarten und Hervorhebungen. Schreibe kurze Sätze oder einzelne Wörter. Die Schriftgröße sollte mindestens 16 pt betragen.

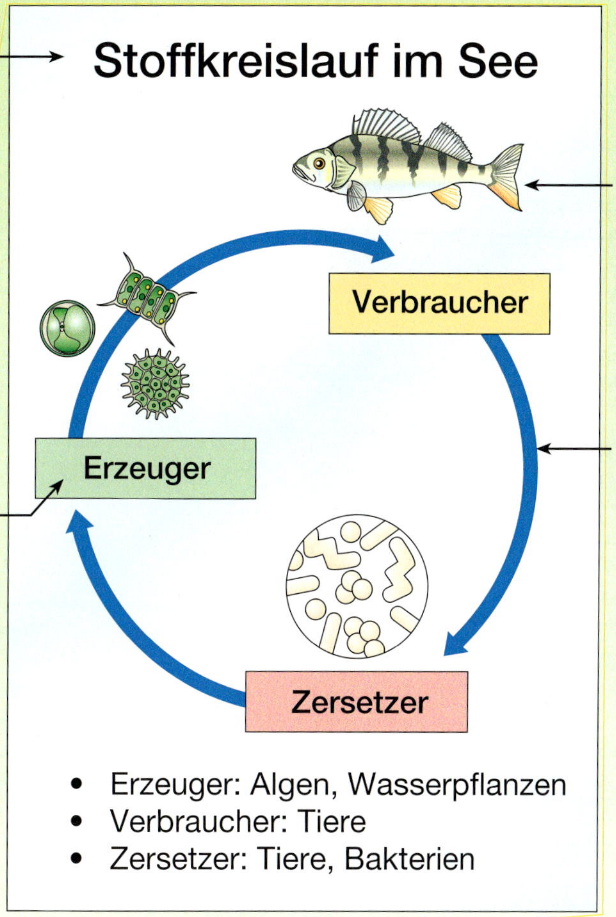

Bilder

Suche wenige Bilder sorgfältig aus. Sie müssen gut erkennbar sein. Bilder können eingescannt werden.

Symbole

Pfeile oder Aufzählungspunkte verdeutlichen Zusammenhänge oder heben wichtige Aussagen hervor.

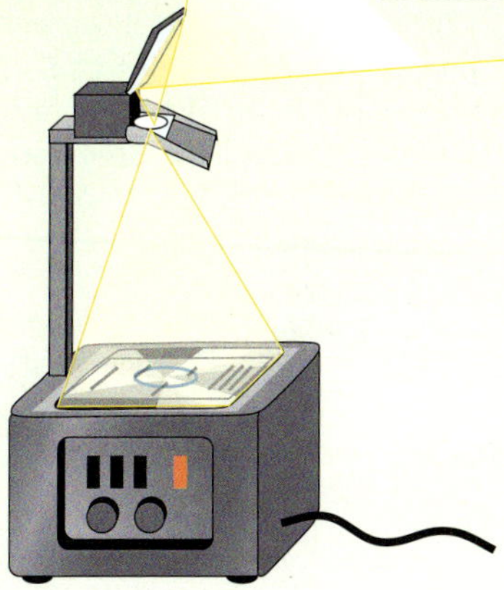

Tipps zur Präsentation mit einer Folie

Verwende keine langen Texte. Auf einer Folie sollten nur wichtige Aussagen oder Stichworte stehen, die durch den Vortrag erläutert werden.

Benutze für eine Präsentation nicht zu viele verschiedene Folien. Gib den Zuhörern Zeit, deine Folien zu lesen und zu verstehen.

Es ist wichtig, zur Verdeutlichung Farben einzusetzen. Verwende aber nur wenige Farben.

Präsentieren mit dem PC

Präsentieren kann man auch mit dem PC. Dazu benötigt man ein Präsentationsprogramm und ein Projektionsgerät, den Beamer. Mit einem Präsentationsprogramm werden Folien so ähnlich erstellt wie mit einem Textverarbeitungsprogramm. Es gelten dieselben Gestaltungskriterien wie bei der Herstellung von Folien für den Tageslichtprojektor, zum Beispiel für Schriftgröße oder Farben. Der Unterschied ist, dass sich einzelne Elemente einer Folie in der von euch gewünschten Reihenfolge einblenden lassen.

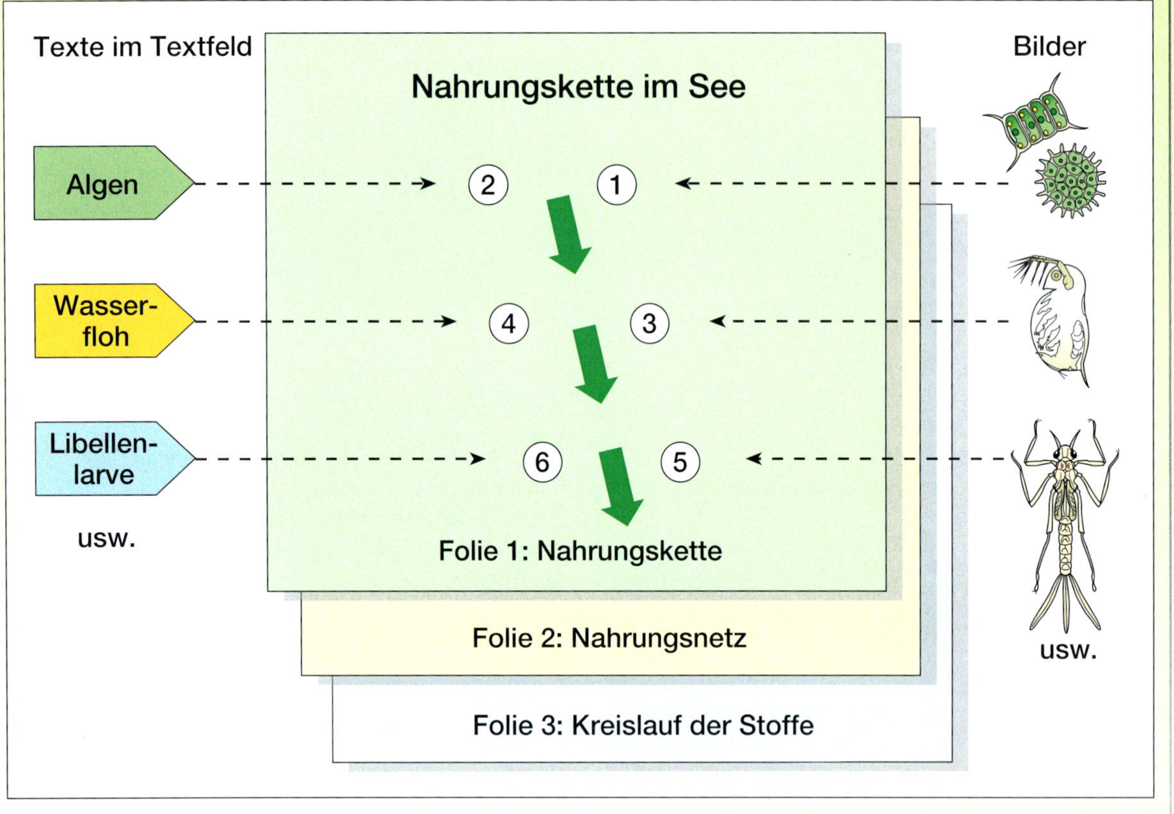

Die Text- und Bildelemente der Folie erscheinen passend zu den Inhalten des Vortrags, wenn man „klickt". Zusätzlich lassen sich die Übergänge zwischen den einzelnen Folien gestalten. So kann man zum Bespiel eine Folie über den rechten Bildrand verschwinden lassen, während gleichzeitig die nächste von links hereingeschoben wird. Präsentationsprogramme bieten auch die Möglichkeit, Filmausschnitte und Soundeffekte einzubinden. Die Anwendung solcher Effekte bezeichnet man auch als Animation.

Tipps zur Präsentation mit dem PC

Erstelle ein Präsentationsdrehbuch zu deinem Vortrag.

Die Struktur aller Folien zu einem Vortrag sollte gleich sein.
Verwende deshalb für alle Folien ein einheitliches Layout.

Wähle möglichst nur eine Übergangsmethode für deine Folien.

Verwende Animationen sparsam.

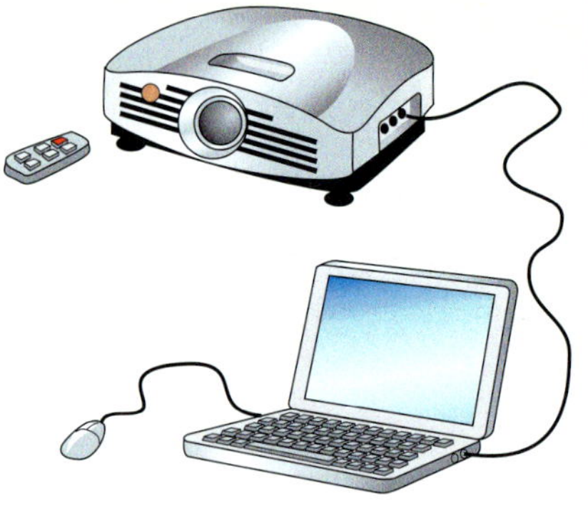

Wenn der Mensch eingreift

1. a) Lies den Text auf dem abgebildeten Schild. Hältst du die Hinweise für überzogen? Begründe deine Meinung.
b) Werte die unten stehende Tabelle zu den störungsempfindlichen Zeiten von Fischen, Wasservögeln und Lurchen aus und überprüfe deine Meinung.

	J	F	M	A	M	J	J	A	S	O	N	D
Brasse					X	X						
Hecht		X	X	X								
Rotfeder				X	X	X						
Blesshuhn				X	X							
Krickente				X	X							
Wasserfrosch					X	X						
Kammolch			X	X	X	X						

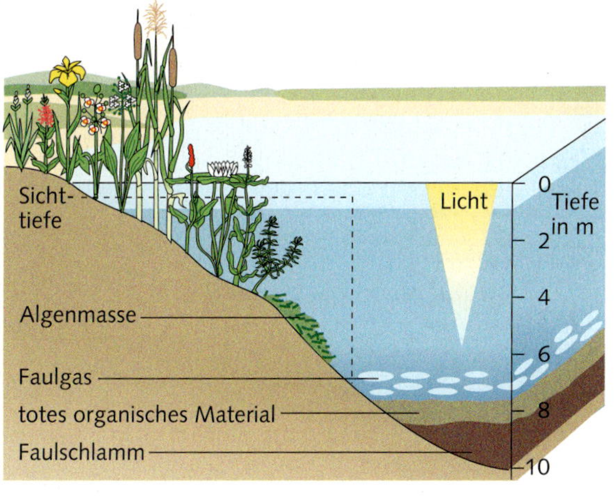

2. a) Nenne mögliche Ursachen für die Eutrophierung eines Sees.
b) Erläutere mithilfe der Abbildung und des Informationstextes die Folgen der Eutrophierung für das Ökosystem See.
c) An stark belasteten Seen wird manchmal Luft mittels Schläuchen in den See gepumpt und dort über Düsen verteilt. Erkläre den Sinn dieser Maßnahme.

3. Menschen nutzen Seen auf ganz unterschiedliche Weise und verfolgen dabei jeweils eigene Interessen.
a) Diskutiert in einem ▸ Rollenspiel die unterschiedlichen Interessenlagen bei der Nutzung eines Sees. Wählt dazu aus eurer Klasse je einen Vertreter eines Wassersportvereins, des Fremdenverkehrs, der Landwirtschaft, der Fischzucht und des Naturschutzes.
b) Informiert euch zuvor in Sachbüchern, im Internet oder bei Fachleuten über die Interessen und Argumente der jeweiligen Position.
c) Bestimmt einen Gesprächsleiter, der die Gesprächsleitung übernimmt. Er führt mit einer kurzen Begrüßung in die Diskussion ein und beendet diese mit einer Zusammenfassung.

1 Strandbad

Freizeitaktivitäten belasten den See

Seen sind beliebte Freizeitgebiete. Für Wassersportler bieten sie verschiedene Aktivitäten wie Segeln, Surfen oder Bootfahren. Andere suchen beim Wandern die Nähe zur Natur, campen am Ufer oder erfrischen sich beim Baden im kühlen Nass.

Die vielfältigen Freizeitaktivitäten beeinflussen jedoch das empfindliche Ökosystem See nachhaltig: So benötigen viele Tierarten **Rückzugsräume** und Ruhezeiten, in denen sie vor Störungen sicher sind. Werden Vögel beim Brüten oder bei der Jungenaufzucht aufgescheucht, verlassen viele von ihnen ihren Lebensraum. Bei Fischen sind die Laichzeit und die Zeit kurz nach dem Schlüpfen der Larven empfindliche Phasen. Paddel- und Motorboote können hier besonders stören.

Menschliche Eingriffe beeinflussen auch die Pflanzenzonen eines Sees: Durch Bootsanleger und Badestellen wird das ▸ **Röhricht** zurückgedrängt. Damit verschwindet die Lebensgrundlage vieler Tierarten. Besonders nachteilig ist die Zerstörung der Schilfgürtel, da Schilf zur Selbstreinigung des Wassers beiträgt. Durch neu angelegte Campingplätze, Wanderwege und Strandbäder schwindet auch die ▸ Erlenzone. Allmählich verliert das Ufer so seinen natürlichen Schutzsaum und ist damit dem Wind und Wellenschlag ausgesetzt. In der Folge wird fruchtbarer Boden weggespült. Der See verändert sein Aussehen.

Weitere Belastungen für das Ökosystem See kommen hinzu. Urlauber lassen ihren **Müll** achtlos zurück oder werfen ihn unbedacht ins Wasser. Tierliebhaber füttern Wasservögel und locken damit Stockenten und Schwäne in Scharen an. Nicht gefressenes Futter sinkt auf den Grund des Sees und verfault dort. Zusätzlich wird Wasser durch Kot belastet.

Belastungen durch Landwirtschaft und Abwässer

Äcker und Weiden werden mit ▸ **Mineralstoffen** wie Phosphat und ▸ Nitrat sowie mit Gülle gedüngt. Besonders bei intensiver Landwirtschaft gelangt ein Teil dieser Dünger mit dem Regen in die Bäche und Flüsse und anschließend in die Seen. Durch unzureichend geklärte Abwässer von Camping- und Badeplätzen werden weitere Mineralstoffe in den See eingeschwemmt.

Auf diese Weise sammeln sich im See mehr Mineralstoffe an, als von den Wasserpflanzen aufgenommen werden können. Es kommt zur **Eutrophierung** des Sees, in deren Folge sich Algen massenhaft vermehren. Man spricht von einer **Algenblüte.** Das Wasser ist nun grün und trüb. Die Oberfläche des Sees ist dann häufig von einem Schleim aus ▸ blaugrünen Bakterien überzogen.

2 Belastung eines Sees und seine Folgen.
A *Gülleausbringung;* **B** *Algenblüte*

Das trübe Wasser lässt nur wenig Licht hindurch, so dass viele Pflanzen absterben und zu Boden sinken. Hier werden sie von ▸ Destruenten zunächst mithilfe von Sauerstoff abgebaut. Durch das Überangebot an abgestorbenem Pflanzenmaterial wird dann aber der gesamte Sauerstoff am Grund des Sees verbraucht. Dieser Sauerstoffmangel kann alle Bereiche des Sees erfassen. Man spricht dann vom **„Umkippen"** des Sees.
Die verbliebenen Pflanzenreste bilden einen schwarzen, übel riechenden Faulschlamm. In ihm leben Bakterien, die giftige Faulgase bilden. Der See ist nun zu einem lebensfeindlichen Ort geworden.

Jahreszeiten am See

1. a) Erkläre, warum Tiere auch unter einer geschlossenen Eisdecke im See überwintern können.
b) Sollen Goldfische im Gartenteich überwintern, so muss dieser mindestens 80 cm tief sein. Begründe diese Aussage.

2. Fülle ein Marmeladenglas zu etwa zwei Drittel mit Wasser. Verschließe das Glas und markiere den Wasserstand von außen mit einem wasserfesten Filzschreiber. Bestimme anschließend das Gewicht des Glases. Stelle das Marmeladenglas dann in eine Tiefkühltruhe oder das Tiefkühlfach eines Kühlschrankes. Nach mehreren Stunden wird die Markierung des Wasserstandes kontrolliert und erneut das Gewicht des Glases bestimmt. Notiere und erkläre deine Beobachtungen.

3. In einem See wurde die Wassertemperatur in unterschiedlichen Tiefen bestimmt. Die Grafik zeigt die entsprechenden Messergebnisse.
a) In welcher Jahreszeit wurden die Messungen durchgeführt? Begründe.
b) Erläutere die Ursachen für die unterschiedlichen Wassertemperaturen.

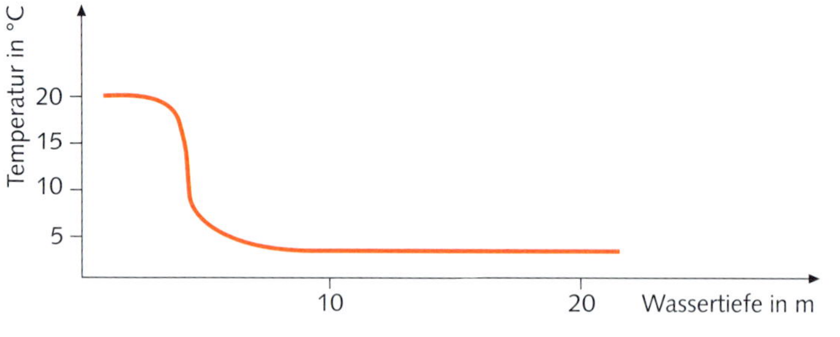

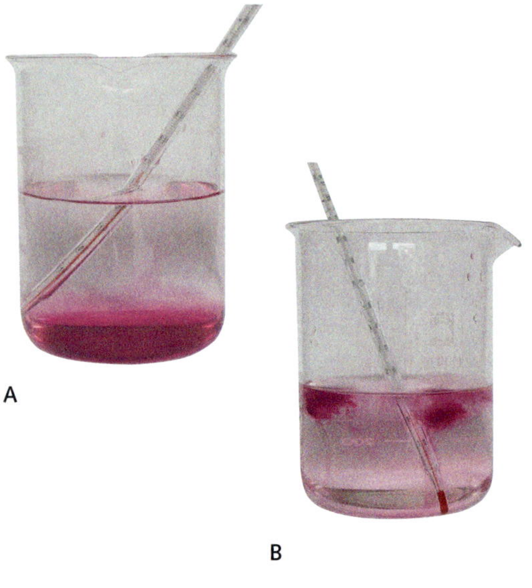

4. a) Kühle in einem Becherglas Wasser mithilfe von Eiswürfeln auf 4 °C ab. Färbe dieses Wasser durch Zugabe einiger Körnchen Kaliumpermanganat an. Fülle ein großes Becherglas mit warmem Wasser von etwa 40 °C. Bringe nun mithilfe einer Pipette vorsichtig gefärbtes kaltes Wasser auf den Boden des Becherglases mit warmem Wasser. Notiere und erkläre deine Beobachtungen.
b) Färbe Wasser mit einigen Körnchen Kaliumpermanganat an und stelle daraus Eiswürfel her. Kühle in einem großen Becherglas Wasser auf 4 °C ab. Gib nun vorsichtig die gefärbten Eiswürfel auf das 4 °C kalte Wasser. Notiere und erkläre deine Bebachtungen.
c) Erläutere, welche Jahreszeiten mit den Versuchen A und B modellhaft beschrieben werden.

Mit dem Wechsel der Jahreszeiten ändern sich auch die Lebensverhältnisse am See. Eine entscheidende Rolle spielen dabei die ▸ abiotischen Faktoren Wind und Temperatur.

Im Winter
Viele Seen sind bei Lufttemperaturen unter 0 °C zugefroren. Dennoch können Fische und andere Tiere im See überwintern, ohne zu erfrieren. Ursache dafür ist eine Besonderheit des Wassers: Kühlt warmes Wasser ab, so verringert sich zunächst wie bei allen anderen Stoffen auch das Volumen und die Dichte steigt. Bei einer Temperatur von 4 °C hat Wasser dann seine größte Dichte. Kühlt es weiter ab, so dehnt sich das Wasser wieder aus und die Dichte verringert sich. Im Winter findet man daher in einem See eine typische Temperaturverteilung, die man **Winterschichtung** nennt: Das Wasser mit der größten Dichte sinkt auf den Grund des Sees. Bei Temperaturen von 4 °C können hier Tiere gefahrlos überwintern. Darüber findet sich kälteres Wasser, das aufgrund seiner geringen Dichte auf dem wärmeren Tiefenwasser schwimmt. Die abschließende Eisdecke schützt die darunter liegenden Schichten vor weiterer Auskühlung und verhindert gleichzeitig eine Durchmischung des Wassers durch den Wind.

Im Frühjahr
Mit steigenden Temperaturen schmilzt das Eis. Sobald das Wasser überall die gleiche Temperatur und damit die gleiche Dichte hat, kann der Wind das Wasser umwälzen. Durch diese **Frühjahrszirkulation** werden die Mineralstoffe und der im Wasser gelöste Sauerstoff gleichmäßig im See verteilt.

Im Sommer
Die Sonne erwärmt das Wasser an der Oberfläche. Dieses Oberflächenwasser mit geringer Dichte liegt nun auf dem kälteren Tiefenwasser. Dazwischen befindet sich eine Schicht mit einem starken Temperaturabfall, die **Sprungschicht.** Während das Oberflächenwasser durch den Wind immer wieder durchmischt werden kann, ist das Tiefenwasser durch die Sprungschicht isoliert. Ein Austausch zwischen den verschiedenen Wasserschichten erfolgt nicht. Der See befindet sich in der **Sommerschichtung.**

Im Herbst
Das Oberflächenwasser kühlt nun mehr und mehr ab. In der Folge nimmt auch seine Dichte zu. Das Wasser sinkt allmählich ab und bringt damit den gesamten Wasserkörper in Bewegung. Diese **Herbstzirkulation** wird durch den Wind und die Herbststürme unterstützt. Bei weiterer Abkühlung baut sich erneut eine Winterschichtung auf. Der Kreislauf beginnt von vorn.

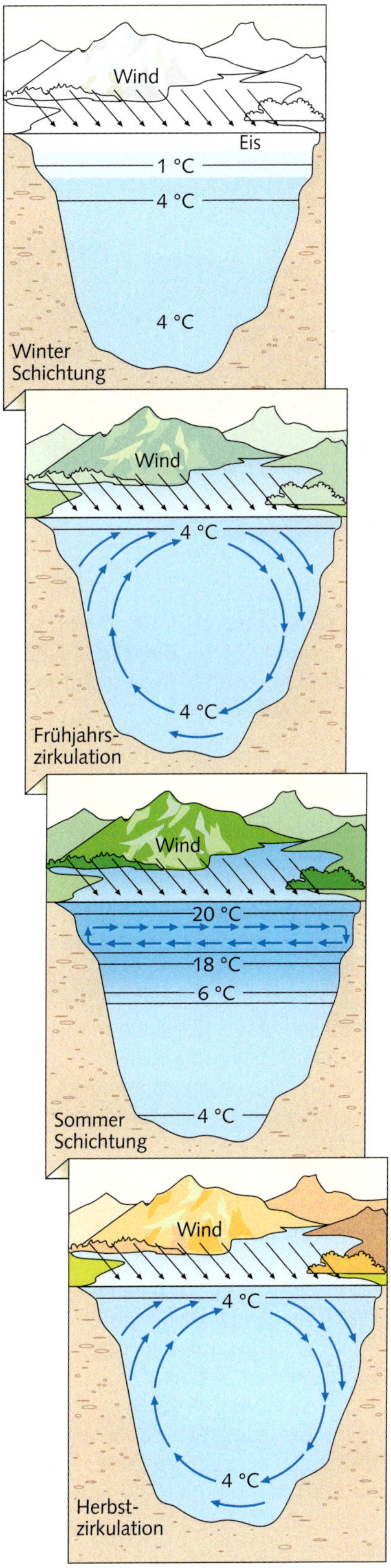

1 Die vier Jahreszeiten eines Sees

Ein See verlandet

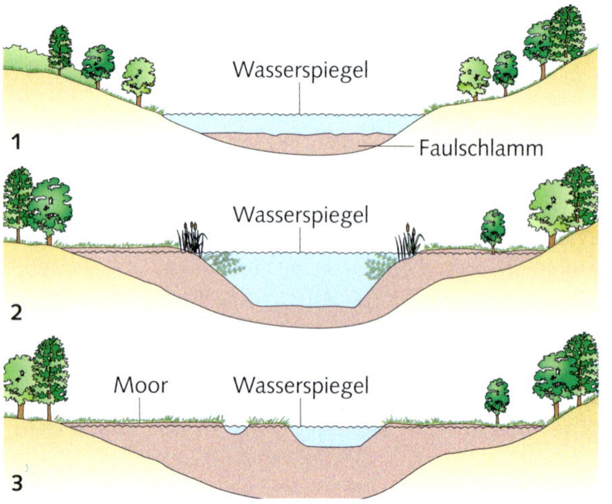

1. a) Erläutere, warum ein Hochmoor seine Umgebung um mehrere Meter überragen kann.
b) Hochmoore sind gefährdete Lebensräume. Nenne mögliche Ursachen.

2. a) Beschreibe mithilfe der obigen Abbildung die verschiedenen Stadien bei der Verlandung eines Sees.
b) Erkläre, wie es zur Faulschlammbildung kommt.

Der Mineralstoffgehalt eines Sees nimmt im Verlauf mehrerer Jahrtausende allmählich zu: Wasser durchfließt den Boden und spült die enthaltenen Stoffe über die Zuflüsse in den See. Abgestorbene Pflanzenreste und Laubfall kommen hinzu. Aus einem ursprünglich mineralstofffarmen See wird ein mineralstoffreicher oder **eutropher See.**

Dieser natürliche Vorgang wird durch menschliche Einflüsse stark beschleunigt. Überdüngung der Felder und ungenügend gereinigte Abwässer führen dem See größere Mengen an Mineralstoffen zu.

Die Anreicherung mit ▸ **Mineralstoffen** führt zu einer starken Zunahme der ▸ Produzenten und ▸ Konsumenten im See. Abgestorbene Pflanzen und Tiere werden am Grund des Sees von ▸ Destruenten unter Sauerstoffverbrauch abgebaut. Das Überangebot an abgestorbenen Organismen lässt auch die Zahl der Destruenten stark ansteigen. In der Folge verringert sich der Sauerstoffgehalt des Sees. Das abgestorbene Material kann nun nicht mehr vollständig abgebaut werden. Es bildet sich im Laufe der Zeit am Grund des Sees eine immer dicker werdende Schicht von Faulschlamm.

Der Uferbereich eines Sees kann so innerhalb kurzer Zeit immer flacher werden und anschließend verlanden. Das Schilf wächst in der Folge immer mehr zur Wassermitte hin und verkleinert damit die freie Wasserfläche. Ein **Flachmoor** ist entstanden. Bei weiter sinkendem Wasserstand kann das Schilf nicht mehr wachsen. Jetzt stellen sich Seggen ein, später Weiden und Erlen. Der entstehende Bruchwald bildet damit das Endstadium der **Verlandung** eines Sees.

In kühlen und niederschlagsreichen Regionen werden die abgestorbenen Pflanzen nur langsam abgebaut. Auf den Flächen des Flachmoores siedeln sich jetzt Torfmoose an. Sie saugen das Regenwasser wie ein Schwamm auf. Während die oberen Teile dieser Pflanzen wachsen, sterben die unteren Abschnitte aufgrund von Licht- und Luftmangel ab und bilden so langsam Torf. Dadurch werden die übrigen Pflanzen des Flachmoores erstickt. Selbst der Bruchwald verkümmert und stirbt. Durch das weiter wachsende Torfmoos hebt sich die Pflanzendecke im Laufe von Jahrtausenden über die Umgebung. Ein **Hochmoor** ist entstanden.

1 Torfmoos

Lebensraum
Ein See ist ein Lebensraum für viele Pflanzen und Tiere. Je nach Einfluss der abiotischen und biotischen Faktoren bilden sich unterschiedliche Lebensgemeinschaften.

Angepasstheit
Am Seeufer bilden sich verschiedene Pflanzenzonen aus. Vom Land zum Wasser folgen nacheinander: Erlenzone, Röhricht, Schwimmblattzone, Tauchblattzone und Tiefalgenzone. In ihnen sind die Pflanzen den unterschiedlichen Lebensbedingungen angepasst. So haben Wasserpflanzen je nach Standort unterschiedliche Blattformen ausgebildet. Verschiedene Arten von Wasservögeln suchen in unterschiedlichen Bereichen Nahrung

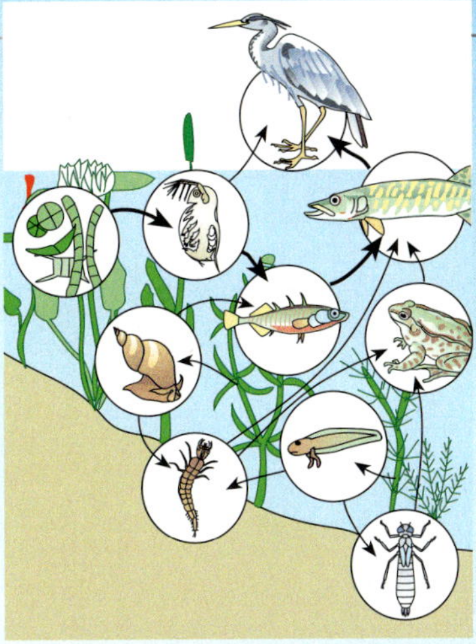

und Nistgelegenheiten, ohne sich Konkurrenz zu machen. Wasserinsekten sind in ihrer Atmung an das Leben im Wasser angepasst.

Nahrungsbeziehungen
Zwischen den Lebewesen eines Sees bestehen Nahrungsbeziehungen. Das Nahrungsnetz eines Sees setzt sich aus vielen Nahrungsketten zusammen. Am Anfang der Nahrungsketten stehen die grünen Pflanzen als Produzenten. Danach folgen die Konsumenten. Destruenten bauen schließlich organische Reste von Pflanzen und Tieren wieder ab. So schließt sich der Stoffkreislauf im See.

Belastungen eines Sees
Freizeitaktivitäten und Belastungen durch Landwirtschaft und Abwässer können zur Eutrophierung eines Sees führen, in deren Folge sich Algen massenhaft vermehren. Das trübe Wasser lässt kaum noch Licht hindurch, was zum Sterben der Wasserpflanzen führt. Die Folge ist Sauerstoffmangel, der zum Umkippen eines Sees führen kann.

1. a) Nenne wichtige abiotische und biotische Faktoren, die den Lebensraum See kennzeichnen.
b) Erläutere am Beispiel eines Sees die Begriffe Biotop, Biozönose und Ökosystem.

2. Unterteile das Seeufer vom Land zum Wasser in unterschiedliche Zonen und nenne für jede Zone eine typische Pflanzenart.

3. Nenne die Angepasstheiten von Schwimmblättern und Tauchblättern bei Wasserpflanzen an ihren Lebensraum.

4. Du siehst hier zwei Vogelarten, die an Gewässern anzutreffen sind.

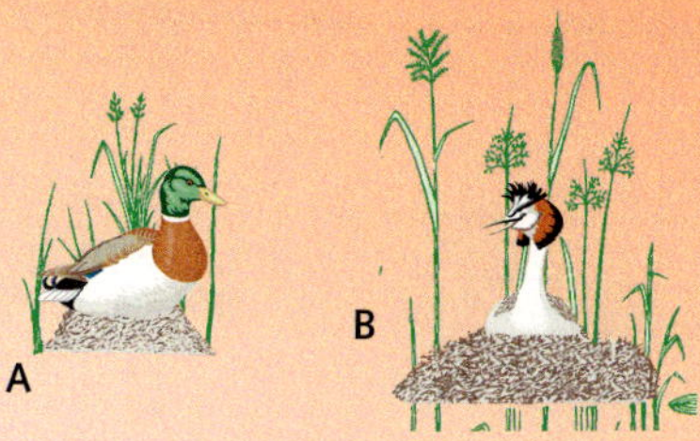

a) Wie heißen sie?
b) Beschreibe, in welcher Form sie das Gewässer nutzen.

5. Auf den Abbildungen sind zwei Arten von Wasserinsekten dargestellt. Beschreibe, wie sie in der Form ihrer Atmung an das Leben im Wasser angepasst sind.

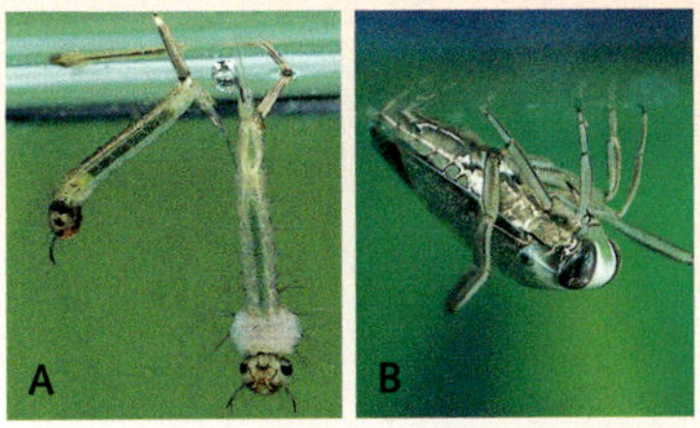

6. a) Ergänze die Nahrungskette: ? – Schlammschnecke – ? – Habicht
b) Welches Tier passt auf den ersten Blick nicht in die Nahrungskette? Begründe, warum es hier trotzdem zu Recht aufgeführt ist.

7. Mit einem speziellen Thermometer wird in einem See die Wassertemperatur in unterschiedlichen Wassertiefen gemessen. Das Ergebnis der Messung:

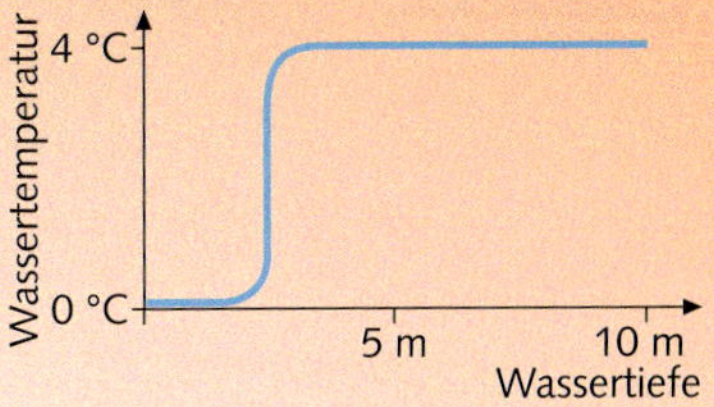

a) Zu welcher Jahreszeit wurde die Messung durchgeführt? Begründe deine Aussage.
b) Beschreibe, wie sich die Schichtung des Wassers im Lauf des Jahres verändert.

8. Erläutere den Begriff der Sukzession am Beispiel eines Sees.

Ökosystem Stadt und das Umland

Welche Probleme bereitet es, wenn viele Menschen auf engem Raum zusammenleben? Und wie geht man damit um?

Was hat Entenfüttern mit Umweltverschmutzung zu tun?

Leben am Limit: Wie können hier Pflanzen wachsen?

Städte sind Lebensräume für Menschen. Und für wen noch?

Die Stadt – ein vielfältiger Lebensraum

1. Erstelle eine Mindmap zum Thema Stadt. Nimm die Abbildungen zu Hilfe.

2. a) Führt eine Stadterkundung durch. Legt eine Route fest und beginnt im Stadtzentrum. Betrachtet Dichte der Bebauung, Art der Häuser und Nutzung der Gebäude, Straßen und Grünflächen. Überlegt selbst weitere Aspekte.
b) Notiert vor Ort eure Beobachtungen. Fotografiert oder skizziert Elemente des Stadtzentrums.

3. Achtet auf Tiere wie beispielsweise Tauben, die ihr bei eurer Stadterkundung entdeckt. Beschreibt, welche Lebensräume sie nutzen.

4. Wandert oder fahrt vom Stadtzentrum aus stadtauswärts. Auf welche Weise verändert sich das Stadtbild? Achtet dabei auf die Art der Bebauung und auf unterschiedliche Lebensräume für Pflanzen und Tiere. Stellt mit den Ergebnissen Plakate her. Präsentiert sie in der Klasse.

5. In Stadtrandbezirken findet man Trabantenstädte, Industriegebiete oder Einkaufszentren. Dokumentiert die Bebauung und die Lebensräume. Listet die Namen der Pflanzen und Tiere auf, die ihr dort entdeckt. Vergleicht und ergänzt die Gruppenergebnisse.

6. Beschreibe mithilfe des Informationstextes und der Abbildungen die Zonen einer Stadt. Gehe dabei auf Möglichkeiten für Pflanzen und Tiere ein, unterschiedliche Lebensräume zu besiedeln.

Vom Stadtzentrum zum Stadtrand – die Zonen einer Stadt

In vielen Städten befindet sich im Zentrum eine große Kirche. Kirchen bildeten früher den Mittelpunkt einer Ansiedlung. Von hier aus wuchsen die Siedlungen im Laufe der Zeit immer weiter kreisförmig nach außen.

Die Innenstadt

Die Gebäude im Zentrum stehen meist dicht an dicht. Deshalb spricht man von **geschlossener Bebauung.** Kaufhäuser, Geschäfte, Restaurants, Straßencafes, Büro- und Verwaltungsgebäude prägen das Bild. Auch Theater, Kino, Oper oder Stadtbücherei liegen meist in der Innenstadt. Immer häufiger werden hier Bäume gepflanzt, kleine Grünanlagen angelegt oder Hausfassaden begrünt, damit die Lebensqualität steigt. Diese Kleinlebensräume bieten Vögeln, kleinen Säugetieren, ▸ Insekten oder Spinnen Unterschlupf und Nistmöglichkeiten. An das Zentrum schließen sich Straßen mit großen Mehrfamilienhäusern an. Kleine, grüne Oasen, in denen beispielsweise etliche Vogelarten nisten, findet man in den Innenhöfen mancher Häuser.

Je weiter man sich vom Stadtzentrum entfernt, desto mehr fällt die **aufgelockerte Bebauung** auf. Bäume, Rasenflächen, Blumenbeete und Lücken zwischen den Häusern bestimmen das Bild.
Die innere Randzone der Städte wird meist durch Parks, Villen und Friedhöfe geprägt. Aufgrund der großen Pflanzenvielfalt finden unterschiedliche Tierarten hier einen Lebensraum.

Äußere Stadtbereiche

Die **äußere Randzone** vieler Großstädte besteht auch aus so genannten Trabantenstädten, die in den sechziger und siebziger Jahren des 20. Jahrhunderts gebaut wurden. Heute werden die dortigen Wohnblöcke teilweise abgerissen, weil sie den Ansprüchen der Bewohner nicht mehr genügen.
Am Stadtrand entstehen außerdem Siedlungen mit Einfamilienhäusern und Schrebergärten.
In bestimmten Bereichen der äußeren Randzone großer Städte liegen Gewerbegebiete mit Lagerhallen und Einkaufszentren. In anderen Bereichen befinden sich Industriegebiete mit Verwaltungsgebäuden oder Produktionsanlagen.

Damit Innenstädte aus allen Richtungen gut erreichbar sind, führen mehrspurige Straßen sternförmig ins Zentrum. Auch der öffentliche Nahverkehr ist so ausgebaut, dass man mithilfe von Bussen, Straßenbahnen und U-Bahnen schnell in die Innenstädte gelangen und sich dort fortbewegen kann.

1 Marktplatz ohne Grün

2 Villen mit großen Gärten

3 Reihenhäuser mit Vorgärten

4 Einkaufszentrum am Stadtrand

Lebensbedingungen in der Stadt

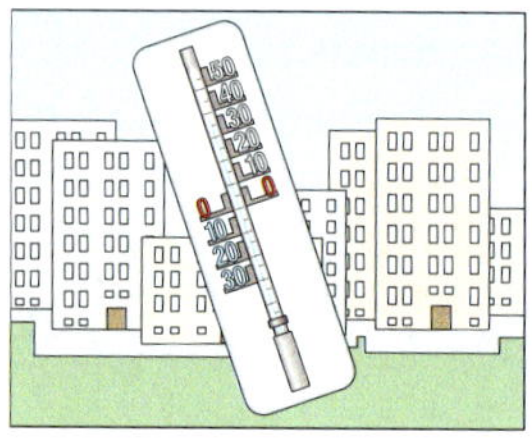

1. Manche Menschen leben gerne in der Stadt, andere können sich ein Leben dort nicht vorstellen. Sammelt Argumente für beide Positionen und listet sie auf.

2. Messt die Temperaturen im Stadtzentrum zu verschiedenen Tageszeiten. Führt die gleichen Messungen auch im Stadtrandbezirk durch. Erstellt zwei Diagramme und vergleicht die Ergebnisse der beiden Standorte.

3. Beschreibe Unterschiede zwischen dem Stadtklima und dem Klima des Umlandes. Gehe auf die vier dargestellten Faktoren ein. Nenne Ursachen und Wirkungen.

4. Die Feinstaubbelastung in Städten nimmt zu. Mit welchen Maßnahmen versucht man, die Belastung in eurer Stadt zu reduzieren?

a) Führt ein ▸ Interview mit Mitgliedern des Stadtrates durch.

b) Erklärt im Zusammenhang mit Feinstaub die linke Abbildung.

5. Verfasse einen kurzen Sachtext über die Auswirkungen versiegelter Flächen auf den Wasserhaushalt der Städte.

6. Beschreibe mithilfe des unten stehenden Schemas, wie sich die tägliche Beförderung von Menschen, Energie, Nahrung und Industrieprodukten in Städte hinein und aus ihnen heraus auf Klima und Luft auswirken.

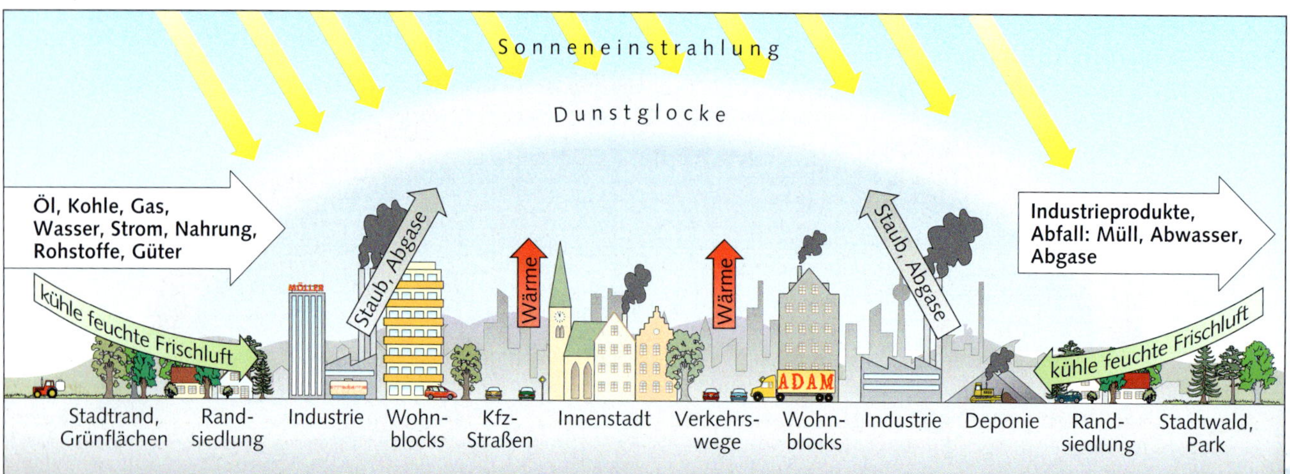

Städte – künstliche Ökosysteme

Millionen von Menschen leben in der Stadt, einem künstlichen Ökosystem. Sie finden in diesem dicht besiedelten Gebiet auf engem Raum Wohnungen, Ausbildungs- und Arbeitsplätze. Alles Lebensnotwendige muss aus ferner oder naher Umgebung herbeigeschafft werden, weil es in der Stadt nicht vorhanden ist. Dazu gehören Wasser, Lebensmittel, Gebrauchsgüter, Energie und Baumaterialien. Täglich fallen gewaltige Mengen an Abfallstoffen wie Abwasser, Schutt und Müll an, die außerhalb der Stadt aufbereitet werden müssen, da es im Gegensatz zu anderen Ökosystemen keine natürlichen ▸ Stoffkreisläufe gibt. Auch Industrieprodukte müssen aus der Stadt heraustransportiert werden.

Durch den Transport entstehen Abgase und Feinstäube, die eine große gesundheitliche Belastung für die Stadtbewohner darstellen. Menschen, Tiere und Pflanzen müssen mit Störungen durch ▸ Lärm, Verkehr und Beleuchtung rund um die Uhr leben. Das Leben in der Stadt bietet aber auch Vorteile. Die Bewohner können auf nahe Arbeitsplätze, reichhaltiges Warenangebot, kulturelle Angebote, Sportveranstaltungen und Freizeitangebote zurückgreifen.

Klima, Luft und Wasser in der Stadt

Die dichte Bebauung in Städten mit Gebäuden, Verkehrswegen und sonstigen Einrichtungen hat Auswirkungen auf Klima, Boden, Luft, Wasser und somit auf die Lebensbedingungen für Pflanzen und Tiere.

Das ▸ **Klima** in Städten unterscheidet sich von dem des Umlandes. Städte sind „Wärmeinseln". Gebäude und versiegelte Flächen heizen sich durch Sonneneinstrahlung stärker auf als bewachsene Flächen. Nachts wird die Wärme langsam wieder an die Umgebung abgegeben. Deshalb kühlen Städte, besonders in windstillen Sommernächten, kaum ab. Außerdem fehlt besonders in Innenstädten frische, kühle Luft, die durch Bodenfeuchte und die Verdunstung von Wasser aus Pflanzen entsteht. Im Winter liegen die Temperaturen in Städten – bedingt durch Raumheizungen und Abwärme aus Geschäften, Fabriken und Kraftfahrzeugen – meist einige Grad Celsius über denen des Umlandes.

Auch die Luftströme in der Stadt unterscheiden sich von denen des Umlandes. Die erwärmten Luftmassen über dem Stadtzentrum steigen auf. Dadurch wird kühle Luft vom Stadtrand angesaugt. Diese **Luftströmungen** nehmen Staub und Abgase auf. So kann eine Dunstglocke über der Stadt entstehen, die die Wärmeabstrahlung aus dem Stadtkern behindert.

Große Flächen in Städten sind verdichtet oder versiegelt. Somit kann das Oberflächenwasser aus Niederschlägen kaum im Boden versickern, sondern muss über die Kanalisation abgeführt werden. Dies führt zu einem Absinken des Grundwasserspiegels, so dass Pflanzen mit ihren Wurzeln das Grundwasser nicht mehr erreichen und künstlich bewässert werden müssen.

1 **Wasserhaushalt der Innenstadt. A** *Schema;* **B** *versiegelte Flächen*

Pflanzen in der Stadt

1. Bäume spielen im Ökosystem Stadt eine wichtige Rolle. Etwa 3 % des gesamten Baumbestandes in Deutschland wächst in Städten.
a) Bestimmt, welche Baumarten es in eurer Stadt gibt. Ordnet sie nach Häufigkeit.
b) Recherchiert im Internet. Unter dem Suchbegriff „Stadtbäume" findet ihr Informationen.

2. Verfasse einen Text über die Funktion von Straßenbäumen mithilfe der nebenstehenden Grafik.

3. Grüne Pflanzen sorgen in Städten für die Verbesserung der Luft. Stimmt diese Aussage? Erkläre sie und begründe deine Meinung.

4. Ermittelt mithilfe eines Stadtplans die Grünanlagen in eurer Stadt.
a) Führt ein ▸ Interview mit Bürgerinnen und Bürgern zur Nutzung der Grünanlagen durch.
b) Beschreibt die Ergebnisse eurer Befragung in einem Text, den ihr einer Lokalzeitung zur Veröffentlichung schicken könntet.

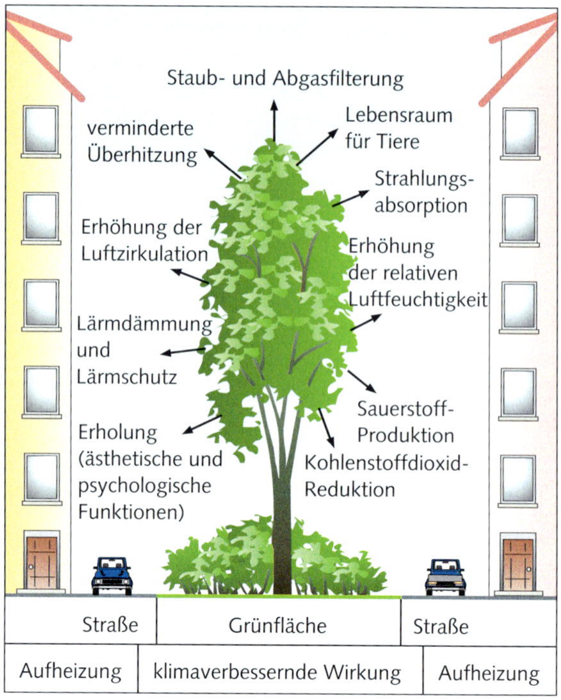

5. Untersucht verschiedene Kleinlebensräume wie Pflasterritzen, Mauerritzen oder Straßenränder (A) auf die dort vorkommenden Pflanzen. Bestimmt sie und gestaltet eine Ausstellung.

6. Die Robinie oder Scheinakazie, ein häufig vorkommender Stadtbaum, gehört zu den so genannten Neubürgern.
a) Nenne Gründe für die Beliebtheit dieses Baumes.
b) Mit der Ansiedelung von Neubürgern sind meist auch Probleme verbunden. Recherchiert im Internet. Verwendet die Suchbegriffe „pflanzliche Neubürger" oder „Neophyten".

B

A

7. Städtische Grünanlagen sind die Lebensgrundlage für zahlreiche Tierarten. Erstellt Steckbriefe einiger Tierarten, die im Stadtpark oder auf dem Friedhof leben.

8. Löwenzahn und Wegerich sind an verschiedene Umweltbedingungen angepasst. Sucht diese Pflanzen an unterschiedlichen Standorten. Beschreibt, vergleicht und erklärt ihre Wuchsformen. Nennt Angepasstheiten an ihren Standort.

Kleinlebensräume und grüne Inseln

Städte werden in Gedanken oft mit Gebäuden, Straßen, Industrie, dichtem Verkehr und schlechter Luft verknüpft. Dabei findet man in der Stadt manchmal mehr Pflanzenarten als im angrenzenden Umland, denn eine Stadt besteht aus unterschiedlichen Lebensbereichen. Boden- und Klimaverhältnisse in einem Park sind anders als in einem Garten, einem Wohnviertel oder einem Industriegebiet. In jedem Bereich siedeln sich typische Pflanzen und Tiere an. So kommt es zu einer großen Artenvielfalt.

1 Grünbereiche einer Großstadt

Pflanzengesellschaften

Jeder Lebensraum wird von typischen Arten besiedelt, die zusammen eine Pflanzengesellschaft bilden. In der **Straßenrand-Pflanzengesellschaft** (A) kommen z. B. Weißer Steinklee (B), Huflattich, Vogelknöterich und einjähriges Rispengras vor. Diese Pflanzen vertragen verfestigte, sandige und mineralstoffreiche Böden und starke Sonneneinstrahlung.
Daneben gibt es in Städten Pflanzengesellschaften der Pflasterritzen, der Mauern, des Bahndammes oder des ▸ Brachlandes. Unterschiede in Bebauung, Kleinklima und Bewässerung haben somit eine vielgestaltige Pflanzenwelt in der Stadt hervorgebracht.

Grünanlagen

Neben den Kleinlebensräumen finden wir in Städten große Grünflächen wie Parks, Stadtwälder, Friedhöfe und Gartenkolonien. Viele Vogelarten, aber auch Säugetiere haben sich hier angesiedelt. Menschen schätzen Grünanlagen als Orte der Ruhe und Erholung. Diese Bereiche verschönern außerdem den Wohnort und steigern somit die Wohn- und Lebensqualität.

Ökologische Bedeutung

Die Bedeutung von Grünanlagen für Städte ist auch in ökologischer Hinsicht sehr groß. Bäume und Sträucher schirmen mit ihren Blättern den Verkehrslärm ab. Bei der ▸ Fotosynthese entsteht in den grünen Blättern Sauerstoff. Das Stadtklima wird durch Bäume positiv beeinflusst. Starke Winde werden abgebremst. Baumkronen schirmen Sonnenstrahlen ab und vermindern so die Aufheizung der Umgebung. Pflanzen verdunsten über ihre Blätter an heißen Tagen besonders viel Wasser. Dadurch entsteht ein Abkühlungseffekt. Pflanzen dienen auch als Staubfänger für Feinstäube. Außerdem bieten sie Tieren vielfältige Lebensräume.

2 Robinie (Scheinakazie)

Pflanzliche Neubürger

Nicht alle Pflanzen, die in unseren Städten wachsen, sind einheimisch. Zu den so genannten Neubürgern gehört ein beliebter Stadtbaum, die Robinie (Scheinakazie). Dieser Baum, der aus Nordamerika stammt, verträgt das trockene Stadtklima sehr gut und ist unempfindlich gegen Staub und Ruß. Die Blüten liefern reichlich Nektar und werden daher von vielen ▸ Insekten aufgesucht.

Tiere in der Stadt

1. Im Innenstadtbereich der Großstädte fallen zunächst die Haustauben auf.
a) Beobachtet und fotografiert sie.
b) Erstellt einen Steckbrief.
c) Listet Probleme auf, die mit einer sehr hohen Anzahl von Tauben verbunden sind.

2. Nenne Vogelarten, die in Städten anzutreffen sind. Welche Lebensräume nutzen sie zur Nahrungssuche oder als Nistplätze? Denke dabei auch an Gewässer und Grünanlagen.

3. a) Nennt einige Säugetierarten, die wild in der Stadt vorkommen.
b) Berichtet, warum sie in die Stadt kommen und wie sie hier überleben können. Antworten auf diese Fragen findet ihr unter anderem im Internet unter dem Suchbegriff „Tiere in der Stadt“.
c) Haltet Kurzvorträge über die einzelnen Arten.

4. In Städten leben auch Tierarten, deren ursprüngliche Heimat nicht Deutschland ist wie beispielsweise der Waschbär.
a) Beschreibt, warum die Stadt für dieses Wildtier ein geeigneter Lebensraum ist.
b) Recherchiert, wie der Waschbär nach Deutschland kam.

5. a) Listet wirbellose Tierarten auf, die in der Stadt vorkommen und Nahrungsgrundlage für Vögel und Säugetiere sind. Vergleicht und ergänzt eure Ergebnisse.
b) In welchen Fällen spricht man bei Insekten von „Plagegeistern“? Beschreibt ein Beispiel.

Vögel nutzen verschiedene Lebensräume

Unter den Tieren fallen in Städten die Vögel besonders häufig auf. Amseln beispielsweise nutzen erfolgreich fast alle Lebensräume in der Stadt. Sie waren ursprünglich scheue Waldvögel, die inzwischen an die Lebensbedingungen in Städten angepasst sind. Deshalb werden sie als **Kulturfolger** bezeichnet. Ähnliches gilt für Haustauben, Haussperlinge und Wasservögel wie Stockenten, Teich- und Blesshühner. Sie finden in der Nähe des Menschen ein reiches Nahrungsangebot und haben kaum natürliche Feinde. So können sie sich teilweise stark vermehren.
Die Gebäude der Stadt mit Vorsprüngen und Nischen sind Lebensbereiche, die den Lebensräumen mancher Tierarten ähneln. Sie werden zum Beispiel von den Felsenbewohnern unter den Vögeln genutzt. Mehlschwalben, Mauersegler, Schleiereulen, Turmfalken und auch die Haustauben, die von den Felsentauben abstammen, gehören dazu. Haussperling und Hausrotschwanz finden in Hohlräumen der Gebäude Nistmöglichkeiten. Stockenten, Schwäne und andere Wasservögel leben auf Teichen und Bächen in Parks.

1 Stockentenpaar

3 Langohrfledermaus mit Beute

Säugetiere in der Stadt

Unterschiedliche Säugetierarten haben in Städten ▸ ökologische Nischen gefunden. Ratten, die anspruchslos und lernfähig sind, kommen gut mit den neuen Bedingungen zurecht. Sie leben in Abwasserkanälen und ernähren sich von Abfall. Auch wenn wir selten Ratten sehen, können wir davon ausgehen, dass sie die Städte in großer Zahl bevölkern. Steinmarder, Wildkaninchen, Fledermäuse und Igel sind ebenfalls zugewandert.
Steinmarder haben beispielsweise Dachböden als geeignetes Zuhause entdeckt. Sie ernähren sich vorwiegend von Ratten, Mäusen und Vögeln, fressen aber auch Vogeleier und Früchte. Manchmal knabbern sie Bremsschläuche oder Zündkabel von Autos an.

2 Steinmarder

Wildkaninchen finden in den Grünanlagen der Städte einen geeigneten Lebensraum vor. Da sie in der Stadt weniger natürliche Feinde haben als in der Naturlandschaft, können sie sich stark vermehren.

Fledermäuse wie die Langohrfledermaus verstecken sich tagsüber in Kirchtürmen oder anderen Gebäuden, zu denen sie Zugang finden. Nachts jagen sie Insekten.
Auch Igel sind nachtaktiv. In den Gärten finden sie ideale Lebensbedingungen. Leider werden Igel oft überfahren, da sie an die motorisierte Umwelt des Menschen nicht angepasst sind.

Der Waschbär – ein Neubürger

Der Waschbär stammt ursprünglich aus Nordamerika. Er ist ein Neubürger in Deutschland. Die Stadt bietet diesen anpassungsfähigen Kleinbären gute Lebensbedingungen. Unterschlupf finden sie in verlassenen Gebäuden. Nahrung gibt es in Form von Früchten, Samen und Hausmüll. So kann es sein, dass Waschbären sich ebenso wie Tauben, Ratten oder Mäuse in Städten stark vermehren und damit vielleicht bald zu „Plagegeistern" werden.

4 Waschbär

Wege der Konsumgüter

1. Nenne Produkte des täglichen Bedarfs (Konsumgüter). Beschreibe, wie sie zu den Endverbrauchern gelangen.

2. Wodurch kann die übermäßige Vermehrung von Wildtieren wie Haustauben oder Ratten in Städten reguliert werden? Erkundigt euch beim Ordnungsamt der Stadt und bei Naturschutzverbänden. Haltet Kurzvorträge.

3. a) Erkläre die Wege der Konsumgüter im künstlichen Ökosystem Stadt mithilfe der Abbildung auf dieser Seite. Verfasse dazu einen kurzen Sachtext.
b) Vergleiche diese Wege mit einem Stoffkreislauf in einem natürlichen Ökosystem.

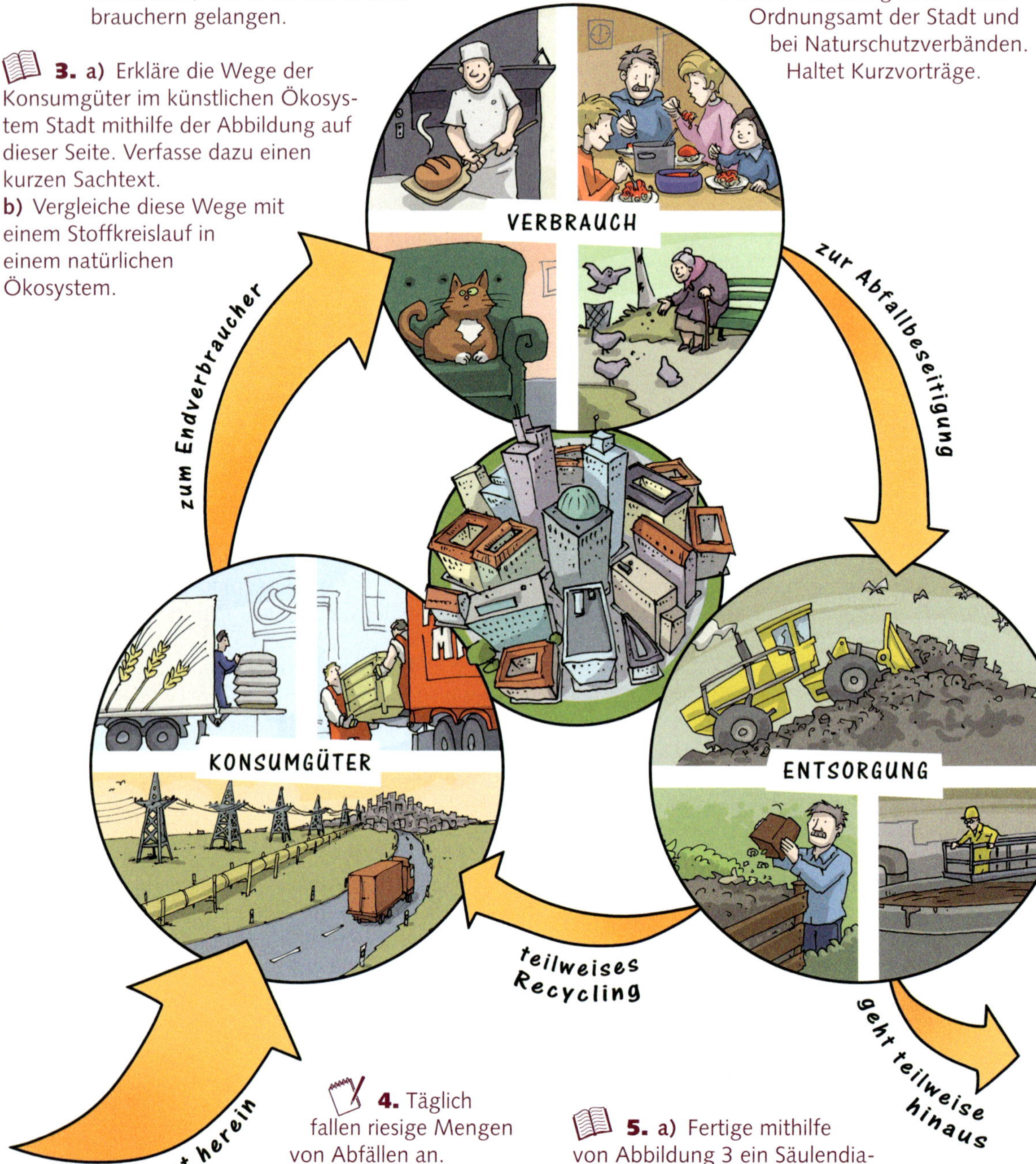

4. Täglich fallen riesige Mengen von Abfällen an.
a) Informiert euch über Mülltrennung und Recycling.
b) Führt einen Lerngang zu einer Kläranlage oder einer Müllverbrennungsanlage durch. Informiert euch über deren Funktionsweise.
c) Gestaltet ein Plakat.

5. a) Fertige mithilfe von Abbildung 3 ein Säulendiagramm zum durchschnittlichen Wasserverbrauch an.
b) Berechne den durchschnittlichen Wasserverbrauch pro Tag und Kopf in deinem Haushalt.
c) In welchen Bereichen könntest du persönlich Wasser einsparen? Begründe deine Vorschläge.

Ungleichgewicht im Ökosystem Stadt

Städte sind keine natürlichen Ökosysteme wie etwa ein ▸ See, ein ▸ Mischwald oder das Wattenmeer. Innerhalb von solchen natürlichen Systemen bestehen ▸ Stoffkreisläufe, in denen Stoffe wie Kohlenstoff, Sauerstoff und Stickstoff erhalten bleiben. Die Energie muss dagegen über die Sonne ständig neu zugeführt werden. Pflanzen als ▸ Produzenten von Biomasse bilden die Grundlage für ▸ Konsumenten verschiedener Ordnungen. Durch die Tätigkeit der ▸ Destruenten wird der „biologische Abfall" soweit abgebaut, dass nur noch Wasser, Kohlenstoffdioxid und Mineralstoffe übrig bleiben. Diese Produkte stehen dann wieder den Pflanzen zur Produktion von Biomasse zur Verfügung. Die Stoffkreisläufe sind geschlossen, und es entsteht kein „Restmüll".

1 Resteverwerter in der Stadt

Ganz anders sind die Verhältnisse beim **künstlichen Ökosystem** Stadt. Zwar gibt es auch dort zum Teil Grünanlagen, Baumgruppen und bisweilen auch Teiche, doch reicht deren Fläche nicht aus, um alle Konsumenten wie Menschen, Haus- und Wildtiere mit lebensnotwendigen Stoffen zu versorgen. Somit zeichnet sich die Stadt durch fehlende Produzenten von Biomasse aus. Die Stadt muss mit Konsumgütern wie Lebensmitteln, Gebrauchsgegenständen, Trinkwasser und Energie von außerhalb versorgt werden.
Bei der Nutzung dieser Güter entsteht viel Abfall, der nicht wie in einem natürlichen Ökosystem von ▸ Destruenten in seine Grundbestandteile „recycelt" werden kann.

2 Zusammensetzung von Hausmüll

Das Abfallproblem

Im Durchschnitt produziert jeder von uns zur Zeit etwa 250 kg Abfälle pro Jahr. Jeder Bürger ist verpflichtet, Abfälle soweit wie möglich zu vermeiden. **Abfallvermeidung** und eine gewissenhafte **Mülltrennung** z. B. in Restmüll, Altpapier, Bioabfälle, Altglas, Kunststoffe sowie Schadstoffe sind wichtige Beiträge jedes Einzelnen zu einer sauberen Umwelt. Abfallbeseitigung und Wiederaufbereitung eines Teiles des Abfalls bereiten jedoch hohe Kosten.

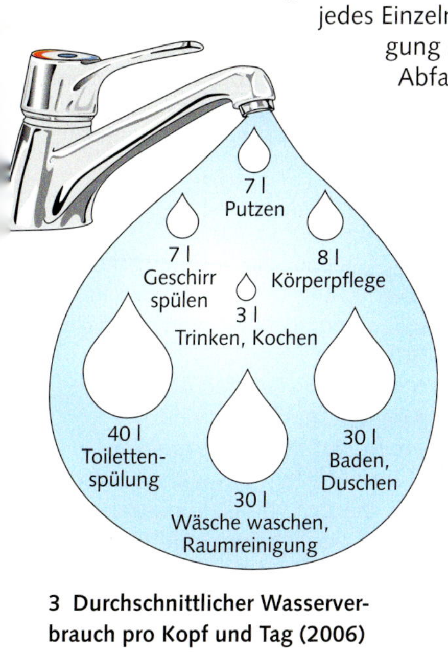

3 Durchschnittlicher Wasserverbrauch pro Kopf und Tag (2006)

Wasser und Energieträger – lebensnotwendige Naturgüter

Das Leben in einer Stadt oder Gemeinde ist ohne Wasser, Strom und Heizung undenkbar. Naturgüter wie Wasser, Öl, Erdgas und Kohle sind aber nicht unbegrenzt vorhanden. Wir müssen verantwortungsvoll mit ihnen umgehen, damit auch nachfolgende Generationen die Möglichkeit haben, sie zu nutzen. Eine sparsame Nutzung von Energie, die Nutzung von Solarenergie sowie Energie aus Windkraftanlagen kann zu einer Verringerung der Umweltverschmutzung durch CO_2 beitragen.

Alle Maßnahmen der zurückliegenden Jahre, die zu einer Einsparung des kostbaren Trinkwassers führen sollten, haben Erfolge gebracht. So ging der durchschnittliche Wasserverbrauch von 1990 mit 145 l pro Tag und Person bis 2006 um ca. 20 l auf 125 l zurück. Weiteres Wassersparen ist aber notwendig.

1 **Grasflächen und einige ihrer Bewohner. A** *Kurzrasen mit Amsel;* **B** *Grünland mit Braunkehlchen und Krabbenspinne;* **C** *Blumenwiese mit Rotklee-Blässling, Hummel und Wühlmaus*

Rasen oder Wiese?

1. Betrachte die Abbildungen. Welche Unterschiede zwischen den dargestellten Lebenräumen kannst du erkennen? Welche Gründe könnte es für diese Unterschiede geben? Fertige eine Liste an.

2. a) Stelle die Vor- und Nachteile von Rasen und Wiese aus der Sicht eines Biologen und eines Sportlers in einer Tabelle zusammen.
Du kannst nach der Methode ▶ „Bewerten nach Kriterien" vorgehen.
b) Welche Meinung hast du im Hinblick auf die Gestaltung eines Schulgeländes?

3. Bildet Teams und unterzieht einige Grünflächen in eurer Umgebung einer genaueren ökologischen Untersuchung.
a) Überlegt euch, welche Fragen ihr im Rahmen der Untersuchung klären wollt. Zum Beispiel: Welche Tier- und Pflanzenarten kommen vor? Wie verbreitet sind einzelne Arten? Wie hoch steht das Gras?
b) Plant die Untersuchung: Welche Ausrüstung wird benötigt? Wie oft sollte untersucht werden – einmal oder über einen bestimmten Zeitraum hinweg? Wie können die Beobachtungen möglichst genau und doch ohne viel Aufwand dokumentiert werden?
c) Führt die Untersuchungen durch und dokumentiert eure Beobachtungen und Ergebnisse.
d) Bereitet einen kurzen Vortrag vor und präsentiert eure Untersuchungsergebnisse der Klasse (▶ Präsentieren mit Folien oder dem PC).

2 **Grünes Schulgelände**

Eine hitzige Debatte
An der städtischen Realschule sind heftige Diskussionen entbrannt: Das Schulgelände und vor allem die Grünanlagen sollen neu gestaltet werden. Rasen oder Wiese? Das ist hier die Frage.
Hausmeister Huber würde am liebsten überall nur Kurzrasen haben. Um den muss er sich nur wenig kümmern: „Regelmäßig mit dem Rasentrecker mähen, einmal im Jahr düngen – das war's!" meint er. Die Wildwiese, für die sich vor allem die Biologielehrerinnen und Teile der Schülerschaft aussprechen, erscheint ihm viel zu ungepflegt, kompliziert und unpraktisch: „Wo sollen die Kinder dann Fußball spielen?".

Eine Frage des Standpunktes

Penibel gepflegter Kurzrasen, gelegentlich gemähtes Grasland oder scheinbar verwilderte Blumenwiese? In jedem Fall entscheidet die Pflege des Menschen darüber, wie die Grünflächen aussehen. Vielerorts wird im Rahmen der ▸ ökologischen Stadtplanung über die verschiedenen Konzepte diskutiert. Auch unter Nachbarn oder Kleingärtnern wird diskutiert, wie man seinen Garten zu pflegen hat. Was aber sind die Kriterien, nach denen dabei entschieden werden kann? Bei der Antwort kommt es auf den Standpunkt an.

Ökologisch betrachtet

Aus der Sicht des Biologen bietet eine nur wenig gemähte Blumenwiese Lebensraum für viele teilweise seltene Pflanzen- und Tierarten. Ein Kurzrasen hingegen ist höchstens für Amseln interessant, die dort ▸ Regenwürmer und ▸ Insektenlarven aus dem Boden ziehen.
Jede Tier- und jede Pflanzenart hat ihren Platz in der Natur und ist Teil des fein abgestimmten ▸ ökologischen Gleichgewichtes. Lebensräume, die eine breite **Artenvielfalt** ermöglichen, sind aus ökologischer Sicht sehr wertvoll.

Vorteile für den Menschen

Im Sommer sorgt die Wasserverdunstung der Wiesenpflanzen für deutliche Abkühlung. Daher liegt die Temperatur über der Wiese um einige Grad niedriger liegt als über Rasen. Nicht zuletzt finden es viele toll, im hohen Gras zu liegen, den Duft der Blumen zu riechen oder sich einen bunten Strauß zu pflücken.
Andererseits finden viele Menschen eine wilde Wiese „unordentlich". Sie sehen die meisten Tiere eher als „Ungeziefer" an, haben Angst vor Spinnen oder Zecken. Zweifellos eignet sich ein kurzer Rasen auch besser für viele Spiele, wie beispielsweise Fußball.

Ein Kompromiss

An der Realschule werden nun manche Bereiche als Kurzrasen regelmäßig gemäht, andere nur zweimal im Jahr mit der Sense geschnitten. Jeder kann jetzt selbst entscheiden, ob er in den Pausen auf dem Rasen spielen oder am Rand der Blumenwiese Insekten und Vögel beobachten will.

Wiesenpflanzen

Wiesen-Margerite

Blütezeit: Mai bis Oktober
Vorkommen: trockene Wiesen, Wegränder, Abhänge
Besonderheiten: bekannt auch als Wucherblume; Mineralstoffarmut begünstigt ihr Auftreten

Scharfer Hahnenfuß

Blütezeit: Mai bis September
Vorkommen: mäßig feuchte Wiesen, Weiden, Wegränder
Besonderheiten: frische Pflanzen werden vom Vieh gemieden (giftig), als Heu unschädlich

Wiesenkerbel

Blütezeit: April bis August
Vorkommen: mäßig feuchte Wiesen, Weg- und Heckenränder
Besonderheiten: massenhaft auf mit Jauche gedüngten Wiesen; Blüten in Dolden

Wiesenbocksbart

Blütezeit: Mai bis Juli
Vorkommen: mäßig feuchte bis halbtrockene Wiesen, Wegränder
Besonderheiten: Haare der Fruchtknoten ähneln einem Bart

1. Worin unterscheiden sich die Ansprüche der Wiesen-Margerite an ihren Lebensraum von denen des Wiesen-Kerbels?

2. Beschreibe anhand der beiden gezeichneten Pinnzettel, wie Weißklee, Löwenzahn, Schlüsselblume, Glatthafer und Wiesen-Salbei auf einer Wiese überleben. Welche dieser Pflanzen könnten auch auf einem im Sommer wöchentlich gemähten Kurzrasen vorkommen?

3. Recherchiere weitere Informationen zu den Wiesenpflanzen, deren Namen unten rechts angegeben sind und stelle sie zu Steckbriefen zusammen.

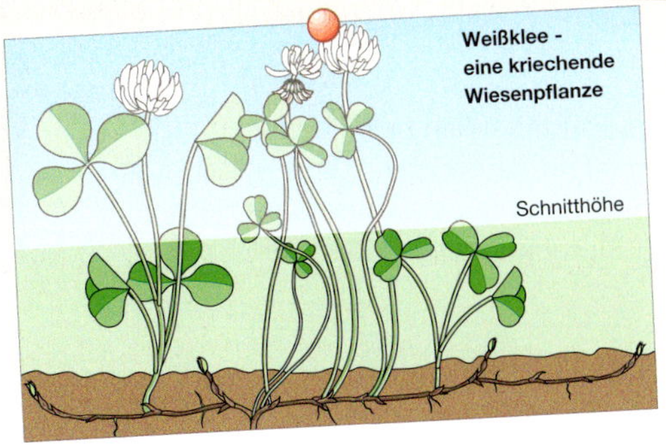

Weitere Wiesenpflanzen

Wiesenstorchschnabel
Wiesenklee
Sauerampfer
Herbstzeitlose

Häufig vorkommende Wildgräser

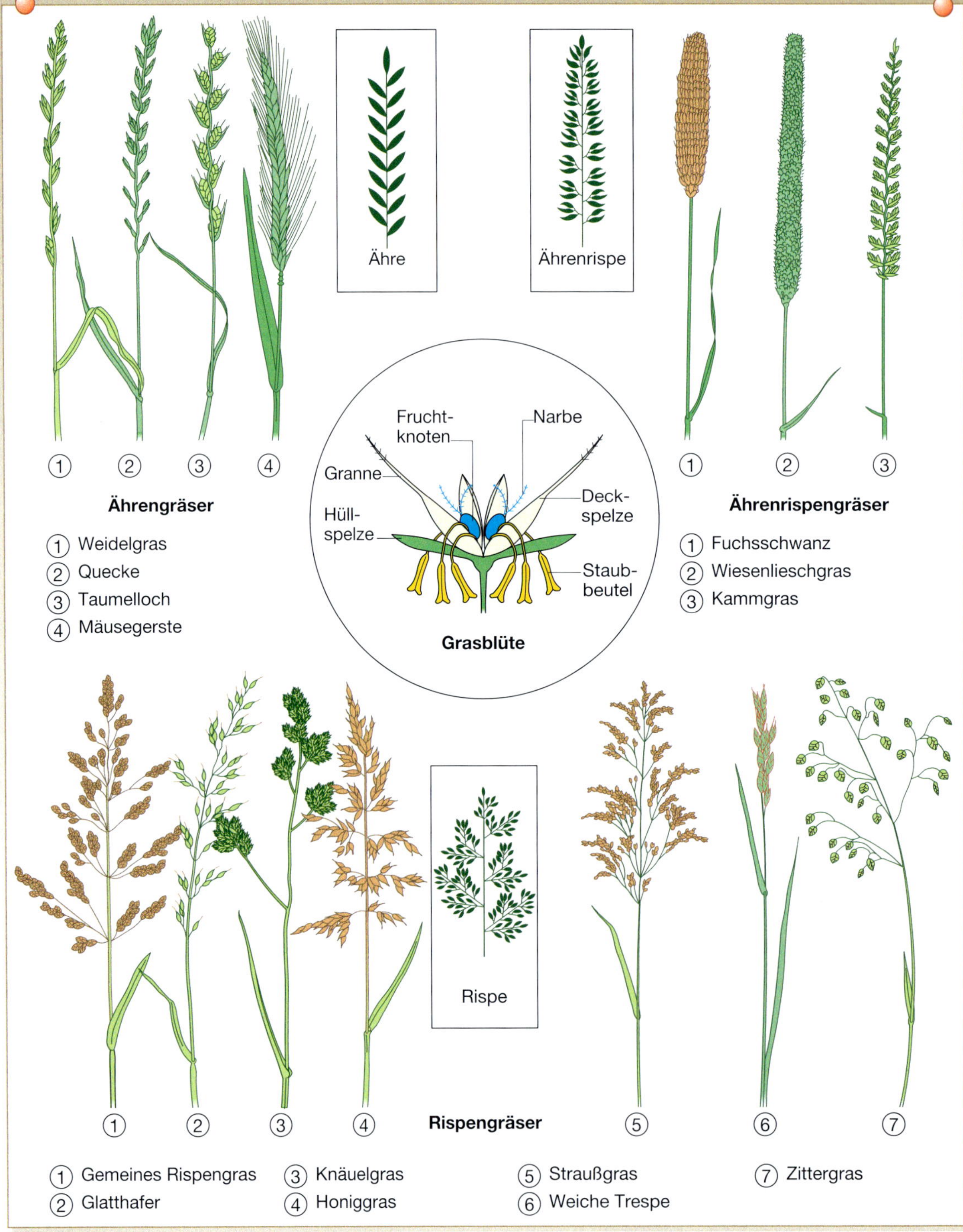

1. Beschreibe den Aufbau einer Grasblüte.

2. Beschreibe den unterschiedlichen Aufbau der Blütenstände „Ähre“ und „Rispe“.

3. Vergleiche eine Gras- mit einer Kirschblüte. Erläutere anhand einiger auffälliger Unterschiede, wie diese Blüten jeweils bestäubt werden.

Hecken und Feldgehölze als Lebensraum

1. a) Welche Farben besitzen die Früchte der meisten Heckensträucher? Welche Vorteile haben diese Farben?
b) Woher hat der Vogelbeerbaum seinen Namen?

2. Abbildung 1 zeigt eine Auswahl typischer Heckenbewohner.
Ordnet den Tieren die Namen aus der Liste richtig zu.

3. Findet heraus, wie die gezeigten Tiere die Hecke nutzen (Nahrungsquelle, Unterschlupf, Brut- oder Jagdrevier ...). Fertigt ▸ Steckbriefe an.

4. Erläutert den unterschiedlichen Aktionsradius der Heckenbewohner.

5. Zur Untersuchung von Insekten und anderen Kleintieren eignet sich folgende Fangmethode: Hängt einen Regenschirm kopfüber an einen Ast und schüttelt vorsichtig die Zweige.
Tipp: ▸ Dosenlupe!

6. Markiert an einer Hecke mit Pflöcken und Maßband Abschnitte von 10 m Länge. Bestimmt in Kleingruppen, welche Bäume, Sträucher, Kletterpflanzen und Kräuter dort wachsen. Dokumentiert eure Ergebnisse in einer Skizze wie im Beispiel unten (Maßstab 1:50, d. h. 2 cm auf dem Papier entsprechen 1 m). Vergleicht die verschiedenen Heckenabschnitte.

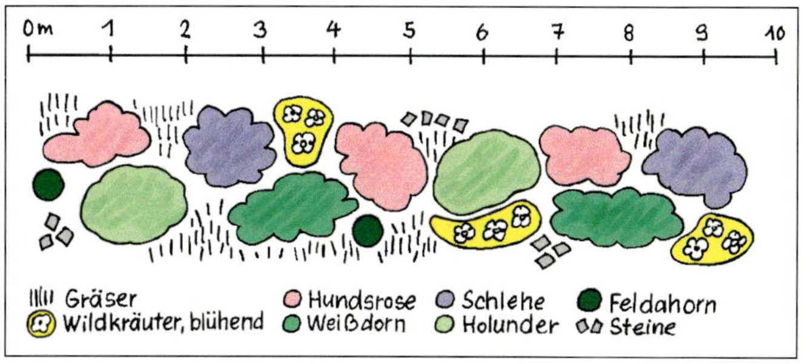

7. Messt mithilfe geeigneter ▸ Messgeräte Temperatur, Lichtstärke und Windgeschwindigkeit in unterschiedlichen Abständen zur Hecke (0, 1, 5, 10, 20 m). Übertragt die Werte in einen Protokollbogen wie unten abgebildet.

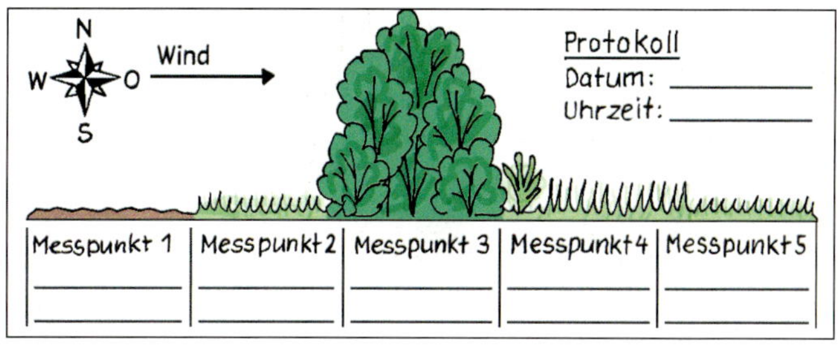

8. Für eure eigene Wild- oder Vogelhecke reichen bereits wenige Meter Platz, zum Beispiel an einem bereits vorhandenen Zaun.
a) Recherchiert in Gärtnereien, Baumschulen sowie im Internet nach geeigneten Heckengehölzen.
b) Legt die Hecke an: Pflanzt die Sträucher im Abstand von 80-100 cm. Hebt die Löcher tief genug aus und mischt etwas Kompost unter die Erde.

Hecken sind „lebende Zäune"
Grundstücke werden oft durch Holz- oder Drahtzäune voneinander abgegrenzt. Biologisch sinnvoller als ein Zaun ist allerdings das Anpflanzen einer **Hecke.** Besonders Hecken, die sich aus vielen verschiedenen Straucharten zusammensetzen, bieten zahlreichen Tier- und Pflanzenarten einen geeigneten Lebensraum. In naturnahen Hecken hat man bis zu 100 Pflanzen- und 1000 Tierarten gezählt!
Ältere Hecken sind aus mehreren Schichten aufgebaut. Zur ▸ **Bodenschicht** gehören die klein bleibenden Moose, Flechten und Pilze. In der ▸ **Krautschicht** wachsen typische Heckenkräuter wie Taubnessel und Klette. Die oberste Etage schließlich bilden die Pflanzen der ▸ **Strauchschicht** wie Hasel und Holunder. Sträucher wie Weißdorn, Heckenrose und Schlehe schützen sich durch Dornen und Stacheln vor Tierfraß.

Hecken sind vielfältige Lebensräume
Heckenpflanzen dienen vielen Tieren als **Nahrungsquelle**. Wildbienen, Hummeln und Schmetterlinge leben vom Nektar und Pollen der Blüten. Die zum Herbst reifenden, leuchtend rot oder blau-schwarz gefärbten Früchte von Schneeball, Weißdorn oder Felsenbirne werden besonders von Vögeln gern gefressen. Sie verbreiten dabei die Samen der Sträucher. Eichhörnchen und Rötelmaus können mit ihren scharfen Nagezähnen auch die harten Schalen der Haselnüsse öffnen.
In den dichten Zweigen der Hecke finden Sing- und Wacholderdrossel, Goldammer und Zaunkönig gut geschützte **Nistplätze**. Igel, Kröten und Blindschleichen suchen die Hecke auf, wenn sie einen sicheren **Unterschlupf**, ein Versteck vor Fressfeinden oder ein Winterquartier benötigen. Der seltene Neuntöter, das Hermelin und räuberische Laufkäfer hingegen nutzen die Hecke gerade als **Jagdrevier.**

Hecken bieten Schutz
Hecken erfüllen in Landschaft und Garten wichtige Aufgaben: Als **Sichtschutz** schützen sie vor allzu neugierigen Blicken. Als **Windbremse** bewahren sie den Boden vor Austrocknung. Der Laubmantel dichter Hecken wirkt als ▸ **Lärmschutz**. Hecken **filtern Staub und Abgase** aus der Luft und sorgen so für ein gesundes Mikroklima.

Tiere der Wildhecke:
Igel, Neuntöter, Erdkröte, Hermelin, Schnirkelschnecke, Zaunkönig, Laufkäfer, Kleiner Fuchs, Goldammer, Rötelmaus

1 Lebensraum Wildhecke

Honigbienen sind Staaten bildende Insekten

1. a) Obstbauern zahlen an den Imker eine Gebühr, damit er Bienenstöcke in der Nähe der Obstplantagen aufstellt. Erkläre dies.
b) Nenne Produkte (z. B. Lebensmittel, Arzneien, Kosmetika), die von Honigbienen stammen oder von Honigbienen hergestellte Materialien enthalten. Recherchiere.

2. a) Nenne die typischen Merkmale eines Insekts.
b) Nenne die besonderen Baumerkmale und Organe der Bienen und deren Aufgaben. Nimm die Abbildung und den Informationstext zu Hilfe und erstelle eine Tabelle.

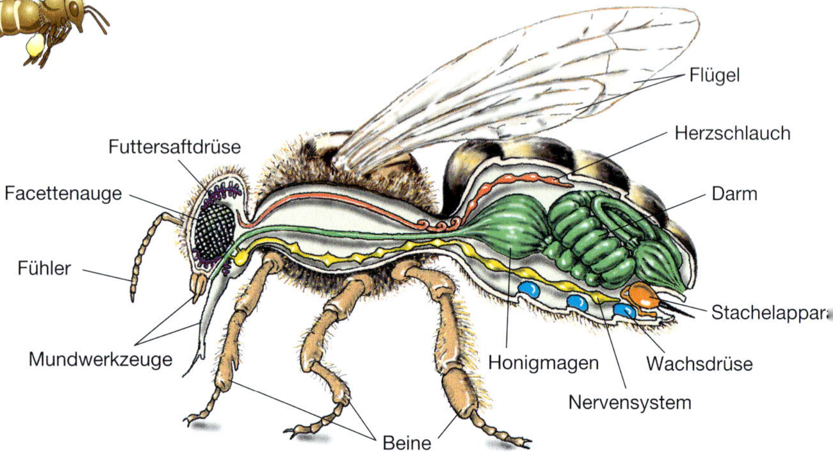

3. Besorge dir bei einem Imker tote Bienen. Untersuche diese mit der Lupe und vergleiche sie mit nebenstehender Abbildung. Fertige eine Skizze an und beschrifte.

4. Beschreibe den Lebenslauf einer Arbeitsbiene. Nimm den Informationstext und die Abbildung 8 zu Hilfe.

5. Vergleiche Königin, Drohne und Arbeitsbiene. Stelle in einer Tabelle die jeweiligen Aufgaben und die Körpermerkmale der Bienenwesen zusammen.

Drohne bis 18 mm

Königin bis 20 mm

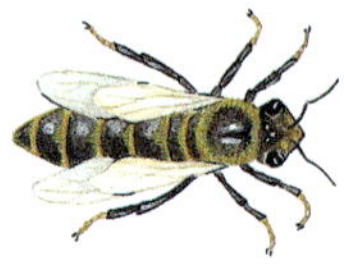

Arbeitsbiene bis 14 mm

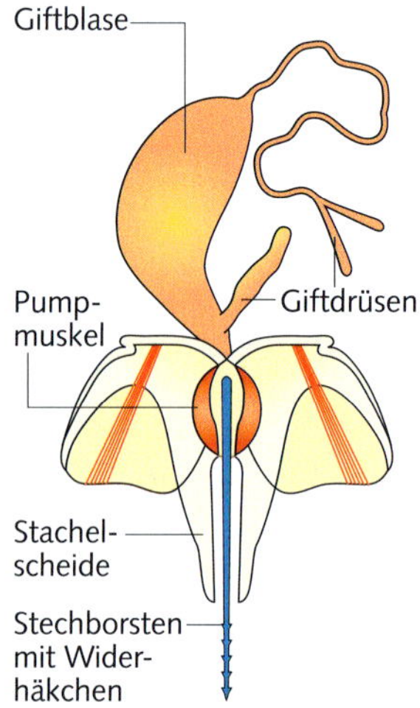

6. Nenne weitere Insektenarten, die ähnlich wie Bienen Staaten bilden. Erstelle zu jeder Art einen Steckbrief.

7. a) Beschreibe den Bau des Stachelapparates der Biene.
b) Welche Bedeutung hat der Stachelapparat?
c) Warum solltest du bei einem Bienenstich schnell den Stachel entfernen?

Honigbienen besuchen Blüten

Bei schönem Wetter fliegen tagsüber pausenlos Honigbienen vom Bienenstock auf Nahrungssuche. Beladen mit **Pollen** und **Nektar** kehren sie wieder in den Stock zurück. Der Nektar dient der Pflanze dazu, Insekten anzulocken, die ihre Blüten bestäuben. Dem gleichen Zweck dienen die leuchtenden **Blütenfarben.**
Wissenschaftler haben festgestellt, dass die Bienen mit ihren Augen sehr gut Blütenfarben unterscheiden können. Gleichzeitig nehmen Bienen das für den Menschen unsichtbare ultraviolette Licht der Sonne wahr. Bienen können auch bei bedecktem Himmel den Sonnenstand feststellen.

1 Bienenstöcke an einem Rapsfeld

Honigbienen sind Insekten

An der Honigbiene kann man den typischen Körperbau eines Insekts erkennen. Eine harte Hülle aus Chitin umgibt den Körper wie ein Panzer und bildet das **Außenskelett.** Allerdings ist der Körper nicht starr. Die drei Körperabschnitte **Kopf, Brust** und **Hinterleib** sind beweglich miteinander verbunden. Der Kopf trägt die beiden Facettenaugen sowie die **Fühler.** Mit ihnen kann die Biene riechen und tasten. Um an den Nektar am Grund der Blüten zu gelangen, benutzen Bienen ihren **Saugrüssel.** Der Saugrüssel wird ausgeklappt und der Nektar wird mit der Spitze, dem Löffelchen, aufgeleckt und mit dem Rüssel aufgesaugt.

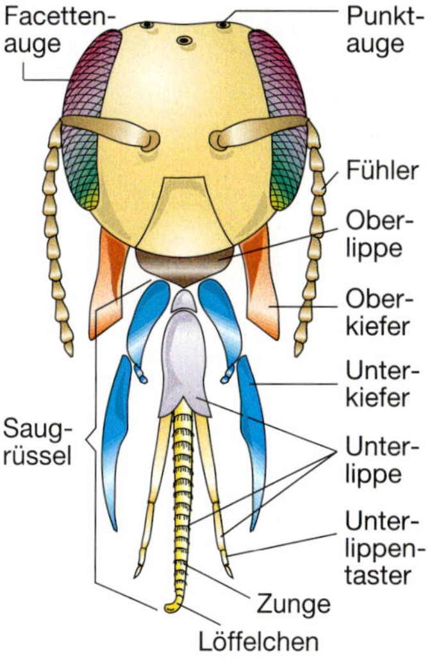

2 Kopf der Honigbiene

Am Brustabschnitt sitzen drei Beinpaare und die vier dünnhäutigen Flügel. Beim Flug werden die Vorderflügel mit den Hinterflügeln verhakt, so dass sie gemeinsam schlagen. Die Zahl von sechs Beinen ist für alle Insekten charakteristisch.

Der notwendige Sauerstoff zum Atmen gelangt durch ein röhrenförmiges Atemsystem direkt zu den Zellen des Körpers. Die **Atemröhren** (Tracheen) stehen über Atemöffnungen am Hinterleib mit der Außenluft in Verbindung. Der Sauerstoff wird also nicht mithilfe von Blut transportiert. Der Nährstofftransport erfolgt durch die farblose Körperflussigkeit, die von einem röhrenförmigen Herzen durch den Körper gepumpt wird. Die Körperflüssigkeit fließt nicht durch Adern, sondern frei durch den Körper. Bienen haben wie alle Insekten einen **offenen Körperkreislauf.**

Bei fast jedem Blütenbesuch bleiben klebrige Pollenkörner im Pelz der Biene haften. Während des Fluges kämmt sie mit den Vorderbeinen den Pollen ab und schiebt ihn in eine von Borsten umgebene Vertiefung, das Körbchen, an der Außenseite der Hinterbeine. An diesen Sammelbeinen transportiert die Biene den Pollen in den Bienenstock. Dort wird dieser Pollen in die Vorratszellen der Waben gefüllt und später an die Larven verfüttert.

Im Hinterleib liegen der Honigmagen, in dem der Nektar gesammelt wird, der Darm sowie der Stachelapparat mit dem Stachel, den Giftdrüsen und der Giftblase. Der Stachel besteht aus zwei Stechborsten mit Widerhaken. Er ist eine wirksame Waffe gegen andere Insekten und kann aus ihrem Körper unbeschädigt herausgezogen werden.

3 Sammelbein mit Pollen

4 Im Bienenstock. A *Blick auf Bienenwaben;* **B** *Königin mit Arbeiterinnen;* **C** *Brutwabe*

Bienen „tanzen" auf Waben

Haben Honigbienen eine lohnende Futterquelle entdeckt, geben sie diese Information an ihre Stockgenossinnen weiter. Dazu verwenden sie eine Art Zeichensprache, den **Bienentanz.** Der Tanz findet in der Dunkelheit des Stockes im dichten Gedränge des Bienenvolkes auf den senkrecht hängenden Waben statt. Beim ihrem Tanz bewegen die Bienen ihren Hinterleib und „verrechnen" Sonnenstand, Lage des Bienenstocks und der Futterquelle. Bienen im Stock ertasten die Bewegungen mit den Fühlern. Außerdem riecht eine tanzende Biene nach der Futterpflanze und gibt Kostproben aus ihrem Honigmagen ab.

Die Geschwindigkeit des Tanzes enthält Informationen über die Entfernung zur Futterquelle. Je geringer die Intensität des Tanzes ist, desto weiter ist die Futterquelle entfernt.

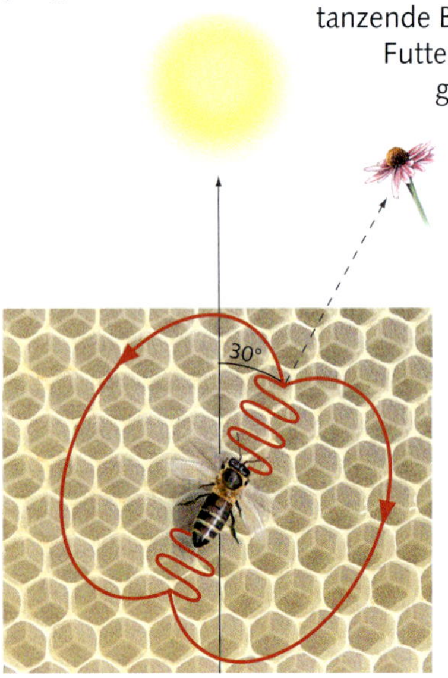

5 Bienentanz

Die Königin und ihr Volk

Bei einem Blick in einen Bienenstock sieht man mehrere nebeneinander hängende, senkrechte Holzrahmen. In diese Rahmen haben Bienen ihre **Waben** aus Wachs gebaut. Die Waben bestehen aus einigen tausend sechseckigen Zellen. Auf ihnen drängen sich Bienen dicht an dicht.

Meistens sind es **Arbeiterinnen,** die kleinsten Mitglieder des Bienenvolkes. Bis zu 50 000 können es im Sommer sein. Sie sind Weibchen, haben aber zurückgebildete Eierstöcke und sind daher unfruchtbar.

Nur in den Sommermonaten findet man noch einige hundert männliche Tiere im Bienenstock, die **Drohnen.** Man erkennt sie an den auffallend großen Augen und dem plumpen Körper. Sie tragen zur Fortpflanzung bei, indem sie junge Königinnen begatten. Nach der Begattung sterben die Drohnen. Entdeckt man eine einzelne große Biene mit langem, schlankem Hinterleib, ist es die **Königin.** Sie ist meist von einer Schar Arbeiterinnen umgeben. Die Königin wird von diesem Hofstaat umsorgt. Alle Nachkommen eines Bienenvolkes stammen von einer Königin ab. Sie legt von Mai bis Juni täglich etwa 1500 bis 2000 Eier, etwa jede Minute ein Ei. Königinnen können bis zu fünf Jahre alt werden.

Alle Mitglieder des Bienenvolkes erkennen sich an ihrem gemeinsamen „Stockgeruch". Die unterschiedlichen Aufgaben aller Bienen des Volkes sind aufeinander abgestimmt. Eine solche Gemeinschaft von Insekten wird als **Insektenstaat** bezeichnet.

Honigbienen entwickeln sich in Zellen

Neben Waben mit Vorratszellen für Honig oder Pollen sieht man in anderen Zellen kleine weiße Stifte. Dies sind die Eier, die von der Königin in die Zellen der Brutwaben abgelegt wurden.
Nach drei Tagen schlüpfen aus den Eiern **Larven.** Diese werden von Arbeiterinnen gefüttert. Junge Larven haben weder Augen noch Beine. Sie erhalten eiweißreichen Futtersaft als Nahrung. Ältere Larven dagegen werden mit Pollen und Honig gefüttert. Nach einigen Tagen werden die Zellen von Arbeitsbienen mit Wachs verschlossen. Die Larve entwickelt sich jetzt zur Puppe. Am 21. Tag nach der Eiablage schlüpft eine fertige Arbeiterin und nagt sich durch den Wabendeckel.

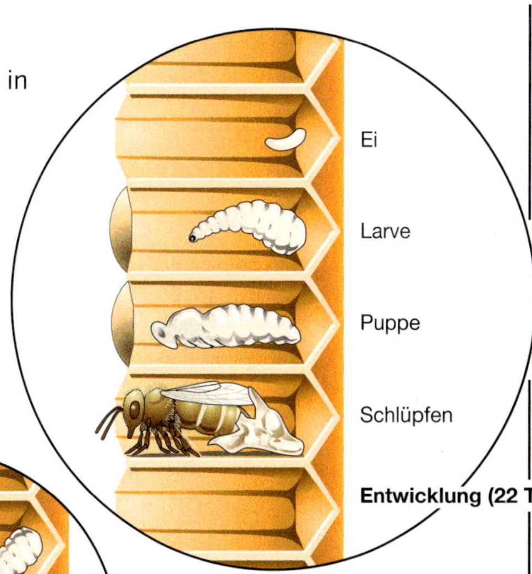

Aus dem Leben einer Arbeitsbiene

Im Verlauf ihres Lebens verrichtet die Arbeitsbiene mehrere Tätigkeiten. Nach dem Schlüpfen beginnt sie sofort, leere Zellen zu reinigen, in die die Königin jeweils ein Ei legt. Nach zwei Tagen füttert sie die älteren Larven. Nach dem Heranreifen einer besonderen Kopfdrüse, der Futtersaftdrüse, versorgt sie vom 5. Lebenstag an junge Larven und Königinnenlarven mit eiweißreichem Futtersaft. Wenn die Futtersaftdrüse ihre Arbeit eingestellt hat, reifen die Wachsdrüsen. Am Hinterleib werden Wachsplättchen ausgeschieden. Die Arbeitsbiene baut nun Wachszellen oder verschließt Zellen mit Wachsdeckeln. Danach verarbeitet sie den aufgenommenen Nektar durch Drüsensäfte in ihrem Honigmagen zu Honig und füllt diesen in die Vorratszellen. Dies ist der Nahrungsvorrat für den Winter. Weitere Tätigkeiten folgen. Dazu zählen der Abtransport toter Bienen und der Wächterdienst am Einflugloch. Den letzten und längsten Lebensabschnitt verbringt die Arbeitsbiene als Sammelbiene.

6 Honigbienen beim Wabenbau

Bienen schwärmen aus

Im Juni teilt sich das immer größer werdende Volk. Ungefähr die Hälfte der Arbeitsbienen verlässt mit der Königin den Stock. Die Bienen schwärmen. Im alten Stock schlüpft eine neue Königin. Sie ist in einer besonderen Zelle, der Weiselzelle, herangewachsen. Dort wurde sie in der gesamten Larvenzeit ausschließlich mit einem besonderen Futtersaft ernährt. Auf ihrem **Hochzeitsflug** wird die junge Königin von mehreren Drohnen begattet. Der Spermavorrat reicht der Königin für ihr ganzes Leben. Nachdem die Drohnen diese Aufgabe erfüllt haben, werden sie von den Arbeitsbienen aus dem Bienenstock gezerrt und sterben. Die vom Hochzeitsflug zurückgekehrte junge Königin ersetzt nun im Stock die alte Königin.

7 Lebenslauf einer Arbeitsbiene (Dauer)

Insekten als Pflanzenschädlinge

Mehlkäfer

Merkmale: Käfer 10 - 18 mm, weißliche bis goldbraune Larven werden als Mehlwürmer bezeichnet, bis 40 mm
Vorkommen: weltweit verbreitet, Kulturfolger, lebt häufig in Vogelnestern und verrottendem Holz, in der Nähe des Menschen in Getreideprodukten
Lebensweise: Weibchen legt 150–200 Eier, Käfer und Larven ernähren sich von stärkehaltigen Produkten wie Backwaren; Larven werden als Futter für insektenfressende Vögel und als Köder für Angler gezüchtet
Bekämpfung: Lebensmittel kühl und trocken lagern, Insektizide

Schwammspinner

Merkmale: weißlich-brauner Nachtfalter; Spannweite bis 60 mm; Raupen bis 70 mm, aschgrau mit roten oder blauen Warzen
Vorkommen: Mai bis Juli an Laub- und Obstbäumen
Lebensweise: Eiablage in Paketen von ca. 300 Eiern unten an Baumstämmen; Larven fressen das Laub von Obstbäumen, Eichen und Birken; bei Massenbefall Kahlfraß ganzer Baumbestände; Verpuppung spätestens im August
Bekämpfung: in Wäldern Insektizide; im Garten auch Leimringe am Stamm

1. Informiere dich über Mehlkäfer und ihre Zucht. Lege selbst eine kleine Zucht an. Beobachte die Entwicklung vom Ei bis zum Käfer und protokolliere.

2. Heiße Sommer begünstigen das Auftreten von Schadinsekten wie dem Schwammspinner. Nenne zwei Gründe.

3. Erstelle einen Steckbrief des Kohlweißlings. Berichte auch über Schäden der Raupen im Gemüsegarten.

Apfelwickler

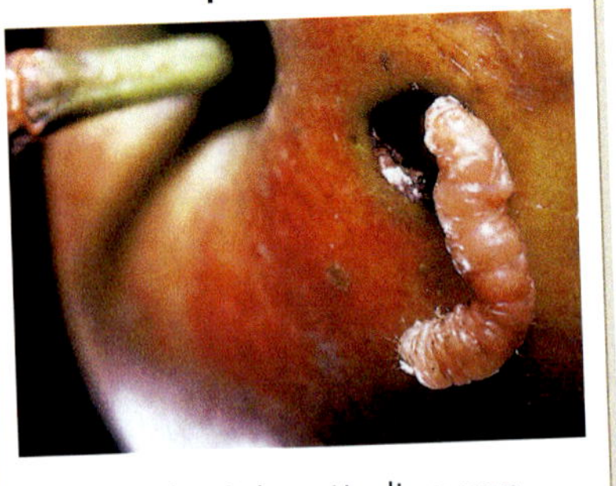

Merkmale: Schmetterling von 15 mm Spannweite, Raupe 10–20 mm
Vorkommen: Mai bis September
Lebensweise: Schmetterling legt ca. 50 Eier (einzeln pro Frucht) an unreife Äpfel, Birnen und Quitten; Raupe frisst sich durch das Fruchtfleisch ins Kerngehäuse; Überwinterung in Rindenspalten, Falllaub oder im Boden
Bekämpfung: Insektizide; biologisch mit der „Verwirrmethode" (hohe Konzentrationen der weiblichen Lockstoffe machen die Männchen orientierungslos), Ohrwürmern oder Schlupfwespen; mechanisch mit Obstmaden-Fanggürtel aus Wellpappe am Stamm

Insekten schützen – Insekten beobachten

Wenn wir nützlichen Insekten im Garten oder auf dem Schulgelände Nist- und Versteckmöglichkeiten anbieten, schaffen wir gleichzeitig die Voraussetzungen für viele interessante Beobachtungen.

1 Unterschlupf für Ohrwürmer
Umwickelt ein Knäuel Holzwolle, Moos oder Stroh locker mit Bindedraht. Zieht das Drahtende durch das Abflussloch eines Blumentopfes, so dass sich das Knäuel im Topf befindet. Hängt den Ohrwurmtopf kopfüber in die Nähe einer Blattlauskolonie. Der Topfrand sollte einem Ast oder dem Stamm anliegen.
Beobachtungsauftrag: Kontrolliert nach einigen Tagen, ob Ohrwürmer eingezogen sind. Protokolliert, ob die Zahl der Blattläuse zurückgeht.

2 Nisthölzer und Halmbündel als Nisthilfe
Einzeln (solitär) lebende Wildbienen und manche Wespen legen als Hohlraumbrüter ihre Eier samt Nahrungsvorrat für die Larven in längliche Hohlräume.

- Bohrt in Klötze oder Stammabschnitte aus Hartholz (Buche oder Eiche) Löcher von 3 bis 10 mm Durchmesser und 3 bis 10 cm Tiefe. Hängt sie an sonnigen, vor Regen geschützten Stellen auf.
- Als Alternative könnt ihr Schilf- und Strohhalme oder Bambusstücke bündelweise zusammenbinden.

Beobachtungsauftrag: Überprüft regelmäßig, ob sich Insekten eingenistet haben. Wann werden die ersten Löcher bezogen und verschlossen? **Tipp:** Einseitig verschlossene Glasröhrchen oder ausgespülte Fläschchen von Parfumproben und Backaromen erlauben das direkte Beobachten der Larvenentwicklung.

3 Nisthilfen für Hummeln
Füllt einen Blumentopf zur Hälfte mit Heu oder Moos. Grabt ihn an einer sonnigen Stelle im Garten so tief ein, dass der Topfboden noch herausragt. Ein flacher Stein dient als Regenschutz.
Beobachtungsauftrag: Protokolliert, wann sich Jungköniginnen zum Erkundungsflug einfinden. Wie oft tragen sie Nistmaterial, Nektar und Pollen hinein?

4 Reifengärten für Schmetterlinge
Auf jedem Schulgelände findet sich Platz für ausgediente Autoreifen, die – mit Pflanzerde gefüllt – als Miniatur-Gärten für Schmetterlinge dienen können. Nektar spendende Pflanzen sind beispielsweise Lavendel, Oregano, Pfefferminze, Salbei und Sommerflieder. Ein Reifen sollte auch mit Brennnesseln und Disteln bepflanzt werden. Beides sind begehrte Futterpflanzen der Raupen.
Beobachtungsauftrag: Haben die Schmetterlinge eine Vorliebe für bestimmte Pflanzenarten?

Umweltschutz in der Stadt

1. Betrachte den abgebildeten Comic. Er stellt die Umweltschutzsituation in manchen Städten übertrieben dar.

a) Welche Einzelprobleme werden dargestellt? Fertige eine Mindmap an.

b) Welche weiteren Probleme gibt es, die den Umweltschutz speziell in den Städten betreffen? Ergänze deine Mindmap.

2. Die Finanzlage der meisten Städte erlaubt nur wenig Pflege für die öffentlichen Grünanlagen. Viele Städte gehen hier nun einen neuen Weg: Man kann „Baumpatenschaften" übernehmen und sich bereit erklären, Straßenbeete zu bepflanzen und zu pflegen.

a) Was könnte jemanden bewegen, eine ehrenamtliche Baumpatenschaft zu übernehmen? Immerhin bedeutet das Arbeit und Kosten.

b) Was hältst du von solchen Aktionen? Begründe deine Meinung.

3. Gibt es ähnliche Projekte wie in Aufgabe 2 beschrieben auch in deiner Gegend? Recherchiere und berichte.

4. Schadet Streusalz den Pflanzen? Kresse eignet sich gut als „Testpflanze". Für dieses ▸ Experiment werden Kressesamen auf Watte ausgesät und mit unterschiedlich stark gesalzenem Wasser (0–5 Teelöffel pro 100 ml) gegossen.

a) Plant den Versuch. Nennt kurz wesentliche Punkte der Durchführung. Haltet fest, worauf ihr achten müsst und wie ihr eure Beobachtungen darstellen wollt.

b) Führt den Versuch in Gruppen durch und vergleicht die Beobachtungen. Leitet daraus ein gemeinsames Endergebnis ab.

c) Was bedeutet euer Ergebnis für Pflanzen in der Stadt? Diskutiert vor diesem Hintergrund das Pro und Contra zum Streusalzeinsatz im Winter.

Eng, grau, dreckig?

Wo viele Menschen auf engem Raum zusammenleben, in den Städten also, ergeben sich natürlich Probleme. Aber sind Städte wirklich eng, grau und dreckig?
In vielen Städten gibt es Verkehrsprobleme: Auf Straßen, Parkplätzen oder auch größeren Bahnanlagen ist wenig Platz für Grünanlagen – stattdessen gibt es Verkehrslärm, ▸ Abgase und Staus. Merkwürdig ist, dass sich viele zwar oft über den Verkehr und seine Auswirkungen ärgern, aber selbst ein Auto haben und dieses auch für unnötige Fahrten benutzen.
Ähnliches gilt für die Abfallentsorgung: Wer will schon eine Müllverbrennungsanlage, eine Deponie oder ein Klärwerk in der Nachbarschaft haben? Aber gezielt auf Müll- und Abwasservermeidung achten? Das geht vielen zu weit.

1 Stadtplanung vor 40 Jahren

2 Fassadenbegrünung

Jeder kann mithelfen

Kürzere Fahrten mit dem Rad erledigen, sparsames Heizen und geschicktes Lüften – all das vermindert Abgase. Auch Elektrogeräte erzeugen indirekt Abgase. Viele von ihnen sind überflüssig, laufen „nebenher" oder verbrauchen auch abgeschaltet noch Strom.
Geht es um die Gestaltung des eigenen Grundstücks oder Balkons, können ▸ Stadtbäume und Bepflanzungen viel zum Wohlbefinden beitragen. Auch eine Fassadenbegrünung bietet viele Vorteile. Pflanzen, die an den Wänden hochranken, wirken als Schallschutz und Wärmeisolierung.
Auch der Verzicht auf das Füttern von Vögeln in der Stadt ist Umweltschutz: Stadtvögel haben kaum Feinde und vermehren sich durch das Füttern so stark, dass ihr Kot ein Umweltproblem werden kann.

Und die Politik?

Seit 1994 ist der Umweltschutz im Grundgesetz verankert. Politiker sind bei ihren Entscheidungen also verpflichtet, die natürlichen Lebensgrundlagen zu schützen beziehungsweise so wenig wie möglich zu belasten. So gibt es zum Beispiel Gesetze, die den Umgang mit Müll regeln oder Grenzwerte für Luftschadstoffe festlegen, bei deren Überschreitung der Verkehr eingeschränkt werden kann.

Bei der Planung neuer Stadtteile oder bei der Sanierung älterer Flächen werden seit einiger Zeit Umweltschutzaspekte stärker berücksichtigt. Früher wurde oft nur auf die Kosten geachtet. Durch eine zu enge Bebauung entstanden hässliche Straßenschluchten und große betonierte oder gepflasterte Flächen, durch die das Regenwasser nicht versickern kann. In vielen Städten liegt der ▸ Grundwasserspiegel daher zu niedrig, die Pflanzen gehen ein. Heute bemüht man sich vielerorts um eine **ökologische Stadtplanung.** Städteplaner arbeiten hierbei mit Biologen zusammen und planen gezielt Grünflächen, Parks oder Stadtwälder mit ein.

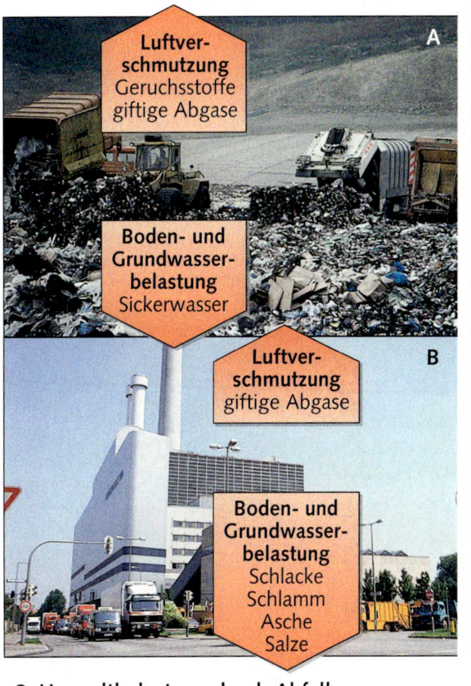

3 Umweltbelastung durch Abfall.
A *Mülldeponie;* **B** *Verbrennungsanlage*

Lebensräume werden zurückerobert

1. Beschreibe kurz das Bild oben. Schätze, wie lange der Bereich schon verlassen ist und begründe deine Meinung.

2. Erläutere den Begriff „Sukzession" mithilfe der Abbildung 1 und des Informationstextes.

3. Untersuche eine Brachfläche in deiner Umgebung. Welche Pflanzen findest du? Unter welchen Bedingungen überleben sie? Welche Rückschlüsse kannst du daraus ziehen? Dokumentiere und berichte.

Wer ein Haus oder einen Garten pflegt, kennt das Problem: Pflanzen nutzen jede Gelegenheit, sich auch dort anzusiedeln, wo sie unerwünscht sind. Beete werden ohne Pflege vom Unkraut überwuchert, in jeder Pflasterritze lassen sich Moose nieder und sogar auf einem Flachdach bilden sich wie von selbst ganze „Gärten" – und das, obwohl natürlich niemand Erde und Pflanzen dort hingebracht hat.

Sukzession

Pflanzen und in der Folge auch Tiere besiedeln jeden freien Lebensraum. Dies wird etwa dann deutlich, wenn ein ehemals industriell genutztes Gelände ungenutzt bleibt: Sofort beginnt die Natur das **Brachland** zurückzuerobern. Dabei ergibt sich meist eine ganz typische zeitliche Abfolge bestimmter Arten. Diese Abfolge nennt man ▸ Sukzession.

Flechten, Gräser und an feuchteren Stellen auch Moose sind meist die ersten, die sich ansiedeln. Solche **Pionierpflanzen** sind äußerst genügsam und kommen auch mit kargen Bedingungen wie auf Steinen oder in Pflasterritzen zurecht. Sie verändern den Lebensraum, indem sie Feuchtigkeit festhalten und Mineralstoffe einlagern. Wenn sie einmal absterben und verrotten, bildet sich eine zunächst dünne, dann immer dickere Erdschicht. Nach und nach können sich immer größere Pflanzen ansiedeln. Nach einigen Jahren findet man bereits krautige Pflanzen wie Brennnesseln oder Lupinen. Jetzt dauert es nicht mehr lange, bis auch Büsche und kleinere Bäume vorzufinden sind. Nach 30–50 Jahren wachsen Birken, Salweiden oder Pappeln. Nach 100–200 Jahren ohne menschlichen Eingriff hat sich ein Mischwald gebildet, der sich nun nicht mehr so rasch verändert. Die Natur hat die ehemals von Menschen geformte Fläche zurückerobert.

1 Sukzession – Pflanzen erobern einen Lebensraum zurück. A *Schema;* B *Löwenzahn;* C *Weidenröschen;* D *Birke*

Künstliche Ökosysteme
Städte sind Ökosysteme. Tiere, Pflanzen und auch der Mensch besetzen darin ökologische Nischen.
In Städten gibt es jedoch keine natürlichen Stoffkreisläufe: Nahrungsmittel, Wasser und Stoffe zur Energieversorgung müssen in die Stadt hinein-, Abfallstoffe herausgebracht werden.
Auch Faktoren wie Klima, Luftströmungen und Grundwasserspiegel unterscheiden sich in den Städten meist deutlich vom Umland.

Pflanzen und Tiere in der Stadt
Pflanzen wie der Weiße Steinklee oder das Einjährige Rispengras kommen auch mit kargen Bedingungen zurecht. Sie sind typische Vertreter einer Straßenrandgesellschaft. Auch in Pflasterritzen, Mauerspalten oder auf Bahndämmen gibt es Pflanzengesellschaften.

In Parks, Grünanlagen und Gärten gedeihen Pflanzen, weil sie vom Menschen angepflanzt und gepflegt werden. Diese „grünen Inseln" bieten den Menschen nicht nur Erholungsmöglichkeiten, sie verbessern auch das Stadtklima, wirken gegen Lärm, Wind und Staub und bieten Tieren einen Lebensraum.

Manche Tierarten konnten sich an die besonderen Bedingungen in den Städten anpassen, indem sie ihr natürliches Verhalten abwandelten oder sich in der Stadt Lebensräume eroberten, die ihren natürlichen Lebensräumen ähneln. Da aber meist die natürlichen Feinde fehlen, können manche Tiere in Städten schnell zur Plage werden.

Umweltschutz in der Stadt
Im Rahmen der Gestaltung des eigenen Gartens oder Balkons, aber auch durch das Einsparen unnötiger Autofahrten und durch Müllvermeidung kann jeder selbst zum Umweltschutz in der Stadt beitragen. Auch ein Verzicht auf das Füttern von Tieren ist Umweltschutz.
Im Rahmen der Umweltgesetzgebung und der ökologischen Stadtplanung tragen Städteplaner und Politiker zum Umweltschutz in der Stadt bei.

1. Nenne die typischen Zonen einer Stadt und beschreibe sie jeweils ganz kurz.

2. Suche eine Stadt (ab hunderttausend Einwohner) in der Nähe deines Wohnortes in Google Earth. Drucke das Satellitenbild. Welche Lebensräume (Wälder, Grünanlagen, Seen, Flüsse, Straßen und Bahnanlagen) kannst du erkennen?

3. Warum sind Städte „künstliche Ökosysteme"? Begründe.

4. Informiere dich über „tierische Neubürger". Welche sind vor allem in Städten zu finden? Warum können sie zum Problem werden? Berichte.

5. Informiert euch bei den verschiedenen Parteien in euer Stadt über deren lokale Umweltschutzpolitik. Welche konkreten Projekte haben sie in der Vergangenheit vorangetrieben? Welche Erfolge haben sie vorzuweisen und welche Pläne haben sie für die nähere Zukunft? Stellt die verschiedenen Rückmeldungen auf Informationsplakaten zusammen.

6. Gestaltet eine kleine Ausstellung „Pflanzen in unserer Stadt".
a) Sucht an verschiedenen Stellen nach Pflanzen, fotografiert sie oder sammelt sie. Bestimmt die Pflanzenarten und stellt weitere interessante Informationen über sie zusammen.
b) Um welche Pflanze handelt es sich in der nebenstehenden Abbildung?

Erleben mit allen Sinnen

Popkonzert oder Kirmes – tolle Erlebnisse. Wie nehmen wir die verschiedenen Sinneseindrücke wahr und was bewirken sie in uns?

Wie sehen wir Farben? Wie entsteht ein scharfes Bild und warum brauchen manche Leute eine Brille?
Brauche ich auch eine Brille?

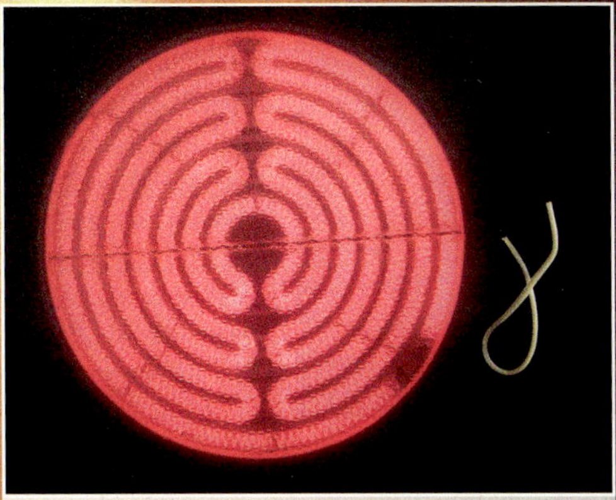

Kann ich die Nudel neben der heißen Herdplatte gefahrlos greifen?
Wie arbeiten Wahrnehmung und Reaktion zusammen?

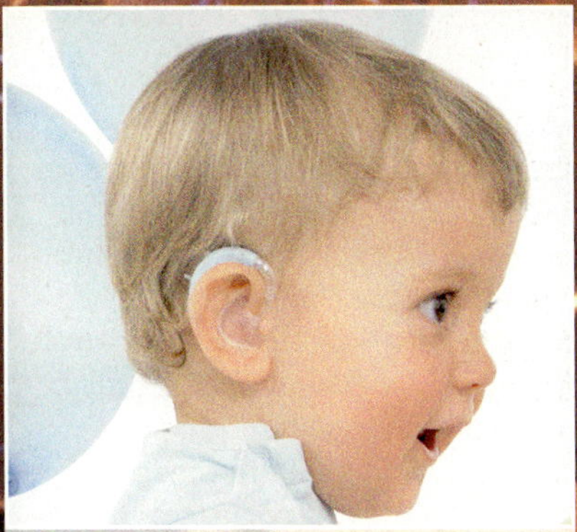

Wie kann man bei kleinen Kindern testen, ob sie hören können?
Können gehörlose Kinder sprechen lernen?

Zu hell? Zu laut?
Kann Lärm wirklich schaden?
Wie kann man Ohren und Augen schützen?

Sinne erschließen die Welt

1. Auf einer Kirmes wirken viele Sinneseindrücke auf dich ein.
a) Nenne solche Sinneseindrücke.
b) Ordne jeweils das Sinnesorgan zu, das diesen Eindruck ermöglicht.
c) Beschreibe, wie die Kirmesbetreiber versuchen, das Erlebnis der Besucher gezielt zu beeinflussen.

2. Nenne Geruchs- und Geschmacksrichtungen, die dich auf einer Kirmes zum Naschen verführen könnten. Nenne auch Dinge, die du nicht magst.

3. a) Schließe die Augen und stelle dir eine Kirmesszene vor.
Beschreibe, was du wohl alles hören würdest.
b) Schließe für etwa eine Minute die Augen und achte auf alle Geräusche, die du jetzt hörst.
Schreibe sie möglichst genau auf.

4. „Das Auge isst mit" heißt es oft.
Helft bei der Beschriftung der Zuckerstangen. Welches Schild gehört wohin? Wie habt ihr das erkannt?

5. Wie beeinflusst die Farbe eines Lebensmittels unser Geschmacksempfinden? Ihr könnt dies durch ungewöhnliche Kombinationen von Farbe und Geschmack testen.
Stellt dazu aus 250 g Puderzucker und einem Esslöffel Wasser Zuckerguss her. Verteilt ihn auf mehrere Schälchen und färbt verschiedene Portionen mit Lebensmittelfarbe rot, orange, gelb, grün und blau. Überlegt dann, welchen Portionen ihr Geschmack durch Zitronen-, Erdbeer- oder Waldmeisteraroma geben wollt. Bestreicht mit dem Zuckerguss einfache Butterkekse.
Führt dann Geschmackstests durch. Bei welchen Proben werden die Geschmacksrichtungen erkannt und deutlich geschmeckt, bei welchen nicht? Versucht eine Erklärung für eure Ergebnisse zu finden.

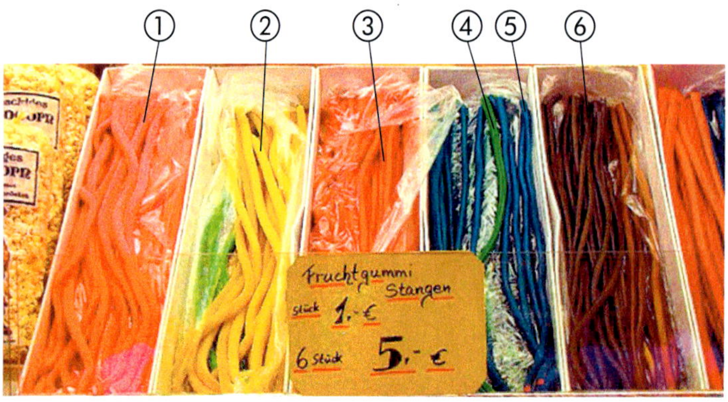

Erdbeere

Waldmeister

Waldbeere

Orange

Zitrone

Cola

Auf dem Weg zur Kirmes hören wir schon von Ferne die laute Musik. Da muss was los sein. Die Musik sorgt für gute Stimmung. Kommen wir näher, werden wir über Lautsprecher aufgefordert, etwas zu erleben. Bunte Lichter wecken unsere Aufmerksamkeit, Gerüche verlocken uns oder stoßen uns ab. Auf dem Karussell lassen wir uns in weichen Polstern nieder und halten uns an kalten Metallgriffen fest – und ab geht's.

Zusammenspiel der Sinne

Ein solches Erlebnis und auch die Orientierung in unserer Umwelt ist durch das Zusammenspiel unserer Sinne möglich. Jedes **Sinnesorgan** kann jedoch nur bestimmte **Reize** aufnehmen. Die Informationen über die Umwelt werden dabei in elektrische Impulse umgesetzt und durch die **Nerven** an das ▸ **Gehirn** weitergeleitet. Dort werden die Informationen verarbeitet und führen zu einer Wahrnehmung.

Nase und Zunge

Sie sind für die Aufnahme von ▸ Geruchs- und ▸ Geschmacksreizen zuständig. Im Gehirn werden die Eindrücke zu einer umfassenden Geruchs- und Geschmacksempfindung verarbeitet.

1 Sinnesorgane. A *Auge;* **B** *Ohr;* **C** *Nase;* **D** *Zunge;* **E** *Haut*

Die Haut

Sie ist ein besonders vielfältiges Sinnesorgan. Über die ▸ Haut nehmen wir Tast-, Druck-, Wärme-, Kälte- und Schmerzreize auf. Das Gehirn sorgt dafür, dass die entsprechenden Nervenimpulse verarbeitet und als Empfindungen wahrgenommen werden.

Das Auge

Mit unseren ▸ Augen nehmen wir Lichtreize auf. Mehrere Millionen Nervenzellen leiten die Informationen in Form elektrischer Impulse an das Gehirn. Hier werden sie zu Bildern verarbeitet. Es werden Farben und Formen, Entfernungen und Bewegungen erkannt.

Das Ohr

In Form von Luftschwingungen empfangen unsere ▸ Ohren Schall. Die Schwingungen reizen die Sinneszellen, die dann ebenfalls Nervenimpulse verursachen, die zum Gehirn geleitet und dort verarbeitet werden. So können wir Musik hören, Gespräche verstehen und uns im Straßenverkehr zurechtfinden. Im Ohr befindet sich außerdem das ▸ Gleichgewichtsorgan, das auf die Schwerkraft reagiert. Wir brauchen ihn, um uns geordnet im Raum bewegen zu können. Auf einem Karussell wird der Gleichgewichtssinn auf eine harte Probe gestellt.

Viele Reize – eine Wahrnehmung

Die Kirmes erleben wir als frohes Fest, staunen über die Farbeffekte, halten uns an den Händen und wippen im Takt der lauten Musik. Alle diese Reize beeinflussen unsere Stimmung.

Gleicher Reiz – gleiche Wahrnehmung?

Aber die Stimmung kann auch unsere Wahrnehmung beeinflussen: laute Musik erleben wir als störend, wenn wir uns unterhalten wollen oder Ruhe brauchen.

Wie wir sehen

1. a) Welche Teile des Auges kannst du im Taschenspiegel erkennen? Fertige eine beschriftete Skizze an. Nenne die Aufgaben der Teile, insbesondere ihre Schutzfunktion.
b) Beobachte im Spiegel auch, in welche Richtungen sich das Auge bewegen lässt.

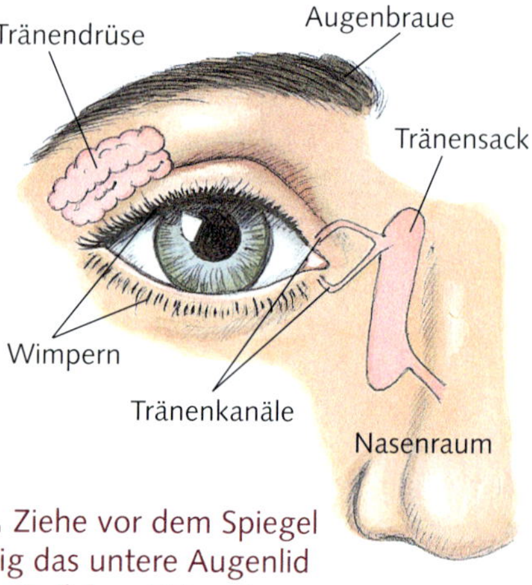

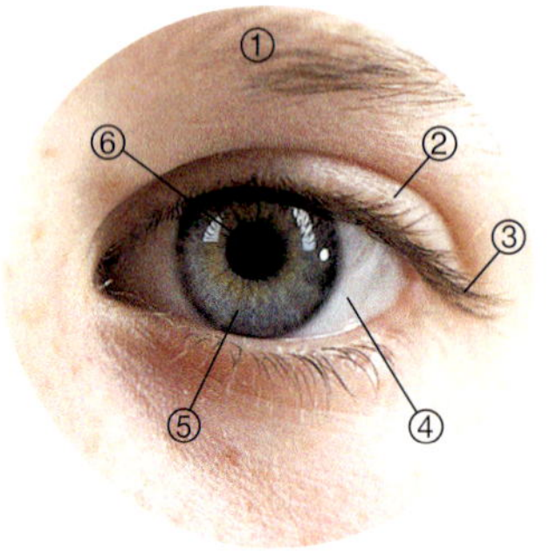

2. Ziehe vor dem Spiegel vorsichtig das untere Augenlid abwärts. Auf dem Lidrand zur Nase hin siehst du eine winzige Öffnung. Worum handelt es sich? Vergleiche mit der Abbildung zum Aufbau des Auges.

3. a) Beim Weinen „läuft" einem auch die Nase. Erkläre.
b) Wenn Sandkörnchen oder Wimpern ins Auge gelangen, beginnt das Auge heftig zu tränen. Was wird dadurch erreicht?

4. Dein Versuchspartner bläst mit Gummischlauch und Blasebalg unerwartet Luft seitlich in eine Schutzbrille. Wie reagiert das Auge? Was sagt die Reaktion aus über die Schutzfunktion der Lider in Alltagssituationen?

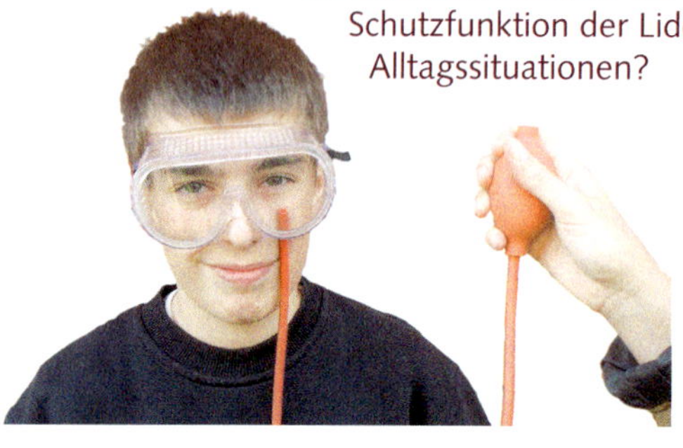

5. a) Halte das Biologiebuch in Armlänge vor deine Augen. Schließe das linke Auge und fixiere mit dem rechten unentwegt die abgebildete Katze. Bewege das Buch nun langsam an dich heran. Was geschieht mit der Maus? Deute das Versuchsergebnis.
b) Was siehst du, wenn du das Buch noch näher heranführst?
c) Recherchiere, was es mit dem „blinden Fleck" auf sich hat. Vergleiche auch mit Abbildung 1.

6. a) Eine Versuchsperson schließt 30 Sekunden lang beide Augen und deckt sie zusätzlich mit den Händen ab. Anschließend blickt sie zu einem hellen Fenster oder zu einer Lampe. Der Partner beobachtet dabei die Pupillen. Wie verändert sich deren Größe?
b) Erklärt die Bedeutung der Pupillenreaktion.

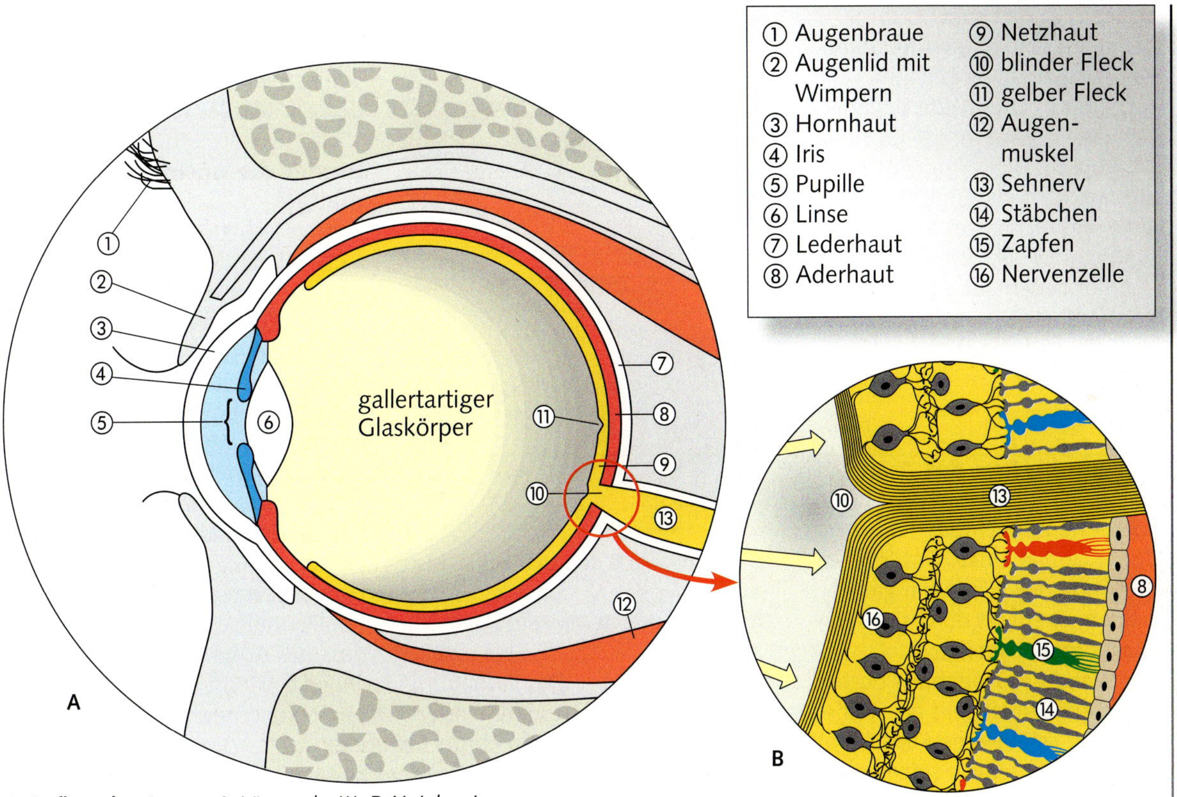

1 Aufbau des Auges. A *Längsschnitt;* **B** *Netzhaut*

Guter Schutz für empfindliche Augen

Das Auge ist ein wichtiges, aber auch ein sehr empfindliches Sinnesorgan. Verschiedene Schutzeinrichtungen sorgen dafür, dass das Auge stets leistungsfähig bleibt.
Die mit Fett ausgepolsterte, knöcherne **Augenhöhle** bewahrt es vor Stößen und Schlägen.
Nähern sich Fremdkörper wie eine Fliege dem Auge, so schließen sich blitzschnell die **Augenlider.** Dieser Schutzreflex bewahrt das Auge vor Verletzungen. Auch bei zu grellem Licht und starkem Wind kneifen wir die Augen zusammen. Die Lider verhindern so, dass das Auge geblendet wird oder austrocknet.

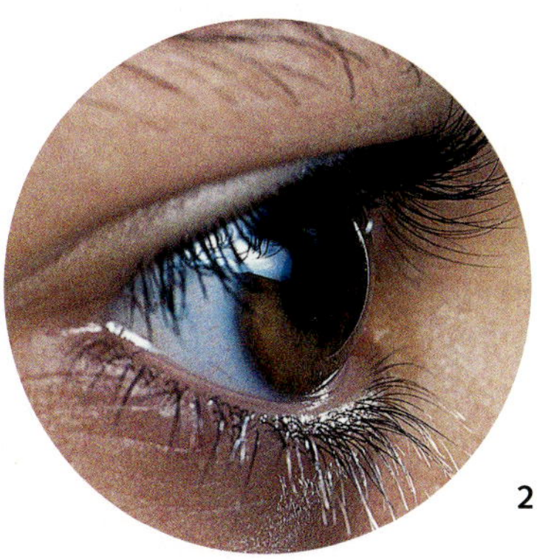

2 Das Auge ist gefährdet.

Die Augenbrauen leiten Regen- oder Schweißtropfen zu den Seiten ab. Die Wimpern schützen vor Staub.

Tränenflüssigkeit für klare Sicht

Die salzig schmeckende Tränenflüssigkeit wird in der Tränendrüse produziert. Alle 5-10 Sekunden erfolgt ein Lidschlag, der die Flüssigkeit gleichmäßig auf dem Auge verteilt. Auf diese Weise wird die empfindliche **Hornhaut** ständig feucht gehalten. Nur dadurch bleibt sie klar und das Auge beweglich. Würde die Hornhaut austrocknen, wäre sie bald schon trüb. Außerdem spült die Tränenflüssigkeit Schmutz und Krankheitserreger aus dem Auge. Danach fließt die Tränenflüssigkeit durch die Tränenkanäle in den Tränensack und schließlich in die Nasenhöhle. Beim Weinen muss man sich deshalb oft die Nase putzen. Die Eingänge der Tränenkanäle befinden sich im nasenseitigen Winkel der Augenlider. Bei genauem Hinsehen erkennt man in Unter- und Oberlid zwei winzige Öffnungen, die so genannten Tränenpünktchen.

Der äußere Bau des Auges

Nur wenige Teile des Auges sind von außen sichtbar. Im Zentrum erkennt man zunächst einen farbigen Ring. Wenn man von blauen, grünen oder

braunen Augen spricht, so ist damit die Farbe dieser **Regenbogenhaut**, auch Iris genannt, gemeint. In ihrer Mitte befindet sich eine dunkle, runde Öffnung, die **Pupille.** Hier dringen die Lichtstrahlen ins Auge ein. Das links und rechts von der Iris sichtbare Weiße des Auges wird von der **Lederhaut** gebildet. An der Vorderseite des Augapfels geht die Lederhaut in die durchsichtige, stark gewölbte Hornhaut über.

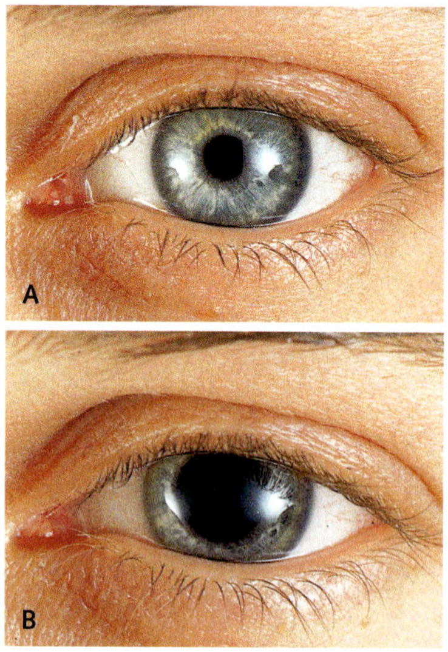

3 Die Iris regelt den Lichteinfall ins Auge.
A *Hellreaktion;* **B** *Dunkelreaktion*

Der innere Bau des Auges

Hinter der Pupille befindet sich – von außen unsichtbar – die durchsichtige **Linse.** Das Innere des Augapfels wird vom gallertartigen, ebenfalls durchsichtigen **Glaskörper** ausgefüllt.
Die **Wand des Augapfels** besteht aus drei Schichten: Ganz außen liegt die weiße und feste **Lederhaut.** Als schützende Kapsel gibt sie dem Auge seine runde Form. Seitlich setzen die sechs Augenmuskeln an. Mit ihnen kann das Auge in alle Richtungen bewegt werden. Die mittlere Schicht nennt man **Aderhaut.** Ihre Blutgefäße versorgen das Auge mit Sauerstoff und Nährstoffen. Ganz innen, dem einfallenden Licht zugewandt, liegt die **Netzhaut.** Hier sitzen **lichtempfindliche Sinneszellen,** von denen es zwei Typen mit unterschiedlichen Aufgaben gibt: Die etwa 125 Millionen länglichen und schmalen **Stäbchen** sind darauf spezialisiert, hell und dunkel zu unterscheiden. Sie befinden sich mehr im Randbereich der Netzhaut. Die 5 Millionen kurzen und dickeren **Zapfen** dienen dem ▸ Farbensehen. Im Zentrum der Netzhaut, dem **gelben Fleck,** befinden sich ausschließlich Zapfen. Hier ist der Ort des schärfsten Sehens.

Dort, wo der Sehnerv das Auge verlässt, befinden sich keine Sinneszellen. Diese Stelle wird deshalb **blinder Fleck** genannt.

Immer die optimale Lichtmenge

Treffen Lichtstrahlen auf das Auge, durchdringen sie zunächst die transparente Hornhaut. Durch die Pupille gelangen sie dann ins Innere des Auges. Die Iris regelt dabei die **Hell-Dunkel-Anpassung** (Adaptation).
Bei hellem Licht ziehen sich ringförmig verlaufende Muskeln in der Iris zusammen. Die Pupille wird dadurch kleiner, der Lichteinfall ins Auge verringert sich. Durch diesen „automatischen" Pupillenreflex wird verhindert, dass das Auge geblendet wird.
Die Verengung der Pupille erfolgt bei plötzlich zunehmender Helligkeit blitzschnell: Sie dauert nur eine Zehntel Sekunde!
Ist wenig Licht vorhanden, reagiert das Auge umgekehrt: Die Pupille wird größer, mehr Licht kann in das Auge einfallen. Auf diese Weise wird gewährleistet, dass wir auch bei geringer Helligkeit und in der Dämmerung noch sehen können.

Vom Auge ins Gehirn

Im Auge treffen die Lichtstrahlen auf die elastische Linse. Sie sorgt dafür, dass die Lichtstrahlen den durchsichtigen Glaskörper durchdringen und auf der Netzhaut ein ▸ **Bild** entsteht. Von den Sinneszellen der Netzhaut wird es in elektrische Impulse umgewandelt, die über den Sehnerv zum Gehirn gelangen.
Das **Gehirn** wertet alle ankommenden Informationen aus. Es erfasst die Gestalt und Form eines Gegenstands ebenso wie dessen Helligkeit, Farben oder Bewegungen.

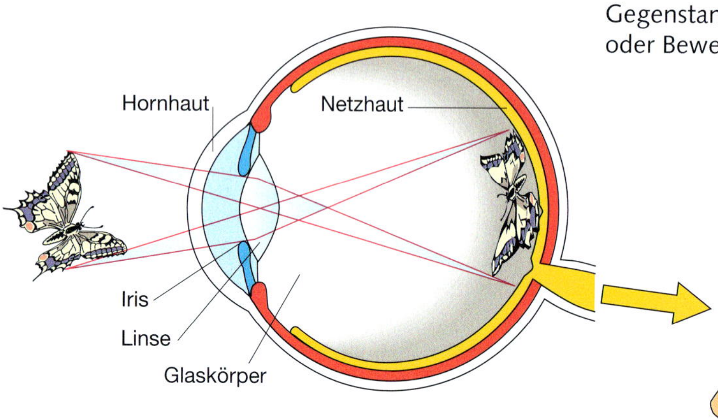

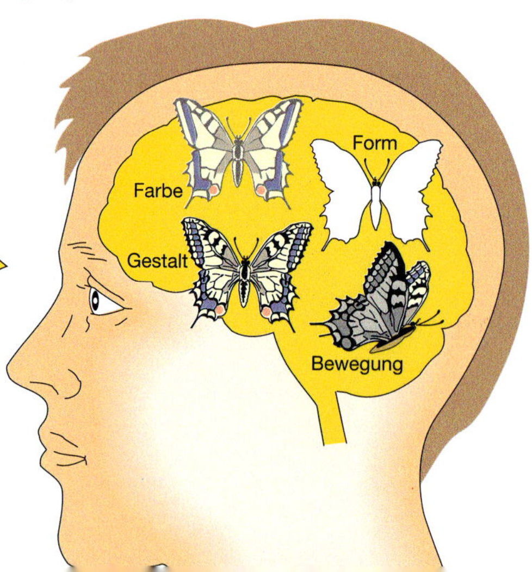

4 Vom Auge ins Gehirn – der Sehvorgang

Licht und Farben

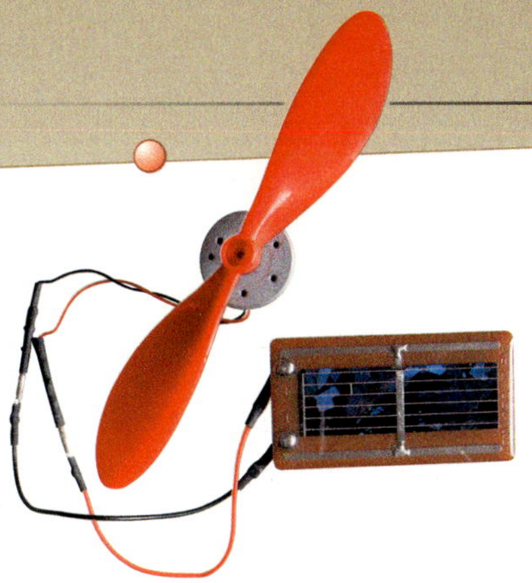

Licht ist eine Form von **Energie.** Das bemerken wir, wenn wir einen kleinen Elektromotor an eine Solarzelle anschließen. Sobald Licht auf die Solarzelle fällt, dreht sich der Motor. Je mehr Licht darauf fällt, umso schneller dreht er sich.
Fällt Licht auf eine Lichtsinneszelle im Auge, löst dieser Reiz eine elektrische Reaktion aus.

Lichtbrechung nennt man das Abknicken von Lichtstrahlen an der Oberfläche zwischen verschiedenen Materialien. Hier im Bild sieht man, wie das Licht beim Übergang von Luft in Wasser gebrochen wird. Auch beim Übergang in Glas, Kunststoff oder in die Hornhaut des Auges wird das Licht gebrochen.

1. Licht ist Energie. Erkläre, warum dies auch bei der ▸ Fotosynthese der Pflanzen eine wichtige Rolle spielt.

2. Probiere verschiedene Lupen aus. Teste, in welchem Abstand der Brennpunkt entsteht und wie stark die Lupe vergrößert. Finde einen Zusammenhang zwischen diesen beiden Eigenschaften der Linsen.

Sammellinsen sind bauchige Linsen aus Glas oder Kunststoff. Man kann sie als Lupen benutzen. An ihnen wird das Licht gebrochen. Parallel einfallendes Licht, zum Beispiel Sonnenstrahlen, sammeln sich hinter der Linse in einem gemeinsamen Punkt, dem Brennpunkt, bevor sie wieder auseinanderlaufen. Im „Brennpunkt" lässt sich sogar ein Streichholz entzünden.
Auch die Augenlinse ist eine Sammellinse. Sie besteht aus durchsichtigem Eiweiß.

Weißes Licht wie Sonnenlicht oder Lampenlicht lässt sich durch Brechung an Glas oder Wassertröpfchen in viele verschiedene Farben zerlegen. Ein solches **Spektrum** der Farben sehen wir auch als Regenbogen. Die drei ▸ Zapfentypen im Auge sind für rotes, grünes und blaues Licht besonders empfindlich. Aber es gibt auch Bereiche des Lichtspektrums, die wir nicht sehen können: Infrarotlicht (IR) und ▸ Ultraviolettes Licht (UV).

Methode

Experimentieren

1 Kommen Piraten auch „einäugig" zurecht?

Versuche sind Fragen an die Natur

Ausgangspunkt für ein **Experiment** ist oft eine ganz alltägliche Beobachtung. So ist allgemein bekannt, dass Menschen zwei Augen haben. Könnten wir uns nicht auch mit nur einem Auge zurechtfinden? Ist das zweite Auge etwa überflüssig? Es stellt sich also die **Frage,** welchen Vorteil zwei Augen beim Sehen haben.

Damit ist der erste Schritt zum Experiment bereits getan: Wir haben eine Frage formuliert, die sich nicht ohne Weiteres beantworten lässt. Zur Lösung des Problems müssen wir uns einen geeigneten Versuch überlegen. Damit der Versuch zu einem Ergebnis führt, muss er einem klaren Ablauf folgen.

In 6 Schritten zum Ziel

1. Problemstellung

Zunächst müssen wir genau formulieren, was wir eigentlich wissen wollen. In unserem Beispiel: Wozu hat der Mensch eigentlich zwei Augen?

2. Vermutung

Unter diesem Stichwort halten wir fest, was wir vor der Überprüfung durch das Experiment als Ergebnis erwarten.

- *Vermutung A:* Mit zwei Augen kann man räumlich sehen.
- *Vermutung B:* Mit zwei Augen kann man schärfer sehen.

3. Versuchsplanung

Nun müssen wir uns Gedanken darüber machen, wie der Versuch konkret aussehen könnte: Welche Geräte und Materialien werden benötigt? Wie muss der Versuch aufgebaut werden? Welche Arbeitsschritte sind nötig?

In unserem Fall müssen zwei Teilversuche durchgeführt werden: Zur Überprüfung von Vermutung A benötigen wir als Material eine Augenklappe und einen Stift, für Vermutung B die Augenklappe und eine Sehschärfe-Testtafel.

4. Versuchsdurchführung

Nun kann es losgehen: Der Versuch wird entsprechend der Planung durchgeführt:

- *Teilversuch A:* Die Versuchsperson versucht zunächst mit einem, dann mit beiden Augen, einen Stift zu berühren, den ihr der Partner in etwa 40 cm Entfernung vor den Körper hält.
- *Teilversuch B:* Die Versuchsperson überprüft zunächst mit einem, dann mit beiden Augen ihre Sehschärfe mithilfe der Testtafel.

5. Beobachtung

Alle Beobachtungen, auch die Messergebnisse, müssen sorgfältig notiert und dokumentiert werden.

6. Versuchsauswertung

Am Ende wissen wir mehr: In der Auswertung des Versuchs vergleichen wir die Versuchsergebnisse mit unseren Vermutungen vom Anfang. In unserem Fall bestätigt sich Vermutung A: Der Mensch kann mit beiden Augen räumlich sehen.

2 **Versuche zum Sehen. A** Räumliches Sehen; **B** Überprüfung der Sehschärfe

Einen Versuch protokollieren

Zu jedem Versuch gehört ein sorgfältig angefertigtes **Versuchsprotokoll.** Nur so können Beobachtungen und Ergebnisse auch später noch nachvollzogen oder überprüft werden. Achte beim Protokollieren auf eine *knappe* Zusammenfassung, die aber trotzdem alles Wesentliche zu Papier bringt:

- Notiere oben auf dem Protokollbogen das **Datum,** deinen **Namen** und die **Problemstellung** als Überschrift.
- Nenne dann alle benötigten **Materialien** und Geräte.
- Für die Angaben zum **Versuchsaufbau** ist es oft sinnvoll, eine Zeichnung oder Skizze anzufertigen. Sie verdeutlicht am besten, wie Geräte miteinander verbunden und Materialien gehandhabt werden. Beschreibe zusätzlich mit eigenen Worten wichtige Einzelheiten des Versuchsaufbaus.
- Deine Beschreibung der **Versuchsdurchführung** ist dann gut gelungen, wenn sie als Versuchsanleitung für jemanden dienen könnte, der selbst nicht am Unterricht teilgenommen hat.
- Notiere schließlich alle wichtigen **Beobachtungen,** die du während der Versuchsdurchführung machst. Die Messergebnisse können in Form von Sätzen, in einer Tabelle oder in einem Diagramm festgehalten werden.
- Unter dem Stichwort **Versuchsauswertung** hältst du fest, welche deiner Vermutungen vom Anfang sich bestätigt haben und welche nicht.

1. Bei der Deutung von Versuchsergebnissen muss man sich vor voreiligen Schlüssen hüten. In unserem Beispiel wäre es falsch zu sagen: „*Nur* mit beiden Augen kann der Mensch räumlich sehen." Begründe.

2. Fertige ein Versuchsprotokoll für einen weiteren Versuch zum Sehen oder Hören an.

Leon Löwe *14. März 2007*

Problemstellung:
Wozu hat der Mensch zwei Augen?

Material:
Sehschärfe-Testtafel, Stift, Augenklappe

Versuchsaufbau:
Teilversuch A: Der Partner hält den Stift in ca. 40 cm Entfernung senkrecht vor die Versuchsperson.
Teilversuch B: Die Testperson hält sich die Testtafel in Armlänge vor den Körper.

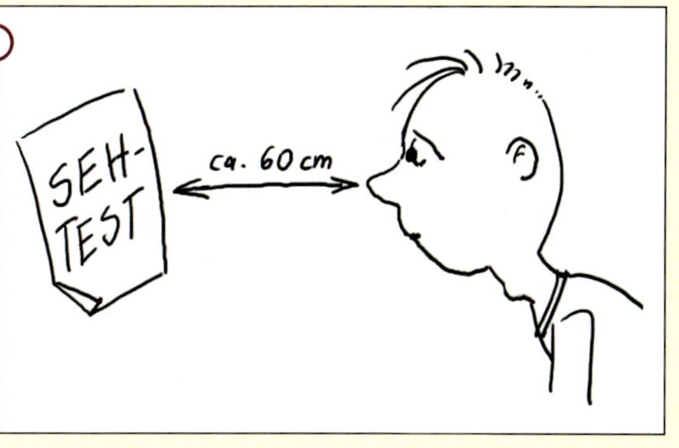

Versuchsdurchführung:
Teilversuch A: Die Testperson versucht jeweils 10-mal mit einem, dann 10-mal mit beiden Augen, die Spitze des Stiftes mit dem Zeigefinger zu berühren. Der Partner muss nach jedem Durchgang den Abstand des Stiftes ein wenig verändern.
Teilversuch B: Die Testperson überprüft ihre Sehschärfe zunächst mit einem, dann mit beiden Augen, indem sie versucht, möglichst kleine Zeichen auf der Testtafel zu erkennen.

Beobachtung:
Teilversuch A:

	mit einem Auge	mit beiden Augen
Fehlversuche	8	1
Treffer	2	9

Teilversuch B: Mit einem Auge ist die Sehschärfe genauso hoch wie mit beiden Augen.

Versuchsauswertung:
Der Mensch kann mit beiden Augen räumlich sehen und Entfernungen präzise abschätzen.

Wie ein Bild entsteht

Wer aus

35 cm Entfernung

diesen Text nicht bis zum Ende

lesen kann, der sollte einmal seine

Augen von einem Augenarzt untersuchen lassen!

Dieser kann feststellen, ob die Augen gesund sind

oder ob man eine Brille braucht.

1. Mit dem abgebildeten Versuchsaufbau zur Bildentstehung kannst du Bilder von Gegenständen wie Kerzen, Lampen oder hellen Fenstern erzeugen. Besorge dir eine oder mehrere Sammellinsen, einen Bildschirm und eine Glühlampe aus der Physiksammlung. Du kannst auch eine Lupe als Linse, ein Stück weißen Karton als Bildschirm und eine Kerze als Gegenstand benutzen.

a) Stelle wie in der Abbildung Lampe, Linse und Bildschirm hintereinander auf. Verschiebe nun den Bildschirm, bis du ein möglichst scharfes Bild der Glühlampe siehst. Wenn sich zunächst kein Bild ergibt, schiebe die Lampe weiter von der Linse fort. Beschreibe das Bild im Vergleich zum Gegenstand, hier der Glühlampe.

b) Verändere den Abstand zwischen Glühlampe und Linse. Untersuche, wo dann das scharfe Bild entsteht und wie es sich verändert. Beschreibe deine Beobachtungen möglichst genau.

c) Untersuche die Veränderungen, die sich durch Verwenden einer dickeren oder dünneren Linse ergeben.

2. a) Überprüfe die Sehleistung deiner Augen mit der Tafel oben.

b) Warum müssen sich Führerscheinkandidaten einem Sehtest unterziehen? Wie können ▸ Sehfehler ausgeglichen werden?

c) Überprüfe dein Farbsehvermögen. Wenn du in der Abbildung unten eine Zahl erkennst, ist dies ein Hinweis auf eine Farbsehschwäche.

3. Recherchiere im Internet weitere Farbsehtests. Nützliche Stichworte: Rot-Grün-Blindheit; Farbsehtest, Farbenblindheit.

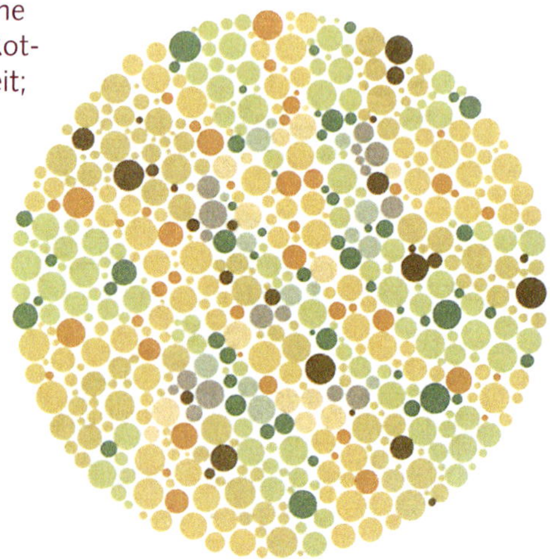

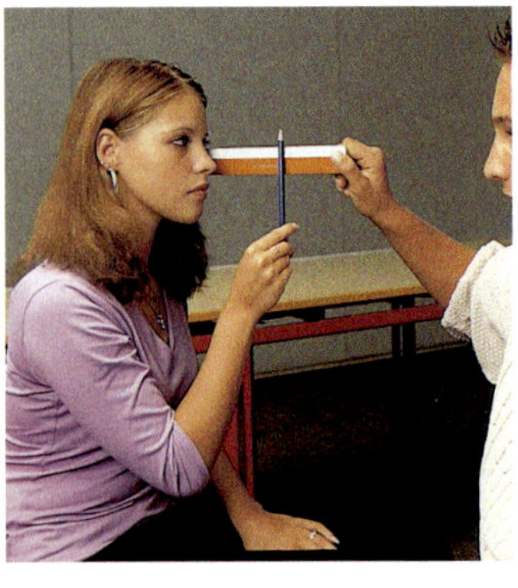

4. Wie nah kannst du einen Gegenstand wie beispielsweise einen Bleistift ans Auge heranführen und ihn gerade noch scharf sehen? Diese untere Grenze der Nahanpassungsfähigkeit des Auges nennt man den Nahpunkt.

a) Miss in dieser Position den Abstand zwischen dem Bleistift und deinem Auge mit dem Lineal aus.

b) Vergleicht die Nahpunkte verschiedener Schülerinnen und Schüler. Welche individuellen Unterschiede zeigen sich?

5. a) Erkläre, wie die Entfernungsanpassung des Auges erfolgt.

b) Warum funktioniert dies bei älteren Menschen nicht mehr und führt zur Altersweitsichtigkeit?

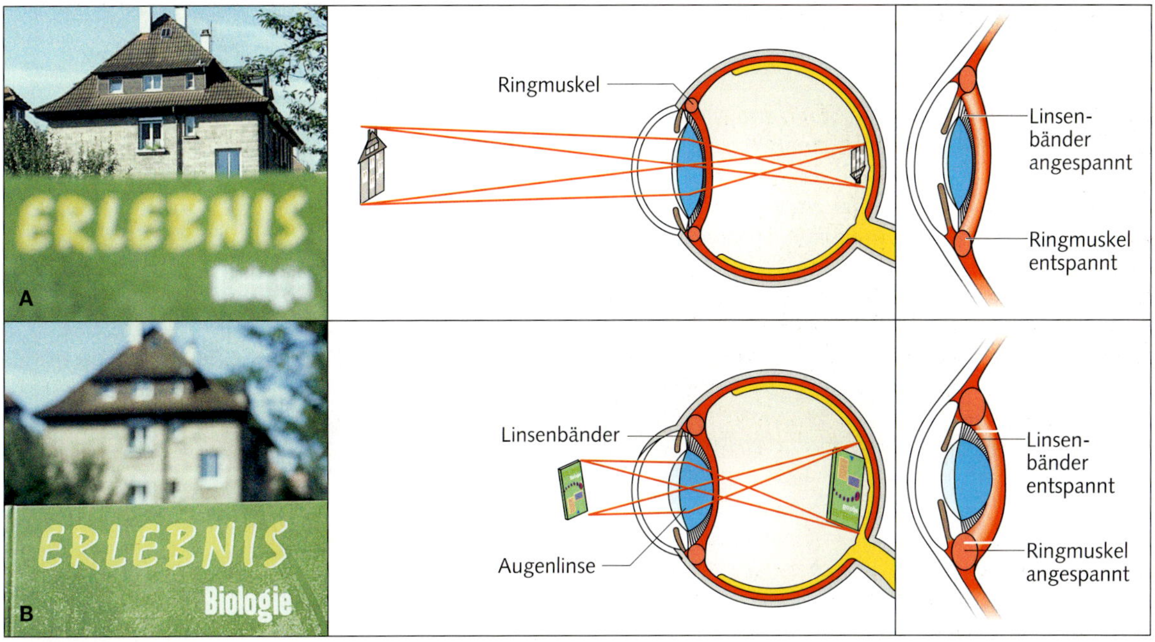

1 Bildentstehung und Entfernungsanpassung. A *Fernsicht;* **B** *Nahsicht*

Aufrechte und scharfe Bilder sehen

Schauen wir aus dem Fenster, sehen wir vielleicht ein Haus, Himmel und Bäume. Das Dach des Hauses ist oben und die Tür befindet sich unten.
Das Bild, das durch eine Sammellinse erzeugt wird, steht aber auf dem Kopf und ist seitenverkehrt. Genauso ist es auch im Auge: Das Licht fällt von dem beleuchteten Gegenstand durch die Pupille ins Auge. Durch die **Augenlinse** wird es gebrochen, das heißt in seiner Richtung verändert. Es fällt auf die ▸ **Netzhaut,** wo das scharfe, aber umgekehrte Bild entsteht. In der Netzhaut reagieren lichtempfindliche ▸ **Sinneszellen** auf das eintreffende Licht und erzeugen Nervenimpulse. Diese werden über den Sehnerv ins ▸ **Gehirn** geleitet. Das Gehirn verrechnet alle Informationen und wir nehmen ein aufrechtes Bild wahr und erkennen ein Haus als Haus.

Wenn wir näher gelegene Gegenstände wie die Schrift eines Buches betrachten, würde bei gleicher Lichtbrechung das scharfe Bild erst hinter der Netzhaut entstehen. Das Auge ist aber zur **Entfernungsanpassung** (Akkommodation) fähig. Beim Nahsehen wird der Ringmuskel angespannt, die Linsenbänder lockern sich und die elastische Linse kugelt sich stärker. So wird ihre Brechkraft größer und das Bild ist auf der Netzhaut scharf. Bei älteren Menschen lässt die Elastizität der Linse nach. Sie werden **altersweitsichtig**.

Farben sehen

In der Netzhaut befinden sich verschiedene Lichtsinneszellen. Hell-Dunkel-Unterschiede nehmen wir mit den so genannten **Stäbchen** auf. Sie sind sehr lichtempfindlich und ermöglichen das Sehen auch noch in der Dämmerung, allerdings nicht farbig.
Für das Farbensehen sind die **Zapfen** zuständig, die mehr Licht benötigen. Es gibt drei Typen von Zapfen. Jeder ist für eine der drei Farben Rot, Grün und Blau empfindlich. Aus den Informationen dieser drei Zapfentypen kann das Gehirn alle Farben berechnen, ähnlich wie man durch unterschiedliche Überlagerung von Licht der Grundfarben Rot, Grün und Blau alle Farben erzeugen kann.
Bei manchen Menschen ist ein bestimmter Zapfentyp defekt. Sie leiden an einer Rot-Grün-Sehschwäche und können rote und grüne Färbungen nicht so gut unterscheiden.

2 Farben addieren sich

Das Gehirn sieht mit

1. a) Zeichne auf die Vorderseite einer Pappscheibe oder eines Bierdeckels einen Vogel, auf die Rückseite einen auf dem Kopf stehenden Käfig. Befestige seitlich zwei Schnüre, verdrille sie und ziehe sie anschließend auseinander. Was beobachtest du?
b) Wiederhole den Versuch mit unterschiedlichen Drehgeschwindigkeiten. Erkläre deine Beobachtung. Vergleiche mit der Filmtechnik.

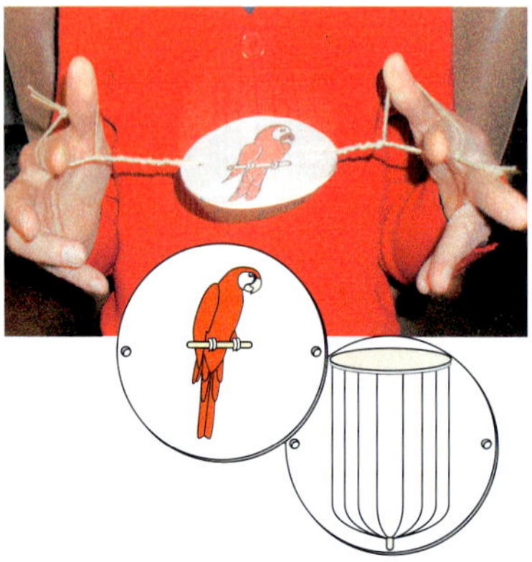

2. Halte dein Biologiebuch in etwa 40 cm Entfernung vor die Augen. Betrachte es zunächst mit dem rechten, dann mit dem linken Auge. Was stellst du fest? Deute deine Beobachtung.

1 Filmstreifen

Aufrechte Bilder

Wir haben bereits erfahren, dass das Bild auf der ▸ Netzhaut eigentlich auf dem Kopf steht. Trotzdem sehen wir alle Gegenstände in ihrer richtigen Lage. Das ▸ Gehirn „dreht" also das Bild um. Schon dies macht deutlich: Das Gehirn ist am Sehen beteiligt!

Bewegte Bilder

Bei jedem einzelnen Bild werden die Sinneszellen der Netzhaut erregt. Diese Erregung klingt aber erst nach einer 18tel Sekunde wieder ab. Die Sinneszellen sind also ein bisschen „träge". Folgt das nächste Bild schnell genug, also bereits während der noch abklingenden Erregung, entsteht im Gehirn der Eindruck einer kontinuierlichen **Bewegung.** Deshalb scheint der Vogel im Versuch oben im Käfig zu sitzen, wenn die Scheibe schnell genug rotiert. In Film und Fernsehen wird die Trägheit der Sinneszellen ausgenutzt: Hier werden sogar 25 Bilder pro Sekunden gezeigt, so dass wir glauben, Bewegungen zu sehen.

Räumliches Sehen

Da unsere Augen etwa 10 cm auseinanderliegen, liefern sie leicht unterschiedliche Bilder des betrachteten Gegenstandes. Dennoch sehen wir

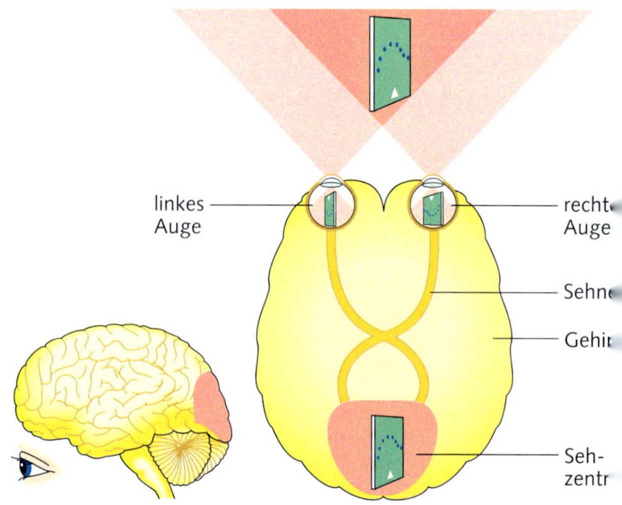

2 Räumliches Sehen (Schema)

nicht zwei getrennte Bilder, sondern ein einziges, räumliches Bild. Diese Zusammensetzung leistet das Gehirn in einem kleinen Bereich am Hinterkopf, in der Sehrinde. Das **räumliche Sehen** ermöglicht auch abzuschätzen, wie weit ein Gegenstand entfernt ist.

Optische Täuschungen

Das Gehirn speichert Seheindrücke als Muster. Personen und Gegenstände werden erkannt, indem das Gehirn das aktuelle Bild mit den gespeicherten Mustern vergleicht. Widersprechen die neuen Bilder den bisherigen Erfahrungen, kommt es zu optischen **Täuschungen.** Beispiele zeigt die Pinnwand auf der folgenden Seite.

Optische Täuschungen

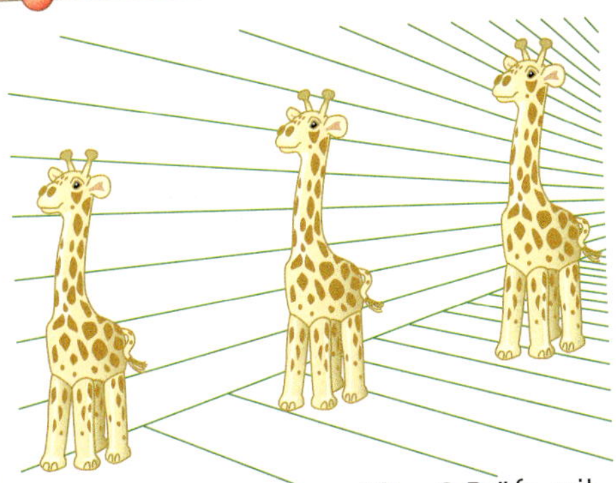

Welche Giraffe ist am größten? Prüfe mit dem Lineal.

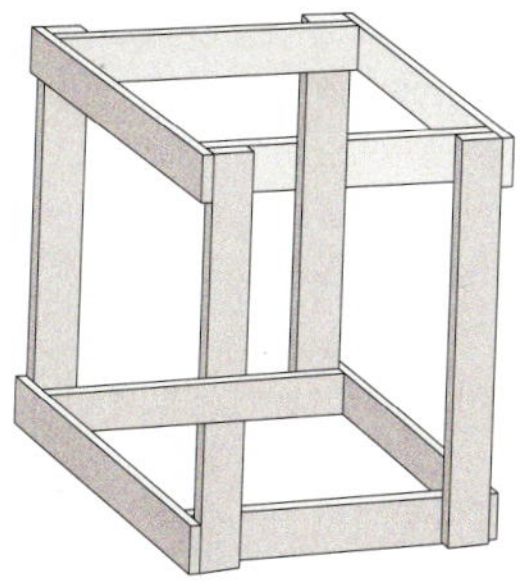

Warum nennt man dies eine *verflixte* Kiste?

Erkennst du 6 oder 7 Würfel? Die schwarzen Flächen sind entweder oben oder unten.

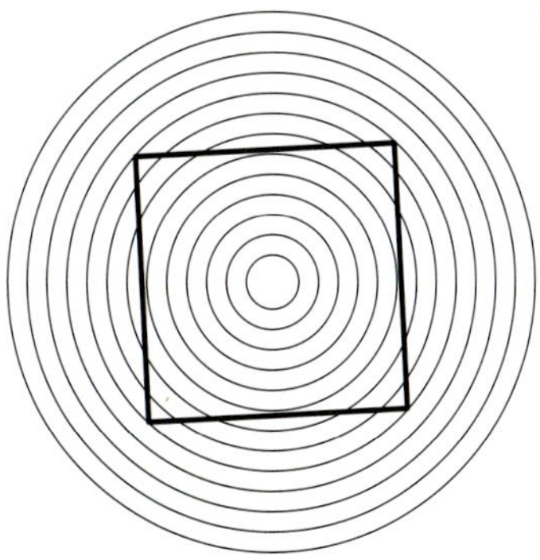

Handelt es sich hier um ein Quadrat? Überprüfe mit dem Lineal.

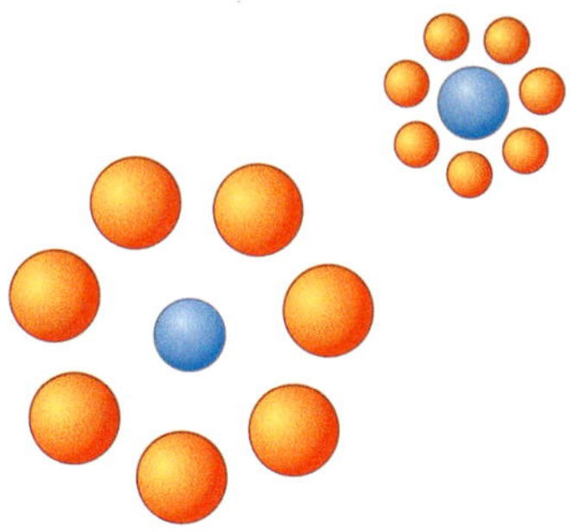

Welcher blaue Kreis ist größer?

Siehst du einen Kerzenständer oder zwei Gesichter?

Wie optische Täuschungen entstehen

A) **Umspringbild:** Zwei sich widersprechende Bilder können nicht gleichzeitig gesehen werden. Das Gehirn muss sich für das eine oder das andere „entscheiden".

B) **Täuschung durch Perspektive:** Im Hintergrund zusammenlaufende Linien deutet das Gehirn als zunehmende Entfernung.

C) **„Unmögliche" Bilder:** Das Gehirn versucht etwas räumlich Sinnvolles zu erkennen, was es so in der Wirklichkeit gar nicht gibt.

D) **Täuschung durch Größenvergleich:** Gleich große Figuren wirken unterschiedlich groß, je nachdem, ob direkt benachbarte Figuren größer oder kleiner sind.

E) **Täuschung durch die Umgebung:** Kreuzen sich gerade und gewölbte Linien, so erscheinen Geraden krumm.

1. Betrachte die Abbildungen aufmerksam. Beschreibe deine Wahrnehmungen.

2. Erkläre die gezeigten optischen Täuschungen mithilfe der Erläuterungen links.

Wer sieht mit Brille besser – aus?

1. Überprüfe mit dem Versuchsaufbau zur ▸ Bildentstehung im Versuch die Wirkung von Brillengläsern. Erzeuge mit einer Lupe oder Sammellinse das ▸ Bild eines hellen Fensters auf einem Bildschirm.
Halte dann ein Brillenglas direkt vor die Sammellinse.
a) Wohin musst du den Bildschirm verschieben, um wieder ein scharfes Bild zu erhalten?
b) Nimm das Brillenglas dann wieder fort. Beschreibe das Bild auf dem Bildschirm.
c) Vergleiche Brillengläser für Kurz- und Weitsichtige.
d) Was zeigt der Versuch über Sehfehler und Brillen?

2. Stelle einmal für die Kurzsichtigkeit und einmal für die Weitsichtigkeit zusammen:
- das Sehproblem
- die Ursache
- die Korrekturmöglichkeiten

3. Erstelle eine Collage mit Abbildungen modischer Brillen. Du kannst dich auch selber als Brillen-Designer betätigen.

4. Übertrage die Abbildung 3 in dein Heft. Fertige darunter eine entsprechende Zeichnung für die Weitsichtigkeit an.

Sehfehler und ihre Korrektur

Viele Menschen sehen etwas unscharf. Oft wird ein solcher Sehfehler in der Schulzeit bemerkt, wenn jemand nicht gut von der Tafel lesen kann oder beim Lesen und Schreiben Sehprobleme hat. Ein **Sehtest** verschafft hier Klarheit.
Bei der **Kurzsichtigkeit** werden weit entfernte Gegenstände nicht scharf auf der Netzhaut abgebildet, weil der Augapfel zu lang geformt ist. Hier hilft eine Brille mit Zerstreuungslinsen. Diese Linsen wirken der Brechkraft der Augenlinse entgegen. Damit entsteht das scharfe Bild auf der weiter hinten liegenden Netzhaut.
Bei der **Weitsichtigkeit** ist es umgekehrt. Der Augapfel ist zu kurz und nah gelegene Dinge werden trotz Nahanpassung des Auges nicht scharf gesehen, weil das scharfe Bild hinter der Netzhaut liegen würde. Hier wird durch die Sammellinse einer Brille die Brechkraft verstärkt und das scharfe Bild auf die Netzhaut vorgezogen.
Die **Altersweitsichtigkeit** hat andere Ursachen. Aber auch hier hilft eine Brille mit Sammellinsen.
Wer einen korrigierbaren Sehfehler hat und keine Sehhilfen benutzt, schafft sich unnötige Probleme. Für jeden Typ findet sich eine gut aussehende Brille. Außerdem gibt es die Möglichkeit, **Kontaktlinsen** zu tragen. Die meist weichen Linsen werden direkt auf das Auge gesetzt und haben dieselbe Wirkung wie eine Brille. Auch beim Sport sind Kontaktlinsen praktisch.

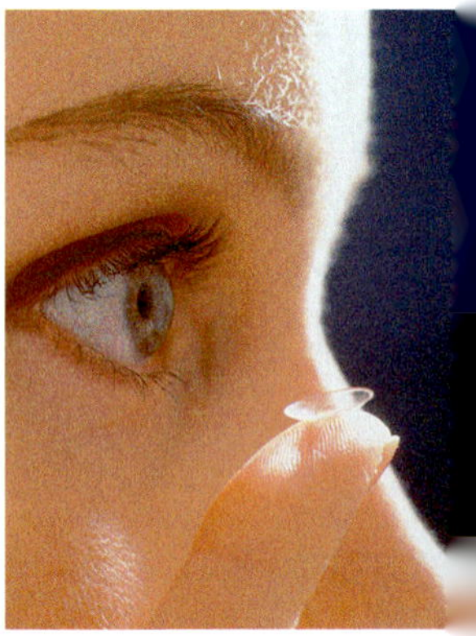

2 Kontaktlinse

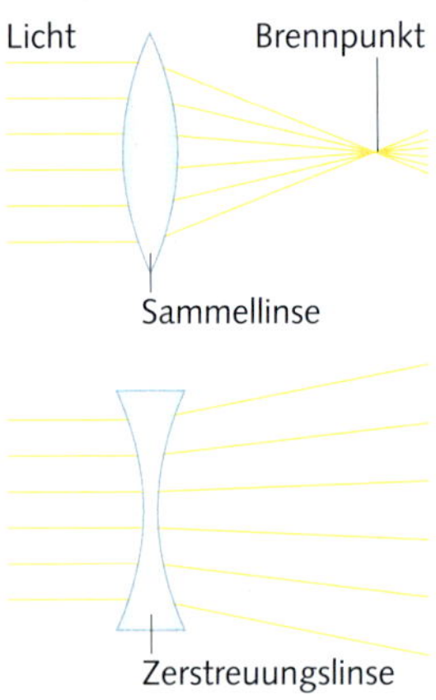

1 Linsen

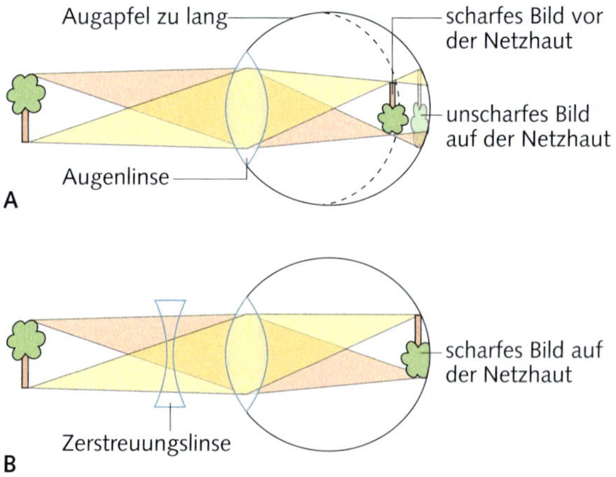

3 Kurzsichtigkeit. A *Ursache;* **B** *Korrektur*

Die Augen sind empfindlich

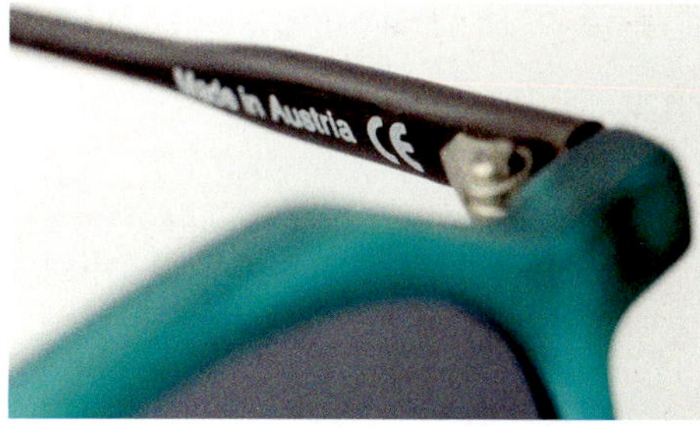

1. Unsere Augen sind im täglichen Leben vielen Gefahren ausgesetzt. Nenne mögliche Gefahrenquellen und erkläre geeignete Schutzmaßnahmen.

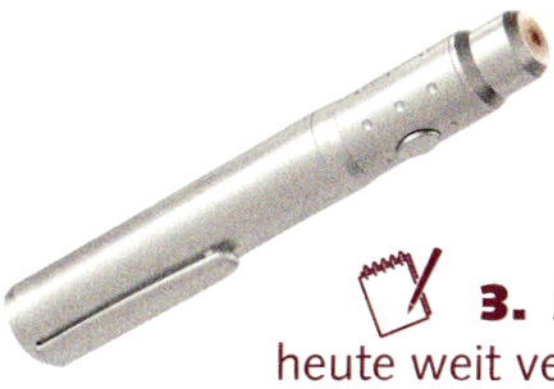

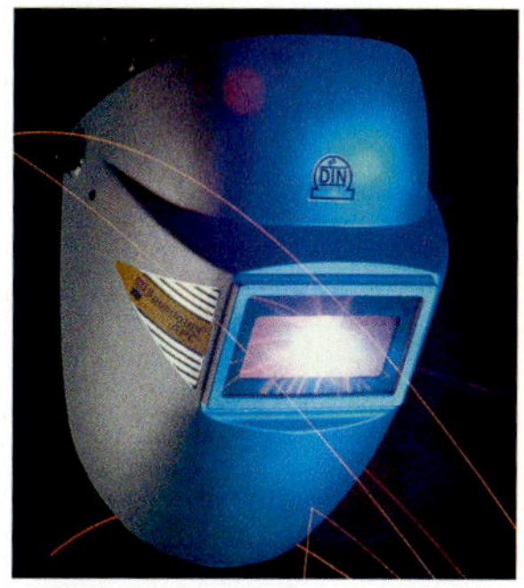

2. Augen müssen vor sehr grellem Licht oder vor schädlicher UV-Strahlung geschützt werden.
a) Nenne Situationen, in denen dies nötig ist.
b) Worauf muss man beim Kauf einer Sonnenbrille achten?

3. Als praktischer „Zeigestock" ist der Laserpointer heute weit verbreitet. Welche Vorsichtsmaßnahmen sind beim Umgang mit Laserpointern zu beachten? Informiere dich und berichte.

Schutz für unsere Augen

Nicht in allen Situationen reichen die ▸ Schutzeinrichtungen unserer Augen aus, um sie vor Schäden zu bewahren. In vielen Berufen, aber auch in der Freizeit müssen **Schutzbrillen** oder Visiere benutzt werden. So muss man bei bestimmten Arbeiten im Labor zusätzlich zum Laborkittel eine Schutzbrille tragen, um die Augen zum Beispiel vor heißen oder ätzenden Chemikalien zu schützen.
Beim Schweißen sind der helle Lichtbogen, Funkenflug oder abspringende Teilchen gefährlich. Schutzvisiere von Waldarbeitern bestehen oft aus feinmaschigen Gittern, die vor Holzsplittern und Astteilen schützen.

1 Schutzbrillen im Labor

Licht kann gefährlich werden

Durch den Blick in die Sonne oder in andere starke Lichtquellen können die Augen Schäden erleiden. Bindehautentzündungen, Hornhauttrübungen oder bleibende Netzhautschäden können die Folge sein. Sonnenbrillen sollen nicht nur die Blendwirkung des Sonnenlichtes verhindern, sondern auch vor der unsichtbaren, aber gefährlichen ▸ UV-Strahlung schützen. Manche billigen Sonnenbrillen leisten dies nicht. Sie stellen sogar eine zusätzliche Gefahr dar, weil die getönten Gläser eine Hell-Dunkel ▸ Adaptation des Auges bewirken: bei geöffneter ▸ Pupille fällt dann noch mehr UV-Licht ins Auge. Daher ist beim Kauf von Sonnenbrillen auf Prüfzeichen wie das CE-Siegel, das GS-Zeichen oder die Hinweise „100 % UV-Schutz" oder „UV 400" zu achten.
Laserlicht ist extrem gebündelt und besonders intensiv. Schon kurzes Hineinschauen in den Strahl eines Laserpointers kann zu Schäden an der Netzhaut führen.
Auch wenn manche Augenverletzungen harmlos erscheinen, ist es besser, gleich einen Augenarzt aufzusuchen. Eine Verletzung kann, wenn sie nicht sofort und richtig behandelt wird, zu einer Sehverschlechterung und sogar zur Erblindung führen.

2 Waldarbeiter mit Schutzhelm und Visier

Vom Riechen und Schmecken

1. a) Findet Situationen, in denen ihr von einem Geruch angelockt wurdet.
b) Bei welcher Gelegenheit habt ihr einen Geruch als eklig empfunden?
c) An welche Gerüche könnt ihr euch besonders gut erinnern?
d) Beschreibt Situationen, in denen euch der Geruchssinn vor Gefahren gewarnt hat.

2. Macht Vorschläge, wie ihr ein „Duftspiel" bauen könnt und entwerft eine Spielanleitung. Wertet anschließend aus, welche Düfte beim Spielen besonders leicht erkannt werden konnten.

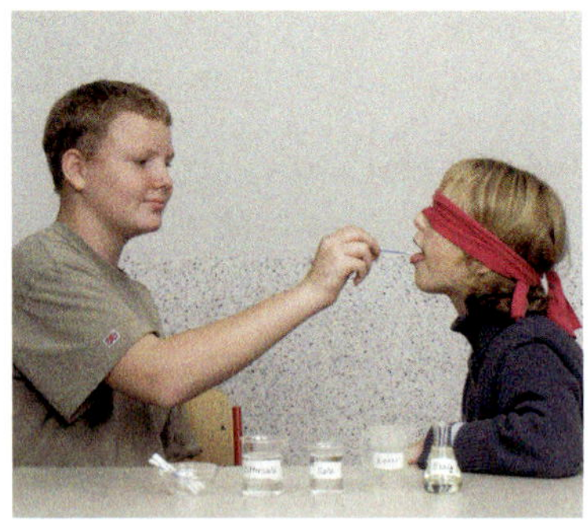

3. Plant einen Versuch, mit dem ihr testen könnt, an welcher Stelle der Zunge ihr besonders deutlich die Geschmacksrichtungen „süß", „sauer", „salzig" und „bitter" schmeckt.
a) Führt den Versuch mit verschiedenen Prüflösungen durch.
b) Zeichnet nun den Umriss eurer Zunge und kennzeichnet die entsprechenden Stellen verschiedenfarbig.

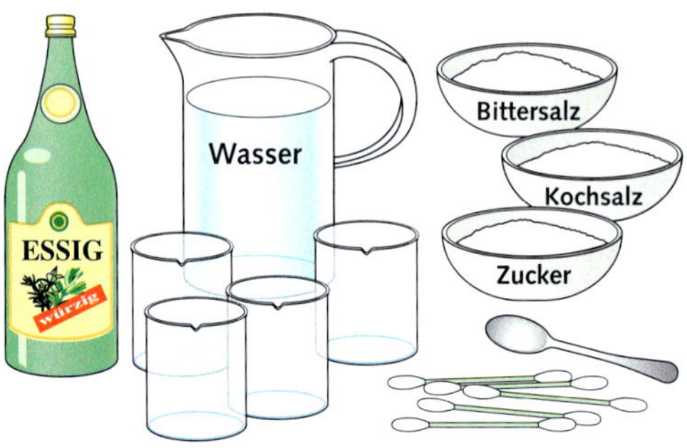

Tipps: Spült nach jeder Geschmacksprobe den Mund mit Wasser aus. Verwendet für jede Probe ein neues Wattestäbchen.

4. Um das Zusammenwirken von Geruch und Geschmack zu testen, benötigt ihr verschiedene breiige Nahrungsmittel (z. B. von Kartoffeln, Bananen usw.).
Verbindet eurer Versuchsperson die Augen und lasst sie mehrmals hintereinander, zuerst mit geschlossener Nase und dann mit offener Nase, kosten.
a) Notiert ihre Angaben in einer Tabelle. Welche Unterschiede stellt ihr fest?

Helena M.	geschlossene Nase	offene Nase
Kartoffelbrei	–	erkannt
Bananenbrei		

b) Begründet, warum wir bei einem Schnupfen kaum noch etwas schmecken können.

Wie wir riechen

Unser Geruchssinn informiert uns nicht nur über Gerüche direkt vor unserer Nase, sondern auch über weit entfernte Ereignisse. So lockt er uns zu einem Bratwurststand auf dem Markt, einem Blumengeschäft oder er warnt uns vor verdorbenem Essen, giftigen Stoffen oder einem Brand. Ohne dass es uns bewusst wird, beeinflussen viele Düfte auch unsere Gefühle für andere Menschen. So empfinden wir Freundschaft, Zuneigung, Abneigung oder sogar Liebe. Wir sind in der Lage, mehr als 10 000 Gerüche und Düfte zu unterscheiden. Mit der eingeatmeten Luft gelangen geringe Mengen von Geruchsstoffen in die Nase. Auf der Abbildung 1 D kannst du erkennen, wo sich die nur 5 cm² große **Riechschleimhaut** mit den **Riechsinneszellen** befindet. Hier werden die Geruchsreize in ▸ Nervenimpulse umgewandelt. Diese werden dann zum ▸ Gehirn geleitet.

Wie wir schmecken

Deine Zunge ist sehr empfindlich. Sie ertastet nicht nur feinste Gegenstände und Oberflächenunterschiede, sondern testet auch die Nahrung. Dabei unterscheidet sie zwischen den **Geschmacksrichtungen** süß, sauer, bitter, salzig und umami. Der Begriff „umami" stammt aus Japan und wird mit „herzhaft - fleischig" übersetzt.

Betrachtest du deine Zunge im Spiegel, kannst du verschiedene Längsrillen und winzige Ein- und Ausstülpungen erkennen. In ihnen befinden sich die **Geschmacksknospen** mit jeweils 30 bis 80 Sinneszellen. Hier rufen die Geschmacksstoffe Geschmacksreize hervor, die in Nervenimpulse umgewandelt werden. Diese werden dann zum Gehirn geleitet. Der Geschmackssinn kontrolliert unsere Nahrung. Schon unsere Vorfahren wussten, dass Speisen mit einem sauren oder bitteren Geschmack verdorben oder sogar giftig sein können. Süß, fleischig oder salzig schmeckende Stoffe signalisieren zumeist ein Nahrungsmittel, das viele wertvolle ▸ Nährstoffe enthält.

Ob ein Erdbeereis nach Erdbeere oder Vanille oder ob dir ein Essen überhaupt schmeckt, bestimmt eher deine Nase als deine Zunge. Bei einem Schnupfen sind die Schleimhäute der Nase angeschwollen und können keinen Geruch empfinden. Das Essen schmeckt dann fad.
Unser Geschmack wird aber auch durch eine gemütliche Umgebung, Hunger, Rauchen oder die Temperatur der Speisen beeinflusst.

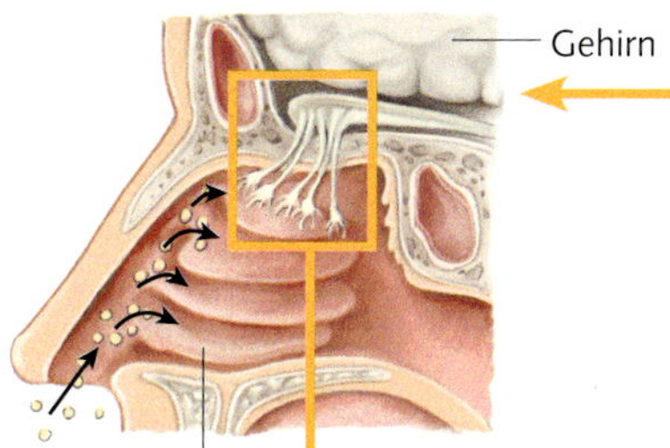

D

A

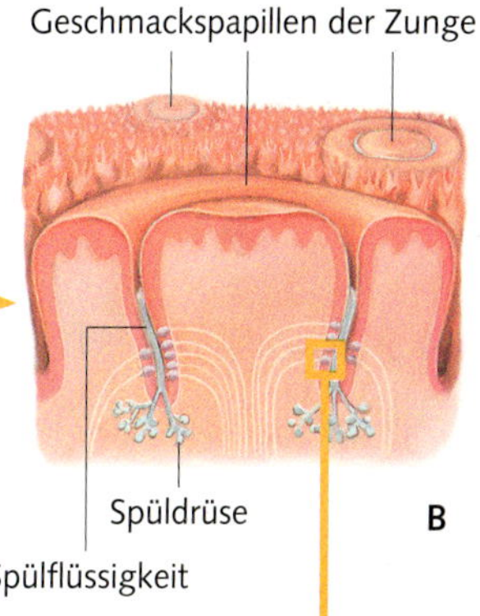

B

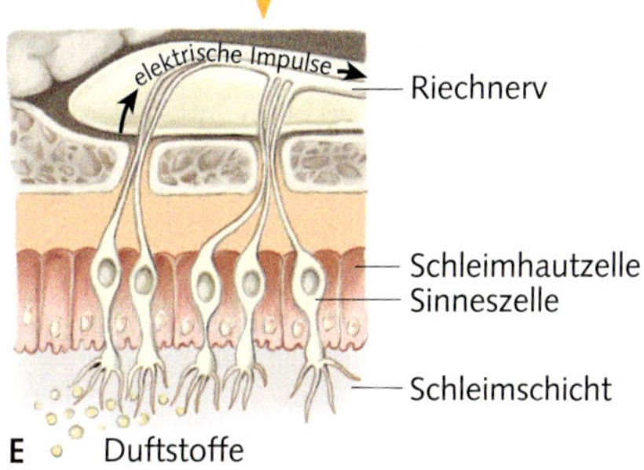

E

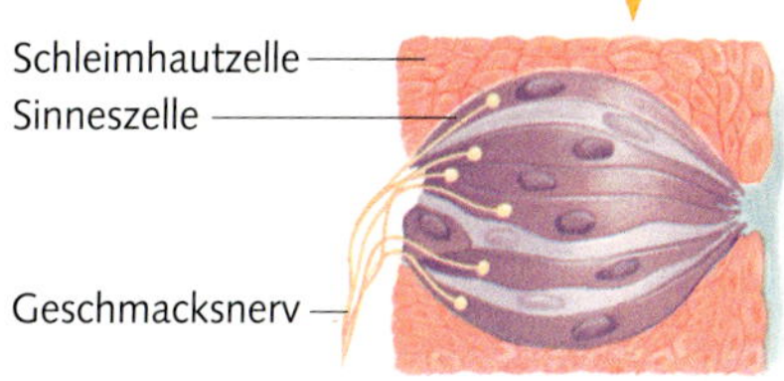

C

1 Geruchssinn und Geschmackssinn ergänzen sich. A *Eis „schmeckt";* **B** *Oberfläche der Zunge;* **C** *Geschmacksknospe;* **D** *Nase mit Riechschleimhaut;* **E** *Riechschleimhaut*

Wie wir hören

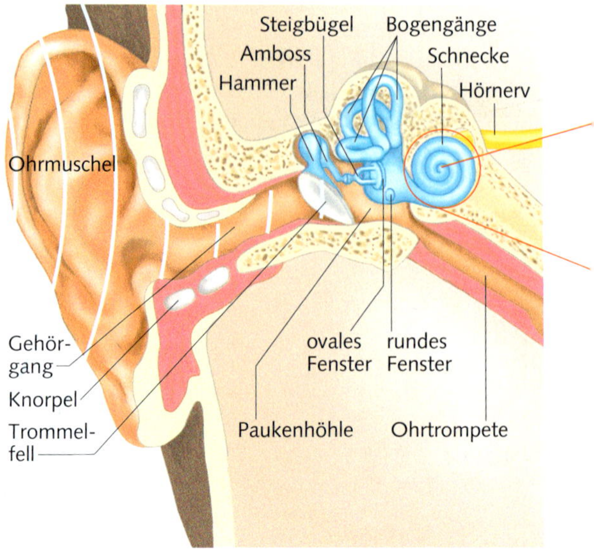

1. Wozu brauchen wir zwei Ohren?

a) Klärt diese Frage im ▸ Experiment, indem ihr eine Testperson mit verbundenen Augen einen klingelnden Wecker finden lasst. Einmal soll sie ein Ohr mit einem Ohrstöpsel verschlossen haben und einmal sollen beide Ohren geöffnet sein. Messt jeweils die Zeit bis zum Berühren des Weckers.

b) Stellt im ▸ Versuchsprotokoll auch eine Erklärung für euer Ergebnis dar.

2. Mit folgendem Experiment könnt ihr das Richtungshören näher untersuchen:

a) Markiert einen etwa 2 m langen Wasserschlauch in der Mitte. Die Versuchsperson hält sich die beiden Schlauchenden an die Ohren. Eine Mitschülerin oder ein Mitschüler befindet sich dahinter und klopft mit einem Lineal in verschiedenen Abständen links oder rechts von der Markierung auf den Schlauch. Die Versuchsperson gibt jeweils an, von welcher Seite sie das Geräusch hört.
Ermittelt die beiden der Mitte am nächsten liegenden Punkte auf dem Schlauch, an denen die Versuchsperson gerade noch sicher angeben kann, woher das Geräusch kommt. Messt den Abstand zwischen beiden Punkten aus.

b) Berechnet aus dem gemessenen Abstand und der Schallgeschwindigkeit, wie viel früher der Schall an dem einen Ohr ankommt als an dem anderen.

c) Beschreibt, wie das Richtungshören funktioniert und erläutert in diesem Zusammenhang das Versuchsergebnis.

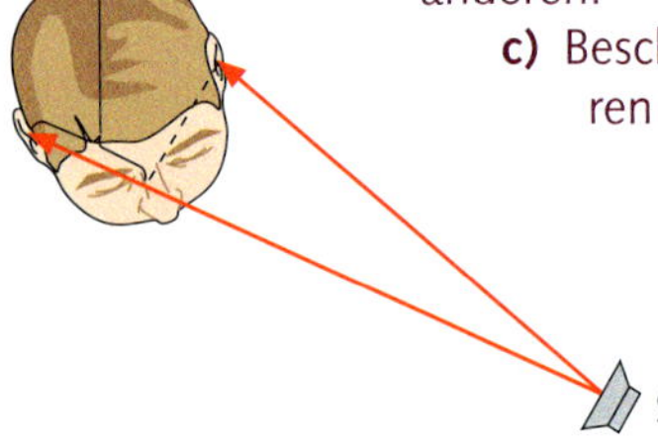

3. Oben ist das Ohr in Originalgröße abgebildet. Miss die Länge des Gehörgangs, den Durchmesser des Trommelfells und andere Teile des Ohres aus und erstelle eine Messtabelle.

4. Liste in einer Tabelle die Teile des Ohres und ihre Funktionen für den Hörvorgang auf.

5. Mit einem Tongenerator aus der Physiksammlung könnt ihr eure Hörgrenzen ermitteln, also die Frequenzen der niedrigsten und der höchsten Töne, die ihr gerade noch hört.

6. Nutze die Informationen aus der Tabelle für folgende Aufgaben:

a) Wie verändert sich der Hörbereich mit dem Alter eines Menschen?

b) Welche Tiere hören Ultraschall?

c) Vergleiche die Hörbereiche von Fledermaus und Nachtfalter. Finde eine Erklärung.

Hörbereiche bei Mensch und Tier	
Jugendlicher	16– 20 000 Hz
Erwachsener (35 Jahre)	16– 15 000 Hz
Erwachsener (70 Jahre)	16– 5 000 Hz
Hund	15– 50 000 Hz
Fledermaus	1 000–175 000 Hz
Delfin	150–280 000 Hz
Goldfisch	20– 3 000 Hz
Eule	200– 12 000 Hz
Heuschrecke	100– 15 000 Hz
Nachtfalter	3 000–175 000 Hz

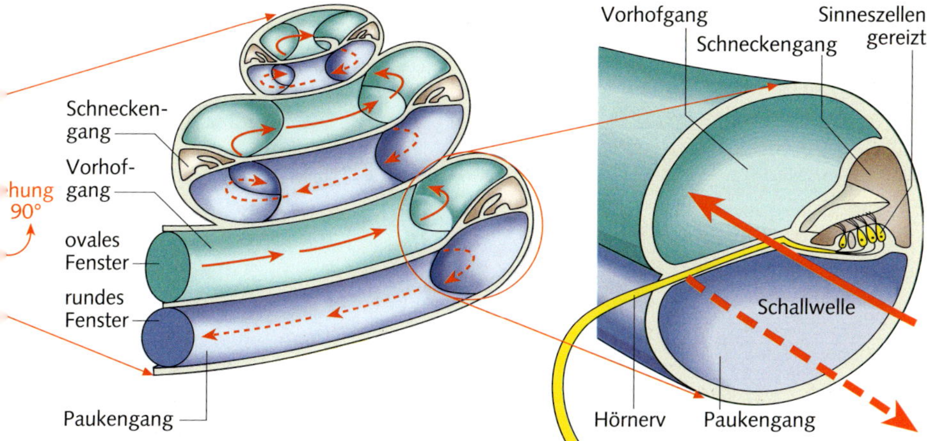

1 **Das Ohr. A** *Aufbau des Ohres;* **B** *Hörschnecke im Innenohr;* **C** *Querschnitt durch die Schnecke*

Schall

Unser **Hörsinn** reagiert auf Schall. Schall entsteht, wenn etwas schnell schwingt, beispielsweise die Saite einer Gitarre oder die Membran eines Lautsprechers. Dadurch werden die Luftteilchen zu Schwingungen angeregt und der Schall gelangt als so genannte Schallwellen an unser Ohr. In der Luft breitet sich der Schall mit einer Geschwindigkeit von etwa 340 Meter pro Sekunde aus, in Wasser oder in festen Materialien wie Knochen ist die **Schallgeschwindigkeit** größer.

Je stärker die Schwingungen sind, desto größer ist die **Lautstärke.** Die **Tonhöhe** hängt von der Geschwindigkeit der Schwingungen ab. Man bezeichnet die Zahl der Schwingungen pro Sekunde als die **Frequenz**. Sie wird in Hertz (Hz) gemessen. Sehr hohe Töne mit Frequenzen über 20 000 Hz können wir Menschen nicht mehr hören. Man bezeichnet solche Töne daher als **Ultraschall.**

Das Außenohr

Die Ohrmuschel fängt die Schallwellen auf und leitet sie in den Gehörgang. Am Ende des Gehörganges befindet sich das Trommelfell, ein kleines, nur etwa einen Zehntel Millimeter dickes Häutchen. Es trennt das Außenohr vom Mittelohr. Die Schallwellen bringen das Trommelfell zum Schwingen.

Im Mittelohr

Das Trommelfell überträgt die Schwingungen auf die drei **Gehörknöchelchen.** Mit dem Trommelfell verwachsen ist der Hammer. Von ihm geht die Schwingung auf den Amboss und schließlich auf den Steigbügel über. Dieser kleinste Knochen des Menschen überträgt die Schwingung über das Häutchen des ovalen Fensters auf die Flüssigkeit im Innenohr. Das Mittelohr ist mit Luft gefüllt. Es hat über die Ohrtrompete eine Verbindung zum Mundraum. Sie ist so eng, dass sie sich oft nur bei Bewegungen des Unterkiefers kurzzeitig öffnet und für einen Druckausgleich sorgen kann.

Im Innenohr

Im Innenohr befindet sich die Schnecke. Das ist ein kleines, schneckenhausförmiges Gebilde, das mit einer Flüssigkeit gefüllt ist. Die Flüssigkeit wird über das ovale Fenster in Schwingungen versetzt und bringt in der Schnecke längs verlaufende Häutchen zum Schwingen. Verschieden hohe Töne bringen die Membranen der Schnecke an unterschiedlichen Stellen zum Schwingen. Hohe Töne werden dicht hinter dem ovalen Fenster, tiefere Töne weiter hinten im Bereich der Schneckenspitze registriert. Auf den Häutchen sitzen etwa 16 000 Sinneszellen. Wenn die feinen Härchen einer Sinneszelle gebogen werden, sendet die Sinneszelle elektrische Signale aus, die der Hörnerv zum Gehirn leitet.

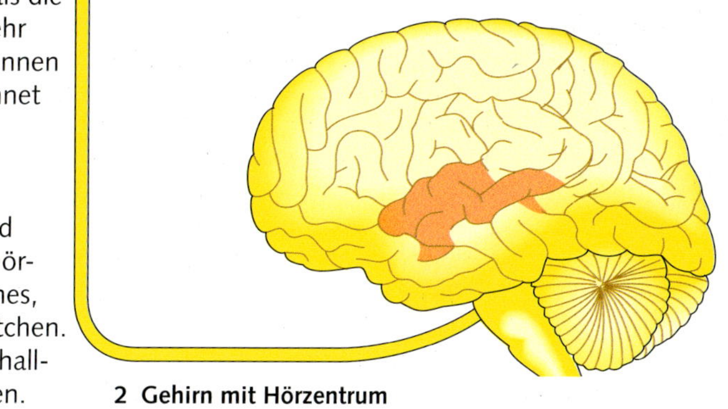

2 **Gehirn mit Hörzentrum**

Hörwahrnehmung im Gehirn

Im ▸ Gehirn findet die eigentliche Hörwahrnehmung statt. Wir erkennen Stimmen wieder oder hören ein heranfahrendes Auto als mögliche Gefahr. Für das **Richtungshören** vergleicht das Gehirn die leicht unterschiedlichen Informationen, die von den beiden Ohren ins Gehirn gemeldet werden. Denn die Geräusche kommen dort leicht zeitversetzt und mit etwas anderer Lautstärke an.

Das Ohr hört nicht nur

1. Mit diesem Versuch könnt ihr Besonderheiten des Drehsinnes erkunden. Eine Versuchsperson sitzt mit verbundenen Augen auf einem Drehstuhl. Sie hat die Aufgabe, mit der Hand immer in eine Richtung zu zeigen, zum Beispiel zur Tür. Ein Helfer dreht nun den Drehstuhl gleichmäßig eine Zeit lang. Danach wird der Stuhl rasch gestoppt. Beobachtet die Zeigebewegungen der Versuchsperson zu den verschiedenen Phasen des Versuchs genau. Erstellt ein ▸ Versuchsprotokoll. Nutzt diese Doppelseite, um Erklärungen für eure Beobachtungen zu finden.

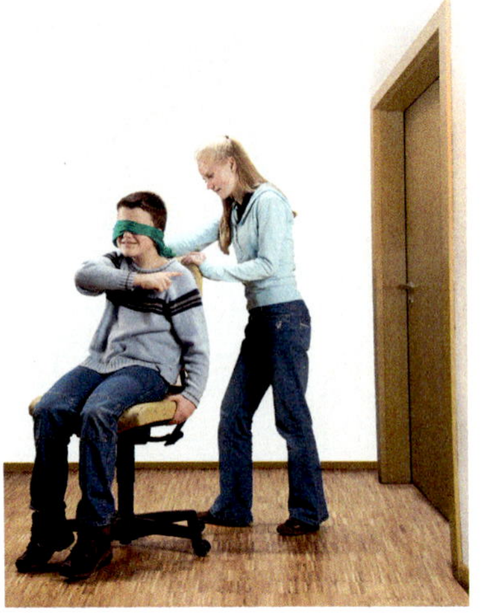

2. Baue ein Modell des Drehsinnesorgans und untersuche seine Funktionsweise. Klebe zwei Folienstreifen in eine Glasschale, fülle Wasser in die Schale und gib einige Korkstückchen auf das Wasser.
Drehe das Glas nun eine Weile auf einem Drehstuhl oder einem Drehteller.
Beobachte die Biegung der Folienstreifen zu Beginn, im Verlauf und nach Abstoppen der Drehung. Verfolge über die Korkstücke auch die Bewegung des Wassers.
Beschreibe und erkläre deine Beobachtungen.

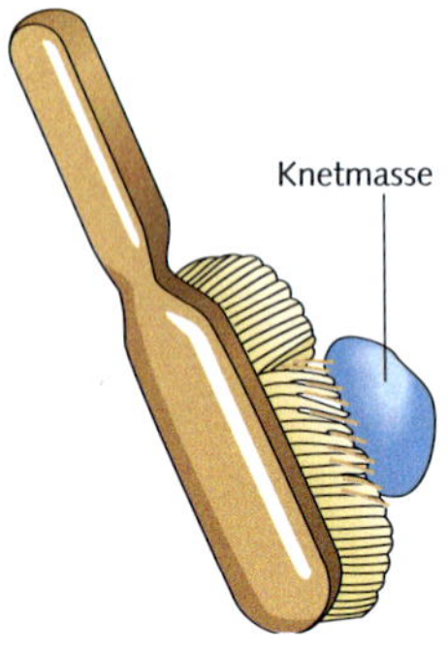

3. Der Handfeger links und die Schale aus Versuch 2 können als Modelle für die beiden Teile des Gleichgewichtsorgans dienen. Vergleicht in einer tabellarischen Übersicht diese Modelle mit den unten abgebildeten Verhältnissen im Innenohr.

Modell	Wirklichkeit
Handfeger	...............-organ
Borsten	....
Knetmasse	

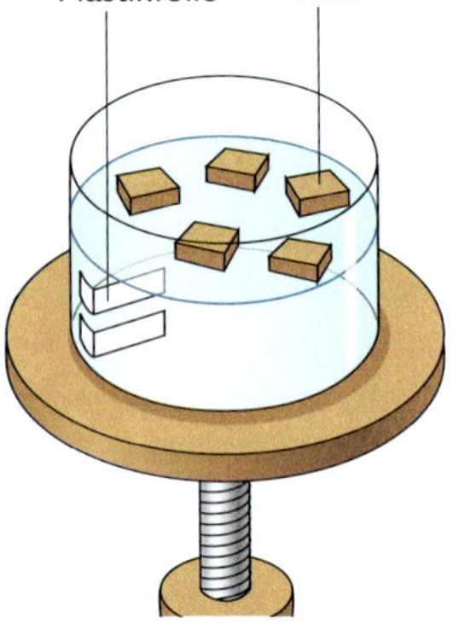

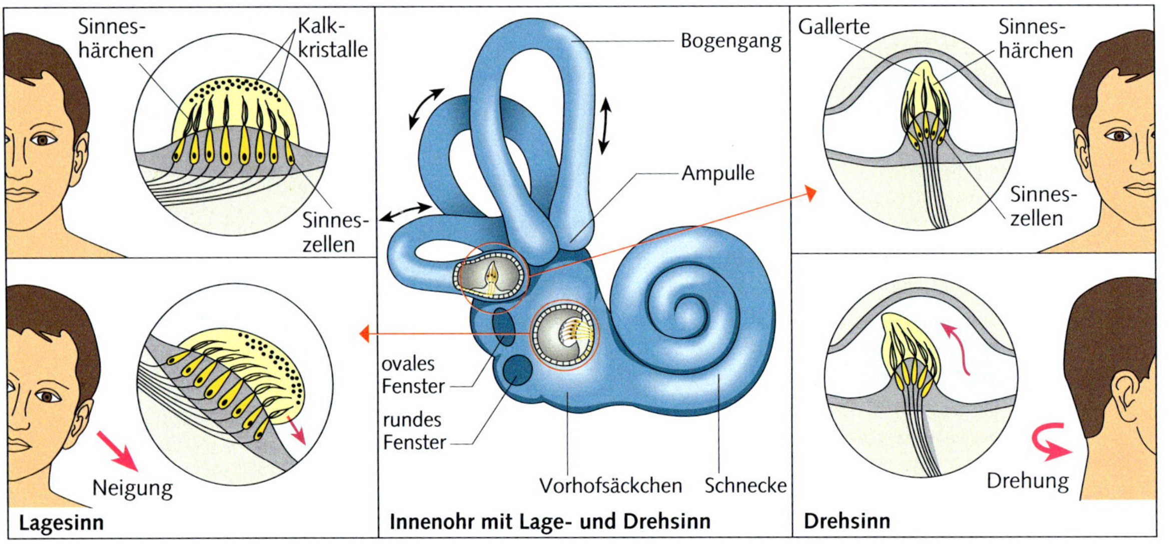

Lagesinn | **Innenohr mit Lage- und Drehsinn** | **Drehsinn**

1 Hochseilakrobat

Das Gleichgewichtsorgan
Nicht nur bei Hochseilakrobaten, sondern bei jedem normalen Schritt und jeder Bewegung ist unser **Gleichgewichtsorgan** gefordert. Es befindet sich im Innenohr direkt neben und oberhalb der Hörschnecke. Es besteht aus dem **Lagesinnesorgan,** das dem Gehirn ständig die Lage des Kopfes im Raum meldet, und dem **Drehsinnesorgan,** das auf Drehungen des Kopfes reagiert. Nur mithilfe dieser Informationen kann das Gehirn alle weiteren Körperbewegungen sinnvoll koordinieren.

Das Lagesinnesorgan
Das Lagesinnesorgan liegt in zwei mit Flüssigkeit gefüllten Bereichen, den Vorhofsäckchen, neben der Schnecke. Ähnlich wie Hörsinneszellen in der Schnecke haben auch die Sinneszellen des Gleichgewichtsorgans kleine Härchen. Auf den Härchen liegen in einer wackelpuddingartigen Masse, der Gallerte, kleine Kalkkristalle, die die Sinneshärchen nach unten biegen. Je nach Haltung des Kopfes ändert sich die Biegung der Härchen. Die Sinneszellen werden dadurch gereizt und erzeugen elektrische Impulse, die zum ▸ Gehirn geleitet und dort ausgewertet werden.

Das Drehsinnesorgan
In den drei Bogengängen über der Schnecke liegt das Drehsinnesorgan. Jeder Bogengang ist mit Flüssigkeit gefüllt und besitzt eine Erweiterung, die so genannte Ampulle. Dort sitzt wiederum eine Gruppe von Sinneszellen, deren Sinneshärchen in einer Gallerte stecken. Wird nun der Bogengang bei einer Kopfbewegung gedreht, dann dreht sich die Flüssigkeit aufgrund ihrer Trägheit nicht sofort mit. Dadurch werden die Sinneshärchen gebogen und die Sinneszellen gereizt. Weil die drei Bogengänge jeweils senkrecht zueinander stehen, können Drehungen in allen Richtungen des Raumes registriert werden. Warum aber scheint sich nach einer Karussellfahrt oder nach dem Drehstuhlversuch um uns herum alles zu drehen? Haben wir uns eine Weile in die gleiche Richtung gedreht, dreht sich die Flüssigkeit in den Bogengängen mit. Die Sinneshärchen werden dann nicht mehr gebogen. Halten wir dann an, dreht sich die Flüssigkeit noch etwas weiter und die Sinneshärchen melden eine Rückwärtsdrehung. So wird dem Gehirn eine Drehung vorgetäuscht, was aber der optischen Wahrnehmung widerspricht. Aus einem solchen Widerspruch kann ein Schwindelgefühl und Übelkeit entstehen.

Wenn das Gleichgewicht gestört wird
Infektionen des Innenohres, zum Beispiel bei einer Mittelohrentzündung, können neben plötzlicher Schwerhörigkeit (Hörsturz) auch zu Schwindelanfällen und Gleichgewichtsproblemen führen.
Gefahren bestehen auch beim Baden und Tauchen. Gelangt kaltes Wasser zum Beispiel durch ein verletztes Trommelfell ins Mittelohr, kann der Temperaturunterschied eine Strömung in den Bogengängen verursachen. Schwindel und gestörte Orientierung können einen Taucher so in Lebensgefahr bringen.

2 Tauchen – nur mit gesunden Ohren

Lärm stört und schadet

Braunschweig Krankenkassen schlagen Alarm: jeder vierte Versicherte zwischen 15 und 20 Jahren hört schon wie ein Senior. Bei einigen könnten die Hörschäden bis zur Berufsunfähigkeit führen. Längere und häufigere Besuche in Diskotheken mit Lärmpegeln bis zu 120 dB(A) hinterlassen dauerhafte Hörschäden.
Hinzu kommt das tägliche, oft stundenlange Musikhören mit Einsteckkopfhörern.

1. a) Auf welches Problem wird in dem Zeitungsartikel hingewiesen und welche Ursachen werden dafür angeführt?
b) Beurteile mögliche Gesundheitsschäden durch Musikhören. Nutze dazu die Informationen aus der Tabelle unten.
c) Beschreibe und bewerte in diesem Zusammenhang auch den „DJ-Führerschein".

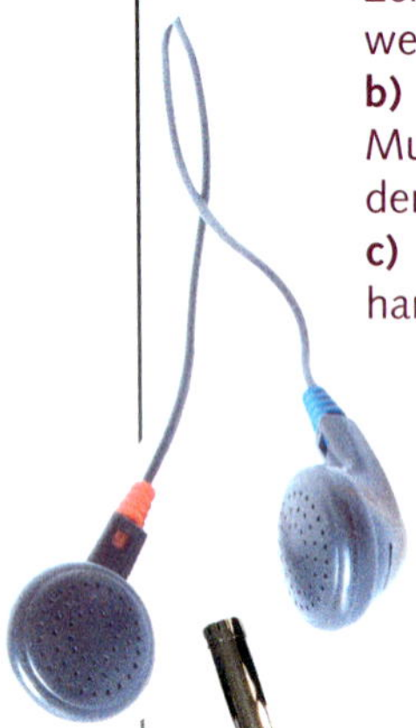

2. Mit einem Schallpegelmessgerät könnt ihr selbst Lautstärken messen.

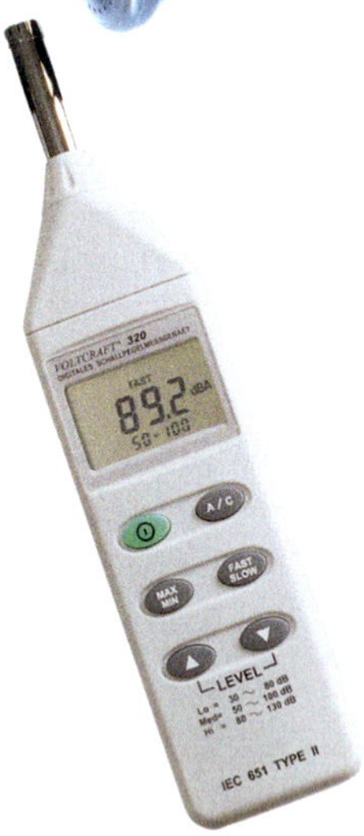

3. Schallpegelmessungen lieferten folgende Ergebnisse:
- 69 dB(A) Straßenlärm bei geöffnetem Fenster
- 53 dB(A) Straßenlärm bei geschlossenem Fenster
- 85 dB(A) in einer Sporthalle
- 60 dB(A) in einem Klassenraum
- 112 dB(A) in einer Disko

Vergleiche diese Lautstärken mit denen aus der Tabelle und beurteile mögliche Gefahren durch Lärm.

Schallquelle	Lautstärke	
Düsenflugzeug	130	schmerzhaft
lautes Motorrad	120	
Kreissäge	110	unerträglich
Autohupe	100	
Lastwagen	90	
Rasenmäher	80	
Auto bei Tempo 50	70	
Radio auf Zimmerlautstärke	60	laut
normale Sprache	50	
leise Sprache	40	
Flüstern	30	
tickender Wecker	20	leise
Atmen	10	ruhig
Hörschwelle	0	

Lärmwirkungen

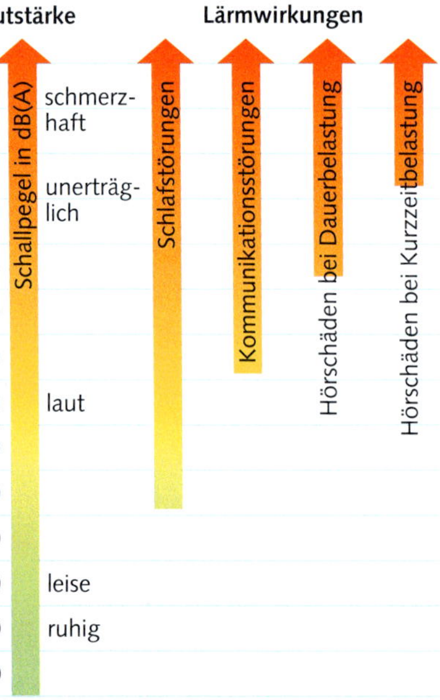

4. In diesem Experiment könnt ihr testen, ob Musik die Konzentration fördert, nicht beeinflusst oder einschränkt. Ihr braucht dazu Kopien der beiden hier abgebildeten Testreihen, eine Stoppuhr, einen MP3-Player und einen Stift.

Testreihe 1:

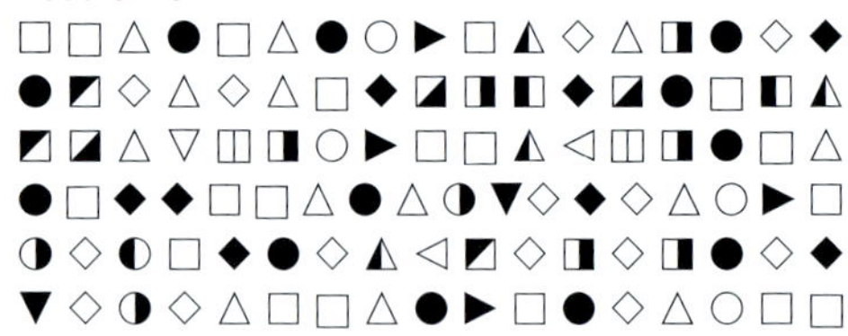

Testreihe 2:

a) Streicht im ersten Versuchsteil alle Zeichen ◩, ◨, ▶ und △ in Testreihe 1 an. Ihr habt genau 30 Sekunden Zeit. Danach werden die richtig angestrichenen Zeichen gezählt.
b) Im zweiten Versuchsteil wiederholt ihr den Versuch bei lauter Musik. In Testreihe 2 streicht ihr innerhalb von 30 Sekunden alle Zeichen ▲, ◫, ◑ und ◭ an.
c) Schreibe zu diesem Experiment ein ausführliches ▸ Versuchsprotokoll.
Wie lässt sich aufgrund des Versuchsergebnisses zum Beispiel das Hausaufgabenmachen bei Musik beurteilen?

Lärm
Auf der Party „geht es voll ab". Zeitweise wird die Musik aufgedreht, was die Boxen hergeben. Alle haben Spaß – nur die Nachbarn nicht, die sich bald beschweren.
Was wir als angenehm oder störend empfinden, hängt von der Situation und der eigenen Stimmung ab.
Lärm kann eine echte Umweltbelastung sein und zu verschiedenen Gesundheitsproblemen führen. Dabei spielt einerseits die Lautstärke eine Rolle, zum anderen die Dauer der Lärmbelästigung.

1 Lärmschutz in der Disko

Hörschäden durch große Lautstärke
Die Lautstärke wird als Schallpegel in Dezibel dB gemessen. Manche Tonhöhen empfinden wir aber als besonders unangenehm. Dies wird bei der Angabe der Lautstärke in dB(A) zusätzlich berücksichtigt. Große Lautstärken verursachen im Innenohr bleibende Schäden. Wenn die feinen Härchen der Sinneszellen in der ▸ Hörschnecke bei zu starken Schwingungen brechen, können sie nicht nachwachsen. Bleibende Hörschäden sind die Folge.

Stress durch Dauerlärm
Auch niedrigere Schallpegel können belastend wirken, wenn wir ihnen über lange Zeit ausgesetzt sind. So führen Verkehrslärm, Baulärm oder Lärm am Arbeitsplatz zu Konzentrationsstörungen, Schlafproblemen und ▸ **Stress.** Dieser kann sogar Bluthochdruck und Herz-Kreislauf-Probleme verursachen.

Lärmschutz
Um Hörschäden vorzubeugen, muss am Arbeitsplatz ein **Gehörschutz** getragen werden, wenn bei Lärmpegeln über 90 dB(A) gearbeitet wird. Ab 85 dB(A) muss ein solcher Schutz bereits verfügbar sein. In der Freizeit ist jeder selbst für sich verantwortlich. Aber auch hier sollte man beispielsweise beim Heimwerken mit lauten Maschinen oder beim Motorsport Ohrenschützer benutzen. Auch die Hörschäden durch zu laute Musik vor allem in Diskotheken werden oft unterschätzt. Bei MP3-Playern ist die Lautstärke zwar technisch auf maximal 100 dB(A) begrenzt. Aber bereits 85 dB(A), eine durchaus gängige Lautstärke bei vielen Jugendlichen, führen bei täglich stundenlanger Einwirkung zu bleibenden Schäden.
In Lehrgängen können Diskjockeys lernen, die Lautstärke in der Disko auf unter 95 dB(A) zu begrenzen – und den Besuchern trotzdem den vollen Spaß zu bereiten.

2 Gehörschutz bei der Arbeit

3 Straße mit Lärmschutzwand

Wie sich Gehörlose unterhalten

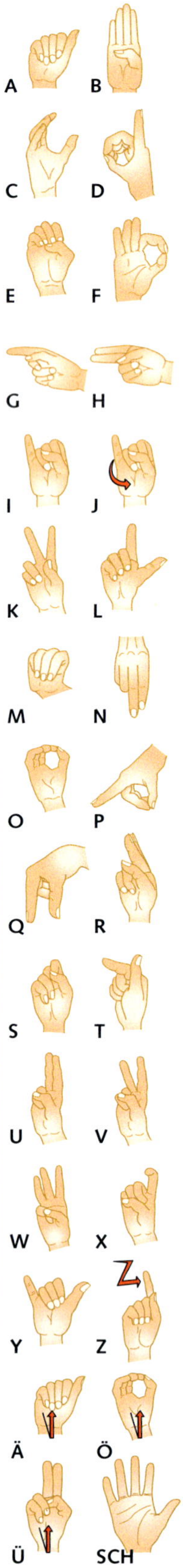

1 Fingeralphabet

1. Finde heraus, was der gehörlose Junge sagt und fragt. Antworte ihm.

2. In dem gezeigten Beispiel wird eine Kombination aus Gebärdensprache und Fingeralphabet benutzt. Erläutere die Vor- und Nachteile der beiden Sprachmöglichkeiten.

3. Verfolge eine Fernsehsendung einmal bei abgeschaltetem Ton und ein anderes Mal, indem du nur zuhörst und dich vom Bild wegdrehst. Berichte, auf welche Weise du mehr von der Sendung mitbekommst.

Vielleicht hast du schon einmal gehörlose Menschen beobachtet, die sich in der Gebärdensprache unterhalten. Mit flinken Hand- und Gesichtsbewegungen verständigen sie sich schnell und mühelos. Nur für Namen oder spezielle Wörter muss das Fingeralphabet benutzt werden.
Die Unterhaltung zwischen gehörlosen und hörenden Menschen ist da oft schwieriger. Die Hörenden können zumeist die Gebärdensprache nicht. Die Gehörlosen versuchen dann, die gesprochenen Wörter von den Lippen zu lesen und mit ihrer Stimme zu sprechen. Das ist nicht leicht, weil sie selbst nicht hören, was sie sprechen.

2 Ein CI-Gerät eröffnet eine neue Welt

Manche Menschen werden gehörlos geboren. Andere ertauben durch eine Infektionskrankheit oder einen Unfall. In vielen Fällen kann durch ein CI (Cochlea Implantat) eine gewisse Hörfähigkeit wieder hergestellt werden. Ein CI ist ein Gerät, das Geräusche in elektrische Signale umwandelt. Ein „Draht", der durch eine Operation in die ▸ Hörschnecke eingesetzt wird, erregt dann den Hörnerven elektrisch. Dies führt zur Geräuschwahrnehmung im Gehirn. Durch ein spezielles Training lernt das Gehirn, das anfängliche Geräuschechaos zu sortieren, bis die Gehörlosen sogar Sprache verstehen und auch selbst leichter sprechen lernen können. Menschen mit einer leichten Schwerhörigkeit tragen andere Arten von Hörgeräten. Diese gehören zu ihrem Alltag wie für viele von uns eine Brille.

Mit den Händen sehen

1. Sven beobachtet, wie ein junger Mann in eine Straßenbahn einsteigen will. Die Bahn hält jedoch nicht direkt vor dem blinden Mann.
a) Mache einen Vorschlag, wie sich Sven in dieser Situation verhalten könnte.
b) Beschreibe weitere Situationen, in denen du schon einmal einem behinderten Menschen geholfen hast oder beobachtet hast, wie jemand sinnvoll half.

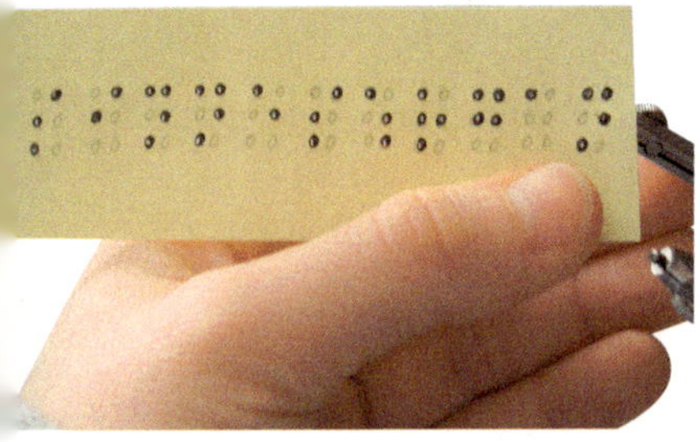

2. Entziffere das Wort, das auf der Karte in Blindenschrift dargestellt ist. Benutze dazu das Blindenschrift-Alphabet.

3. Versucht, selbst in Blindenschrift zu schreiben und zu lesen. Ihr braucht dazu eine Karteikarte, einen Zirkel und eine Augenbinde. Überlegt euch ein Wort und markiert mit einem Stift die Punkte, die in den Buchstaben erhöht sein müssen. Stecht dann mit dem Zirkel von hinten diese Punkte durch den Karton. Tauscht eure Karten mit einem Partner aus und versucht, mit verbundenen Augen die Buchstaben zu ertasten und das Wort zu lesen.

Blinden Menschen fehlt ein wichtiges Sinnesorgan zur Orientierung in ihrer Umwelt. Trotz dieser Behinderung meistern sie selbst schwierige Situationen durch erstaunliche Fähigkeiten. Sie haben gelernt, ihr Gehör und ihren Tastsinn viel stärker zu nutzen.

In ihrer Wohnung finden sie sich meist gut zurecht. Außerhalb des Hauses benutzen sie oft einen Blindenstock. Ideal ist ein Blindenhund, der sich im Verkehr zurechtfindet und die Sicherheit erhöht.

1825 entwickelte **LOUIS BRAILLE,** der selbst blind war, im Alter von 16 Jahren ein spezielles **Blindenschrift-Alphabet.** Die Buchstaben können über ein 6-Punkte-System mit den Fingern ertastet werden und ermöglichen Blinden das Lesen.

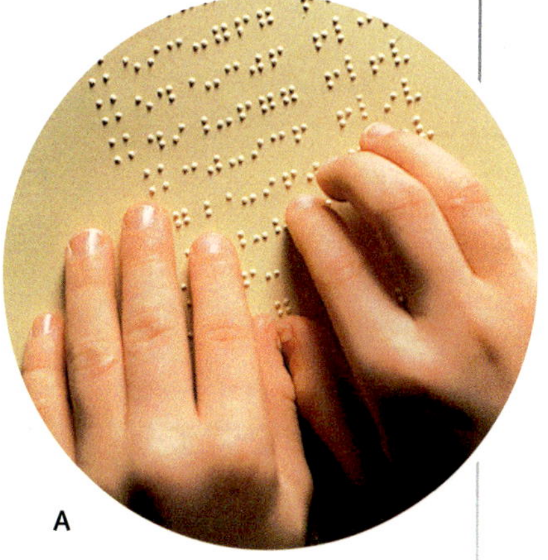

A

Für behinderte Menschen ist es wichtig, so weit wie möglich am „normalen" Leben teilnehmen zu können und nicht ausgegrenzt zu werden. Dabei können die Mitmenschen helfen oder Rücksicht nehmen, wo es nötig ist, aber auch die Selbstständigkeit des Behinderten fördern und respektieren. Dies fällt leichter, wenn sich alle Beteiligten gut kennen. So wird für manche behinderten Kinder auch der Besuch einer Realschule möglich.
Daneben unterstützen Hilfsmittel die Behinderten: Blinde können Computer mit Blindenschriftzeilen oder einer Sprachausgabe zum Schreiben und Lesen und sogar zum Surfen im Internet nutzen.

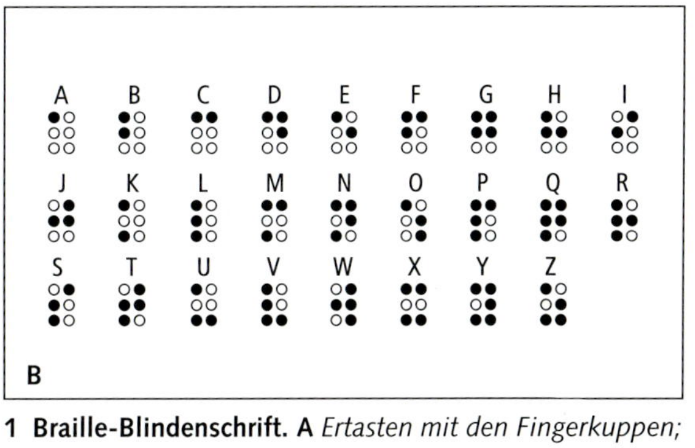

1 Braille-Blindenschrift. A *Ertasten mit den Fingerkuppen;* **B** *Blindenschrift-Alphabet*

Mit der Haut fühlen

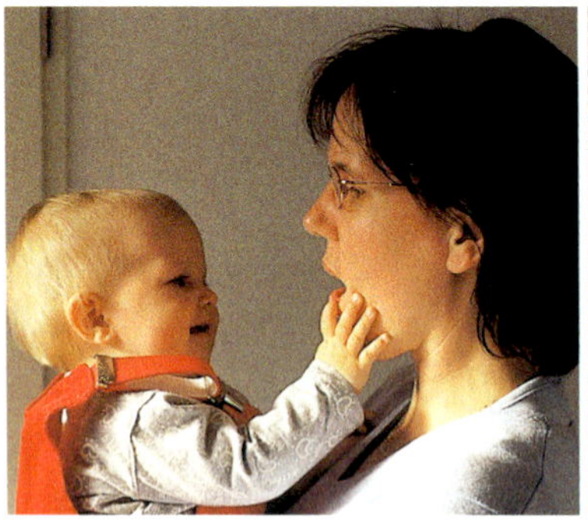

1. Welche Sinneseindrücke könnt ihr mithilfe der Haut wahrnehmen? Orientiert euch an den Abbildungen und beschreibt weitere Beispiele.

2. Mit dem folgenden Versuch könnt ihr die Tastempfindlichkeit testen.
Ihr benötigt drei Bleistifte, von denen ihr zwei fest zusammenklebt. Verbindet nun einer Versuchsperson die Augen und tippt vorsichtig entweder mit der Spitze von einem Bleistift oder mit den beiden Spitzen der zusammengeklebten Bleistifte auf verschiedene Körperstellen wie Fingerkuppen, Handrücken, Unterarm, Oberarm und Rücken. Notiert, wo die Versuchsperson nur eine Spitze fühlt und an welchen Hautstellen sie zwei spüren kann. Erklärt das Versuchsergebnis.

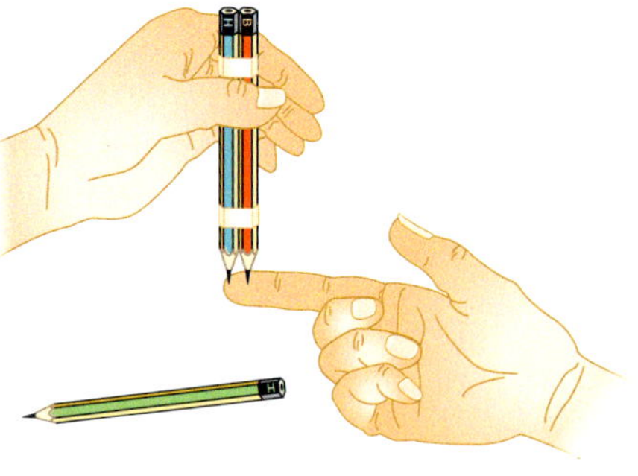

3. In unserer Haut befinden sich zahlreiche Wärme- und Kältekörperchen. Du kannst sie finden, indem du mit der Spitze eines kalten oder warmen Nagels vorsichtig die Haut einer Versuchsperson berührst. Die Nägel kannst du in Bechern mit kaltem und warmem Wasser vortemperieren.

a) Zeichne mit einem wasserfesten Filzstift ein Quadrat mit der Kantenlänge von 2 cm auf eine Hautstelle. Streiche sehr langsam „Zeile für Zeile" die gekennzeichnete Fläche ab. Markiere die wärmeempfindlichen Punkte rot und die kälteempfindlichen blau. Versuche, solch eine „Landkarte" auch an anderen Stellen deines Körpers zu erstellen, zum Beispiel an der Handinnenfläche, auf der Stirn und an deinem Arm.

b) Vergleicht euer Versuchsergebnis mit denen eurer Mitschüler. Gibt es mehr wärme- oder mehr kälteempfindliche Stellen auf der Haut?

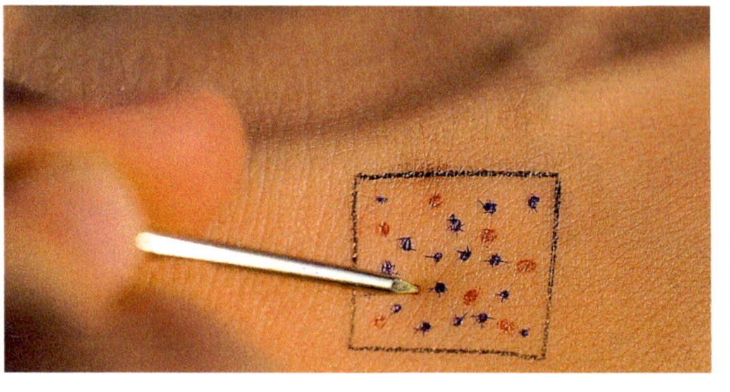

4. Tauche für eine Minute die linke Hand in kaltes und die rechte Hand in warmes Wasser. Nimm beide Hände gleichzeitig heraus und tauche sie nun in lauwarmes Wasser. Beschreibe deine Empfindungen. Welche Schlussfolgerungen ziehst du daraus?

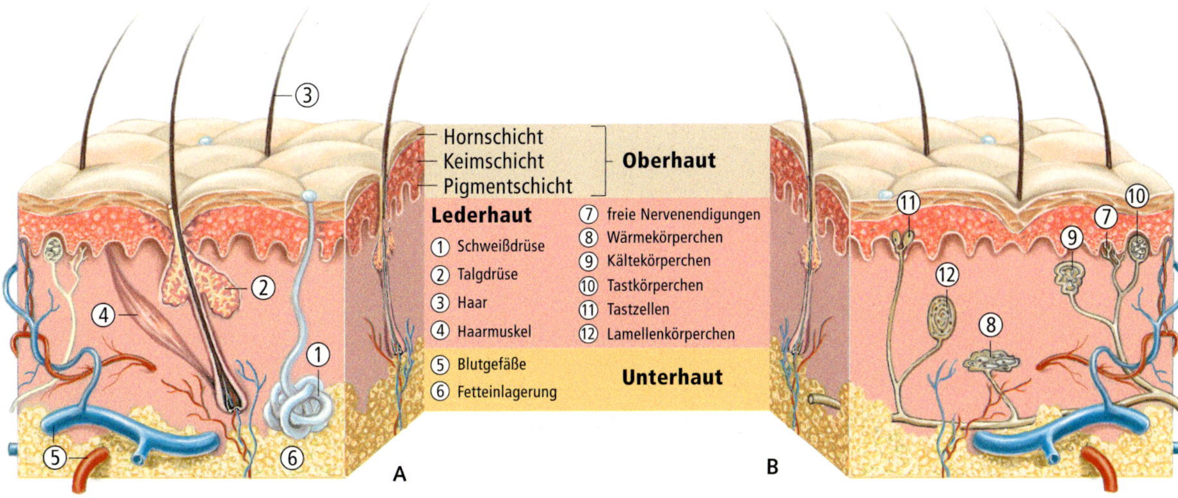

1 Haut *(schematisch)*. **A** *Aufbau der Haut ohne Sinnesorgane;* **B** *Sinnesorgane der Haut*

Die Haut ist dein größtes ▸ Organ. Sie bedeckt nicht nur die gesamte Körperoberfläche, zu ihr gehören auch die Schleimhäute, zum Beispiel im Nasen-Rachenraum. Ihre Gesamtfläche beträgt beim Erwachsenen etwa 2 m².

Die Haut besteht aus drei Schichten. Die **Oberhaut** ist recht dünn und setzt sich aus mehreren ▸ Zellschichten zusammen. Die äußere Hornschicht besteht aus abgestorbenen Zellen, die sich im Laufe der Zeit als weiße Schuppen ablösen. Die darunter liegende Keimschicht bildet ständig neue Zellen. Sie ersetzen die abgestoßenen oder verletzten Zellen der Hornschicht, die dadurch innerhalb von vier bis sechs Wochen komplett erneuert wird. Die untersten Zellen der Oberhaut enthalten Farbstoffe (Pigmente) und bilden die Pigmentschicht.
Unter der Oberhaut liegt die reich durchblutete **Lederhaut.** In ihr befinden sich die meisten Sinneskörperchen.
Die **Unterhaut** ist die dickste der drei Hautschichten. In vielen Körperbereichen ist hier vor allem Fett eingelagert.

Mit der Haut fühlen und tasten wir. Durch verschiedene Sinneskörperchen spüren wir Reize wie Berührungen, Druck, Wärme, Kälte und Schmerz. Die Verteilung der **Tastkörperchen** in der Haut ist unterschiedlich. Sehr zahlreich sind sie auf den Fingerspitzen, den Lippen und der Zunge. Die wenigsten Tastkörperchen befinden sich auf dem Rücken. Durch die Tastkörperchen können wir die Oberfläche und die Ausdehnung von Gegenständen wahrnehmen. Mithilfe der Tastkörperchen auf den Fingerkuppen sind Blinde in der Lage, die ▸ Blindenschrift zu lesen.
Die **Druckkörperchen** sind für die Aufnahme von Druckreizen wie Stößen oder Schlägen zuständig. Mit den etwa 30 000 **Wärmekörperchen** und den etwa 250 000 **Kältekörperchen** nehmen wir Reize wie „warm" oder „kalt" auf. Für Schmerz gibt es keine Sinneskörperchen. Dafür melden uns feine **Hautnerven** mechanische, chemische und thermische Reize. Werden die Nervenendigungen wie beispielsweise nach einem Mückenstich nur leicht gereizt, juckt die Haut. Bei stärkerer Reizung der Hautnerven empfinden wir Schmerzen. Diese warnen unseren Körper vor Gefahren.

Die Haut in Zahlen

Größe: 1,6 bis 2 m²
Dicke: 4 bis 10 mm
Gewicht: ca. 10 kg
Schweißdrüsen: 2,5 Mio
Schweiß: 0,5 bis 1 Liter (bei Anstrengung bis zu 10 Liter) am Tag

Alle Reize, die auf die Haut einwirken, werden in den Sinneszellen zu elektrischen Impulsen umgewandelt. Diese werden dann zum ▸ Gehirn weitergeleitet und dort verarbeitet.

Wo sich besonders viele Sinneszellen befinden, kannst du an der Grafik erkennen. Diese Teile deines Körpers sind vergrößert dargestellt.

Die Haut – mehr als ein Sinnesorgan

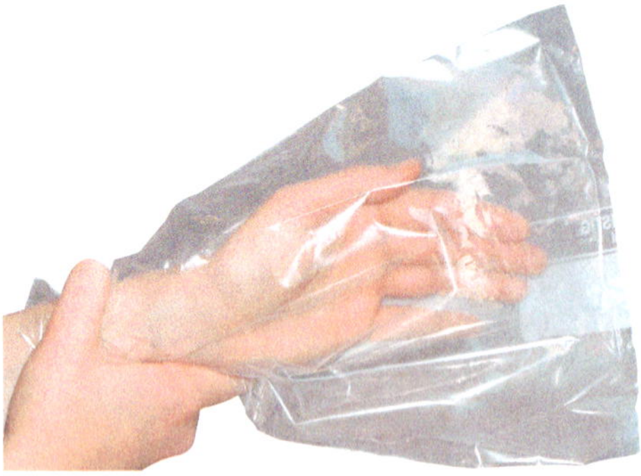

1. Erstelle eine zweispaltige Tabelle, in der du alle Aufgaben der Haut und die zugehörigen Bauteile auflistest.

2. Stecke deine Hand in eine Plastiktüte und verschließe die Tüte für einige Minuten. Beschreibe und erkläre die Veränderungen in der Plastiktüte.

3. Der Sonnenschutzfaktor auf einer Sonnencreme zeigt an, um wie viel Mal länger man in der Sonne bleiben kann, ohne sich die Haut zu verbrennen. Rechne aus, wie lange du bei der Anwendung dieser Sonnenschutzmittel in der Sonne bleiben kannst, wenn du ohne Creme 10 Minuten bleiben könntest.

Schutzfunktion der Haut

Neben ihrer Funktion als Sinnesorgan erfüllt deine Haut noch weitere wichtige Aufgaben.
Wenn du das erste Mal neue Schuhe anhast, kann es passieren, dass du eine Blase an deinen Füßen entdeckst. Als Reaktion auf eine Druckstelle in dem neuen Schuh hat sich die oberste Hautschicht, die ▸ Hornschicht, gelöst. Sie ist sehr widerstandsfähig und schützt unseren Körper vor Verletzungen und dem Austrocknen. So lange sie unverletzt ist, können weder Schmutz noch ▸ Krankheitserreger in den Körper eindringen.
Im Sommer brennt die Sonne ziemlich stark. In den untersten Keimschichtzellen bilden sich jetzt zusätzlich Pigmente. Wir werden braun. Auch dies dient dem Schutz des Körpers: Die Pigmente fangen die schädlichen ▸ UV-Strahlung der Sonne ab und verhindern so, dass sie in tieferen Hautschichten Schaden anrichten, z. B. ▸ Hautkrebs auslösen. Normalerweise kannst du etwa zehn Minuten in der Sonne bleiben, ohne einen Sonnenbrand zu bekommen.

Temperaturregelung

Bei körperlicher Anstrengung beginnen wir zu schwitzen. Über Poren in der ▸ Oberhaut sondern wir eine Mischung aus Wasser, Salzen und anderen Stoffen ab (▸ Ausscheidung). Dieser Schweiß verdunstet auf der Haut und kühlt dadurch unseren Körper.
Auch die Blutgefäße innerhalb der Haut sind für die Regulation der Körpertemperatur wichtig. Ist es sehr kalt, sieht unsere Haut oft blass aus. Dann haben sich die Blutgefäße zusammengezogen, es gelangt weniger Blut an die Hautoberfläche, so dass weniger Wärme abgegeben wird.
Auch das in der ▸ Unterhaut eingelagerte Fett dient unter anderem als Wärmeisolierung, aber auch als ▸ Energiereserve und Polster.

Pflege

In der Lederhaut befinden sich auch die Haarwurzeln mit ihren ▸ Talgdrüsen. Diese sondern ein fetthaltiges Gemisch, den Talg, ab. Er macht die Haare und die Hornhaut geschmeidig und weist das Wasser ab. Die Haut pflegt sich sozusagen selbst. Dennoch ist eine gute Körperhygiene und Hautpflege wichtig, damit die Haut ihre zahlreichen Aufgaben immer optimal erfüllen kann. Welche weiteren Hygienetipps könnten auf den nächsten Seiten im Ringbuch stehen?

Technik erweitert unsere Wahrnehmung

Über **Bewegungsmelder** werden Beleuchtungs- oder Alarmanlagen eingeschaltet. Die Geräte messen die für uns unsichtbare Wärme-Strahlung (▸ Infrarotlicht), die von allen warmen Gegenständen ausgeht. Bewegt sich der warme Körper eines Menschen oder einer Katze, so reagiert der Bewegungsmelder auf die Veränderung der Infrarot-Strahlung.

Mit speziellen **Wärmebildkameras** kann man die unterschiedlichen Temperaturen messen und als farbiges Bild darstellen. Die roten Bereiche sind wärmer, die blauen kälter.

1. Versuche einen Bewegungsmelder auszutricksen. **Tipp:** Mit einer vorgehaltenen, metallbeschichteten Rettungsdecke lässt sich die Wärmestrahlung des Körpers abschirmen.

2. Ähnlich wie beim Bewegungsmelder steuern technische Sensoren viele Maschinen oder Geräte wie von unsichtbarer Hand. Beschreibe ein weiteres Beispiel und versuche zu erklären, was der jeweilige Sensor misst.

3. Beschreibe technische Hilfsmittel, die wir benutzen, um etwas aus unserer Umwelt zu erfahren, für das wir kein Sinnesorgan haben.

4. Untersuche, ob du mit einem Temperaturfühler an deiner Körperoberfläche unterschiedliche Temperaturen messen kannst. Erkläre die Ergebnisse.

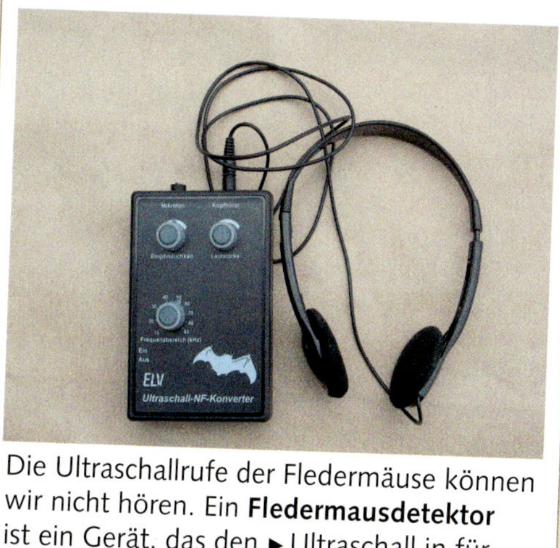

Die Ultraschallrufe der Fledermäuse können wir nicht hören. Ein **Fledermausdetektor** ist ein Gerät, das den ▸ Ultraschall in für uns hörbaren Schall niedrigerer Frequenzen umwandelt. So können wir die kurzen, abgehackten Rufe verfolgen, mit denen sich die Fledermäuse bei ihren nächtlichen Flügen orientieren.

Radioaktive Strahlung kann schwere Schäden in unseren Zellen verursachen und zum Beispiel Krebs auslösen, aber wir haben kein Sinnesorgan für diese Strahlung. Mit Messgeräten wie **Geigerzählern** kann man radioaktive Strahlung messen.

Erleben mit allen Sinnen

Mit den Sinnesorganen nehmen wir physikalische oder chemische Reize auf. Licht nimmt das Auge auf, Schall unser Ohr. Geruchsstoffe reizen unsere Nase. Die Haut reagiert auf Berührung, Druck, Schmerz, Wärme und Kälte. Die Zunge meldet zusätzlich den Kontakt mit einigen Geschmacksstoffen wie Zucker oder Salz.

Wahrnehmung

Sinneszellen in den Sinnesorganen wandeln Reize wie Schall oder Licht in elektrische Impulse um. Nerven leiten diese zum Gehirn. Im Gehirn findet die eigentliche Wahrnehmung statt. Das Gehirn vergleicht, bewertet und speichert Informationen. Falls nötig, gehen Befehle an Muskeln oder Drüsen, um Reaktionen auf die Reize auszulösen.

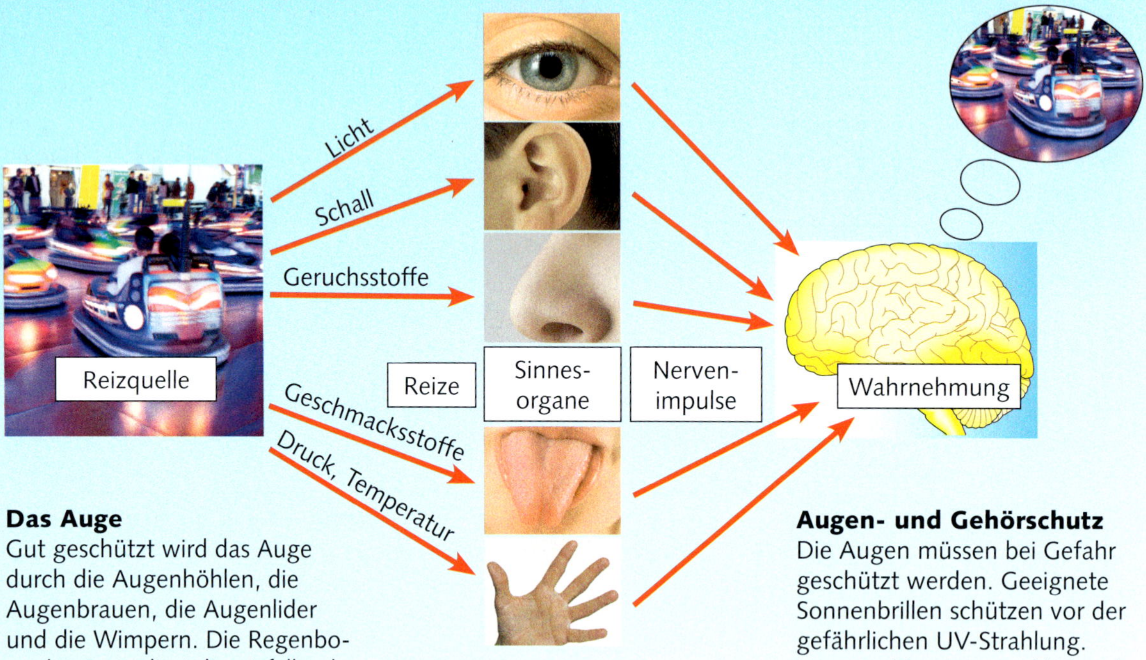

Das Auge

Gut geschützt wird das Auge durch die Augenhöhlen, die Augenbrauen, die Augenlider und die Wimpern. Die Regenbogenhaut reguliert die einfallende Lichtmenge. Im Auge erfolgt die Lichtbrechung durch die Hornhaut, die Augenlinse und den Glaskörper. Das scharfe Bild entsteht auf der Netzhaut. Hier liegen die Lichtsinneszellen. Stäbchen sind für das Hell-Dunkel-Sehen, Zapfen für das Farbensehen zuständig.

Das Ohr

Das Außenohr mit Ohrmuschel und Gehörgang fängt den Schall auf. Über das Trommelfell und die drei Gehörknöchelchen Hammer, Amboss und Steigbügel wird der Schall durch das Mittelohr geleitet. In der Schnecke des Innenohres befinden sich die Hörsinneszellen. In den Bogengängen des Innenohrs liegt das Gleichgewichtsorgan.

Seh- und Hörfehler

Sehfehler wie Kurzsichtigkeit, Weitsichtigkeit oder Altersweitsichtigkeit lassen sich durch Sehhilfen wie Brillen oder Kontaktlinsen korrigieren. Bei Schwerhörigkeit können Hörgeräte helfen. Cochlea Implantate (CI) können sogar Gehörlosen zu einer gewissen Hörfähigkeit verhelfen.

Behinderte Menschen

Blinde oder gehörlose Menschen nutzen ihre anderen Sinnesorgane verstärkt. Besondere Verständigungsmöglichkeiten stellen die Blindenschrift und die Gebärdensprache dar. Behinderte Menschen haben Anspruch auf eine möglichst gute Eingliederung ins Alltagsleben.

Augen- und Gehörschutz

Die Augen müssen bei Gefahr geschützt werden. Geeignete Sonnenbrillen schützen vor der gefährlichen UV-Strahlung. Laserstrahlen können bleibende Augenschäden verursachen.
Lärm ab etwa 85 dB(A) kann zu dauerhaften Hörschäden führen. Lärmschutz ist möglich durch
- Verringerung der Lärmproduktion beispielsweise durch leisere Maschinen oder geringere Lautstärke in der Disko,
- bauliche Maßnahmen wie Lärmschutzwände,
- individuellen Gehörschutz wie Ohrenschützer.

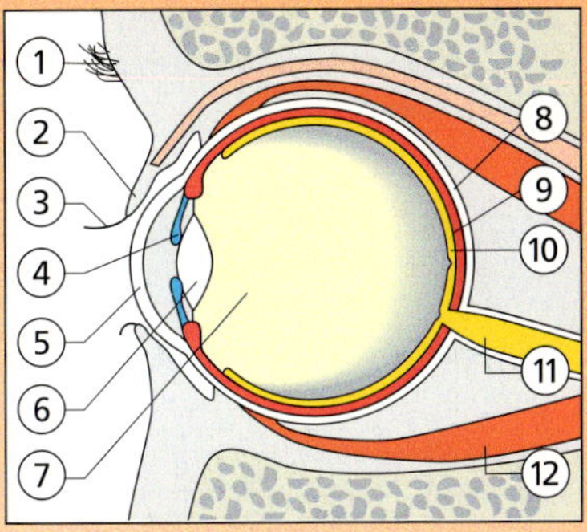

1. Liste die mit Ziffern bezeichneten Teile des Auges auf und gib jeweils ihre Funktion an.

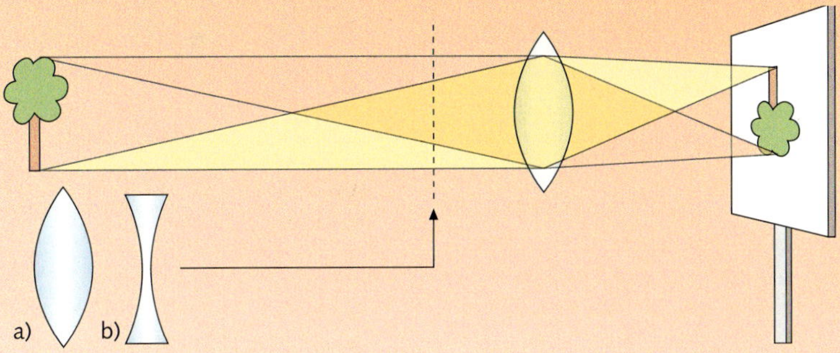

2. Wohin müsstest du den Bildschirm im oben skizzierten Versuch verschieben, um wieder ein scharfes Bild auf dem Bildschirm zu erhalten, wenn du
a) eine weitere Sammellinse oder
b) eine Zerstreuungslinse
vor die Linse bringen würdest?

3. Der Versuch aus Aufgabe 2 kann als Modellversuch für die Korrektur von Sehfehlern dienen. Welche Teile im Versuch entsprechen welchen Teilen im Auge? Beschreibe die Sehfehler und wie sie korrigiert werden.

4. a) Notiere Situationen, in denen die Augen oder das Gehör besonders geschützt werden müssen. Gib dazu passende Schutzmöglichkeiten an.
b) Erstelle eine Mindmap zum Thema „Schutz für Augen und Ohren".

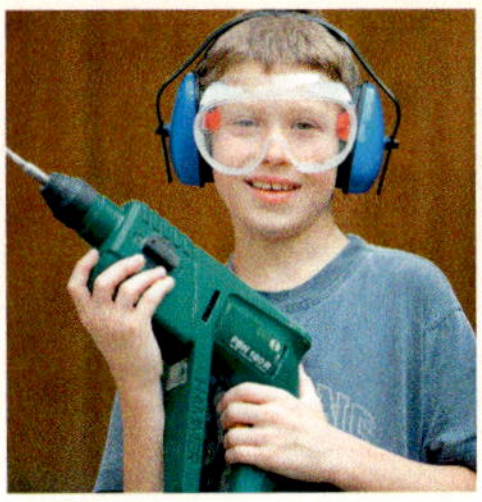

5. Erstelle ein Merkblatt, das Hinweise gibt, worauf beim Kauf einer Sonnenbrille zu achten ist.

6. Erläutere, wie sich die Altersweitsichtigkeit von der normalen Weitsichtigkeit unterscheidet.

7. Benenne mindestens drei Reize, für die wir kein Sinnesorgan haben.

8. Überlegt euch einen Versuch, mit dem ihr zeigen könnt, dass man farbig erst ab einer gewissen Helligkeit sieht. Plant den Versuch, besorgt oder erstellt die benötigten Materialien, führt den Versuch in der Klasse vor und schreibt ein ▸ Versuchsprotokoll.

9. Blinde Menschen nutzen verstärkt ihre anderen Sinnesorgane. Berichte, wie sie sich im Haus und draußen orientieren. Wie können sie lesen oder schreiben? Informiere dich über Hilfen im Straßenverkehr.

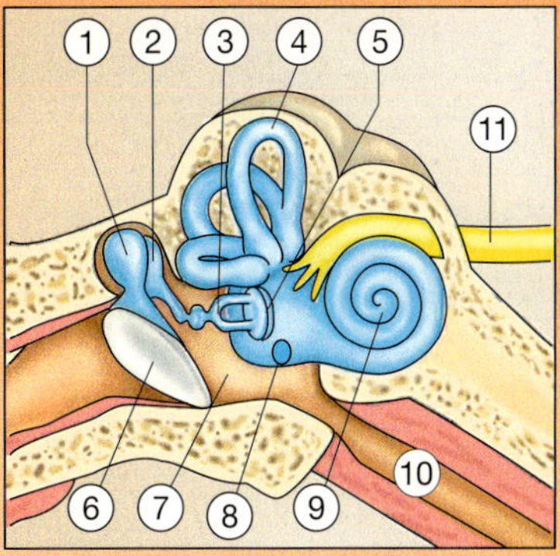

10. Liste die mit Ziffern bezeichneten Teile des Ohres auf und gib jeweils ihre Funktion an.

11. a) Benenne die bezeichneten Teile der Haut und gib ihre jeweilige Funktion an.
b) Ordne die Teile den Schichten Oberhaut, Lederhaut und Unterhaut zu.

12. Welche Tiere können ultraviolettes Licht und welche infrarotes Licht (Wärmestrahlung) wahrnehmen? Recherchiert Beispiele und stellt die Tiere und ihre Sinnesleistungen vor.

Steuern und Regeln

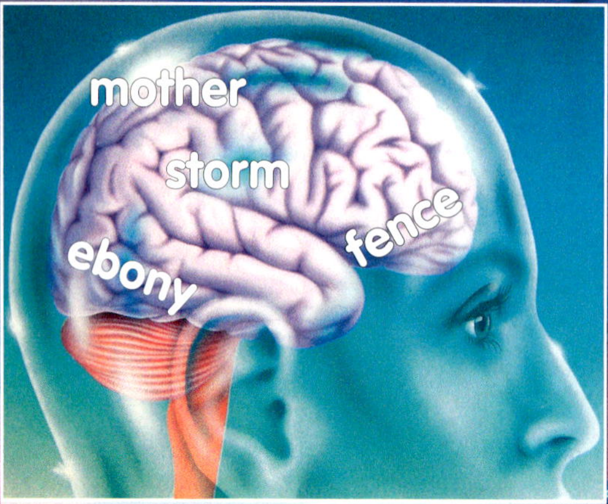

Manche Vokabeln kann ich mir leichter merken als andere.
Was passiert beim Lernen im Gehirn?
Wie kann ich besser lernen?

Warum fällt man beim Stolpern meist doch nicht hin?
Wie kann der Mensch seine Bewegungen so schnell steuern?

Warum ist es so schwer, Robotern das Fußballspielen beizubringen?

Machen Bananen wirklich glücklich?

Die Dosis macht das Gift. Tollkirschen wirken tödlich, machen toll oder sogar schön. Was heißt hier toll und was ist schön?

Warum kann Christian seine Beine nicht bewegen? Was könnte passiert sein?

Nerven steuern Lebensvorgänge

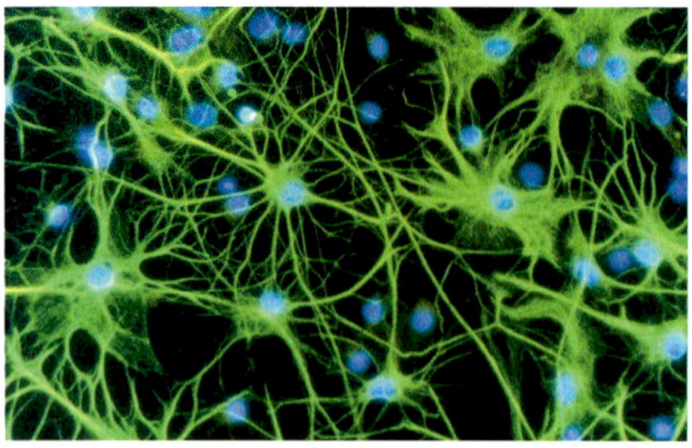

1. a) Nenne Redewendungen, in denen der Begriff „Nerven“ vorkommt, und erkläre sie.
b) Beschreibe, was man in der Biologie unter „Nerven“ versteht.

2. Welche Bereiche des Nervensystems treten bei folgenden Tätigkeiten in Aktion? Begründe. Nutze auch den Informationstext.
a) mit der Hand schreiben
b) eine Knobelaufgabe lösen
c) starkes Herzklopfen
d) ein Buch lesen
e) tanzen
f) schlafen
g) küssen

3. Vergleiche den Aufbau des Nervensystems eines Süßwasserpolypen mit dem des Menschen und stelle die Unterschiede heraus.

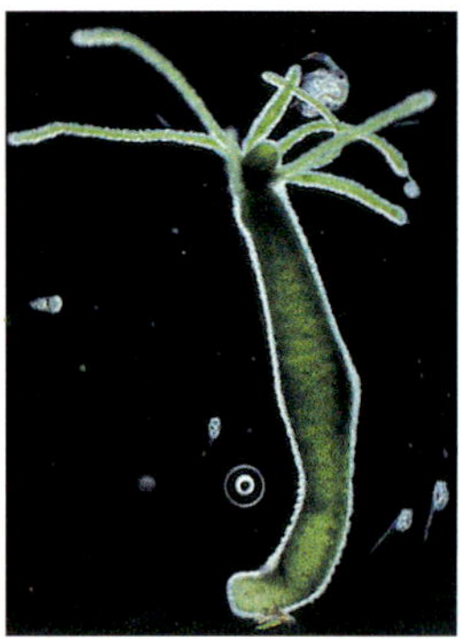

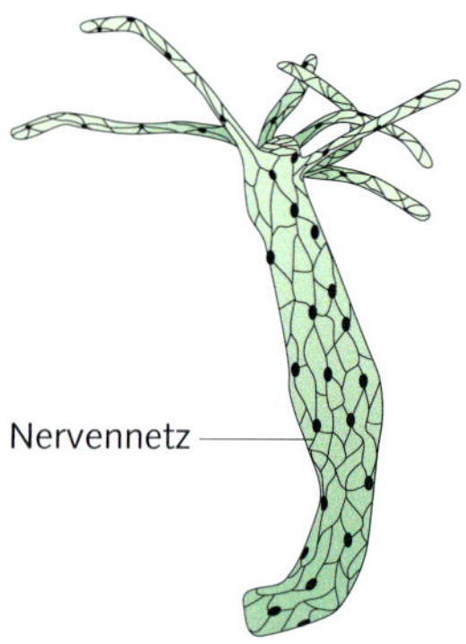

4. Das Nervensystem des Menschen arbeitet mit verschiedenen anderen Organen bzw. Organsystemen zusammen. Einige dieser Zusammenhänge werden durch das Puzzle dargestellt.
a) Finde mehr über die Funktionen heraus, die die einzelnen „Puzzleteile“ erfüllen, und beschreibe sie jeweils kurz.
b) Erläutere am Beispiel eines Handballtorwartes, der auf einen sich nähernden Ball reagiert, wie die „Puzzleteile“ zusammenarbeiten.
c) Erstelle ein „Reiz-Reaktions-Schema“, in dem du das beschriebene Zusammenspiel ▸visualisierst. Wähle selbst eine geeignete Darstellungsform aus und erläutere die Zusammenhänge anschließend vor der Klasse.

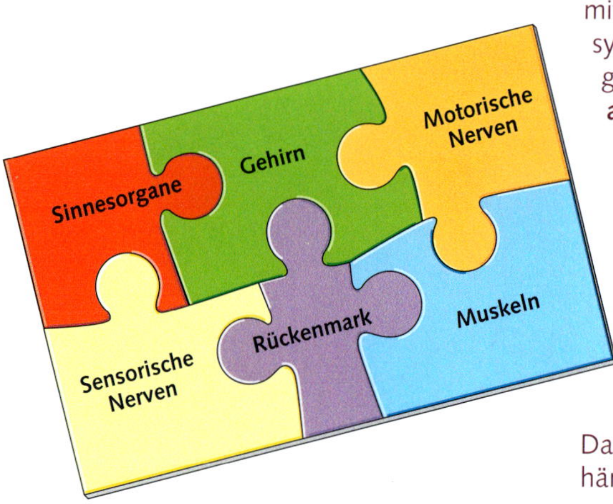

5. Bewerte die hier gewählte Darstellung der Zusammenhänge als Puzzle. Wofür erscheint sie dir geeignet und wo liegen ihre Grenzen? Schlage eine Darstellung vor, die das Zusammenspiel der verschiedenen Organe und Organsysteme besser verdeutlicht.

1 Snowboarder in Aktion

Komplexe Aufgabe

Schaut man erfahrenen Sportlern zu, zum Beispiel auf einer Skipiste, so sehen ihre „Kunststücke“ oft ganz leicht aus. Steht man aber als Anfänger erstmals auf Skiern, so wird einem schnell klar, wie schwierig es bereits ist, sich aufrecht zu halten. Zu viele Bewegungen müssen koordiniert werden, um nicht hinzufallen. Und auf die anderen Pistenbesucher muss man ja auch noch achten.

Steuerzentrale des Körpers

Auch wenn uns dies meist nicht so bewusst ist: Selbst bei ganz normalen Tätigkeiten, etwa beim Gehen oder Fahrradfahren, regelt das ▸ **Gehirn** viele einzelne Muskeln und berücksichtigt dabei die Schwerkraft und die Umgebung. Gleichzeitig regelt das Gehirn ganz ohne unseren Einfluss die Körpertemperatur, unsere Atmung und Verdauung sowie eine Vielzahl weiterer Vorgänge. Nicht zuletzt speichern wir auch zahlreiche Informationen, können lernen und uns an Dinge und Gefühle erinnern.
Manche Reaktionen des Körpers laufen aber auch ohne Beteiligung des Gehirns ab. Hierzu gehören zum Beispiel die ▸ Reflexe, die im ▸ **Rückenmark** ausgelöst werden. Es ist eng mit dem Gehirn verknüpft. Gehirn und Rückenmark bilden zusammen das **zentrale Nervensystem (ZNS).** Es ist die Steuerzentrale des Körpers.

Nachrichtennetzwerk

Jede Art der Steuerung kann immer nur auf der Grundlage von Informationen ablaufen. Um auf etwas zu reagieren, muss der Körper erst einmal „wissen“, auf was er zu reagieren hat. Unsere ▸ **Sinnesorgane** nehmen Informationen aus unserer Umwelt und aus unserem Körpers auf und wandeln sie in ▸ elektrische Nervenimpulse um.
Egal, ob die Augen Licht, die Ohren Schall, die Haut eine Temperatur oder spezielle Rezeptoren den Dehnungszustand unserer Muskeln aufnehmen, alles wird in elektrische Nervenimpulse umgewandelt und über so genannte ▸ **sensorische Nerven** zum ZNS geleitet.
Aufgrund dieser Informationen löst das ZNS dann eine Reaktion aus. Damit der Körper dann auch tatsächlich reagieren und eine entsprechende Bewegung ausführen kann, müssen umgekehrt auch Informationen vom ZNS im ganzen Körper, beispielsweise zu den Muskeln, geleitet werden. Dies ermöglichen die ▸ **motorischen Nerven.**
Motorische und sensorische Nerven gehören zum **peripheren Nervensystem.** Es durchzieht fein verästelt den ganzen Körper und dient zur Informationsübertragung.

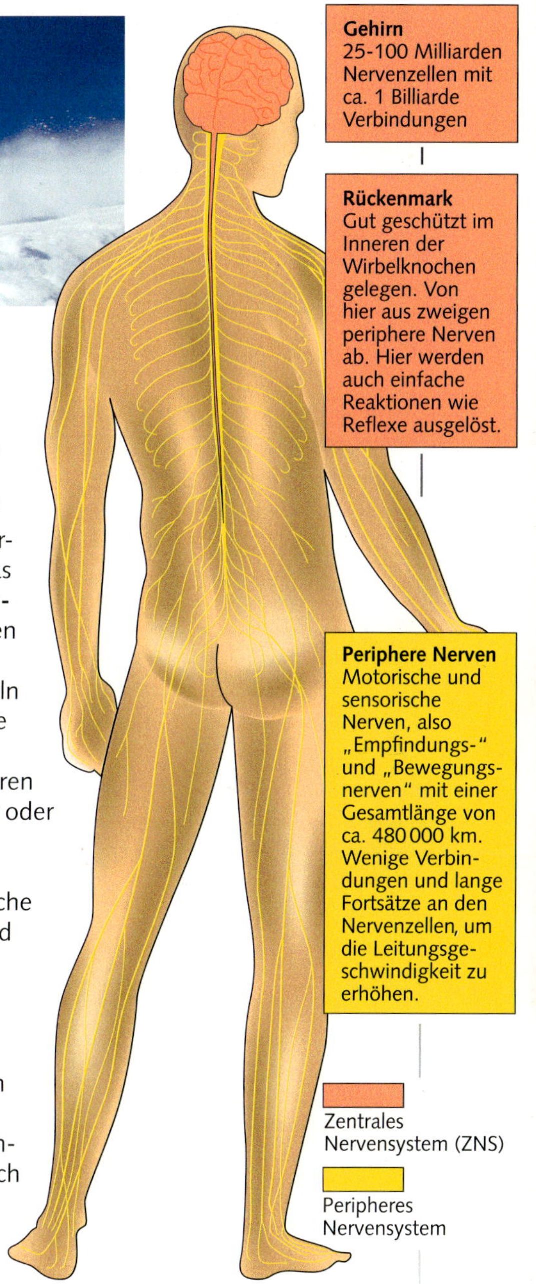

2 Nervensysteme des Menschen

Steuerung ohne Willen

Viele innere Organe wie Magen und Darm werden vom Gehirn gesteuert, ohne dass wir dies durch unseren Willen beeinflussen können. Man unterscheidet daher zwischen dem willkürlichen Nervensystem, welches die bewussten Reaktionen steuert und dem ▸ **vegetativen Nervensystem,** dessen Reaktionen wir nicht durch unseren Willen beeinflussen können.

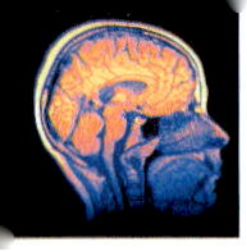

Die Nervenzelle – Grundbaustein des Nervensystems

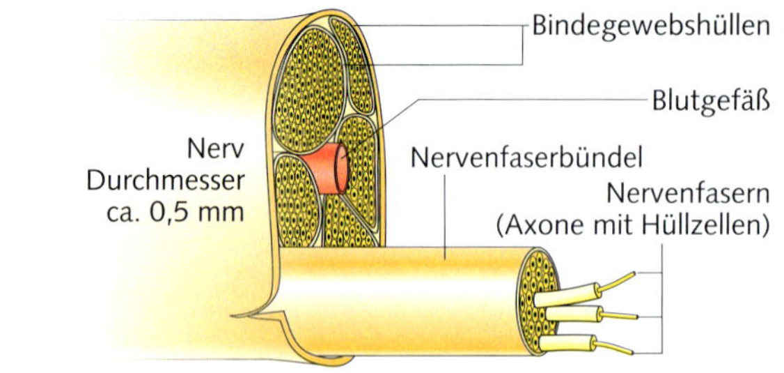

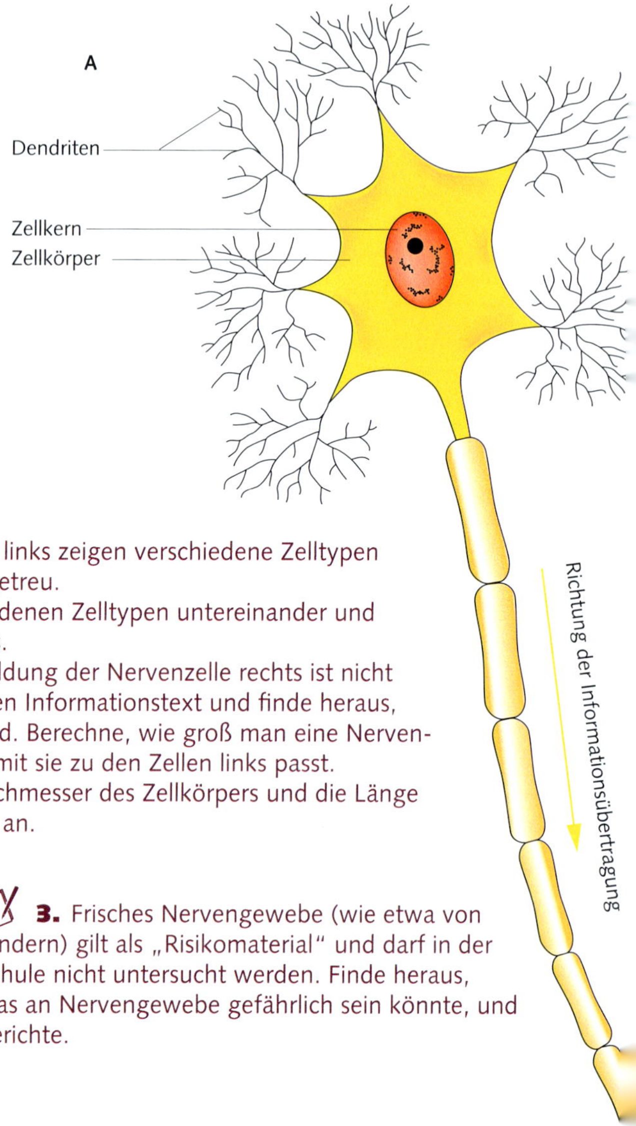

1. a) Beschreibe, aus welchen Bestandteilen ein Nerv besteht. Erkläre, wie diese zusammengesetzt sind und welche Aufgabe sie jeweils haben.
b) Zeige, wie die einzelne Nervenzelle durch ihren Bau an ihre Funktion angepasst ist.

2. Die Abbildungen links zeigen verschiedene Zelltypen des Menschen maßstabsgetreu.
a) Vergleiche die verschiedenen Zelltypen untereinander und mit der Nervenzelle rechts.
b) Die schematische Abbildung der Nervenzelle rechts ist nicht maßstabsgetreu. Nutze den Informationstext und finde heraus, wie groß Nervenzellen sind. Berechne, wie groß man eine Nervenzelle zeichnen müsste, damit sie zu den Zellen links passt.
Gib den berechneten Durchmesser des Zellkörpers und die Länge des Axons in Zentimetern an.

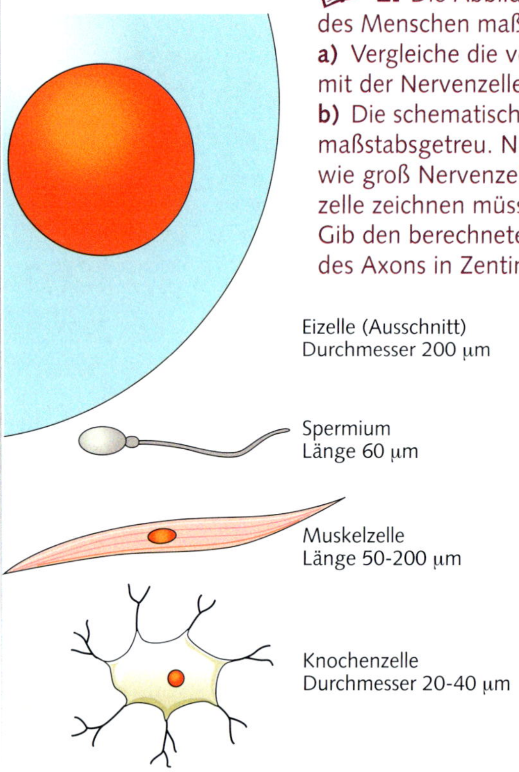

3. Frisches Nervengewebe (wie etwa von Rindern) gilt als „Risikomaterial" und darf in der Schule nicht untersucht werden. Finde heraus, was an Nervengewebe gefährlich sein könnte, und berichte.

4. Die Informationsleitung im Axon einer Nervenzelle erfolgt so schnell, dass das etwa einen Meter lange Axon in nur einer Hundertstel Sekunde (0,01 s) durchlaufen wird. Wie schnell (in $\frac{km}{h}$) müsste ein Auto fahren, um ebenfalls einen Meter in einer Hundertstel Sekunde zurückzulegen?

5. Mikroskopiere Fertigpräparate mit Nervenzellen oder Nervengewebe.
a) Fertige eine Zeichnung oder ein Mikrofoto an und beschrifte die Darstellung mithilfe des Informationstextes und der Abbildung 1.
b) Kopiere dein Bild auf eine Folie und erläutere es vor der Klasse.

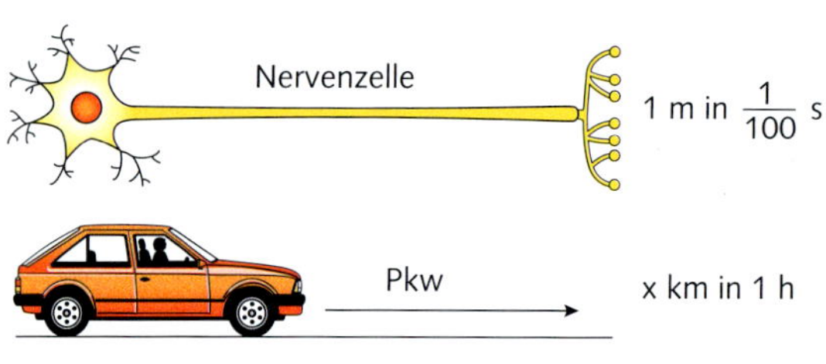

Nervenzellen – Grundbausteine des Nervensystems

Das Nervensystem ist ein komplexes System, welches mit der Steuerung vieler Körperfunktionen eine wichtige Funktion zu erfüllen hat. Dabei kann man grob zwei Bereiche voneinander unterscheiden: Die Verarbeitung von Informationen, die vom ▸zentralen Nervensystem (ZNS) übernommen wird, und die Weiterleitung von Informationen, die Aufgabe des ▸peripheren Nervensystems ist. Obwohl die Aufgaben sowohl des zentralen als auch des peripheren Nervensystems verschieden sind, ähneln sich ihre Grundbausteine, **Nervenzellen,** in ihrem Grundbauplan stark.

Bau von Nervenzellen

An einem dicken Zellbereich, dem **Zellkörper,** befinden sich zahlreiche verästelte und eher kurze Fortsätze, die **Dendriten.** Sie stehen in Kontakt mit weiteren Nervenzellen, von denen sie Informationen sammeln. Auf diese Weise entstehen Netzwerke aus vielen Nervenzellen, die Informationen verarbeiten können.

Vom Zellkörper der Nervenzelle geht das **Axon,** ein einzelner, oft besonders langer Fortsatz aus. Er dient dazu, Informationen an andere Zellen weiterzuleiten. Obwohl die Zellkörper der Nervenzellen mit einem Durchmesser von etwa 30 µm, also 30 Millionstel Metern, eher zu den kleinen Zellen des Körpers zählen, können ihre Axone ganz beträchtliche Längen erreichen. So kann es sein, dass der Zellkörper einer Nervenzelle im Rückenmark zu finden ist und das Axon das ganze Bein durchläuft und erst am Zeh endet.

Oft wird das Axon von **Hüllzellen** umkleidet. Diese flachen Zellen sind, ähnlich wie isolierendes Klebeband, um das Axon herumgewickelt.

An seinem Ende verzweigt sich das Axon zu so genannten **Endknöpfchen.** Diese Endknöpfchen können zum Beispiel auf einem Muskel liegen oder aber auch auf Dendriten weiterer Nervenzellen.

Axone bilden zusammen mit ihren Hüll- und weiteren Hilfszellen die Nervenfasern. Bindegewebe umschließt jeweils ein Bündel dieser Fasern und mehrere derartiger Bündel bilden einen **Nerv.**

Informationsleitung

Nervenzellen transportieren ständig geladene Teilchen durch ihre Membranen. Infolgedessen sind positive und negative Ladungen innerhalb und außerhalb der Zelle nicht gleich verteilt. Normalerweise überwiegen im Inneren der Zelle negative, außen jedoch positive Ladungen. So entsteht eine elektrische Spannung, die **Ruhespannung.** Das Erzeugen und Aufrechterhalten der Ruhespannung benötigt viel Energie. Daher sind sowohl das ZNS als auch die peripheren Nerven gut durchblutet.

Wird nun beispielsweise eine Nervenzelle in der Hand durch eine Tastsinneszelle erregt, kehrt sich die elektrische Spannung an dieser Zelle kurzzeitig um. Dieser **elektrische Impuls** läuft vom Zellkörper weg am Axon entlang. Da die Hüllzellen wie eine Isolationsschicht wirken, kann er sich jedoch nur an den schmalen Bereichen zwischen zwei Hüllzellen, den Schnürringen, ausprägen. Der Impuls „springt" sozusagen von Schnürring zu Schnürring, sodass Geschwindigkeiten von 100 Metern pro Sekunde erreicht werden.

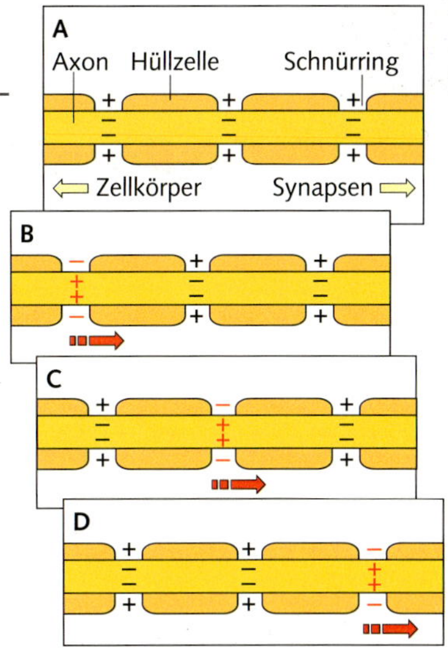

2 Informationsleitung (Schema).
A *Ruhezustand;* **B–D** Entstehung und *Weiterleitung des elektrischen Impulses*

Informationsverarbeitung

Über die Endknöpfchen steht eine Nervenzelle mit weiteren Zellen in Kontakt. Diese Kontaktstellen, über die die Nervenzellen miteinander „verschaltet" sind, nennt man ▸**Synapsen.** Durch die komplexe Verschaltung zahlreicher Zellen kann der Körper Informationen nicht nur weiterleiten, sondern auch verarbeiten. Die Funktionen des Gehirns gehen letztlich auf diese Verschaltungen zurück und so findet man im ZNS Nervenzellen, die über besonders viele Dendriten und Synapsen verfügen. Ihre Axone sind oft kurz. Nervenzellen des peripheren Nervensystems haben dagegen meist weniger Kontaktstellen, dafür aber sehr lange Axone.

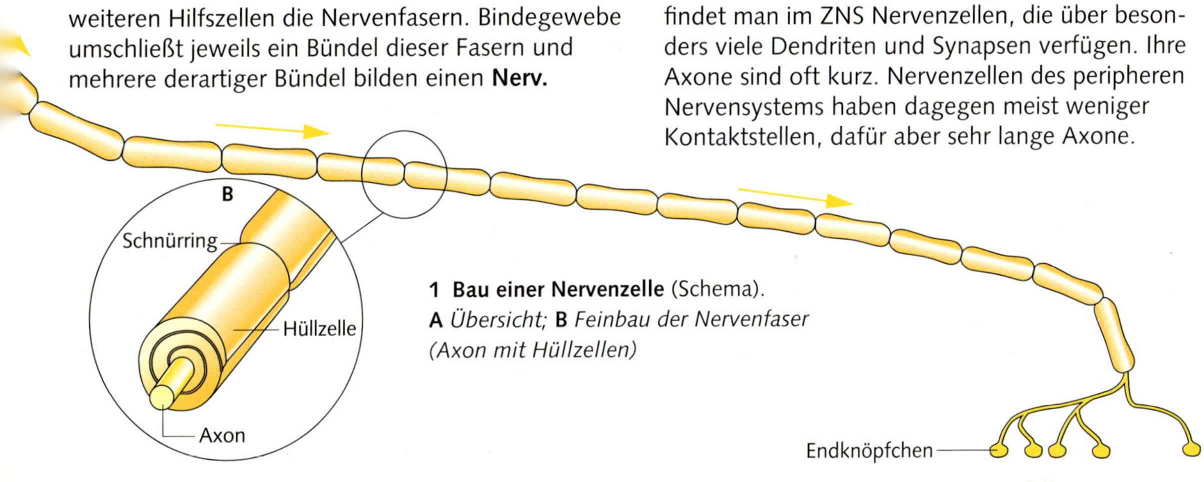

1 Bau einer Nervenzelle (Schema).
A *Übersicht;* **B** *Feinbau der Nervenfaser (Axon mit Hüllzellen)*

Zellgeflüster – Nervenzellen stehen miteinander in Kontakt

1. a) Beschreibe die Funktionsweise einer Synapse. Nutze dazu die Abbildung 1 auf der Folgeseite und erläutere die einzelnen dort dargestellten Vorgänge in einem zusammenhängenden Text.
b) Trage vor und zeige die jeweiligen Vorgänge parallel auf einer Folie der Abbildung 1.

2. Erläutere, wie sich die aufgeführten Gifte auf die Funktion der Synapse auswirken. Beschreibe dazu, wie die Informationsübertragung gestört wird, und stelle jeweils eine begründete Vermutung darüber an, welche Folgen das für den Organismus hat. Präsentiere deine Ergebnisse anhand einer Folie der Abbildung 1.

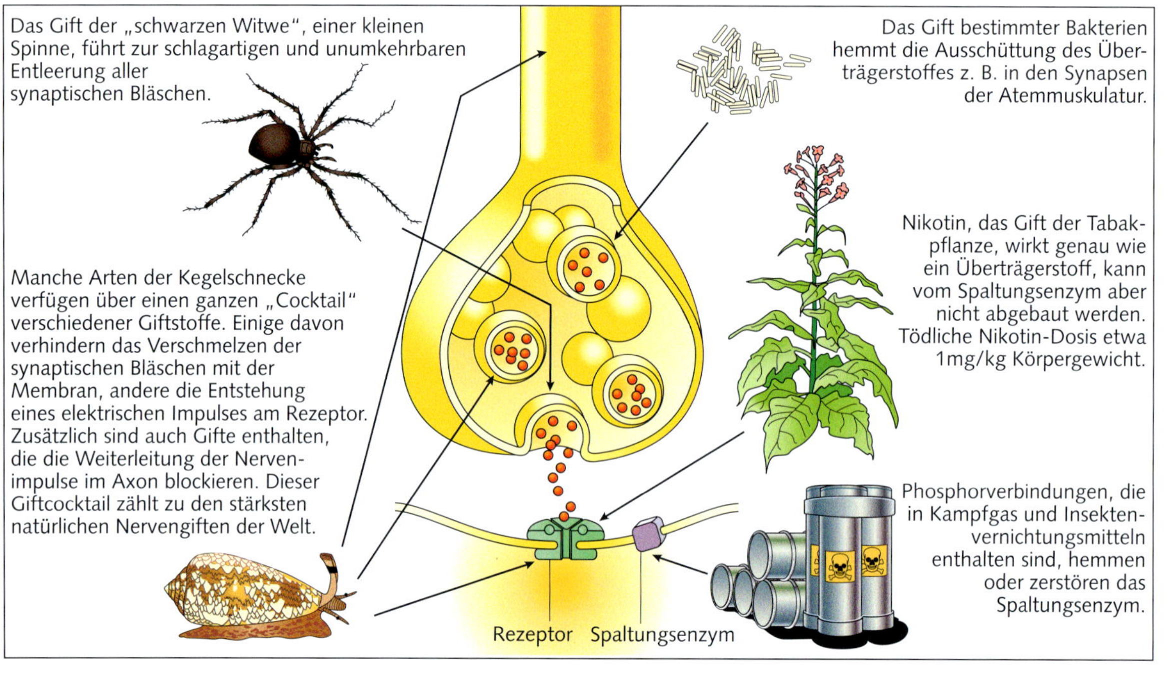

3. Auch Curare, das Pfeilgift der südamerikanischen Indianer, ist ein Synapsengift.
a) Finde mehr über seine Wirkung heraus und stelle sie dar. Erläutere dazu, wie der in der Abbildung 1 gezeigte Mechanismus durch das Gift gestört wird.
b) Für welches der in der Abbildung oben genannten Synapsengifte könnte Curare als Gegengift eingesetzt werden? Erläutere anhand der Wirkmechanismen.

Nervenzellen stehen miteinander in Kontakt

Als Teile des Nervensystems erfüllen Nervenzellen lebenswichtige Funktionen für den Körper. Dies können sie aber nicht alleine. Nervenzellen stehen daher mit anderen Nervenzellen, aber auch mit Drüsen- oder Muskelzellen in Kontakt. Die Übertragung von Informationen von einer Zelle auf eine andere ist wichtiger Bestandteil ihrer Funktion. Innerhalb der einzelnen Nervenzellen werden die Informationen in Form von ▸elektrischen Impulsen weitergegeben. Nervenzellen berühren sich aber nur selten direkt, wie Untersuchungen mit dem ▸ Elektronenmikroskop zeigen. Daher können auch die elektrischen Nervenimpulse nicht ohne weiteres von einer Zelle zur nächsten gelangen.

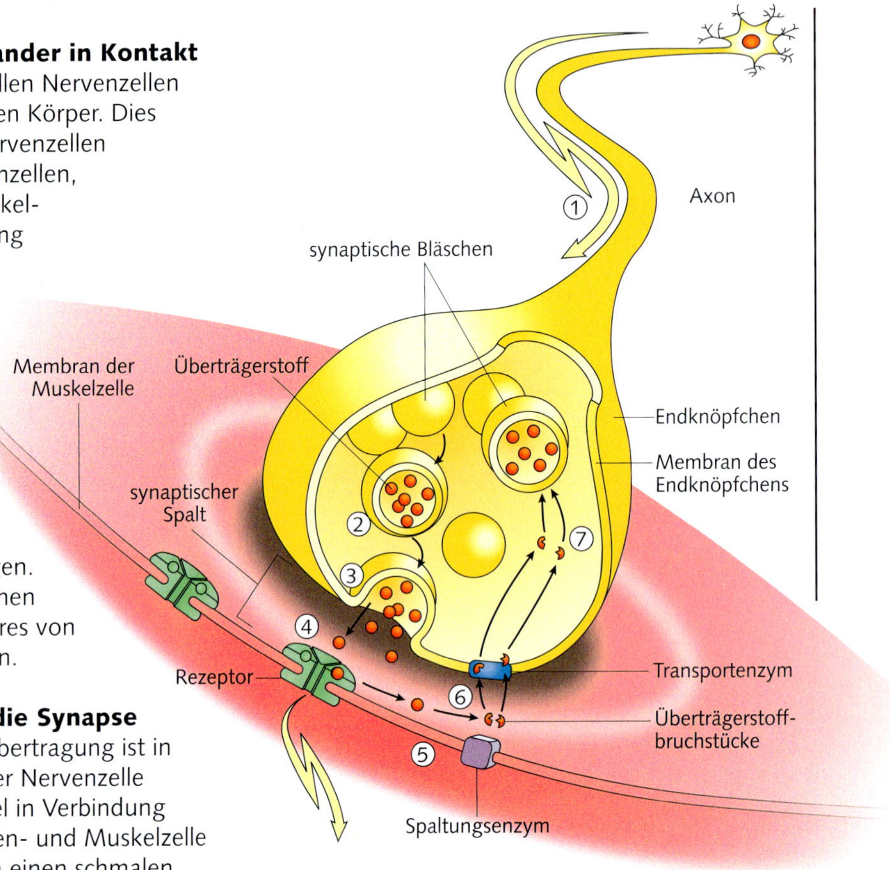

1 Ein elektrischer Impuls erreicht über das Axon das Endknöpfchen ...

2 ... und bewirkt dort, dass einige der mit Überträgerstoff gefüllten synaptischen Bläschen ...

3 ... mit der Membran des Endknöpfchens verschmelzen und den Überträgerstoff in den synaptischen Spalt abgeben.

4 Der Überträgerstoff überquert den Spalt und gelangt zum Rezeptor. Dort gibt es einen Bereich, an den Überträgerstoffmoleküle andocken können (Schlüssel-Schloss-Prinzip). Der Rezeptor ruft daraufhin einen neuen elektrischen Impuls hervor, bevor ...

5 ... sich der Überträgerstoff wieder ablöst und schließlich von einem Spaltungsenzym gespalten wird. Die inaktiven Bruchstücke ...

6 ... werden wieder in das Endknöpfchen transportiert, ...

7 ... wo sie wieder zu neuem Überträgerstoff zusammengesetzt werden, der in synaptische Bläschen „verpackt“ wird.

1 Struktur und Funktion einer Synapse

Berührungsloser Kontakt – die Synapse

Der Ablauf dieser Informationsübertragung ist in der Abbildung 1 am Beispiel einer Nervenzelle dargestellt, die mit einem Muskel in Verbindung steht. Dabei berühren sich Nerven- und Muskelzelle jedoch nicht, sondern sind durch einen schmalen Spalt voneinander getrennt. Endknöpfchen, Spalt und der hinter dem Spalt liegende Bereich der Folgezelle bilden zusammen die **Synapse.** Die Membranen vor und hinter dem Spalt enthalten jeweils ganz bestimmte Proteine. Außerdem findet man im Endknöpfchen zahlreiche kleine ▸Membranvesikel, die **synaptischen Bläschen.** Sie sind mit einem ganz bestimmten chemischen Stoff gefüllt, den man **Überträgerstoff** nennt. ▸Enzyme und der Überträgerstoff ermöglichen in Verbindung mit dem Bau der Synapse die Übertragung von Informationen von einer Zelle auf eine andere.

Empfindliches System

Die Synapse ist ein fein abgestimmtes System. Durch Eingriffe, etwa von Medikamenten, Giften oder Drogen, kann sie gestört werden und dann nicht mehr richtig funktionieren. So blockieren beispielsweise bestimmte Schmerzmittel die Ausschüttung des Überträgerstoffes in Synapsen, die für das Schmerzgefühl verantwortlich sind. Somit spürt man keine Schmerzen mehr. Auf die Dauer reagiert der Körper aber auf das Ausbleiben der Empfindung. Dann führen schon kleinste Mengen des Überträgerstoffes zu starken Schmerzen.

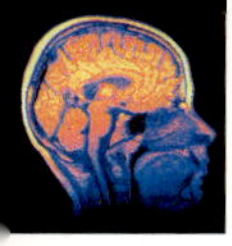

Das Rückenmark – Schaltzentrale für Reflexe

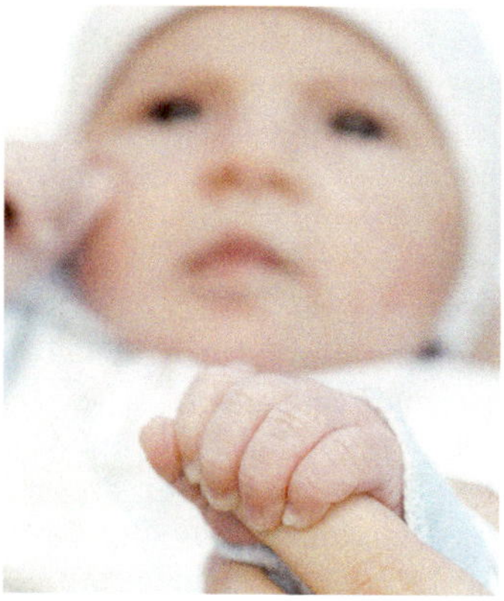

1. Säuglinge krallen sich oft mit ihren kleinen Händchen fest um Finger, Haare oder um die Kleidung des Menschen, der sie auf dem Arm hat. Dieser angeborene ▸Greifreflex geht im Laufe des ersten Lebensjahres wieder verloren.
Erkläre den Greifreflex aus der ▸Evolution des Menschen. Welche Bedeutung hatte der Reflex für unsere Vorfahren?

2. Informiere dich über weitere Reflexe, die nur bei Säuglingen auftreten. Berichte, durch welche Reize die Reflexe jeweils ausgelöst werden, welche Reaktionen erfolgen und warum viele dieser Reflexe lebenswichtig sind.

3. Führt folgenden Versuch zur Funktionsweise des Kniesehnenreflexes zu zweit durch.
a) Die Versuchsperson setzt sich entspannt hin und schlägt die Beine übereinander. Der andere schlägt dann nicht zu fest mit der Handkante oder einem Reflexhammer unterhalb der Kniescheibe auf das oben liegende Bein.
b) Beschreibt die Reaktion auf den Schlag.
c) Erläutert mithilfe des Informationstextes und der Abbildung 1B die einzelnen Vorgänge vom Schlag bis zur Muskelreaktion in den Schritten 1 bis 5.

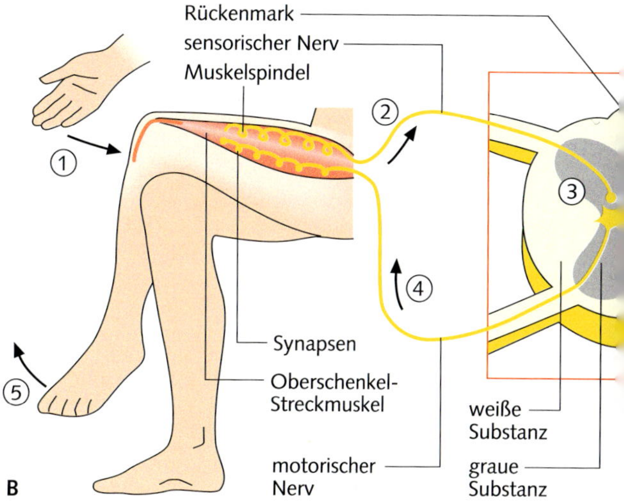

B

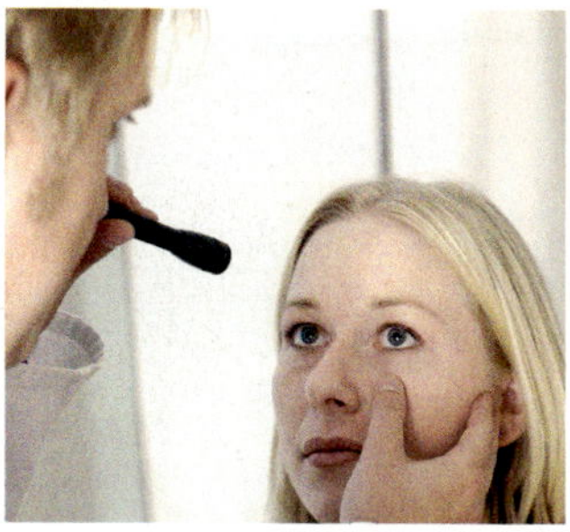

4. Welcher Reflex wird hier vom Arzt getestet? Informiere dich, was das Testergebnis über den Zustand eines Verletzten aussagen könnte, und berichte.

5. Übertrage die unten stehende Tabelle in dein Heft und vervollständige sie, indem du alle im Informationstext genannten Reflexe berücksichtigst.

Name des Reflexes	auslösender Reiz	Reaktion	Funktion des Reflexes
Lidschluss-reflex	z. B. Berührung des Auges, Wind	Augenlid schließt sich	Schutz vor Verletzung der Hornhaut

6. Vergleiche die Lage der grauen und der weißen Substanz beim Rückenmark und beim ▸Großhirn.

7. Eine Querschnittslähmung kann durch einen schweren Verkehrsunfall verursacht sein. Informiere dich und berichte über die Ausfallerscheinungen, mit denen die Patienten leben müssen. Wie lassen sich die Symptome erklären und wie hängen sie von der Lage der Verletzung des Rückenmarks ab?

Reflexe garantieren sichere Reaktionen

Wir könnten keinen sicheren Schritt machen, weder auf gerader Straße noch in unebenem Gelände, wenn wir die Spannung jedes einzelnen Muskels bewusst steuern wollten. Wir planen zwar, wo wir langgehen wollen, und erkennen mit den Augen den nächsten Tritt, aber die Feinregulierung der Muskeln erfolgt über verschiedene **Reflexe.** Das sind automatisch ablaufende Reaktionen, die nicht erlernt werden müssen und zumeist ein Leben lang erhalten bleiben. Sie beruhen auf relativ festen Verschaltungen zwischen Nervenzellen, sodass auf einen bestimmten Reiz hin eine automatische Reaktion stattfindet.
Viele Reflexe dienen dem Schutz des Körpers oder gar dem Überleben. Beispiele sind der Atemreflex, der Schluckreflex, der Brechreflex, der Hustenreflex, der Niesreflex, der Lidschlussreflex und der Stolperreflex.

1 Kniesehnenreflex.
A *beim Gehen;* **B** *im Test;*
C *Schema*

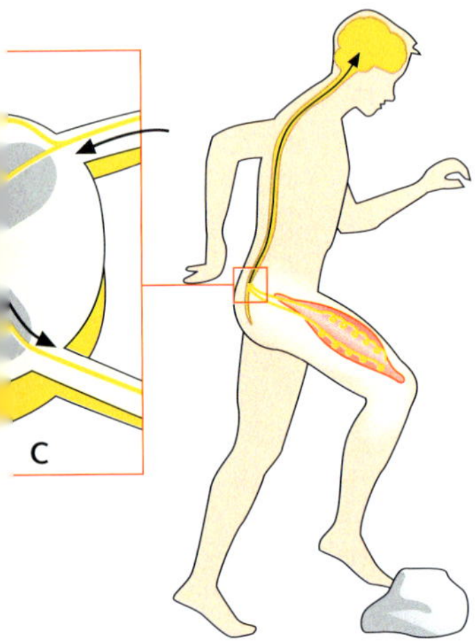

Der Kniesehnenreflex

Bleiben wir beim Gehen zum Beispiel an einem Stein hängen, so stolpern wir vielleicht, aber stürzen nicht unbedingt. Eine plötzliche Dehnung eines Muskels, in diesem Fall des Oberschenkelstreckmuskels, wird von einer so genannten Muskelspindel als Reiz registriert. Ein sensorischer Nerv meldet dies ans Rückenmark, wo die Information direkt auf eine motorische Nervenzelle umgeschaltet wird, die den Oberschenkelstreckmuskel veranlasst, sich zusammenzuziehen und das Bein zu strecken. Da hierfür nur ein einziger synaptischer Umschaltvorgang nötig ist, erfolgt der Reflex sehr schnell, noch bevor wir überhaupt bewusst wahrnehmen, dass wir gestolpert sind.
Dieser Stolperreflex kann als so genannter **Kniesehnenreflex** auch ausgelöst werden, wenn durch einen Schlag die Kniesehne des Oberschenkelstreckmuskels plötzlich gedehnt wird.
Parallel zur Auslösung des Reflexes wird die Nachricht auch ans Gehirn geleitet, wo weitere Verarbeitungen stattfinden. Beispielsweise werden von hier aus zusätzliche Korrekturschritte oder das Vorstrecken der Arme ausgelöst, um einen eventuellen Sturz aufzufangen. Die meisten anderen Reflexe laufen so über mehrere Nervenzellen als Zwischenstationen ab.

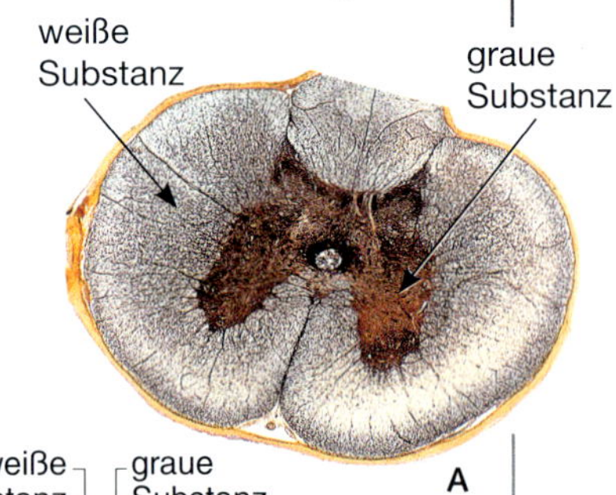

Das Rückenmark – gut geschützt und doch gefährdet

Das Rückenmark ist also einerseits eine wichtige Umschaltzentrale für Reflexe, andererseits stellt es die Nachrichtenverbindung zwischen dem Gehirn und den verschiedenen Körperbereichen her. Auch am Bau des Rückenmarks kann man diese beiden Funktionen unterscheiden: in der innen liegenden grauen Substanz befinden sich die Zellkörper der Nervenzellen mit den Synapsen für die zahlreichen Verschaltungen, während in der weißen Substanz die Nervenfasern für die schnelle Nachrichtenübermittlung verlaufen.

Das Rückenmark wird entlang der **Wirbelsäule** von den Wirbeln umschlossen und liegt gut geschützt im Wirbelkanal. Zwischen den einzelnen Wirbeln treten gebündelte Nervenfasern aus, die in alle Bereiche des Körpers führen. Wird die Wirbelsäule verletzt oder werden Wirbelkörper oder Bandscheiben verschoben, so kann dies zu starken Schmerzen und zu erheblichen Störungen des Nervensystems führen. Bei einer **Querschnittslähmung** ist der Körper unterhalb der Verletzungsstelle gefühllos und bewegungsunfähig.

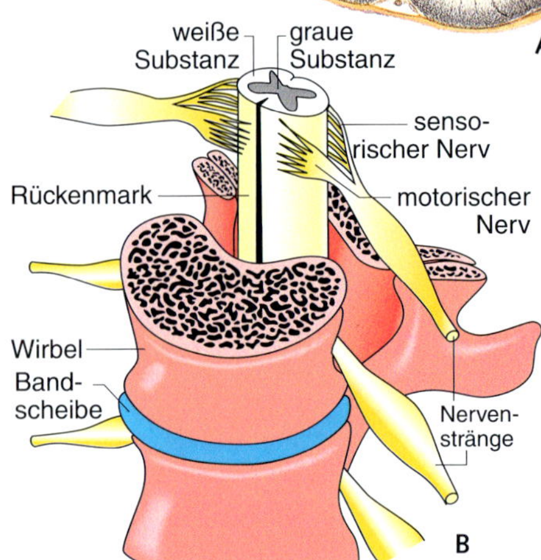

2 Rückenmark. A *im Querschnitt;* **B** *Lage im Wirbelkanal*

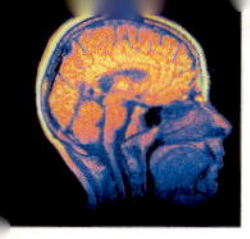

Das Gehirn – Steuerzentrale für Verhalten

1. a) Jonglieren ist eine komplizierte Tätigkeit. Liste auf, welche Wahrnehmungen dabei stattfinden und welche Bewegungen gesteuert werden müssen.
b) Ordne den unter a) genannten Leistungen die daran hauptsächlich beteiligten Gehirnbereiche zu.
c) Jonglieren zu lernen ist schwer, aber es macht Spaß. Beschreibe in allgemeiner Weise, was beim Lernen im Gehirn stattfindet. Welche Rolle spielt der „Spaß" dabei?
d) Jonglieren fördert Wahrnehmung, Konzentration und Bewegungskoordination. Nenne weitere Tätigkeiten, die das Gehirn auf vergleichbar vielfältige Weise trainieren.

2. Erkläre, welche Bedeutung es für die Funktion des Großhirns hat, dass die graue Substanz außen in der Großhirnrinde liegt und die Großhirnrinde zudem stark gefaltet ist.

3. Erstellt in Gruppen Collagen, die die Arbeitsteilung zwischen den beiden Hälften des Großhirns veranschaulichen.

4. Koma-Patienten zeigen keine Anzeichen einer bewussten Wahrnehmung oder willkürlicher Bewegungen. Trotzdem atmen, schlucken, husten oder niesen sie. Welche Hirnteile funktionieren bei ihnen offensichtlich noch und welche nicht?

5. a) Recherchiert zum Thema „Richtig Lernen" im Internet und in den zahlreichen dazu verfügbaren Ratgebern. Erstellt eine eigene Broschüre mit Lerntipps, die ihr für sinnvoll haltet.
b) Überprüft und begründet, inwiefern die Tipps die Arbeitsweise des Gehirns beim Lernen berücksichtigen.

6. Beschreibe anhand der nebenstehenden Abbildung, wie das Gehirn natürlicherweise geschützt ist.

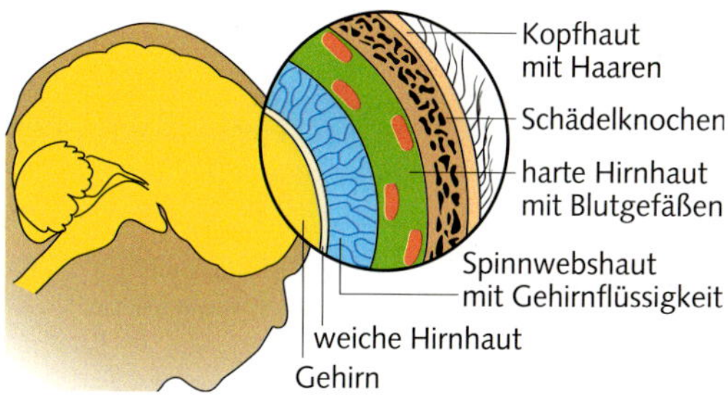

7. Bei einem K.-o.-Schlag an den Kopf prallt das Gehirn an die harten Schädelknochen. Dabei werden Gehirnbereiche gestaucht und nicht mehr ausreichend mit Sauerstoff versorgt. Der Getroffene sieht „Sterne" und wird bewusstlos.
a) Beschreibe weitere Situationen, in denen es zu ähnlichen Verletzungen kommen kann.
b) Mache Vorschläge, wie man sich schützen kann.

8. Die bekanntesten Überträgerstoffe im Gehirn sind Acetylcholin, Serotonin, Dopamin und Noradrenalin. Finde ihre Bedeutung für unser Handeln und unsere Gefühle heraus. Nutze hierfür zum Beispiel das Internet.

Netzwerk Gehirn

Lesen, schreiben, rechnen, Probleme lösen, Fahrrad fahren, jonglieren, Glück empfinden, Telefonnummern kennen, schlafen und vieles mehr – wie soll diese wabbelige, graue, knapp 1,5 kg schwere Masse, die wir Gehirn nennen, das alles leisten?

Es ist ein Netzwerk aus etwa 100 Milliarden ▸Nervenzellen, die über mehr als 1 Billiarde ▸Synapsen miteinander kommunizieren, das diese gewaltige Leistung vollbringt.
Je nach Beanspruchung wird dieses Netzwerk laufend umgebaut und passt sich so veränderten Bedingungen an.
Unterstützt werden die Nervenzellen durch ▸Hüllzellen, die für eine gute elektrische Isolierung der Nervenfasern sorgen und zusätzlich Aufgaben im Hirnstoffwechsel übernehmen. Das Gehirn benötigt viel ▸Energie und wird für die ▸Zellatmung reichlich mit Traubenzucker als Energiespender und Sauerstoff versorgt. Es verbraucht allein etwa 20 % des Sauerstoffs in einem ruhenden Organismus. Unterbrechungen der Blutversorgung des Gehirns führen umgehend zu schweren Funktionsstörungen und können bereits nach wenigen Minuten bleibende Hirnschäden zur Folge haben.

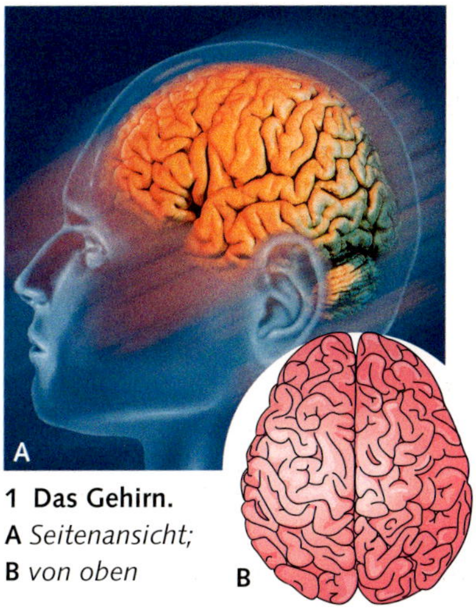

1 Das Gehirn.
A *Seitenansicht;*
B *von oben*

Bau und Funktion des Gehirns

Das Gehirn besteht aus mehreren Teilen, die zwar eng zusammenarbeiten, aber auf verschiedene Aufgaben spezialisiert sind. Abbildung 2 gibt hierzu eine Übersicht.

Beim Menschen ist das **Großhirn** besonders stark entwickelt. Die Großhirnrinde ist gefaltet und bietet durch die **Oberflächenvergrößerung** viel Platz für die außen liegende graue Substanz, wo sich die Zellkörper der Nervenzellen und die synaptischen Verknüpfungen befinden.
Im Großhirn erfolgen die bewussten Wahrnehmungen und Bewegungssteuerungen, aber auch Denken, Erinnern und das Sprachvermögen sind hier lokalisiert. Das Großhirn besteht aus zwei Hälften, die über den Balken miteinander verbunden sind. Dabei sind die Aufgaben auf die beiden Großhirnhälften ungleich verteilt. Die linke Hälfte verarbeitet Nachrichten aus der rechten Körperseite und steuert diese. Für die rechte Hirnhälfte gilt das Umgekehrte. Sprache und logisches Denken erfolgen überwiegend in der linken Großhirnhälfte, die rechte ist eher für räumliches Vorstellungsvermögen, Musikalität und Kreativität zuständig. Die Arbeitsweise des Gehirns ist noch nicht vollständig

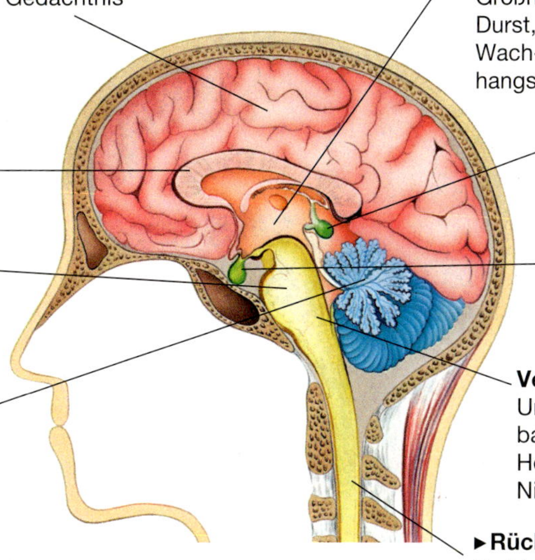

2 Gehirnteile und ihre Funktionen

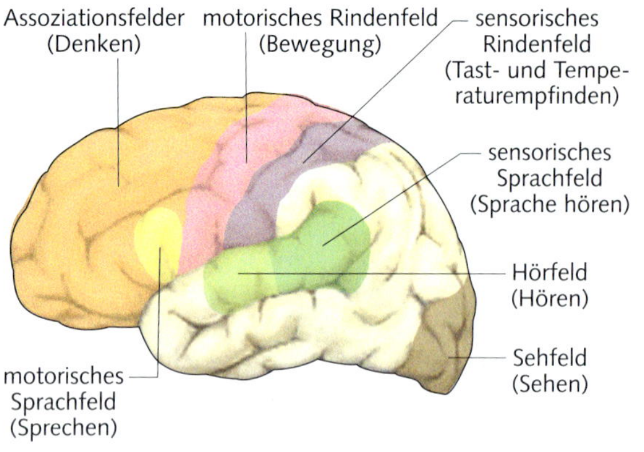

3 Rindenfelder des Großhirns

erforscht, man weiß aber, dass so genannte **Rindenfelder** für bestimmte Funktionen zuständig sind.

Gefühle

Gefühle können lebenswichtig sein. Sie steuern unser Verhalten, indem sie uns zum Beispiel vor Gefahren warnen. Durch Mitgefühl und Zuneigung helfen sie, unseren Platz in der Gemeinschaft zu finden. Gefühle wie Angst, Freude, Zufriedenheit, aber auch Hunger, Durst und sogar Liebe entstehen im Gehirn. Zwar ist man weit davon entfernt, dies vollständig zu verstehen, aber so viel ist sicher: Im Zusammenspiel von Großhirn und Zwischenhirn, im so genannten **limbischen System,** werden bestimmte ▸Überträgerstoffe an Synapsen ausgeschüttet, die das weitere Verhalten beeinflussen.

Ähnlich wirkende Stoffe können aber auch über das Blut zugeführt werden. So können psychische Erkrankungen mit Medikamenten behandelt werden. Viele ▸Drogen beeinflussen ebenfalls die Gehirnfunktionen und machen das Gefühlsleben des Menschen abhängig von der „Stoff"-Zufuhr von außen. Harmloser ist es da, dann und wann Bananen, Feigen oder Schokolade zu essen, die den Aufbau von Serotonin fördern, einem Überträgerstoff, der gute Laune hervorruft.

Lernen und Gedächtnis

Abgesehen von manchen ▸Reflexen oder ▸angeborenen Verhaltensweisen können wir durch ▸Lernen unser Verhalten flexibel neuen Situationen anpassen. Dabei führen zuvor gemachte Erfahrungen zu einer Umstrukturierung von ▸Synapsen im Gehirn. Manche Synapsen werden neu aufgebaut oder gefestigt und die Nervenimpulse bahnen sich hier schneller ihren Weg, andere werden unterdrückt oder ganz abgebaut. Je nach Dauerhaftigkeit unterscheidet man verschiedene **Gedächtnisstufen.** Nur wirklich Wichtiges oder oft Gebrauchtes wird dauerhaft ins Langzeitgedächtnis übernommen. Aber was ist wichtig? Wichtig ist, was Vorteile bringt. Dieser Erfolg, oder auch nur der zu erwartende Erfolg, ist oft die wichtigste Antriebskraft für das Lernen. Ein inneres Belohnungssystem im Gehirn wirkt über den Überträgerstoff Dopamin. Es bewertet Lernsituationen und motiviert uns, das Richtige zu lernen – seien es nun Vokabeln oder den Umgang mit einem neuen Handy.

Sensorisches Gedächtnis
In diesem Ultrakurzzeitgedächtnis verursachen die Sinneseindrücke für Sekundenbruchteile schnell abklingende Nervenimpulse.

Arbeitsgedächtnis
In diesem Kurzzeitgedächtnis können in den Assoziationsfeldern der Großhirnrinde Nervenimpulse laufen und sekundenlang etwa 7 Gedächtnisinhalte gleichzeitig präsent halten.

Langzeitgedächtnis
Viel genutzte Synapsen werden zunächst vorübergehend verstärkt. In einem zweiten Schritt werden Synapsen im Großhirn dauerhaft gefestigt, neue angelegt oder nicht gebrauchte abgebaut. Die Nervenimpulse laufen auf neuen, schnelleren Bahnen. Das Gelernte kann lebenslang erhalten bleiben.

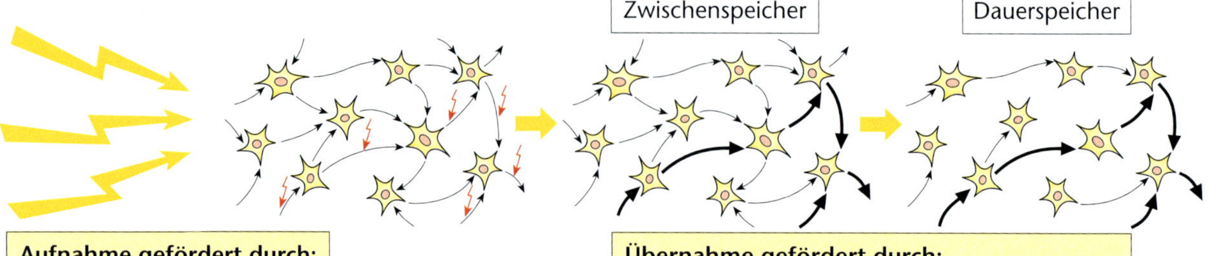

Aufnahme gefördert durch:
- Aufmerksamkeit
- Neuigkeitswert
- gefühlsmäßige Bedeutung

Übernahme gefördert durch:
- Bedeutung, positive oder negative Gefühle
- sinnvolle und mehrfache Verknüpfung
- Wiederholung, variantenreich, nicht langweilig
- Schlaf

4 Gedächtnisstufen

Gesundes und krankes Gehirn

Methoden der Hirnforschung

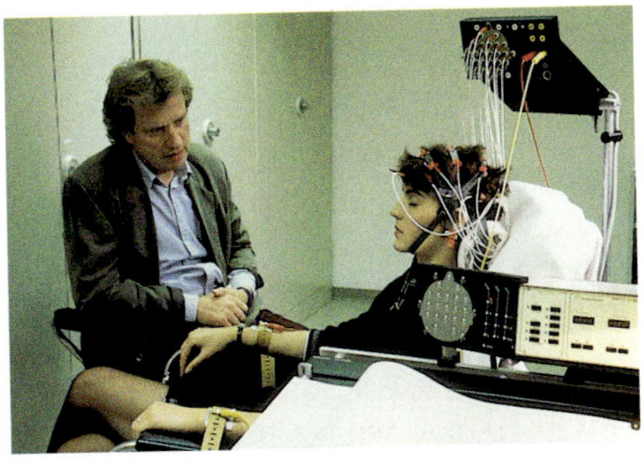

Beim **EEG,** dem **E**lektro**e**ncephalo**g**ramm, werden Hirnströme gemessen. Sie geben Aufschluss über die Hirnaktivität.

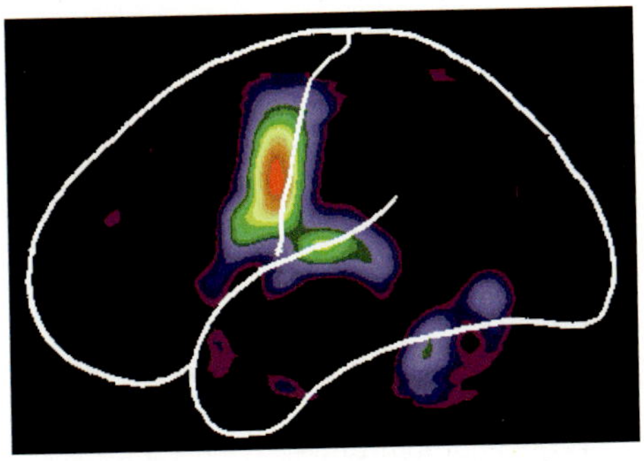

Spezielle **Computertomografien** zeichnen die verstärkte Durchblutung besonders aktiver Hirnregionen auf – hier beim Sprechen.

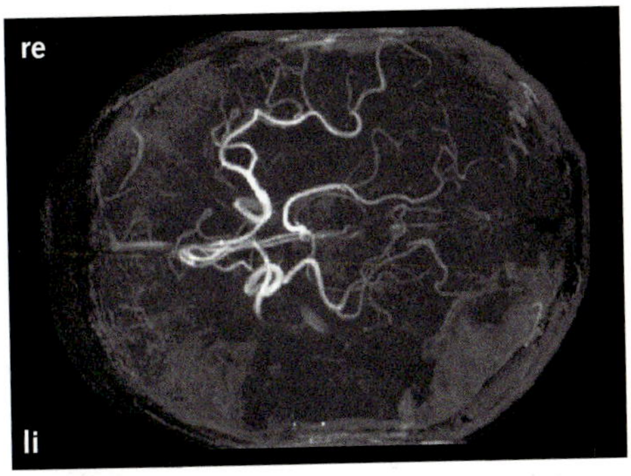

Das Bild zeigt eine Röntgenaufnahme mit einem Kontrastmittel. Zu sehen ist die Durchblutungsstörung nach einem Schlaganfall in der linken Hirnhälfte. Patienten leiden nach Schlaganfällen, bei Verletzungen oder Tumoren unter ganz bestimmten **Funktionsausfällen.**

Durch Kombination dieser Methoden kann man bestimmte Funktionen bestimmten Hirnregionen zuordnen.

Epilepsie

Bei einem epileptischen Anfall kommt es zu plötzlich auftretenden Muskelkrämpfen. Der Betroffene zuckt unkontrolliert mit Armen und Beinen und wird dann meist bewusstlos oder schläft tief. Für diese Erscheinungen sind ungewöhnliche elektrische Entladungen im Gehirn verantwortlich. Sie lassen sich mithilfe eines EEGs untersuchen.
Epilepsie kann vielfältige Ursachen haben. Eine Therapie ist mit Medikamenten heute meistens möglich.

Hirnhautentzündung (Meningitis)

Von einer Hirnhautentzündung sind häufig Kinder oder Jugendliche betroffen. Ursache sind oft ▸Bakterien, die man Meningokokken nennt. Gelangen die Erreger durch offene Wunden oder nach einer Schwächung des Immunsystems ins Gehirn, kommt es zu Fieber, starken Kopfschmerzen, Übelkeit und der typischen Steifheit des Nackens. Hier muss der Arzt umgehend mit ▸Antibiotika helfen, damit keine Spätfolgen wie Erblindung oder gar der Tod eintreten. Aber auch behandelt endet eine Hirnhautentzündung oft tödlich.

1. a) Vergleiche das gezeigte computertomografische Bild mit den ▸Rindenfeldern des Großhirns. Welche Rindenfelder sind hier aktiv?
b) Beschreibe, wie sich das Bild bei anderen Aktivitäten der Testperson wie Lesen oder Musikhören vermutlich verändern würde.

2. Der im Bild gezeigt Schlaganfall betrifft die linke Großhirnhälfte. Welche Ausfallerscheinungen sind bei dem Patienten zu befürchten?

3. Suche Informationen über weitere Erkrankungen des Gehirns oder Nervensystems wie Parkinson, Alzheimer oder Multiple Sklerose. Beschreibe jeweils Ursachen, Symptome und Behandlungsmöglichkeiten.

4. Das Ableiten von Gehirnströmen kann man bereits zur Steuerung von Computern mithilfe von Gedanken nutzen. Recherchiere und berichte über solche BCIs (Brain-Computer-Interfaces).

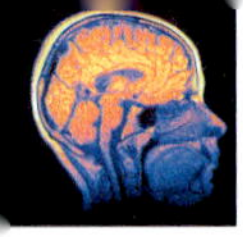

Das vegetative Nervensystem – Steuerung innerer Organe

1. Erkläre mithilfe der Wirkungen von Sympathikus oder Parasympathikus,
a) dass „die Augen vor Schreck geweitet" sind.
b) dass jemand vor Müdigkeit „schon ganz kleine Augen" hat.
c) dass man bei einer Bronchitis zumeist abends oder nachts von Husten gequält wird.
d) dass einem vor Aufregung der „Appetit vergeht".
e) dass es bei Jungen in der Pubertät gerade nachts zu einer Erektion kommt.

2. Warum soll man nach einer guten Mahlzeit nicht gleich Sport treiben?

3. Beschreibe eine Situation beim Essen, die der Arbeitsweise des vegetativen Nervensystems nicht entspricht und eine, die ihr entgegenkommt.

4. Der Sympathikus wirkt mit dem Überträgerstoff Noradrenalin auf die Zielorgane ein. Dieser Stoff ähnelt chemisch dem Hormon ▸Adrenalin.
a) Beschreibe die Wirkungen von Adrenalin.
b) Beschreibe das Zusammenwirken von Nerven- und Hormonsystem am Beispiel ▸Stress.

5. Das vegetative Nervensystem arbeitet zwar unwillkürlich, aber da es über das Gehirn gesteuert wird, gibt es doch gewisse Einflussmöglichkeiten.
a) Recherchiere, welche Körperfunktionen zum Beispiel durch mentales Training, durch autogenes Training, durch Yoga oder andere Übungsformen beeinflusst werden können.
b) Stellt einige Übungen in der Klasse vor. Wie könntet ihr geeignete Situationen schaffen, damit auch Entspannungsübungen funktionieren?

6. Eine Präsentation vor der Klasse wird unbewusst als „Gefahrensituation" eingestuft. Beschreibe körperliche Reaktionen, die in solchen Situationen typischerweise auftreten. Erkläre sie mit den Wirkungen des vegetativen Nervensystems.

Einfluss des Sympathikus

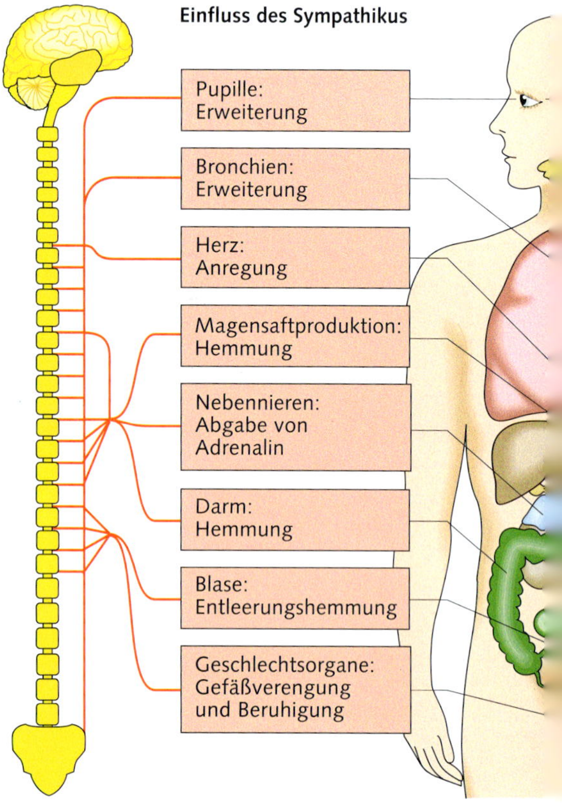

Fit für Leistung – durch den Sympathikus

Wir rennen, um noch schnell den Zug zu erreichen. Wir sind hellwach beim Volleyballspiel. In Gefahrensituationen handeln wir schnell und beherzt, ohne viel nachzudenken.
Auf diese Situationen stellt sich der Körper durch die Wirkung des **Sympathikus** ein. Das ist ein Teil des so genannten **vegetativen Nervensystems,** das ohne unseren Willen die Funktionen der inneren Organe steuert. Die Situationsbeurteilung erfolgt über das Großhirn und die gefühlsmäßige Bewertung durch das Zwischenhirn, das dann den einen oder anderen Teil des vegetativen Nervensystems aktiviert. Ist der Sympathikus aktiviert, sorgt er über eine Vielzahl von Nervensträngen, die seitlich aus dem Rückenmark austreten, dafür, dass das Herz schneller schlägt, der Blutdruck steigt und die Bronchien sich weiten. Die Schweißdrüsen nehmen schon einmal vorsorglich die Produktion auf und die Muskelspannung steigt. Die Verdauungsfunktionen werden vorübergehend eingestellt. Das Stresshormon ►Adrenalin wird ausgeschüttet, um die Aktivierung des Körpers zu unterstützen und länger anhalten zu lassen. Daneben weiten sich die Pupillen, die Aufmerksamkeit steigt, aber das ruhige Nachdenken und Abwägen wird unterdrückt. All dies ermöglicht schnelle, mit körperlicher Anstrengung verbundene Aktivitäten.

Einfluss des Parasympathikus

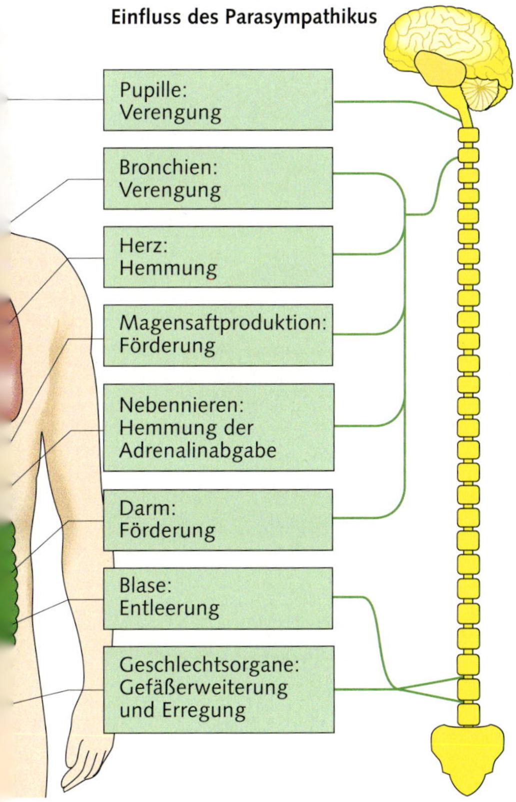

Erholung – durch den Parasympathikus

In der Ruhe wird der andere Teil des vegetativen Nervensystems aktiv. Der **Parasympathikus** ist der Gegenspieler des Sympathikus. Über andere Nervenstränge, die an wenigen Stellen das Rückenmark verlassen, erreicht er letztlich dieselben Organe und führt dort zu den entgegengesetzten Wirkungen. Magensaftproduktion und Darmbewegungen fördern die Verdauung. Blutdruck und Herzfrequenz sinken, die Bronchien und auch die Pupillen verengen sich. Der Körper erholt und regeneriert sich. Auch für ein ungestörtes Liebesleben ist jetzt die nötige Entspannung da.

Schädliches Gegen- oder harmonisches Zusammenspiel?

Nicht immer sind uns die Wirkungen des vegetativen Nervensystems angenehm. In ►Stresssituationen wie bei einem Bewerbungsgespräch wird der Sympathikus aktiviert. Das Herz klopft, der Kopf wird rot und die Hände feucht. Aber anstatt wegzurennen oder andere körperliche Aktivitäten zu entfalten, sollen wir auf schwierige Fragen antworten – und haben plötzlich eine Denkblockade.
Wollen wir nach dem Mittagessen gleich weiterlernen, macht uns der Parasympathikus Probleme und stellt uns eher auf eine Ruhepause ein. Es kann auf die Dauer zu Verdauungsproblemen führen, wenn man sich zum Essen nicht die nötige Zeit nimmt.
Erst das harmonische Zusammenspiel von anregendem Sympathikus und entspannendem Parasympathikus sorgt für ein ausgewogenes Wohlbefinden zwischen Leistung und Ruhe.

1 Erwünschte (oben) und unerwünschte (unten) Wirkungen des vegetativen Nervensystems

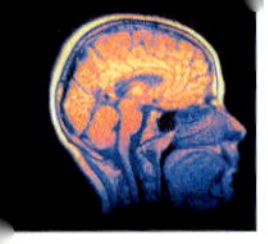

Die Chemie muss stimmen – das Hormonsystem

1. Das Thyroxin der Schilddrüse wirkt noch in einer Verdünnung von 1 : 500 000 000.
a) In wieviel Litern Wasser ist dann 1 g Thyroxin noch wirksam?
b) Welche Folgerung ziehst du aus dem Ergebnis der Aufgabe a)?

2. Erkläre anhand der nebenstehenden vereinfachten Darstellung die Informationsübertragung und Wirkung der Hormone.

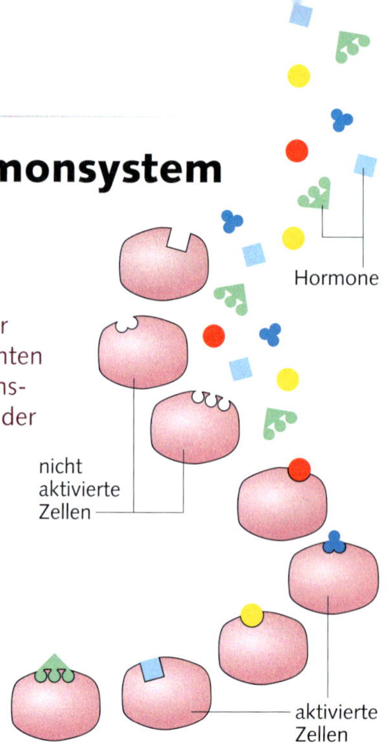

3. Bildet 7 Teams zu jeweils einer der unten aufgeführten Hormondrüsen. Jedes Team informiert sich über die Hormone, die von der jeweiligen Hormondrüse erzeugt werden sowie über deren Wirkungen.
Haltet über eure Ergebnisse einen Kurzvortrag. Gestaltet zur ▸Visualisierung eures Vortrages zum Beispiel eine Computerfolie.

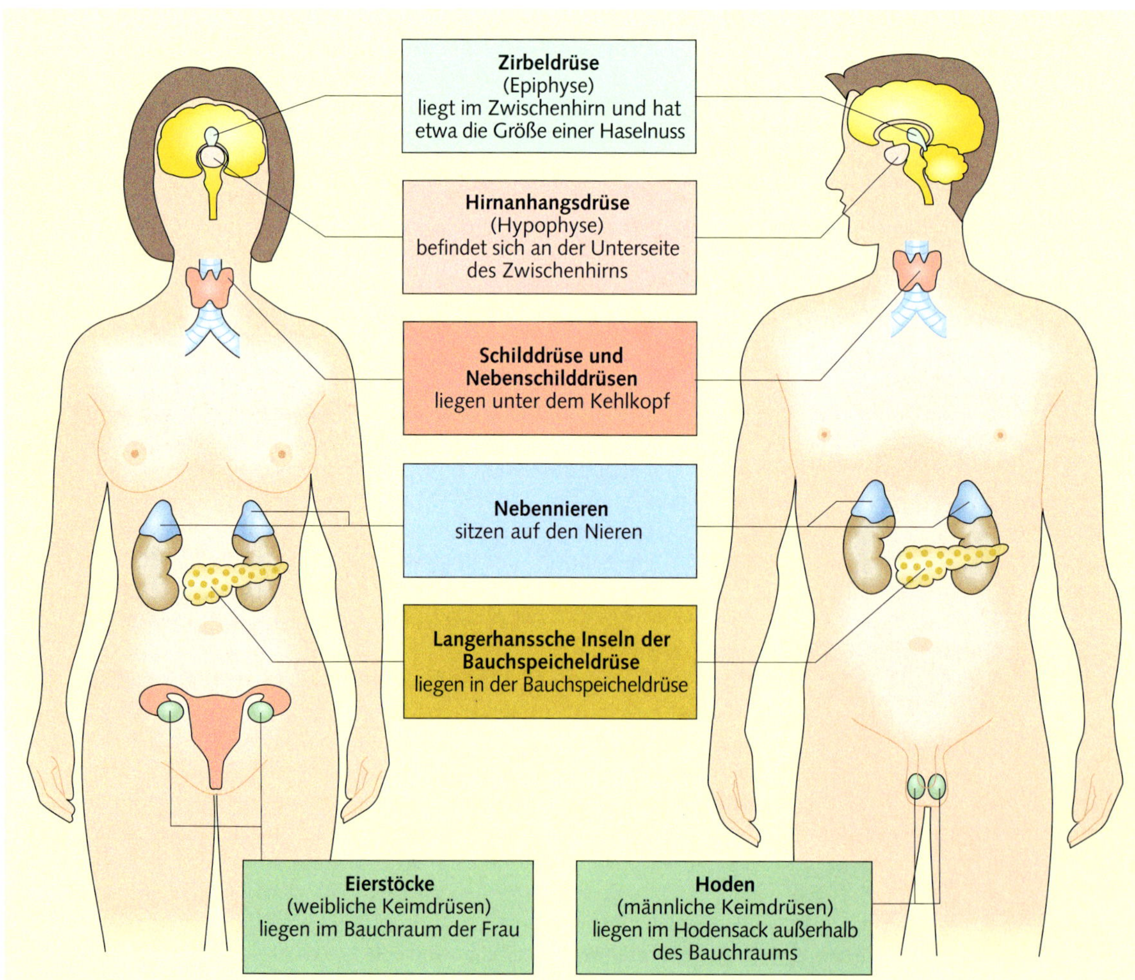

Was sind Hormone?

Hormone sind chemische **Botenstoffe,** die in kleinsten Mengen wirken. Unser Körper produziert sie in speziellen Drüsenzellen. Ein weiterer Teil von ihnen wird in Körpergeweben wie etwa der Magenschleimhaut gebildet, zum Beispiel zur Anregung der Magenbewegung. Ein anderer Teil entsteht in bestimmten Bereichen des Nervensystems, wie etwa im ▸Zwischenhirn. Hormone steuern Stoffwechselvorgänge. Sie beeinflussen das Körperwachstum und die Entwicklung. Sie haben auch Einfluss auf unser Gefühlsleben und können sowohl positive als auch negative Stimmungen hervorrufen. Sie können heilen oder auch krank machen.

Hormondrüsen

Die meisten Hormone werden in speziellen ▸Organen gebildet, die ausschließlich der Hormonproduktion dienen. Solche **Hormondrüsen** sind zum Beispiel die erbsengroße Hirnanhangsdrüse, auch Hypophyse genannt, sowie die unterhalb des Kehlkopfes liegende Schilddrüse. Die Hormondrüsen geben die von ihnen gebildeten Hormone direkt ins Blut ab. Diese werden mit dem Blutstrom im ganzen Körper verteilt und gelangen so zu den einzelnen Organen. Trotz der vielen Botenstoffe entsteht kein Chaos im Körper, denn die Mengen der einzelnen Hormone sind aufeinander abgestimmt.

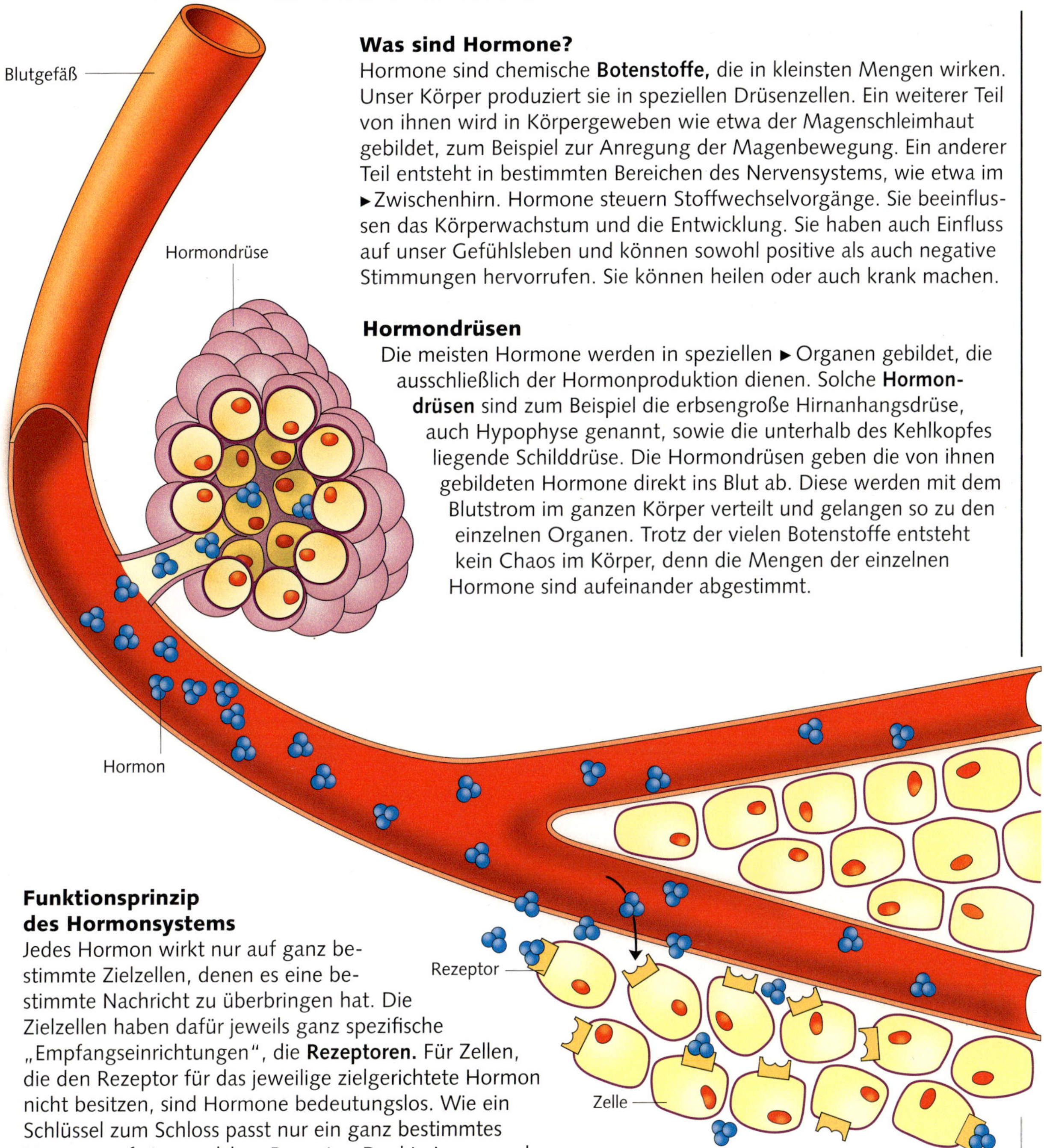

1 Funktionsprinzip des Hormonsystems

Funktionsprinzip des Hormonsystems

Jedes Hormon wirkt nur auf ganz bestimmte Zielzellen, denen es eine bestimmte Nachricht zu überbringen hat. Die Zielzellen haben dafür jeweils ganz spezifische „Empfangseinrichtungen", die **Rezeptoren.** Für Zellen, die den Rezeptor für das jeweilige zielgerichtete Hormon nicht besitzen, sind Hormone bedeutungslos. Wie ein Schlüssel zum Schloss passt nur ein ganz bestimmtes Hormon auf einen solchen Rezeptor. Dockt ein passendes Hormon an einem bestimmten Rezeptor an, so reagiert die Zielzelle darauf mit ihrer spezifischen Wirkung. Diesen Vorgang bezeichnet man als **Schlüssel-Schloss-Prinzip.**

Nach der Reaktion und erfolgreichen Wirkung im Körper wird durch einen Regelmechanismus der entsprechenden Hormondrüse die Hormonproduktion gemindert oder ganz einstellt. Solche ▸Regelmechanismen verhindern Störungen in dem empfindlichen Gleichgewicht der Hormone. Das Gleichgewicht sorgt dafür, dass die von den Hormonen verursachten Wirkungen nicht zu stark werden oder zu lange anhalten. Äußerlich besonders deutlich wird dies beim Wachstum der Kinder und Jugendlichen. So werden Wachstumshormone vor allem von der Hypophyse abgesondert. Die Höchstwerte werden in der ▸Pubertät und in der Zeit danach erreicht, in der das Wachstum beschleunigt stattfindet. Danach nimmt die Menge der Wachstumshormone wieder ab.

Hormone regeln den Stoffwechsel

1. Erläutere mithilfe der beiden Abbildungen die allgemeinen Funktionsprinzipien eines Regelkreises am Beispiel eines Aquariums.

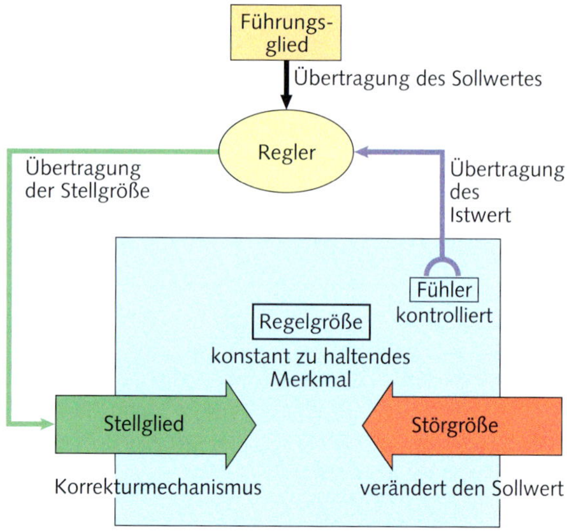

2. Erläutere das unten dargestellte Schema eines Regelkreises zur Regelung des ▸ Blutzuckergehaltes.

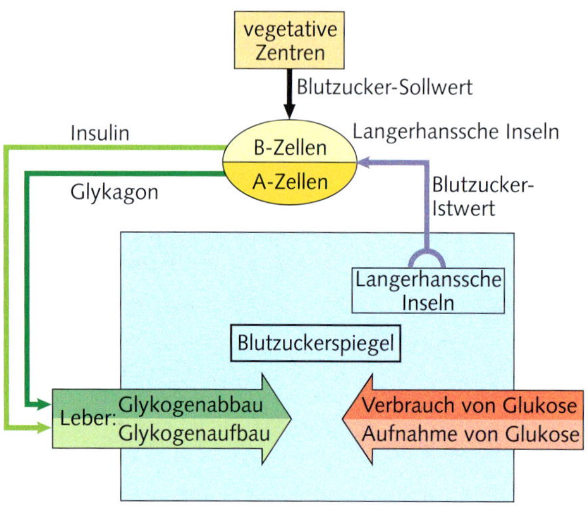

3. a) Ohne Rückkoppelung könnte unsere Körpertemperatur nicht reguliert werden. Begründe.
b) Stelle in einer Tabelle die Begriffe aus der Regeltechnik den entsprechenden Begriffen bei der Regelung des Thyroxingehaltes im Blut gegenüber.

4. Informiere dich über weitere Beispiele für Regelkreise bei biologischen, technischen und/oder physikalischen Sachverhalten und stelle sie in übersichtlicher Form gegenüber.

Regelkreise im menschlichen Organismus
Wichtige Stoffwechselvorgänge werden im menschlichen Organismus durch Hormone geregelt. Damit diese ihre gezielte Wirkung entfalten, muss stets eine genaue Menge davon im Blut vorhanden sein. Die Hormonkonzentrationen sind jedoch so gering, dass schon kleinste Abweichungen weitreichende gesundheitliche Folgen haben können. Daher ist eine Regelung für die Stimulation der Hormonausschüttung ins Blut oder eine Hemmung dieser Ausschüttung für jedes dieser Hormone vorhanden. Dieses System arbeitet als **Regelkreis.** Das Regelzentrum für die hormonelle Versorgung befindet sich im ▸ **Zentralnervensystem.**

Die Hypophyse

Eine übergeordnete Rolle unter den Hormondrüsen spielt die Hypophyse (Hirnanhangsdrüse). Sie liegt an der Unterseite des ▸ Zwischenhirns (Hypothalamus), mit dem sie in enger Beziehung steht. Die Hypophyse produziert neben Wachstumshormonen, die direkt im Körper wirksam werden, auch **Steuerungshormone.** Das sind Botenstoffe, die die Tätigkeit anderer Hormondrüsen steuern.

Ausgelöst wird die Produktion von Steuerungshormonen durch Nervenimpulse: Kommen vom Nervensystem entsprechende Informationen, produziert ein Teil des Hypothalamus ▸ Freisetzungshormone. Diese gelangen zur Hypophyse und bewirken, dass dort Steuerungshormone ins Blut abgegeben werden. Solche Hormone aktivieren dann die entsprechenden Hormondrüsen im Körper wie beispielsweise die männlichen und weiblichen ▸ Keimdrüsen, die Nebennierenrinde, die ▸ Langerhansschen Inseln in der Bauchspeicheldrüse oder die Schilddrüse.

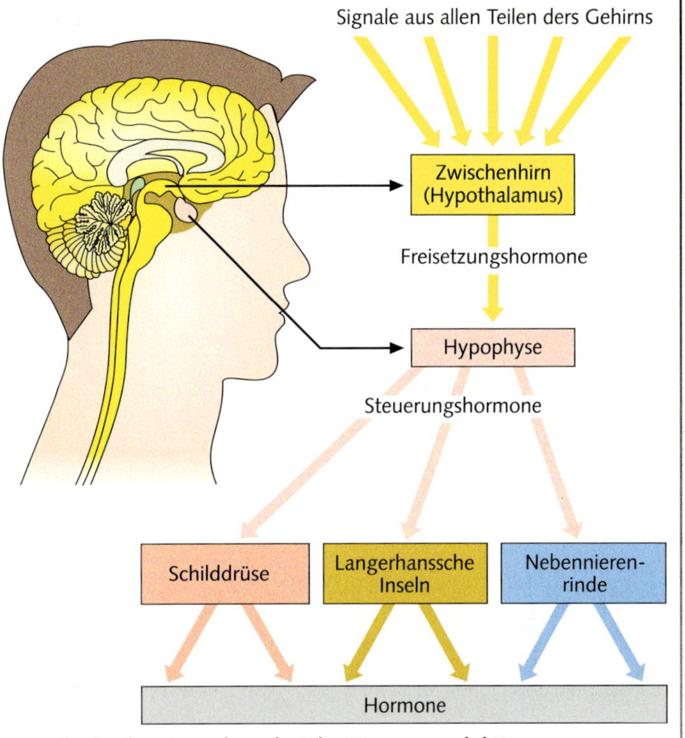

1 Aufgabe der Hypophyse bei der Hormonproduktion

Wirkungsweise der Schilddrüse

Am Beispiel der Schilddrüse lässt sich der Regelmechanismus der Körpertemperatur gut nachvollziehen. Im Blut ist immer eine bestimmte Menge des Hormons Thyroxin vorhanden. Mithilfe des Thyroxins wird der **Energieumsatz** des Körpers geregelt. Wenn wir frieren, gibt der Köper mehr Wärme an die Umgebung ab als er in der gleichen Zeit bilden kann. Dies hat Auswirkungen auf den Energieumsatz. Soll die Körpertemperatur weiterhin konstant bleiben, muss im Körper mehr Energie freigesetzt, und damit der Energieumsatz gesteigert werden. Diese Information wird durch Thyroxin übermittelt. Wenn die Köpertemperatur sinkt, bildet der Hypothalamus das Freisetzungshormon THR (Thyreotropin-Releasing-Hormon) und leitet es an die Hypophyse weiter. Die Hypophyse produziert daraufhin das Steuerungshormon TSH (Thyreoidea stimulierendes Hormon), das die Schilddrüse anregt, mehr Thyroxin zu produzieren. Durch die höhere Menge an Thyroxin im Blut wird der Stoffwechsel in den Zellen gesteigert. Vermehrt werden nun Nährstoffe unter Sauerstoffverbrauch abgebaut, wodurch die Körpertemperatur wieder steigt. Der erhöhte Thyroxinspiegel im Blut wirkt nun seinerseits wieder regelnd auf die Hypophyse ein. Wenn der vom Zwischenhirn und der Hypophyse gespeicherte Soll-Wert für Thyroxin überschritten ist, stoppt die Hypophyse die Produktion von TSH. Damit nimmt die Thyroxinabgabe der Schilddrüse wieder ab. Da das Hormon im Körper abgebaut wird, sinkt dann der Thyroxinspiegel langsam wieder. In diesem Gleichgewichtszustand spricht man dann von einem normalen Thyroxinspiegel im Blut.

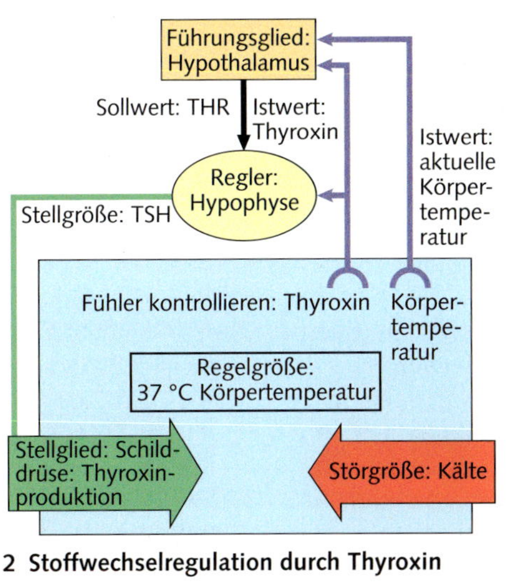

2 Stoffwechselregulation durch Thyroxin

Bei **Jodmangel** ist die Produktion von Thyroxin gestört. Denn das Hormon enthält als einen wichtigen Bestandteil Jod. Als Folge des Jodmangels beginnt die Schilddrüse sich zu vergrößern. Es entsteht ein Kropf, der im Lauf der Zeit zu ernsthaften Atem- und Schluckbeschwerden führen kann.

Hormone in der Anwendung

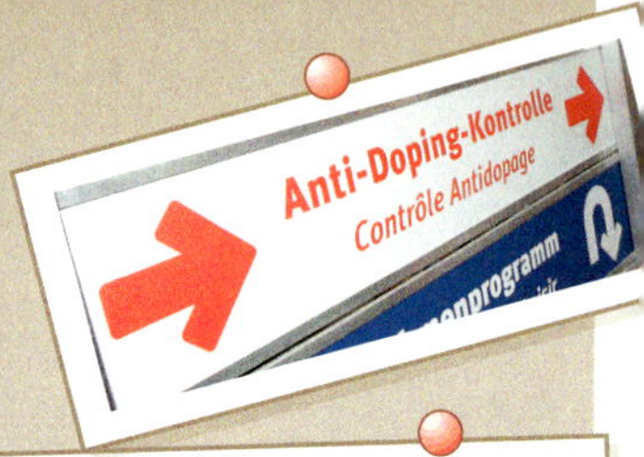

Bodybuilding

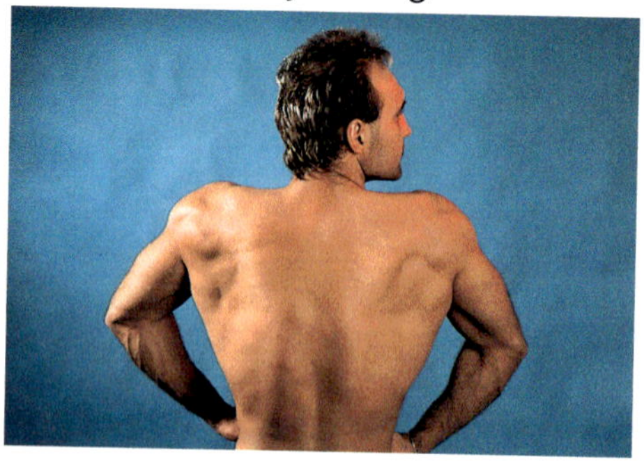

Die Muskelentwicklung bei Männern wird hauptsächlich auf die Wirkung der männlichen Sexualhormone zurückgeführt, vorwiegend auf das ▸Testosteron. Im Sport und beim Bodybuilding kann diese Wirkung durch Medikamente, die den Sexualhormonen sehr ähnlich sind, gezielt genutzt werden. Man nennt sie **Anabolika.** Diese haben jedoch schwere Nebenwirkungen. Sie fördern z. B. Leber- und Herzerkrankungen und führen bei Frauen zur Vermännlichung des Erscheinungsbildes.

Doping im Sport?

Als **Doping** bezeichnet man Maßnahmen zur Leistungssteigerung des Körpers beispielsweise durch chemische Substanzen.
Manche Leistungssportler greifen trotz Verbots auf solche Substanzen zurück. So ist das Medikament EPO einem Hormon sehr ähnlich, das die Bildung roter Blutkörperchen anregt. Daher wurde es zum Beispiel im Radsport illegalerweise für eine bessere Sauerstoffversorgung und damit verbunden für eine gesteigerte Energiegewinnung benutzt.
Doping ist mit hohen Risiken für die Gesundheit verbunden, da körpereigene Warnhinweise ausgeschaltet werden. Im Extremfall kann Doping tödlich enden.

1. Werden dem menschlichen Körper von außen Hormone zugeführt, kann dies positive, aber auch negative Folgen haben. Erläutere diese Aussage mithilfe der dargestellten oder weiterer Beispiele.

2. Weshalb werden Spitzensportler bei internationalen Wettkämpfen stichprobenartig zur Doping-Kontrolle gebeten? Erläutere.

Hormone in der Medizin: Cortison

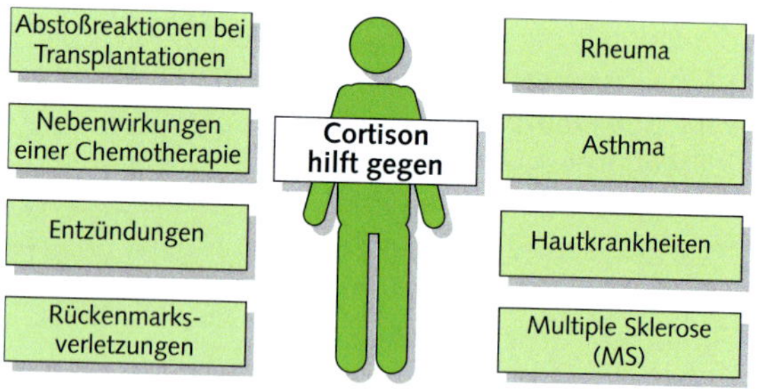

Cortisol ist ein Hormon der ▸Nebennierenrinde, das den Stoffwechsel beeinflusst. Außerdem unterdrückt es ▸allergische und entzündliche Reaktionen. Deshalb wird es häufig als Medikament eingesetzt. Als Medikament Cortison – Vorstufe des Cortisols – hat es aber auch unerwünschte Folgen wie ein aufgedunsenes Gesicht, Muskelschwäche, ▸Diabetes und Bluthochdruck. Bei einer Behandlung mit Cortison müssen daher die positiven und negativen Auswirkungen gegeneinander abgewogen werden.

Hormone in der Nutztierhaltung

In der Viehhaltung werden vielfältige Wachstums- und Leistungsförderer eingesetzt. Der Einsatz von synthetisch hergestellten Hormonen zur Leistungsförderung ist in der EU jedoch verboten. Wenn nämlich diese mit dem Fleisch in den menschlichen Körper gelangen, können sie dort das Zusammenspiel der körpereigenen Hormone stören.

Visualisierung von Sachverhalten

Visualisierung von Sachverhalten
Beim Vortragen komplizierter Sachverhalte ist es oft sinnvoll, diese durch Bilder oder grafische Darstellungen zu veranschaulichen.

Derartige Visualisierungen helfen wichtige Aussagen hervorzuheben. Zusammenhänge können so übersichtlich dargestellt, und Inhalte im Gedächtnis besser verankert werden.

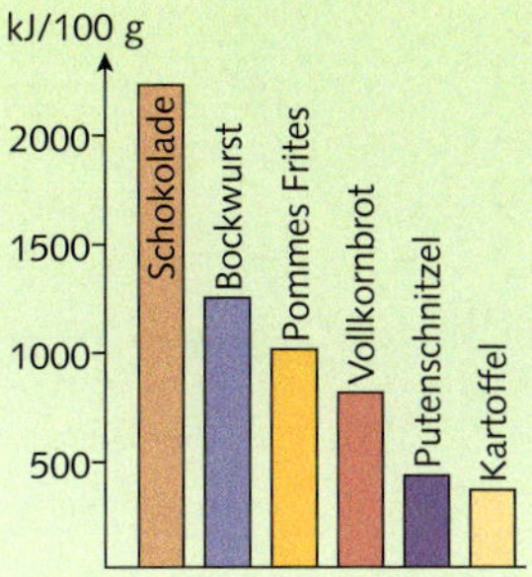

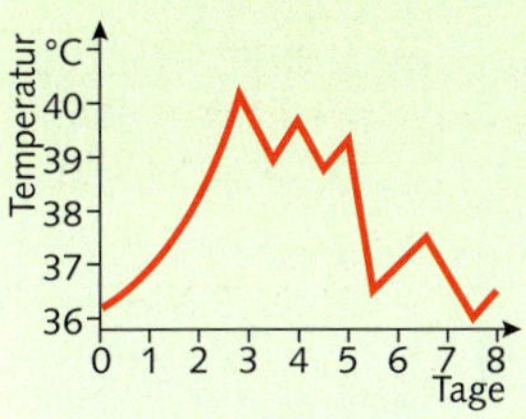

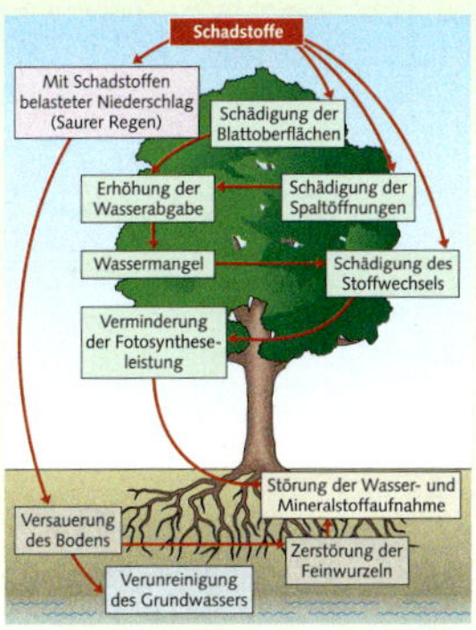

Es gibt viele Möglichkeiten der Visualisierung von Sachverhalten, zum Beispiel

- Säulendiagramme helfen, Zahlen vergleichend darzustellen
- Kurvendiagramme helfen, zeitliche und andere Abhängigkeiten darzustellen
- Kreisdiagramme können prozentuale Verteilungen zeigen
- Kreislaufdiagramme können die Beziehungen einzelner Stationen deutlich machen
- Baum- oder Organisationsdiagramme können Hierarchieebenen oder Abstammungen aufzeigen
- Pfeil- und Flussdiagramme können Zuordnungen oder Abläufe übersichtlich darstellen
- Mindmaps helfen Gedanken zu ordnen und Zusammenhänge darzustellen
- Tabellen helfen Texte oder Daten in Zeilen und Spalten gegliedert darzustellen
- Bilder (Fotos, Zeichnungen, Collagen, Karikaturen) veranschaulichen Inhalte, rufen Gefühle hervor oder können Denkanstöße geben
- Modelle können Funktionen oder Strukturen verdeutlichen
- Gegenstände oder Produkte zum Anfassen können sinnliche Eindrücke wecken

In Vorträgen können auch mehrere Formen der Darstellung miteinander kombiniert werden.

Gestaltungstipps
Alle Visualisierungsformen wirken am besten, wenn sie klar, übersichtlich und aussagekräftig sind.

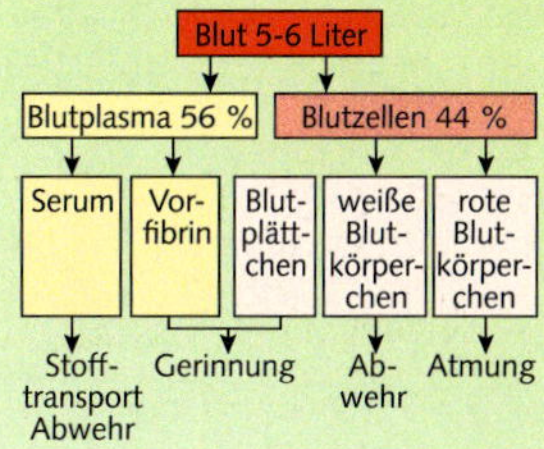

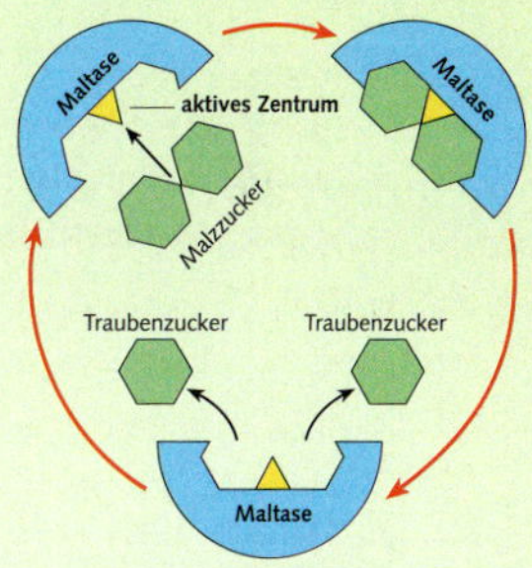

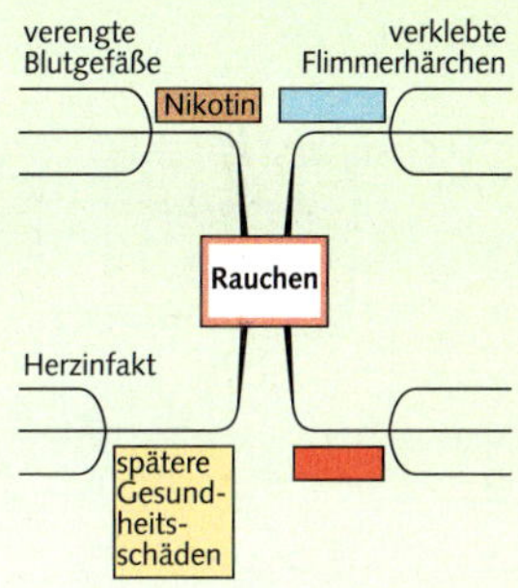

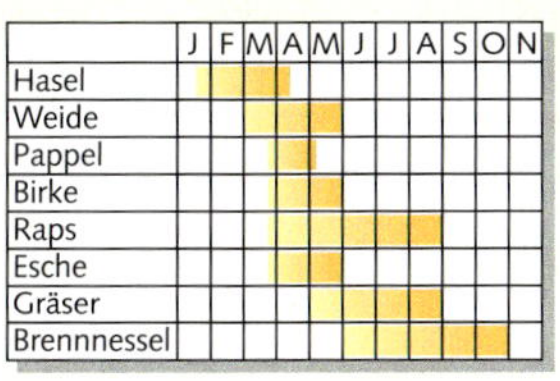

1. a) Bildet Teams und entscheidet euch für eine Möglichkeit, Sachverhalte wie nebenstehende zu visualisieren und begründet die gewählte Darstellungsform.
b) Stellt eure Ergebnisse vor und diskutiert in der Klasse, welche Möglichkeiten sich jeweils gut oder weniger gut eignen.

Welche Form der Visualisierung eignet sich für folgende Sachverhalte?
- Aufgaben unterschiedlicher Hormone
- Steuerung des Blutzuckerspiegels durch Hormone
- Bau einer Nervenzelle
- Ablauf einer Reflexhandlung
- Stressfaktoren für Menschen
- Funktion der Bandscheiben
- Entwicklung der Körpertemperatur bei Masern
- Verlauf einer Infektionskrankheit
- Prozentualer Anteil der häufigsten Todesursachen in Deutschland

Nerven- und Hormonsystem arbeiten zusammen

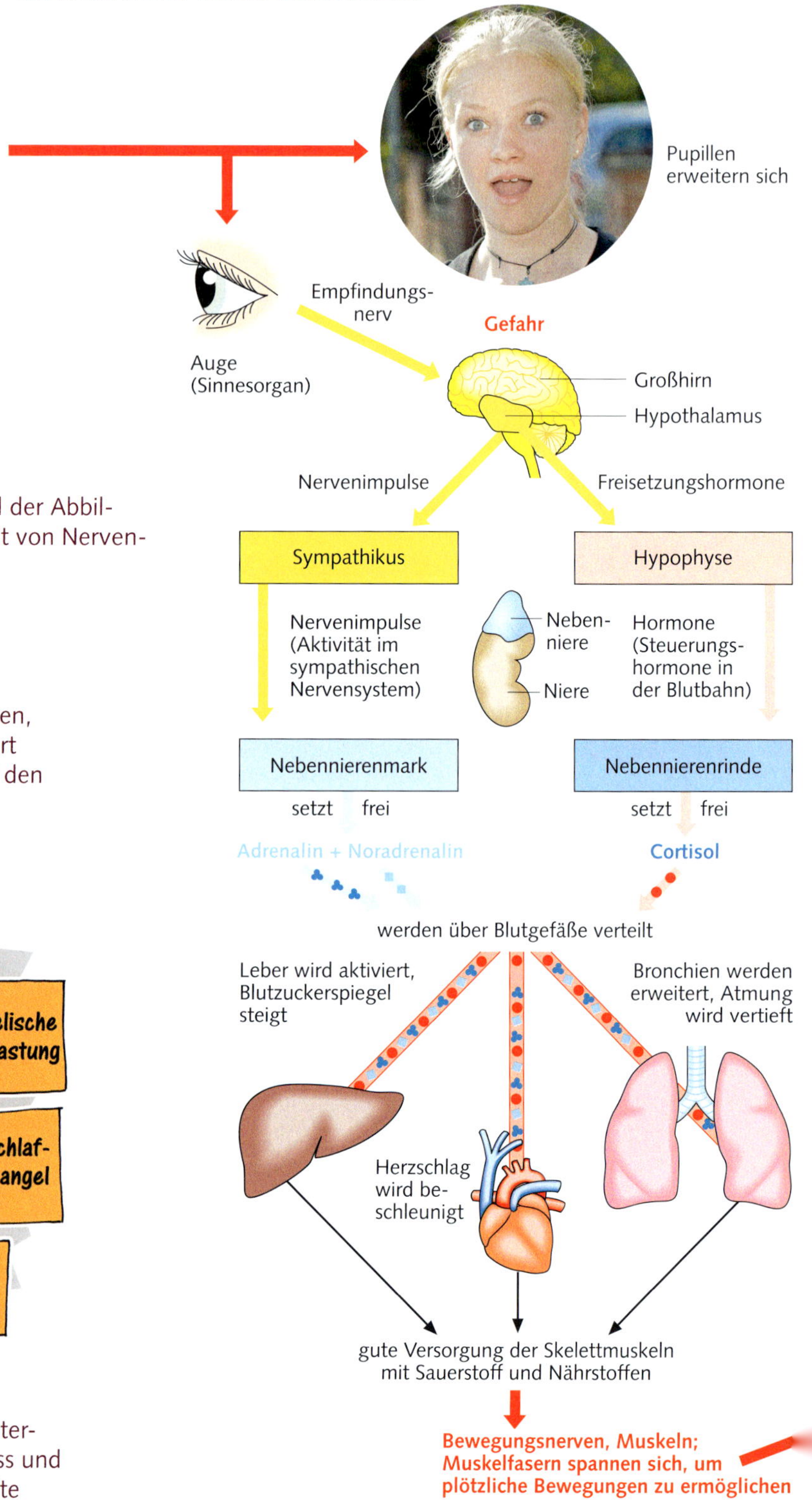

1. Beschreibe anhand der Abbildung 1 die Zusammenarbeit von Nerven- und Hormonsystem.

2. Nenne Beispiele für Stressoren, die in der Abbildung unten aufgeführt sind. Wie wirken sie sich negativ auf den Körper aus?

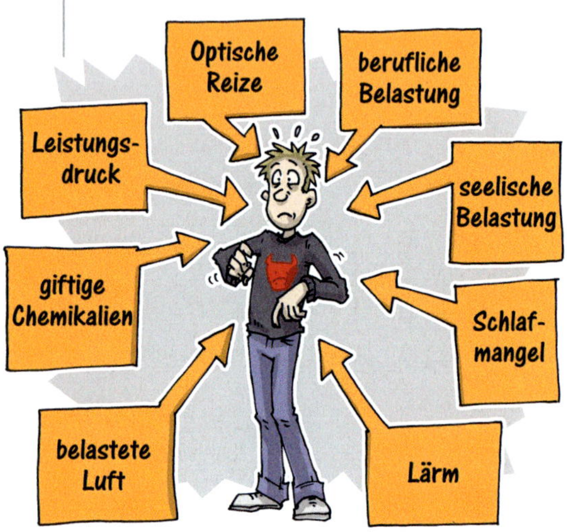

3. Recherchiere im Internet, was man unter Disstress und unter Eustress versteht. Halte dazu einen Kurzvortrag.

In einer lebensgefährlichen Situation

Eine Fußgängerin überquert gerade eine Straße und plötzlich fährt ein Auto auf sie zu, das sie vorher nicht wahrgenommen hat. Sie erkennt die Gefahr, erschrickt und reagiert ohne vorher zu überlegen sofort mit einem schnellen Sprung von der Fahrbahn. Dort bleibt sie erst einmal stehen und wird kreidebleich. Die Knie zittern, das Herz schlägt schneller und kräftiger, sie atmet tief und bekommt ein flaues Gefühl im Magen. Es dauert eine kurze Zeit, bis sie sich wieder beruhigt hat. Was geschah im Körper der Frau in dieser **Stresssituation,** die sie als gefährlich empfunden hatte?

Reaktionen in einer Stresssituation

Die Augen nehmen den ▸Reiz des heran fahrenden Autos auf. Diese Information wird in Form elektrischer Impulse in die ▸Großhirnrinde geleitet, mit dort gespeicherten ähnlichen Situationen verglichen und als „Gefahr" an den ▸Hypothalamus weitergeleitet. Dieser aktiviert über den ▸Sympathikus des vegetativen Nervensystems das **Nebennierenmark.** Es setzt die Hormone **Adrenalin** sowie **Noradrenalin** frei. Diese werden über das Blutgefäßsystem verteilt und entfalten im Körper ihre Wirkung.

Es gibt jedoch noch ein zweites Alarmsystem. Gleichzeitig mit der Aktivierung des Sympathikus schüttet das Gehirn nämlich selbst Hormone aus. Diese Freisetzungshormone wirken auf die ▸Hypophyse. Diese schüttet daraufhin ▸Steuerungshormone aus. Sie gelangen über die Blutbahnen zu den Nebennieren. Dort veranlassen sie die **Nebennierenrinde** zur Abgabe des „Aktivitätshormons" **Cortisol.** Dieses Hormon beeinflusst unter anderem den Kohlenhydrathaushalt, fördert den Anstieg des Blutzucker- und Blutfettspiegels sowie die Ausschüttung von roten Blutkörperchen.

Nach dem Schreck wird also über zwei unabhängige Wirkungsketten die Ausschüttung von Stresshormonen veranlasst. Diese wirken unter anderem auf die Leber, wodurch es zur Bildung von Glukose kommt, sodass der Blutzuckerspiegel steigt. Zudem werden Atmung und Blutkreislauf aktiviert. Der Stoffwechsel beschleunigt sich. Die Skelettmuskeln werden gut durchblutet und reagieren rasch und kräftig auf die Impulse der motorischen Nerven. Der ganze Körper ist auf Leistung eingestellt. Der rettende Sprung von der Fahrbahn gelingt.

Der Körper hat auf den Stress mit der Aktivierung seiner Alarmsysteme reagiert. So kann er mithilfe des vegetativen Nervensystems in Bruchteilen von Sekunden Höchstleistungen vollbringen. Die Wirkung der Stresshormone hält nach der Reaktion noch etwas länger an und ist als flaues Gefühl bemerkbar.

Nach dem Stress

Erst wenn nach dem Stress die Hormone wieder abgebaut sind, normalisieren sich in der Erholungsphase Kreislauf und Stoffwechsel. Dies ist ein sinnvoller biologischer Mechanismus. Wird jedoch ein Körper zu oft Stresssituationen wie Lärm, Hetze, Leistungsdruck, hoher Verantwortung oder Termindruck ausgesetzt und fehlen längere Erholungsphasen, wird er mit Hormonen überflutet. Die negativen gesundheitlichen Folgen sind unter anderem zunehmende Aggressivität, Magen- und Darmgeschwüre, Bluthochdruck oder sogar Herzinfarkt. Durch eine ausgeglichene Lebensführung kann man sich vor Dauerstress schützen. Dazu gehören zum Beispiel ausreichender Schlaf, regelmäßige Bewegung im Freien und eine richtige Zeitplanung.

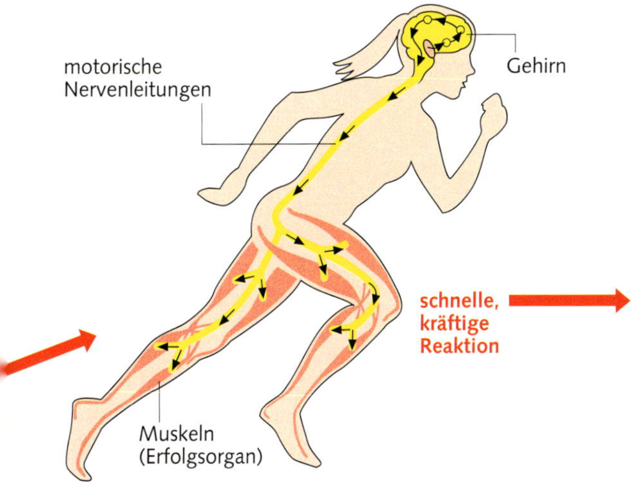

1 Zusammenarbeit von Nerven- und Hormonsystem in einer Stresssituation

Nervensystem

Sinnesorgane nehmen Reize auf. Diese veranlassen Sinneszellen, elektrische Nervenimpulse zu bilden. Sensorische Nerven leiten die Impulse ins Zentralnervensystem: ins Rückenmark und Gehirn. Dort findet die Verarbeitung statt. Bei Bedarf werden Reaktionen ausgelöst. Nun leiten motorische Nerven elektrische Impulse zu den Muskeln, die sich auf das Signal hin zusammenziehen – eine Bewegung erfolgt.

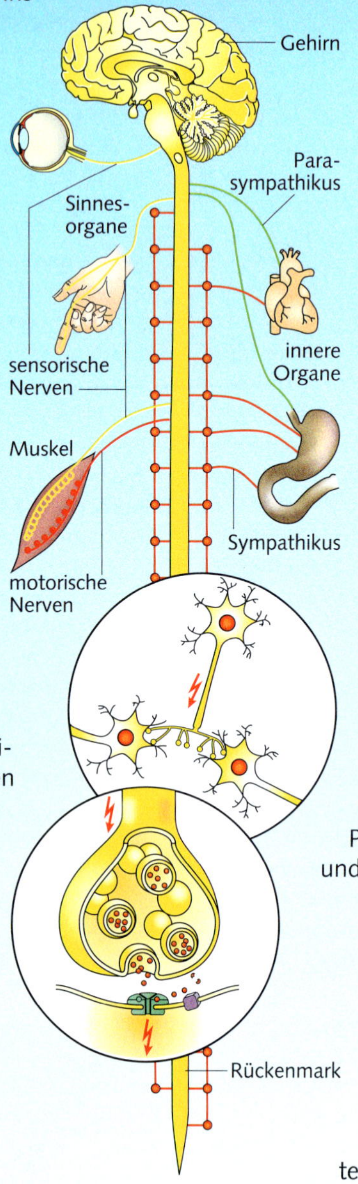

Nervenzellen

Eine Nervenzelle erhält Signale von anderen Nervenzellen, die mit ihr durch Synapsen an den Dendriten in Kontakt stehen. Chemische Überträgerstoffe können dann in der Nervenzelle elektrische Impulse auslösen. Diese laufen das Axon entlang und führen an den Synapsen zur nachfolgenden Nervenzelle wiederum zur Ausschüttung von Überträgerstoffen.

Überträgerstoffe an Synapsen

An den Synapsen erfolgt die Informationsübertragung zwischen Nervenzellen auf chemischem Wege. Dabei kommen je nach Nervenzelle unterschiedliche Überträgerstoffe zum Einsatz, die anregen, hemmen oder im Gehirn auch zu bestimmten Gefühlslagen führen können.
Daher sind die Synapsen Angriffspunkt von zahlreichen Medikamenten, aber auch von Drogen und Nervengiften.

Steuern und Regeln

Als Steuern bezeichnet man das Auslösen einer Reaktion durch einen „Befehl" von „außen" oder „oben". Unter Regeln versteht man ein automatisches Auslösen einer Reaktion durch einen Rückkopplungsmechanismus.

Gehirn und Rückenmark

Das Gehirn ist die übergeordnete Steuerzentrale für unser Verhalten. Die verschiedenen Gehirnbereiche wie Großhirn, Kleinhirn, Zwischenhirn, Mittelhirn und verlängertes Rückenmark erfüllen dabei jeweils bestimmte Funktionen.
Auch die linke und rechte Großhirnhälfte sind spezialisiert. Das Rückenmark verbindet das periphere Nervensystem mit dem Zentralnervensystem. Außerdem werden hier Reflexe ausgelöst.

Lernen

Die Verschaltungen durch Synapsen zwischen den Nervenzellen im Gehirn sind veränderbar. Das Verhalten kann sich so veränderten Bedingungen anpassen. Wir lernen.

Vegetatives Nervensystem

Das vegetative Nervensystem steuert ohne unseren Willen die Funktionen der inneren Organe. Dabei wirkt der Sympathikus in Situationen aktiver Leistung, der Parasympathikus bei der Verdauung und Erholung.

Hormonsystem

Hormondrüsen geben Hormone in geringsten Mengen ins Blut ab. Nur Zielzellen mit den passenden Rezeptoren reagieren.
Dieses Signalsystem ist langsamer, aber länger anhaltend als das des Nervensystems. Über das Gehirn und die Hirnanhangsdrüse (Hypophyse) arbeiten diese beiden Signalsysteme eng zusammen.

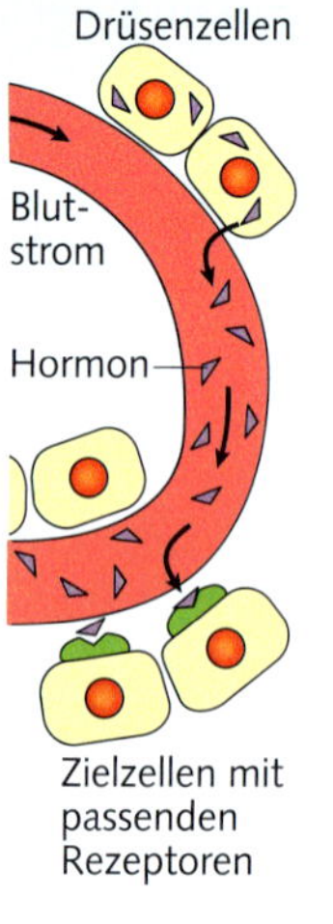

Schlüssel-Schloss-Prinzip

Überträgerstoffe an Synapsen und Hormone wirken auf ihre Zielzellen, indem sie nach dem Schlüssel-Schloss-Prinzip an passende Rezeptoren andocken.

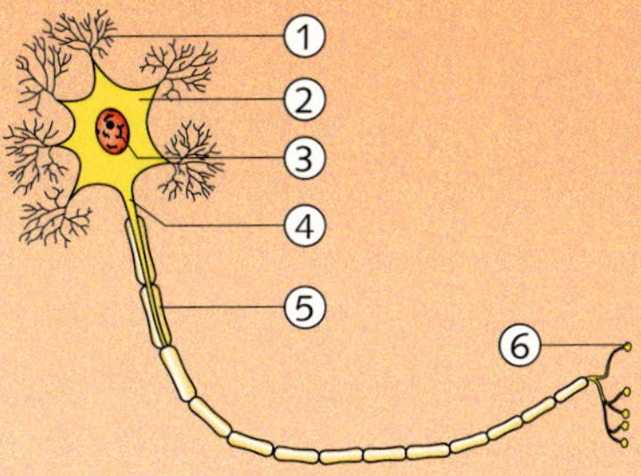

1. Benenne die mit Ziffern markierten Teile der Nervenzelle und beschreibe kurz ihre jeweiligen Funktionen.

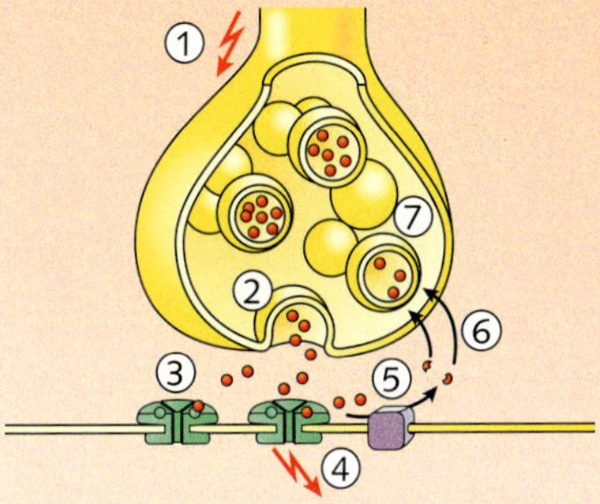

2. a) Beschrifte die in der Synapse gekennzeichneten Strukturen und Vorgänge.
b) Stelle den Vorgang der synaptischen Übertragung als „Animation" dar. Dies kann durch Auflegen mehrerer Tageslichtschreiberfolien geschehen oder als Abfolge von Computerfolien in einem Präsentationsprogramm. Natürlich könnt ihr auch ein Animationsprogramm benutzen.

3. Atropin, das Gift der Tollkirsche, führt zu Lähmungen, indem es sich auf die Rezeptoren an den Synapsen setzt und diese blockiert.
Welcher Mechanismus der synaptischen Übertragung ist dann gestört?

4. a) Recherchiere und berichte, wie Atropin, das Gift der Tollkirsche, medizinisch eingesetzt wird.
b) Die Tollkirsche heißt lateinisch „Atropa belladonna". Recherchiere die Bedeutung dieses Namens. Wie nutzten eitle Römerinnen das Gift?

5. Koffein verlängert die Wirkungsdauer des Stresshormons Adrenalin. Beschreibe die Wirkungen.

6. In welchen Pflanzen kommt Koffein vor und welche Genussmittel werden daraus hergestellt?

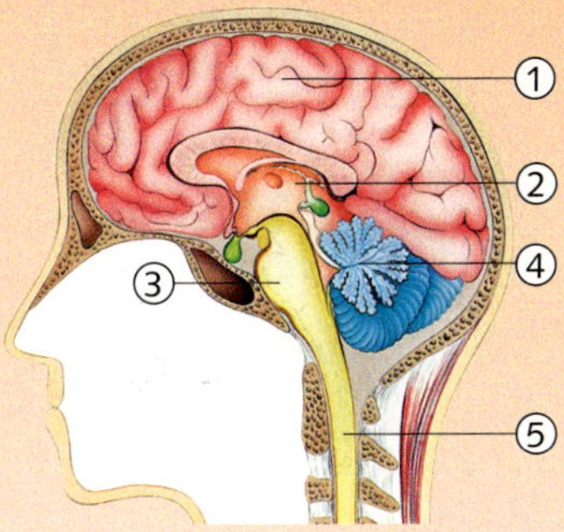

7. a) Benenne die gekennzeichneten Gehirnteile.
b) Ordne den Gehirnteilen folgende Funktionen richtig zu:
A: Feinsteuerung automatisierter Bewegungen
B: Atemreflex, Hustenreflex und andere Reflexe
C: bewusste Wahrnehmung, Denken, Gefühle, bewusste Bewegungssteuerung
D: Gefühle, Verbindung zum Hormonsystem
E: Zusammenschalten der Informationen aus verschiedenen Hirnregionen

8. Beim Berühren einer heißen Herdplatte werden Schmerzreize über Sinneszellen der Haut aufgenommen und führen reflexartig zum Wegziehen der Hand. Stelle den Reflex in Form eines Flussdiagramms dar. Beschreibe dazu die einzelnen Teilvorgänge stichwortartig und verbinde die Textelemente durch Pfeile.

9. a) Listet die Einflüsse auf, die eine dauerhafte Speicherung von Gelerntem im Langzeitgedächtnis fördern.
b) Stellt vor diesem Hintergrund in Form kleiner Sketche günstige und ungünstige Formen des Vokabellernens vor und lasst sie durch die Zuschauer kommentieren.

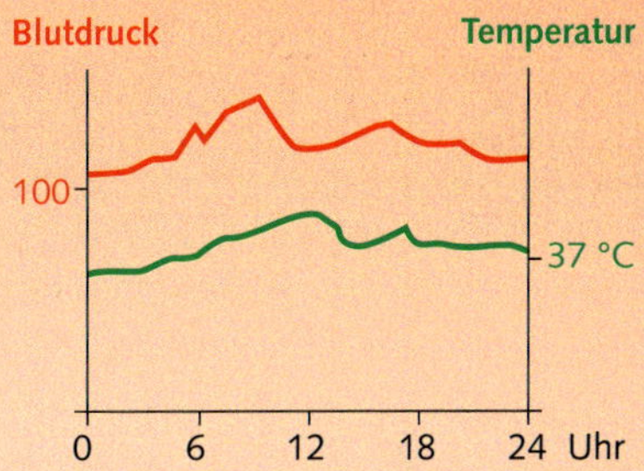

10. a) Beschreibe den dargestellten Tagesverlauf von Blutdruck und Körpertemperatur.
b) Wann ist der Sympathikus, wann der Parasympathikus besonders aktiv?
c) Wann sollte dieser Mensch schlafen, essen oder arbeiten, um mit seinem „Biorhythmus" im Einklang zu sein?

11. Recherchiere und berichte, welches Hormon den Tag-Nacht-Rhythmus steuert und welche Einflüsse den Rhythmus verändern können.

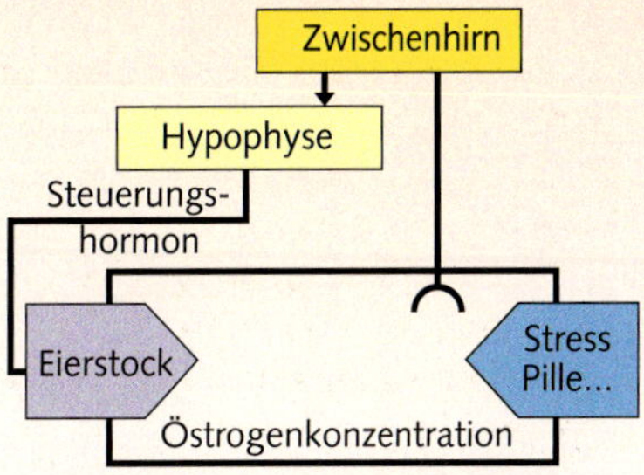

12. a) Stelle in einer Tabelle den allgemeinen Begriffen eines Regelkreises die oben genannten zur Regelung des Östrogenspiegels gegenüber.
b) Gehe näher auf mögliche Wirkungen von Störgrößen ein.

Organsysteme wirken zusammen

Sport macht Spaß und fordert Körper und Geist. Was leisten wir bei einem solchen Spiel eigentlich im Einzelnen?

Manchen geht schon beim Joggen die Luft aus, andere üben sich im Freitauchen. Wie lange kann man ohne Sauerstoff überleben? Wozu brauchen wir ihn überhaupt?

Warum haben wir nach einem Nachmittag im Schwimmbad mehr Hunger als nach einem Nachmittag vor dem Computer?
Und was macht unser Körper mit dem ganzen Essen?

Was passiert, wenn ein Organ ausfällt?

Ohne Energie nichts los

1. Paul und Linus fahren jeden Morgen 3 km zur Schule. Paul fährt Rad, Linus Mofa.
a) Paul hat trotz Frühstück in der ersten großen Pause wieder Hunger. Erkläre.
b) Erläutere die Auswirkungen der unterschiedlichen Fortbewegungsweisen für den ganzen Körper.

2. a) Eine Mutter sagt zu ihrem 15-jährigen Sohn: „Das ist ungerecht: Während du jeden Tag eine Tafel Schokolade essen könntest, werde ich schon beim Hinschauen dicker."
Benenne mithilfe der Tabelle Faktoren, die den Grundumsatz beeinflussen. Beurteile dann die Aussage der Mutter.
b) Nenne weitere Gründe, die die Aussage der Mutter unterstützen könnten.

	Grundumsatz	
Alter in Jahren	Mann 174 cm; 70 kg	Frau 166 cm; 60 kg
14–18	7900 kJ	6200 kJ
19–35	7300 kJ	6000 kJ
36–50	6800 kJ	5600 kJ
51–65	6200 kJ	5200 kJ

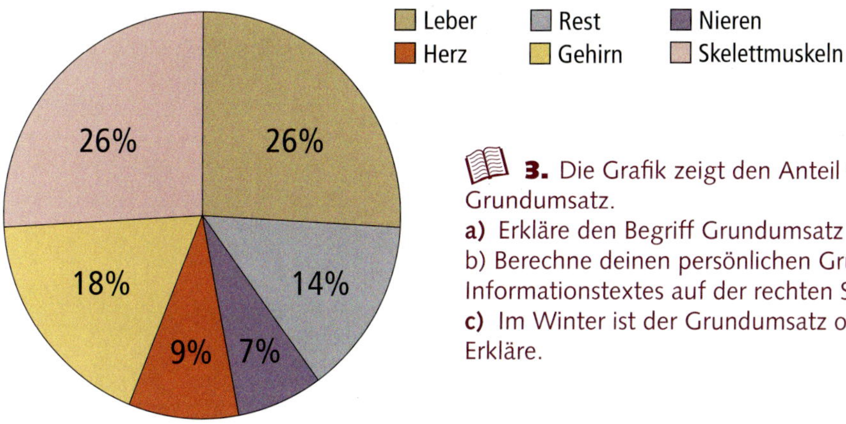

3. Die Grafik zeigt den Anteil verschiedener Organe am Grundumsatz.
a) Erkläre den Begriff Grundumsatz und werte die Grafik aus.
b) Berechne deinen persönlichen Grundumsatz mithilfe des Informationstextes auf der rechten Seite.
c) Im Winter ist der Grundumsatz oft höher als im Sommer. Erkläre.

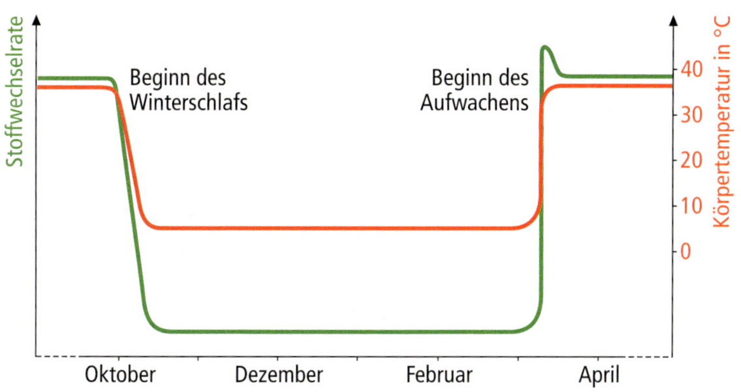

4. Tiere wie der Igel oder das Murmeltier halten einen Winterschlaf.
a) Erkläre mithilfe des Diagramms, wie die Tiere lange Phasen im Winterschlaf ohne Energiezufuhr überstehen.
b) Erläutere ausführlich, warum man zudem eine Abnahme des Körpergewichts während des Winterschlafs feststellt.

Grund- und Leistungsumsatz
Für alle unsere Lebensvorgänge benötigen wir ▸ Energie. Selbst in der Nacht, wenn wir schlafen, müssen Atmung, Herzschlag und Verdauung im Körper weiter ablaufen, um alle Organe mit Energie zu versorgen. Diese Energiemenge, die der Mensch in völliger Ruhe und nüchtern zur Aufrechterhaltung der genannten Funktionen pro Tag verbraucht, nennt man **Grundumsatz.** Die Maßeinheit für die Energie, die in der Nahrung enthalten ist, ist Kilojoule (kJ).

Eine vereinfachte Regel sagt, dass man sein Körpergewicht in kg mit 100 multiplizieren muss, um den ungefähren Grundumsatz in kJ pro Tag zu berechnen. Dieser wird noch durch viele andere Faktoren wie Alter, Geschlecht, Krankheiten oder Klima beeinflusst.

Zusätzliche Energie benötigen wir für unseren **Leistungsumsatz.** Er hängt von dem Ausmaß der verrichteten Arbeit ab und ist bei Muskelarbeit am größten, bei geistiger Arbeit am geringsten.

Als Faustregel kann man etwa 30 % des Grundumsatzes als Leistungsumsatz rechnen. Allerdings ist der Leistungsumsatz sehr stark abhängig davon, wie viel sich jemand bewegt. Wer die Tage hauptsächlich im Sitzen vor dem Computer zubringt, kann nur etwa 20 % als Leistungsumsatz berechnen, ein Sportler oder Schwerarbeiter bis zu 110 %. Grund- und Leistungsumsatz zusammen ergeben den **Gesamtumsatz.**

Woher kommt die Energie?
Um seinen Energiebedarf zu decken, muss sich der Mensch geeignete Nahrung beschaffen, sei es, wie bei manchen Naturvölkern noch heute durch Sammeln, Jagen und Fischen, durch Ackerbau und Viehzucht oder wie bei uns durch den Einkauf von Nahrungsmitteln im Supermarkt.
Die ausgewählten Nahrungsmittel enthalten verschiedene ▸ Nährstoffe. Diese werden aufgenommen und während der ▸ Verdauung sowohl mechanisch als auch chemisch zerkleinert. Die entstehenden Bausteine der Nährstoffe werden von ▸ Blut und ▸ Lymphe aufgenommen und im Körper verteilt. Die Bausteine der Nährstoffe werden in den Zellen abgebaut, wobei **chemische Energie** frei wird (▸ Zellatmung), die weitgehend für den Organismus genutzt werden kann. Chemische Energie aus den Nährstoffen kann z. B. in Bewegungsenergie und Wärme umgewandelt werden. Die Nahrungsbeschaffung stellte ursprünglich für den Menschen einen erheblichen Aufwand dar. Da die Bereitstellung der Nahrungsmittel bei uns sehr leicht geworden ist und viele Menschen sich durch Veränderungen in der Lebensweise weniger bewegen, haben sie einen deutlich geringeren Leistungsumsatz als früher. Folglich benötigen sie weniger Energie. Ist die aufgenommene Energiemenge jedoch größer als der Gesamtumsatz, dann speichert der Körper überschüssige Energie in Form von Fett. Auch Zucker oder Eiweiße, die nicht benötigt werden, können vom Körper in Fett umgewandelt und gespeichert werden. Der Mensch kann durch das Anlegen von Fettpolstern als **Energiereserve** Zeiten mit Nahrungsknappheit überstehen. Dann wird die Energie durch den Abbau körpereigener Stoffe gewonnen, zunächst von Kohlenhydraten und Fetten, später auch von Eiweißen. Bei hungernden Menschen werden somit auch Muskeln abgebaut.
In den Industrieländern haben wir dies Problem heute nicht mehr. Im Gegenteil, hier nehmen Menschen zu viel Energie auf, ohne die Fettreserven jemals zu verbrauchen. Die Folge ist **Übergewicht.** Wir müssen also darauf achten, die Energieaufnahme unserem Gesamtenergiebedarf anzupassen.

1 **Nahrungsbeschaffung. A** *Naturvolk bei der Jagd;* **B** *Beim Einkauf im Supermarkt*

Energie für die Zellen

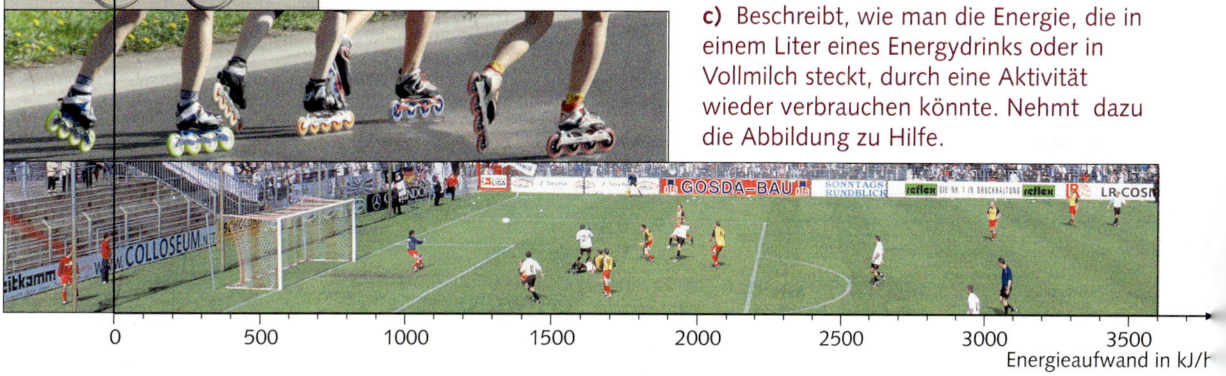

1. Energie auch aus Getränken?

a) Notiert euch die Energiegehalte von Apfelsaft, ungesüßtem Früchtetee, Vollmilch und einem Energydrink. Die Angaben könnt ihr auf den Etiketten der Verpackungen oder im Internet finden.

b) Erklärt den unterschiedlichen Energiegehalt der Getränke. Schaut euch dazu die Zutatenliste und die Nährwerttabelle des jeweiligen Getränks an.

c) Beschreibt, wie man die Energie, die in einem Liter eines Energydrinks oder in Vollmilch steckt, durch eine Aktivität wieder verbrauchen könnte. Nehmt dazu die Abbildung zu Hilfe.

2. Bei der ▸ Fotosynthese werden aus Kohlenstoffdioxid und Wasser mithilfe von Sonnenlicht energiereiche Stoffe wie Traubenzucker und Stärke aufgebaut. Schreibe die Wortgleichung der Fotosynthese auf und setze die Wortgleichung der Zellatmung darunter. Vergleiche.

3. Für die Energiegewinnung wird hauptsächlich Traubenzucker in der Zelle abgebaut. Diesen Prozess nennt man Zellatmung. Vergleiche die Energiegewinnung bei der Zellatmung mit der Verbrennung bei einer Kerze.

4. Nach einem ▸ Schlaganfall zählt jede Sekunde!

a) Recherchiere, wie es zu einem Schlaganfall kommt.

b) Erläutere, warum es so wichtig ist, dass Schlaganfallpatienten möglichst schnell behandelt werden.

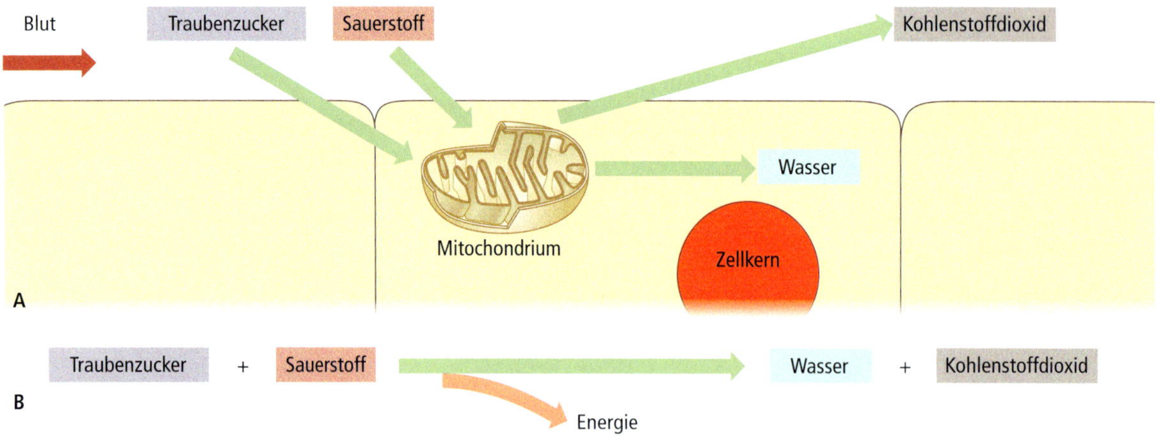

1 Zellatmung. **A** *Schema;* **B** *Wortgleichung*

Zellen atmen

Die Zellen nutzen vor allem ▸ Traubenzucker für die Energiegewinnung. Die Freisetzung der ▸ Energie erfolgt über eine chemische Reaktion, bei der Traubenzucker mit Sauerstoff reagiert. Allerdings wird die Energie nicht in einem Schritt als Licht und Wärme frei, wie es bei einer Verbrennung der Fall ist. Stattdessen gibt der Traubenzucker die Energie stufenweise ab. Sie kann so für den Aufbau körpereigener Stoffe, für Wachstum, Bewegung und für die Tätigkeit von Nervenzellen genutzt werden. Außerdem entsteht Wärme. Diese Reaktion bezeichnet man als **Zellatmung.** Sie läuft innerhalb der Zelle in speziellen Organellen, den Mitochondrien, ab. Der notwendige Traubenzucker kann aber auch aus anderen ▸ Nährstoffen wie Fetten oder Eiweißen hergestellt werden.

Der für die Zellatmung benötigte Sauerstoff wird über die äußere ▸ Atmung zur Verfügung gestellt. Er gelangt über die Lunge ins ▸ Blut und wird zu allen Zellen transportiert. Auch das entstehende Kohlenstoffdioxid wird mit dem Blut transportiert und über die Lunge abgegeben. Neben Kohlenstoffdioxid entsteht bei der Zellatmung Wasser, das wir über den Harn oder Schweiß ausscheiden. Erhalten die Zellen einmal nicht genügend Sauerstoff, zum Beispiel nach einer Durchblutungsstörung wie bei einem Herzinfarkt oder Schlaganfall, sterben sie nach kurzer Zeit: abhängig von der Art der Zelle schon nach wenigen Minuten oder nach ungefähr einer Stunde. Hirnzellen sind extrem empfindlich, sie überleben nur ungefähr drei Minuten ohne Sauerstoff, so dass auch ein kurzer Sauerstoffmangel schon zu Hirnschäden führen kann.

Ohne Fotosynthese keine Zellatmung

Die in den Nährstoffen enthaltene Energie kommt letztlich von der Sonne. Pflanzen verwenden die Sonnenenergie, um über die ▸ Fotosynthese aus Kohlenstoffdioxid und Wasser Traubenzucker aufzubauen und zu speichern. Aus dem Traubenzucker können andere Kohlenhydrate wie ▸ Stärke gebildet werden. Sauerstoff wird bei der Fotosynthese als Abfallprodukt frei.

Bei der Zellatmung wird die im Traubenzucker gespeicherte Energie wieder freigesetzt und dem Organismus zur Verfügung gestellt.

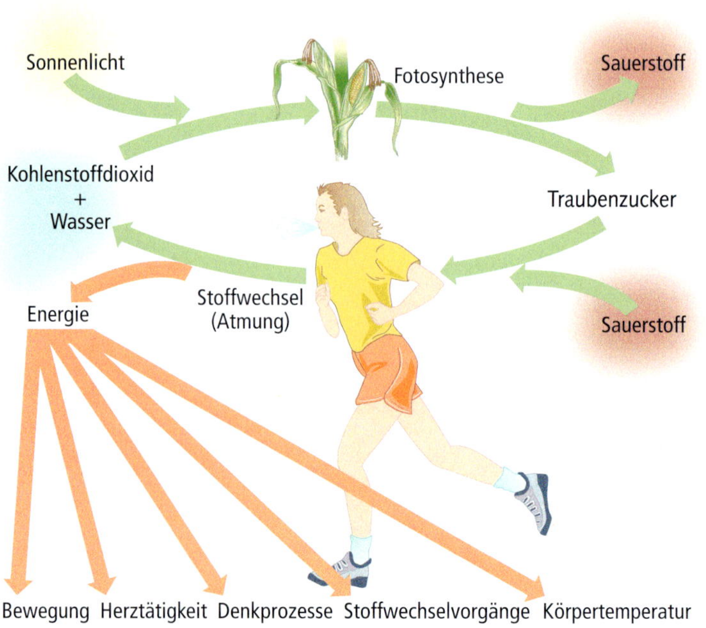

2 Fotosynthese und Zellatmung

Essen – nicht nur weil es schmeckt

1. Essen erfüllt vielfältige Aufgaben. Erstelle hierzu eine Mindmap. Denke daran, wann und bei welchen Anlässen du isst.

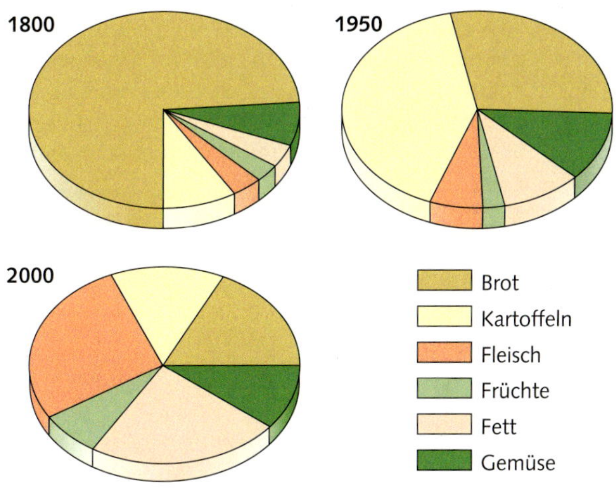

2. a) Beschreibe den Wandel unserer Ernährungsgewohnheiten anhand der Diagramme.
b) Gib mögliche Gründe für diese Veränderungen an.

4. a) Ordne den Nummern ① bis ⑮ die entsprechenden Begriffe zu.
b) Beschreibe allgemein, was bei der Verdauung im Mund, dem Magen und dem Darm mit der Nahrung passiert.

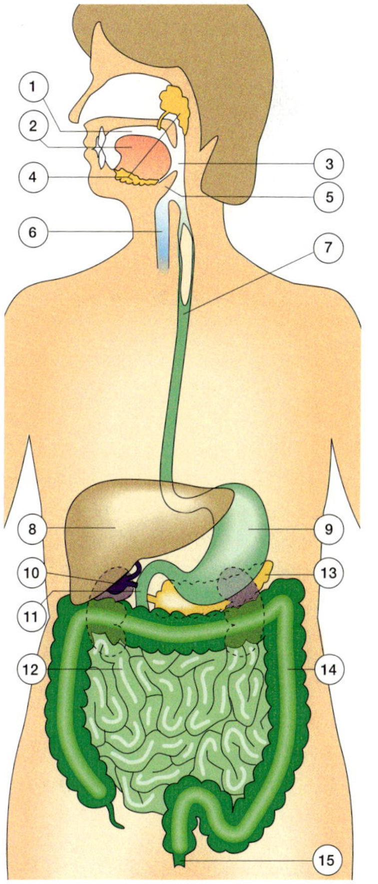

3. Manche Menschen ernähren sich vegetarisch. Befrage Vegetarier nach den Gründen für ihre besondere Ernährung und bewerte diese.

5. In einem Esslabor wurde Personen Suppe auf einem Teller serviert, der trickreich verändert war: Ohne dass sie es ahnen konnten, floss ständig Suppe über eine Schlauchöffnung nach, sobald die Suppe ausgelöffelt wurde. Gerade übergewichtige Versuchspersonen merkten lange Zeit nicht, dass sie aus einem Trickteller aßen. Erläutere, welche Rückschlüsse du aus dem Versuch ziehen kannst.

1 Essen mit Freunden

Warum essen wir? Auf diese Frage werden die meisten wohl spontan antworten: weil ich Hunger habe oder weil es mir schmeckt. Eine Pizza oder Nudeln machen nicht nur satt, sie schmecken auch gut und steigern so unser Wohlbefinden. Besonders in der Gemeinschaft mit Freunden oder der Familie macht Essen einfach Freude.
Essen erfüllt aber eine weitere, für den Menschen zentrale Aufgabe: Es versorgt uns mit allen Nährstoffen, die wir benötigen, um zu wachsen, gesund zu bleiben und leistungsfähig zu sein.

Nährstoffe spenden Energie und liefern Baustoffe

Kohlenhydrate und Fette sind ▸ **Betriebsstoffe,** die bei ihrem Abbau im Stoffwechsel ▸ Energie liefern. Unsere Muskeln, die Verdauungsorgane und das Gehirn sind auf diese Energiezufuhr angewiesen. Auch für eine konstante Körpertemperatur von 37 °C benötigen wir Energie.
Eiweiße nehmen in unserer Ernährung eine andere Rolle ein. Sie dienen weniger als Energielieferanten, sondern sind in erster Linie **Baustoffe.** Aus ihnen baut unser Körper Zellen und Organe wie Muskeln, Haut und Haare auf.

Ergänzungsstoffe sind unentbehrlich

Mit der Nahrung nehmen wir auch ▸ **Vitamine,** ▸ **Mineralstoffe,** ▸ **Ballaststoffe** und **Wasser** zu uns. Diese Ergänzungsstoffe liefern keine Energie, sind aber für eine gesunde Ernährung unentbehrlich. So spielen Vitamine und Mineralstoffe eine wesentliche Rolle bei der Regulierung des Stoffwechsels. Ballaststoffe sind unverdauliche Bestandteile von Pflanzen, die im Darm quellen und so die Darmtätigkeit verstärken. Wasser dient als Baustoff und Transportmittel.

Nährstoffe werden verdaut

Nach einer Mahlzeit laufen im Körper zahlreiche mechanische und chemische Vorgänge ab. Dabei werden die großen Moleküle der Kohlenhydrate, Fette und Eiweiße in kleinere Bausteine zerlegt und vom Körper aufgenomen.

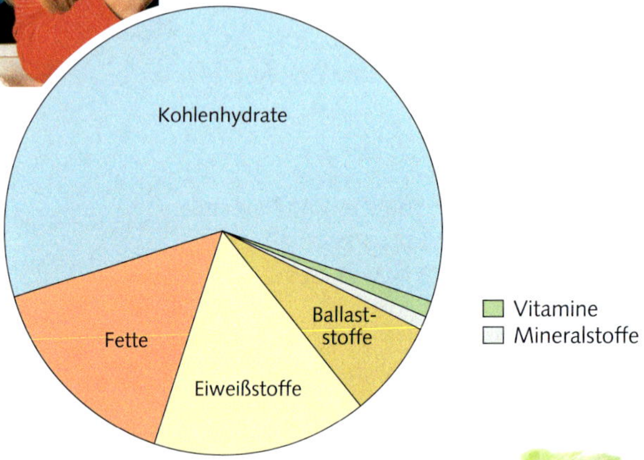

2 Zusammensetzung einer ausgewogenen Ernährung für einen Schüler (10–14 Jahre)

Eine wichtige Rolle bei der **Verdauung** der Nährstoffe spielen die ▸ **Enzyme.** Diese Eiweißstoffe spalten die Nährstoffe. Für Kohlenhydrate, Fette und Eiweiße besitzt der Körper jeweils eigene Enzyme, die an unterschiedlicher Stelle im Verdauungssystem wirksam werden. Nachdem die Nährstoffe in ihre Grundbausteine zerlegt wurden, können sie ins ▸ Blut oder in die ▸ Lymphe übergehen. Von diesen werden sie zu den Zellen transportiert.
In den Zellen werden die Bausteine dann entweder vollständig zur Energiegewinnung abgebaut, oder sie dienen dem Aufbau körpereigener Stoffe und neuer Zellen.

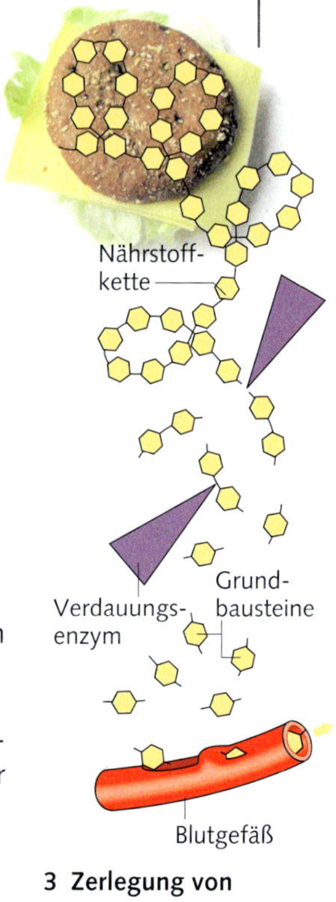

3 Zerlegung von Nährstoffen

Kohlenhydrate machen fit

1. Untersuche die Wirkung des Enzyms Amylase auf Kohlenhydrate. Gib dazu in zwei Bechergläser jeweils 100 ml Wasser und eine Messerspitze Stärke. Rühre gut um. Füge nun in ein Becherglas etwas Amylase-Lösung und lass diese kurz einwirken. Gib anschließend in beide Bechergläser drei Tropfen Iod-Kaliumiodid-Lösung und rühre um.
Schreibe zu dem Versuch ein ▸ Versuchsprotokoll.

2. Kohlenhydrate unterteilt man in Einfachzucker, Zweifachzucker und Vielfachzucker. Erkläre mithilfe der Abbildung 2 diese Einteilung.

3. Recherchiere, welche Zweifachzucker es neben Haushaltszucker noch gibt und in welchen Lebensmitteln diese zu finden sind.

4. Das Säulendiagramm zeigt die Entwicklung des täglichen Zuckerkonsums in Deutschland in g/Tag.

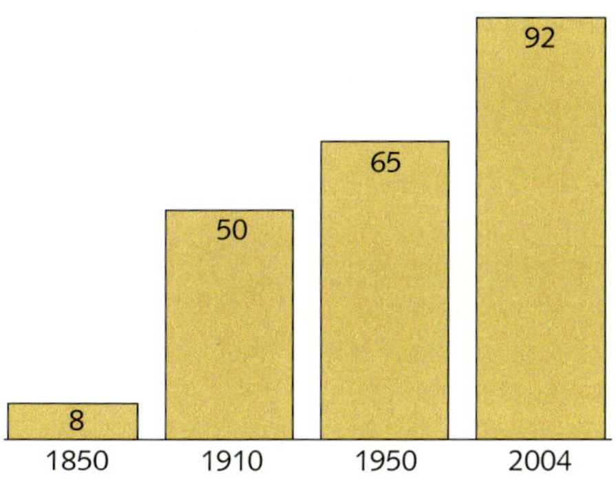

a) Beschreibe die Veränderung und nenne mögliche Ursachen.
b) Nenne gesundheitliche Folgen eines hohen Zuckerkonsums.

5. Triathleten und andere Ausdauersportler nehmen in der Trainingsphase vorwiegend stärkehaltige Lebensmittel zu sich. Während des Wettkampfs essen sie Müsliriegel, die reich an Trauben- und Fruchtzucker sind. Begründe diese Zusammensetzung der Sportlernahrung.

6. a) Beschreibe mithilfe der Grafik die Wirkungsweise des Enzyms Maltase.
b) Damit ein Stoff von einem Enzym gespalten werden kann, muss dieser genau zur räumlichen Gestalt des Enzyms passen. Man spricht hier vom ▸ Schlüssel-Schloss-Prinzip. Begründe, warum das Enzym Maltase Haushaltszucker nicht spalten kann.

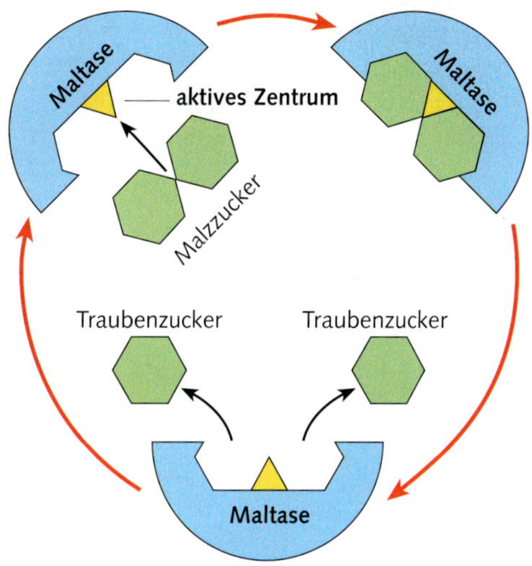

7. In einem Versuch wurden zwei verschiedene Frühstücke miteinander verglichen. Man wollte herausfinden, welches Frühstück länger satt macht. Nach dem Frühstück wurde dazu jeweils der Blutzuckerspiegel zu verschiedenen Zeitpunkten bestimmt. Das folgende Diagramm zeigt das Ergebnis.

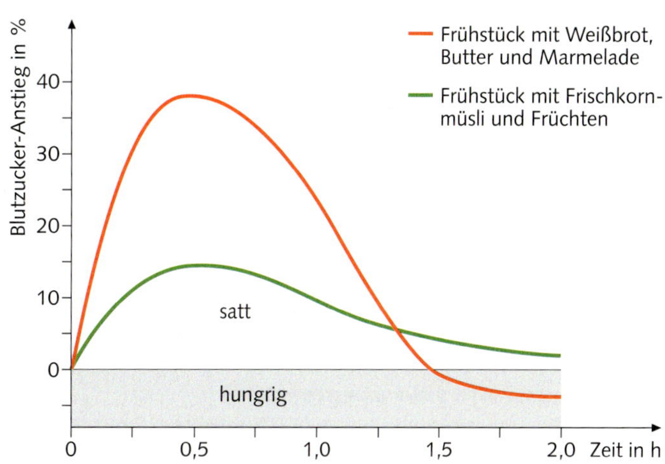

a) Beschreibe die Versuchsergebnisse.
b) Erkläre die Ergebnisse. Welches Frühstück hält länger fit?

1 Auswahl an kohlenhydratreichen Nahrungsmitteln

Bedeutung der Kohlenhydrate

Mit unserer Nahrung nehmen wir unterschiedliche Kohlenhydrate zu uns. Während Kartoffeln, Nudeln und Brot viel ▸ **Stärke** enthalten, findet sich in Süßwaren überwiegend Haushaltszucker. Im Körper werden die unterschiedlichen Kohlenhydrate zu **Traubenzucker** umgewandelt. Dieser kann dann von allen Zellen zur Energiegewinnung weiter abgebaut werden. Kohlenhydrate sind ▸ Betriebsstoffe, die dem Körper ▸ Energie liefern.

Kohlenhydratbedarf

Der Mensch sollte etwa die Hälfte seines Energiebedarfs durch Kohlenhydrate decken. Tatsächlich ist dieser Anteil jedoch geringer. Wir nehmen mit der Nahrung oft nicht nur zu wenig, sondern auch die falschen Kohlenhydrate zu uns: Haushaltszucker wird im Körper schnell in die beiden Bausteine Traubenzucker und Fruchtzucker zerlegt. Der Traubenzucker lässt dann den ▸ **Blutzuckerspiegel** rasch ansteigen. Unser Körper reagiert darauf und senkt den Blutzuckerspiegel wieder. Ein sinkender Blutzuckerspiegel ist jedoch ein Hungersignal. Wer zu viel Zucker isst, bekommt also schneller wieder Hunger. Außerdem fördert Zucker Übergewicht und Karies. Stärke verhält sich in unserem Körper anders: Dieser Vielfachzucker besteht aus langen Ketten von Traubenzucker-Bausteinen, die zunächst zerlegt werden müssen. Der Blutzuckerspiegel steigt somit nur allmählich an. Stärkehaltige Lebensmittel machen daher länger satt.

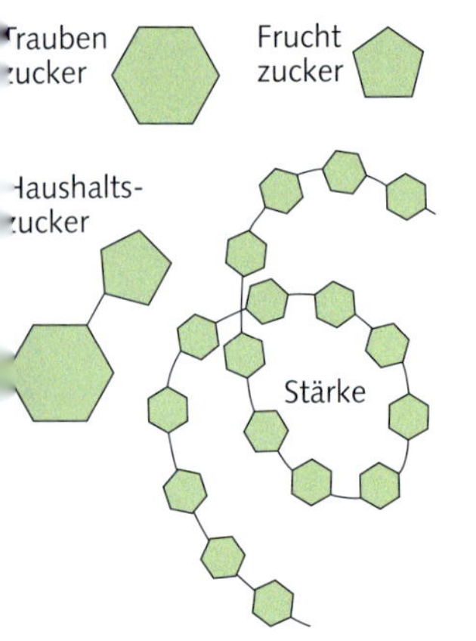

Modelle von Kohlenhydraten

Verdauung der Kohlenhydrate

Bereits im Mund beginnt die Verdauung der Kohlenhydrate. Während wir unsere Nahrung kauen und einspeicheln, wird die Stärke zerlegt und dadurch für unseren Körper verwertbar. Verantwortlich hierfür ist das ▸ Enzym **Amylase.** Es wird in den Speicheldrüsen gebildet und spaltet Stärke in zahlreiche Einheiten aus Malzzucker. Dieser Zucker besteht aus zwei Traubenzucker-Bausteinen.
Mithilfe des Enzyms **Maltase** wird anschließend Malzzucker im Dünndarm in die einzelnen Bausteine zerlegt. Auch Haushaltszucker wird hier gespalten.
Die Verdauung der Kohlenhydrate ist damit abgeschlossen. Traubenzucker gelangt nun durch die Darmwand ins Blut und wird dann zu den Zellen transportiert. Hier erfolgt bei der ▸ Zellatmung die eigentliche Energiegewinnung.

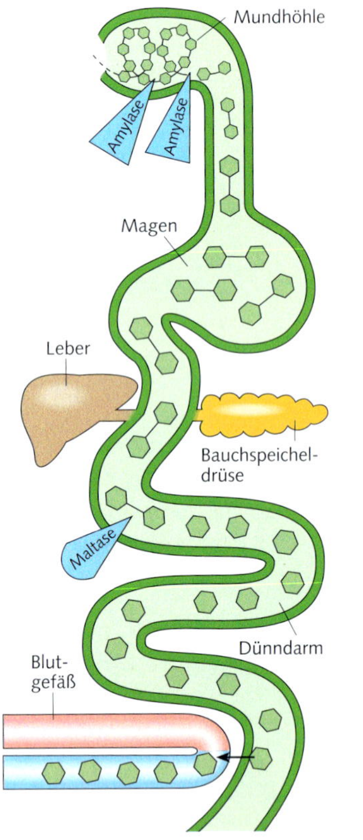

3 Verdauung von Kohlenhydraten

Nehmen wir mit der Nahrung mehr Kohlenhydrate auf als wir benötigen, so werden diese als ▸ Glykogen in der Leber und den Muskeln gespeichert. Bei Bedarf kann dieses kurzfristig wieder zu Traubenzucker abgebaut werden.

Eine besondere Rolle bei der Verdauung spielen die **Ballaststoffe.** Bei diesen Vielfachzuckern sind die einzelnen Zucker-Bausteine so miteinander verknüpft, dass sie von den Enzymen im Darm nicht zerlegt werden können. Unverdaut füllen sie den Magen und bewirken so ein Sättigungsgefühl. Gleichzeitig verstärken sie die Darmbewegung.

4 Ballaststoffreiche Lebensmittel

Fette bringen (zu) viel Energie

1. Fette sind lebenswichtig, können aber auch belastend sein. Erläutere diese Aussage mit mehreren Argumenten für die eine oder andere Position.

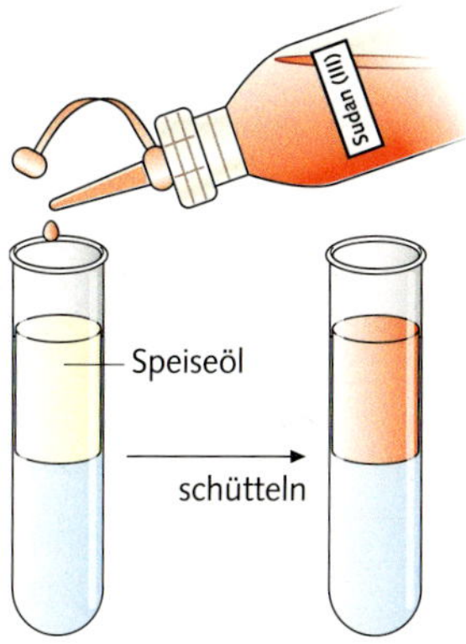

2. Fette lassen sich mit Sudan-(III)-Lösung nachweisen. Gibt man beispielsweise in ein Reagenzglas mit 4 ml Wasser und 4 ml Speiseöl einige Tropfen Sudan-(III)-Lösung hinzu, so färbt sich nach dem Schütteln nur das Öl rot.
a) Prüfe mithilfe der Sudan-(III)-Lösung Milch, Limonade, Sahne und Mineralwasser auf Fett.
b) Protokolliere die Versuche.

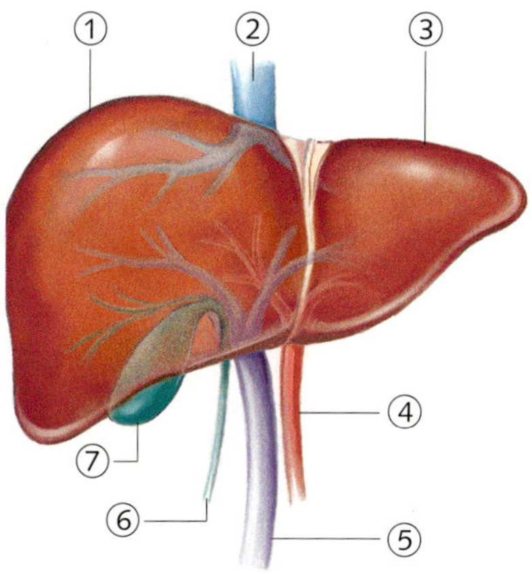

3. a) Ordne den Ziffern die richtigen Begriffe zu.
b) Erläutere die Aufgabe der Gallenflüssigkeit bei der Verdauung.
c) Manche Menschen leiden an einer verminderten Produktion von Gallenflüssigkeit. Welche Auswirkung könnte dies haben? Begründe deine Antwort.

4. Die Tabelle zeigt den Fettgehalt einiger Lebensmittel.
a) Erkläre den Begriff „versteckte Fette".
b) Vergleiche die Fettmenge einer Salami-Pizza mit der empfohlenen Tagesration an Fett. Was stellst du fest?

1 Salami-Pizza (400 g)	52 g Fett
Erdnüsse geröstet (100 g)	50 g Fett
100 g Chips	39 g Fett
Eiskaffee mit Sahne (200 ml)	32 g Fett
1 Tafel Schokolade	30 g Fett
2 Wiener Würstchen	28 g Fett
1 Stück Sahnetorte	25 g Fett
Fleischsalat (100 g)	19 g Fett
Erdnuss-Schokoladenriegel (60 g)	17 g Fett
Pommes Frites (150 g)	15 g Fett
Hamburger	12 g Fett
1 Schokocroissant (60 g)	12 g Fett
Sahnejogurt (150 g)	12 g Fett

5. Mit diesem Versuch lässt sich die Wirkung von Galle bei der Verdauung verdeutlichen. Fülle dazu zwei Reagenzgläser jeweils mit 5 ml Wasser und zehn Tropfen Speiseöl. Gib in das zweite Reagenzglas zusätzlich 5 ml Ochsengalle. Diese erhältst du in der Apotheke oder einem Fachgeschäft für Farben und Zeichenbedarf. Verschließe die Reagenzgläser mit einem Stopfen und schüttle sie kräftig. Stelle die Reagenzgläser für etwa fünf Minuten in den Reagenzglasständer.
a) Beschreibe deine Beobachtungen.
b) Erkläre die Versuchsergebnisse.

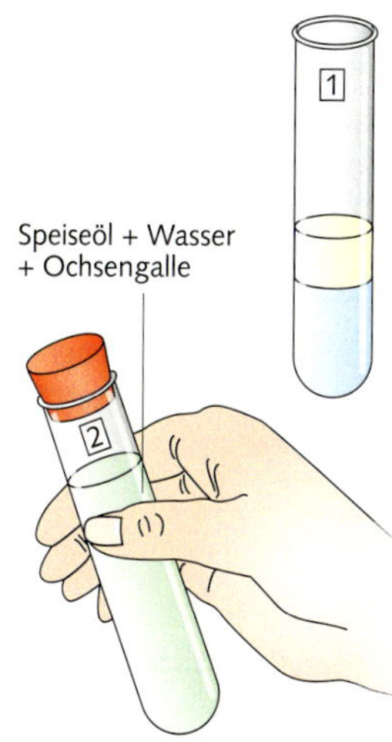

6. Der Fettkonsum in Deutschland ist rapide angestiegen. Täglich essen wir durchschnittlich 180 g Fett. Der Anteil versteckter Fette liegt bei 90 g.
a) Gib mögliche Ursachen für den Anstieg des Fettkonsums an.
b) Nenne gesundheitliche Folgen des erhöhten Fettkonsums.
c) Diskutiert in der Gruppe, wie sich die tägliche Fettaufnahme verringern lässt und stellt anschließend eure Ergebnisse in der Klasse vor.

Bedeutung der Fette

Fette sind wichtige ▸ Betriebsstoffe des Körper. Jedes Gramm Fett liefert bei seinem Abbau mehr als doppelt soviel Energie wie ein Gramm Kohlenhydrate. Fette sind damit die energiereichsten Nährstoffe in unserer Nahrung. Wer regelmäßig zu viel Fett zu sich nimmt, hat schnell ein Gewichtsproblem. Überschüssige Fette werden in unserem Körper als Depotfette an Bauch, Hüften und Gesäß gespeichert. Neben ▸ Übergewicht können ▸ Herz-Kreislauf-Erkrankungen und ▸ Zuckerkrankheit weitere Folgen eines erhöhten Fettkonsums sein.

1 Fettdepots

Doch kleinere Fettdepots sind wichtig für unseren Körper. Sie schützen empfindliche Organe wie Augen und Nieren vor Druck und Stoß, isolieren gegen Kälte und sind am Aufbau von ▸ Zellmembranen beteiligt. Fette ermöglichen die Aufnahme der fettlöslichen Vitamine im Darm. Daneben dienen sie als **Energiereserve,** etwa bei längeren Krankheiten.
Fette unterteilt man, je nach Herkunft, in tierische und pflanzliche Fette. Schmalz und Butter sind Beispiele für tierische Fette. Nüsse und Olivenöl enthalten pflanzliche Fette.
Fette findet man aber nicht nur in Streichfetten oder Ölen, sondern auch versteckt in Wurstwaren, Fleisch, Käse oder Süßwaren. Bereits eine Tafel Schokolade enthält 30 g Fett und deckt damit einen großen Teil der empfohlenen Tagesration von 60–80 g. Ein Zuviel an **versteckten Fetten** kann so leicht zum Problem werden.

2 Fetthaltige Nahrungsmittel

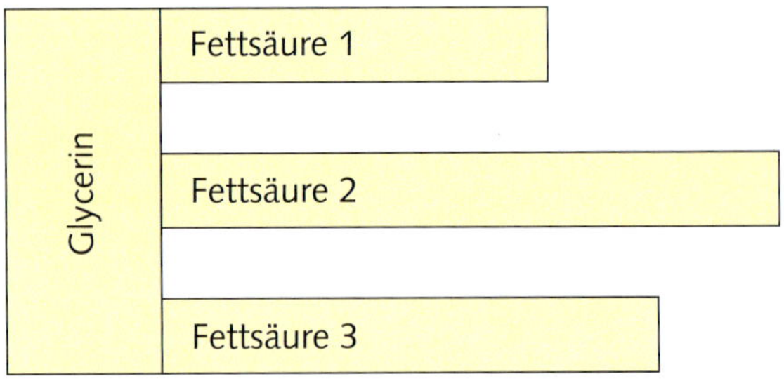

3 Grundaufbau von Fetten

Aufbau der Fette

Fette besitzen stets den gleichen Grundaufbau: Sie bestehen aus Glycerin und drei meist verschiedenen Fettsäuren. Einige dieser Fettsäuren sind für uns Menschen **essenziell,** d. h. lebensnotwendig. Wir können sie nicht selbst bilden und müssen sie daher mit der Nahrung aufnehmen. Essenzielle Fettsäuren kommen vorwiegend in Pflanzenölen wie beispielsweise Sonnenblumenöl vor. Solche Fette sollte man deshalb tierischen Fetten aus Wurst oder Fleisch vorziehen.

Verdauung der Fette

Fette sind in Wasser unlöslich. Damit sie verdaut werden können, muss zunächst die von der ▸ Leber gebildete **Gallenflüssigkeit** einwirken. Sie umhüllt das Fett und wirkt so als Vermittler zwischen Fett und Wasser. Die Fette sind nun **emulgiert,** d. h. in kleinste Tröpfchen im Wasser verteilt. Durch diese Oberflächenvergrößerung kann jetzt das wasserlösliche ▸ Enzym der Bauchspeicheldrüse, die **Lipase,** einwirken. Im Dünndarm wird durch die Aktivität dieses Enzyms Fett in Glycerin und Fettsäuren zerlegt. Sind diese Spaltprodukte im ▸ Lymphgefäßsystem angekommen, dienen sie anschließend der Energiegewinnung oder werden als eigenes Körperfett gespeichert.

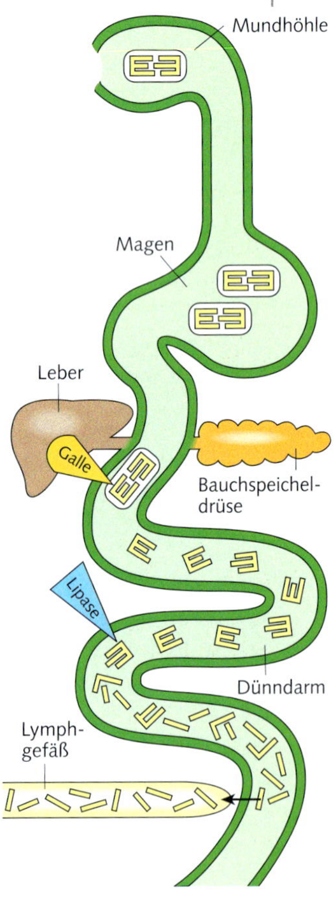

4 Fettverdauung

Eiweiß – ein wichtiger Baustoff

1. Gerichte wie Pellkartoffeln mit Quark oder Linsensuppe mit Wurst stellen ideale Eiweißquellen dar. Begründe, warum gerade die Kombination dieser Lebensmittel wertvolles Eiweiß liefert.

2. a) Ermittle deinen persönlichen täglichen Eiweißbedarf.
b) Begründe, warum Säuglinge und Kleinkinder einen erhöhten Eiweißbedarf haben.

Täglicher Eiweißbedarf

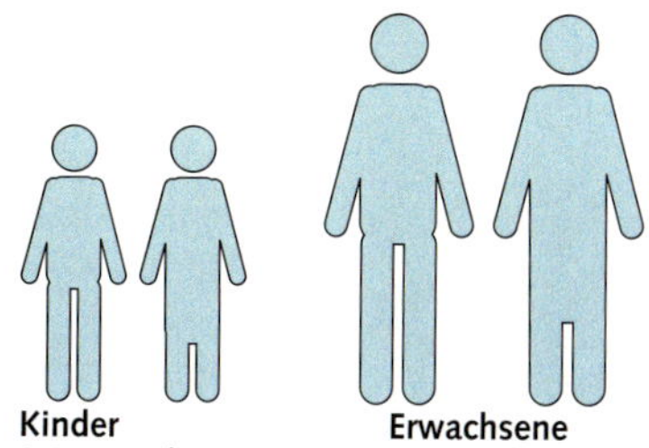

3. Untersuche die Wirkung von Säuren auf Eiweiß. Fülle dazu ein Reagenzglas halbvoll mit Milch und gib einige Tropfen Zitronensaft hinzu. Verschließe das Reagenzglas mit einem Stopfen und schüttle es kräftig.
a) Notiere deine Beobachtungen.
b) Erkläre das Versuchsergebnis.
c) Wo findet während der Verdauung ein ähnlicher Vorgang statt?

4. Ähnliche Vorgänge wie in dem Versuch aus Aufgabe 3 finden auch bei der Herstellung von Jogurt und Dickmilch statt. Recherchiere, wie diese Lebensmittel hergestellt werden und wodurch die Ansäuerung der Milch erfolgt.

5. Manche Kleinkinder leiden schon kurz nach dem Abstillen unter chronischen Durchfällen. Ihr Wachstum ist verzögert, auch sind sie sehr dünn. Verantwortlich ist eine Krankheit, die man *Zöliakie* nennt.
a) Recherchiere die Ursachen der Zöliakie.
b) Finde heraus, wie diese Krankheit behandelt wird.
c) Wofür steht das abgebildete Zeichen?

6. Die folgende Abbildung zeigt die Durchführung eines Experiments zur Eiweißverdauung.

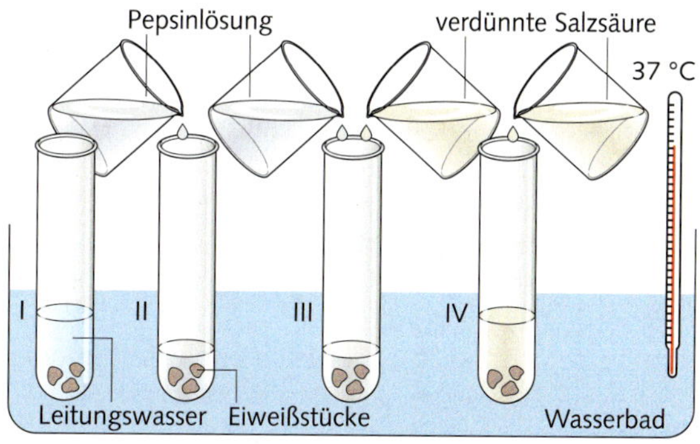

Nach 30 Minuten konnte man folgende Beobachtung machen:

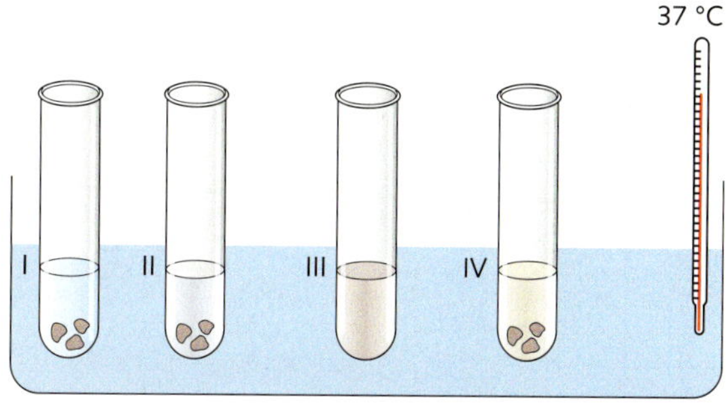

a) Fertige ein Versuchsprotokoll an.
b) Vergleiche die Versuchsbeobachtungen mit den entsprechenden Vorgängen bei der Eiweißverdauung im Magen.

Aufbau der Eiweiße

Im unserem Körper gibt es eine Vielzahl unterschiedlicher Eiweiße (Proteine) mit unterschiedlichen Funktionen. Trotz dieser Vielfalt besitzen Proteine einen ähnlichen Aufbau: Ihre Grundbausteine sind stets **Aminosäuren,** die wie Perlen einer Kette aneinandergereiht sind. Die Ketten sind dann knäuelartig umeinandergewunden.

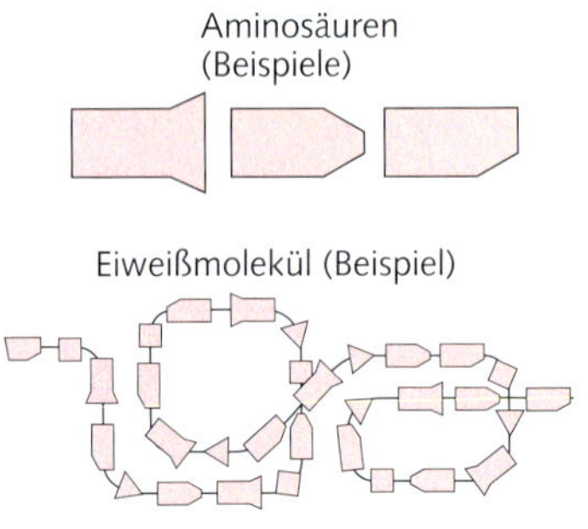

1 Modelle von Aminosäuren und von einem Eiweißmolekül

Ein Teil der Aminosäuren kann vom Körper selbst hergestellt werden. Die übrigen **essenziellen** Aminosäuren müssen mit der Nahrung aufgenommen werden.

Verdauung der Eiweiße

Die Eiweißverdauung beginnt im Magen: Salzsäure im Magensaft lässt die Eiweiße gerinnen. Dabei entknäulen sich die langen Eiweißketten und können nun vom ▸ Enzym **Pepsin** in kürzere Ketten gespalten werden.
In der Flüssigkeit der Bauchspeicheldrüse finden sich weitere Enzyme wie das **Trypsin.** Es zerlegt die nun kürzeren Ketten in die einzelnen Aminosäuren, die durch die Darmwand ins Blut gelangen. Von dort gelangen sie zu den Zellen und hier werden aus ihnen körpereigene Eiweiße aufgebaut.

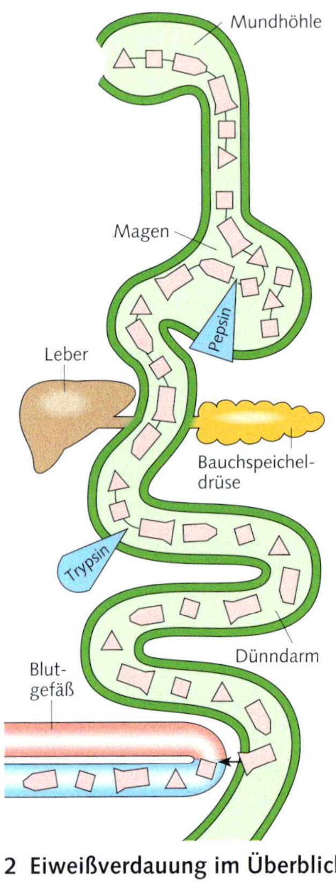

2 Eiweißverdauung im Überblick

3 Eiweißreiche Nahrungsmittel

Eiweißbedarf

Eiweiß ist ein lebenswichtiger Baustoff. Im Gegensatz zu Kohlenhydraten und Fetten kann unser Körper keine Eiweißreserven anlegen. Zum Aufbau körpereigener Eiweiße müssen wir daher täglich Eiweiß zu uns nehmen.
Etwa zwei Drittel des Nahrungseiweißes sollte von pflanzlichen Lebensmitteln wie Kartoffeln, Bohnen, Linsen, Erbsen und Nüssen stammen. Tatsächlich nehmen wir aber meist zu viel tierisches Eiweiß, insbesondere zu viel Fleisch und Wurstwaren, zu uns. Durch hohen Fettkonsum werden Übergewicht, Herz- und Gefäßkrankheiten sowie Gelenkerkrankungen begünstigt.
Nahrungseiweiß ist dann besonders wertvoll, wenn es möglichst viele verschiedene essenzielle Aminosäuren enthält. Dies erreicht man durch eine Kombination pflanzlicher und tierischer Eiweißquellen. Eine gesunde Ernährung enthält diese daher in einem ausgewogenen Verhältnis.

Ein Mangel an Nahrungseiweiß kommt bei uns praktisch nicht vor. Anders ist die Situation in **Entwicklungsländern.** Hier wird zu wenig Eiweiß gegessen. Tierisches Eiweiß ist teuer und kann von der armen Bevölkerung nicht gekauft werden. Insbesondere bei Kleinkindern kommt es daher zu **Unterernährung,** die zum Tod führen können. Man versucht dieses Problem durch preiswertere, aber hochwertige Kombinationen pflanzlicher Lebensmittel zu lösen. Die Sojabohne bildet häufig die Grundlage dieser Eiweißmischungen.

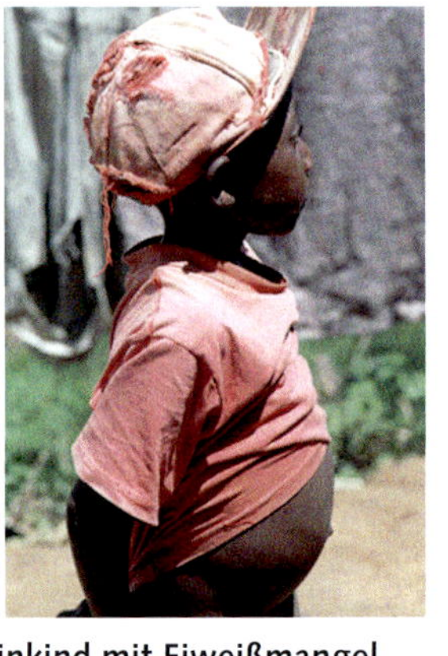

4 Kleinkind mit Eiweißmangel

Kleine Mengen – große Wirkung

1. Die Abbildung zeigt verschiedene, mit Ziffern gekennzeichnete Nahrungsmittel. Ermittle mithilfe der Pinnwand, welche Vitamine und welche Mineralstoffe in diesen Lebensmitteln enthalten sind.

2. Rohes Gemüse ist besonders vitaminreich. Erkläre, warum es durchaus sinvoll ist, etwas Fetthaltiges dazu zu essen.

3. In einem Experiment wurde untersucht, wie sich der Gehalt an Vitamin C bei Petersilie innerhalb von 24 Stunden verändert. Dazu wurde die Petersilie unterschiedlich aufbewahrt: unzerkleinert bei 4 °C (a) bzw. bei 20 °C (b), zerkleinert bei 4 °C (c) bzw. bei 20 °C (d). Das folgende Diagramm zeigt die Versuchsergebnisse.

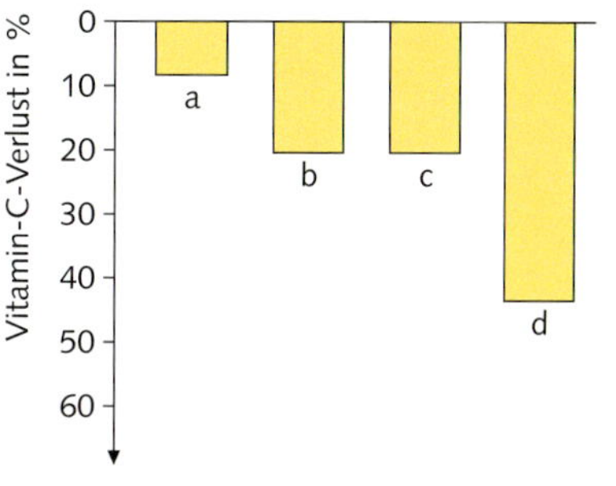

a) Erläutere, wovon der Vitamin C-Gehalt der Petersilie beeinflusst wird.
b) Gib Empfehlungen für eine vitaminschonende Lagerung und Zubereitung von Kräutern.

4. Mineralstoffdrinks sollen uns nach dem Sport schnell wieder leistungsfähig machen. Diese recht teuren Getränke enthalten neben den eigentlichen Mineralstoffen häufig auch Zucker.
a) Begründe, warum diesen Getränken Mineralstoffe und Zucker zugesetzt werden.
b) Nenne preiswerte Getränke für Hobbysportler, die den gleichen Zweck wie Mineralstoffdrinks erfüllen.

Vitamine

Mit der Nahrung nehmen wir neben Nährstoffen auch Vitamine und Mineralstoffe zu uns. Sie liefern zwar keine Energie, sind aber dennoch lebensnotwendig. Bereits kleinste Mengen reichen aus, um unseren täglichen Bedarf zu decken.
Heute kennt man zahlreiche unterschiedliche Vitamine, die in unserem Körper vielfältige Aufgaben übernehmen: Sie regulieren den Stoffwechsel, stärken das ▸ Abwehrsystem und sind am Aufbau von Zellen, Knochen, Zähnen sowie an der Blutbildung beteiligt.
Die meisten Vitamine sind wasserlöslich. Zu ihnen zählt beispielsweise Vitamin C, von dem wir täglich mindestens 75 mg benötigen. Fettlösliche Vitamine hingegen können von unserem Körper nur dann aufgenommen werden, wenn wir gleichzeitig Fett mit der Nahrung zu uns nehmen. Fehlt aufgrund einseitiger Ernährung auch nur ein einziges Vitamin, so kann es zu bedrohlichen Mangelerkrankungen kommen. Bei einer abwechslungsreichen Ernährung tritt ein solcher Mangel aber praktisch nicht auf. Zusätzliche Vitaminpräparate sind deshalb in der Regel nicht notwendig.

Mineralstoffe und Spurenelemente

Mineralstoffe können verschiedene Funktionen haben: Calcium ist als Baustoff am Knochenaufbau beteiligt. Natrium und Kalium regulieren den Wasserhaushalt und sind für die Reizleitung von Nerven und Muskeln von Bedeutung. Mineralstoffe benötigt unser Körper in relativ geringen Mengen. Bei einem Bedarf von etwa einem Gramm pro Tag spricht man von Mengenelementen. Zu ihnen zählen beispielsweise Calcium, Natrium und Kalium. Spurenelemente wie Eisen, Magnesium oder Iod werden jedoch in deutlich geringeren Mengen benötigt. So liegt etwa der Tagesbedarf an Iod bei etwa 0,2 mg. Eine nicht ausreichende Versorgung kann zu Mangelkrankheiten führen: So wird der Kropf, eine Vergrößerung der ▸ Schilddrüse, durch eine zu geringe Zufuhr von Iod verursacht.

Vitamine, Mineralstoffe und Spurenelemente

Name	wichtig für ...	enthalten in ...	Mangelerscheinung
Vitamin B_1	Nervensystem, Verdauung von Kohlenhydraten und Fetten, Konzentrationsfähigkeit	Naturreis, Hülsenfrüchte, Kartoffeln, Milchprodukte, Schweinefleisch	oft unzureichende Versorgung, dauerhafter Mangel führt zu Beri-Beri
Vitamin B_2	Sehvorgang, Gesunderhaltung von Haut und Schleimhäuten, Kohlenhydratstoffwechsel	Fisch, Leber, Milchprodukte, Eier, Hefe	führt zu Erschöpfung, eingerissenen Mundwinkeln, Wachstumshemmung
Vitamin B_6	Verdauung der Eiweiße, Blutbildung, Nervensystem	Bananen, Leber, Walnüsse, Milch, Käse, Eier	führt zu fettiger, schuppiger Haut, Gewichtsverlust
Vitamin B_{12}	Bildung der roten Blutkörperchen, Verdauung, Wachstum	Fleisch, Innereien, Fisch, Milchprodukte, Eier	Störungen bei der Erneuerung von Nerven- und Blutzellen, Blutarmut
Vitamin C	Abwehrkräfte, Zähne, Zahnfleisch, Enzymaktivität	Paprika, Zitrusfrüchte, Kiwi, Brokkoli, Äpfel, Sauerkraut	erhöhte Anfälligkeit für Krankheiten, dauerhafter Mangel führt zu Skorbut
Folsäure	Blutbildung, Nervensystem	grünes Gemüse wie Kohl, Spinat, Salat, Eigelb,Tomaten	Blutarmut, gestörtes Immunsystem
Vitamin A	Neubildung von Haut und Schleimhäuten, Sehvorgang	Leber, Butter, Brokkoli, Vollmilch, als Vorstufe in Karotten	Nachtblindheit, Wachstumsstörung, geschädigte Haut
Vitamin D	Knochen, Zähne	Fisch, Leber, Lebertran, Ei, Milchprodukte	weiche und biegsame Knochen; dauerhafter Mangel führt zu Rachitis
Vitamin E	Sauerstoffversorgung der Zellen, Durchblutung	Walnüsse, Mandeln, Erdnüsse, Pflanzenöle, Hering	tritt bei Menschen äußerst selten auf
Vitamin K	Blutgerinnung	grünes Gemüse, Leber	Störung der Blutgerinnung
Calcium	Knochen, Zähne, Muskelbewegung	Milchprodukte, Nüsse, Vollkornbrot	Knochenentkalkung (Osteoporose)
Magnesium	Muskeltätigkeit, Knochen, Zähne, Nerven, Enzyme	Grünkohl, Weißkohl, Milch, Käse, Fisch	Krämpfe der Skelettmuskulatur
Eisen	Blutbildung, Sauerstoffversorgung, Enzyme	fast alle Lebensmittel außer Milchprodukte	Blutarmut (Anämie)
Iod	Funktion der Schilddrüse	Meeresfische, iodhaltiges Speisesalz	Kropfbildung
Fluor	Knochen und Zähne	Meeresfische, schwarzer Tee	Kariesanfälligkeit

wasserlösliche Vitamine — fettlösliche Vitamine — Mineralstoffe — Spurenelemente

1. Recherchiere über die Vitaminmangelkrankheiten Beri-Beri und Skorbut.

2. Gib Ergänzungsstoffe an, die für die gesunde Bildung von Knochen und Zähnen von Bedeutung sind.

3. Begründe, warum Schwangere einen erhöhten Eisenbedarf haben.

Nahrungsmittel auf dem Prüfstand

1. Erkläre den Unterschied zwischen Schadstoffen und Zusatzstoffen.

2. a) Recherchiere, welche Aufgaben die aufgeführten Zusatzstoffe erfüllen sollen.
b) Informiere dich über Zusatzstoffe, die Allergien auslösen können.

Nr.	Funktion (Name)	Anwendung z. B. in
E 150	Farbstoff (Zuckercouleur)	Bonbons, Brot, Soßen
E 200	Konservierungsstoff (Sorbinsäure)	Kartoffelsalat, Fischsalat
E 300	Antioxidationsmittel (Ascorbinsäure)	Fertigsuppen, Fruchtjogurt
E 621	Geschmacksverstärker (Glutamat)	Tütensuppe, Chips

3. Verbraucher und Wissenschaftler wurden zu Risiken durch Nahrungsmittel befragt:

Risiko aus Sicht von Verbrauchern	Risiko aus Sicht von Wissenschaftlern
1. Umweltgifte	1. falsche Ernährung
2. Zusatzstoffe	2. mangelnde Hygiene
3. falsche Ernährung	3. natürliche Gifte
4. mangelnde Hygiene	4. Umweltgifte
5. natürliche Gifte	5. Zusatzstoffe

a) Vergleiche die Reihenfolge der beiden Einschätzungen und stelle die Unterschiede heraus.
b) Erläutere, wie sich die Unterschiede möglicherweise erklären lassen.

„Salmonellen im Speiseeis" – „Nitrat im Gemüse" – angesichts solcher Meldungen fragen sich viele: Was darf ich noch essen? Wie gelangt so etwas überhaupt ins Essen?

1 Guten Appetit?

Schadstoffe

Salmonellen sind ▸ **Bakterien,** die sich in rohen Lebensmitteln wie Hackfleisch, Geflügel und Eiern rasch vermehren. Dabei bilden sie Giftstoffe. Nach dem Verzehr infizierter Lebensmittel kommt es zu Erbrechen und Durchfall. Für Säuglinge oder geschwächte Menschen können Salmonellenvergiftungen sogar tödlich verlaufen. Hygiene und vollständiges Durchgaren schützen hier. Aber auch viele **Schimmelpilze** befallen Nahrungsmittel und produzieren dabei Giftstoffe. Verschimmelte Lebensmittel gehören daher in den Mülleimer.
Gemüse, Obst und Kartoffeln können Rückstände von ▸ **Pflanzenschutzmitteln** enthalten. Wenn sie zudem zu stark gedüngt wurden, enthalten Pflanzen zu viel Nitrat, was bei Säuglingen bereits in geringer Konzentration zu Vergiftungen führen kann. Biogemüse gilt als relativ unbelastet. Alles Obst und Gemüse sollte trotzdem gründlich gewaschen werden. Auch **Schwermetalle** wie Blei und Cadmium sowie Umweltgifte aus Abgasen können Lebensmittel belasten.
Im Fleisch wurden wachstumsfördernde **Hormone** nachgewiesen. Bei Säuglingen kann solches Fleisch Gesundheitsstörungen verursachen. Hier empfiehlt es sich, nur Fleisch von ausgesuchten Metzgern oder Biofleisch zu kaufen.

Zusatzstoffe

Industriell hergestellte Lebensmittel wie Tütensuppen oder Fruchtjogurts enthalten häufig Zusatzstoffe. Diese sollen beispielsweise die Haltbarkeit verlängern oder für eine ansprechende Farbe sorgen. Zusatzstoffe in abgepackten Lebensmitteln sind auf dem Etikett vermerkt: Hier wird zuerst der Verwendungszweck und dann der Name des Zusatzstoffes oder seine E-Nummer genannt. Der Buchstabe E steht für Europa und weist darauf hin, dass die Kennzeichnung für ganz Europa gilt. Für Zusatzstoffe gelten strenge gesetzliche Vorschriften. Einige Zusatzstoffe stehen im Verdacht, ▸ Allergien auszulösen.

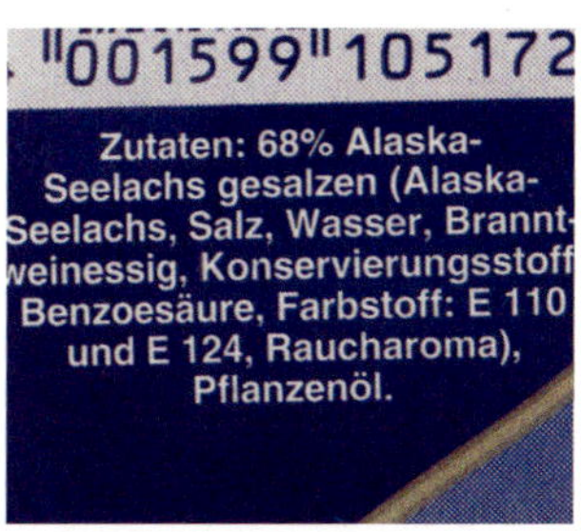

2 Lebensmitteletikett mit E-Nummern

Bewerten – nach Kriterien

Wir treffen Entscheidungen oft „aus dem Bauch heraus". Bei genauerem Hinsehen haben wir uns unbewusst aber doch von bestimmten **Kriterien** leiten lassen, die für die Bewertung eine Rolle spielten. Es kann manchmal hilfreich sein, sich diese Maßstäbe bewusst zu machen, ihre Bedeutung in verschiedenen Situationen zu hinterfragen und auch in Streitfällen Argumente für oder gegen eine Entscheidung zu haben.
Am Beispiel der Entscheidung für ein Mittagsgericht soll ein mögliches Bewertungsverfahren gezeigt werden, das sich auf viele andere Situationen übertragen lässt.

Das Verfahren
Kriterien werden gesammelt, die bei der Auswahl eine Rolle spielen können. Wie wichtig einem ein Kriterium ist, entscheidet man durch die Vergabe eines Gewichtungsfaktors. Ein wichtiges Kriterium bekommt eine hohe Zahl. Auch für die einzelnen Alternativen werden bezogen auf die Kriterien Punkte vergeben. Wenn man diese Punkte mit dem Gewichtungsfaktor multipliziert und alles zusammenzählt, kommt man meist zu einer vernünftigen Bewertung. Je nach Gewichtungs- und Berechnungsmodell sind andere Bewertungen denkbar und sollten ausprobiert werden.

Ein Beispiel
Stefan schwärmt für Fenchel und möchte für seine Familie am Sonntag etwas Besonderes kochen. Er kocht gut und gerne, die Eltern werden ihm die Zutaten bezahlen. Seine Bewertung fällt folgendermaßen aus:

Die Bewertungstabelle

Bewertungskriterien	**Gewichtungsfaktor**	Kartoffel-Fenchel-Auflauf mit Käse überbacken	Gebratenes Fischfilet mit Pommes frites	Spaghetti mit Hackfleischsoße und Salat
Geschmack	3	3 ⇒ 3 x 3 = 9	2 ⇒ 3 x 2 = 6	2 ⇒ 3 x 2 = 6
Preis	0	2 ⇒ 0 x 2 = 0	1 ⇒ 0 x 1 = 0	2 ⇒ 0 x 2 = 0
Arbeitsaufwand/ Zubereitungszeit	0	3 ⇒ 0 x 3 = 0	2 ⇒ 0 x 2 = 0	1 ⇒ 0 x 1 = 0
„gesund" (wichtige Nährstoffen in gutem Verhältnis; weitere Inhaltsstoffe)	2	3 ⇒ 2 x 3 = 6	1 ⇒ 2 x 1 = 2	3 ⇒ 2 x 3 = 6
aus frischen Zutaten bereitet	3	3 ⇒ 3 x 3 = 9	1 ⇒ 3 x 1 = 3	2 ⇒ 3 x 2 = 6
Abwechslung	1	3 ⇒ 1 x 3 = 3	3 ⇒ 1 x 3 = 3	1 ⇒ 1 x 1 = 1
für viele Personen gut zuzubereiten	2	2 ⇒ 2 x 2 = 4	1 ⇒ 2 x 1 = 2	3 ⇒ 2 x 3 = 6
Summe		31	16	25

1. a) Fülle dieselbe Tabelle für dich persönlich aus, wenn du ein Sonntagsessen für deine Familie kochen möchtest.
b) Welche Gewichtungsfaktoren und Bewertungen würdet ihr vergeben, wenn eine preiswerte Mahlzeit für ein Zeltlager mit 15 Personen geplant wird? Wie verändert sich das Ergebnis?
c) Was ergibt sich für ein schnelles Mittagessen für drei Personen an einem Wochentag, wenn es in der Woche schon zwei Mal Nudeln gab?

2. Ergänzt die Tabelle um weitere Kriterien und bewertet andere Gerichte.

3. a) Erstellt gemeinsam eine Bewertungstabelle für den Kauf von Tomaten.
b) Kauft Tomaten verschiedener Herkunft und Qualität im Bioladen, in einem Gemüseladen und im Supermarkt. Führt Geschmacksproben durch und bewertet.
c) Korrigiert bei Bedarf eure Tabelle.

Atmung und Gasaustausch

1. a) Beschreibe den Weg der Atemluft im Körper. Benenne die dabei beteiligten Organe. Zeige die Atmungsorgane am Torso aus der Biologiesammlung.
b) Erläutere mithilfe des Informationstextes den Weg der Atemgase Sauerstoff und Kohlenstoffdioxid im Körper. Erkläre dabei die Begriffe „Gasaustausch“ und „Energiegewinnung in den Körperzellen“ näher.

2. Besorgt euch eine kontrollierte frische Schweinelunge vom Metzger oder vom Schlachthof. Beschreibt die Lunge (Farbe, Strukturen) und untersucht sie mit einer Lupe. Sucht die Verzweigungen der Bronchien. Lasst ein Stückchen der Lunge in ein mit Wasser gefülltes Becherglas fallen. Beschreibt und erklärt eure Beobachtungen.

3. a) Warum stehen die Mitglieder von Chören beim Singen? Begründet eure Aussagen.
b) Überlegt euch, welche Körperhaltungen das Atmen unterstützen und welche es behindern.

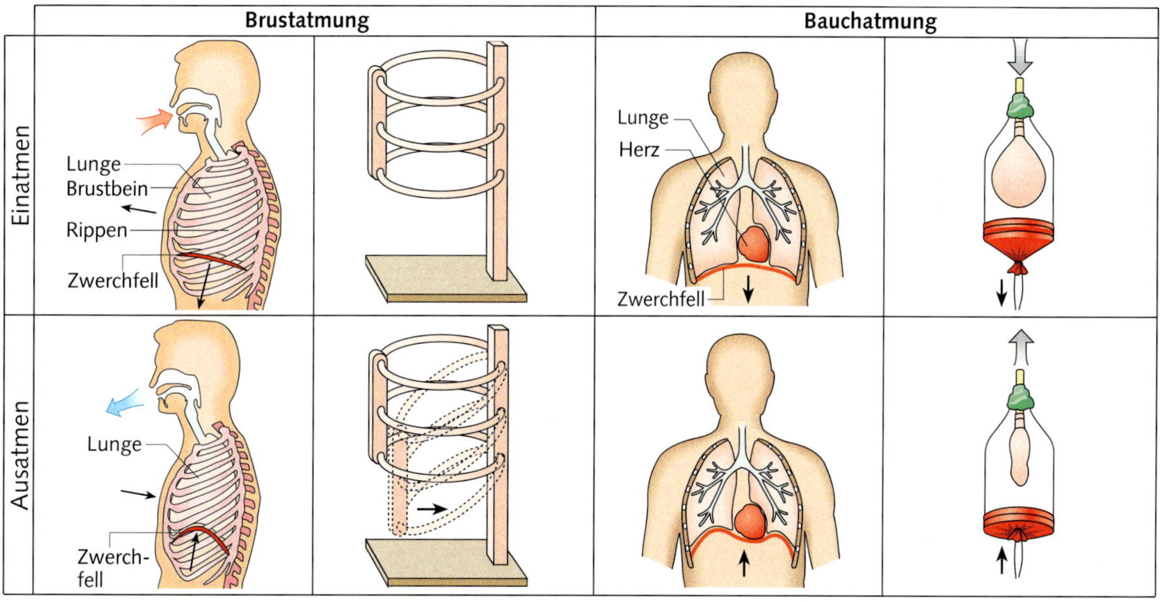

4. a) Baut entsprechend der oberen Abbildung ein Funktionsmodell für die Brustatmung. Als Materialien benötigt ihr Draht, Holzleisten und einen Holzbohrer.
b) Demonstriert und beschreibt an dem fertigen Modell, wie die Brustatmung funktioniert. Erläutert dabei Gemeinsamkeiten und Unterschiede von Modell und Original.

5. a) Baut entsprechend der oberen Abbildung ein Funktionsmodell für die Bauchatmung. Als Materialien benötigt ihr eine große PET-Trinkflasche, Luftballons, Trinkhalme, Klebeband, Knetmasse, Schnur und eine kräftige Schere.
b) Demonstriert und beschreibt an dem fertigen Modell, wie die Bauchatmung funktioniert. Erläutert dabei Gemeinsamkeiten und Unterschiede von Modell und Original.

6. Führt einen Versuch zum Prinzip der Oberflächenvergrößerung durch. Pustet einen Luftballon so weit auf, dass er sich eben noch in einen entsprechend großen Pappkarton drücken lässt. Wiederholt nun den gleichen Vorgang mit mehreren, weniger stark aufgepusteten Luftballons. Vergleicht im Ergebnis das Luftvolumen (entspricht in etwa dem Volumen des Kartons) mit a) der Oberfläche des großen Ballons und b) der Gesamtoberfläche aller kleinen Ballons. Welche Bedeutung hat eure Beobachtung für die Aufgabe der Lungenbläschen?
Tipp: Oberflächeninhalt einer Kugel $O = \pi \cdot d \cdot d$

Der Weg der Atemluft

Beim Atmen strömt die Luft durch die beiden Nasenlöcher in ein System von Nasenmuscheln und Nebenhöhlen, die zusammen den **Nasenraum** bilden. Dieser ist mit einer feuchten Schleimhaut ausgekleidet, die dafür sorgt, dass die Einatemluft auf Körpertemperatur vorgewärmt und angefeuchtet wird. Außerdem bleiben Staubteilchen, ▸ Bakterien und ▸ Viren an der Schleimhaut haften. Größere Verunreinigungen werden von Haaren im Nasenraum abgefangen.
Über den **Rachen,** wo sich Nasen- und Mundraum vereinigen, gelangt die Luft zum **Kehlkopf.** Er trennt Speiseröhre und **Luftröhre.** Damit keine Speiseteile in die Luftröhre gelangen, wird sie beim Schlucken vom **Kehldeckel** verschlossen.

Die Luftröhre teilt sich in die beiden Hauptbronchien. Jede versorgt einen der beiden **Lungenflügel.** Luftröhre und Bronchien besitzen Versteifungen aus Knorpel, damit sie sich beim Einatmen nicht durch den Unterdruck verschließen. Diese Knorpelspangen kann man im Halsbereich ertasten.

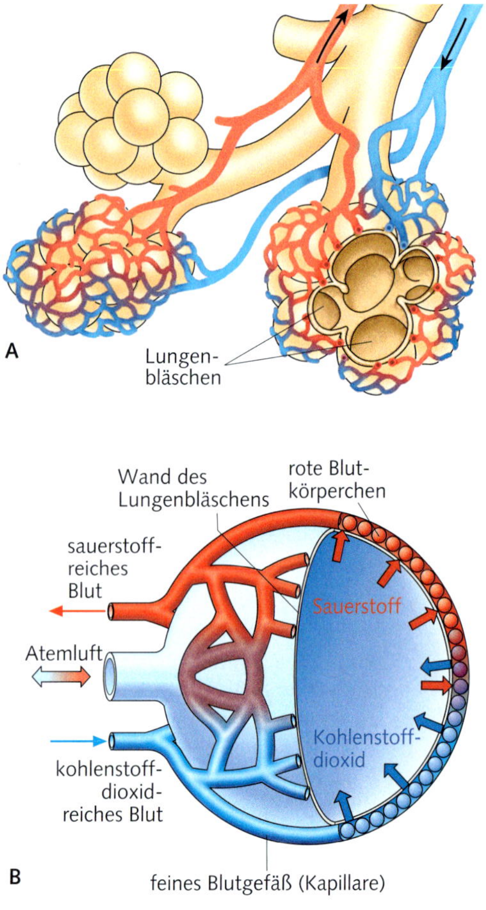

1 Lungenbläschen. A *Bau;* **B** *Gasaustausch*

Die **Bronchien** verzweigen sich in der Lunge in immer kleinere Atemkanälchen, die in Trauben aus winzigen **Lungenbläschen** enden. Durch ihre dünnen Wände können die Sauerstoff- und Kohlenstoffdioxidteilchen beim ▸ Gasaustausch hindurchwandern. Die Luftröhre und die Bronchien sind mit einer Schleimhaut mit Flimmerhärchen ausgekleidet. Wie auf einem Fließband werden winzige, am Schleim haften gebliebene Verunreinigungen und ▸ Krankheitserreger, die im Nasen- und Rachenraum noch nicht festgehalten wurden, von den Flimmerhärchen zum Kehlkopf transportiert und von dort hinuntergeschluckt. Im Magen tötet die Magensäure Krankheitserreger ab.

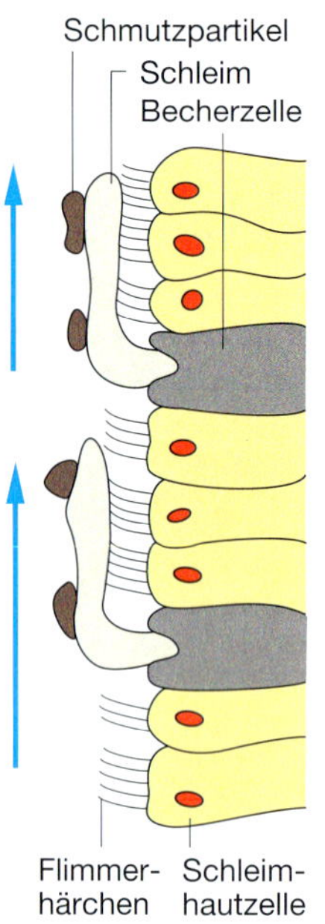

2 Aufbau und Funktion der Bronchialschleimhaut

Die Atembewegungen

Beim Atmen arbeitet die Lunge wie ein Blasebalg: Abwechselnd saugt sie Luft ein und stößt sie wieder aus. Da die Lunge selbst kein Muskelgewebe besitzt, wird die notwendige Atembewegung von anderen Organen übernommen. Eine wichtige Rolle spielt das **Zwerchfell,** eine dünne Muskelschicht, die unterhalb der Lunge quer durch den Bauchraum gespannt ist. Im entspannten Zustand bildet das Zwerchfell eine Kuppel, die vom unteren Ende der Rippen bis hoch in die Herzgegend reicht. Zum Einatmen spannt sich das Zwerchfell und wird flach. Der Brustraum mit der Lunge vergrößert sich, es entsteht ein Unterdruck, Luft wird angesogen. Da durch die Bewegung des Zwerchfelles nach unten auch die Bauchdecke nach vorne gedrückt wird, nennt man diese Form der Atmung **Bauchatmung.** Zum Ausatmen wölbt sich das Zwerchfell wieder nach oben, Brustraum und Lungenvolumen verkleinern sich, der erhöhte Druck presst die Luft aus der Lunge.
Atembewegungen entstehen auch durch Ausdehnung des Brustkorbs. Bei der **Brustatmung** heben Zwischenrippenmuskeln das Brustbein und die Rippen an. Das Volumen des Brustkorbes vergrößert sich, Luft strömt in die Lunge ein. Erschlaffen die Zwischenrippenmuskeln wieder, verkleinert sich der Brustkorb, die Luft wird aus der Lunge gedrückt.

Gasaustausch

Die Einatmungsluft enthält rund 21 % Sauerstoff und etwa 0,03 % Kohlenstoffdioxid. In der Ausatmungsluft befinden sich nur noch etwa 17 % Sauerstoff, dafür ist der Anteil des Kohlenstoffdioxids um vier Prozentpunkte gestiegen. Unser Körper nimmt also Sauerstoff auf und gibt dafür Kohlenstoffdioxid ab. Diesen Vorgang nennt man **Gasaustausch.** Der aufgenommene Sauerstoff wird in allen Zellen unseres Körpers zur Energiegewinnung benötigt.

Betrachten wir die einzelnen Schritte des Gasaustausches näher: Die **Lungenbläschen** sind von zahlreichen haarfeinen Blutgefäßen, den **Kapillaren,** umgeben. Ihre Wände sind so dünn, dass die Sauerstoff- und Kohlenstoffdioxidteilchen durch sie hindurchwandern können. Damit dies gleichzeitig bei möglichst vielen Teilchen funktioniert, muss die Grenzfläche zwischen Atemluft und Blut sehr groß sein. Diese **Oberflächenvergrößerung** wird durch die große Anzahl von ca. 300 Millionen Lungenbläschen mit einem Durchmesser von je ¼ mm erreicht. Dadurch beträgt die innere Oberfläche der Lunge etwa 100 m². Die Oberfläche der Blutkapillaren, die die Lungenbläschen umspinnen, ist so groß wie ein Fußballfeld, etwa 5 000 m².

Konzentrationsunterschiede treiben die Teilchen an

Der Antrieb für den Gasaustausch ist der Konzentrationsunterschied der Atemgase zwischen Lungenbläschen und Blut. Beim Einatmen gelangt sauerstoffreiche Luft in die Lungenbläschen. Das vorbeiströmende Blut kommt aus den Körpergeweben und ist sauerstoffarm. Beim Ausgleich dieses Konzentrationsgefälles wandern Teilchen von der hohen Konzentration zur niedrigen. Sauerstoffmoleküle treten deshalb aus den Lungenbläschen in das Blut über. Kommt dieses Blut nun in einen Muskel, der viel Sauerstoff verbraucht hat, so gelangt der Sauerstoff wegen des Konzentrationsgefälles aus dem Blut in die Muskelzellen. Dort bildet sich bei der Energiegewinnung Kohlenstoffdioxid als Abbaustoff. Es liegt also hier in hoher Konzentration vor. Deshalb geht es in das kohlenstoffdioxidarme Blut über, wird zur Lunge transportiert und dort in die Luft der Lungenbläschen abgegeben.
Beim Ausatmen verlässt das Kohlenstoffdioxid unseren Körper. Die beschriebenen Vorgänge bezeichnet man als **äußere Atmung.**

Energie für den Körper

Die Energiegewinnung in den Körperzellen erfolgt durch ▸ **Zellatmung.**

Bei diesem wichtigen Stoffwechselvorgang wird der Sauerstoff benötigt, um Traubenzucker zu „verbrennen", der ebenfalls mit dem Blut in die Körperzellen transportiert wurde. Als Abbauprodukt entsteht Kohlenstoffdioxid und Wasser. Bei dieser Reaktion wird Energie frei, die wir für alle Lebensvorgänge brauchen, auch für die Atembewegung selbst.

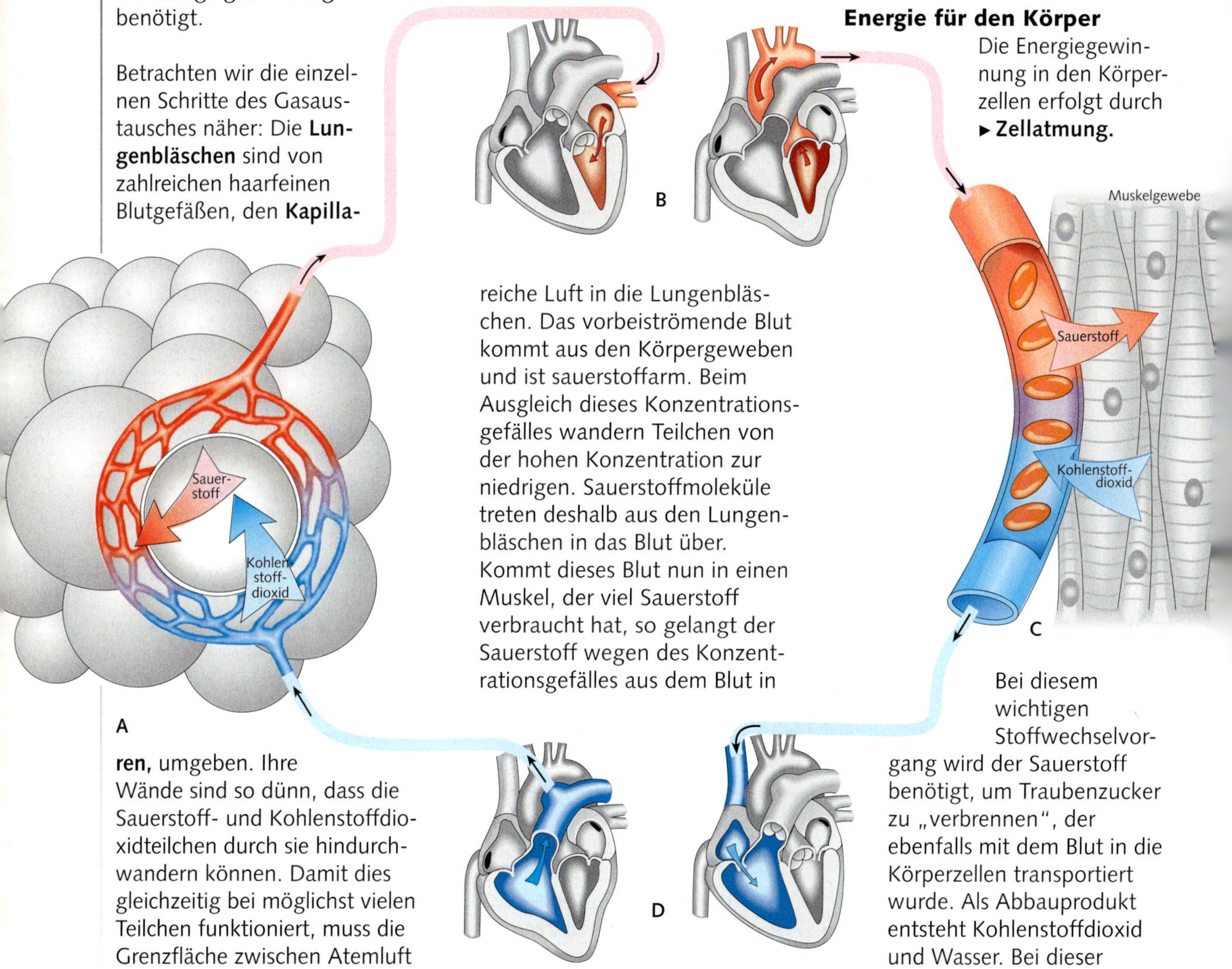

1 Atemgase im Kreislauf. A *Gasaustausch in den Lungenbläschen;* **B** *Pumpvorgang in das Körpergewebe;* **C** *Gasaustausch im Gewebe;* **D** *Pumpvorgang in die Lunge*

Erkrankungen der Atemwege

Schnupfen ist eine typische Krankheit der kalten Jahreszeit. Die trockene Luft in geheizten Räumen trocknet die Nasenschleimhäute aus. Krankheitserreger haben es nun leichter, in die Zellen der Schleimhäute einzudringen, da diese nicht mehr durch ihre Schleimschicht geschützt sind. Im Falle einer Infektion wird die Nasenschleimhaut stark durchblutet. Dies hat eine doppelte Wirkung: Zum einen kann sie mehr Flüssigkeit ausscheiden, um Erreger wegzuschwemmen. Zum anderen werden nun viele weiße Blutkörperchen herantransportiert, die Krankheitserreger vernichten. Außerdem schwillt die Schleimhaut durch die starke Durchblutung an. Die Nase ist „verstopft" und „läuft".

1 Schnupfen

Allergien können ebenfalls Schnupfen hervorrufen. Viele Menschen leiden an Allergien gegen Pollen, Tierhaare, Hausstaub und vieles mehr. Auf diese Fremdkörper reagiert die Nasenschleimhaut, und die Nase „läuft". Oft tränen auch die Augen.

Husten ist oft noch unangenehmer als Schnupfen. Meist husten wir, um kleine Schleimansammlungen zu entfernen, die die Flimmerhärchen in den Bronchien alleine nicht nach oben zum Kehlkopf transportieren können. Dieser Schleim ist ein Nährboden für Bakterien.

Bronchitis nennt man die Entzündung der Bronchien. Dazu kommt es, wenn der mit Bakterien befallene Schleim der Bronchien nicht durch die Flimmerhärchen oder durch Husten entfernt wird.
Die Wände der Bronchien schwellen an und verengen den Querschnitt, so dass man „schlecht Luft bekommt". Raucher haben oft eine chronische Bronchitis, weil Teer, Nikotin und Kohlenstoffmonooxid die Flimmerhärchen schädigen, sodass sie den Schleim nicht mehr abtransportieren. Er kann nur noch durch Husten entfernt werden. Man spricht von Raucherhusten.
Husten tritt auch auf, wenn Fremdkörper aus der Luftröhre entfernt werden müssen. Dies geschieht z. B. beim „Verschlucken", wenn Teile der Nahrung versehentlich in die Luftröhre gelangen. Aber auch Staub, Rauch und giftige Gase, z. B. Ozon oder Abgase aus Verkehr und Industrie, reizen die Schleimhäute und können zu Husten und Bronchitis führen. Durch die Einwirkung dieser Stoffe besteht ferner die Gefahr, dass sich Lungenkrebs entwickelt.

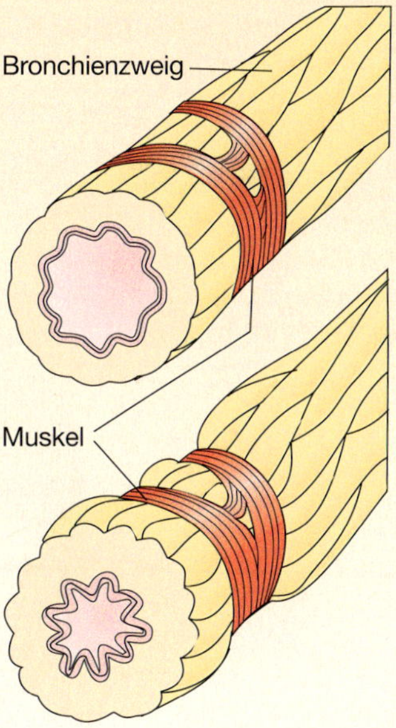

2 Asthma

Asthma ist eine manchmal lebensbedrohliche Erkrankung der Atemwege. Die Bronchien sind von Muskelfasern umsponnen. Wenn diese sich verkrampfen und zusammenziehen, werden die Atemkanäle nahezu abgeschnürt. Es droht ein lebensgefährlicher Sauerstoffmangel im Körper. Asthma kann wie Schnupfen durch eine Allergie ausgelöst werden.

Vorbeugung ist besser als jedes Medikament. Sport und Bewegung in frischer Luft kräftigen die Atmungsorgane und stärken das körpereigene Abwehrsystem. Ist es dennoch zu einer leichten Erkrankung der Atemwege gekommen, helfen häufig bewährte Hausmittel. Hält die Erkrankung länger an, muss man ärztlichen Rat einholen.

1. Lege eine Tabelle zu den oben beschriebenen Erkrankungen der Atemwege an. Trage in diese Tabelle Ursachen und Verlauf der Krankheiten und mögliche Vorbeugungsmaßnahmen ein.

2. Sammelt Informationen über alte Hausmittel gegen Erkältungskrankheiten. Fragt zu Hause nach, sucht in Gesundheitsbüchern und im Internet.

Blut hat viele Aufgaben

1. Mit kontrolliertem Tierblut vom Metzger oder Schlachthof könnt ihr in der Schule Versuche durchführen. Füllt das Blut, das ungerinnbar gemacht wurde, in ein kleines Becherglas und lasst es einen Tag lang ruhig stehen.
Beobachtet und erklärt den Vorgang. Die rechte Abbildung hilft euch dabei.
Hinweis: Wegen Infektionsgefahr ist es verboten, menschliches Blut in der Schule zu untersuchen.

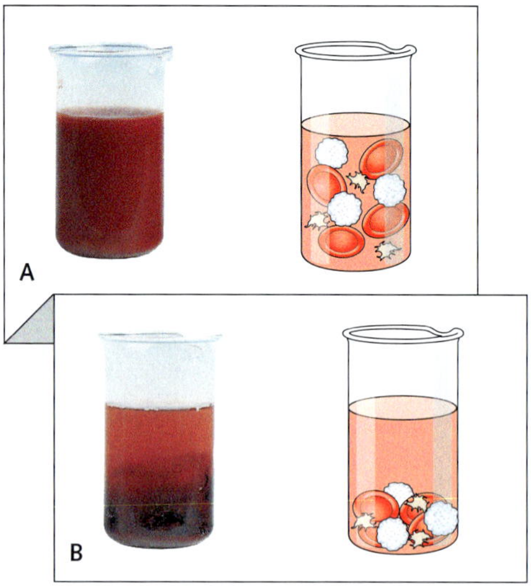

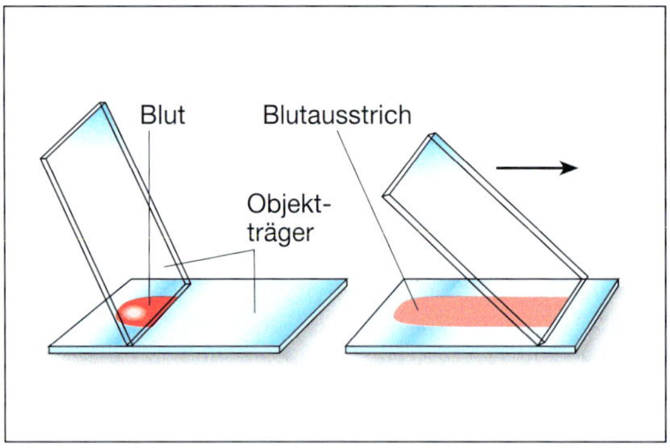

2. Betrachtet das Tierblut aus Versuch 1 unter dem ▸ Mikroskop. Gebt mit einem Glasstab einen Tropfen Blut auf die linke Seite eines Objektträgers und stellt einen Blutausstrich her. Bedeckt den Blutausstrich mit einem Deckgläschen. Beginnt beim Mikroskopieren mit der kleinsten Vergrößerung. Verändert die Blende so, dass ihr die Blutzellen gut erkennen könnt.
Beschreibt, um welche Blutzellen es sich handelt. Zeichnet das Bild bei der stärksten Vergrößerung (▸ mikroskopische Zeichnung).

3. a) Welche Blutzellen erkennst du im Bild eines ▸ Elektronenmikroskopes? Ordne den Ziffern ①–③ Begriffe zu und begründe deine Zuordnung.
b) Beschreibe die Aufgaben der Blutzellen. Erstelle dazu eine Tabelle.

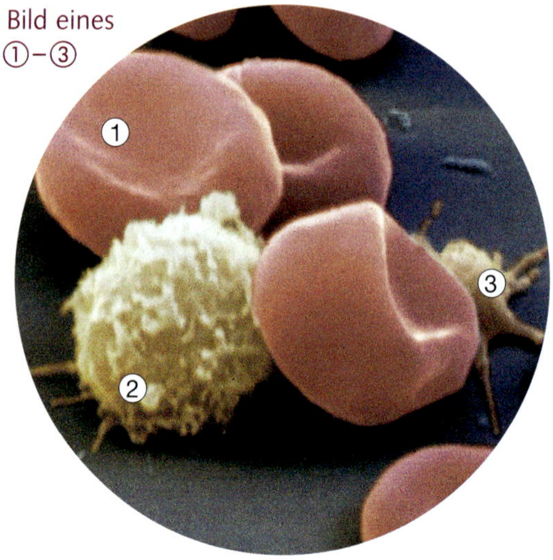

4. Fertige eine Liste mit den Aufgaben des Blutplasmas an.

5. a) Erfindet einen Modellversuch zum Vorgang der Blutgerinnung. Überlegt euch, womit man das Netz aus Fibrinfäden und die darin hängenbleibenden Blutkörperchen darstellen kann.
Tipp: Benutzt ein Sieb, Knetmasse, Papierschnipsel oder andere Materialien.
b) Vergleicht euer Modell mit der Wirklichkeit. Nennt Gemeinsamkeiten und Unterschiede.

Zusammensetzung und Aufgaben des Blutes

Blut ist ein Gemisch aus festen und flüssigen Bestandteilen. Lässt man frisches Blut in einem Glasgefäß eine Weile stehen und verhindert durch ein hinzugefügtes Mittel die Blutgerinnung, sinken die festen Bestandteile, die **Blutzellen,** nach unten. Sie bilden eine rote, undurchsichtige Masse. Darüber steht die hellgelbe, durchsichtige Blutflüssigkeit, das **Blutplasma.**

Das Blutplasma besteht zum größten Teil aus Wasser. Es ist das wichtigste Transportmittel unseres Körpers und befördert Nährstoffe, Abbaustoffe und Botenstoffe des Körpers, die ▸ Hormone, an ihr Ziel. Gleichzeitig verteilt es die Körperwärme über alle Körperteile, ähnlich dem heißen Wasser einer Zentralheizung.

Im Blutplasma schwimmen die Blutzellen. Man unterscheidet drei Gruppen. Eine Gruppe, die **roten Blutkörperchen,** sind als scheibenförmige, leicht eingedellte Zellen gut im Mikroskopbild zu erkennen. Sie enthalten den roten Blutfarbstoff Hämoglobin. Ihre Aufgabe besteht im Transport von Sauerstoff aus den Lungenbläschen in alle Zellen des Körpers und im Rücktransport von Kohlenstoffdioxid zur Lunge.

Blutzellen

Rote Blutkörperchen

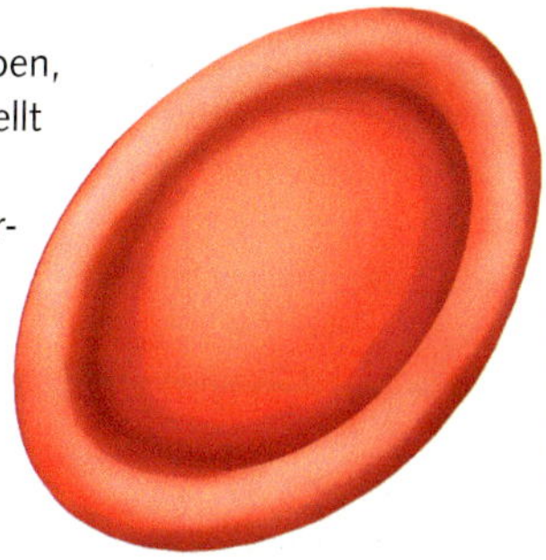

Aussehen:	runde, flache Scheiben, in der Mitte eingedellt
Herkunft:	rotes Knochenmark
Aufgabe:	Transport von Sauerstoff und Kohlenstoffdioxid, enthalten den roten Blutfarbstoff Hämoglobin
Lebensdauer:	etwa 120 Tage

Weiße Blutkörperchen

Aussehen:	kugelförmig bis unregelmäßig
Herkunft:	rotes Knochenmark, Lymphknoten, Milz
Aufgabe:	vernichten Krankheitserreger
Lebensdauer:	wenige Tage bis Jahre

Blutplättchen

Aussehen:	unregelmäßig geformt
Herkunft:	rotes Knochenmark
Aufgabe:	lösen Blutgerinnung aus
Lebensdauer:	7 Tage

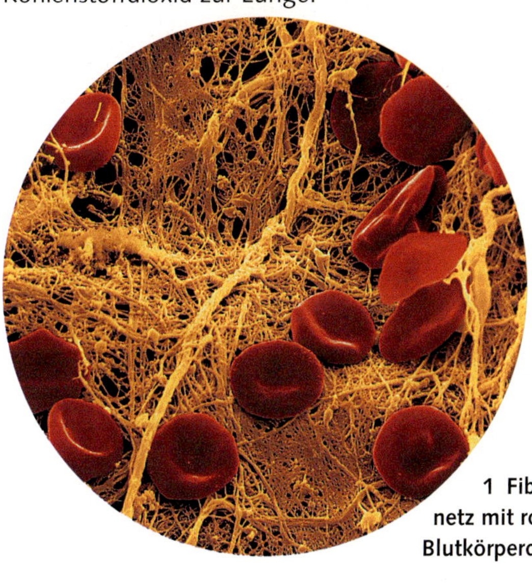

1 Fibrinnetz mit roten Blutkörperchen

In weitaus geringerer Zahl entdeckt man im Blutbild als zweite Gruppe farblose, unregelmäßig geformte Zellen, die **weißen Blutkörperchen.** Sie sind Teil unseres ▸ Abwehrsystems und bekämpfen Krankheitserreger und Gifte, die beispielsweise durch Wunden in die Blutbahn eingedrungen sind. Bei der Bekämpfung von Krankheitserregern können sie durch die Poren der kleinsten Blutgefäße auch in das benachbarte Gewebe wandern.

Die dritte Gruppe der Blutzellen bilden die **Blutplättchen.** Sie sind an der Blutgerinnung beteiligt.

Blutgerinnung

Ist eine blutende Wunde entstanden, sammeln sich an der Wundstelle Blutplättchen. Diese geben durch den Kontakt mit der Luft einen Stoff frei, der dafür sorgt, dass an dieser Stelle ein Netz aus langen Eiweißfäden entsteht. In diesem Fibrinnetz bleiben die Blutplättchen und die roten und weißen Blutkörperchen hängen und verschließen die Wunde. Durch Austrocknung entsteht schließlich Schorf.

Herz, Blutkreislauf und Lymphgefäßsystem

1. Beschreibe mithilfe der Abbildungen dieser Doppelseite in einem Flussdiagramm den Weg des Blutes durch den Körper. Beginne mit der Station „rechte Herzkammer". Verfolge den Weg bis zur Zehenspitze und zurück zur rechten Herzkammer.

rechte Herzkammer	→		→

Rahme alle Stationen rot ein, wo sauerstoffreiches Blut transportiert wird und rahme sie blau ein, wo kohlenstoffdioxidreiches Blut transportiert wird.

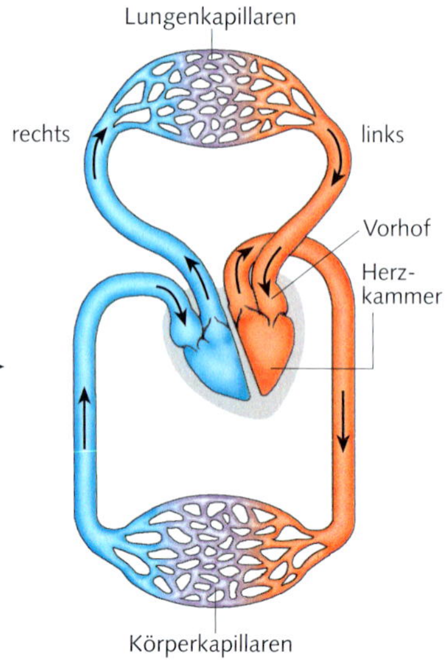

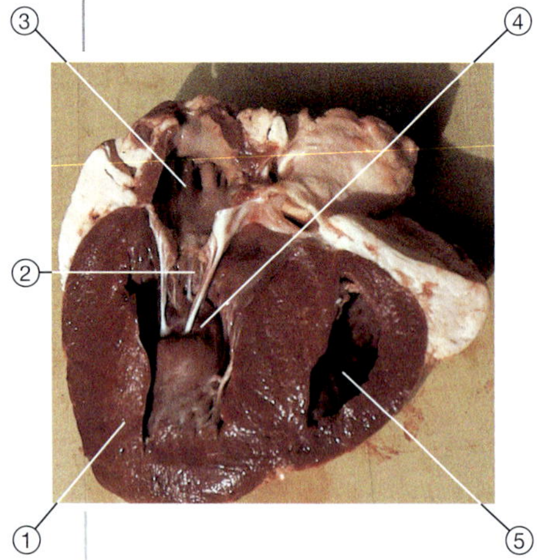

2. a) Untersucht ein kontrolliertes frisches Schweineherz, das ihr euch vom Schlachthof oder Metzger besorgt. Legt das Herz in eine Glasschale und betrachtet es von außen. Zeigt die Herzkranzgefäße.
Schneidet das Herz mit Skalpell oder scharfem Messer in Längsrichtung wie in der Abbildung durch. Die Vorhöfe und Herzkammern sollen offen sein.
b) Benennt die Teile des Herzens, die in der Abbildung mit Ziffern bezeichnet sind, und zeigt sie am präparierten Herzen.
c) Erläutert am Schweineherzen die Funktion des Herzens.

3. Beschreibe und vergleiche die Arbeitsweise der Herzklappen und der Venenklappen.
a) Erläutere, zu welchen Problemen es kommen kann, wenn die Klappen fehlerhaft arbeiten.
b) Beschreibe Teile aus der Technik, die in gleicher Weise funktionieren.

4. Beschreibe, wie das Lymphgefäßsystem funktioniert.

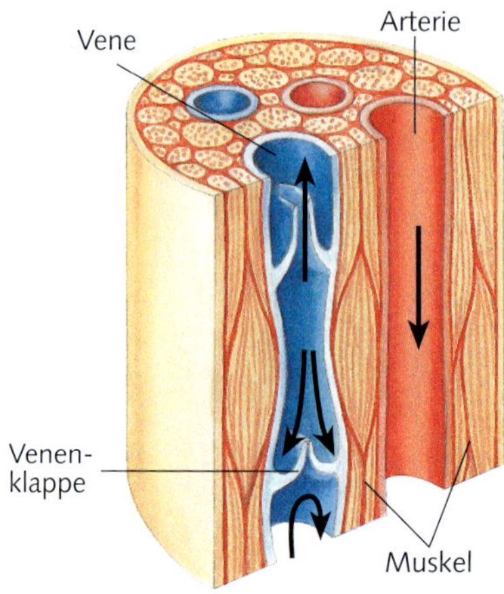

Der Blutkreislauf

Das Blut kann seine Aufgaben nur erfüllen, wenn es alle Teile des Körpers erreicht. Deshalb zirkuliert es ständig durch die **Blutgefäße,** die den Körper in einem dichten Netz durchziehen. Den Antrieb für diesen **Blutkreislauf** liefert das **Herz.**

Bei jedem Herzschlag wird sauerstoffreiches Blut aus der linken Herzkammer in die größte Körperarterie, die **Aorta,** gepresst. **Arterien** nennt man alle Blutgefäße, die das Blut vom Herzen wegführen. Sie besitzen muskulöse, elastische Wände, die dem **Blutdruck** standhalten. Die Druckwelle des Blutes kann man als Pulsschlag fühlen. Die Arterien verzweigen sich bis in die haarfeinen **Kapillaren.** Durch ihre dünnen Wände gibt das Blut Sauerstoff und Nährstoffe in die benachbarten Zellen ab und nimmt Kohlenstoffdioxid und andere Abbaustoffe von ihnen auf.

Auf dem Rückweg zum Herzen vereinigen sich die Kapillaren wieder zu größeren Gefäßen, den **Venen.** In ihnen wirkt der Druck des Herzens nicht mehr. Deshalb muss das Blut durch die Bewegung der Muskeln und der benachbarten Arterien vorwärts getrieben werden. **Venenklappen** verhindern wie Ventile, dass das Blut zurückströmt. Durch die Körpervenen gelangt das kohlenstoffdioxidreiche Blut über den rechten Vorhof in die rechte Herzkammer. Von dort wird es durch die Lungenarterie in die Lunge zu den ▸ Lungenbläschen gepumpt. Hier erfolgt der Austausch von Kohlenstoffdioxid und Sauerstoff. Durch die Lungenvene gelangt das Blut über den linken Vorhof in die linke Herzkammer. Der Kreislauf ist geschlossen.

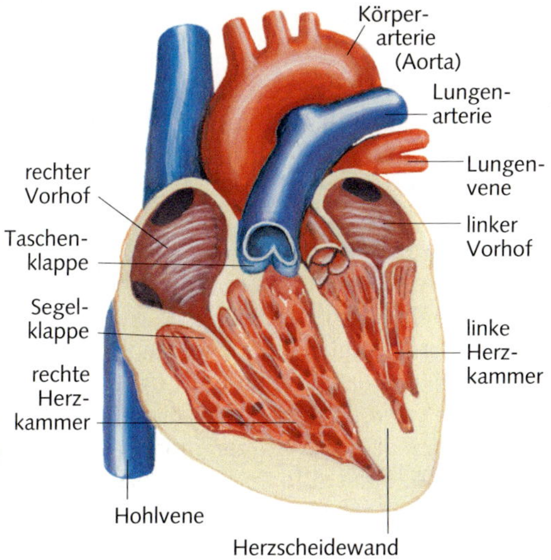

1 Bau des Herzens

Das Lymphgefäßsystem, ein zweites Gefäßsystem

Wenn das Blut durch die engen Blutkapillaren strömt, wird Blutflüssigkeit durch die dünnen Wände nach außen in das umgebende Gewebe gedrückt. Dort gibt sie Nährstoffe und Sauerstoff in die Zellen ab und nimmt Abbaustoffe und Kohlenstoffdioxid auf. Ein Teil dieser Gewebsflüssigkeit gelangt wieder in die Venen zurück. Der Rest, die **Lymphe,** wird vom Lymphgefäßsystem transportiert.
Einseitig geschlossene Lymphkapillaren nehmen die Lymphe auf und leiten sie an größere Lymphgefäße weiter. Diese sind wie die Venen mit Klappen ausgestattet. Die Lymphe wird, ähnlich wie das Blut in den Venen, durch die Bewegung benachbarter Arterien und Muskeln weiterbefördert. Die gesamte Lymphe wird so zur Schlüsselbeinvene transportiert und in den Blutkreislauf geleitet. Das Lymphgefäßsystem bildet somit im Gegensatz zum Blutgefäßsystem keinen Kreislauf.

Das Herz

Das Herz ist die zentrale Pumpe für das gesamte Blutkreislaufsystem. Es handelt sich um einen faustgroßen, kräftigen Hohlmuskel, der ununterbrochen arbeitet. Er muss selbst mit Blut versorgt werden. Dies geschieht durch die außen verlaufenden **Herzkranzgefäße.**
Im Inneren wird das Herz durch die **Herzscheidewand** in eine linke und rechte Hälfte getrennt. Dadurch kann sich das sauerstoffreiche nicht mit dem kohlenstoffdioxidreichen Blut vermischen. Beide Herzhälften bestehen aus je einem **Vorhof** und einer **Herzkammer.** Diese arbeiten bei der Pumpwirkung des Herzens zusammen. Wenn das Herz „schlägt", ziehen sich die Herzkammern zusammen und pressen das Blut in die Arterien. Die **Segelklappen** sind dabei geschlossen und verhindern, dass das Blut in die Vorhöfe zurückgedrückt wird. Gleichzeitig saugen die Vorhöfe das Blut aus den Venen an. Wenn die beiden Herzkammern geleert sind, entspannt sich der Herzmuskel. Dabei füllen sich die Herzkammern wieder, indem das Blut aus den Vorhöfen in die Herzkammern strömt. Zu diesem Zeitpunkt sind die **Taschenklappen** geschlossen, damit das Blut aus den Arterien nicht zurückfließt.

Die Lymphgefäße weisen zahlreiche Verdickungen auf, die **Lymphknoten.** Sie sind Bestandteil des ▸ **Abwehrsystems** und dienen der Abwehr von Krankheitserregern. Treten Bakterien oder Fremdkörper auf, werden sie von den Lymphknoten wie in einem Filter eingefangen und von den **Lymphozyten** vernichtet. Dies sind spezielle weiße ▸ Blutkörperchen. Beim Abwehrkampf gegen Krankheitserreger schwellen die Lymphknoten an. Solche verdickten Lymphknoten treten beispielsweise bei Erkältungen in den Achselhöhlen auf.
Auch die Mandeln gehören zu den Lymphknoten.

Die Lymphozyten bleiben nicht nur in den Lymphknoten. Sie werden über Lymph- und Blutgefäße überall dorthin transportiert, wo sie benötigt werden. Sie können die Lymphkapillaren sogar verlassen, um Krankheitserreger im Gewebe zu vernichten.

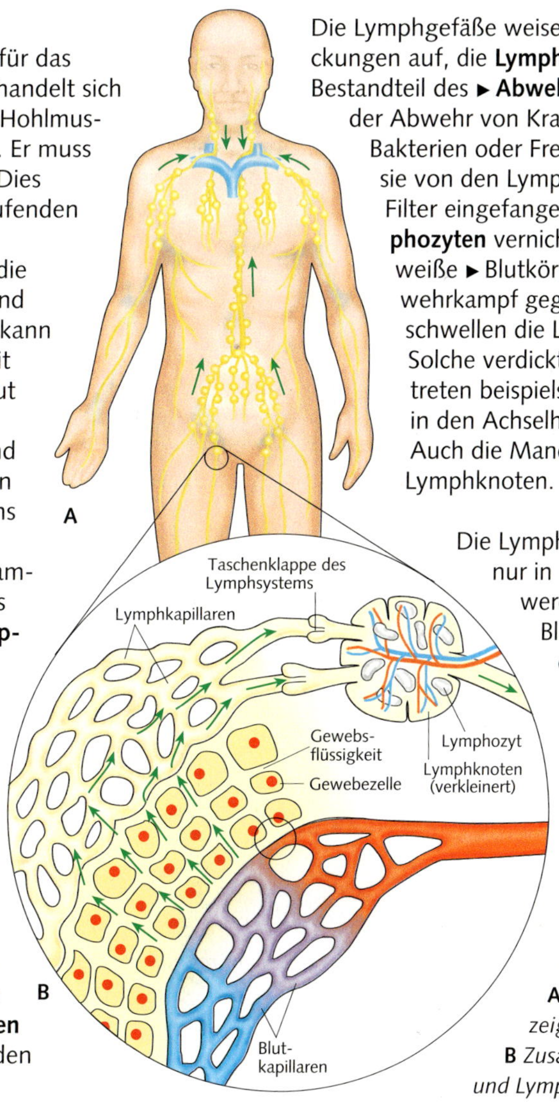

2 Lymphgefäßsystem des Menschen.
A *Schema. Die Pfeile zeigen die Fließrichtung an;*
B *Zusammenhang von Blut- und Lymphgefäßsystem.*

Notruf: Herzinfarkt!

1. Beschreibe, wie es zu einem Herzinfarkt und zu einem Schlaganfall kommen kann.

2. Welche Risikofaktoren können zu Herz- und Kreislauferkrankungen führen? Sammelt Informationen und stellt sie in einem Kurzvortrag dar.

3. Informiert euch bei einem Rettungssanitäter, im Internet oder in Fachbüchern zu folgenden Fragen:
a) Welche Symptome gehen einem Schlaganfall oder einem Herzinfarkt voraus?
b) Gibt es dabei unterschiedliche Erscheinungen bei Männern und Frauen?
c) Welche Sofortmaßnahmen muss ein Ersthelfer bei einem Schlaganfall oder einem Herzinfarkt ergreifen?

4. Interpretiere den unten abgebildeten Comic.

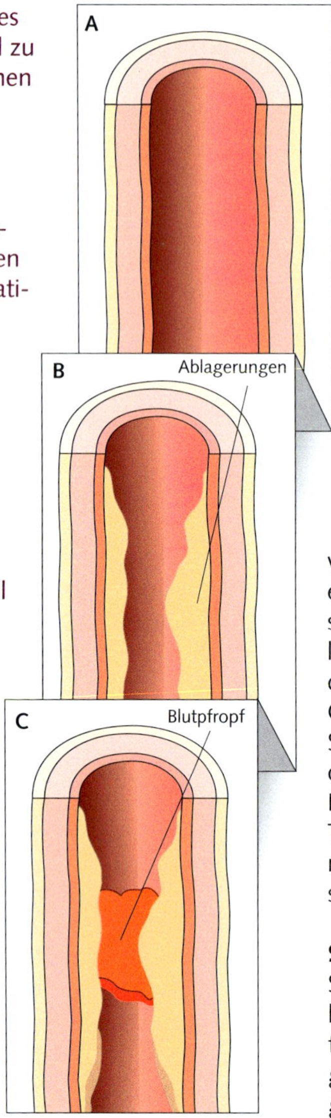

1 Arterien. A *gesund;* **B** *verengt;* **C** *verschlossen*

Herz- und Kreislauferkrankungen stehen in den Industriestaaten mit rund 50 Prozent an oberster Stelle aller Todesursachen.

Bluthochdruck und Arteriosklerose

Erkrankungen von Herz und Kreislauf beginnen oft mit **Bluthochdruck** und Arterienverkalkung oder **Arteriosklerose.** Ein ständig erhöhter Druck des Blutes auf die Arterienwände führt dazu, dass diese dicker werden und ihre Elastizität verlieren. An solchen krankhaft veränderten Wänden lagern sich im Laufe der Jahre Fett und Kalkstoffe ab. Die Gefäße werden immer enger und härter. Als Folge einer solchen Arterienverkalkung treten Durchblutungsstörungen auf.

Schlaganfall und Herzinfarkt

Im schlimmsten Fall wird ein verkalktes Blutgefäß vollständig verstopft. Verantwortlich dafür ist meist ein Blutgerinnsel, das sich an einer Engstelle festsetzt und den Blutstrom blockiert. Dadurch fällt die lebenswichtige Versorgung mit Sauerstoff für Teile des Körpers aus. Geschieht dies im Bereich des Gehirns, spricht man von einem Hirnschlag oder Schlaganfall. Als Folge treten häufig Lähmungen oder Wahrnehmungsstörungen auf. Bei einem Herzinfarkt sind die ▸ Herzkranzgefäße verstopft. Teile des Herzmuskels erhalten keinen Sauerstoff mehr, sterben ab und können zu einem Herzstillstand führen.

So früh wie möglich vorbeugen

Schon als Jugendlicher kann man solchen Erkrankungen vorbeugen, indem man bestimmte Risikofaktoren wie ▸ Rauchen, übermäßigen ▸ Alkoholgenuss, Bewegungsmangel, ▸ Stress und ▸ Übergewicht ausschaltet. Durch sportliche Betätigung, gesunde Ernährung, ausreichend Schlaf und Entspannung wirkt man den Risikofaktoren entgegen.

2 Risikofaktoren für Herz und Kreislauf

Leben retten mit Organspenden

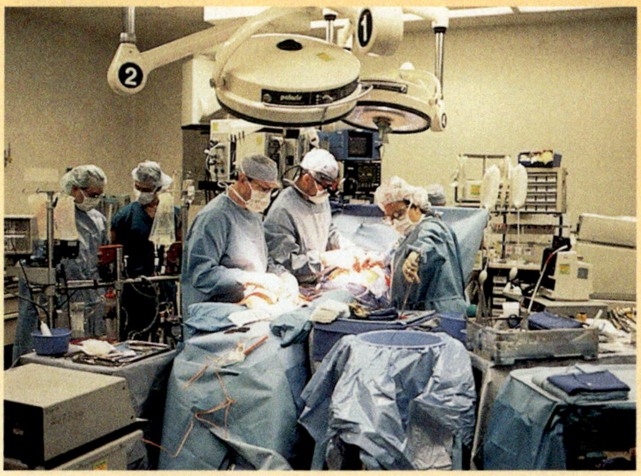

1 Herztransplantation

Die erste Herzverpflanzung
1967 gelang dem südafrikanischen Arzt CHRISTIAN BARNARD (1922–2001) eine medizinische Sensation: Er pflanzte einem Patienten das Herz einer tödlich verunglückten Frau ein. Der Patient überlebte die Operation allerdings nur 18 Tage. Einen Monat später wagte BARNARD die zweite **Herztransplantation.** Diesmal lebte der Patient noch 19 Monate. Ein Herz, das der Arzt einige Jahre später verpflanzte, schlug sogar noch 23 Jahre. Heute gehören Herztransplantationen zur medizinischen Routine.
Seit 1982 gibt es auch zahlreiche Versuche, kranken Menschen ein künstliches Herz einzupflanzen. Doch alle bisherigen Entwicklungen können das natürliche Herz nicht gleichwertig ersetzen.

Risiko durch Abstoßungsreaktion
Der Grund dafür, dass in den Anfängen der Herztransplantation die Patienten so bald starben, liegt im körpereigenen Abwehrsystem, dem ▸ **Immunsystem.** Dieses erkennt das neue Organ als Fremdkörper und zerstört es. Erst als man Medikamente fand, die das Immunsystem hemmen, konnte die **Abstoßungsreaktion** unterdrückt werden. Diese Medikamente haben jedoch den Nachteil, dass die Patienten anfälliger gegen Infektionskrankheiten sind. Trotzdem bekamen weltweit schon über 50 000 Menschen ein neues Herz, leben zum Teil ganz normal, sind berufstätig und treiben sogar Sport.

Organspende
Nicht nur Herzen werden übertragen, sondern auch viele andere Organe, vor allem Nieren, Lungen und Lebern. Bei Trübung der Augenhornhaut kann eine neue Hornhaut transplantiert werden und so das Sehen wieder ermöglichen. Viele tausend schwerkranke Patienten stehen auf der Warteliste für eine Organtransplantation, die für die meisten einem „2. Geburtstag" gleichkommt. Es sind jedoch zu wenige Menschen bereit, sich nach ihrem Tod als **Organspender** zur Verfügung zu stellen. Wer sich eine klare Meinung gebildet hat, ob er nach seinem Tod Organe spenden möchte oder nicht, lässt sich einen **Organspendeausweis** ausstellen, in dem diese Entscheidung festgehalten wird.

2 Organspendeausweis

1. Führt eine Pro-und-Contra-Diskussion zum Thema Organspende durch. Überlegt euch zuvor Gründe, die für oder gegen eine Organtransplantation und für oder gegen eine Organspende sprechen. Diskutiert die unterschiedlichen Argumente.

2. Erkundigt euch, wo man einen Organspendeausweis erhält. Welche Voraussetzungen müssen erfüllt sein? Einen guten Überblick bietet die Internetadresse www.organspende-info.de.

3. Gestaltet ein Plakat, das Menschen zu Organspendenbereitschaft aufruft.

Leben: Selbsterhaltung und Fortpflanzung
Wie alle Lebewesen ist auch der Mensch auf eine ständige Zufuhr von Energie angewiesen. Der Gesamtumsatz gibt an, wie viel Energie ein Mensch pro Tag benötigt. Die Energie wird mit der Nahrung aufgenommen. Außerdem nimmt der Mensch damit Baustoffe und weitere Stoffe auf. Sie sind für die Zellerneuerung, die Gesunderhaltung und das Wachstum wichtig.
Alle Organsysteme arbeiten zur Selbsterhaltung und Fortpflanzung des Menschen zusammen.

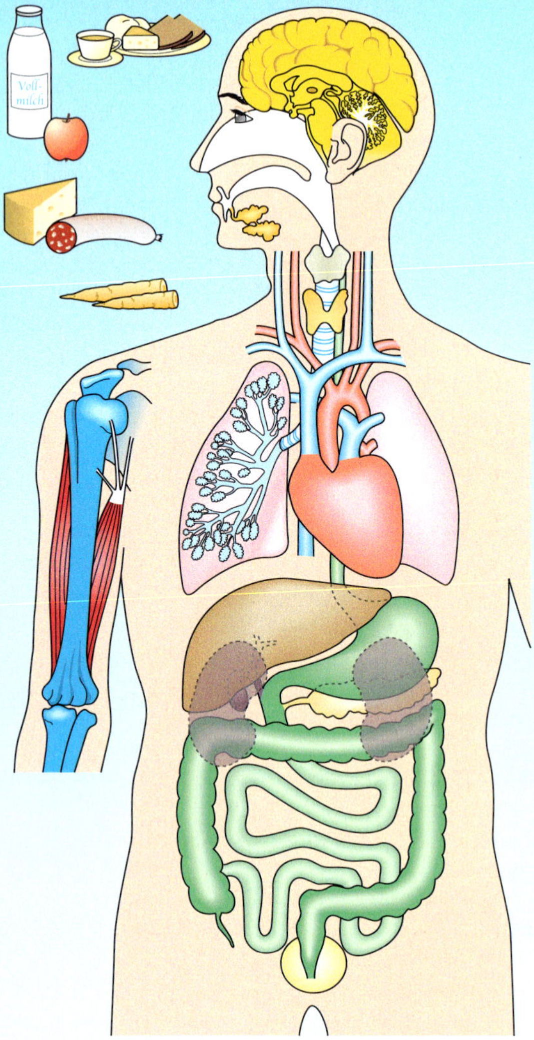

Nerven- und Bewegungssystem
Die Sinnesorgane, das Nervensystem und das Bewegungssystem haben vielfältige Funktionen. Unter anderem beschafft, verarbeitet und kontrolliert der Mensch damit seine Nahrung. Dazu brauchen diese Organsysteme viel Energie: das Gehirn allein etwa ein Fünftel des Grundumsatzes, das Bewegungssystem hingegen trägt wesentlich zum Leistungsumsatz bei.

Verdauungssystem
Über den Mund nehmen wir Nahrungsmittel auf. Sie werden in den Verdauungsorganen zerkleinert. Verdauungsenzyme zerlegen die Nährstoffe zu ihren Bausteinen. Diese Bausteine werden im Dünndarm ins Blut aufgenommen und dann im ganzen Körper verteilt.
Nährstoffe sind die Kohlenhydrate, Fette und Proteine. Kohlenhydrate und Fette liefern hauptsächlich Energie, während Eiweiße wichtige Baustoffe sind.
Daneben wird der Körper über die Ernährung mit weiteren lebenswichtigen Stoffen wie Wasser, Vitaminen, Mineralstoffen und Ballaststoffen versorgt.

Zellatmung
Jede Zelle ist auf die Zufuhr und den Umsatz von Energie angewiesen. Dies geschieht durch die Zellatmung: Die Zellen erhalten über das Blut Traubenzucker als energiereichen Stoff. Dieser reagiert in der Zelle mit dem Sauerstoff, der ebenfalls über das Blut herantransportiert wird. Bei der Reaktion entstehen Wasser und Kohlenstoffdioxid. Letzteres wird über das Blut wieder wegtransportiert. Die frei werdende Energie wird für die Lebensprozesse in den Zellen genutzt. Nur so können die Organe ihre Funktionen erfüllen.

Äußere Atmung
Um alle Zellen mit dem für die Zellatmung nötigen Sauerstoff zu versorgen und das produzierte Kohlenstoffdioxid abzugeben, sorgen die Atmungsorgane für einen ständigen Gasaustausch. An der enorm großen Oberfläche der Lungenbläschen geht der Sauerstoff ins Blut über und das Kohlenstoffdioxid wird aus dem Blut in die Luft abgegeben.

Blutkreislauf
Damit das Blut alle Zellen mit Sauerstoff, Nährstoffen und weiteren wichtigen Stoffen versorgen sowie Abfallstoffe abtransportieren kann, wird es ständig durch den Körper gepumpt. In allen Organen hat es über die feinen Kapillaren engen Kontakt zu den Geweben. Dadurch wird der Stoffaustausch mit den Zellen ermöglicht.

Ausscheidungsorgane
Nicht verwertbare Abbauprodukte und Giftstoffe werden über Ausscheidungsorgane entsorgt. Für die Entgiftung und Ausscheidung sind die Leber, die Nieren und die Haut lebenswichtig. Über die Lunge wird das Kohlenstoffdioxid in die Luft abgegeben.

1. Ordne die abgebildeten Lebensmittel den drei Nährstoffgruppen zu.

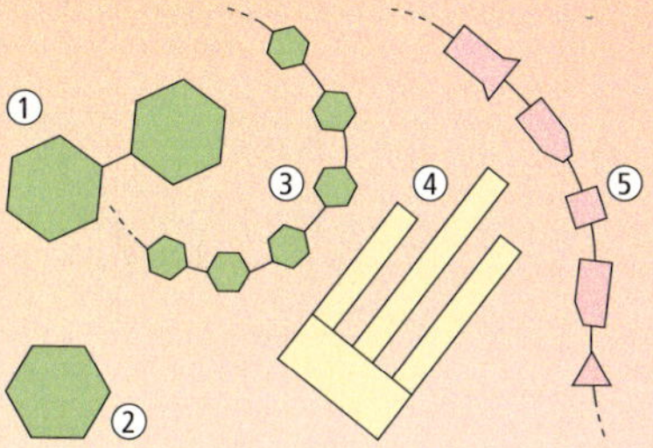

2. a) Benenne die Nährstoffe und ihre Bausteine, die in der Abbildung oben durch Symbole dargestellt sind.
b) Beschreibe die Wirkungsweise von mindestens einem Verdauungsenzym.

3. Beschreibe je einen Test, mit dem sich Traubenzucker, Stärke, Fett und Eiweiß nachweisen lassen.

4. a) Vergleiche die unten gezeigten Nährwertangaben auf zwei Lebensmittelpackungen.

Erbsen, trocken

Durchschnittliche Nährwertangabe pro 100 g	
Brennwert	1100 kJ
Eiweiß	20,5 g
Kohlenhydrate	42,3 g
Fett	1,3 g

Spekulatius

Durchschnittliche Nährwertangabe pro 100 g	
Brennwert	2020 kJ
Eiweiß	6,0 g
Kohlenhydrate	70,0 g
Fett	20,0 g

b) Stelle die Mengenangaben für die Nährstoffe in Säulendiagrammen anschaulich dar.
c) Berechne für den heutigen Tag deinen ungefähren Gesamtumsatz. Wie viel Prozent davon könntest du mit 100 g Spekulatius decken?

5. Stelle Nährwertangaben von Lebensmittelpackungen zusammen und werte sie wie unter Aufgabe 4 aus.

6. Beschreibe den Weg der Nahrung durch die Verdauungsorgane unseres Körpers. Ergänze zu jedem Organ seine Funktion.

7. a) Ordne den Ziffern in den Skizzen der Lunge und des Lungenbläschens die richtigen Begriffe zu.

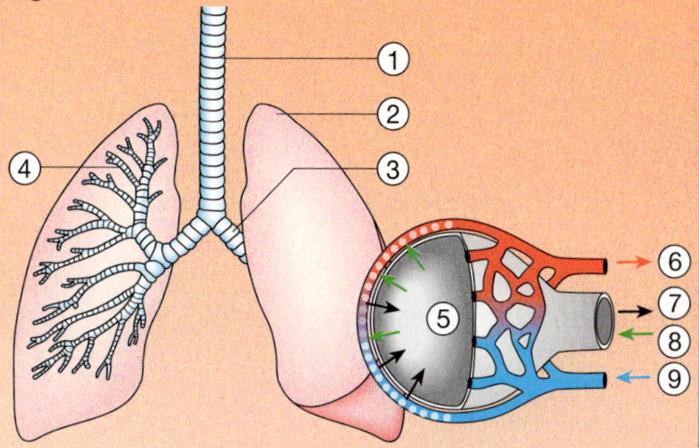

b) Beschreibe den Vorgang des Gasaustausches.
c) Welchen Vorteil bringt die Auffächerung der Lunge in viele kleine Lungenbläschen? Benenne und erkläre das Prinzip.

8. Gib die Wortgleichung für die Zellatmung an. Erläutere, welcher Zusammenhang zwischen Zellatmung und äußerer Atmung besteht.

9. a) Benenne die gekennzeichneten Teile des Herzens.
b) Beschreibe den Weg des Blutes durch das Herz und den Körper.

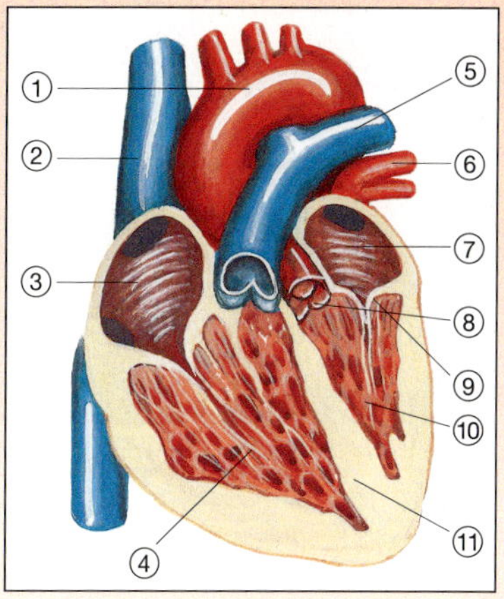

10. Erstelle eine Mindmap zum Thema Blut.

11. Erstelle eine Mindmap zum Thema „Schlaganfall und Herzinfarkt".

12. Tragt Informationen darüber zusammen, welche Organe transplantiert werden können, ob Eigen- oder Fremdspenden, Lebend- oder Totspenden möglich sind und unter welchen Bedingungen dies geschieht. Stellt die Ergebnisse in der Klasse vor und diskutiert sie.

Was kann ich tun, um möglichste fit und gesund zu bleiben?

Gesundheit des Menschen

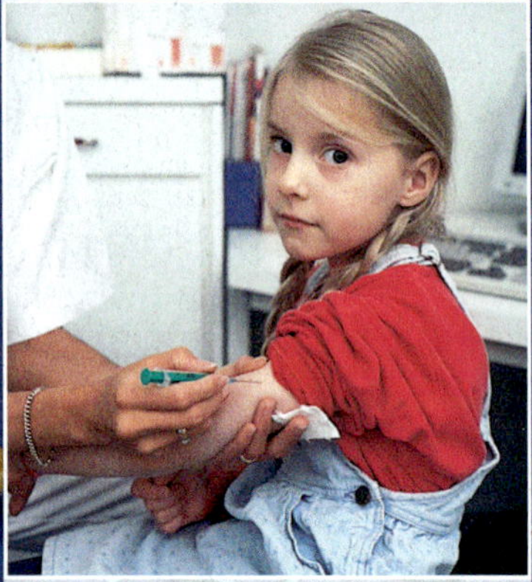

Wer sollte sich wogegen impfen lassen?

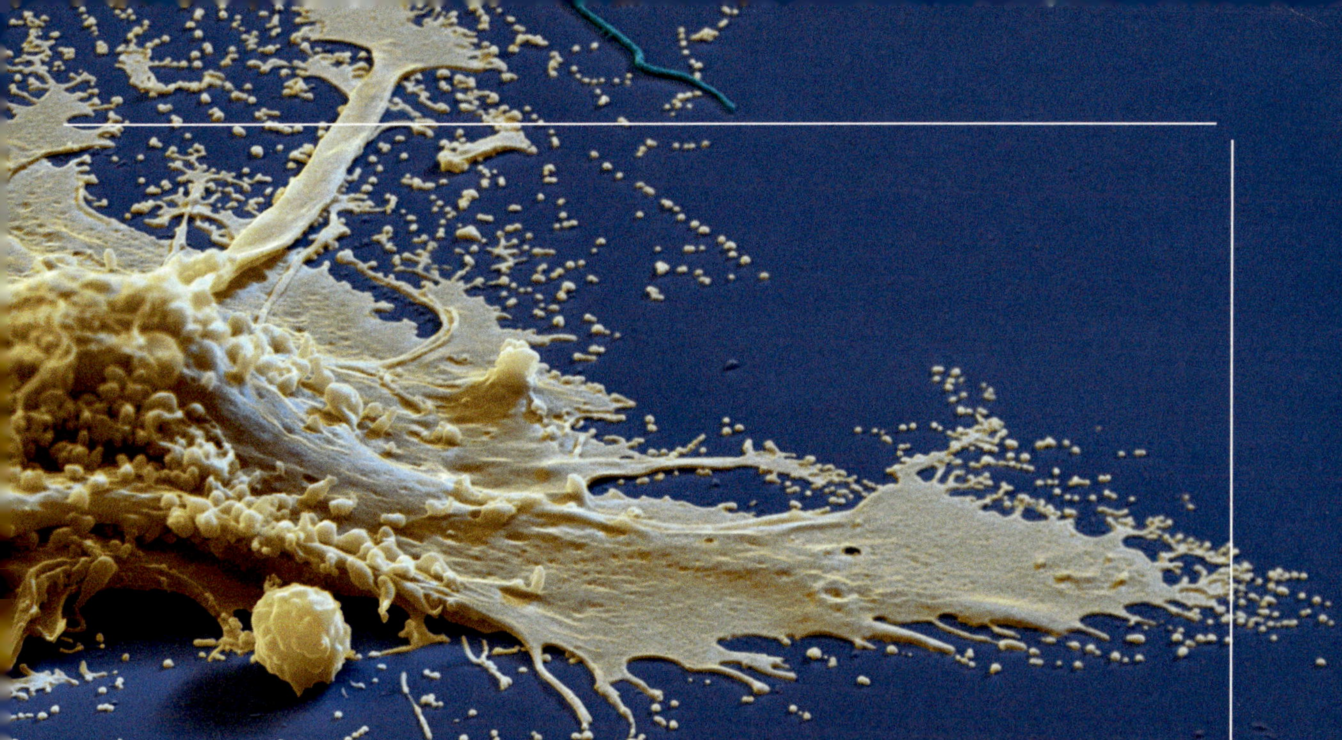

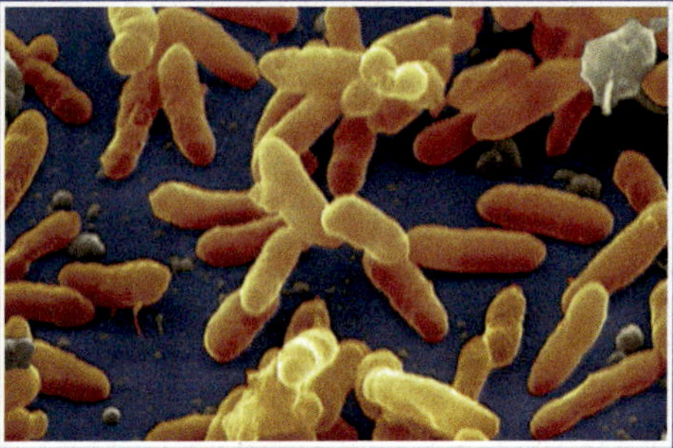

Was sind Infektionskrankheiten und wodurch werden sie verursacht?
Wie gelingt es unserem Körper, krankheitserregende Bakterien abzutöten?

Wie wirken Drogen auf unseren Körper?

Welche Tipps können uns helfen, im Urlaub gesund zu bleiben?

Gesund oder krank?

Definition von Gesundheit durch die Weltgesundheitsorganisation WHO (World Health Organization)

„Gesundheit ist ein Zustand vollkommenen körperlichen, geistigen und sozialen Wohlbefindens und nicht allein das Fehlen von Krankheit und Gebrechen."
(„Health is a state of complete physical, mental and social wellbeing and not merely the absence of disease or infirmity.")

1. a) Formuliere mit eigenen Worten, wie die WHO Gesundheit definiert.
b) Ist Liebeskummer eine Krankheit? Formuliere Argumente für deinen Standpunkt.

2. Die Abbildung zeigt die Gewinnerin der Bronzemedaille bei den Paralympics 2008. Diskutiert in der Klasse über die Situation der Sportlerin und stellt einen Bezug zur WHO-Definition von Gesundheit her.

3. a) Beschreibt Situationen, in denen ihr euch richtig wohl fühlt.
b) Führt zu diesem Thema eine Umfrage durch. Notiert die Antworten und ordnet sie thematisch.
c) Formuliert auf der Grundlage der Umfrageergebnisse eine allgemeingültige Aussage, wann sich Menschen wohl fühlen.

4. a) Erläutere an Beispielen, wie sich die in der Abbildung 1 dargestellten Faktoren positiv oder negativ auf die Gesundheit des Menschen auswirken können.
b) Welche Bedeutung haben diese Faktoren für dich und dein eigenes Wohlbefinden?

Erfahrungsbericht einer Krebspatientin am Ende der Chemotherapie:

„Meine Chemotherapie habe ich nun fast geschafft und während dieser Zeit sogar einen Umzug hinter mich gebracht. Natürlich nicht ohne ganz viel Hilfe, aber auch ich habe meinen Teil dazu beigetragen. Ich genieße immer die Tage ohne Beschwerden und kann mich nun auch auf meiner neuen Terrasse und in meinem neuen Garten richtig schön entspannen. Ohne Haare durch die Welt zu laufen, kostet anfangs Überwindung, doch mein Selbstbewusstsein ist dadurch nur noch stärker geworden."

5. Beschreibe die Stimmungslage der Krebspatientin. Wie würde sie ihren Zustand wohl einschätzen – gesund oder krank? Begründe deine Einschätzung.

Gehandicapt

Die abgebildete Reiterin Bettina Eistel besitzt keine Arme. Sie ist von Geburt an „gehandicapt", wie sie selbst sagt. Trotz ihrer Behinderung hat sie im Reiten viele Meistertitel und bei den Paralympics 2008 die Bronzemedaille gewonnen. Ist sie gesund oder krank?

Eine schwierige Grenzziehung

„Bin ich gesund? Ist das normal, wie ich mich fühle? Bin ich krank?" Diese Fragen können in vielen Fällen klar beantwortet werden – immer dann, wenn eine ärztliche Untersuchung einen objektiven Befund ermittelt, zum Beispiel einen Knochenbruch oder eine Infektion.

Sehr viel öfter jedoch ist die Trennlinie zwischen gesund und krank nicht eindeutig. Gehören Liebeskummer oder Alterserscheinungen zu den Krankheiten? Welches Verhalten gilt als gesund, welches als krank? Ab wann gelten Messwerte, zum Beispiel vom Blutbild einer Blutuntersuchung, als gesundheitlich bedenklich? Die Frage, ob sich jemand gesund oder krank fühlt, kann letztlich nur der betroffene Mensch selbst beurteilen.

Gesundheit umfasst den ganzen Menschen

Gesundheit ist mehr als nur die Abwesenheit von Krankheit. Sie umfasst das körperliche, seelische und soziale Wohlbefinden. Gesund ist ein Mensch, wenn er sich sowohl mit seinem Körper als auch seiner Seele, seinen Mitmenschen und seiner Umwelt im Einklang fühlt. Diese Bereiche stehen untereinander in einer Wechselbeziehung. So führen seelische Probleme häufig zu körperlichen Krankheitsbildern.

Verantwortung für die eigene Gesundheit

Die meisten Gesundheitsrisiken verursacht jeder Mensch selbst, etwa durch seine Verhaltensweisen oder Essgewohnheiten. Aber auch die Umwelt, in der wir leben oder unsere Beziehungen zu anderen Menschen beeinflussen unser Wohlbefinden. Für die eigene Gesundheit trägt jeder Mensch also eine besondere persönliche Verantwortung. Eine wichtige Rolle spielt in diesem Zusammenhang die Gesundheitsvorsorge. Dazu gehören zum Beispiel regelmäßige ärztliche Untersuchungen und Impfungen, aber auch eine positive Einstellung zum eigenen Körper.

1 Zahlreiche Faktoren wirken sich auf die Gesundheit des Menschen aus.

Infektionskrankheiten

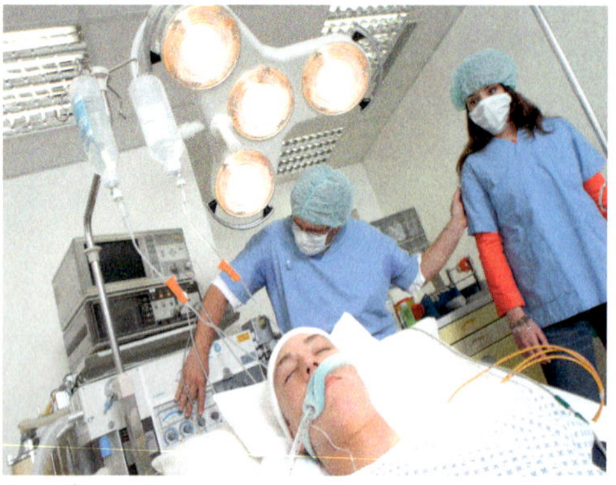

1. Beschreibe den Verlauf einer Infektionskrankheit. Teile den Verlauf dabei in mehrere Phasen ein.

2. In Krankenhäusern müssen auch Besucher manchmal Schutzkleidung anlegen. Begründe.

3. Welche Erregertypen unterscheidet man? Ordne jedem Erregertyp eine von ihm ausgelöste Infektionskrankheit zu.

Todesursachen weltweit

Die häufigsten Todesursachen in...

...Ländern mit niedrigem Pro-Kopf-Einkommen (unter 825 US-Dollar) jeweils Anteil an allen Todesfällen

11,2 %	Infektion der unteren Atemwege
9,4	Herzerkrankung (u.a. Herzinfarkt)
6,9	Durchfallerkrankung
5,7	HIV/Aids
5,6	Hirngefäß-Erkrankung
3,6	Chronische Lungenerkrankung (COPD)
3,5	Tuberkulose
3,4	Infektion bei der Geburt
3,3	Malaria
3,2	Frühgeburt und zu geringes Geburtsgewicht

...Ländern mit hohem Pro-Kopf-Einkommen (über 10 065 US-Dollar, u.a. Deutschland)

16,3 %	Herzerkrankung
9,3	Hirngefäß-Erkrankung
5,9	Luftröhren-, Bronchien- und Lungenkrebs
3,8	Infektion der unteren Atemwege
3,5	Chronische Lungenerkrankung (COPD)
3,4	Alzheimer und Demenz
3,3	Darmkrebs
2,8	Diabetes
2,0	Brustkrebs
1,8	Magenkrebs

Quelle: WHO dpa•6052

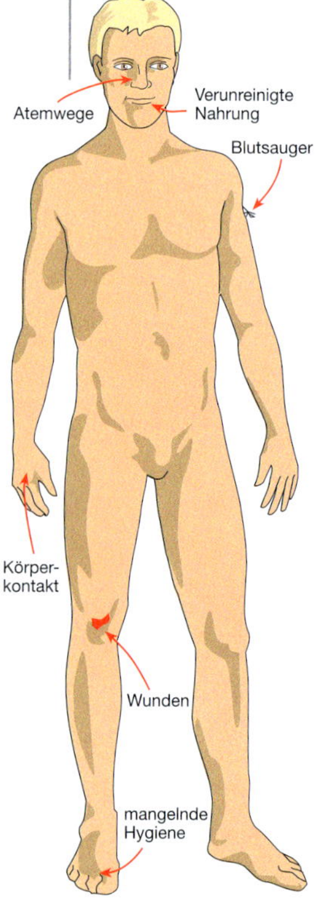

4. a) Beschreibe mithilfe der Abbildung, wie Krankheitserreger in den Körper gelangen können.
b) Mache zu jedem Beispiel Vorschläge, wie man sich vor einer entsprechenden Infektion schützen kann.

5. a) Vergleiche die Todesursachen in Ländern mit niedrigem und hohem Pro-Kopf-Einkommen. Beschreibe auffällige Unterschiede.
b) Erläutere die Ursachen für diese Unterschiede.

6. a) Im Kampf gegen die Infektionskrankheiten haben sich in der Vergangenheit zahlreiche Ärzte und Forscher hervorgetan. Drei von ihnen sind Louis PASTEUR, Robert KOCH und Emil VON BEHRING. Recherchiere, durch welche Entdeckungen sie bekannt geworden sind, und erstelle von einem dieser Forscher eine Kurzbiografie.
b) Nenne aktuelle Nobelpreisträger auf diesem Gebiet und stelle ihre Forschungsschwerpunkte vor.

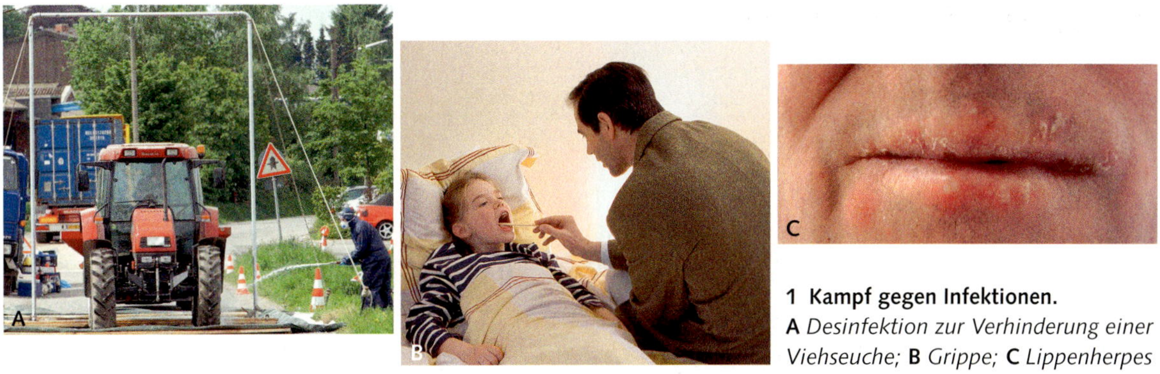

1 Kampf gegen Infektionen.
A *Desinfektion zur Verhinderung einer Viehseuche;* **B** *Grippe;* **C** *Lippenherpes*

Es kann jeden treffen

Unsere Umwelt ist voller mikroskopisch kleiner Organismen, die mit dem bloßen Auge nicht zu erkennen sind. Die meisten sind für den Menschen ungefährlich, einige wenige jedoch sind Verursacher von Krankheiten.
Solche **Krankheitserreger** gelangen auf unterschiedlichen Wegen in den Körper. Sie werden mit der Nahrung aufgenommen oder dringen über die Atemwege, über Wunden oder durch Körperkontakte häufig aufgrund mangelnder Hygiene in den Körper ein. In anderen Fällen übertragen Tiere die Erreger auf den Menschen.
Bei den Krankheitserregern handelt es sich überwiegend um ▸**Bakterien** und ▸**Viren.** Aber auch **Hautpilze** und tierische ▸**Parasiten** wie Bandwürmer oder Zecken können Krankheiten auslösen.

Am Anfang steht die Infektion

Wenn Krankheitserreger in den Körper eingedrungen sind, sagt man, dass sich jemand „infiziert" hat. Die **Infektion** ist somit die erste Phase aller Infektionskrankheiten. Da viele dieser Krankheiten von Mensch zu Mensch übertragbar sind, spricht man auch von ansteckenden oder übertragbaren Krankheiten.

Die Erkrankung nimmt ihren Lauf

In den meisten Fällen bemerkt ein Betroffener gar nicht, dass er sich infiziert hat, da die natürlichen Schutzeinrichtungen des Körpers die Eindringlinge sofort vernichten. Gelingt diese Abwehrarbeit nicht, beginnen sich die Krankheitserreger im Körper zu vermehren. Es vergeht dann noch eine gewisse Zeit, bis die Krankheit ausbricht. Diesen Zeitraum nennt man **Inkubationszeit.** Sie kann Stunden, Tage, Monate oder sogar Jahre betragen.
Mit dem **Ausbruch der Krankheit** treten typische Symptome auf, beispielsweise Fieber, Appetitlosigkeit, Kopf- und Gliederschmerzen und allgemeine Schwäche. Meistens schafft es das nun aktivierte körpereigene ▸**Immunsystem,** möglicherweise unterstützt durch Medikamente, die Erreger nach wenigen Tagen unschädlich zu machen. In einigen Fällen bleibt der Mensch jedoch dauerhaft krank. Man spricht dann von einer chronischen Erkrankung. Im schlimmsten Fall endet eine Infektion, zum Beispiel mit dem ▸HI-Virus, tödlich.

Die Genesung unterstützen

Bei einer schweren Infektionserkrankung wie beispielsweise der Grippe sollte man unbedingt einen Arzt zu Rate ziehen. Er entscheidet, ob Medikamente zum Einsatz kommen, oder ob die Selbstheilungskräfte des Körpers mit der Infektion alleine fertig werden. Einfache Verhaltensregeln können die **Genesung** unterstützen. Bettruhe und Schonung entlasten den Organismus, frische Luft im Krankenzimmer und reichlich Trinken unterstützen das Abwehrsystem. Bewährte Hausmittel wie kalte Wadenwickel oder kalte Waschlappen auf der Stirn senken das Fieber.

Epidemien

Wenn große Teile der Bevölkerung von einer Infektion betroffen sind, spricht man von einer **Seuche** oder Epidemie. Pest- und Pockenepidemien sind bekannte Beispiele aus früheren Jahrhunderten. Ihnen fielen Millionen Menschen zum Opfer.
Dank moderner Medizin sind diese Krankheiten heute weitgehend unter Kontrolle. Vor allem durch vorbeugende ▸**Impfungen** und den gezielten Einsatz von ▸**Antibiotika** gegen bakterielle Erkrankungen können Masseninfektionen meist vermieden werden. Dennoch treten in einigen Entwicklungsländern Krankheiten wie Typhus und Cholera heute noch als Seuchen auf – häufig bedingt durch verunreinigtes Trinkwasser, mangelhafte Hygiene oder fehlende ärztliche Versorgung. Weltweit gehören die Infektionskrankheiten deshalb immer noch zu den häufigsten Todesursachen.

Viren – Winzlinge, die krank machen können

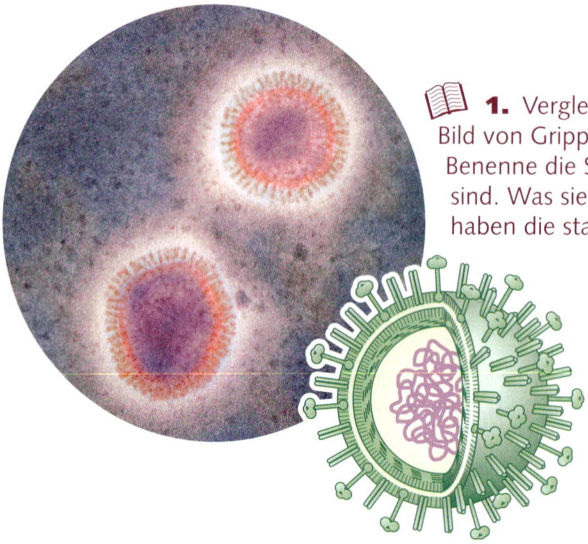

1. Vergleiche das ▸elektronenmikroskopische Bild von Grippeviren mit der Schemazeichnung. Benenne die Strukturen, die auf dem Foto erkennbar sind. Was sieht man hier nicht? Welche Funktion haben die stachelförmigen Fortsätze?

2. Beschreibe mithilfe der Abbildung 1B und des Informationstextes den Verlauf einer Masernerkrankung.

3. Wertet in Partnerarbeit die Abbildung 2 auf der gegenüberliegenden Seite aus und trefft vergleichende Aussagen zur Größe von Viren, ▸Bakterien und Körperzellen.

4. Überlegt, ob es sich bei Viren um Lebewesen handelt, und begründet eure Aussage.
Tipp: Die Kennzeichen des Lebendigen können euch bei euren Überlegungen helfen.

5. **a)** Listet Infektionskrankheiten auf, die durch Viren hervorgerufen werden.
b) Sucht euch aus dieser Liste drei Beispiele aus, die ihr nach der Methode des ▸Gruppenpuzzles weiter bearbeitet.

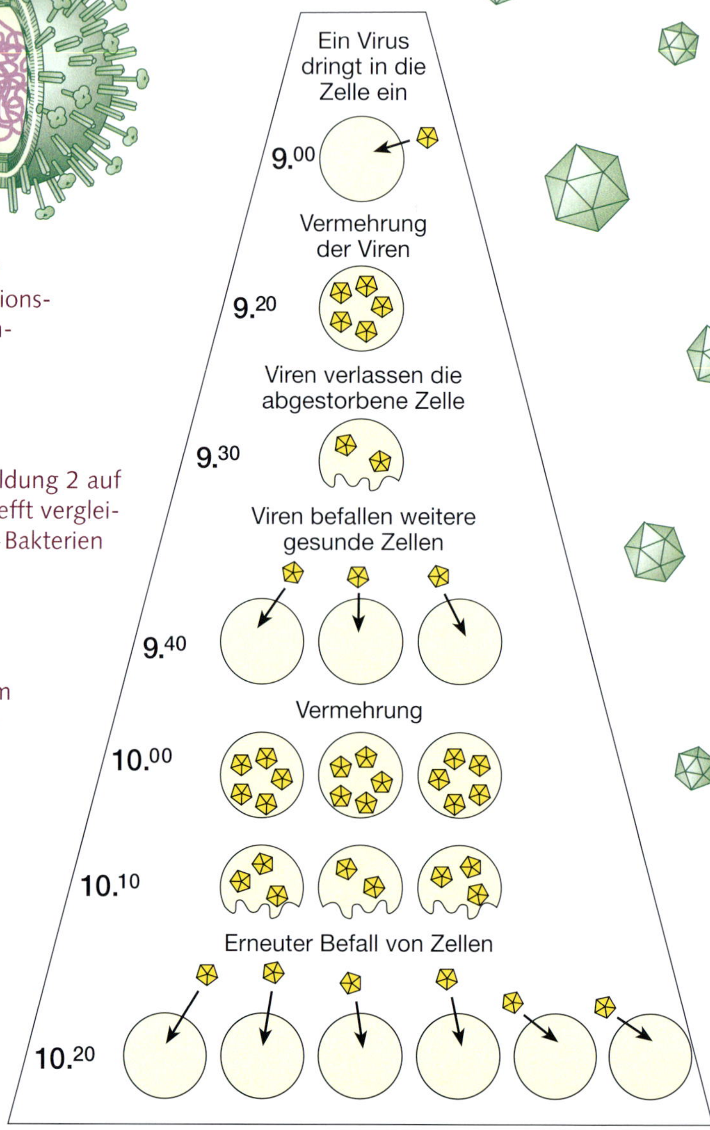

6. Erläutere mithilfe dieser Abbildung, wie sich Viren im Körper massenhaft vermehren können.

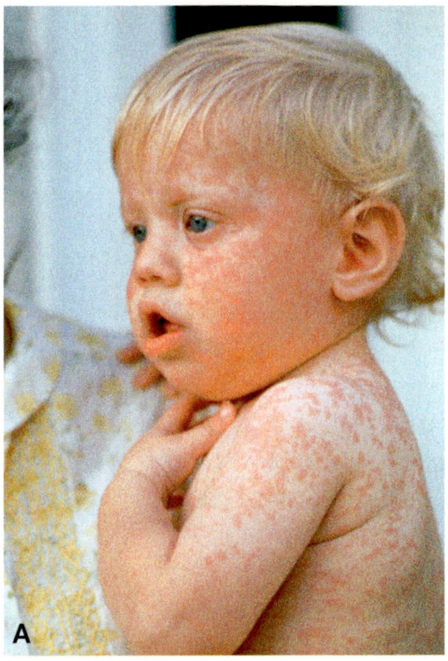

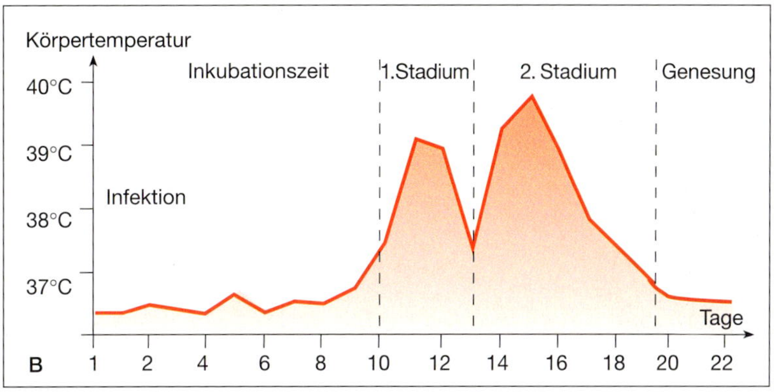

1 Masern. A *Hautausschlag;* **B** *Verlauf*

Masern – eine harmlose Kinderkrankheit?

Masern werden häufig als harmlose Kinderkrankheit betrachtet. Damit unterschätzt man ihre möglichen lebensgefährlichen Folgen. Meist stecken sich Kinder mit dem Erreger, einem **Virus,** gegenseitig an. Nach ca. 10 Tagen ►Inkubationszeit zeigen sich erste harmlose Symptome wie Schnupfen und Husten. Weißliche Flecken auf der Wangenschleimhaut und Fieber sind typische Anzeichen des Krankheitsausbruches. Nach 3 bis 5 Tagen geht die Krankheit in das 2. Stadium über. Die Viren haben sich inzwischen stark vermehrt. Das Fieber steigt oft bis 40 °C. Die Erkrankten fühlen sich elend und entwickeln einen roten Hautausschlag. Ist das Immunsystem in der Lage, die Viren erfolgreich zu bekämpfen, verschwinden alle Symptome ein bis zwei Wochen nach Ausbruch der Krankheit.

Bei geschwächten Kindern kann es jedoch zu Folgeerkrankungen wie Mittelohr- und Lungenentzündung oder einer lebensgefährlichen Hirnhautentzündung kommen. Dieses Risiko lässt sich durch eine rechtzeitige ►Impfung vermindern. Weltweit sank dadurch die Zahl der Todesfälle von rund 400 000 im Jahr 2000 auf unter 40 000 im Jahr 2006.

Viren – Vermehrung und Wirkung

Viren verursachen nicht nur Masern, sondern auch viele andere Infektionskrankheiten, beispielsweise Kinderlähmung (Polio), Grippe, Herpes, Windpocken, Röteln, Hepatitis (Gelbsucht), Mumps, Tollwut und ►AIDS. Viren sind wesentlich kleiner als ►Bakterien und erreichen kaum einmal $\frac{1}{10\,000}$ mm. Erst durch die Erfindung des ►Elektronenmikroskopes konnte ihr Aufbau sichtbar gemacht werden. Er ist bei allen Viren trotz unterschiedlicher äußerer Gestalt im Wesentlichen gleich: Eine Eiweißhülle schützt das Erbmaterial (►DNA oder ►RNA) im Inneren. Viren bestehen nicht aus Zellen, so dass sie weder einen eigenen Stoffwechsel besitzen, noch sich selbst vermehren oder wachsen können.

Zur Vermehrung sind Viren auf **Wirtszellen** angewiesen, zum Beispiel Bakterienzellen oder Zellen von Menschen, Tieren und Pflanzen. Der Virus dringt in die Wirtszelle ein und verändert den Stoffwechsel so, dass diese Zelle in kürzester Zeit viele neue Viren produziert. Schließlich platzt die Wirtszelle. Die neuen Viren werden freigesetzt und können weitere Wirtszellen befallen. Es gibt derzeit noch keine Medikamente, die Viren beseitigen können. Mit virenhemmenden Mitteln kann man jedoch die Dauer der Erkrankung verkürzen. Einen sicheren Schutz stellen nur Impfungen dar.

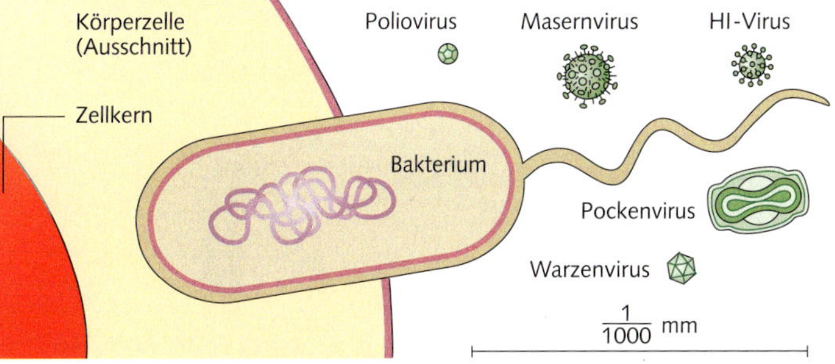

2 Größenvergleich Viren – Bakterium – Körperzelle

Bakterien – nicht nur Krankheitserreger

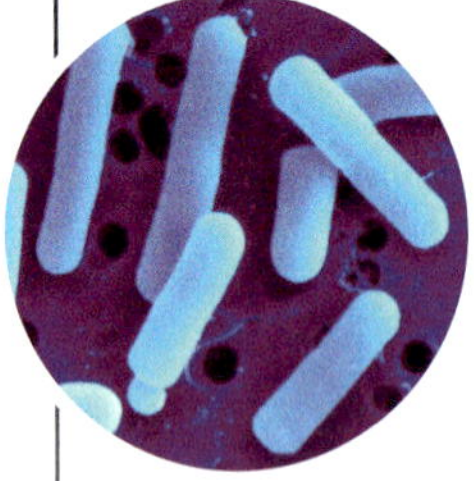

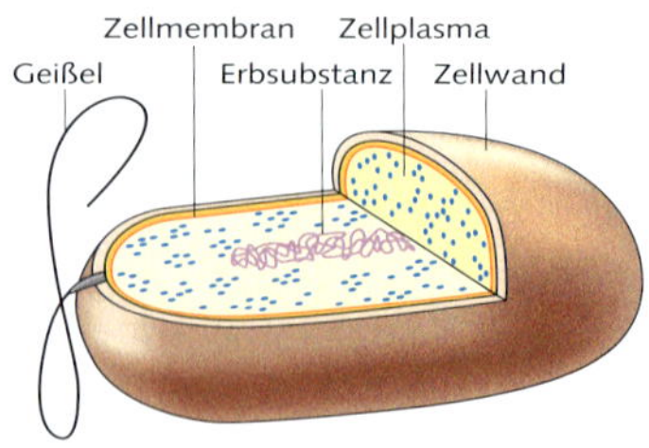

1. a) In Jogurt und anderen Sauermilchprodukten sind Milchsäurebakterien (Lactobazillen und Streptokokken) enthalten. Gib einen Tropfen des wässrigen Überstandes von stichfestem Jogurt auf einen Objektträger und lege ein Deckgläschen darauf. Betrachte das Präparat unter dem Mikroskop bei mindestens 400facher Vergrößerung.
b) Welche Bakterienarten erkennst du? Lactobazillen sind stäbchenförmig, Streptokokken sind rund und hängen meist kettenartig zusammen. Zeichne.

2. Die Abbildungen zeigen eine elektronenmikroskopische Aufnahme von Salmonellenbakterien und das Schema einer Bakterienzelle.
Vergleiche Bakterienzellen mit ▸Viren. Halte Gemeinsamkeiten und Unterschiede fest.

3. a) Listet Infektionskrankheiten auf, die durch Bakterien hervorgerufen werden.
b) Sucht euch aus dieser Liste drei Beispiele aus, die ihr nach der Methode des ▸Gruppenpuzzles weiter bearbeitet.

4. Betrachte die Abbildung 1 und formuliere mögliche Infektionswege einer Salmonellose sowie entsprechende Vorbeugungsmaßnahmen.

5. a) Wie viele Bakterienzellen können sich aus einer einzigen Zelle im Laufe von 12 Stunden entwickeln? Entnimm dem Informatonstext die entsprechenden Angaben und berechne mit dem Taschenrechner.
b) Stelle den Wachstumsvorgang in Abhängigkeit von der Zeit grafisch dar. Wie nennt man eine solche mathematische Funktion?

Salmonellen vergiften Lebensmittel
Jährlich erkranken bei uns besonders in den heißen Sommermonaten zahlreiche Menschen an einer **Lebensmittelvergiftung.** In den meisten Fällen wird eine solche Erkrankung von bestimmten **Bakterien** hervorgerufen, den **Salmonellen.** Nach dem Verzehr von befallenen Lebensmitteln dauert die ▸Inkubationszeit wenige Stunden. Als erste Symptome treten Übelkeit, Kopfschmerzen, Erbrechen und Durchfall auf. Gewöhnlich lassen die Beschwerden nach wenigen Tagen nach. Bei einem geschwächten Organismus kann eine solche Infektion auch zum Tode führen. Eine Salmonellose ist eine Infektionskrankheit, die der Arzt dem Gesundheitsamt melden muss.

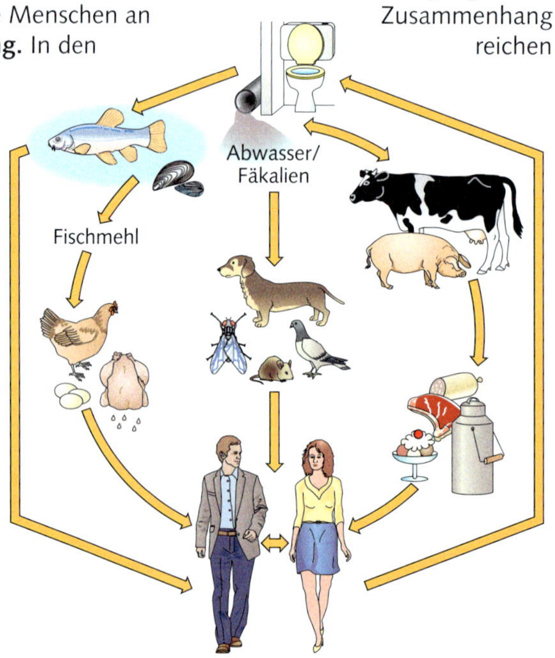

1 Infektionswege der Salmonellenbakterien

Vielfältige Infektionswege
Die Übertragung von Salmonellen erfolgt häufig im Zusammenhang mit wasser- und eiweißreichen Lebensmitteln tierischer Herkunft. Dazu gehören nicht ausreichend erhitzte Eier- und Milchspeisen, Fleisch und Wurstwaren sowie Feinkostsalate und Majonäse. Nach dem Verzehr setzen die Bakterien in Magen und Darm Giftstoffe (Toxine) frei, die deren Schleimhäute angreifen und die genannten Symptome hervorrufen.

Salmonellen vermehren sich vor allem bei sommerlichen Temperaturen sehr rasch. Sie überleben aber auch in tiefgefrorenen Lebensmitteln und lassen sich nur durch Abkochen und Durchgaren abtöten.

Kugel-Bakterien

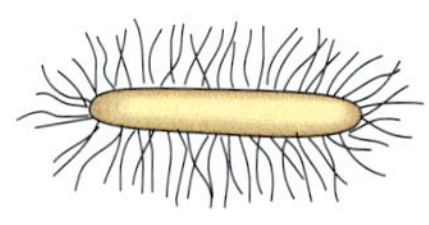

begeißeltes Stäbchen-Bakterium

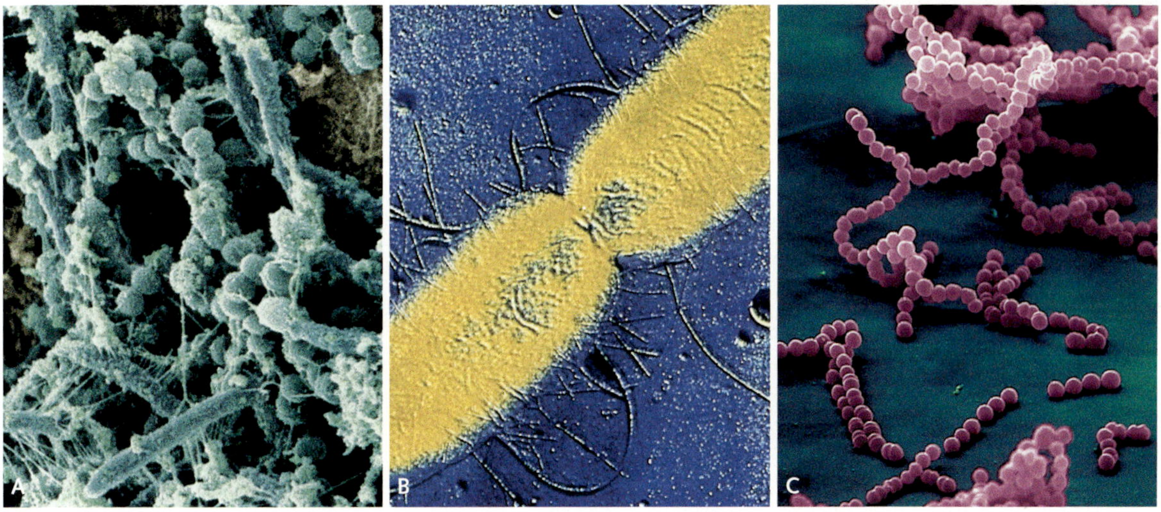

2 Bakterien besiedeln den Menschen. A *Bakterien im Zahnbelag;* **B** *Darmbakterium bei der Teilung;* **C** *Eitererregende Kugelbakterien (Streptokokken)*

Bakterien sind überall

Nahezu überall auf der Erde findet man Bakterien: in der Luft, im Boden, im Wasser. Mit jedem Gegenstand, den wir anfassen, mit allem, was wir verzehren, mit jedem Atemzug kommen wir mit Bakterien in Berührung.
Bakterien zählen zu den **Mikroorganismen.** Sie sind etwa $\frac{1}{1000}$ mm groß und sehr unterschiedlich geformt. Es gibt Stäbchen-, Kugel-, Komma- oder Schraubenformen. Auf einem Nährboden gezüchtet vermehren sich Bakterien sehr rasch und bilden sichtbare Kolonien.

Lebensfeindlich – lebensfördernd

Die meisten Bakterien sind für Menschen, Tiere und Pflanzen harmlos. Im Naturhaushalt erfüllen sie eine äußerst wichtige Rolle. So zersetzen Bakterien beispielsweise organisches Material wie abgestorbene Pflanzenteile. In den Wurzeln von Schmetterlingsblütengewächsen leben Bakterien, die den Stickstoff der Bodenluft für die Ernährung der Pflanzen nutzbar machen.
Milchsäurebakterien erzeugen Jogurt, Quark und Sauerkraut, Essigbakterien wandeln Wein in Essig um. Beim Menschen siedeln zahlreiche Bakterien auf der Haut und in den Schleimhäuten und schützen vor Krankheitserregern. Auch im Darm leben bestimmte Bakterien, die man unter dem Begriff Darmflora zusammenfasst. Sie unterstützen dort die Verdauung.

3 Bakterienkolonien auf einem Nährboden

Als Erster erkannte der französische Bakterienforscher Louis PASTEUR, dass bestimmte Bakterien Krankheiten bei Mensch und Tier verursachen können. Neben der Salmonellose zählen dazu Scharlach, Tuberkulose, Keuchhusten, Lungenentzündung und Pest. Auch Karies wird durch Bakterien verursacht.

Der Feinbau einer Bakterienzelle

Alle Bakterien zeigen einen gemeinsamen Bauplan, der nur mit einem ▸Elektronenmikroskop sichtbar wird. Nach außen hin wird ein Bakterium von einer festen Zellwand begrenzt. Diese ist bei manchen Arten von einer Schleimschicht oder Kapsel umgeben. Nach innen folgt auf die Zellwand eine Zellmembran. Die Erbsubstanz liegt frei im Zellplasma. Sie steuert die Vorgänge in der Zelle. Viele Bakterien verfügen über fadenförmige Fortsätze, die Geißeln, mit denen sie sich fortbewegen können.

Rasante Vermehrung

Bakterien vermehren sich durch Zellteilung. Unter optimalen Bedingungen verdoppelt sich ihre Anzahl alle 20 bis 30 Minuten. Manche Bakterien können als Sporen ungünstige Umweltbedingungen oft jahrelang überleben. Mithilfe von ▸Antibiotika kann man die Teilung der Bakterienzellen unterbinden. Dies spielt bei der Bekämpfung von Krankheitserregern eine wichtige Rolle.

Komma-Bakterium

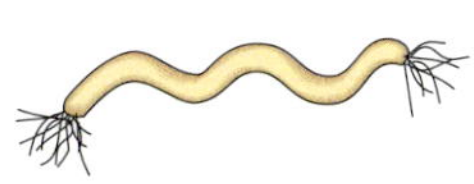

begeißeltes Schrauben-Bakterium

Antibiotika

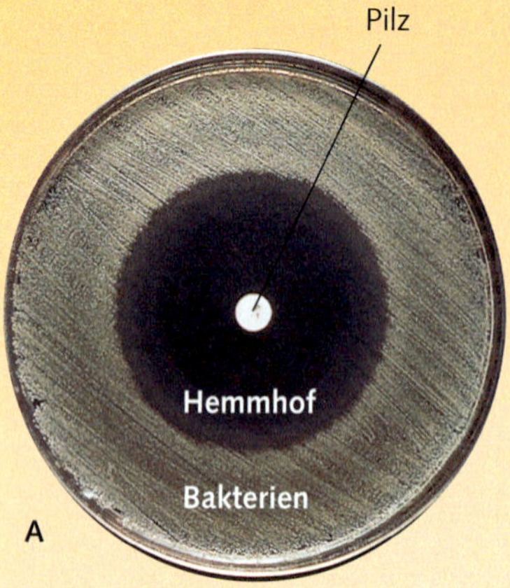

A

Große Entdeckungen werden oft durch Zufall gemacht. So war es auch im Jahre 1928, als der schottische Bakterienforscher Alexander FLEMING (1881 bis 1955) sein Labor aufräumte. Dabei fiel ihm ein Glasschälchen in die Hand, in dem er vor einiger Zeit Bakterien auf einem speziellen Nährboden gezüchtet hatte. Er wollte die Kulturschale schon wegwerfen, weil sie verschimmelt war, da bemerkte er etwas Sonderbares: In der Nähe der Schimmelpilze wuchsen keine Bakterien! Sollte der Schimmelpilz etwa einen Stoff abgeben, der das Wachstum der Bakterien hemmt oder diese sogar abtötet?

Bei dem Schimmelpilz in der Kulturschale handelte es sich um einen **Pinselschimmel** mit einem verzweigten Fadengeflecht und langen Reihen aus blaugrünen Sporen an den Enden. Diesen Schimmelpilz züchtete FLEMING in einer speziellen Nährlösung für Bakterien und Pilze. Wenn Bakterien mit dieser Lösung in Kontakt gebracht wurden, hörten sie auf zu wachsen. Damit war nachgewiesen, dass der Schimmelpilz einen Stoff erzeugt, der die Vermehrung von Bakterien hemmt. Diesen Stoff nannte FLEMING **Penicillin** nach dem wissenschaftlichen Namen Penicillium für den Schimmelpilz. 1940 gelang es, Penicillin in größeren Mengen rein herzustellen. Wenige Jahre später konnten bereits viele Patienten, die an einer Bakterieninfektion wie Tuberkulose, Diphtherie, Wundstarrkrampf oder bestimmten Geschlechtskrankheiten litten, durch Medikamente geheilt werden, die Penicillin als Wirkstoff enthielten. FLEMING erhielt für seine Entdeckung 1945 den Nobelpreis für Medizin.

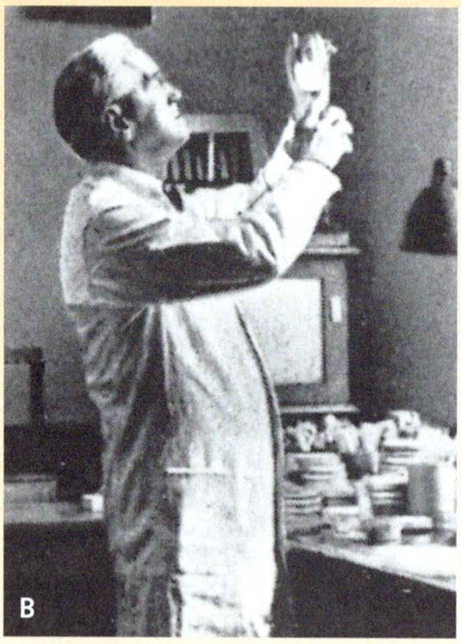

B

1 Penicillin. A *Kulturschale: Wirkung von Penicillin auf Bakterien;*
B *der Entdecker FLEMING;*
C *Penicillium-Pilz*

Penicillin ist nicht der einzige Bakterien tötende Stoff. Heute versteht man unter **Antibiotika** eine Vielzahl solcher Stoffe. Sie schädigen nur Bakterienzellen, auf menschliche Zellen haben sie meist keine oder nur geringe Auswirkungen. Allerdings dürfen Antibiotika nur nach ärztlicher Verschreibung und unter gewissenhafter Beachtung der Einnahmevorschriften genommen werden, weil sie z. B. auch die nützlichen Bakterien in unserem Dickdarm schädigen.
In jüngerer Zeit verstärkt sich ein weiteres Problem. Es treten immer häufiger Bakterien auf, die durch Antibiotika nicht mehr angegriffen werden – sie sind ▸**resistent.** Die zunehmende Resistenz zwingt die Forscher dazu, immer neue Antibiotika zu entwickeln. Heute kann man Antibiotika komplett chemisch herstellen oder halbsynthetisch, indem man einen aus der Natur gewonnenen Stoff chemisch weiter behandelt.

Einige Anwendungsbereiche von Antibiotika stehen in der Kritik. So werden in der Tierhaltung Antibiotika als Futterzusatz eingesetzt, um Infektionen vorzubeugen und damit Leistung und Wachstum der Tiere zu steigern. Diese Praxis ist in der EU seit 2006 verboten – aus Sorge, resistente Bakterien könnten über tierische Nahrungsmittel den Menschen erreichen. Vergleichbare Bedenken gibt es auch im Bereich des Pflanzenschutzes, wo mit Antibiotika bakterielle Erkrankungen (z. B. Feuerbrand) bekämpft werden. Ebenso umstritten ist der Einsatz von Antibiotika zur „Markierung" von Genen in der ▸Gentechnik. Um zu überprüfen, ob Pflanzenzellen ein neues Gen angenommen haben, wird dieses Gen mit einem Antibiotikaresistenz-Gen aus einem Bakterium gekoppelt. Bringt man die behandelten Zellen nun mit dem betreffenden Antibiotikum zusammen, sterben alle Zellen ab, die das neue gekoppelte Gen nicht übernommen haben. Auch hier besteht die Sorge, dass es zur unkontrollierten Ausbreitung von Antibiotikaresistenz-Genen kommt.

1. Bewerte den unterschiedlichen Einsatz von Antibiotika kritisch. Stelle dem Nutzen die Risiken gegenüber.

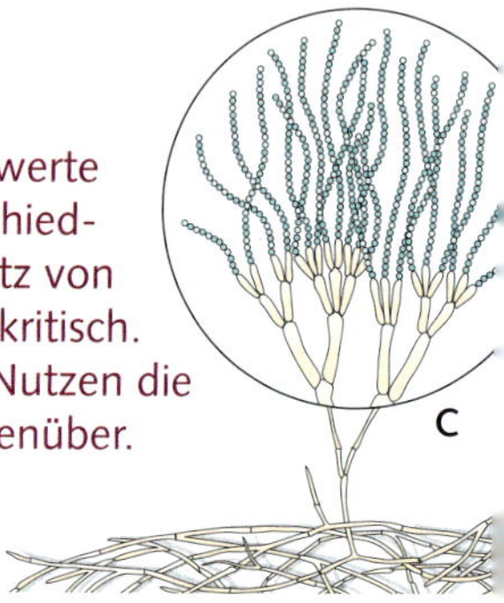

C

Tierische Krankheitsüberträger und -erreger

Malaria

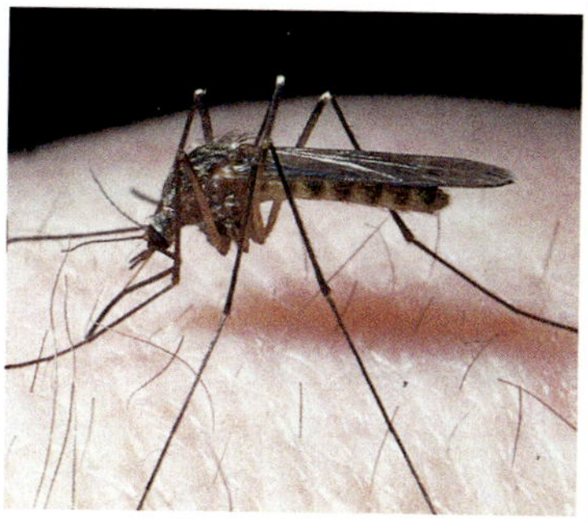

Überträger/Erreger: Überträger dieser gefährlichen Infektionskrankheit ist die in den Tropen und Subtropen verbreitete Anopheles-Mücke. Beim Stich dieser Mücke gelangen die Erreger, kleinste Einzeller, in das menschliche Blut.
Krankheitsbild: Die Erreger vermehren sich zunächst in der Leber und befallen dann die roten Blutkörperchen. Es kommt zu Fieberschüben, die ohne ärztliche Behandlung zum Tod führen können.
Vorbeugung/Behandlung: Neben vorbeugenden Medikamenten schützen Mückennetze, Insektenschutzmittel und entsprechende Kleidung.

Kopflaus

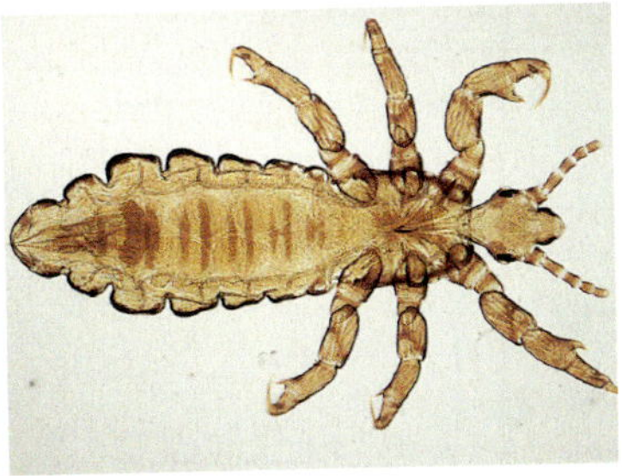

Überträger/Erreger: Kopfläuse leben als Parasiten im Bereich des Kopfes, wo sie sich an den Haaren festklammern und Blut saugen. Sie werden durch direkten Kontakt oder über Textilien (z. B. Jacken, Mützen, Kopfkissen) übertragen. Die Weibchen „kitten" 50 – 80 Eier (Nissen) an die Haare, aus denen in etwa 18 Tagen der Nachwuchs schlüpft. Unter schlechten hygienischen Bedingungen, besonders in den Tropen, können Kopfläuse Fleckfieberbakterien übertragen.
Krankheitsbild: Läusebefall führt zu heftigem Juckreiz. Durch Kratzen entzündet sich die Kopfhaut.
Vorbeugung/Behandlung: Bei Befall werden die Haare mit einem Mittel behandelt, das Läuse und Nissen abtötet. Fleckfieber heilt unter Behandlung mit Antibiotika aus.

Zecken

Überträger/Erreger: Zur Familie der Zecken gehört der 2 bis 5 mm große Holzbock. Er kann beim Blutsaugen sowohl Bakterien als auch Viren übertragen.
Krankheitsbild: Die Viren verursachen eine gefährliche Hirnhautentzündung, genannt FSME (Frühsommer-Meningoenzephalitis). Die Bakterien rufen Borreliose hervor. Zuerst rötet sich die Einstichstelle, später kann es zu Entzündungen oder Nervenlähmungen kommen.
Vorbeugung/Behandlung: Hat sich eine Zecke in die Haut gebohrt, sollte man sie umgehend mit Hilfe einer Pinzette herausziehen. Gegen die FSME-Viren kann man sich impfen lassen, gegen die Borreliose-Bakterien gibt es keine Vorsorge. Eine ärztliche Behandlung mit Antibiotika ist notwendig.

Parasiten leben in oder am Körper von Menschen, Tieren oder Pflanzen.
Wirt ist ein Lebewesen, in oder an dessen Körper ein Parasit lebt.

1. Zecken können zwei verschiedene Krankheiten hervorrufen. Sammelt dazu weitere Informationen und gestaltet ein Plakat.

Fuchsbandwurm

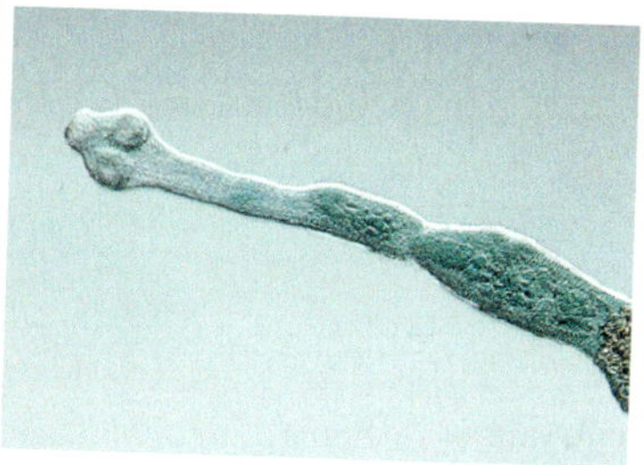

Erreger: Der 1 – 5 mm große Fuchsbandwurm lebt im Darm von Füchsen, Katzen und Hunden (Endwirt). Seine Eier gelangen im Kot nach außen und kommen u.a. über Waldbeeren und Pilze in den Darm von Mäusen, aber auch von Menschen (Zwischenwirt).
Krankheitsbild: Die geschlüpften Larven setzen sich in Leber, Lunge und Gehirn fest und bilden eine Vielzahl von Bläschen (Finnen), die das umgebende Gewebe zerstören.
Vorbeugung/Behandlung: Pilze, bodennahe Beeren und Früchte nur gekocht verzehren. Beim Umgang mit Katzen und Hunden auf Hygiene achten.

Stark in der Abwehr – das Immunsystem

1. a) Gestaltet zur Arbeitsweise des Immunsystems auf der Grundlage von Abbildung 1 ein Plakat oder eine Computerfolie. In der Legende sollen alle Zelltypen des Abwehrsystems und ihre Aufgaben aufgelistet sein.
b) Nutzt eure Darstellung als Grundlage für einen Kurzvortrag.

2. Bringe die Abbildung 2 mit der Arbeit des Immunsystems in einen Zusammenhang und entwickel dazu eine Tabelle.

3. Erläutere unter Verwendung der Abbildung 4 die Wirkung der Immunisierung.

4. Menschen, die nach einer Transplantation mit einem Organ eines anderen Menschen leben, müssen Medikamente zur Unterdrückung des Immunsystems nehmen. Begründe diese Maßnahme. Welche Risiken entstehen für den Patienten?

5. Beschreibe Lebensgewohnheiten, die das Immunsystem positiv oder negativ beeinflussen können.

Krankheitserreger gibt es überall

Im Alltag sind die Menschen überall Krankheitserregern ausgesetzt: Wenn zum Beispiel jemand neben uns niest, wenn wir eine Türklinke anfassen oder ungewaschenes Obst essen. Unser Körper würde solche Angriffe auf die Gesundheit nur wenige Stunden überleben, gäbe es nicht eine leistungsfähige Abwehr, die die meisten Krankheitserreger erfolgreich bekämpft.

Die erste Abwehrkette

Die gesunde Haut gehört zu den ersten Barrieren, die den Menschen vor Infektionen schützen. Ihre Hornschicht und der Säureschutzmantel, der sich aus den Ausscheidungen der Schweiß- und Talgdrüsen bildet, wehren Krankheitserreger ab. Die gleiche Funktion erfüllen die Schleimhäute, der Speichel, die Tränenflüssigkeit, die Salzsäure im Magen und die körpereigenen Bakterien im Darm.

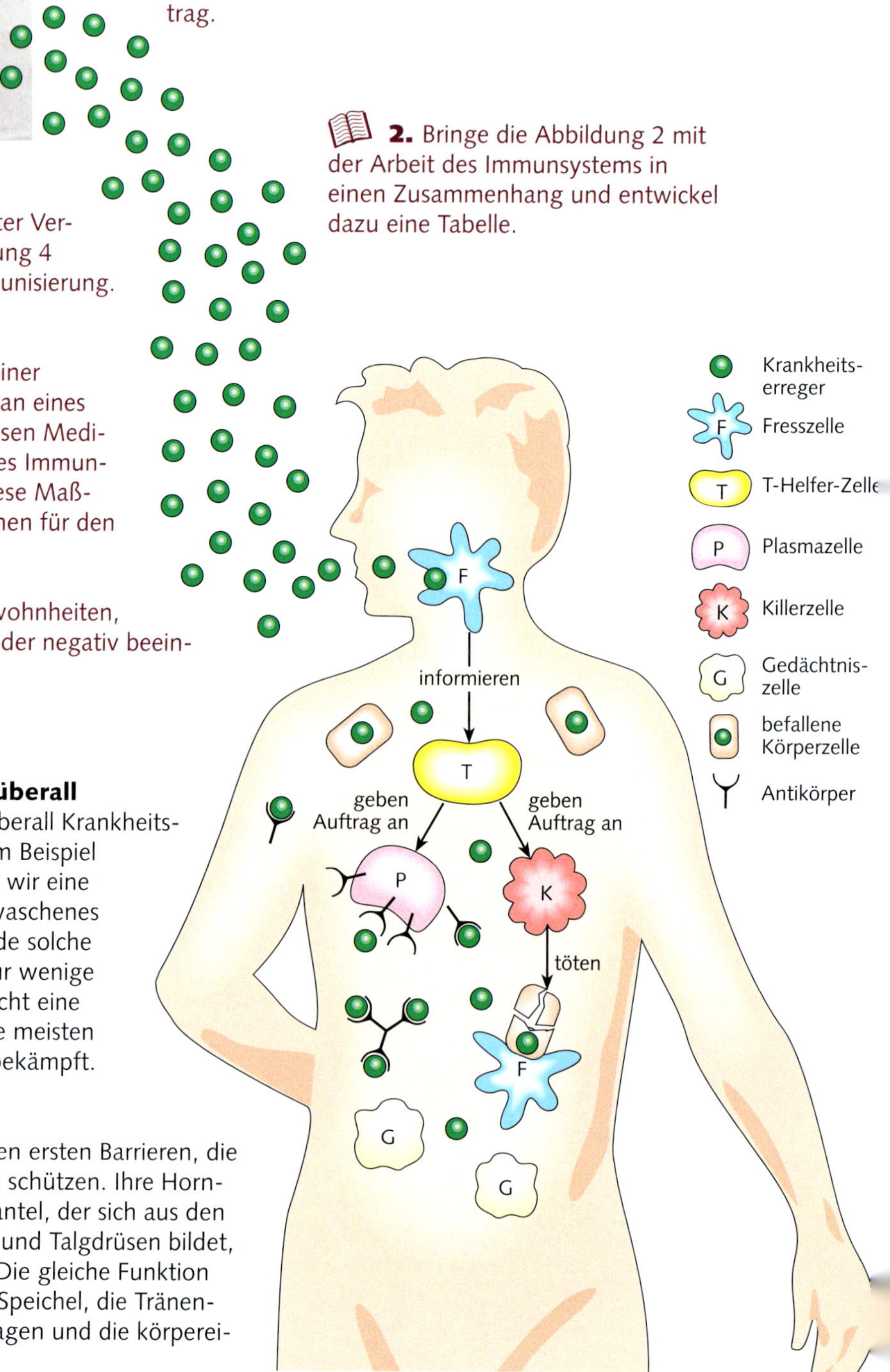

1 Funktion des Immunsystems (Schema)

Dennoch gelingt es schädlichen ▸ Bakterien, ▸ Viren und Pilzen immer wieder, diese Barrieren zu überwinden.

Das Immunsystem greift ein

Dort, wo Erreger in den Körper eindringen können, beginnt das Immunsystem mit seiner Arbeit. Es sind im Wesentlichen die ▸ **weißen Blutkörperchen,** die diese Aufgabe als Abwehrzellen übernehmen. Sie entstehen fortwährend neu im **Knochenmark** der Röhrenknochen und gelangen mit dem Blut und der ▸ Lymphe an alle Stellen des Körpers. In den **Lymphknoten,** zum Beispiel in den Mandeln oder unter den Achseln, befinden sich besonders viele dieser Abwehrzellen. Wir unterscheiden mehrere Arten von weißen Blutkörperchen: Fresszellen, Killerzellen, Plasmazellen, T-Helfer-Zellen und Gedächtniszellen.

Überall im Körper können **Fresszellen** eingedrungene Erreger aufnehmen und verdauen. Sie erkennen die Erreger an körperfremden Molekülen, den **Antigenen,** die an der Außenseite von Bakterien und Viren sitzen, und vernichten die Erreger daraufhin. In der Milz befinden sich immer Fresszellen in Reserve.

Manchmal gelingt es den fremden Zellen trotz dieser Abwehr, weiter in den Körper einzudringen und sich dort zu vermehren. Dann informieren die Fresszellen mithilfe von Antigen-Bruchstücken der verdauten Erreger andere Abwehrzellen im Blut, die **T-Helfer-Zellen.** Diese Zellen lernen im **Thymus,** einem kleinen Organ unter dem Brustbein, körperfremde und infizierte Körperzellen zu bekämpfen. T-Helfer-Zellen informieren dazu die **Plasmazellen,** die spezifische **Antikörper** bilden können, welche gegen die jeweiligen Erreger gerichtet sind. Diese Antikörper sind in der Lage, sich mit den Antigenen auf der Oberfläche der Erreger zu verbinden. Dies führt zu einer Verklumpung der Eindringlinge. Die verklumpten Zellverbände werden schließlich von Fresszellen beseitigt.

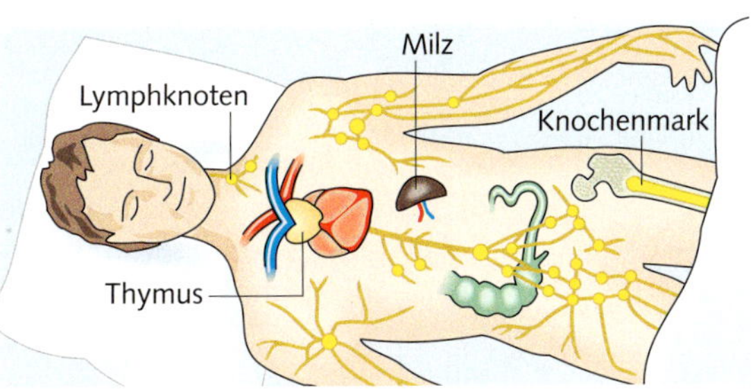

2 Organe des Immunsystems

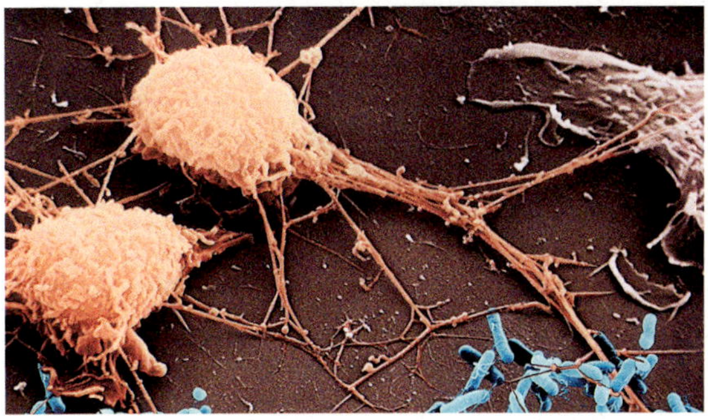

3 Fresszellen (orange) vernichten Bakterien (blau)

Weiter alarmieren die T-Helfer-Zellen die **Killerzellen.** Diese suchen nach Körperzellen, die bereits von Erregern befallen sind und töten sie ab, sodass sich die Erreger in den befallenen Zellen nicht weiter vermehren können. Auch diese Reste vernichten die Fresszellen.

Immunisierung

Während das Abwehrsystem arbeitet, bilden sich die **Gedächtniszellen.** Das sind Zellen, die sich nach dem Kontakt mit einem bestimmten Antigen zu langlebigen Zellen entwickeln. Sie können noch Jahre später bei einem erneuten Kontakt mit demselben Erregertyp sofort aktiv werden und in großen Mengen Antikörper produzieren, so dass die Infektionskrankheit erst gar nicht erneut ausbricht. Auf diese Weise wird der Mensch im Verlaufe seines Lebens gegen verschiedene Erreger **immun.**

Jeder Mensch kann selbst dazu beitragen, das Immunsystem bei seiner Aufgabe zu unterstützen. Man weiß heute, dass vor allem während des Schlafes die Abwehrzellen aktiv sind. Deshalb ist ausreichender Schlaf besonders wichtig. Vitaminreiche Ernährung unterstützt das Abwehrsystem ebenso wie regelmäßige sportliche Bewegung. Das Immunsystem ist aber auch abhängig von unserem psychischen Befinden. Negativer ▸ Stress führt häufiger zu Erkrankungen.

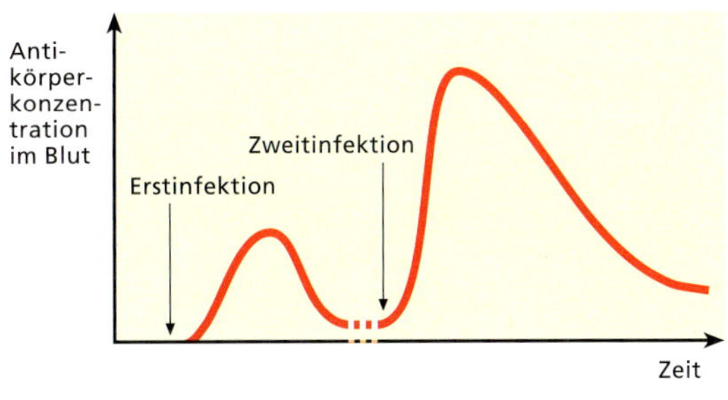

4 Konzentration von Antikörpern bei Infektionen

Impfen kann Leben retten

1. Sieh in deinem Impfpass nach, welche Impfungen durchgeführt wurden. Vergleiche die Eintragungen im Impfpass mit den Angaben des Impfkalenders.
Welche Konsequenzen können sich für dich ergeben?

2. Vergleiche Schutzimpfung und Heilimpfung. Stelle die Gemeinsamkeiten und Unterschiede tabellarisch gegenüber.

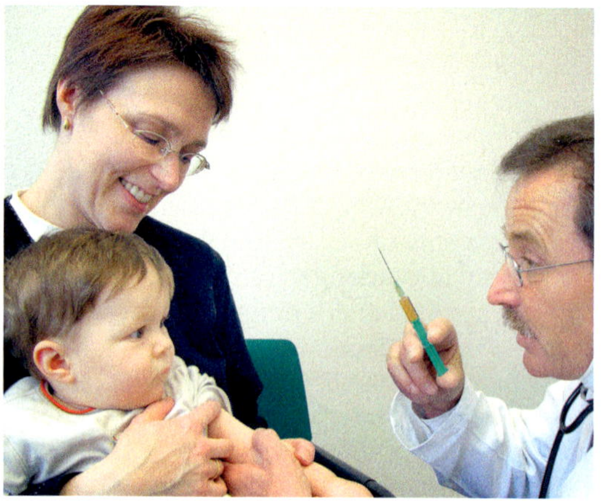

3. Welche Impfungen sollten vor Antritt einer Fernreise durchgeführt werden? Recherchiere und begründe die Empfehlungen.

4. a) Sammelt Informationen über die Rötelninfektion. Haltet einen Kurzvortrag.
b) Bewertet die Aussage: „Für die Röteln-Schutzimpfung gibt es eine besondere Verantwortung."

Impfkalender
Empfehlungen der Ständigen Impfkommission (STIKO)

Impfungen	Empfohlenes Impfalter
1. Impfung – Pneumokokken (Lungenentzündung, Hirnhautentzündung, Mittelohrentzündung)	2 Monate
1. Impfung – Diphtherie, Tetanus, Keuchhusten, Polio (Kinderlähmung), Hepatitis B (Gelbsucht), Haemophilus influenza Typ b (HiB; Hirnhautentzündung, Kehldeckelentzündung)	2 Monate
2. Impfung – Pneumokokken	3 Monate
2. Impfung – Diphtherie, Tetanus, Keuchhusten, Polio, Hepatitis B, HiB	3 Monate
3. Impfung – Pneumokokken	4 Monate
3. Impfung – Diphtherie, Tetanus, Keuchhusten, Polio, Hepatitis B, HiB	4 Monate
1. Impfung – Masern, Mumps, Röteln, Windpocken	11–14 Monate
4. Impfung – Pneumokokken	11–14 Monate
4. Impfung – Diphtherie, Tetanus, Keuchhusten, Polio, Hepatitis B, HiB	11–14 Monate
1. Impfung – Meningokokken C (Hirnhautentzündung)	12–23 Monate
2. Impfung – Masern, Mumps, Röteln	15–23 Monate
1. Auffrischung – Diphtherie, Tetanus, Keuchhusten	5–6 Jahre
1. Auffrischung – Polio	9–17 Jahre
2. Auffrischung – Diphtherie, Tetanus, Keuchhusten	9–17 Jahre
Grundimmunisierung gegen humane Papillomaviren für alle Mädchen (u. a. Gebärmutterhalskrebs)	12–17 Jahre

Deutlich weniger Impfungen

NIEDERSACHSEN. Die Ärzteschaft zeigt sich besorgt über die abnehmende Zahl von Impfungen unter Kindern, Jugendlichen und Erwachsenen. Eine Impfrate von nur wenig über 70 Prozent bei den wichtigen Impfungen gegen Masern, Mumps und Röteln und von nur 30 bis 40 Prozent bei allen zur Verfügung stehenden Impfungen sei nicht akzeptabel, sagte der Prä[illegible]dent der Ärzte[illegible]

5. a) Formuliere die Kernaussagen des Zeitungsartikels in eigenen Worten.
b) Welche Gründe gibt es für die sinkende Zahl von Impfungen? Recherchiere unter den Stichworten „Impfmoral" und „Impfmüdigkeit".

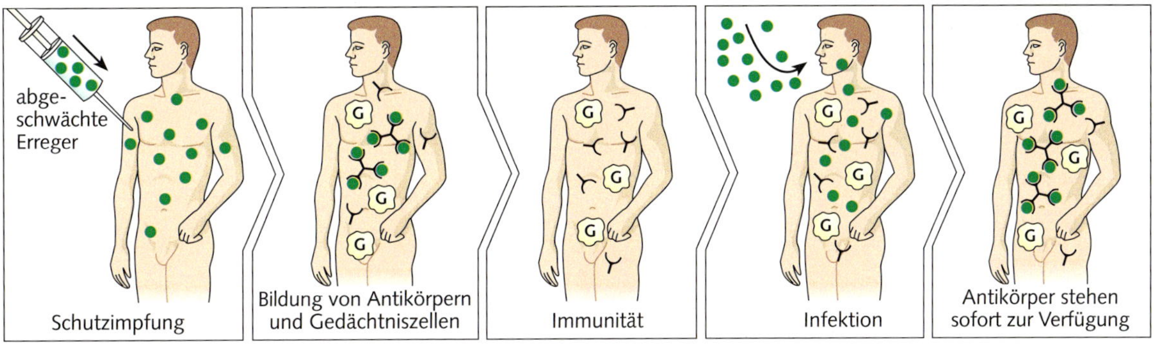

1 Schutzimpfung (Aktive Immunisierung)

Impfungen unterstützen die Körperabwehr

Viele Infektionskrankheiten, die früher oft tödlich verliefen, haben ihren Schrecken heute fast verloren. Diese Entwicklung ist vor allem auf den Einsatz von Impfungen zurückzuführen. Deren Wirkungsweise ist mit dem ▸Immunsystem verbunden. Viele Infektionskrankheiten kann man für einen langen Zeitraum kein zweites Mal bekommen, weil das Immunsystem im Verlaufe der Erstinfektion spezifische ▸Antikörper und ▸Gedächtniszellen gebildet hat. Diese können bei einer erneuten Infektion mit den gleichen Erregern sofort mit der Abwehr beginnen. Bei Impfungen greift man auf diese Fähigkeit des Körpers zurück.

Aktive Immunisierung

Eine Reihe von Impfungen sollte bereits im Säuglingsalter erfolgen, z. B. die Impfung gegen Wundstarrkrampf (Tetanus). Dabei nimmt das Kind Tetanus-Erreger auf, die vorher so abgeschwächt wurden, dass es zu keiner ernsthaften Erkrankung kommt. Diese regen das Abwehrsystem an, Antikörper und Gedächtniszellen zu bilden. So hat der Körper einen Langzeitschutz gegen die Krankheit, er ist immun. Diese Impfung nennt man **Schutzimpfung** oder aktive Immunisierung. Um die Immunität aufrecht zu erhalten, muss in regelmäßigen Abständen eine Auffrischungsimpfung erfolgen.

Passive Immunisierung

Ist ein Mensch an einer Infektion erkrankt, und das Immunsystem wird mit den Erregern nicht fertig, hilft möglicherweise eine andere Form der Impfung. Dabei müssen gleich die passenden Antikörper gespritzt werden, um das Immunsystem kurzfristig und gezielt zu unterstützen. Man gewinnt diese Antikörper, indem man Haustiere mit abgeschwächten Erregern der betreffenden Infektionskrankheit impft, ihnen nach einiger Zeit Blut entnimmt und die dann gebildeten Antikörper herausfiltert und dem Patienten verabreicht.
Eine solche Impfung nennt man **Heilimpfung** oder passive Immunisierung. Sie wirkt nur drei bis vier Wochen, kann aber im Notfall Leben retten.

Impfung gegen Röteln – eine besondere Verantwortung

Bei Röteln handelt es sich um eine Virusinfektion, die eine lebenslange Immunität hinterlässt. Erkrankt jedoch eine schwangere Frau, die nicht immun ist, können die Viren auf den Embryo übertragen werden. Schwere Schädigungen des Kindes wie Herzmissbildung, Blindheit und Taubheit können die Folge sein. Deswegen wird jedes Mädchen im Alter von ca. 11 Jahren untersucht, ob es Antikörper gegen Röteln im Blut hat. Sollte das nicht der Fall sein, ist eine Röteln-Schutzimpfung notwendig.

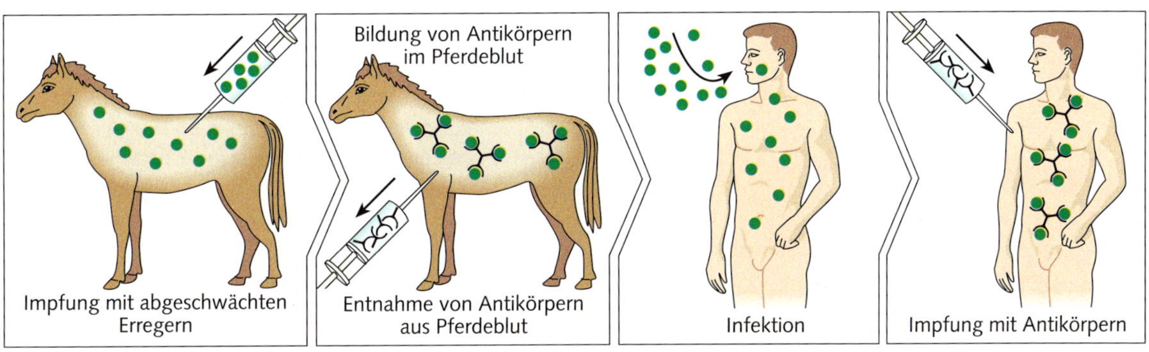

2 Heilimpfung (Passive Immunisierung)

AIDS – eine tödliche Infektionskrankheit mitten unter uns

1. Beschreibe die Vermehrung des HI-Virus anhand der Abbildung 2B.

2. Viele Menschen haben Angst vor dem direkten Kontakt mit einem oder einer HIV-Infizierten.
Führt ein Rollenspiel durch zum Thema: Ein Mitglied unserer Clique ist HIV-positiv – wie gehe ich mit der Situation um?

3. Diese rote Schleife hat eine wichtige Bedeutung. Wie ist dieses Symbol entstanden? Recherchiere.

4. Erläutere, wie man sich vor einer Infektion mit HIV schützen kann.

5. Erläutere, wie sich die Zahl der HIV-Infektionen in Deutschland in den letzten Jahren entwickelt hat.
Welche Hintergründe vermutest du für diese Entwicklung?

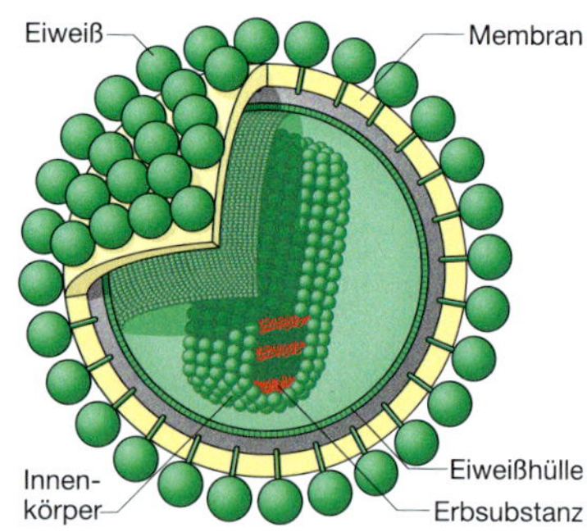

1 HI-Virus

Was verbirgt sich hinter AIDS und HIV?

AIDS ist eine tödliche Infektionskrankheit. Die Abkürzung steht für **A**quired **I**mmuno**d**eficiency **S**yndrome. Dahinter verbirgt sich eine erworbene Immunschwäche des Menschen, die durch **HI-Viren** (**Hu**mane **I**mmunodeficiency **V**irus) hervorgerufen wird. Das geschwächte ▸ Immunsystem kann sich nicht mehr gegen Krankheitserreger zur Wehr setzen. Daher setzt sich das Krankheitsbild von AIDS aus Symptomen verschiedener Krankheiten zusammen. Infizierte sind häufig abgemagert, geschwächt und leiden unter Lungenentzündung. Inzwischen ist bekannt, dass die Krankheit auf der ganzen Welt vorkommt und alle Menschen betreffen kann. Die Übertragung des HI-Virus erfolgt fast ausschließlich durch ungeschützten Geschlechtsverkehr, bei dem ein Partner bereits durch das Virus infiziert ist.

Beginn der Infektion

Zunächst gelangt das ▸ Virus über Körperflüssigkeiten eines Infizierten, wie Blut, Spermien- oder Scheidenflüssigkeit, in den Körper eines Nichtinfizierten. Dort befällt es die ▸ T-Helferzellen des Immunsystems, die bei der Immunabwehr eine wichtige Doppelrolle erfüllen. T-Helferzellen aktivieren zum einen die ▸ Killerzellen, damit diese die befallene Zellen vernichten, zum anderen regen sie die ▸ Plasmazellen zur Produktion von Antikörpern gegen Eindringlinge an. Das Virus schleust sein Erbgut in die T-Helferzellen ein. Diese beginnen daraufhin mit der Produktion neuer Viren, anstatt diese erfolgreich zu bekämpfen. Die Zahl der T-Helferzellen nimmt dabei immer mehr ab, bis das Immunsystem stark geschwächt ist.

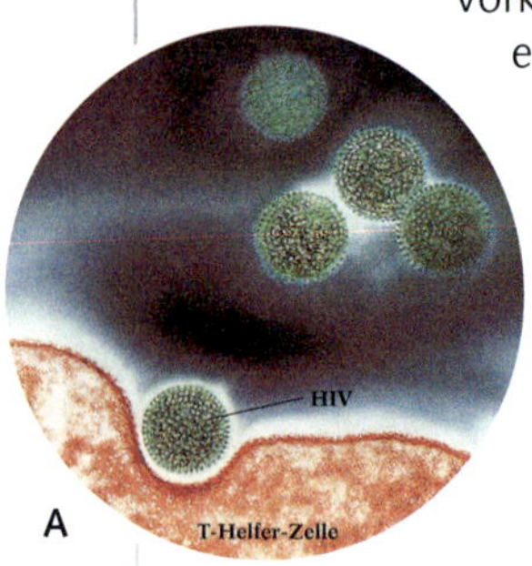

A

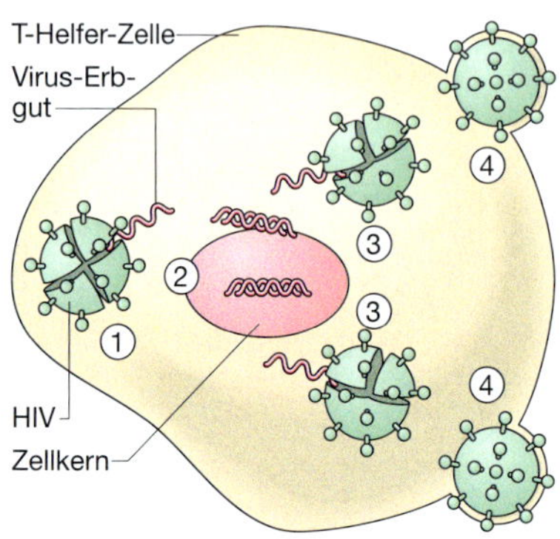

B

2 AIDS. A *Infektion;* **B** *Viren-Vermehrung in einer T-Helferzelle:*
① HIV zerfällt und setzt sein Erbgut frei,
② im Zellkern wird neues HIV-Erbgut gebildet, ③ neue HI-Viren entstehen, ④ HI-Viren werden freigesetzt

Der HIV-Test

Da die Infektion selbst meist nicht bemerkt wird, und die Krankheit zunächst keine erkennbaren Symptome verursacht, kann eine Infektion mit HI-Viren jahrelang unerkannt bleiben. Im Laufe von 2–4 Monaten nach der Infektion bildet das Immunsystem zwar Antikörper, diese schaffen es jedoch nicht, die HI-Viren unschädlich zu machen. Denn das Virus verändert sich sehr schnell. Allerdings lassen sich die Antikörper über einen sogenannten HIV-Test im Blut nachweisen. Sind Anti-körper im Blut vorhanden, ist das Ergebnis „HIV-positiv", und der Betroffene muss davon ausgehen, irgendwann an AIDS zu erkranken.
Die Gewissheit infiziert zu sein, führt dazu, dass die Betroffenen ständig mit der Angst vor den Folgen der tödlichen Entwicklung der Krankheit leben. Außerdem haben sie häufig Probleme im Umgang mit anderen Menschen, wenn bekannt wird, dass sie HIV-infiziert sind. Aus Angst vor einer Ansteckung brechen manche den Kontakt zu den Betroffenen ab. Andere Betroffene verlieren ihre Arbeitsstelle.

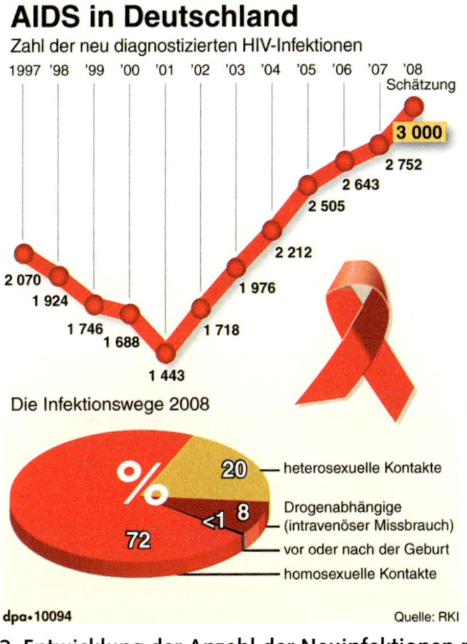

3 Entwicklung der Anzahl der Neuinfektionen mit HIV

Stadien der Krankheit AIDS

Wenn sich die Viren im Körper so stark vermehren, dass die Krankheit ausbricht, treten zunächst Fieber, Durchfall, Gewichtsverlust und Lymphknotenschwellungen auf. Man spricht auch vom Vorstadium der Krankheit.
Im Laufe der Zeit vermehren sich die Viren immer mehr, bis das Immunsystem zusammenbricht. Der Körper kann auch sonst harmlose Erreger nicht mehr abwehren. Viele Betroffene leiden unter Lungenentzündung, Pilzbefall der Organe, verschiedenen Krebserkrankungen und Erkrankungen des Gehirns.
Dieses Stadium wird als Vollbild der Krankheit bezeichnet. Es führt immer zum Tod.

4 Symptome von AIDS

Medikamente

Es gibt heute noch keine Medikamente, die gegen die tödlich endende Krankheit wirksam eingesetzt werden können. Allerdings helfen einige dadurch, dass sie die Vermehrung der Viren verlangsamen und Schmerzen im Endstadium der Krankheit lindern können. Aber diese Medikamente sind sehr teuer und haben häufig schwere Nebenwirkungen.

Schutz vor Ansteckung

Da es gegenwärtig weder eine Heilung noch einen wirksamen Impfstoff gegen die Immunschwächekrankheit gibt, bleibt zur Vermeidung einer Ansteckung als einziger Schutz nur der geschützte Geschlechtsverkehr mit einem Kondom. Dies ist besonders bei wechselnden Partnern wichtig.
Im Rahmen von Erste-Hilfe-Maßnahmen müssen bei der Behandlung von blutenden Verletzungen immer Einweghandschuhe getragen werden.
Auch der verantwortungsbewusste Umgang mit der Krankheit und eine ausführliche Aufklärung können bewirken, dass die Zahl der Neuinfektionen weltweit in den nächsten Jahren zurückgeht.
Allerdings zeigt die Entwicklung der Zahl der Neuinfektionen in Deutschland, dass die Vorbeugung noch immer nicht ernst genug genommen wird.

HIV und AIDS

1. Schaut euch die verschiedenen Situationen auf den Comiczeichnungen an. In welchen gibt es ein Ansteckungsrisiko, in welchen Situationen gibt es kein Ansteckungsrisiko? Begründet eure Aussagen.

2. Recherchiert im Internet nach Plakaten zum Thema AIDS.
Stellt die Plakate in eurer Klasse vor und beurteilt sie in Hinblick auf ihre Aussagekraft und Gestaltung.

3. Wertet die nebenstehende Karte aus.
Stellt Vermutungen an, warum HIV-Infektionen in den verschiedenen Gebieten unterschiedlich stark verbreitet sind.
Wie kann man es erreichen, dass die Zahl der HIV-Infizierten verringert wird?
Tipp: Bedenkt sowohl die Rolle von Mann und Frau als auch gesellschaftspolitische und religiöse Hintergründe in den verschiedenen Ausbreitungsgebieten.

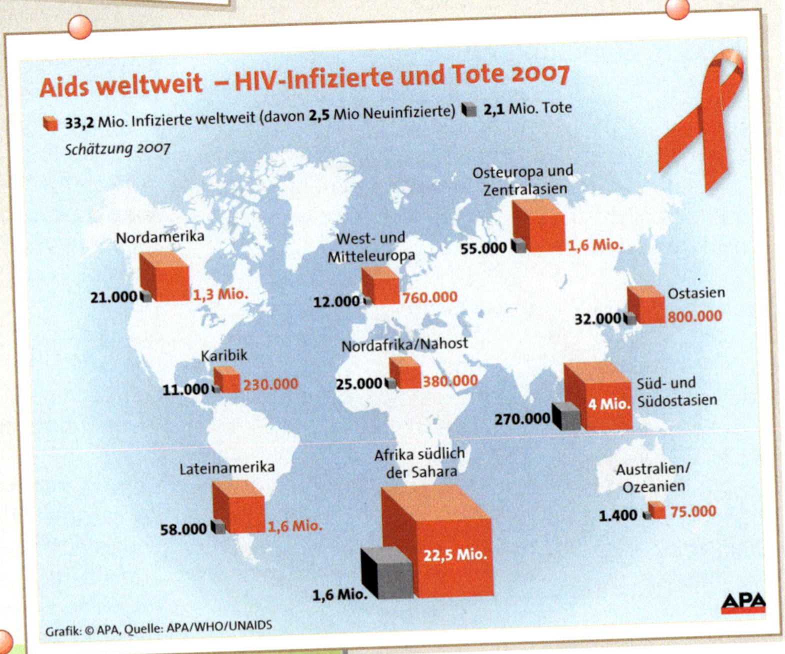

Schon gewusst, dass …

- … bislang mehr als 20 Millionen Menschen an AIDS gestorben sind?
- … sich täglich 14 000 Menschen neu mit dem HI-Virus infizieren, das sind 600 pro Stunde, 10 pro Minute, alle 6 Sekunden einer?
- … es in Deutschland ca. 63 000 Menschen gibt, die sich mit dem HI-Virus angesteckt haben?
- … in Deutschland jährlich ca. 600 Menschen an den Folgen einer HIV-Infektion sterben?

Infektionskrankheiten auf Weltreise

1. Erstelle einen Steckbrief für eine der häufigsten Krankheiten, die während oder nach einer Reise auftreten können.

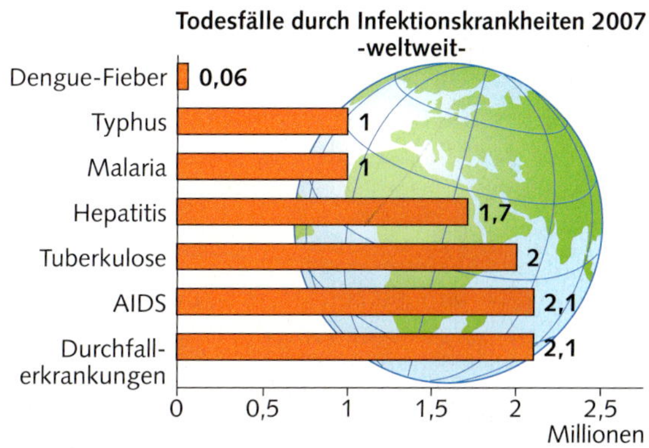

2. Beschreibe den in der Grafik dargestellten Sachverhalt. Wie kannst du dich bei Reisen vor diesen Krankheiten schützen?

Krankheitserreger reisen mit

Ferien – und ab in den Urlaub. Leider kommt jeder fünfte Tropenreisende krank von der Reise zurück. Die Gefahr, sich in seinem Urlaubsland mit einer Krankheit zu infizieren, ist groß. Allerdings kann man sich vor der Reise über gesundheitliche Risiken im Urlaubsland informieren und durch entsprechende Vorsichtsmaßnahmen das Risiko einer Ansteckung deutlich verringern.

Die häufigsten Reiseerkrankungen

Malaria, Gelbfieber und Dengue-Fieber sind Krankheiten, die durch Mücken übertragen werden. Malaria ist die am weitesten verbreitete Tropenkrankheit. Jährlich sterben in Malariagebieten mehr als eine Million Menschen – vorwiegend Kinder – an den Folgen der Krankheit. Auch die Zahl der Erkrankungen an Dengue-Fieber ist in den letzten Jahrzehnten dramatisch angestiegen.
Verunreinigtes Wasser oder verunreinigte Nahrung können die Ursache für die Ausbreitung verschiedenster Krankheiten sein. Cholera und Typhus sind schwere bakterielle Darmerkrankungen, die starkes Erbrechen und Durchfall zur Folge haben, die zum Tod des Infizierten führen können.
Der Verzehr von Muscheln, Eis und Salaten kann eine Infektion mit dem Hepatitis-A-Virus zur Folge haben. Eine weitere große Gruppe bilden die Erkrankungen, die durch Blut oder Körperflüssigkeiten, zum Beispiel beim Geschlechtsverkehr, übertragen werden. Hierzu gehören ▸ AIDS und Hepatitis B. Hepatitis-B-Viren schädigen die Leber, was zu einer chronischen Erkrankung führen kann.

Neu auftretende Erreger

Immer wieder treten neue Erreger auf, die weitere schwere Krankheiten verursachen, wie die durch Viren übertragbare Lungenkrankheit SARS oder die Krankheit Ebola, die zu 90% tödlich endet. Andere Krankheitserreger können sich so verändern, dass sie auch für den Menschen gefährlich werden, beispielsweise das H5N1-Virus, der Auslöser der Vogelgrippe.

Gesundheitstipps

- Erkundige dich vor dem Urlaub über Impfmöglichkeiten und Notfallmedikamente.
- Trinke niemals Wasser aus der Leitung oder aus stehenden Gewässern und putze deine Zähne mit abgefülltem Wasser aus Flaschen.
- Verzichte auf Eiswürfel und Speiseeis.
- Verzichte auf Salat, rohes Gemüse oder Obst, außer du kannst es selbst schälen.
- Verzehre nur gekochte oder gebratene Speisen.
- Vermeide den Verzehr von Speisen an Imbissständen oder an Garküchen.
- Achte beim Geschlechtsverkehr auf Schutz durch Kondome.
- Lass dich nicht piercen oder tätowieren. Durch verschmutzte Geräte können Krankheitserreger übertragen werden.

Allergien – wenn das Immunsystem verrückt spielt

1. „Das Immunsystem spielt verrückt". Was bedeutet diese Aussage im Zusammenhang mit Allergien?
Beantworte diese Frage in einem kurzen Sachtext. Verwende Begriffe wie Überempfindlichkeitsreaktion, Antikörper, Immunsystem, Allergene.

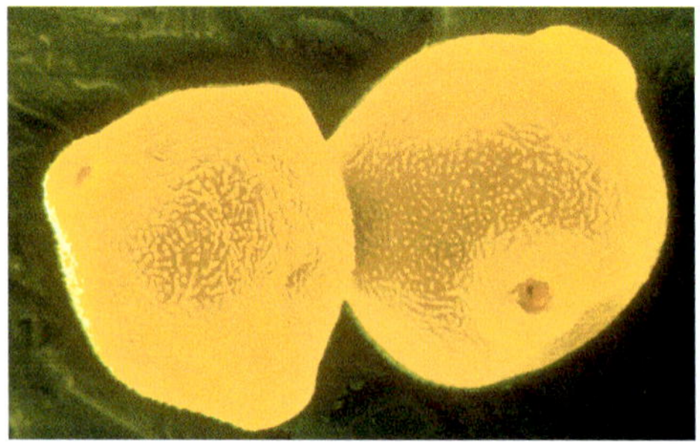

2. Eine besonders häufige allergische Reaktion ist der „Heuschnupfen", eine Pollenallergie. Das Foto rechts zeigt Birkenpollen.
a) Beschreibe den Verlauf einer Pollenallergie.
b) Was kann man gegen eine Pollenallergie tun? Stelle einige Tipps für Pollenallergiker zusammen.

3. Nenne mögliche Gründe für eine Zunahme der allergischen Erkrankungen in den letzten Jahren.

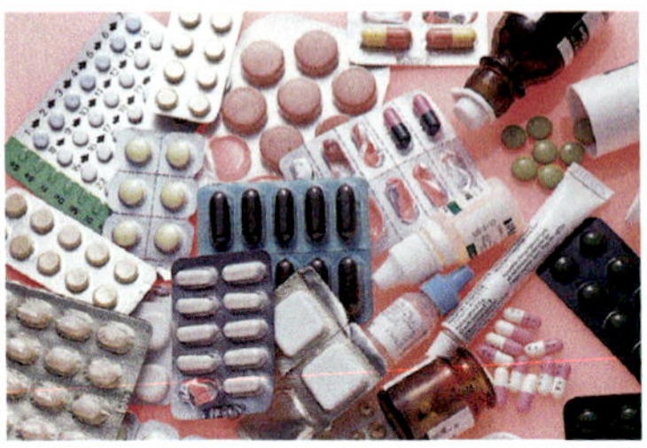

4. Führt eine Umfrage zum Thema „Allergien" durch.
a) Erstellt eine Liste, in der die Nennungen nach Häufigkeit sortiert werden.
b) Befragt betroffene Schüler und Schülerinnen, was sie gegen ihre Allergie tun.

5. Die Abbildungen zeigen mögliche Auslöser von Allergien.
a) Recherchiert im Internet. Beschreibt die allergischen Reaktionen, die durch sie verursacht werden können.
b) Stellt die Ergebnisse in Kurzvorträgen dar.

6. Die Hausstaubmilbenallergie ist nach der Pollenallergie die zweithäufigste allergische Reaktion in Deutschland. Das Foto zeigt eine elektronenmikroskopische Aufnahme einer Hausstaubmilbe.
a) Informiert euch über die Lebensweise der Hausstaubmilben, über Ursachen der Allergie, Symptome und vorbeugende Maßnahmen für Allergiker.
b) Verfasst einen Ratgeber für Menschen, die unter einer Hausstaubmilbenallergie leiden. Recherchiert auch im Internet.

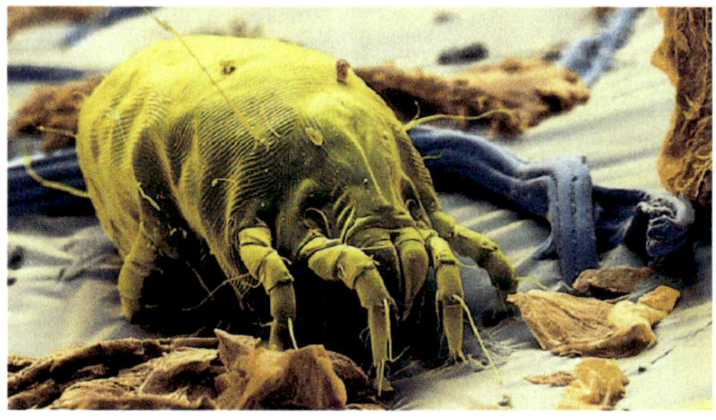

Heuschnupfen – eine häufige allergische Reaktion

Viele Menschen freuen sich auf Frühling, Sommer, Wärme und blühende Pflanzen. Nicht so diejenigen, die unter einer Pollenallergie leiden, die auch Heuschnupfen genannt wird. Von Februar bis August, wenn sich Blütenstaub von Bäumen, Gräsern und einigen anderen Blütenpflanzen in der Luft befindet, zeigen Pollenallergiker heftige Reaktionen. Ihr Körper reagiert mit Niesen, einer laufenden oder verstopften Nase und juckenden, tränenden Augen.

1 Birkenpollen als Allergieauslöser

Was ist eine Allergie?

Bei einem gesunden Menschen werden körperfremde Stoffe, die in den Körper eindringen, vom ▸ Immunsystem erkannt. Es bildet ▸ **Antikörper,** mit deren Hilfe solche Stoffe unschädlich gemacht werden. Bei Allergikern liegt jedoch eine Fehlreaktion des Immunsystems vor. Harmlose Stoffe wie beispielsweise Pollen, Tierhaare oder bestimmte Lebensmittel lösen eine Abwehrreaktion aus. Der Körper reagiert überempfindlich auf Allergie auslösenden Stoffe, die **Allergene.**

Verlauf einer Allergie

Die ▸ Plasmazellen des Blutes stellen beim ersten Kontakt mit dem Allergen, zum Beispiel Blütenpollen, Antikörper her, die sich auf Mastzellen, einer bestimmten Form von ▸ weißen Blutkörperchen, festsetzen. Solche Zellen befinden sich zum Beispiel im Gewebe der Nasenschleimhaut. Sie sind an der Heilung von Entzündungsprozessen beteiligt. Der Körper ist jetzt **sensibilisiert.**
Bei weiteren Kontakten mit demselben Allergen verbindet sich das Allergen mit den Antikörpern auf den Mastzellen. Diese schütten daraufhin das ▸ Hormon **Histamin** aus.

Histamin bewirkt ein Anschwellen der Schleimhäute, die Absonderung von Schleim und die Verengung der Luftröhre und der Bronchien. Dies sind Symptome einer allergischen Reaktion. Andere allergische Reaktionen wie die Tierhaarallergie können Hautrötungen, Ausschläge, Juckreiz oder Wassereinlagerungen in der Haut bewirken.

Hilfe bei Allergien

Ein Arzt kann anhand eines Tests erkennen, welches Allergen die allergische Reaktion auslöst.
Beim Prick-Test beispielsweise werden verschiedene Allergene durch einen kleinen Stich in die Haut eingebracht. Nach zehn bis zwanzig Minuten bilden sich Rötungen oder Quaddeln dort, wo eine allergische Reaktion entsteht. Es gibt aber auch die Möglichkeit, einen Bluttest durchzuführen.
Nun erfolgt meist eine Behandlung mit kleinsten Mengen des Allergens, die **Hyposensibilisierung.** Durch diese Behandlung wird dem Körper das Allergen mehrfach angeboten, sodass die Überreaktion des Immunsystems langsam nachlässt.
Bei bestimmten Allergien kann auch die Vermeidung des Allergens eine Besserung bewirken.

Zunahme von allergischen Reaktionen

Inzwischen ist durch Zahlen aus mehreren Ländern belegt, dass es heute mehr Allergien gibt als früher. Die Gründe sind jedoch noch nicht ausreichend erforscht. Ungesunde Ernährung, übertriebene Hygiene und zunehmende Umweltverschmutzung sind mögliche Ursachen.

2 Kettenreaktion beim Kontakt mit Blütenpollen

Diabetes – die Zuckerkrankheit

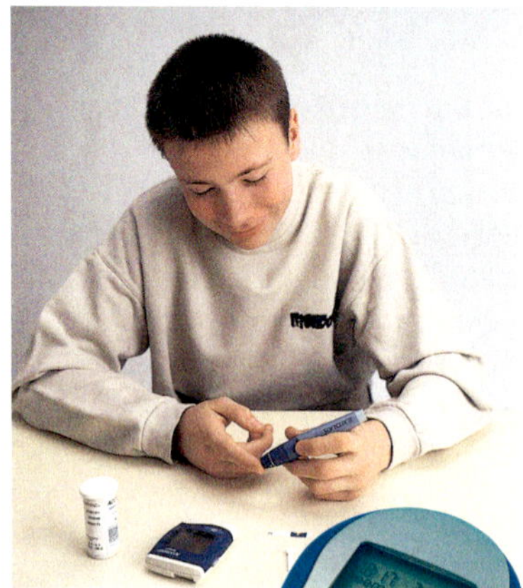

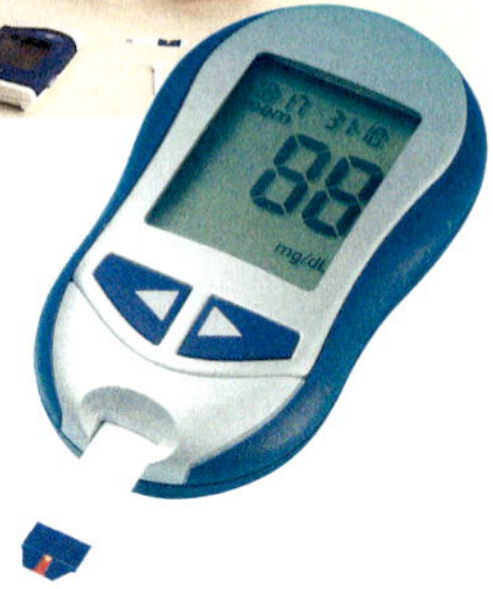

1. Viele Menschen leiden unter der Zuckerkrankheit. Die wissenschaftliche Bezeichnung für diese Stoffwechselstörung lautet Diabetes mellitus. Frei übersetzt heißt das „honigsüßer Durchfluss".
Erklärt, woher die Bezeichnung für diese Krankheit kommt.

2. Diabetes kommt hauptsächlich in zwei Formen vor, Typ I und Typ II.
a) Recherchiere Ursachen, Symptome, Behandlungsmöglichkeiten und Häufigkeit in der Bevölkerung von beiden Formen.
b) Eine Form der Zuckerkrankheit wird auch als Zivilisationskrankheit bezeichnet. Auf welchen Typ trifft diese Bezeichnung zu? Begründe deine Entscheidung.

3. Erkundigt euch, wie ein Jugenddiabetiker mit seiner Krankheit umgeht, um ein möglichst normales Leben zu führen. Notiert, worauf er achten muss.

4. Listet in einem Supermarkt Lebensmittel auf, die für Diabetiker angeboten werden. Was bedeuten die Hinweise, die ihr auf den Verpackungen findet?

5. Bei der Steuerung des Blutzuckerspiegels spielen zwei Hormone eine entscheidende Rolle.
a) Benenne diese Hormone.
b) Erkläre mithilfe des Textes und der Abbildungen auf der Informationsseite die jeweilige Steuerungsfunktion.

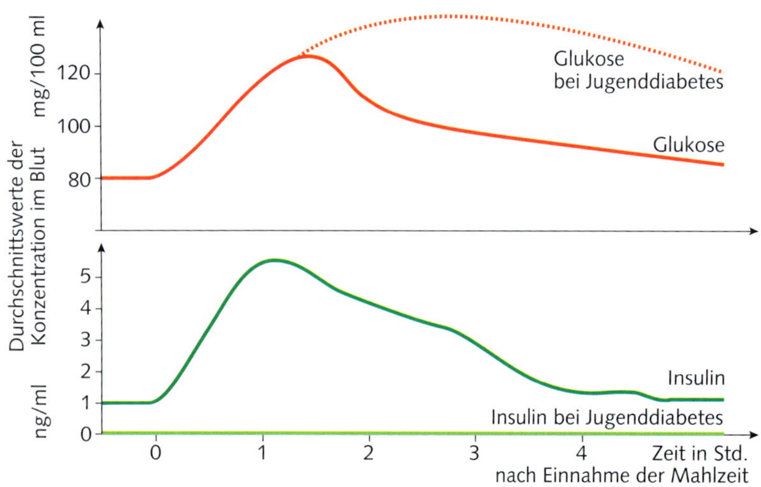

6. Die nebenstehende Abbildung zeigt den Zucker- und Insulingehalt im Blut eines gesunden Menschen und eines Jugenddiabetikers nach einer Mahlzeit.
a) Beschreibe den Verlauf des Blutzuckerspiegels vor, während und nach einer Mahlzeit. Vergleiche ihn mit dem eines Jugenddiabetikers.
b) Vergleiche den Kurvenverlauf des Insulingehalts mit dem des Blutzuckerspiegels bei einem gesunden Menschen.
c) Erkläre nun, wie es zu den unterschiedlichen Verläufen des Blutzuckerspiegels kommt.

Hormone steuern den Blutzuckerspiegel

Energie, die wir für die Muskeltätigkeit und andere Lebensvorgänge benötigen, erhält unser Körper aus dem Blut. Nach einer kohlenhydrathaltigen Mahlzeit transportiert das Blut vermehrt Glukose zu allen Organen. Bei einem gesunden Menschen liegt der **Blutzuckerspiegel** normalerweise bei 80 bis 120 mg Glukose in 100 ml Blut. Zwei ▸Hormone, **Insulin** und **Glukagon,** regeln die Blutzuckerkonzentration. Diese Hormone werden in den Langerhansschen Inseln, bestimmten Zellgruppen in der Wand der Bauchspeicheldrüse, produziert. Unter dem Mikroskop kann man A-Zellen und B-Zellen unterscheiden.

Bei erhöhter Konzentration von Glukose im Blut, beispielsweise nach einer kohlenhydrathaltigen Mahlzeit, geben die B-Zellen das Hormon Insulin ab. Dadurch wird Glukose verstärkt von den Körperzellen aus dem Blut aufgenommen. Das Insulin regt außerdem Leber- und Muskelzellen an, Glukose in den Speicherstoff **Glykogen** umzuwandeln. Insulin senkt also den Blutzuckerspiegel.

Nimmt die Konzentration von Glukose im Blut ab, weil wir lange nichts gegessen haben, geben die A-Zellen der Langerhansschen Inseln das Hormon Glukagon ab. Es sorgt dafür, dass in Leber- und Muskelzellen gespeichertes Glykogen in Traubenzucker zurückverwandelt wird. Glukagon lässt den Blutzuckerspiegel wieder ansteigen.

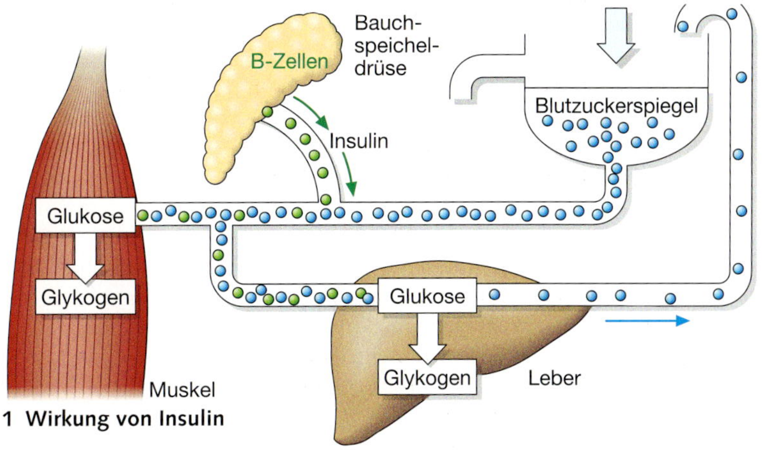

1 **Wirkung von Insulin**

Gestörter Regelmechanismus

Bei Menschen mit **Diabetes,** der so genannten **Zuckerkrankheit,** ist diese hormonelle Steuerung des Blutzuckerspiegels gestört. Die B-Zellen der Langerhansschen Inseln produzieren zu wenig oder gar kein Insulin, sodass Glukose nicht von den Körperzellen aufgenommen und auch nicht in Glykogen umgewandelt werden kann. Dadurch steigt die Blutzuckerkonzentration. Bei einem Wert von über 180 mg in 100 ml Blut geht Glukose in den Harn über und ist dort nachweisbar.

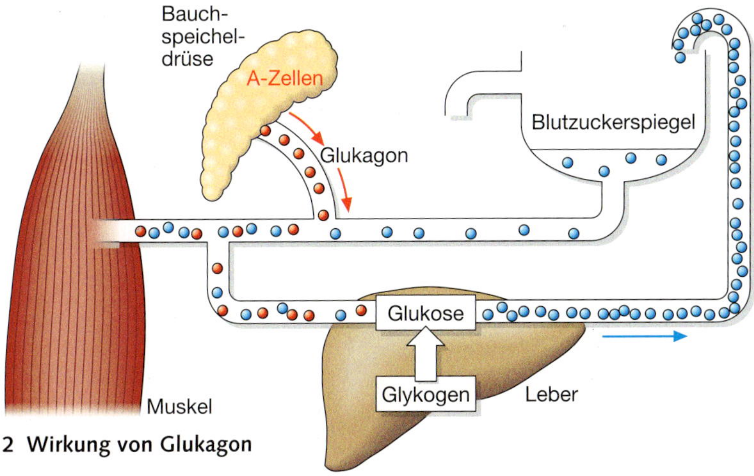

2 **Wirkung von Glukagon**

Formen des Diabetes

Diabetes ist eine Stoffwechselerkrankung, die in zwei Formen vorkommt. Die erste Form, **Typ I,** entsteht meist bei Kindern und Jugendlichen und wird Jugenddiabetes genannt. Sie ist bis jetzt nicht heilbar. Diabetiker müssen lebenslang Insulin spritzen.

Die häufigere Form, **Typ II,** tritt in erster Linie bei älteren Menschen auf. Da neben einer erblichen Veranlagung hier die Ursachen meist auf falscher Ernährung und Bewegungsmangel beruhen, zählt diese Form des Diabetes zu den **Zivilisationserkrankungen**. Auch Jugendliche können aufgrund von falscher Ernährung am Typ II erkranken.

Symptome und Maßnahmen

Diabetiker leiden oft unter starkem Durst und trinken sehr viel. Durch die übermäßige Ausscheidung geht dem Körper Glukose als Energiequelle verloren. Als Ersatz wird Fettgewebe und zum Teil auch Körpereiweiß als Energiequelle verwendet. Es kommt zu Leistungsschwäche und Abmagerung.

Die Einhaltung einer speziellen **Diät** ist für Diabetiker notwendig, um leistungsfähig zu bleiben. Viele Diabetiker müssen zudem Insulin spritzen.

Krebs – Risiken und Vorbeugungsmöglichkeiten

1. Menschen reagieren unterschiedlich auf Sonnenstrahlen.

a) Wovon hängt die Empfindlichkeit eines Menschen gegenüber UV-Strahlen ab? Recherchiere und berichte.

b) Erkläre, warum Kinder besonders empfindlich auf UV-Strahlen reagieren.

c) Beschreibe Symptome und mögliche Spätfolgen eines Sonnenbrandes.

d) Verfasse einen Ratgeber zur Vermeidung von Sonnenbrand. Informationen findest du im Internet.

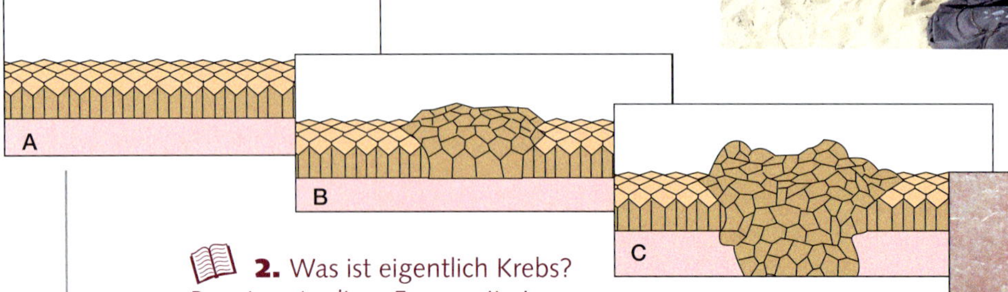

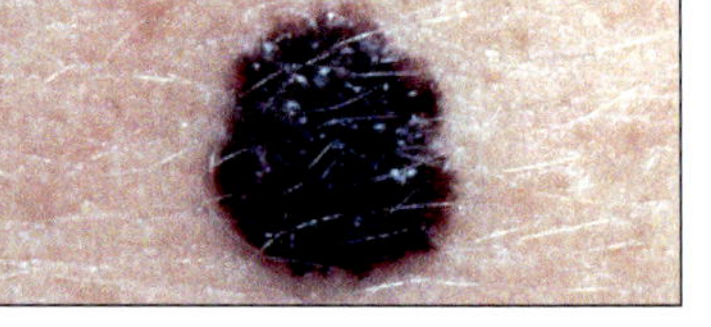

2. Was ist eigentlich Krebs? Beantworte diese Frage mit eigenen Worten in einem kurzen Text. Die Abbildungen zur Entstehung von Hautkrebs helfen dir.

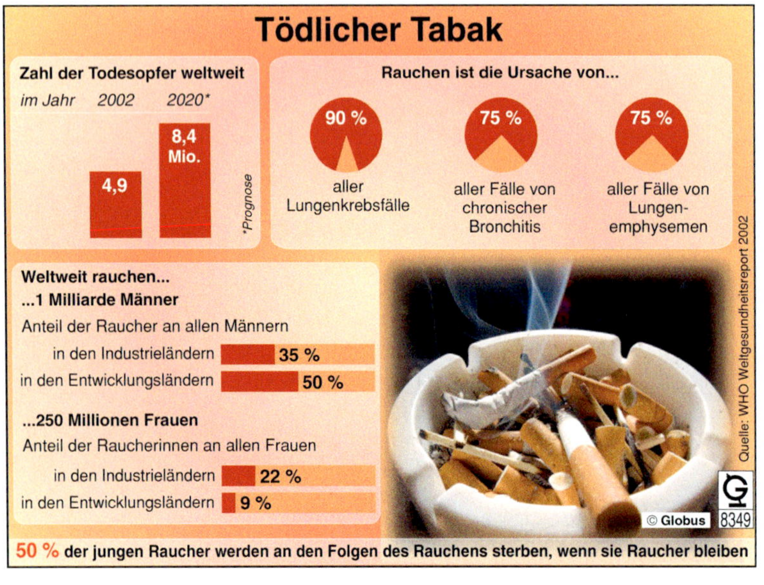

3. Für die Entstehung einer Krebserkrankung gibt es bekannte Risikofaktoren.

a) Listet Risikofaktoren auf, die die Entstehung von Krebszellen in unterschiedlichen Organen fördern können.

b) Krebsforscher haben inzwischen Kenntnisse über Vorbeugungsmaßnahmen gewonnen. Verknüpft in einem Kurzreferat die Risikofaktoren mit möglichen Maßnahmen des einzelnen Menschen zur Krebsvorbeugung.

4. Tabakrauch gilt als Risikofaktor bei der Entstehung von Krebserkrankungen.
Werte die oben dargestellten Diagramme aus und stelle die Informationen in Form eines Textes dar.

Was ist eigentlich Krebs?

Im Normalfall werden Zellteilungen in allen Geweben des Körpers vom Gesamtorganismus kontrolliert. Bei Zellen, in denen die Erbinformation durch ▸Mutationen verändert wurde, kann eine unkontrollierte Zellvermehrung stattfinden. Die Zellen spezialisieren sich dann nicht mehr und bilden innerhalb des Gewebes eine Geschwulst, die auch **Tumor** genannt wird. Man unterscheidet gutartige und bösartige Tumore.
Gutartige Tumore sind nicht lebensbedrohend, da sie nicht in benachbartes Gewebe eindringen und sich nicht im Körper ausbreiten.
Bösartige Tumore, auch als **Krebs** bezeichnet, breiten sich im umliegenden Gewebe aus und zerstören dieses. Einzelne Krebszellen können über Lymph- und Blutgefäße an andere Stellen des Körpers transportiert werden und dort Tochtergeschwülste, so genannte **Metastasen,** bilden. Somit können alle Organe von Krebs befallen werden. Nach Herz- und Kreislauferkrankungen ist Krebs in den Industrieländern heute die häufigste Todesursache.

Risikofaktoren

Krebs kann verschiedene Ursachen haben. Zahlreiche Krebs auslösende, sogenannte **karzinogene Stoffe,** sind in Tabakrauch oder in Auto- und Industrieabgasen enthalten. Einige Zusatzstoffe in Lebensmitteln, bestimmte Pilzgifte in verschimmelten Nahrungsmitteln und Alkohol können ebenfalls Krebs verursachen. Auch beim Grillen entstehen Krebs auslösende Stoffe. Röntgenstrahlen, ▸UV-Strahlung, radioaktive Strahlung und bestimmte Viren werden ebenso für Krebs verantwortlich gemacht. Auch ▸Stress kann das Krebsrisiko erhöhen. Wissenschaftler haben im Erbgut Gene gefunden, die Krebs auslösen können. Werden diese ▸DNA-Abschnitte aktiviert, kann es zur Krebsbildung kommen.

1 Risikofaktoren

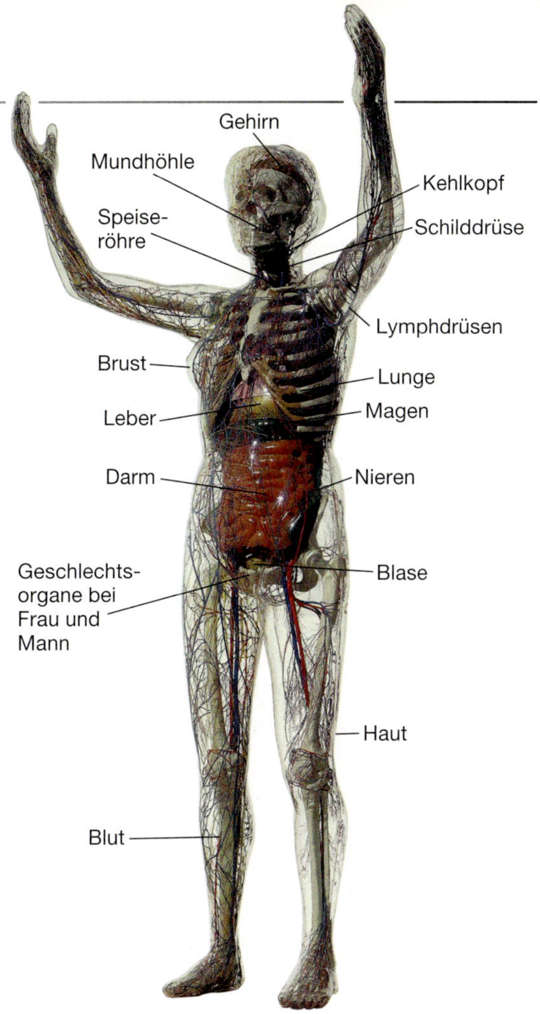

2 Tumoranfällige Organe

Chancen durch Früherkennung und Vorbeugung

Wird die Krebserkrankung im frühen Stadium erkannt, ist eine Heilung oft möglich. Im fortgeschrittenen Stadium kann die Krankheit durch die Behandlung mit Medikamenten oder Bestrahlung begrenzt werden. Gegen die Entstehung von Gebärmutterhalskrebs, der durch Papillomviren hervorgerufen wird, gibt es eine ▸Impfung. Sie wird für Mädchen von 12 bis 17 Jahren empfohlen. Regelmäßige **Vorsorgeuntersuchungen** tragen zur frühen Erkennung der Krankheit bei. Bei Veränderungen des eigenen Körpers, beispielsweise der Veränderung eines Muttermals oder dauerhaften Schmerzen, sollte so schnell wie möglich ein Arzt aufgesucht werden.
Vorbeugende Maßnahmen sind wichtig. Dazu gehört eine gesunde Lebensführung, um die Einwirkung karzinogener Stoffe auf den Körper möglichst gering zu halten.

Sucht hat viele Gesichter

1. Erstellt eine Mindmap zum Thema Sucht und Drogen.

2. Es gibt unterschiedliche Arten von Sucht.
a) Betrachte die Bilder und erläutere, um welche Art von Sucht es sich jeweils handelt.
b) Liste weitere Suchtarten auf.

3. Nenne mögliche Gründe, Drogen „auszuprobieren". Nimm dazu Stellung.

4. Informiere dich über eine Art von Sucht und stelle die Ergebnisse in einer geeigneten Präsentation vor.
Nutze unterschiedliche Quellen, auch Drogen- oder Suchtberatungsstellen. Folgende Gesichtspunkte kannst du beachten: Geschichte der Droge, Herstellung, Gefahren, Langzeitschäden und strafrechtliche Folgen, Ursachen der Sucht, Hilfen, Therapiemöglichkeiten und Alternativen zum Suchtverhalten.

5. Erläutere, was man unter den Begriffen „Gewöhnung", „körperliche Abhängigkeit" und „psychische Abhängigkeit" versteht.

6. Beschreibe die Spirale einer Abhängigkeit. An welcher Stelle und auf welche Weise könnte eingegriffen werden?

Was ist „Sucht“?

Sucht ist die krankhafte Abhängigkeit eines Menschen von einem Stoff wie Alkohol oder Heroin oder die zwanghafte Ausübung eines Verhaltens. Man unterscheidet deshalb zwischen stoffabhängigen und stoffunabhängigen Süchten. Bei betroffenen Menschen besteht ständig das Verlangen nach erneuter Einnahme des Stoffes oder einer Wiederholung des Verhaltens, um ein Lustgefühl zu erreichen oder Unlustgefühle zu vermeiden. Die meisten Suchtmittel führen über eine Beeinflussung des ▸ Gehirns zu **physischer,** das heißt **körperlicher Abhängigkeit.** Wird das Suchtverhalten nicht ausgeübt, reagiert der Körper mit Entzugserscheinungen. Bei der **psychischen,** das heißt **seelischen Abhängigkeit,** kann das innere Gleichgewicht nur noch mithilfe des Stoffes oder des Verhaltens erreicht werden.

Wenn Verhaltensweisen zur Sucht werden

Menschen können auch ohne die Einnahme von Drogen suchtkrank sein. Die Sucht äußert sich hier in bestimmten Verhaltensweisen, die schwerwiegende soziale Folgen haben oder die Gesundheit schädigen können.
So kann das Spielen von **Computerspielen** zur Sucht werden. Die Spiele sind so angelegt, dass sich in den Gedanken des Spielers bald alles um die Fortführung der Spiele dreht.

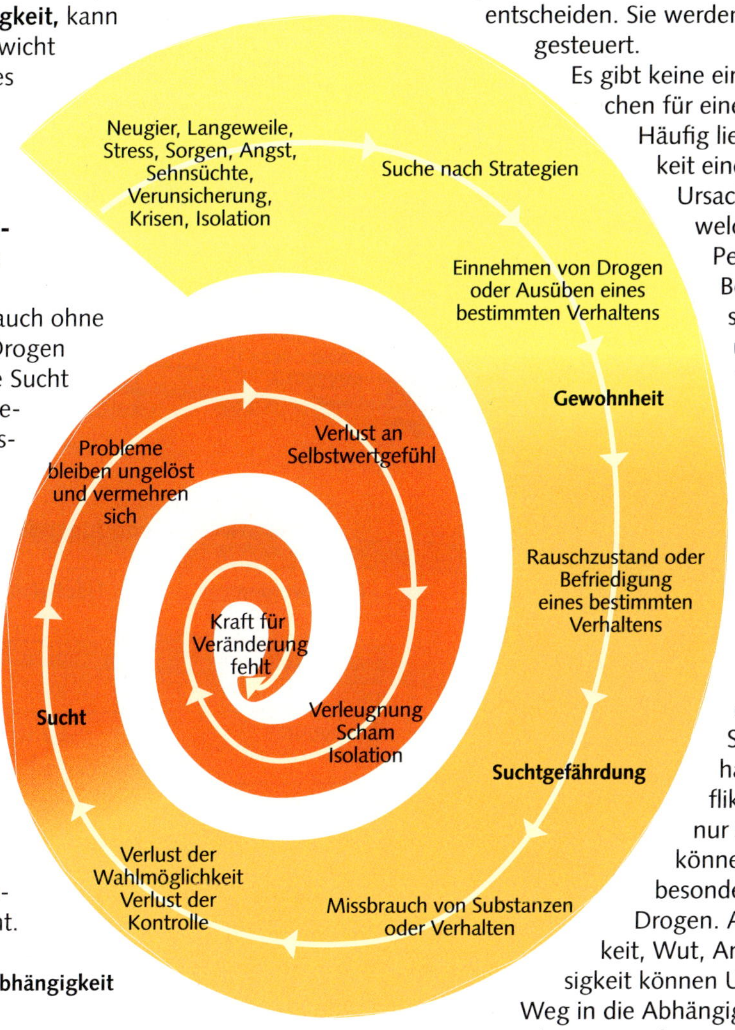

1 Spirale der Abhängigkeit

Kaufsucht oder **Glücksspiele,** die mit dem Einsatz von Geld verbunden sind, können in eine Spirale der Verschuldung führen, wodurch langfristig das Leben des Betroffenen und das seiner Familie verändert oder sogar zerstört wird.

Essstörungen wie **Magersucht** und **Bulimie,** die Ess- und Brechsucht, können ernsthafte gesundheitliche Schäden zur Folge haben und sogar zum Tod führen.

Man spricht spätestens dann von süchtigem Verhalten, wenn die Betroffenen den Großteil ihrer Freizeit mit diesem krankhaften Verhalten verbringen und darüber Familie, Freunde, Schule oder Beruf vernachlässigen.

Sucht bedeutet Verlust der Freiheit

Menschen, die körperlich oder psychisch von Suchtmitteln abhängig sind oder zwanghaftes Verhalten ausüben, können nicht mehr frei über sich selbst entscheiden. Sie werden durch ihre Sucht gesteuert.

Es gibt keine eindeutigen Anzeichen für eine Suchtgefährdung. Häufig liegt einer Abhängigkeit eine Vielzahl von Ursachen zugrunde, welches mit der Persönlichkeit des Betroffenen, dem sozialen Umfeld und der Verfügbarkeit von Drogen zusammenhängt. Bei Jugendlichen ist es oft die Neugier, die zum ersten Drogenkonsum verleitet. Menschen, die passiv und unselbstständig sind, ein geringes Selbstwertgefühl haben oder Konflikte bzw. Probleme nur schwer bewältigen können, sind jedoch besonders anfällig für Drogen. Aber auch Einsamkeit, Wut, Angst oder Arbeitslosigkeit können Ursachen für den Weg in die Abhängigkeit sein.

Beim Auftreten von bestimmten Gefahrensignalen sollten Eltern oder Betroffene selbst eine Sucht- oder Drogenberatungsstelle aufsuchen. Dort erhalten sie vielfältige Unterstützung und Hilfe auch im Hinblick auf notwendige Therapien.

Legal – und deshalb harmlos?

1. Beschreibe, was man unter legalen Drogen versteht.

2. Führt ein Projekt zum Thema Alkohol und Alkoholismus durch. Beschäftigt euch mit verschiedenen Aspekten des Alkohols. Folgende Leitfragen können helfen:
- Wie wirkt Alkohol?
- Wie viel Alkohol ist in unterschiedlichen alkoholischen Getränken enthalten?
- Wann und warum wird Alkohol getrunken?
- Wie wird Alkohol in der Werbung dargestellt?
- Was ist Alkoholismus und welche Folgen kann er für die Betroffenen haben?

Wählt unterschiedliche Möglichkeiten, um die Ergebnisse zu ▸ visualisieren.

bis 0,5 ‰

entspannt, redselig, leichte Gehstörungen und Konzentrationsschwäche

bis 0,5–1,5 ‰

Gleichgewichtsstörungen, Selbstüberschätzung, Lallen, Fahruntüchtigkeit

bis 1,5–3 ‰

Rausch, Gedächtnisstörungen, verlängerte Reaktionszeit, Müdigkeit, Übelkeit, Koma

Info

Nach Informationen der Techniker-Krankenkasse (TK) stieg zwischen 2007 und 2008 die Zahl der durch Alkoholmissbrauch verursachten Klinikaufenthalte von Kindern unter 15 Jahren von 177 auf 214. Wenn man diese Angabe einer Kasse auf alle Versicherten hochrechnet, kommt man bundesweit insgesamt auf knapp 2400 Fälle von akutem Alkoholrausch in dieser Altersgruppe. Bei den unter 18-Jährigen weisen die TK-Zahlen einen Anstieg der Klinikeinweisungen um 174 auf 1765 aus; das entspricht einer Gesamtzahl von fast 20 000 minderjährigen „Komasäufern“, die 2008 im Krankenhaus landeten. *dpa*

3. Stelle die Zahlen des Zeitungsartikels grafisch dar.

4. Auf Zigarettenschachteln muss auf die Gefahren des Zigarettenrauchs hingewiesen werden.

a) Welche Warnhinweise stehen auf den Schachteln und welchen biologischen Hintergrund haben sie?

b) Formuliert weitere Warnhinweise, die auf Zigarettenschachteln stehen könnten.

Beschwerden von Jugendlichen im Alltag

Beschwerden		Häufigkeit	Medikamenteneinnahme
Müdigkeit	♀	79 %	2 %
	♂	69 %	2 %
Nervosität	♀	64 %	2 %
	♂	60 %	2 %
Kopfschmerzen	♀	73 %	20 %
	♂	58 %	12 %
Magenschmerzen	♀	57 %	6 %
	♂	42 %	3 %
Kreislaufbeschwerden	♀	51 %	8 %
	♂	26 %	2 %

5. a) Werte die Ergebnisse der oben dargestellten Umfrage aus. Welche Schlüsse ziehst du daraus?

b) Beschreibe Alternativen, die es zur Einnahme von Medikamenten gegen die aufgelisteten Beschwerden gibt.

1 Fußball „genießen" – so oder so?

Prost!?
Bei vielen Anlässen nehmen wir alkoholische Getränke zu uns. Sie gehören ebenso wie Zigaretten, Kaffee, Tee und bestimmte Medikamente zu den legalen Drogen. Ihr Besitz, Konsum oder Handel ist nicht per Gesetz verboten. Trotzdem greifen auch solche Drogen in den Stoffwechsel ein und beeinflussen so Wahrnehmungen, Stimmungen und Gefühle eines Menschen. Auch legale Drogen können zu schweren Gesundheitsstörungen führen.
Alkohol ist ein Zellgift, das über die Schleimhäute des Mundes, des Magens und des Dünndarms ins Blut aufgenommen und zu allen Organen transportiert wird. Daher kommt es an vielen Stellen des Körpers bei häufigem oder stetem Missbrauch von Alkohol zu ernsten Schädigungen.
Besonders empfindlich reagieren die ▸ Nervenzellen. Taubheitsgefühle und Empfindungsstörungen können auftreten. Schon bei einem leichten Rausch können Entfernungen nicht mehr richtig eingeschätzt werden, das Blickfeld ist eingeschränkt und die Konzentration lässt nach. Im Straßenverkehr kann das für alle Beteiligten gefährlich werden. Im Jahr 2008 geschahen 19% der Verkehrsunfälle mit Todesfolge unter Alkoholeinfluss. Auch zahlreiche Straftaten werden im betrunkenen Zustand verübt.

Innere Organe wie Magen, Bauchspeicheldrüse und Leber sind durch Alkoholkonsum gefährdet. Da die Leber für den Alkoholabbau zuständig ist, werden Leberzellen bei längerem Alkoholmissbrauch geschädigt. Die Folge sind Erkrankungen der Leber und schließlich ein Versagen der Leberfunktion. Volltrunkenheit kann zu Bewusstlosigkeit und einer Alkoholvergiftung führen. Wird Alkohol regelmäßig und in größeren Mengen konsumiert, kann es zu einer körperlichen Abhängigkeit kommen. Alkoholismus ist eine schwere Erkrankung, die von Fachärzten behandelt werden muss.

Ist Rauchen wirklich cool?
Nikotin ist ein starkes Nervengift. Wenige Milligramm im Blut wirken tödlich. Die über Tabakrauch aufgenommene Nikotinmenge führt dazu, dass sich die Wände der Arterien zusammenziehen. Da jedoch die Durchflussmenge des Blutes trotzdem konstant bleiben muss, beschleunigt sich der Herzschlag und der Blutdruck steigt. So entsteht ein erhöhtes Herzinfarkt- und Schlaganfallrisiko. Nikotin wirkt außerdem auf das ▸ Zentralnervensystem. Es verändert die Motivation und führt schnell zu einer körperlichen und psychischen Abhängigkeit. Teerbestandteile des Tabakrauchs zerstören die Flimmerhärchen der Bronchien, die für die Reinigung der Atemwege zuständig sind. Dadurch kommt es häufig zu Raucherhusten und Entzündungen der Bronchien. ▸ Krebserkrankungen wie Lungenkrebs können die Folge sein. Kohlenstoffmonooxid im Zigarettenrauch blockiert die Sauerstoffaufnahme im Blut, was zu reduziertem Stoffwechsel und damit zu Leistungsminderung führt. Eine weitere Schädigung durch das Rauchen kann die frühzeitige Hautalterung sein.

Während der ▸ Schwangerschaft schädigen die Inhaltsstoffe des Tabakrauchs das ungeborene Kind. Auch das Passivrauchen kann zu gesundheitlichen Schäden führen. Daher ist in öffentlichen Gebäuden und den meisten Restaurants das Rauchen verboten.

Verantwortungsvoller Umgang mit Medikamenten
Die Werbung für Medikamente verspricht die schnelle Beseitigung von allerlei Beschwerden. Auf mögliche **Nebenwirkungen** wird jedoch nur im Beipackzettel hingewiesen. Bei regelmäßigem, unkontrolliertem Gebrauch bestimmter Medikamente kann sich der Körper an die **Wirkstoffe** gewöhnen. Die Dosis muss dann ständig gesteigert werden, damit die Medikamente weiterhin die gewünschte Wirkung erzielen. Eine Abhängigkeit von den enthaltenen Wirkstoffen kann nach längerer Einnahme besonders bei Schlaf- und Aufputschmitteln, Abführmitteln und Schmerzmitteln entstehen. Dies gilt sowohl für frei verkäufliche als auch für verschreibungspflichtige Medikamente.

Illegale Drogen – bei Strafe verboten

1. Was versteht man unter illegalen Drogen? Gib einen Überblick.

2. a) Informiert euch über die Herkunft von Opium. Welche Drogen werden daraus hergestellt? Warum ist der Umgang mit diesen Drogen bei uns verboten?
b) Berichte, in welchen Fällen Morphium und Codein als Medikamente eingesetzt werden.
c) Beschreibe, wie Heroin entstanden ist und welche Wirkungen es hat.
d) Welche Folgen hat das Verbot von Drogen auf Opiumbasis für die abhängigen Menschen?

3. Auch Cannabis-Produkte wie Haschisch und Marihuana, die aus der indischen Hanfpflanze gewonnen werden, gehören zu den illegalen Drogen.
Beschreibe Herkunft, Anwendung, Wirkung und Risiken dieser Drogen. Erstelle Computerfolien.

4. Erkläre, warum manche Haschischraucher mit der Zeit zu stärkeren Drogen übergehen.

5. Ecstasy, Speed und Spice gehören zu den synthetisch hergestellten Designerdrogen.
Stelle in einem Kurzvortrag Wirkungen und Gefahren vor, die mit der Einnahme dieser Drogen verbunden sein können.

6. a) Mit welchen Entzugserscheinungen müssen Abhängige rechnen, wenn sie ihre jeweilige Droge nicht mehr einnehmen?
b) Beschreibe an einem Beispiel, wie Abhängige ihren Drogenkonsum finanzieren.

7. Um euch über die rechtlichen Aspekte im Zusammenhang mit Drogen zu informieren, könnt ihr einen Experten in eure Klasse einladen, beispielsweise jemanden von der Polizei.
Überlegt euch vorher Fragen, die ihr stellen wollt.

Illegale Drogen
Als illegale Drogen bezeichnet man Stoffe, deren Besitz oder Handel nach dem Betäubungsmittelgesetz strafbar sind. Zu ihnen gehören sowohl Substanzen, die prinzipiell verboten sind, beispielsweise Kokain oder Heroin, als auch solche, die nur medizinisch genutzt und bei entsprechender Indikation wie starken Schmerzen verschrieben werden dürfen.

Cannabis-Produkte
Cannabis-Produkte, zu denen **Haschisch** und **Marihuana** gehören, werden aus Blättern, Blüten und dem Harz der indischen Hanfpflanze hergestellt. Cannabis wird meist mit Tabak vermischt als Joint geraucht. Die Wirkung ist je nach der Stimmung des Konsumenten unterschiedlich. Positive oder negative Stimmungen werden verstärkt. Die Wahrnehmung von Zeit und Raum und von Farben kann sich verändern.
Bei längerem Konsum kann es zur ▸psychischen Abhängigkeit kommen. Konzentrations- und Leistungsfähigkeit lassen nach und Depressionen treten auf. Außerdem wird die Schwelle, andere Drogen zu konsumieren, niedriger.

Drogen auf Opiumbasis
Aus dem Milchsaft von Kapseln des Schlafmohns wird **Opium** gewonnen. Dieser enthält viele Inhaltsstoffe, so auch **Opiate** wie **Codein** und **Morphium.** Durch chemische Weiterbehandlung lässt sich daraus **Heroin** herstellen. Konsumenten rauchen, spritzen oder inhalieren solche Drogen. Sie erzeugen zunächst ein starkes Glücksgefühl und wirken beruhigend. Häufig angewendet kommt es zu Gleichgültigkeit gegenüber Alltagsproblemen sowie Realitätsverlust. Drogen auf Opiumbasis erzeugen sehr schnell eine ▸körperliche und psychische Abhängigkeit. Abhängige, die Heroin spritzen, können sich durch den Gebrauch unsauberer Spritzen, mit ▸HIV oder Hepatitis infizieren. Strecksubstanzen im Heroin führen zu schweren Organschäden. Aufgrund der hohen Kosten der Drogen sind Beschaffungskriminalität oder Prostitution häufig die Folgen. Morphium wird jedoch auch unter ärztlicher Kontrolle als Medikament bei starken Schmerzen nach Operationen und bei Krebspatienten eingesetzt. Codein ist in Medikamenten gegen Hustenreiz enthalten.

1 Süchtig

Kokain
Kokain wird aus den Blättern des südamerikanischen Kokastrauches gewonnen. Es wird als Pulver geschnupft, seltener gespritzt.
Zunächst wirkt Kokain stark aufputschend. Bei längerer Einnahme können Aggressionen, Depressionen und Verfolgungswahn auftreten. Auch körperliche Gesundheitsschäden entstehen. So schädigt das Schnupfen von Kokain die Nasenschleimhaut und führt zu Entzündungen der Nasenscheidewand. Schlaf- und Appetitstörungen können auftreten. Das Spritzen von Kokain kann langfristig zu einer Schwächung des Immunsystems und zu Leberschäden führen. Kokainkonsum macht körperlich abhängig.

Designer-Drogen
Designer-Drogen wie **Ecstasy** und **Speed** werden ausschließlich synthetisch im Labor hergestellt. Konsumenten schlucken sie meist in Form von Pillen. Die Designer-Droge **Spice** wird von den Herstellern auf eine Mischung verschiedener Kräuter aufgebracht. Diese mit Drogen angereicherten Kräuter werden geraucht.
Designerdrogen erzeugen zunächst ein Harmoniegefühl mit der Umwelt und erhöhen die Kontaktbereitschaft. Die normalerweise am Abend oder in der Nacht eintretende Müdigkeit bleibt aus. Appetitlosigkeit, Unruhe und verstärkter Harndrang treten auf. Langfristige oder häufige Einnahme führt zur Austrocknung des Körpers, zu Halluzinationen, Kreislaufversagen und einer Schädigung des Gehirns.
Speed gehört zu der chemischen Wirkstoffgruppe der Amphetamine. Diese rufen eine psychische und körperliche Abhängigkeit hervor.

Mit gesunder Lebensweise die Abwehr unterstützen

Bewegung an **frischer Luft** und **sportliche Aktivitäten** tragen wesentlich zur Gesunderhaltung des Körpers bei.

Echte Kamille

Die Kamille löst Krämpfe und hemmt Entzündungen. Bei Magen- und Darmkrämpfen hat Kamillentee eine schmerzlindernde Wirkung.
Kamilleumschläge wirken wohltuend und heilend bei Hautentzündungen.
Bei Erkältungskrankheiten hilft das Inhalieren von Kamilledampf.

1. Liste Sport- und Freizeitangebote auf, die in deiner Umgebung angeboten werden. Denke dabei auch an meditative Übungen.

2. Stelle anhand der Ernährungspyramide Regeln für eine gesunde Ernährung auf.

3. a) Bildet Gruppen und recherchiert im Internet zum Suchbegriff „Hausmittel". Gestaltet eine Sachmappe.
b) Fertigt ein Herbar mit Heilpflanzen an und erstellt passende Steckbriefe. Achtet darauf, dass ihr keine geschützten Pflanzen sammelt.

4. Informiere dich über die Bedeutung von genügend Schlaf für die Gesunderhaltung des Körpers. Berichte in einem Kurzvortrag.

Die **Ernährungspyramide** zeigt, in welchem Verhältnis die Nahrungsmittel bei einer ausgewogenen Ernährung zueinander stehen sollten.

Schlaf stärkt das ▸ Immunsystem. Ausreichend Schlaf und regelmäßige Schlaf- und Wachrhythmen sind das beste Heilmittel gegen Müdigkeit und Abgespanntheit. Auch im Schlaf arbeitet der Körper: schädliche Stoffe werden abgebaut, Zellen erneuert und Energiespeicher aufgefüllt. Dauernder Schlafmangel kann psychisch und körperlich krank machen.

Was ist dran an alternativer Medizin?

Neben der traditionellen Medizin gibt es einige Behandlungsmethoden, die nicht mit synthetisch hergestellten Medikamenten arbeiten. Hierzu gehören alternative Heilmethoden.

Bildet Teams und informiert euch über die Methoden. Präsentiert eure Ergebnisse in geeigneter Form und diskutiert in der Klasse das Für und Wider.

1. Homöopathie
Diese Heilmethode wird auch Reiz- und Regulationstherapie genannt, da nicht die Symptome unterdrückt, sondern die Heilung durch Anregung der Selbstheilungskräfte gefördert werden soll. Recherchiert Informationen zur Geschichte der Homöopathie, zu Verdünnung, Arzneiformen, Vorteilen und Grenzen.

2. Farbtherapie
Hierbei wird farbiges Licht mithilfe von Farblichtgeräten zur Behandlung unterschiedlicher Beschwerden, besonders jedoch zur Linderung von Ängsten und Erschöpfungszuständen, eingesetzt.

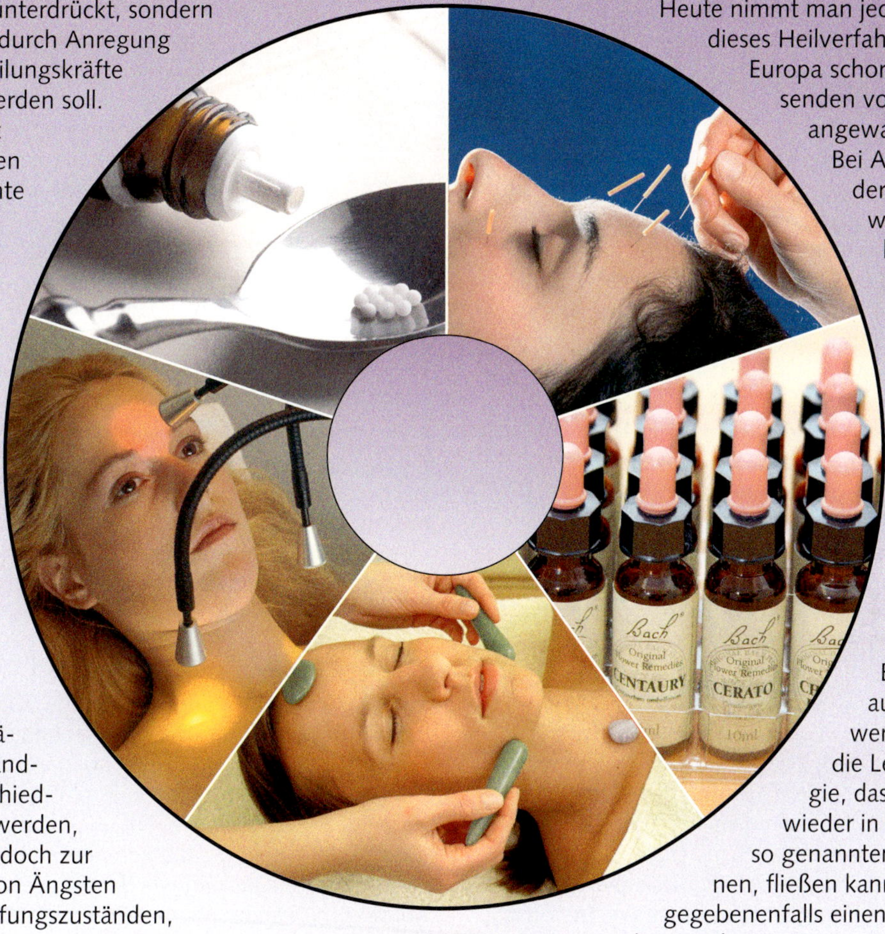

4. Akupunktur
Der Ursprung der Akupunktur wird der Traditionellen Chinesischen Medizin zugeordnet. Heute nimmt man jedoch an, dass dieses Heilverfahren auch in Europa schon vor Tausenden von Jahren angewandt wurde. Bei Anwendung der Akupunktur werden bestimmte Punkte des Körpers, die anatomisch gut beschreibbar sind, durch feine Nadeln stimuliert. Dadurch sollen Blockaden aufgelöst werden, sodass die Lebensenergie, das „Chi", wieder in Leitbahnen, so genannten Meridianen, fließen kann. Ladet gegebenenfalls einen Experten zu diesem Thema ein.

3. Edelsteintherapie
Unterschiedlichen Halbedelsteinen und Edelsteinen werden besondere Wirkungen zugeschrieben, die durch Auflegen an verschiedenen Körperstellen erzielt werden sollen.
Informiert euch über die Wirkungen, die bestimmten Steinen zugeschrieben werden

5. Bach – Blütentherapie
Dr. Bach, ein englischer Arzt, begründete zu Anfang des 20. Jahrhunderts dieses Naturheilverfahren. Er stellte aus den Blüten unterschiedlicher wild wachsender Pflanzen Essenzen her, die psychische Störungen lindern und einen harmonischen Zustand herstellen sollten. In einer Apotheke könnt ihr euch über unterschiedliche Produkte, die Blütenessenzen enthalten, und ihre Wirkungen informieren.

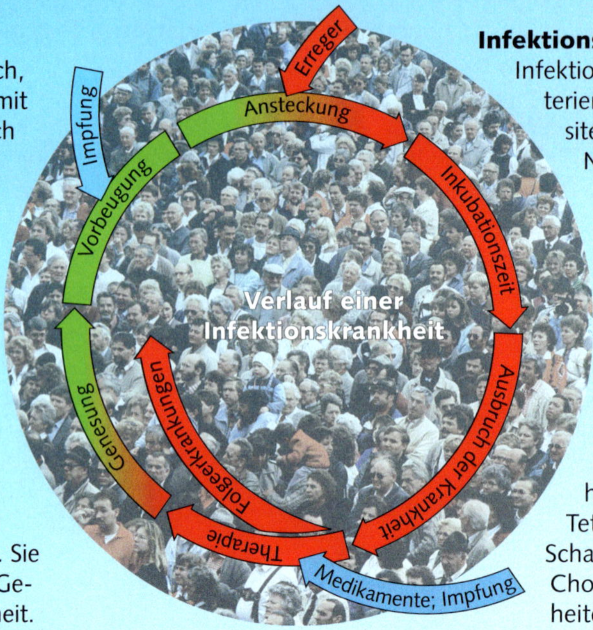

Gesundheit
Gesund ist ein Mensch, wenn er sich sowohl mit seinem Körper als auch seiner Seele, seinen Mitmenschen und seiner Umwelt im Einklang fühlt. Ob sich jemand gesund oder krank fühlt, kann in den meisten Fällen nur der betroffene Mensch selbst beurteilen.
Im Laufe des Lebens ist der Mensch vielen Einflüssen ausgesetzt. Sie bestimmen mit über Gesundheit oder Krankheit. Manche Einflüsse wie Ernährung können sich sowohl günstig als auch schädlich auf die Gesundheit auswirken. Durch eine verantwortliche Lebensführung kann jeder zu seiner Gesundheit beitragen.

Infektionskrankheiten
Infektionskrankheiten werden von Bakterien, Viren, Hautpilzen oder Parasiten ausgelöst oder übertragen. Nach einer Infektion dauert es eine bestimmte Zeit – die Inkubationszeit –, bis die Krankheit ausbricht. Das Immunsystem sorgt mit verschiedenen Abwehrzellen und den Antikörpern dafür, dass eingedrungene Krankheitserreger unschädlich gemacht werden. Zu den bakteriellen Infektionskrankheiten gehören Salmonellose, Tetanus (Wundstarrkrampf), Scharlach, Diphtherie, Typhus und Cholera. Virale Infektionskrankheiten sind Grippe, Röteln, Masern, Windpocken, Kinderlähmung und AIDS.

Schutz gegen Infektionskrankheiten
Durch Schutzimpfungen wird der Körper vorbeugend angeregt, eine lang anhaltende Immunität gegenüber Infektionskrankheiten zu entwickeln. Ist man jedoch bereits krank, erfolgt zur Unterstützung des Abwehrsystems eine Heilimpfung. Dabei werden passende Antikörper gespritzt. Durch Antibiotika können bakterielle Erkrankungen verkürzt werden.

Diabetes
Bei Diabetes – auch Zuckerkrankheit genannt – handelt es sich um eine Störung des Stoffwechsels. Die Produktion von Insulin in den Langerhansschen Inseln der Bauchspeicheldrüse ist gestört. Die Regelung des Blutzuckerspiegels muss durch Diät oder Medikamente wie Insulin erfolgen.

Allergien
Eine Allergie ist eine Fehlreaktion des Immunsystems. Es reagiert auf an sich harmlose Stoffe wie Blütenpollen, Hausstaub, bestimmte Metalle oder Lebensmittel überempfindlich, als wären es Krankheitserreger. Allergene können z. B. Hautausschläge, tränende Augen oder eine laufende Nase auslösen. Durch Behandlung mit Allergenen – der Hyposensibilisierung – kann der Körper in manchen Fällen an diese Stoffe gewöhnt werden.

Krebs
Bei Krebs kommt es zu einer unkontrollierten und raschen Zellvermehrung im Gewebe. Es bildet sich ein bösartiger Tumor. Tumoren schädigen die Funktion eines Organs. Sie können durch Metastasen auch mehrere Organe in ihrer Funktion beeinträchtigen. Bei Krebs handelt es sich um eine Zivilisationskrankheit, die genetisch bedingt sein kann. Äußere Faktoren wie Strahlenbelastung oder Kontakt mit karzinogenen Stoffen können ebenfalls Krebs auslösen.

AIDS
AIDS ist eine Infektionskrankheit, die von HI-Viren hervorgerufen wird. Diese befallen Abwehrzellen und schwächen dadurch das Immunsystem, sodass normalerweise harmlose Krankheiten zum Tode führen können. Zurzeit gibt es kein Medikament, das die Entwicklung der Krankheit auf Dauer verhindert.

Sucht und Drogen
Menschen, die an einer Sucht leiden, haben ein krankhaft gesteigertes Verlangen, einen bestimmten Stoff einzunehmen oder eine bestimmte Verhaltensweise zu wiederholen. Stoffungebundene Süchte sind zum Beispiel Spielsucht und Kaufsucht. Zu den stoffgebundenen Süchten gehören neben dem Genuss legaler Drogen wie Alkohol und Nikotin vor allem der Gebrauch illegaler Drogen wie Heroin, Haschisch, Marihuana, Ectasy, Spice und andere. Jeder, der Drogen konsumiert, geht das Risiko ein, seine körperliche und geistige Gesundheit aufs Spiel zu setzen.

1. Nenne sowohl positive als auch negative Faktoren, die sich auf die Gesundheit auswirken und beschreibe diese.

2. a) Erkläre, was man unter einer Infektionskrankheit versteht.
b) Auf welchen Wegen gelangen Krankheitserreger in den Körper?

3. a) Beschreibe den Verlauf einer bakteriellen Infektion am Beispiel der Salmonellose.
b) Nenne mehrere Maßnahmen zum Schutz vor einer Salmonelleninfektion.

4. Beschreibe den Bau eines Bakteriums. Ordne den Ziffern die entsprechenden Begriffe zu.

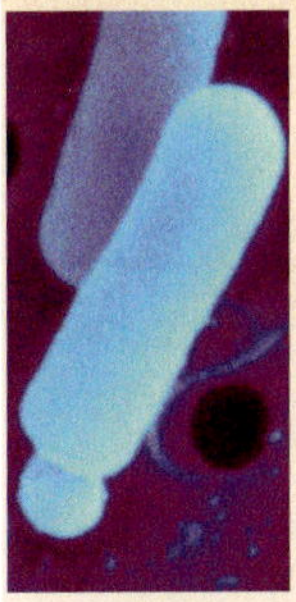

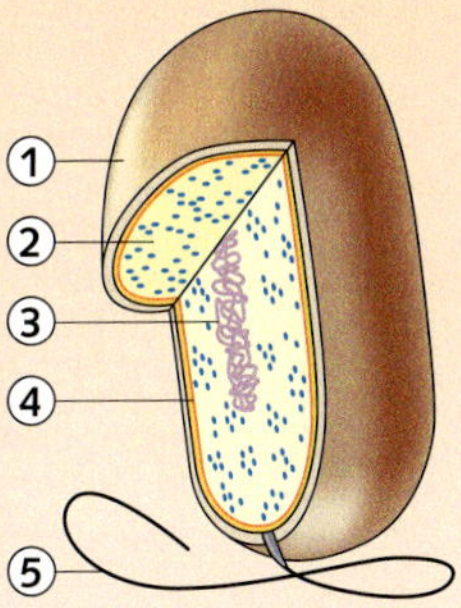

5. Beschreibe den Bau eines Virus. Ordne den Ziffern die entsprechenden Begriffe zu.

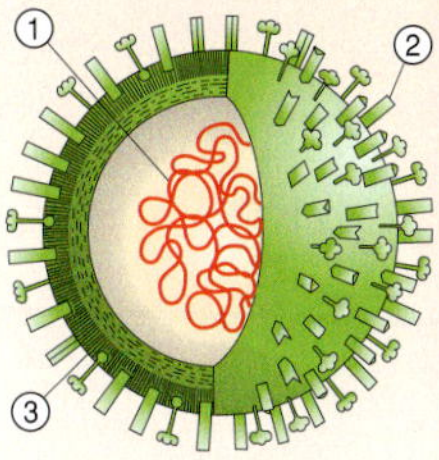

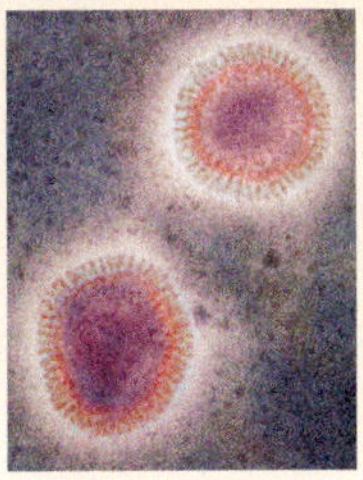

6. Welche der folgenden Aussagen treffen auf Viren zu?
a) Es sind Mikroorganismen.
b) Sie verursachen Grippe.
c) Sie sind etwa $\frac{1}{1000}$ mm groß.
d) Sie bestehen im Wesentlichen aus Erbsubstanz und einer Eiweißhülle.
e) Sie verursachen Keuchhusten.
f) Sie haben einen eigenen Stoffwechsel.
g) Sie besitzen eine feste Zellwand.
h) Sie benötigen Wirtszellen.

7. a) Ordne den Ziffern die entsprechenden Begriffe zu.
b) Wie beteiligt sich das Lymphgefäßsystem mit den zugeordneten Organen an der Krankheitsabwehr?

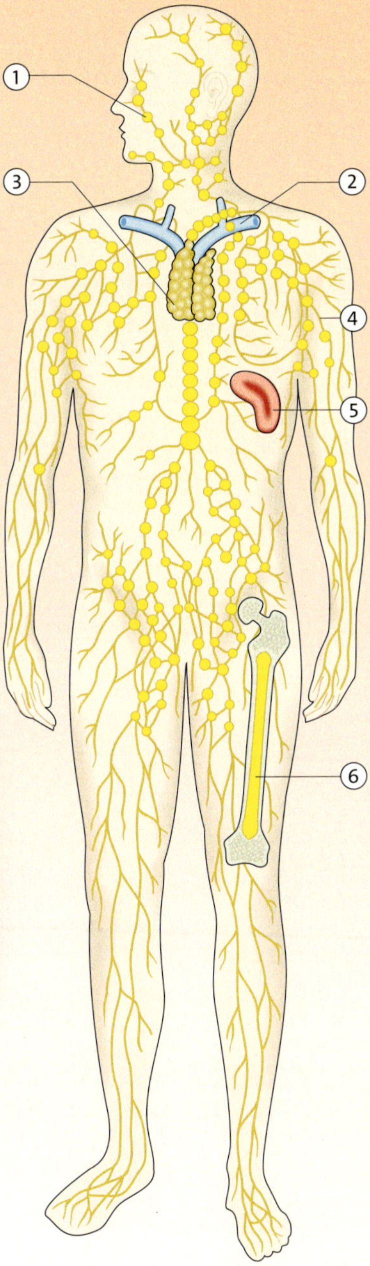

8. Welche Aufgaben erfüllen folgende Organe bzw. Zellen des Immunsystems? Beschreibe diese in jeweils einem Satz: T-Helfer-Zelle; Plasmazelle; Fresszelle; Killerzelle; Antikörper; Lymphknoten; Thymus; Milz

9. Vergleiche Schutzimpfung und Heilimpfung. Gib in einer Tabelle an: Gemeinsamkeiten, Unterschiede, Vorteile, Nachteile.

10. Nenne ein Allergen und begründe, weshalb ein Körper darauf mit einer Allergie reagieren kann.

11. Wann besteht ein Ansteckungsrisiko mit HIV?
a) gemeinsames Benutzen von Geschirr
b) Körperkontakte wie Umarmungen, Küssen auf die Wange und Petting
c) bei ungeschütztem Geschlechtsverkehr
d) in Schwimmbädern, auf Toiletten

12. a) Was geschieht im Körper, wenn man an Krebs erkrankt?
b) Wodurch unterscheiden sich gutartige von bösartigen Tumoren?
c) Nenne Risikofaktoren, die dazu beitragen können, an Krebs zu erkranken.

13. a) Nenne jeweils drei stoffabhängige und stoffunabhängige Süchte.
b) Beschreibe je eine stoffabhängige und eine stoffunabhängige Sucht und deren mögliche Folgen.

Sexualität und Partnerschaft

Liebe, Sex und Partnerschaft – alles das Gleiche und gleich alles?

Alles neu – alles anders? Was verändert sich, wenn ich erwachsen werde?

Peinlich? Verklemmt? Sprachlos? – Warum fällt es so schwer, über Gefühle zu sprechen?

Manche kriegen Kinder, ohne es zu wollen. Andere wollen Kinder, kriegen aber keine. Woran liegt das und was kann man da tun?
Ganz privat oder doch ganz offen? Wie gehe ich mit Sexualität um?
otal hormongesteuert? Was genau euern die Hormone denn da?

Pubertät – mehr als nur körperliche Veränderung

1. a) Beschreibe kurz die beiden Fotos links. Was ist jeweils dargestellt? Worin unterscheiden sich die beiden Situationen?
b) Was könnten die Personen jeweils gerade denken? Mache Vorschläge und begründe kurz.
c) Wie dieses Beispiel zeigt, denken junge Erwachsene ganz anders als Kinder – auch wenn sich die Situationen auf den ersten Blick vielleicht ähneln mögen. Erläutere weitere Beispiele, die diese Behauptung stützen.

2. Die Bilder zeigen, wie sich das Leben von der Kindheit bis zum Erwachsenenalter verändert. Stichpunkte, die hier oft genannt werden, sind „Freiheit" und „Verantwortung".
a) Wie unterscheidet sich das Leben eines Erwachsenen in Bezug auf Freiheit und Verantwortung von dem eines Kindes? Erläutere an Beispielen.
b) Gibt es weitere Stichworte, die für ganz besondere Veränderungen stehen, die das Erwachsenwerden mit sich bringt? Nenne und erläutere einige.

3. Jeder erlebt die Zeit des Erwachsenwerdens anders. Höhen und Tiefen der Stimmung können oft schnell und häufig wechseln. Dies kann man oft nur schwer in Worte fassen - vielleicht fällt es leichter, sich durch eine Collage, ein Gedicht oder ein Bild auszudrücken. Das hat auch ein Mädchen getan, dessen Bild rechts abgebildet ist.
a) Beschreibe und deute das Bild. Was glaubst du, was das Mädchen ausdrücken wollte und wie hat sie es dargestellt?
b) Was hältst du von dieser Sicht? Ist sie typisch für die Pubertät? Begründe deine Meinung.
c) Wie würdest du die Pubertät abbilden? Beschreibe deine Idee oder setze sie um. Erläutere, warum du dich entschieden hast, die Pubertät so darzustellen.

Mehr als Sex

Was passiert in der Pubertät? Fragt man Jugendliche kurz vor oder nach dem Beginn ihrer Pubertät, kreisen die Antworten hauptsächlich um die körperliche Entwicklung, um „Hormone", „Sex haben" und „Kinder kriegen können". Und es stimmt ja: Wir werden geschlechtsreif, und das bringt viele Veränderungen mit sich. Geschlechtsorgane nehmen ihre Tätigkeiten auf, Haare sprießen an bis dahin haarlosen Stellen, die Stimme verändert sich, Körperform und Körpergröße lassen uns bald erwachsen erscheinen.
Wer aber die Pubertät durchläuft, dem wird klar, dass es um mehr als um körperliche Veränderungen geht: Pubertät findet auch im Kopf statt.

Das neue Denken

Kinder denken auf einfachen Wegen. Bewegungsabläufe oder etwa eine Sprache lernen sie schnell, aber z. B. eine unübersichtliche Situation im Straßenverkehr zu erfassen, fällt Kindern schwerer als Jugendlichen oder Erwachsenen. Das gilt auch für die Einschätzung dessen, was andere Menschen empfinden. Kinder können sich zwar an einfache Umgangsregeln halten, aber sie können weniger gut abschätzen, welche Auswirkungen das eigene Tun auf die Gefühle der Mitmenschen haben könnte.

Verantwortung

Wer erwachsen wird, übernimmt mehr und mehr die Verantwortung. Egal, ob es sich um die eigene Ausbildung und berufliche Laufbahn, die Teilnahme am Straßenverkehr oder um eine partnerschaftliche Beziehung handelt, in allen Fällen geht das nur gut, wenn wir bereit und fähig sind, Verantwortung zu übernehmen.
Auch wenn man nicht gleich eine Familie gründen will, muss man sich in einer Beziehung der Verantwortung bewusst sein, die man nicht länger nur für sich, sondern eben auch für den Partner und das gemeinsame Leben übernimmt. Kinder können das noch nicht – von Erwachsenen wird es nicht nur erwartet, es ist fast lebenswichtig für sie.

1 Verantwortung. A *Partnerschaft;* **B** *Straßenverkehr;* **C** *Familie*

Streifzug

Baustelle im Kopf

Hirnforscher haben entdeckt, dass sich das menschliche ▸Gehirn im Laufe der Pubertät verändert. Es besteht aus Nervenzellen, die miteinander verknüpft sind. Bei Neugeborenen gibt es zunächst nur wenige Verknüpfungen. Allerdings kommen zum Beispiel mit jeder gelernten Bewegung und jedem gelernten Wort neue hinzu. In den Verknüpfungen ist das Gelernte gespeichert und je mehr wir lernen, umso komplexer wird das Nervennetz im Kopf. In der Pubertät bildet das Gehirn dann verstärkt eine fettähnliche Substanz, das Myelin. Damit umhüllte Nervenzellen arbeiten bis zu 30-mal schneller als solche ohne Myelin. So können Erwachsenengehirne komplexe Situationen schneller und besser verarbeiten. Doch das Myelin erschwert das Knüpfen neuer Verbindungen. Neue Bewegungen, etwa beim Musizieren, oder neue Wörter zu lernen, etwa Vokabeln, wird daher zum harten Kampf. Auch die Gefühle kann der Umbau des Gehirns beeinflussen: Wut und Resignation können sich schnell mit Euphorie und Freude abwechseln. Solche Stimmungsschwankungen sind typisch für die Pubertät.

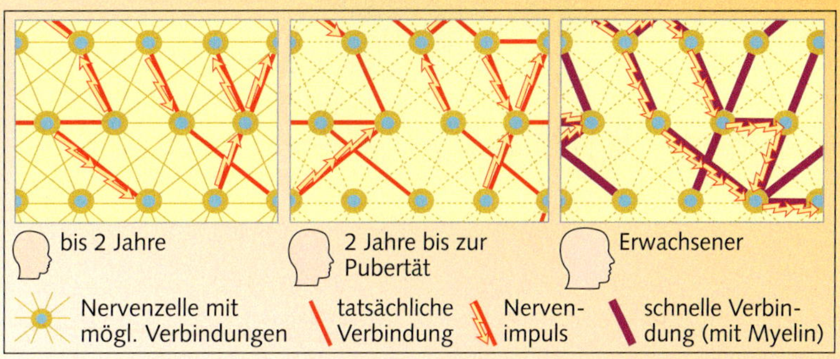

Formen der Partnerschaft

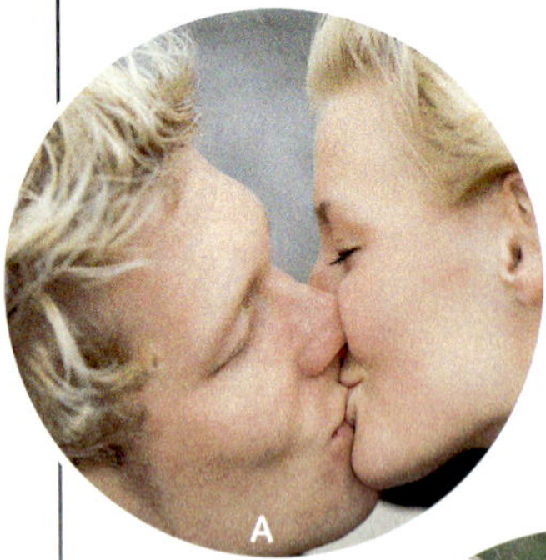

1. Betrachte die Bildreihe.
a) Was ist auf den einzelnen Bildern (A–E) zu sehen und was soll damit dargestellt werden? Erläutere jeweils kurz.
b) Mit welchen Reaktionen müssten die einzelnen Paare rechnen, wenn sie sich in eurer Schule so verhalten würden?

2. Setzt euch in Gruppen zusammen und vergleicht, was ihr zu Aufgabe 1 geschrieben habt im Hinblick darauf, ob die einzelnen Erläuterungen wertneutral formuliert sind. Wem ist es am besten gelungen, wertneutrale Erläuterungen zu formulieren?

3. Sexualität ist ein sehr intimes Thema. Hier kann es leicht dazu kommen, dass Menschen sich verletzt oder beleidigt fühlen.
a) Mache Vorschläge dafür, welche Regeln alle im Unterricht zum Thema Sexualität einhalten sollten. Begründe jeweils kurz.
b) Einigt euch in der Klasse auf eine überschaubare Anzahl verbindlicher Klassenregeln, die im folgenden Unterricht beachtet werden sollten.

4. Wer sich angemessen über Sexualität unterhalten möchte, benötigt dazu ein entsprechendes Vokabular. Schreibe ein kleines „Wörterbuch für Sex-Gespräche".
a) Schreibe für alle Fachbegriffe der folgenden Seite eine kurze Erklärung.
b) Recherchiere und ergänze die Erklärungen für „Transsexualität", „Coming-out" und „Gender".

5. Das Foto unten rechts auf der folgenden Seite wurde beim Christopher Street Day aufgenommen.
a) Informiere dich über den Christopher Street Day, die Veranstalter, Ziele und die Geschichte und erstelle eine kurze Zusammenfassung.
b) Wie würdest du solche „Events" bewerten? Begründe deine Meinung.
c) Vielleicht bist du bei deinen Recherchen zu a) auch auf Begriffe und Formulierungen gestoßen, die du nicht oder nicht ganz verstanden hast. Nenne einige und stelle Fragen dazu. Versucht in der Klasse, die Fragen zu beantworten.

Formen der Partnerschaft

Streicheln, küssen, kuscheln – bestimmt hast du auch Vorstellungen davon, wie und mit wem du gerne „sexuellen" Kontakt haben möchtest – und wie und mit wem nicht. Im Laufe der Pubertät entwickelt sich das Bedürfnis, andere Menschen zu lieben, und zwar anders zu lieben als bisher die Eltern, die Geschwister oder die besten Freunde. Die Vorstellung davon, wie diese Liebe aussehen könnte, man spricht auch von der **sexuellen Neigung,** kann bei den einzelnen Menschen sehr unterschiedlich sein. Auch kann sie sich im Laufe der Zeit durchaus ändern.

Auch wenn die meisten Menschen Sexualkontakte eher zu Partnern des anderen Geschlechtes suchen – man spricht von **Heterosexualität** – ihre Vorstellungen davon werden im Detail mit Sicherheit sehr unterschiedlich sein.
Gerade deswegen machen manche Menschen gerne Scherze über andere und über deren vermeintliche sexuelle Neigung. „Katja liebt Felix" rufen sich schon Kindergartenkinder zu. „Ist doch alles nur Spaß!". Doch derartige „Späße" können schnell verletzend werden, denn Sexualität wird in aller Regel als besonders intim empfunden, als reine Privatsache, in die sich andere nicht ungefragt einmischen sollten.

Und was ist, wenn Katja sich später in Friederike oder Felicitas verliebt und nicht in Frank oder Felix? Die Wahrscheinlichkeit dazu ist gar nicht so gering, denn man geht davon aus, dass sich bis zu zehn Prozent der Bevölkerung eher oder ausschließlich zu Partnern desselben Geschlechtes hingezogen fühlen. Man spricht hier von **Homosexualität.** Manche Menschen können sich auch sexuelle Kontakte zu Partnern beiderlei Geschlechts vorstellen. Sie sind **bisexuell.**

Vielfalt statt Norm – durch Toleranz erst toll

Welches Geschlecht, welche Größe oder welches Gewicht darf man höchstens haben, um noch sexuell attraktiv zu sein? Welche Rolle spielt die Religion beim Sex? Welche „Praktiken" machen Spaß? Diese und ähnliche Fragen werden sehr unterschiedlich beantwortet. Die Sexualität des Menschen folgt keiner Norm. Begriffe wie „normal" und „abnormal" sind daher fehl am Platze. Sie können keine Argumente für oder gegen bestimmte sexuelle Neigungen sein.
Manche Leute lehnen Menschen mit bestimmten sexuellen Neigungen dennoch ab und diskriminieren sie. Sich zu seinen Neigungen zu bekennen, erfordert daher viel Mut. Sie jedoch dauerhaft zu verbergen, ist nicht nur anstrengend und frustrierend, sondern kann sogar krank machen.

In der Europäischen Union gibt es Richtlinien, die die **Gleichbehandlung** aller Menschen, unabhängig von ihrer sexuellen Ausrichtung sicherstellen sollen. Auch in Deutschland wurden entsprechende Gesetze erlassen. Lebensgemeinschaften von gleichgeschlechtlichen Partnern, die so genannte Homo-Ehe, sind der heterosexuellen Ehe in vielen Bereichen gleichgestellt. So wird eine Gleichbehandlung und **Toleranz** gegenüber allen Menschen angestrebt.

Grenzen hat diese Toleranz jedoch dort, wo die Rechte anderer berührt werden: Wer andere sexuell belästigt oder ihnen Gewalt antut, kann dieses nicht mit seinem Recht auf "sexuelle Entfaltung" rechtfertigen. Daher dürfen Erwachsene Kinder nicht zu sexuellen Handlungen missbrauchen.
Ob Gesetz oder nicht, ob in der Schule oder anderswo: Vernünftig über Sexualität zu reden kann nur gelingen, wenn man respektvoll und tolerant miteinander umgeht.

1 **Partnerschaft.** *So oder so* **A** *heterosexuelles Paar bei der Hochzeit;* **B** *homosexuelles Paar am Christopher Street Day*

Hormone steuern die Pubertät

1. a) Erläutere die Steuerung der Pubertät durch Hormone. Zeige für eines der beiden Geschlechter, welche Organe und Hormone beteiligt sind, wie und wo diese jeweils wirken und wie eine Regulierung des Hormonspiegels erfolgt.
b) Welche im Text beschriebenen Details fehlen in der Abbildung? Erläutere kurz und mache Vorschläge, wie man die Abbildung sinnvoll ergänzen könnte, sodass der ▸Regelkreis erkennbar wird.

2. Informiere dich darüber, was Hormone sind und nach welchen Prinzipien das Hormonsystem arbeitet. Mache dir Notizen und erläutere. Nutze, wenn möglich, geeignete Abbildungen zur Unterstützung.

3. Finde mehr über die Rolle der Hormone beim ▸Doping heraus. Internetsuchstichworte sind zum Beispiel „Doping", „Testosteron", „Androgene" und Kombinationen davon. Fasse das Wesentliche zusammen und gehe dabei besonders auf die Wirkung der Hormone und die mit Hormondoping verbundenen Risiken ein.

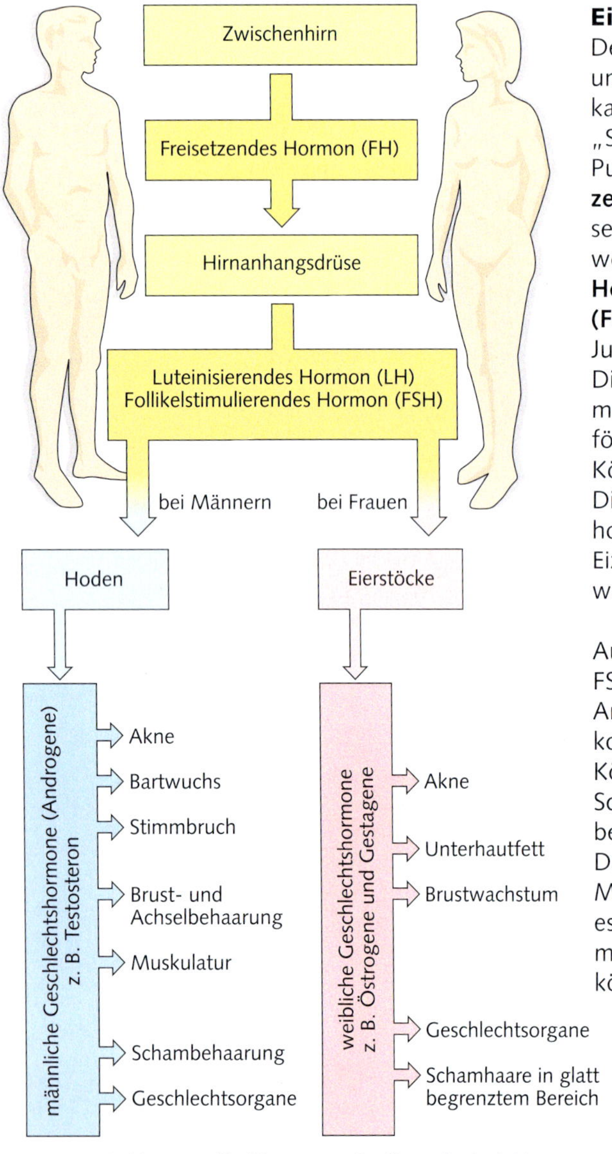

1 **Hormonelle Steuerung der Sexualentwicklung**

Ein Auslöser – viele Wirkungen
Der Zeitpunkt, zu dem die Pubertät beginnt, ist individuell unterschiedlich. Die Gründe dafür sind weitgehend unbekannt, aber man weiß, dass das Gehirn sozusagen den „Startschuss" gibt. Das ▸Zwischenhirn löst zu Beginn der Pubertät die Produktion von Hormonen aus, die man **Freisetzende Hormone (FH)** nennt. Denn diese ▸Hormone veranlassen die Hirnanhangsdrüse, die man auch ▸Hypophyse nennt, weitere Hormone freizusetzen. Sowohl das **Luteinisierende Hormon (LH)** als auch das **Follikelstimulierende Hormon (FSH)** wirken auf die Keimdrüsen. Dies sind die Hoden der Jungen und die Eierstöcke der Mädchen.
Die Hoden der Jungen bilden nun männliche Geschlechtshormone, die **Androgene.** Eines davon ist das ▸Testosteron. Es fördert zum Beispiel den Wuchs von Bart und anderen Körperhaaren, den Muskelaufbau und die ▸Spermienbildung. Die Eierstöcke der Mädchen schütten weibliche Geschlechtshormone wie die **Östrogene** und **Gestagene** aus. Sie lassen Eizellen heranreifen, Scheide, Gebärmutter und Brüste wachsen.

Auch die ▸Nebennierenrinde schüttet unter dem Einfluss von FSH und LH Geschlechtshormone aus und zwar sowohl Androgene als auch Östrogene und Gestagene. Daher kommen Geschlechtshormone in geringen Mengen auch im Körper des jeweils anderen Geschlechts vor. So wird die Scham- und Achselbehaarung bei Frauen von Testosteron bewirkt.
Das Zwischenhirn erhält laufend Rückmeldungen über das Mischungsverhältnis aller genannten Hormone und reguliert es laufend nach. Durch Krankheiten oder Medikamentenmissbrauch kann diese Regulation gestört werden. Dann können sich die Geschlechtsmerkmale falsch entwickeln oder Krankheiten entstehen.
So unterschiedlich Beginn, Verlauf und Gefühle während der Pubertät auch sind, die Regulationsmechanismen, die dabei ablaufen, sind bei allen Menschen gleich.

Bau und Funktion der weiblichen Geschlechtsorgane

1. Laut nebenstehendem Zeitungsartikel wissen Frauen oft zu wenig über den eigenen Körper.
a) Würdest du dieser Behauptung zustimmen? Begründe deine Aussage.
b) Frauen sollten ihren Körper, insbesondere ihre Geschlechtsorgane und deren Funktion besser kennen. Das meinen zumindest sowohl die Autorin des Artikels als auch die zitierte Beraterin. Nenne Gründe, die aus deiner Sicht für diese Forderung sprechen.
c) Überlegt euch in Gruppen, woher man an entsprechende Informationen kommen könnte. Nennt verschiedene Quellen. Was spricht jeweils dafür, was dagegen, sich gerade bei dieser Stelle zu informieren?

Der eigene Körper oft unbekannt

Frauenärzte, Lehrer, Sozialarbeiter, Berater und viele Eltern vermuten schon lange, dass Mädchen und junge Frauen zu wenig über ihren Körper wissen – vor allem im Bezug auf die Sexualorgane. Das zumindest legt eine Umfrage nahe, die im Auftrag unserer Zeitung durchgeführt wurde.
„Wir sehen hier jede Woche junge Frauen, die zwar schon über einschlägige sexuelle Erfahrungen verfügen, über das, was dabei im Einzelnen abläuft, aber so gut wie nichts wissen.“ so eine Beraterin von Pro Familia, die sich über das Ergebnis der Umfrage nicht wundert. „Sex ist in fast allen Medien eine Art Dauerbrenner – aber echte Informationen dazu sucht man oft vergeblich. Woher sollen es die jungen Frauen denn erfahren, wenn es ihnen keiner verrät?“ so die Expertin weiter. Egal, ob es um eigene die Gesundheit, die tägliche Hygiene oder um mehr Spaß am Sex geht – Frau sollte ihren eigenen Körper kennen.

2. Stelle Namen, Lage, Bau und Funktionen der einzelnen weiblichen Geschlechtsorgane in einer übersichtlichen Tabelle zusammen.

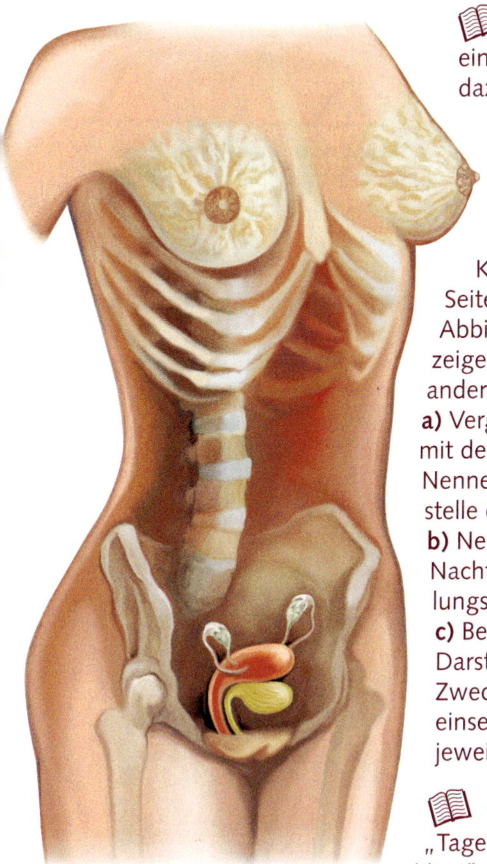

3. Stelle die hormonelle Regulation des Menstruationszyklus in einem Diagramm ähnlich der Abbildung von der Vorseite dar. Nutze dazu die Informationen der folgenden Seiten.

4. Die Abbildung zeigt die Lage der weiblichen Geschlechtsorgane im Körper. Auf der folgenden Seite findest du weitere Abbildungen, die dasselbe zeigen, jedoch auf eine ganz andere Art.
a) Vergleiche diese Abbildung mit denen auf der Folgeseite. Nenne Gemeinsamkeiten und stelle die Unterschiede heraus.
b) Nenne jeweils Vor- und Nachteile der beiden Darstellungsformen.
c) Bewerte beide Arten der Darstellung. Zu welchem Zweck könnte man sie jeweils einsetzen und wozu sind sie jeweils weniger geeignet?

6. Schreibe eine Art „Tagebuch“, in dem du die Vorgänge, die zur Monatsblutung der Frau führen, notierst.

5. Hersteller von Hygieneartikeln oder Verhütunsgsmitteln sowie öffentliche Stellen wie die BzgA (Bundeszentrale für gesundheitliche Aufklärung) bieten Informationsbroschüren zum Thema „Geschlechtsorgane“ an.
a) Stellt zunächst Kriterien zur Bewertung derartiger Broschüren auf. Erstellt in der Klasse eine möglichst umfassende Liste.
b) Besorgt euch verschiedene Broschüren. Viele bekommt ihr kostenlos zum Beispiel in Apotheken und Arztpraxen oder ihr könnt sie im Internet herunterladen.
c) Analysiert und bewertet die Broschüren im Hinblick auf die von euch aufgestellten Kriterien.
d) Erstellt eine Übersicht zu den verschiedenen Broschüren. Nennt jeweils den Herausgeber, Kritikpunkte (positive und negative) und eine abschließende Bewertung, zu welchem Zweck sich die jeweilige Broschüre eignet.

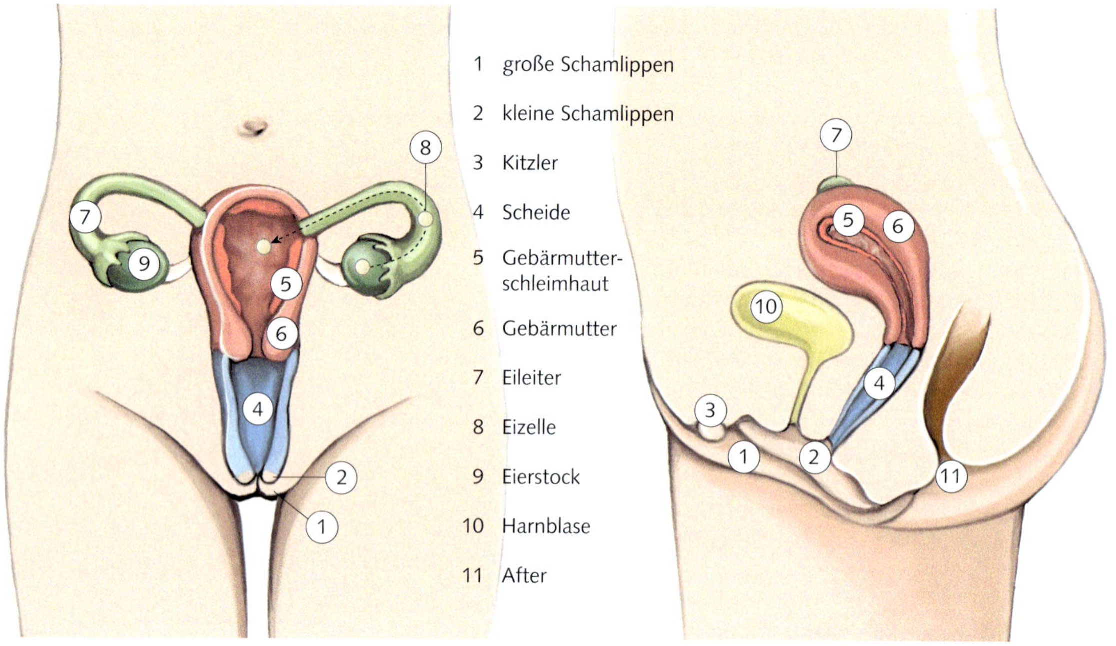

1 Geschlechtsorgane der Frau *(Schema)*

Geschlechtsorgane der Frau

Geschlechtsorgane sind Organe, die der Fortpflanzung dienen. Sie sind schon bei der Geburt vorhanden, aber erst während der Pubertät entwickeln sie sich weiter und werden funktionsfähig. Das sichtbare Zeichen dafür ist bei Mädchen das Einsetzen der Regelblutung, der **Menstruation.** Die Vorgänge, die dazu führen, spielen sich im Inneren des Körpers ab.

Die **großen Schamlippen** sind die einzigen Geschlechtsorgane der Frau, die von außen sichtbar sind. Sie bedecken die **kleinen Schamlippen,** die wiederum den Kitzler umschließen. Der **Kitzler,** den man auch die Klitoris nennt, ist mit mehreren Tausend Sinneszellen besetzt und reagiert empfindlich auf Berührungen. Auch die Harnröhre endet zwischen den kleinen Schamlippen. Dahinter befindet sich der Eingang zur **Scheide.**

Die Scheide ist eine etwa 10 cm lange Röhre. Sie führt zur **Gebärmutter,** in der sich während der ▸Schwangerschaft das Kind entwickelt.

Mehrere hunderttausend **Eizellen** lagern unreif und in einer Art Ruheposition in den beiden **Eierstöcken,** die über die **Eileiter** mit der Gebärmutter verbunden sind. Erst in der Pubertät kommen die Vorgänge in Gang, die etwa einmal im Monat eine Eizelle aktivieren, sie heranreifen und durch die Eileiter in die Gebärmutter gelangen lassen. Diese Vorgänge werden durch das Zusammenspiel mehrerer Hormone und ihrer Wirkungen reguliert.

Hormonelle Regulation des Menstruationszyklus

Das Wort Zyklus kommt aus dem Lateinischen und bedeutet Kreislauf. Denn die Vorgänge, die schließlich zur Menstruationsblutung führen, wiederholen sich etwa alle 28 Tage. Dabei ist die einsetzende Blutung eher das Ende als der Anfang dieser Vorgänge. Dennoch wird der erste Tag der Monatsblutung als erster Tag des Zyklus bezeichnet. Denn etwa zu dieser Zeit erwacht eine der Eizellen in einem der beiden Eierstöcke aus ihrer Ruhe und setzt ihren Reifungsprozess fort. Ausgelöst wird dies durch das Follikelstimulierende Hormon (FSH), welches kurz zuvor von der ▸Hirnanhangs-

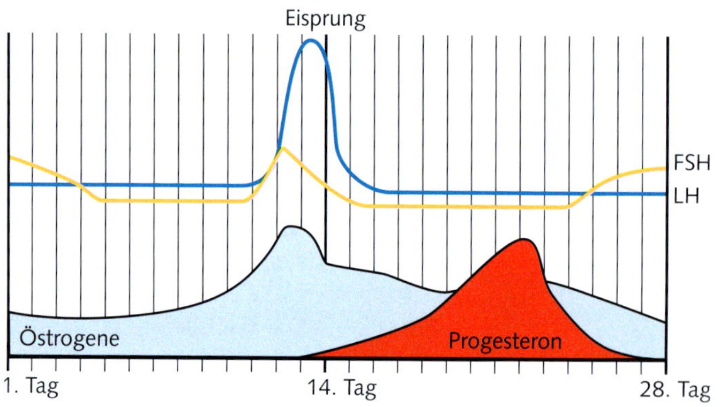

2 Hormonspiegel einiger Hormone im Verlauf des Zyklus

drüse ausgeschüttet wurde. Durch das Zusammenspiel weiterer Hormone wird sichergestellt, dass jeweils nur eine Eizelle heranreift. Diese beginnt zu wachsen und um sie herum bilden sich durch Teilung kleinere Zellen, die schließlich ein Bläschen bilden. Dieser **Follikel** enthält neben der Eizelle auch etwas Flüssigkeit. Er schüttet seinerseits Östrogene aus. Diese Hormone geben eine Rückmeldung über den begonnenen Reifungsprozess an die Hirnanhangsdrüse, die daraufhin weniger FSH produziert. Der wachsende Follikel wandert im Laufe der nächsten 10 bis 14 Tage an den Rand des Eierstockes. Kurz bevor der Follikel ganz ausgereift ist, produziert er besonders große Mengen an Östrogenen. Diese bewirken zum einen ein Heranwachsen der Gebärmutterschleimhaut, zum anderen veranlassen sie die Hirnanhangsdrüse, große Mengen des Luteinisierenden Hormons (LH) zu bilden.
Etwa am 14. Tag des Zyklus lässt der stark gestiegene LH-Spiegel den reifen Follikel aufplatzen und die Eizelle wird zusammen mit der Follikelflüssigkeit in den Eileiter gespült. Dies nennt man den **Eisprung.** Viele Frauen spüren ihn als so genannten Mittelschmerz, etwa in der zeitlichen Mitte zwischen zwei Monatsblutungen.
Der Rest des Follikels verkümmert zum so genannten **Gelbkörper** und schüttet dabei ein Hormon aus, das man Gelbkörperhormon oder Progesteron nennt. Progesteron signalisiert, dass der Eisprung erfolgt ist. In der Hirnanhangsdrüse bremst es die weitere Produktion von LH und FSH, sodass zunächst keine weiteren Follikel heranreifen. In der Gebärmutter bewirkt es das Wachstum vieler Blutgefäße in die durch die vorherige Östrogenausschüttung verdickte Schleimhaut.
Wird die Eizelle auf ihrem Weg durch den Eileiter von einem Spermium befruchtet, findet sie in der Gebärmutter optimale Bedingungen für die Einnistung vor. Dort beginnt sie dann, weitere Hormone auszuschütten, die den Beginn der ▸Schwangerschaft signalisieren.
Die Eizelle ist jedoch nur etwa 12 bis 24 Stunden nach dem Eisprung befruchtungsfähig. Bleibt sie unbefruchtet, verkümmert sie und stirbt schließlich ab. Dann bleibt auch die Bildung der Schwangerschaftshormone aus. Progesteron-, Östrogen- und LH-Spiegel normalisieren sich ebenfalls wieder.
Die Blutgefäße in der verdickten Gebärmutterschleimhaut bilden sich zurück, die Schleimhaut selbst wird abgestoßen. Zusammen mit ein wenig Blut wird sie durch die Scheide nach außen abgegeben. Die Monatsblutung oder **Menstruation** beginnt. Gleichzeitig sendet das Gehirn schon wieder Signale, die zur erneuten FSH-Ausschüttung und damit zum Heranreifen eines weiteren Follikels führen. Der Kreislauf beginnt von Neuem.

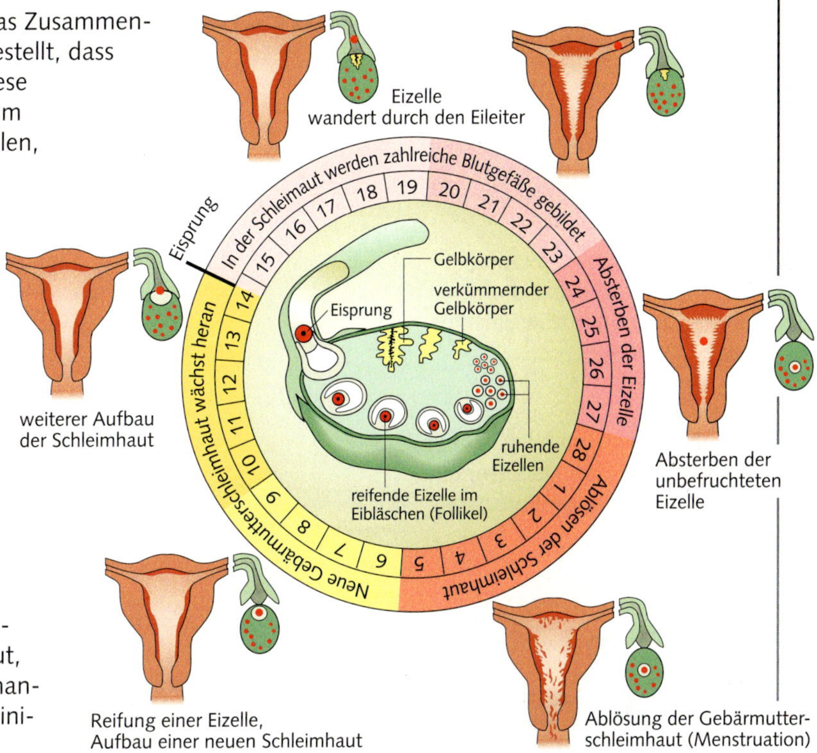

3 **Vorgänge während des Menstruationszyklus**

Manchmal schmerzhaft und zu Beginn oft unregelmäßig

Die hormonelle Steuerung des Menstruationszyklus muss sich zunächst einpendeln. Gerade zu Beginn der Pubertät kann der Zyklus unregelmäßig sein. Die Dauer zwischen zwei Menstruationen, der Verlauf und die Stärke der Blutungen können schwanken. Daher muss auch nicht jede ausbleibende Regelblutung ein Zeichen für eine Schwangerschaft sein.
Auch kann es durch die stark schwankenden Hormonspiegel zu Stimmungsschwankungen und durch die Vorgänge in den Eileitern und der Gebärmutter zu unangenehmen Gefühlen oder sogar Schmerzen kommen.
All dies ist zunächst kein Grund zur Sorge, sondern völlig normal. Bei starken oder lang anhaltenden Problemen sollte allerdings ein Arzt besucht werden.

Die männlichen Geschlechtsorgane

1. Die Abbildung zeigt die männlichen Geschlechtsorgane.
a) Was unterscheidet Geschlechtsorgane von anderen Organen?
b) Welche der in Abbildung genannten Teile sind kein bzw. gehören zu keinem Geschlechtsorgan? Begründe.

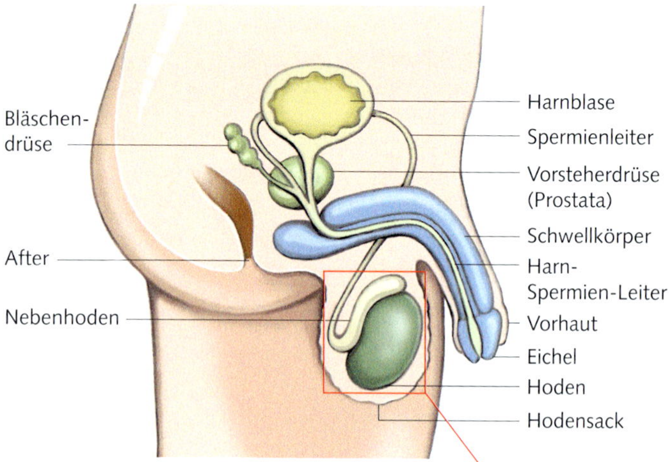

2. Beschreibe Lage und Bau der gezeigten Geschlechtsorgane des Mannes und liste ihre Funktionen auf.

3. a) Beschreibe und erkläre das in der Bildreihe dargestellte Problem, mit dem sich Jungen in der Pubertät auseinandersetzen müssen. Verwende eine neutrale Sprache.

4. So wie die Eizellen der Frau sind die Spermien die ▸Keimzellen des Mannes. Erläutere die Funktion, die die Keimzellen im Organismus haben. Weshalb ist ihre genetische Besonderheit die Voraussetzung dafür, dass die Keimzellen diese Funktion erfüllen können?

5. Beschreibe die Steuerung der Spermienbildung und -reifung. Nutze dazu die nebenstehende Abbildung. Schlage aber auch im Buch nach, woher die Hormone ▸LH und ▸FSH kommen und über welchen Mechanismus ihre Bildung gesteuert wird.

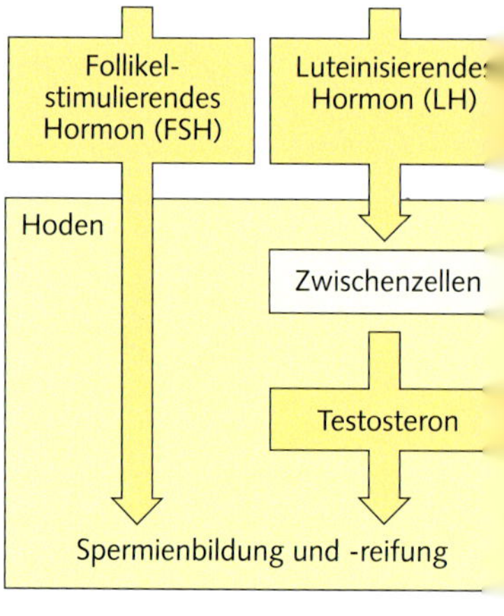

6. Recherchiere die Antworten auf folgende Fragen und fasse sie kurz zusammen.
a) Warum ist die früher verbreitete Bezeichnung „Samen" für Spermien irreführend und warum sollte sie nicht mehr verwendet werden?
b) Wie lange sind Spermien unter welchen Bedingungen überlebensfähig?

7. Recherchiere, was man unter Geschlechtskrankheiten versteht. Welche Geschlechtskrankheiten bekommen besonders Männer, und wie können sie sich schützen?

Vom Jungen zum Mann

Im Unterschied zu den weiblichen liegen die männlichen Geschlechtsorgane nicht alle versteckt in der Bauchhöhle. So kann jeder Junge ihre Entwicklung während der Pubertät unmittelbar mitverfolgen. **Penis** und **Hodensack** wachsen und scheinen eine Art „Eigenleben" zu entwickeln. Durch Wärme, Druck, den Anblick oder allein durch das Denken an eine attraktive Frau, oft aber auch ohne jeden erkennbaren Grund, kommt es zur so genannten **Erektion.** Dann versteift sich der Penis, richtet sich auf und wird größer, weil sich die Schwellkörper, das sind schwammartige Gewebe in seinem Inneren, mit Blut füllen und sich dadurch vergrößern und verfestigen. Dies zählt zu den natürlichen Funktionen des Penis, denn nur im versteiften Zustand kann er während des Geschlechtsverkehrs in die Scheide einer Frau eindringen. Nichtsdestotrotz kann eine ungewollte Erektion irritierend und unangenehm sein.

Spermienerguss

Spermien sind die männlichen ►Keimzellen. Sie entstehen in den **Hoden.** Sie bestehen aus Kopf, Mittelstück und einem Schwanzfaden, mit dem sie sich in Flüssigkeiten fortbewegen können. Beim Geschlechtsverkehr, wenn sich ein Mann selbst befriedigt, gelegentlich aber auch ohne sein Zutun im Schlaf, werden Spermien zusammen mit verschiedenen Flüssigkeiten, die von der **Bläschen-** und der **Vorsteherdrüse** abgegeben werden, aus dem Penis herausgeschleudert. Man nennt dies Spermienerguss oder **Ejakulation.** Sie wird durch das Zwischenhirn über Nervenverbindungen, also nicht über Hormone, ausgelöst. Eine Ejakulation kann, muss aber nicht mit einem ►Orgasmus verbunden sein.

Die Flüssigkeit mit den Spermien ist das **Sperma.** Bei einem Spermienerguss fließen etwa zwei bis sechs Milliliter Sperma, die jeweils 20 bis 150 Millionen Spermien enthalten können.

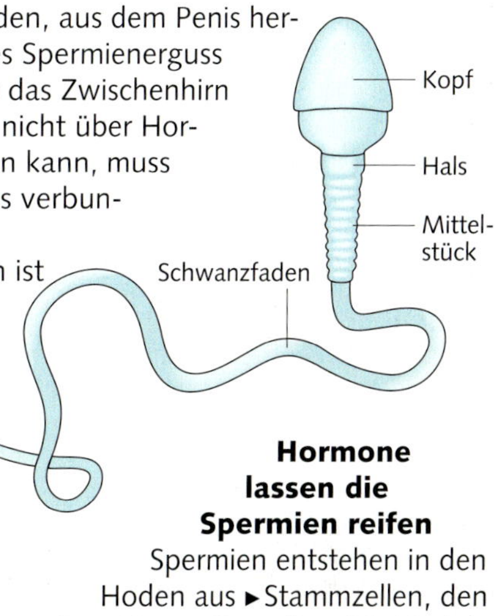

Hormone lassen die Spermien reifen

Spermien entstehen in den Hoden aus ►Stammzellen, den Spermienmutterzellen. Die Hoden sind in einzelne Hodenläppchen unterteilt, in denen jeweils stark gewundene Hodenkanälchen liegen. Über die Hormone ►FSH (Follikelstimulierendes Hormon) und ►LH (Luteinisierendes Hormon) angeregt, findet hier die Bildung und Reifung der Spermien statt. Dabei wirkt FSH direkt auf die unreifen Spermien, während LH auf die so genannten Zwischenzellen wirkt. Sie befinden sich ebenfalls in den Hoden und bilden dann das männliche Keimdrüsenhormon Testosteron. Dieses fördert ebenfalls die Reifung der Spermien. Die noch unreifen Spermien gelangen von den Hoden über die Hodenkanälchen in die Nebenhoden, wo sie weiter ausreifen und bis zur nächsten Ejakulation gespeichert werden.

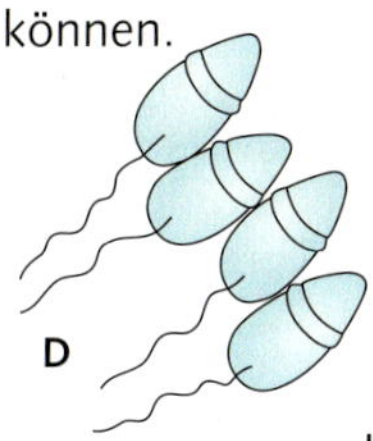

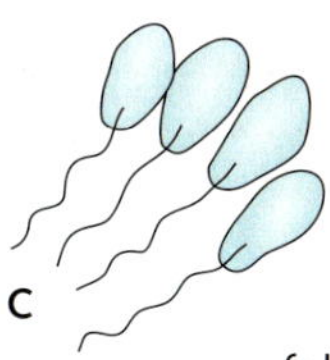

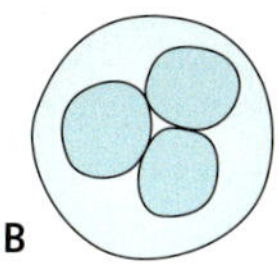

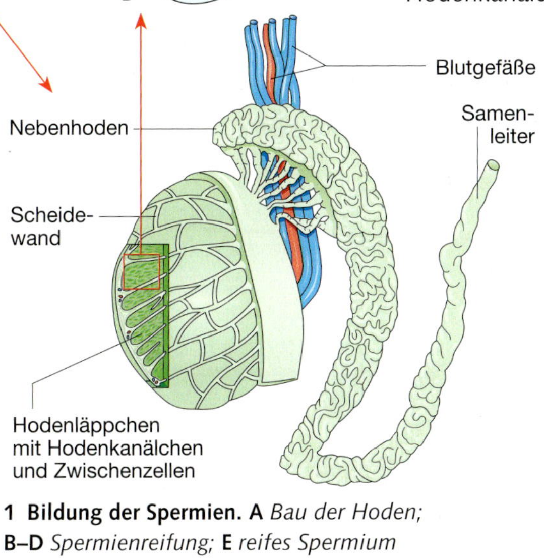

1 Bildung der Spermien. A *Bau der Hoden;* **B–D** *Spermienreifung;* **E** *reifes Spermium*

Störungen der Spermienbildung

Spermien sind sehr empfindlich gegenüber hohen Temperaturen. Bereits bei der normalen Körpertemperatur können sie sich nicht optimal entwickeln. Die Spermienproduktion und -lagerung erfolgt deshalb außerhalb des Bauchraumes im Hodensack. Enge Hosen drücken den Hodensack an den Körper und können so zu einer ungünstigen Temperatur der Hoden beitragen. Wenn die Hoden durch Schläge oder Quetschungen verletzt werden, können ebenfalls missgebildete Spermien entstehen. Auch Drogen wie Alkohol oder verschiedene Medikamente sowie Stress wirken sich auf die Spermienbildung negativ aus. Im Extremfall kann ein Mann dadurch unfruchtbar werden.

Von Petting bis Porno – kleines Sex-Lexikon

Exhibitionisten werden dadurch erregt, dass sie ihre Geschlechtsteile vor anderen Menschen entblößen. Geschieht dies ohne deren Zustimmung, kann es in Deutschland als Ordnungswidrigkeit oder Straftat geahndet werden.

Fetischisten sind Menschen, die bestimmte Gegenstände, ihre so genannten Fetische, als Auslöser für sexuelle Lust benötigen. Beispiele können etwa Lederstiefel, Uniformen oder Handschuhe sein. Ein Fetisch kann zur Sucht werden und dann das ganze Leben des Betroffenen kontrollieren.

Masochisten werden sexuell erregt, indem sie sich körperlich oder seelisch quälen lassen.

Masturbieren oder **onanieren** bezeichnen die Stimulation der Sexualorgane mit den Händen oder geeigneten Gegenständen. Dies wird oft zur **Selbstbefriedigung** eingesetzt, kann aber auch an oder von anderen Menschen durchgeführt werden. Aus biologischer und medizinischer Sicht ist dies unproblematisch.

Orgasmus nennt man den Höhepunkt des sexuellen Lustgefühls. Er tritt nicht einfach plötzlich auf, vielmehr kann die Erregung im Laufe sexueller Handlungen immer weiter ansteigen und sich schließlich im Orgasmus entladen. Auch wenn sich das Gefühl von Mal zu Mal und von Mensch zu Mensch sehr unterscheiden kann, so wird der Orgasmus in aller Regel als sehr angenehm empfunden.

Porno

Nicht freigegeben unter **18** Jahren gemäß § 14 JuSchG FSK

Porno ist ein Kurzwort für Pornografie und beschreibt die Darstellung menschlicher Sexualität mit dem Ziel, den Betrachter sexuell zu erregen. Heute sind damit in der Regel Pornofilme gemeint. Pornofilme sind in vielerlei Hinsicht problematisch:

- Die gezeigten „Praktiken“ sind fast immer stark übertrieben, sie sind Phantasieprodukte, die eher die Zuschauer als die Beteiligten befriedigen.
- Sie können teils mit extremer Gewalt verbunden sein.
- Die Rolle der Frau beschränkt sich (zumindest in heterosexuellen Pornos) meist darauf, sich dem Mann oder den Männern hinzugeben, bis hin zur gezielten Demütigung oder sogar Vergewaltigung.
- Wer oft Pornos schaut, kann süchtig danach werden, braucht immer mehr und immer härtere Filme.
- Sehr häufig prägen Pornos auch das eigene Sexualleben. Manche möchten das nachstellen, was sie im Porno gesehen haben. Das gilt insbesondere für Jugendliche, die wenig eigene Erfahrungen haben und nicht wissen, dass Pornodarstellungen meist völlig unrealistisch sind.

Pädophilie wird gelegentlich verharmlosend mit „Kinderliebe“ übersetzt, bezeichnet jedoch den Wunsch, Sexualität in erster Linie mit Kindern auszuleben. Mit „Liebe“ hat ein solcher sexueller Missbrauch aber nichts zu tun.

Petting bedeutet zwar im Englischen einfach nur „streicheln“, wird als Begriff bei uns in Deutschland aber für all diejenigen Sexualpraktiken verwendet, bei denen der Geschlechtsverkehr ausbleibt. Erotisches Streicheln gehört dazu, aber auch Küssen, Liebkosen oder auch die erotische Massage.

Prostituierte sind Frauen oder Männer, die Sex gegen Bezahlung anbieten. Problematisch ist dies oft, weil die Prostituierten in einem zu starken Abhängigkeitsverhältnis zu ihren Kunden oder Zuhältern stehen. Zur Prostitution gezwungen zu werden, bedeutet eine schwere Verletzung der ▸Menschenwürde.

Sadisten befriedigt es, andere körperlich oder seelisch zu quälen.

1. Sexualität kann schöne und liebevolle Seiten haben, aber sie kann auch problematisch und abstoßend sein. Dies ist immer dann der Fall, wenn Zwang oder Gewalt im Spiel sind. Dennoch gibt es bei den genannten Erscheinungsformen der Sexualität durchaus Unterschiede – manche sind generell problematischer als andere. Bewerte die genannten Erscheinungsformen jeweils kurz in dieser Hinsicht und begründe deine Bewertungen.

2. Experten meinen, Jugendliche sollten die Sexualität eher selbst entdecken als nachmachen.

a) Erläutere die Problematik von Pornofilmen.

b) Nimm Stellung zu dieser Expertenmeinung.

c) Diskutiert die Altersfreigabe von Pornofilmen (18 Jahre). Sammelt Pro- und Contraargumente.

AIDS – eine Krankheit, viele Gesichter

Die erworbene Immunschwächekrankheit ▸AIDS ist bei Weitem nicht die einzige, wohl aber die derzeit bedrohlichste Krankheit, die unter anderem durch Geschlechtsverkehr übertragen werden kann. Die Krankheit wird durch das HI-Virus (HIV) ausgelöst. Weltweit sind über 30 Millionen Menschen infiziert, jedes Jahr kommen über zwei bis vier Millionen neu dazu und über zwei Millionen sterben an AIDS. Eine Heilung oder Impfung ist derzeit nicht möglich. AIDS und die anderen Geschlechtskrankheiten sind ein globales und sehr vielschichtiges Problem. Zu den folgenden Teilbereichen könnt ihr zum Beispiel eine Ausstellung oder ein ▸Gruppenpuzzle durchführen und euch so gegenseitig die wichtigsten ▸Informationen präsentieren.

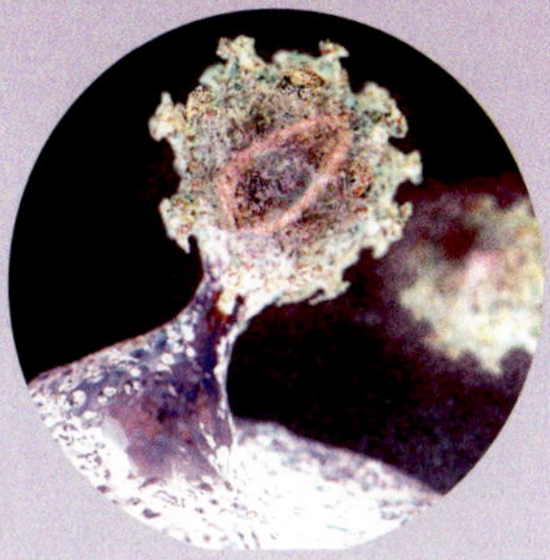

1. Medizinischer Hintergrund
Informiert euch über die Funktionsweise des ▸Immunsystems und darüber, wie es durch das ▸HI-Virus beeinträchtigt wird. Wie wird diese unheilbare Krankheit behandelt? Erstellt ein Plakat oder eine Folie, auf der die Zusammenhänge möglichst übersichtlich und verständlich ▸visualisiert werden.

2. Ansteckung und Schutz
Beim Geschlechtsverkehr kann man sich mit dem HI-Virus infizieren, wenn man sich nicht mit Kondomen schützt. Gibt es andere Ansteckungswege? Wieso gibt es Kleinkinder mit AIDS? Was sind „Risikogruppen" und warum gibt es keinen Grund zur Sorglosigkeit, wenn man keiner angehört?
Tragt die Antworten auf diese und ähnliche Fragen zusammen und erläutert sie.

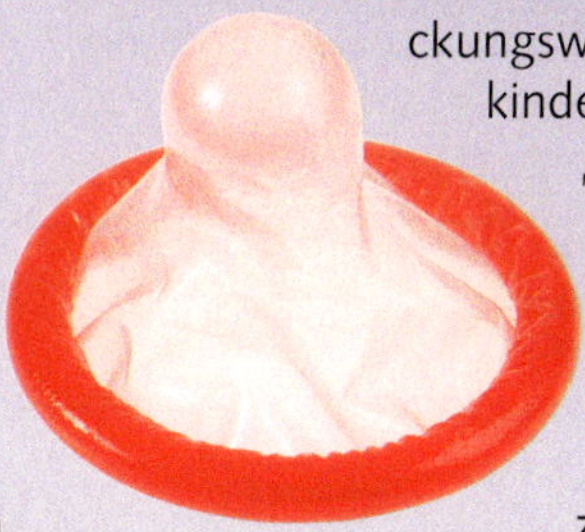

3. Kampagnen gegen AIDS
Mit zahlreichen Kampagnen wird versucht, auf AIDS aufmerksam zu machen. Sie sollen über Risiken und Schutzmaßnahmen aufklären, aber auch deutlich machen, wie wichtig es ist, diese immer einzuhalten. Dazu werden zum Beispiel Plakate aufgehängt und Werbefilme gezeigt oder Broschüren verteilt und Internetseiten angeboten. Sammelt solche Materialien. Überlegt euch Kriterien für eine gute Kampagne und bewertet die gefundenen Materialien danach.

4. AIDS ist mehr als nur AIDS
Mit dem HI-Virus Infizierte oder an AIDS Erkrankte leiden nicht nur körperlich. Sie sehen sich vielen weiteren psychischen und sozialen Problemen ausgesetzt. Einige werden in dem Film „Philadelphia" mit Tom Hanks aufgegriffen. Ähnliche Schicksale werden auch in Büchern oder im Internet vorgestellt. Sammelt Berichte und Informationen zur Ausgrenzung von mit HIV infizierten Menschen. Stellt einige Berichte und die darin thematisierten Probleme der Betroffenen vor.

5. Geschlechtskrankheiten
AIDS ist nicht die einzige ▸Infektionskrankheit, die beim Geschlechtsverkehr übertragen werden kann. Sammelt Informationen zu so genannten „Geschlechtskrankheiten" und stellt sie vor. Neben einer Übersicht über die Namen der verschiedenen Krankheiten solltet ihr jeweils die Symptome, Erreger, Ansteckungs-, Behandlungs- und Schutzmöglichkeiten vorstellen.
Gestaltet Steckbriefe, Plakate oder eine Infobroschüre, beispielsweise mit dem Titel „Sex – Zu Risiken und Nebenwirkungen ...".

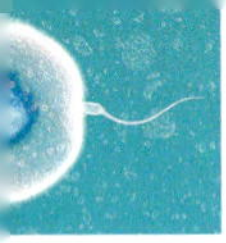

Schwangerschaft und Geburt

1. Erläutere anhand der Bilder A bis E, was bei der Befruchtung und in der frühen Keimesentwicklung geschieht.

Monat	1.	2.	3.	4.	5.	6.	7.	8.	9.	10.
Körper-gewicht in g	6	12	41	175	500	800	1300	2300	2900	3500
Körper-länge in cm	1	4	9	16	25	30	35	40	45	51
Sexualorgane			●···	·····	·····	·····	·····	·····	·····	·····
Kopf	●···	·····	·····	·····	·····	·····	——	——	——	——
Lunge		●···	·····	·····	·····	·····	——	——	——	——
Herz	●···	·····	·····	···——	——	——	——	——	——	——
Gehirn		●···	·····	·····	·····	·····	——	——	——	——
Gliedmaßen	●···	·····	·····	·····	·····	——	——	——	——	——

●······ Beginn der Entwicklung und weitere Ausprägung
—— voll entwickelt vorliegende Organe

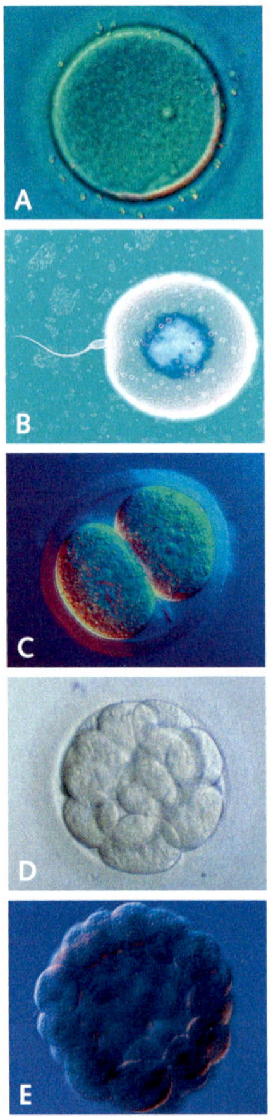

2. „Schwanger oder nicht schwanger?"
a) Nenne Anzeichen einer Schwangerschaft. Befrage dazu Eltern, Freunde oder Bekannte.
b) Erkläre die Funktionsweise eines Schwangerschaftstests.

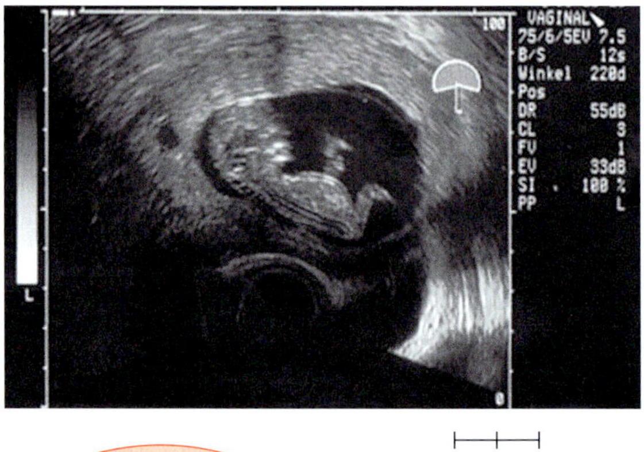

3. a) Dies ist das Ultraschallbild eines Kindes. Beschreibe, was du auf dem Bild erkennen kannst.
b) Gib mithilfe der Tabelle und des Maßstabes das ungefähre Alter des Kindes an. Begründe die Altersangabe.
c) Heute haben Frühgeborene ungefähr ab dem 7. Monat schon eine gute Chance, zu überleben. Nenne die möglicherweise auftretenden Probleme, wenn ein Kind bereits nach 5 Monaten geboren wird.

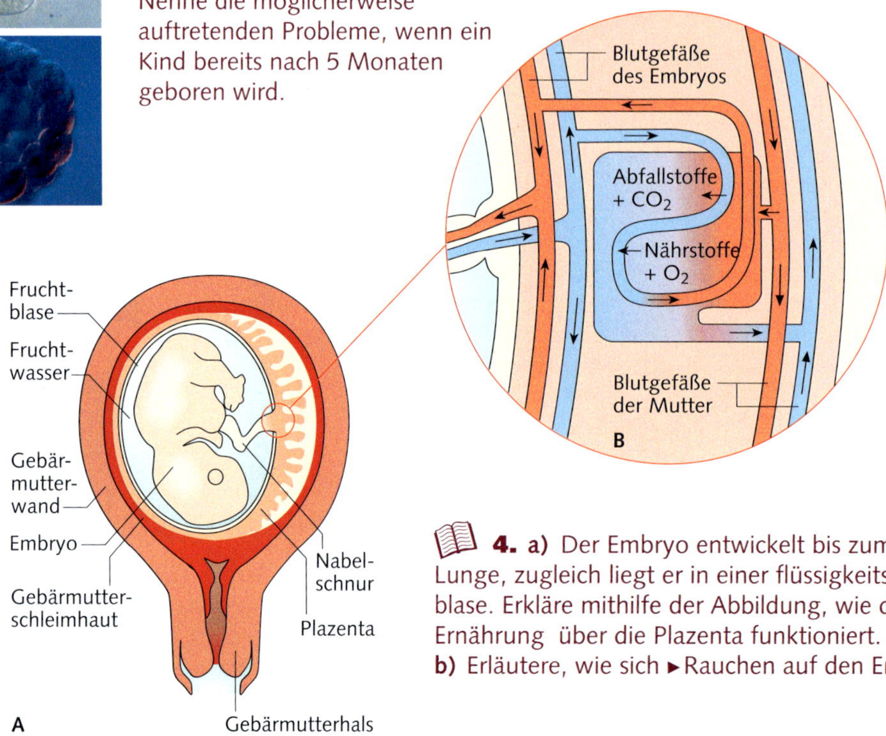

4. a) Der Embryo entwickelt bis zum 7. Monat eine Lunge, zugleich liegt er in einer flüssigkeitsgefüllten Fruchtblase. Erkläre mithilfe der Abbildung, wie die Atmung und Ernährung über die Plazenta funktioniert.
b) Erläutere, wie sich ▸Rauchen auf den Embryo auswirkt.

Befruchtung und Einnistung

Viele Paare wünschen sich ein Kind und freuen sich über die ersten Anzeichen einer Schwangerschaft, vor allem wenn die Regelblutung ausbleibt und der Schwangerschaftstest positiv ausfällt.
Ein Kind kann entstehen, wenn beim Geschlechtsverkehr Spermien des Mannes über die Scheide und die Gebärmutter in den Eileiter gelangen und dort auf eine reife Eizelle treffen. Um die Zeit des Eisprungs ist der Schleimpfropf, der sonst den Gebärmutterhals verschließt, dünnflüssiger, sodass die Spermien leichter aus der Scheide in die Gebärmutter vordringen können. Obwohl bei einem Spermienerguss bis zu 200 Millionen Spermien abgegeben werden, gelingt es nur dem schnellsten Spermium, mit dem Kopf die Zellhaut der Eizelle zu durchdringen. Dies ist der Moment der **Befruchtung.** Die Eihülle wird danach sofort für andere Spermien undurchdringlich. Anschließend verschmelzen die Zellkerne von Ei- und Spermienzelle. Ihre Erbanlagen kommen in einem Zellkern zusammen. Nach etwa einem Tag beginnt sich die befruchtete Eizelle zu teilen. Während weiterer ▸Zellteilungen im Eileiter entsteht zunächst ein Zellhaufen, der sich weiter zum Bläschenkeim entwickelt. Er enthält einen flüssigkeitsgefüllten Hohlraum und unterschiedliche Zellen, aus denen sich später die Organe des Embryos entwickeln.
Dieser Bläschenkeim wird von Flimmerhärchen durch den Eileiter zur Gebärmutterschleimhaut transportiert, wo er sich festsetzt. Dabei wachsen Zellen des Keims, die Zotten, in die Gebärmutterschleimhaut ein. Dies ist die **Einnistung,** mit der die **Schwangerschaft** beginnt.

Zwillinge

Manchmal reifen zwei Eizellen gleichzeitig heran und werden von zwei Spermien befruchtet. So entstehen zweieiige **Zwillinge,** die unterschiedliches Erbgut besitzen und nicht mehr Ähnlichkeiten aufweisen als andere Geschwister. Seltener entstehen eineiige Zwillinge, die aus nur einer befruchteten Eizelle entstehen. Nach der ersten Teilung trennen sich die beiden Tochterzellen und entwickeln sich getrennt weiter. Die eineiigen Zwillinge besitzen identisches Erbgut, sodass sie sich oft zum Verwechseln ähnlich sehen.

Schwangerschaft und Keimesentwicklung

Das wachsende Kind wird in den ersten acht Wochen **Embryo** genannt. Der Embryo ist zwar noch klein und leicht, aber nach etwa acht Wochen sind bereits alle Organe angelegt. Von nun an wird das heranwachsende Kind **Fetus** genannt.
Nach 12 Wochen ist der Fetus ungefähr 9 cm groß und deutlich als menschliches Wesen zu erkennen. Allerdings macht der Kopf fast die Hälfte des Fetus aus. Man sieht bereits Augen, Ohren, Nase und Mund. Der Fetus hat ausgeformte Finger und Zehen mit Nägeln. Das Geschlecht ist erkennbar. All diese Entwicklungen bemerkt die Frau nicht.

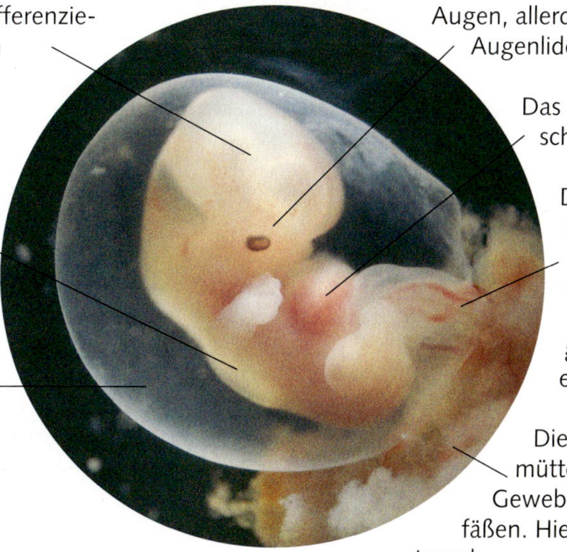

1 Embryo (6. Woche)

Der Fetus wächst jetzt sehr schnell und ist zu Beginn des fünften Monats etwa 16 cm groß und 150 g schwer. Die Organe und Muskeln entwickeln sich weiter. Der Fetus ist vorübergehend behaart. Dies lässt sich mit der ▸Evolution des Menschen erklären.

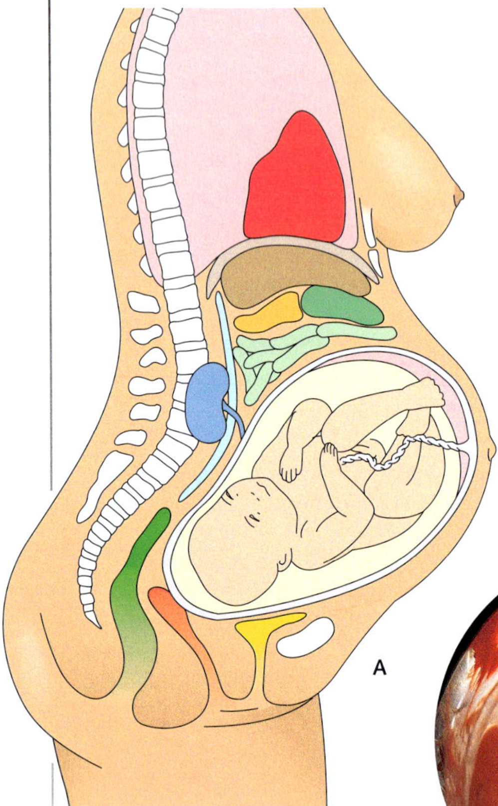

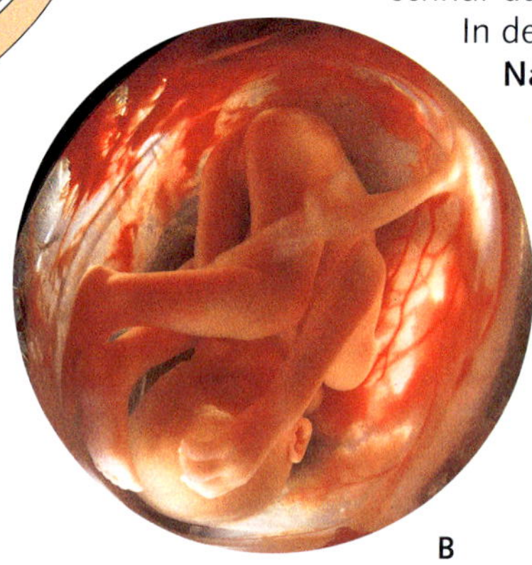

2 Fetus.
A *im Körper der Mutter (Schema);*
B *im 5. Monat*

Der Körper wird bald mit einer weißen Fettschicht, der so genannten Käseschmiere überzogen. Diese schützt die Haut vor dem Fruchtwasser. Meist kann die Mutter ab dem 5. Monat Kindsbewegungen wahrnehmen. Der Fetus reagiert auf Reize wie Musik oder menschliche Stimmen.
Nach dem 6. Monat ist die Organentwicklung mit Ausnahme der Sexualorgane weitgehend abgeschlossen. Daher hat ein Kind ab dem 7. Monat gute Überlebenschancen, wenn es zu einer Frühgeburt kommt.

Im 8. und 9. Monat wachsen und reifen die Organe aus, und der Fetus nimmt weiter an Größe und Gewicht zu, wodurch das Leben für die Mutter anstrengender wird. Viele Organe der Mutter werden zusammengedrückt, Atemnot und Harndrang können die Folge sein. Am Ende des neunten Monats hat sich der Fetus normalerweise mit dem Kopf nach unten gedreht. Nach durchschnittlich 270 Tagen ist der Fetus zur Geburt bereit.

Die Geburt

Zu Beginn des Geburtsvorgangs, der **Eröffnungsphase,** setzen **Wehen** ein, die durch das Zusammenziehen und Entspannen der Muskeln in der Gebärmutterwand entstehen. Sie verursachen Schmerzen. Die Wehen drücken das Kind immer tiefer in das Becken. Dadurch weitet sich der Muttermund schrittweise, die **Fruchtblase** platzt und das Fruchtwasser läuft über die Scheide ab.
In der darauffolgenden **Austreibungsphase** wird das Kind mit Presswehen aus der Gebärmutter in die Scheide und dann ans Tageslicht gebracht. Zunächst erscheint der Kopf im Scheidenausgang, dann folgt der übrige Körper. Meistens helfen in dieser Phase eine Hebamme oder ein Arzt, indem das Kind vorsichtig gedreht und gezogen wird. Das Kind atmet sofort selbstständig, sodass nun die Nabelschnur durchtrennt werden kann.
In der dritten Phase, der so genannten **Nachgeburtsphase,** werden die Plazenta und die leere Fruchtblase ausgestoßen. Aus dem Fetus ist ein **Säugling** geworden, der auf die Pflege von Mutter und Vater angewiesen ist.

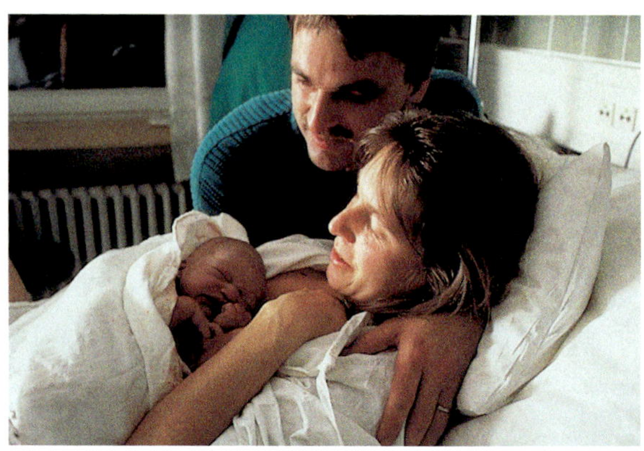

3 Eltern mit Neugeborenem

Gesundheit für Mutter und Kind

Ernährung

Mutter und Kind benötigen eine gesunde, vitamin- und mineralstoffreiche Ernährung, zum Beispiel mit frischem Obst, Salaten, Gemüse, Milch- und Vollkornprodukten. Schwangere sollten nur wenig Koffein, das beispielsweise in Kaffee und Cola enthalten ist, zu sich nehmen, da es das Risiko für Fehlgeburten erhöhen kann. Bei Genuss von rohem Fleisch oder Rohmilchkäsesorten besteht die Gefahr einer ▸ bakteriellen Infektion, die dem Kind massiv schaden kann.

Alkohol

Der Embryo kann ▸ Alkohol kaum abbauen. Deshalb sollten Schwangere auf Alkohol verzichten. Er kann, besonders in den ersten drei Schwangerschaftsmonaten, zu schweren körperlichen und geistigen Entwicklungsschäden beim Kind führen.

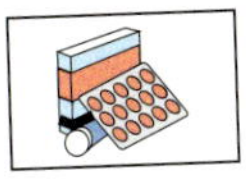

Medikamente

Medikamente sollten nur in Notfällen und nach Absprache mit dem Arzt eingenommen werden. Dies gilt auch für frei verkäufliche Medikamente wie Kopfschmerz-, Schlaf- oder Abführtabletten.

Reisen

Lange Reisen, besonders exotische Fernziele, können eine Schwangere aufgrund der langen Anreise, der Temperaturunterschiede und der ungewohnten Speisen sehr belasten. Es ist in jedem Fall wichtig, auf einen ausreichenden ▸ Impfschutz und hygienische Verhältnisse zu achten.

Stress

▸ Stress kann im Extremfall zu einer Minderversorgung mit Sauerstoff oder Nährstoffen führen und das Risiko einer Früh- oder Fehlgeburt erhöhen. Es ist also wichtig, auf genügend Erholungszeiten und Entspannungsphasen zu achten.

1. Eine Frau hat eine Flugreise nach Südamerika geplant, als sie feststellt, dass sie schwanger ist. Stelle die Probleme dar, die bei einer solchen Tour entstehen könnten. Erläutere.

2. Wie kann der Vater zu einer gesunden Entwicklung des ungeborenen Kindes beitragen?

Sport

Spazierengehen, Fahrradfahren oder Wassergymnastik sind für die Schwangere gute Möglichkeiten, sich in Bewegung zu halten und das Kind reichlich mit Sauerstoff zu versorgen. Sportarten wie Reiten oder Handballspielen, die mit Stößen und Erschütterungen verbunden sind, oder Leistungssport sind gefährlich. Auch Tauchen kann den Embryo bzw. Fetus schädigen.

Rauchen

▸ Nikotin ist ein Nervengift und verengt die Blutgefäße der Schwangeren. Der Embryo wird dadurch schlechter mit Sauerstoff versorgt. Kinder von Raucherinnen haben häufig ein geringeres Geburtsgewicht und neigen zu Entwicklungsstörungen.

Wir wollen (noch) kein Kind

1. a) Mache Vorschläge, was in den Denkblasen stehen könnte.
b) Viele Paare verhüten nicht beim „ersten Mal", also beim ersten Geschlechtsverkehr. Nenne Gründe für dieses Verhalten.
c) „Verhütung ist Frauensache, sie bekommen schließlich die Kinder." Nimm zu dieser Aussage Stellung.

2. a) Nenne Möglichkeiten, wo man Kondome kaufen kann und zu welchem Preis.
b) Welche Kriterien können beim Kauf von Kondomen eine Rolle spielen?

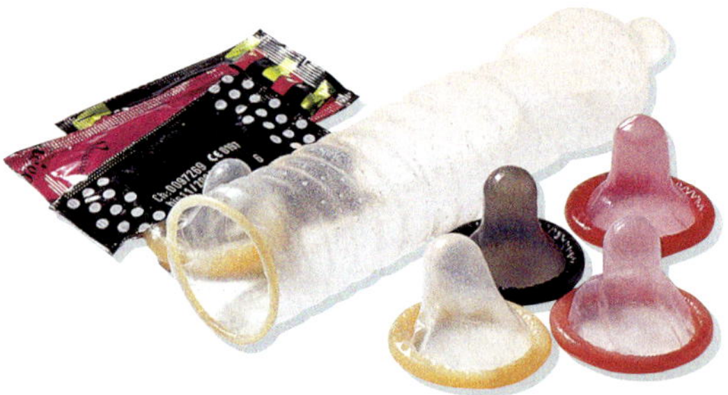

3. a) Zeige mithilfe eines Modells, wie man ein Kondom richtig anwendet. Worauf muss man bei der Benutzung besonders achten? Wie entsorgt man Kondome nach der Benutzung?
b) Schreibe eine gut verständliche Gebrauchsanweisung für Kondome.

4. Je nach Lebenssituation nutzen Paare unterschiedliche Verhütungsmethoden.
a) Benenne Kriterien, die bei der Wahl eines Verhütungsmittels von Bedeutung sind.
b) Gib an, welche Kriterien für die Wahl des Verhütungsmittels bei den Fällen A und B vermutlich besonders wichtig waren.
c) Zu welchem Verhütungsmittel würdest du im Fall C raten? Begründe.

Fall A: Ein junges Ehepaar, seit 5 Jahren verheiratet, hat sich mit einer Krankengymnastikpraxis selbstständig gemacht. Die Frau nimmt die Pille.

Fall B: Ein Paar hat bereits drei Kinder und möchte auf keinen Fall weitere Kinder. Die Frau hat sich die Spirale einsetzen lassen.

Fall C: Thorben, 21, ist zur Zeit solo und hat manchmal für kurze Zeit eine Freundin.

5. Ein junges Paar, beide sind 18, diskutiert über Verhütung. Sie möchte, dass er Kondome benutzt, er wünscht, dass sie die Pille nimmt. Bereitet mithilfe von Stichwortkarten ein Rollenspiel vor, bei dem die jeweiligen Vorteile und Nachteile der Verhütungsmittel deutlich werden, und führt es dann vor. Achtet darauf, dass ihr gegenseitig auf die Argumente eingeht.

Verhütungsmethoden
Die Frage nach der geeigneten Methode zur Empfängnisverhütung stellt sich für alle, die noch kein Kind haben möchten. Wichtig ist dabei, sich über die Sicherheit der Verhütungsmethode und über eventuelle Nebenwirkungen zu informieren. Auch mit der Anwendung des Verhütungsmittels muss man sich vertraut machen. Dies muss rechtzeitig vor dem „ersten Mal" geschehen.

Zwar gibt es immer noch viele Paare, die sich auf das „Aufpassen" verlassen. Hierbei zieht der Mann das Glied vor der ▸Ejakulation, dem Spermienerguss, aus der Scheide. Da jedoch schon vor dem Spermienerguss etwas Sperma aus der Harn-Spermienröhre austreten kann, ist dies keine Methode zur Empfängnisverhütung. Manche vertrauen dennoch darauf, dass beim ersten Mal schon nichts passieren wird. Oft sind die Paare aber auch nur unsicher und haben Angst, über Verhütung zu sprechen.

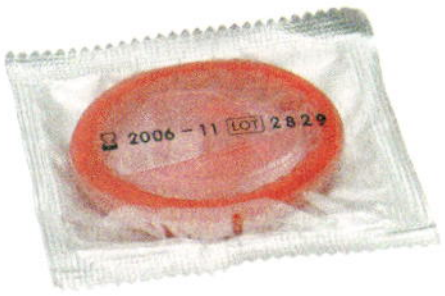

Diaphragma
Beim Diaphragma handelt es sich um eine Gummikappe, die vor dem Geschlechtsverkehr über den Gebärmuttermund gelegt wird und das Eindringen von Spermien verhindert. Da die Handhabung nicht einfach ist, ist es eine relativ unsichere Methode.

Kondome
Das Kondom oder auch Präservativ besteht aus einer gummiartigen Substanz, in der Regel Latex. Es wird vor dem Geschlechtsverkehr über das steife Glied des Mannes gezogen und verhindert so, dass Sperma in die Scheide gelangt. Wendet man das Kondom mit etwas Übung vorschriftsmäßig an, ist es ein sicheres Verhütungsmittel. Das Kondom darf nie zusammen mit fett- oder ölhaltigen Substanzen wie zum Beispiel Cremes verwendet werden, da das Gummi dann durchlässig wird. Das Kondom schützt auch als einziges Verhütungsmittel vor Geschlechtskrankheiten und ▸AIDS, was besonders bei wechselnden Partnerschaften von großer Bedeutung ist.

Anti-Baby-Pille
Die Anti-Baby-Pille enthält ▸Hormone, die den weiblichen Eisprung verhindern. So kann keine Befruchtung stattfinden. Zusätzlich wird die Gebärmutterschleimhaut nur unvollständig aufgebaut, sodass sich kein Ei einnisten kann. Die Pille muss von der Ärztin oder dem Arzt verschrieben und pro Zyklus 21 oder 22 Tage lang täglich eingenommen werden. Danach setzt in der einwöchigen Pause die Regelblutung ein. Bei richtiger Anwendung schützt sie vom ersten Tag an sehr zuverlässig. Allerdings löst die Pille durch den Eingriff in den Hormonhaushalt häufig Nebenwirkungen wie beispielsweise Zwischenblutungen und Gewichtszunahme aus. Bei Raucherinnen erhöht sie die Thrombosegefahr.

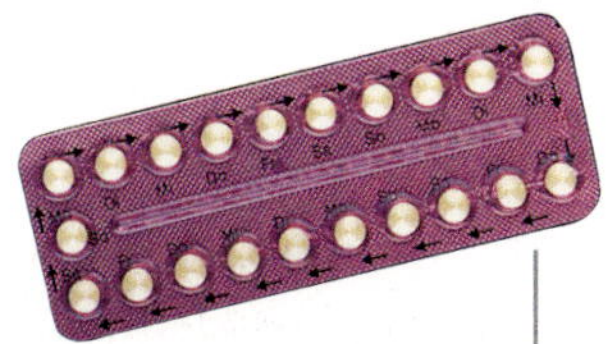

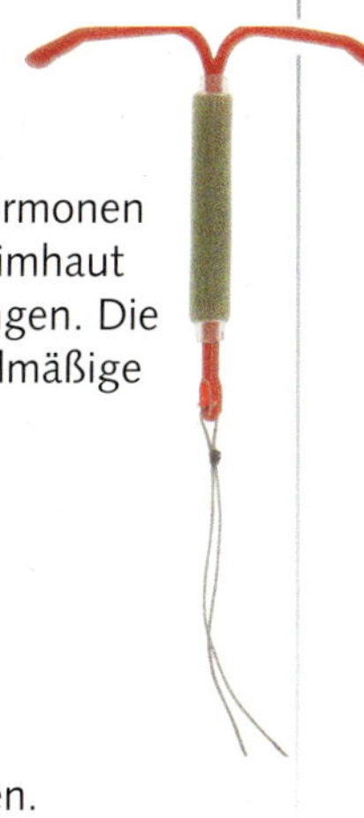

Hormonspirale
Die Hormonspirale besteht aus Kunststoff und ist mit Hormonen gefüllt. Sie verhindert den Aufbau der Gebärmutterschleimhaut und macht es den Spermien schwer, zur Eizelle vorzudringen. Die Verhütungssicherheit ist sehr hoch, doch können unregelmäßige Blutungen oder Kopfschmerzen auftreten.

Chemische Verhütungsmittel
Verschiedene Gels, Cremes, Zäpfchen oder Sprays werden kurz vor dem Geschlechtsverkehr in die Scheide eingeführt und töten Spermien ab. Sie verhüten nur sehr unsicher und sollten daher nur in Kombination zum Beispiel mit einem Diaphragma angewendet werden.

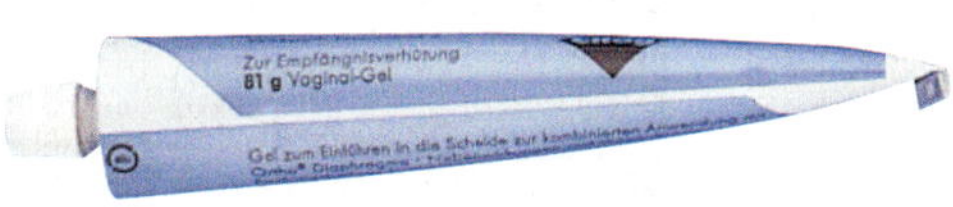

Natürliche Verhütungsmethoden
Durch tägliche Messung der Körpertemperatur und weitere Beobachtungen werden die fruchtbaren und unfruchtbaren Tage einer Frau bestimmt. Dabei können kleine Computer helfen, die beispielsweise das Aufzeichnen und Auswerten der Temperatur übernehmen. Diese Methoden setzen einen regelmäßigen Zyklus und viel Disziplin in der Anwendung voraus. Für Jugendliche sind sie unsicher und daher ungeeignet.

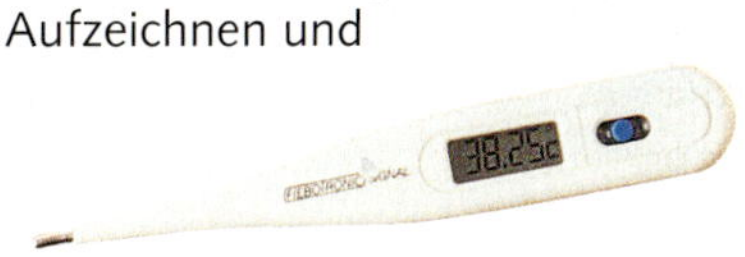

Schwanger – was nun?

1. Julia ist schwanger, und Tom ist der Vater des Kindes.
a) Betrachte die beiden Fotos und mache Vorschläge, was Julia und Tom jeweils denken könnten. Begründe kurz.
b) Erläutere, wie sich das Leben von Jugendlichen verändert, wenn sie Eltern werden.
c) Beschreibe und bewerte Möglichkeiten, wie Tom und Julia mit ihrer Situation umgehen könnten.

2. Eine Freundin vertraut dir an, dass sie ungewollt schwanger ist und nicht weiß, was sie tun soll. Versuche sie davon zu überzeugen, zu einer professionellen Beratung zu gehen. Nenne deine Argumente.

3. a) Informiere dich über Schwangerschaftsberatungsstellen in deiner Umgebung und nenne Adressen. Gib an, woher deine Informationen stammen.
b) Es gibt verschiedene Möglichkeiten der Beratung, vom direkten Gespräch über die telefonische bis zur E-Mail-Beratung. Informiere dich über diese Beratungsarten und nenne die jeweiligen Vor- und Nachteile.

4. a) Recherchiere Möglichkeiten der Pränataldiagnostik und stelle sie in einer Mindmap dar.
b) Eine Frau berichtet: „Mein Arzt hat bei einer Ultraschalluntersuchung meines Kindes einen recht großen Kopfumfang festgestellt und auch ein erweitertes Nierenbecken, was bei Jungen aber öfter vorkommen kann. Der große Kopf beunruhigt mich schon. Soll ich eine Fruchtwasseruntersuchung durchführen lassen?"
Nenne Argumente, die für oder gegen eine Fruchtwasseruntersuchung sprechen.

5. Erläutere, was mit dem Plakat ausgedrückt werden soll.

Julia, 17 Jahre, hat nach Durchführung eines Schwangerschaftstests die Gewissheit: sie ist schwanger. Sie verspürt eine gewisse Freude, hat zugleich aber auch Angst vor der Zukunft. „Jetzt schon Mutter werden, wo ich doch gerade die Ausbildung begonnen habe? Wer soll das alles bezahlen? Wie wird mein Freund reagieren? Was werden bloß meine Eltern sagen?“ Solche und viele andere Fragen entstehen oft, wenn es zu einer ungewollten Schwangerschaft gekommen ist.

Die Schwangerschaftskonfliktberatung

Erste Ansprechpartner für Fragen können neben dem Partner Eltern, Freunde oder Lehrer sein. Es gibt außerdem anerkannte Beratungsstellen, an die sich schwangere Frauen und ihre Partner mit ihren Fragen und Problemen wenden können. Die Beratungen sind kostenlos und auf Wunsch anonym.

Das Ziel der so genannten **Schwangerschaftskonfliktberatung** liegt darin, ungeborenes Leben zu schützen und deutlich zu machen, dass das Ungeborene ein eigenes Recht auf Leben hat. Im Hinblick darauf zeigen Berater und Beraterinnen Paaren in schwierigen Situationen Möglichkeiten auf, wie sie ihr Leben mit dem Kind gestalten könnten.

Die Beratungsstellen informieren beispielsweise über Durchsetzung rechtlicher Ansprüche, über finanzielle Unterstützungsmöglichkeiten wie das Mutterschafts- und Elterngeld sowie über mögliche Hilfen bei der Wohnungssuche oder der Kinderbetreuung.

Aber die Beratung ist ergebnisoffen und die Schwangere wird nicht dazu gedrängt, das Kind auf jeden Fall auszutragen. Kann sich die Schwangere ein Leben mit dem Kind überhaupt nicht vorstellen, bekommt sie Informationen über andere Möglichkeiten, wie die Unterbringung des Kindes in einer Pflegefamilie, die Freigabe zur Adoption oder zum Schwangerschaftsabbruch.

Die endgültige Entscheidung über die Fortsetzung der Schwangerschaft oder einen Abbruch liegt bei der Schwangeren. Unabhängig von ihrer Entscheidung kann die Schwangere auch weiterhin die Hilfe eines Beraters oder einer Beraterin in Anspruch nehmen.

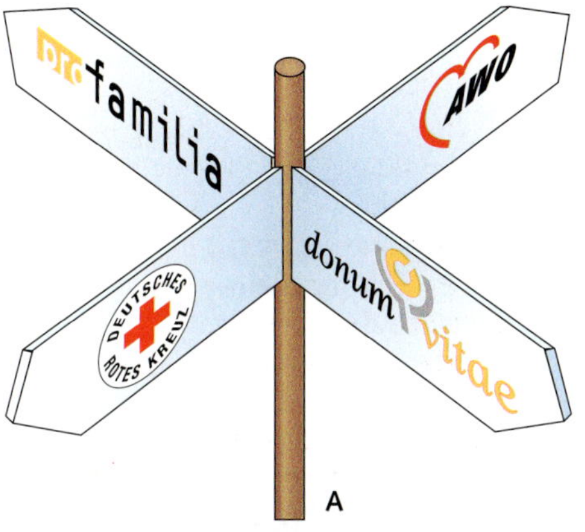

A

B

1 Schwangerschaftsberatung.
A *mögliche Ansprechpartner;* **B** *Beratungsgespräch*

Der Schwangerschaftsabbruch

In Deutschland ist ein Schwangerschaftsabbruch, auch Abtreibung genannt, nach § 218 des Strafgesetzbuches grundsätzlich rechtswidrig, er bleibt aber unter bestimmten Bedingungen straffrei.

Erwägt eine Schwangere nach Feststellung der Schwangerschaft durch einen Arzt oder eine Ärztin einen Abbruch, muss sie sich von einer anerkannten Beratungsstelle mindestens drei Tage vor dem Eingriff beraten lassen. Sie hat so in jedem Fall eine gewisse Bedenkzeit. Die Betroffene erhält eine Bescheinigung als Beratungsnachweis, mit der sie zu einem Arzt oder einer Ärztin gehen kann. Diese können dann den Schwangerschaftsabbruch entweder medikamentös oder durch einen operativen Eingriff vornehmen. Zwischen Befruchtung und Abbruch dürfen allerdings nicht mehr als zwölf Wochen vergangen sein. Bei unter 16-Jährigen verlangen die Frauenärztinnen oder -ärzte in der Regel eine schriftliche Einverständniserklärung zum Schwangerschaftsabbruch zumindest eines Elternteils. In seltenen Fällen ist ein Schwangerschaftsabbruch nicht rechtswidrig, beispielsweise nach einer Vergewaltigung oder wenn der körperliche oder seelische Zustand der Frau durch die Schwangerschaft schwerwiegend beeinträchtigt ist.

Vorsorgeuntersuchungen

Die meisten Schwangerschaften verlaufen normal, und ein gesundes Kind kommt zur Welt. Trotzdem sorgen sich werdende Eltern oft um die Gesundheit des Kindes. Die Schwangere wird im Rahmen der Schwangerenvorsorge regelmäßig untersucht, ihr Gewicht wird kontrolliert, und es werden verschiedene Blut- und Urinanalysen durchgeführt.
Mit Methoden der **Pränataldiagnostik (PND)** wird das Kind vor der Geburt untersucht.

Ultraschalluntersuchung

Eine sehr wichtige und häufig angewendete, zugleich risikolose Methode der PND ist die Ultraschalluntersuchung. Diese erlaubt einen Blick auf den Fetus in der Fruchtblase. Man erhält Hinweise auf mögliche Wachstumsstörungen oder Fehlbildungen der Wirbelsäule, der Gliedmaßen oder anderer Organe. Dies kann Anlass zu weiteren Untersuchungen geben.

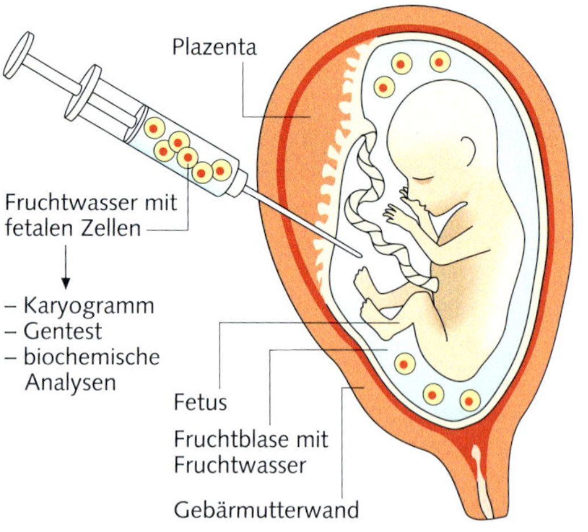

2 Fruchtwasseruntersuchung

Fruchtwasseruntersuchung

Die Fruchtwasseruntersuchung wird bei Auffälligkeiten im Ultraschall, bei Frauen über 35 Jahren oder, wenn in der Familie ▸ Erbkrankheiten vorkommen, empfohlen. Bei der Fruchtwasseruntersuchung wird eine Hohlnadel durch die Bauchdecke und die Gebärmutter in die Fruchtblase geführt und eine kleine Menge Fruchtwasser abgesaugt. Die darin enthaltenen Zellen des Fetus werden zunächst vermehrt und anschließend auf ▸ Trisomie 21 und andere Chromosomenstörungen untersucht.
Durch ▸ **Gendiagnosen**, bei denen DNA-Abschnitte genauer untersucht werden, können zudem einige Erbkrankheiten festgestellt werden.
Biochemische Analysen des Fruchtwassers können Hinweise auf Stoffwechselerkrankungen geben.
Die Fruchtwasseruntersuchung ist nicht ganz risikolos, da es in seltenen Fällen zu einer Fehlgeburt kommen kann. Problematisch ist auch, dass mithilfe der Untersuchungsergebnisse aller Methoden der PND grundsätzlich nur Wahrscheinlichkeiten angegeben werden können, ob ein gesundes oder krankes Kind geboren wird. Aufgrund einer solchen Wahrscheinlichkeit müssen Eltern entscheiden, ob sie glauben, mit einem kranken oder behinderten Kind leben zu können oder einen Schwangerschaftsabbruch vornehmen lassen wollen. Dabei sind Ausprägung einer Krankheit und Entwicklung des Kindes kaum vorhersehbar. Erschwert wird die Entscheidung auch dadurch, dass viele Diagnoseverfahren erst im zweiten Schwangerschaftsdrittel durchgeführt werden können, bei der die Mutter das Kind bereits fühlt.

1 Ultraschalluntersuchung

Welche Untersuchungsmöglichkeiten der PND genutzt werden, muss jedes Paar, jede Schwangere unter Berücksichtigung der persönlichen Konsequenzen entscheiden. Denn einerseits können PND-Ergebnisse therapeutische Maßnahmen bis hin zu einer vorgeburtlichen Operation einleiten, andererseits könnte ein Schwangerschaftsabbruch in

Methode

Über Werte diskutieren

Ob wir etwas „richtig" oder „falsch" finden, sagt uns oft unser **Gewissen.** Es gibt aber auch Situationen, in denen es nur schlechte, aber keine gute Lösung gibt – egal, was wir tun, es scheint falsch zu sein. Man spricht dann von einem **Dilemma.**
Dann sollte man darüber nachdenken, warum wir etwas „gut" oder „schlecht", „richtig" oder „falsch" finden. Hinter einer solchen Beurteilung stehen Vorstellungen über **Werte,** die wir uns im Laufe unseres Lebens aneignen. Dabei spielen Erziehung, Gesellschaft und Religion maßgebliche Rollen.
Werte können im Besitz etwa von Geld, Land oder sonstigen Dingen bestehen, aber auch in Vorstellungen und Gefühlen wie Liebe, Freundschaft, Achtung des Eigentums oder der ▸Würde des Menschen.

Ausgehend von **Grundwerten,** die die meisten Mitglieder einer Gesellschaft teilen, entwickeln sich Regeln und **Normen.** Sie erleichtern es uns in konkreten Situationen, die „richtige" Entscheidung zu treffen. So geht die Regel „Du sollst nicht stehlen!" auf den Wert „Achtung des Eigentums" zurück. Dilemmasituationen sind deswegen problematisch, weil Werte miteinander in **Konflikt** stehen: Um den einen Wert zu respektieren, muss man den anderen missachten. Oft löst sich das Dilemma aber auch auf, weil der eine Wert eindeutig höherrangig ist als der andere. Dies wäre etwa der Fall, wenn man stehlen müsste, um ein Menschenleben zu retten: Der Wert eines Menschenlebens ist weit höher anzusiedeln als der Wert der Achtung vor dem Eigentum.

Zum Beispiel: Cindy
Cindy ist 20 Jahre alt und arbeitet als Hilfskraft in einer Imbissbude. Sie verdient gerade genug zum Überleben. Eines Tages lernt sie einen Mann kennen, der im Auftrag einer ausländischen Firma junge Frauen sucht, die Embryonen für ein Forschungsprojekt spenden würden. Bei Interesse würde Cindy zweimal im Jahr zu der Firma reisen, sich künstlich befruchten lassen und die entstehenden Embryonen spenden. Neben dem zweiwöchigen „bezahlten Urlaub" würde Cindy pro Embryo 5000 Euro „verdienen".

Ablauf einer Dilemmadiskussion

Erste Zuordnung
Formuliert das Dilemma als „Ja-Nein-Frage", die sich in der Situation stellt. Ordnet Euch jeweils einer der beiden Alternativen zu. Es entstehen zwei Gruppen.

Gruppeninterne Diskussion
Diskutiert innerhalb der Gruppen über die Hintergründe der Zuordnung.
- Warum habt ihr euch so entschieden?
- Auf welche Wertvorstellung gehen eure Entscheidungen zurück?
- Welche Werte konkurrieren, ist einer höherrangiger als der andere?
- Handelt es sich um Grundwerte oder könnte man über die Werte unterschiedlicher Meinung sein?
- Gibt es weitere Argumente für die unterschiedlichen Standpunkte?
- Welche Argumente könnte die „Gegenseite" bringen und wie könnte man diese entkräften?

Diskussion im Plenum
Tauscht Argumente, Wertvorstellungen und Standpunkte zwischen den Gruppen aus. Bleibt dabei sachlich und bedenkt, dass es bei einem Dilemma keine einfache, eindeutig richtige oder falsche Lösung gibt.

Zweite Zuordnung
Ordnet euch nun erneut einer der beiden Alternativen zu. Wie viele haben ihre Meinung geändert? Haltet als Ergebnis das abschließende Meinungsbild, die Hauptargumente der Gruppen und vor allem die Gewichtung der dahinter stehenden Werte fest. Falls sich neue Alternativen ergeben haben, haltet sie ebenfalls fest.

1. Was ist „Menschenwürde" und was muss man tun, um sie beanspruchen zu können? Recherchiere und berichte.

2. Diskutiert Cindys „Dilemma" unter der Annahme, dass sich das Forschungsprojekt mit der Herstellung
a) einer Anti-Aging-Hautcreme,
b) einer Medizin zur Heilung von Krebs bei Kindern befasst.

Wenn kein Kind kommen will

Ungewollt kinderlos zu sein, ist für viele Paare eine große Belastung, unter der sie sehr leiden. Was aber kann man tun, wenn trotz längeren „Probierens" kein Kind kommen will?
Die Ursachen dafür können sehr unterschiedlich sein und sowohl beim Mann als auch bei der Frau liegen. Oft enthält beispielsweise das Sperma des Mannes zu wenige oder zu unbewegliche Spermien. Bei Frauen kann es zu Störungen bei der von ▸Hormonen gesteuerten Reifung der Eizellen oder bei deren Wanderung durch den Eileiter kommen.
Fast ebenso vielfältig wie die Ursachen der Kinderlosigkeit sind, sind auch die Methoden der **Reproduktionsmedizin.** Das ist ein Zweig der Medizin, der sich damit befasst, den Kinderwunsch zu erfüllen.
Manchmal reicht es schon, wenn ein Arzt den Zeitpunkt des Eisprunges bestimmt und dann das Sperma direkt in die Gebärmutter oder sogar in den Eileiter überträgt. Eine solche **Insemination** ist ein relativ geringer Eingriff in die natürlichen Abläufe.
Demgegenüber stellt die **In-vitro-Fertilisation (IVF)** schon einen schwereren Eingriff dar. Sie ist mit großen Belastungen vor allem für die betroffenen Frauen, aber auch für deren Partner verbunden.
Dabei muss sich die Frau zunächst einer Hormonbehandlung unterziehen, damit mehrere Eizellen gleichzeitig heranreifen. Diese werden ihr dann im Rahmen einer Operation entnommen. Im Labor werden später Spermien und Eizellen in einer speziellen Nährlösung zusammengebracht. Die Eizellen werden nun befruchtet und beginnen sich zu teilen. Die so entstehenden Embryonen werden in die Gebärmutter der Frau eingesetzt, wo sie sich zu Kindern entwickeln können.

Etwa 50% der Paare, die sich für diese Methode entscheiden, bekommen schließlich ein Kind.
Dafür sind aber mitunter viele Versuche notwendig. Und genau wie bei einer auf natürlichem Wege entstandenen Schwangerschaft gilt auch hier: Je älter die Mutter, umso geringer die Chance auf Erfolg.
Manche sehen die IVF kritisch, zum Beispiel weil meist mehr als ein Embryo in die Gebärmutter eingesetzt wird. So erhöht man die Chance, dass sich wenigstens ein Embryo auch einnistet. Nisten sich allerdings mehrere Embryonen ein, kommt es zu ungewollten Mehrlingsschwangerschaften. Diese sind ein besonderes Risiko für Mutter und Kinder. In Deutschland dürfen daher bei jedem Versuch höchstens drei Eizellen befruchtet und eingepflanzt werden. Ob ein, zwei oder drei Embryos eingesetzt werden sollen, muss das Paar aber selbst entscheiden.
Manche Paare entscheiden sich wegen all dieser Belastungen und wegen der mäßigen Erfolgsaussichten bewusst gegen die IVF oder ähnliche Methoden.
Wenn der Wunsch nach eigenen Kindern dauerhaft unerfüllt bleibt, kann man sich zum Beispiel um eine **Adoption** bemühen. Kein einfacher Weg, der aber nach Ansicht von Betroffenen einer „biologischen Elternschaft" am Ende in nichts nachstehen muss.

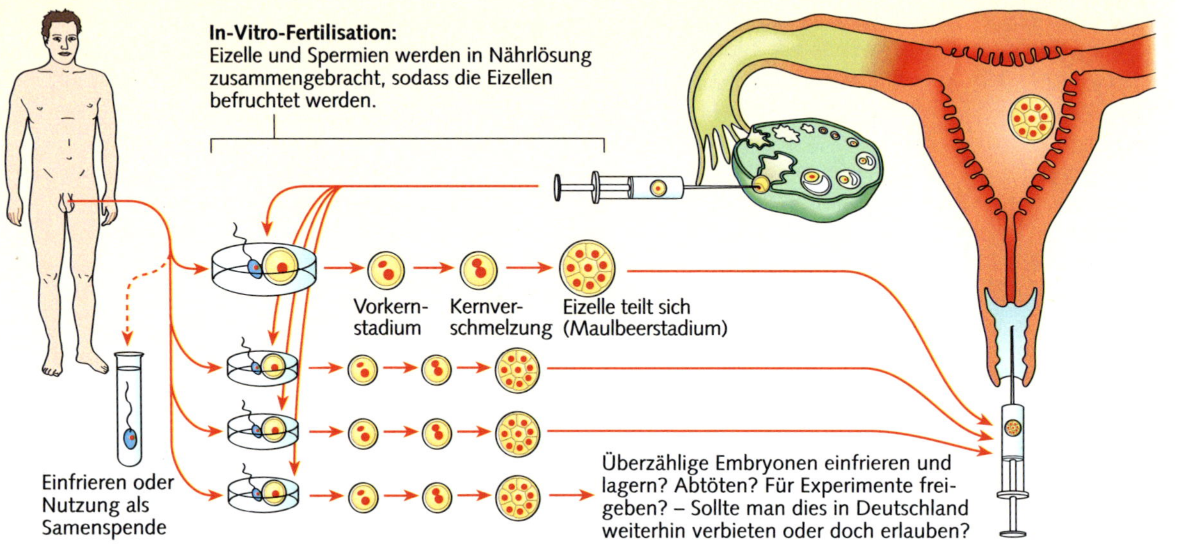

1 Ablauf einer In-vitro-Fertilisation (IVF)

Experimente ohne Tabu?

1. Informiere dich über verschiedene Möglichkeiten, Stammzellen zu gewinnen. Stelle Vor- und Nachteile heraus und berichte kurz.

2. Recherchiert Argumente pro und contra Präimplantationsdiagnostik (PID) und führt ein ▸Streitgespräch.

3. Auch wenn die Verfahren kompliziert und für den Laien unverständlich sind, sollte man sich mit Themen wie „Embryonale Stammzellen" oder „Präimplantationsdiagnostik" auseinandersetzen. Würdest du dieser Aussage zustimmen? Begründe.

4. „Alles hat zwei Seiten", das meint, dass beide Seiten wie etwa bei einer Medaille gleichwertig sind, sich also Vor- und Nachteile die Waage halten. Stelle die folgenden Verfahren kurz vor und nimm Stellung dazu, ob das Sprichwort von den „zwei Seiten einer Medaille" hier angebracht ist.

a) Gewinnung embryonaler Stammzellen für die Forschung
b) Pränataldiagnostik
c) Präimplantationsdiagnostik
d) Keimbahntherapie

Stammzellen
Für die medizinische Forschung sind ▸Stammzellen ein Hoffnungsträger. Man hofft, in Zukunft mit ihrer Hilfe viele Krankheiten behandeln zu können. Die für diese Forschung vielversprechendsten Stammzellen lassen sich aus ▸Embryonen gewinnen. Die Embryonen werden dabei getötet. In vielen Ländern nutzt man als Stammzelllieferanten Embryonen, die bei der ▸In-vitro-Fertilisation übrig geblieben sind. In Deutschland ist dies verboten und sogar die Einfuhr embryonaler Stammzellen aus dem Ausland ist durch Auflagen strikt begrenzt. Kritiker fürchten nämlich, dass die Reproduktionsmediziner so noch dazu ermuntert werden könnten, möglichst viele „überschüssige" Embryonen für die Forschung zu erzeugen. Viele Forscher kritisieren diese Regelung hingegen und verlagern ihre Labors ins Ausland, wo sie ihre Forschungen weniger durch Gesetze behindert sehen. Sie verweisen zudem auf das große Leid, das viele Krankheiten über die Betroffenen bringen und das sie durch ihre Forschungen mit Stammzellen zu lindern hoffen.
Mit diesen und ähnlichen Widersprüchen befasst sich unter anderem die Zentrale Ethikkommission, ein von der Bundesärztekammer eingesetztes Expertenteam. Im Hinblick auf die Stammzellen kommen diese Experten zu dem Schluss, dass weniger die Forschung an als vielmehr die Gewinnung von Stammzellen problematisch sein kann.

Präimplantationsdiagnostik (PID)
Präimplantationsdiagnostik bedeutet soviel wie „Untersuchung vor der Einsetzung". Gemeint sind Untersuchungen, die man an in-vitro gezeugten Embryonen durchführt, bevor sie in die Gebärmutter eingesetzt werden. Meist geht es um genetische Untersuchungen: Ohne ihm zu schaden, entnimmt man einem Embryo 2–3 Tage nach der Befruchtung eine Zelle und untersucht sie.
Sind bei einem Paar Erbkrankheiten ausgeprägt, so kann ein PID-Verfahren klären, welche der bei der IVF erzeugten Embryonen Träger der Krankheit sind und welche nicht. Vom Ergebnis hängt dann ab, ob der Embryo eingepflanzt oder abgetötet wird.
Kritiker halten vor allem diese ▸Selektion, also **Auswahl bestimmter Embryonen,** für unangebracht, da jeder Mensch ein Recht auf Leben habe. Zudem sei es möglich, dass man sich irgendwann seine „Wunschkinder" vor der Schwangerschaft aussuchen könne. Das halten Befürworter der PID für Unsinn. Sie betonen, dass die PID Leid verhindert, das etwa das Austragen eines behinderten Kindes mit sich brächte. Sie verweisen dabei auch auf den § 218, der die Abtreibung behinderter Kinder ohnehin straffrei stellt. Warum also nicht schon vorher feststellen, ob eine Behinderung vorliegt oder nicht?

Keimbahntherapie
Theoretisch könnte man sogar die ▸Keimzellen eines Menschen so verändern, dass er seine Erbkrankheiten oder auch sonstige unerwünschte Eigenschaften nicht weitervererben kann. Derzeit gibt es jedoch kein solches Verfahren. Und in Deutschland sind bereits alle Versuche verboten, es zu entwickeln.

Jeder sollte eine begründete Meinung zu diesen Themen haben. Als Bürger wählen wir Politiker, die Gesetze erlassen und solche Verfahren erlauben oder verbieten.

Zukunft = Familie? Formen des Zusammenlebens

„Ich möchte gerne Kinder haben. Aber auch mein Beruf ist mir wichtig. Beides geht nur, wenn sich der Vater mit um die Familie kümmert."
Insa, 15 Jahre

„Männer müssen arbeiten gehen und Geld ranschaffen. Wenn du als Mann einen auf Familie machst, denken doch alle, du wärst ein Versager!"
Sven, 16 Jahre

1. a) Beschreibe die Abbildungen oben. Was ist zu sehen? Welche Aussage steckt dahinter?
b) Nimm Stellung dazu. Ist dies eine realistische Darstellung der Gedanken junger Erwachsener?
c) Welche Probleme könnten bezüglich einer gemeinsamen Zukunftsplanung auf Insa und Sven zukommen und wie können sie diese entschärfen?

2. Informiere dich über die Idee der Mehrgenerationenhäuser.
a) Fasse kurz zusammen, was ein Mehrgenerationenhaus ist.
b) Welche Vorteile bietet es Kindern, Eltern und Senioren jeweils?

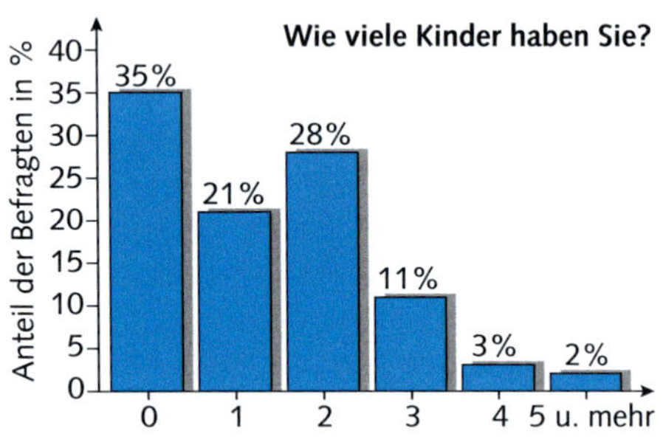

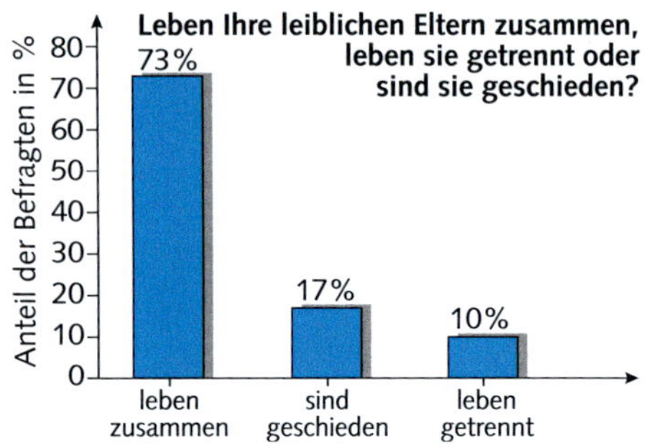

3. a) Beschreibe die Aussagen der beiden Diagramme über die Umfrageergebnisse.
b) Beurteile, inwieweit die Ergebnisse einerseits dem oben gezeigten Familienbild entsprechen, andererseits aber auch andere Realitäten zeigen.
c) Sammele Vermutungen über die Gründe für unterschiedliche Kinderzahlen und Lebensverhältnisse. Erstelle zum Beispiel eine Mindmap.

4. a) Entwerft eine Umfrage zum Thema „Zukunft = Familie?", in der ihr Mitschülerinnen und Mitschüler mit Fragebögen anonym zu deren Zukunftsplänen befragt. Fragt zum Beispiel, wie viele Kinder jemand haben möchte, ob vorher geheiratet werden soll, wie wichtig die berufliche Karriere ist usw. Denkt euch eigene Fragen aus, erstellt und verteilt die Fragebögen und wertet sie aus.
b) Sucht im Internet nach Statistiken oder Umfragen zu diesem oder ähnlichen Themen. Druckt die interessantesten aus und stellt sie vor.

Ehe und Familie – im Umbruch

„Die Ehe ist immer noch die Lebensform erster Wahl, vor allem, wenn es darum geht, Kinder zu bekommen und groß zu ziehen." So stellte es das Statistische Bundesamt 2008 fest: die Kinder werden meist geboren, während ihre Eltern verheiratet sind.
Aber es ist ein Wandel festzustellen. Immer mehr Familien entscheiden sich gegen die „klassische" Rollenverteilung, in der der Vater arbeitet und die Mutter allein die Kinder groß zieht. In 85 % aller Ehen mit Kindern unter 15 Jahren arbeitet die Mutter mindestens Teilzeit, in 20 % sogar Vollzeit. Mütter verzichten heute weniger als früher auf die eigene Karriere. Und Väter, die heute mehr als früher am Familienleben teilhaben möchten, stoßen dabei in der Arbeitswelt auf wenig Verständnis.

Andere Formen des Zusammenlebens

Auch wenn die Ehe noch lange kein „Auslaufmodell" zu sein scheint, sind andere Formen des Zusammenlebens auf dem Vormarsch. **Alleinerziehende** und **Patchworkfamilien,** bei denen ein oder beide Partner vorhandene Kinder mit in die neue Beziehung bringen, haben zugenommen. Daneben gibt es viele, die gewollt oder ungewollt kinderlos bleiben. Sie leben oft als **Singles,** bilden für einen begrenzten Zeitraum eine **Lebensgemeinschaft** oder sind verheiratet.

Das Problem der Kinderlosigkeit

In Deutschland liegt die durchschnittliche Kinderzahl pro Frau heute bei etwa 1,3. Rund ein Viertel der Frauen, die zwischen 40 und 60 Jahren alt sind, haben keine Kinder. Gründe sind zum Beispiel die schwierige Vereinbarkeit von Kindern und Berufsleben oder die hohen Kosten, die Kinder verursachen. Wenn Frauen durchschnittlich weniger als zwei Kinder bekommen, nimmt die Bevölkerung ab. Problematisch ist dies auch, weil auf diese Weise der Anteil der „Alten" steigt, die zudem dank der modernen Medizin immer älter werden, während immer weniger „Junge" nachkommen. Da es vorwiegend Menschen zwischen 16 und 66 Jahren sind, die arbeiten gehen, Geld verdienen und Steuern und Sozialabgaben wie die Rentenbeiträge zahlen, ist dies ein wachsendes Problem. Nur wenn wieder mehr Menschen Kinder bekommen, wird unser Sozialsystem auch in Zukunft noch funktionieren. Eine kinder- und familienfreundlichere Gesellschaft ist also letztlich im Interesse aller. Ehen und Familien werden deshalb zum Beispiel durch Steuervorteile gefördert und die Vereinbarkeit von Familie und Beruf soll etwa durch preiswerte Betreuungsangebote und flexiblere Arbeitszeiten verbessert werden.

Familie im Wandel der Zeit

Streifzug

1 Großfamilie

Das Wort Familie kommt aus dem Lateinischen. Die „Familia" war der Hausstand eines Mannes, also neben seiner Ehefrau und den Kindern auch alle Sklaven, Helfer und sogar das Vieh.
Bis vor gut 200 Jahren gehörten auch bei uns alle Bewohner eines Haushalts zu einer **„großen Hausfamilie"**. Auf einem Bauernhof waren das neben den Großeltern, Eltern und Kindern auch Mägde und Knechte (Hilfsarbeiter) sowie häufig noch unverheiratete Angehörige. Sie alle bildeten eine Hausgemeinschaft und teilten sich anfallende Arbeiten im Haus, Stall oder auf dem Feld.
Mit der Industrialisierung lebten immer mehr Menschen in der Stadt in kleinen Wohnungen. Vor ungefähr 150 Jahren hatte sich der Familienbegriff so weit gewandelt, dass man hierunter nur noch die beiden Eltern mit ihren Kindern verstand. Der Vater ging arbeiten, während sich die Mutter um die durchschnittlich 3 Kinder kümmerte. **Bürgerliche Kleinfamilie** nannte man das.
Heute sind die Familien meist nicht nur kleiner, immer häufiger versuchen auch beide Eltern, **Familie und Beruf** miteinander zu vereinbaren. Dazu sind sie vor allem auf Angebote angewiesen, ihre Kinder außerhalb der eigenen Familie betreuen zu lassen.

2 Kindertagesstätte

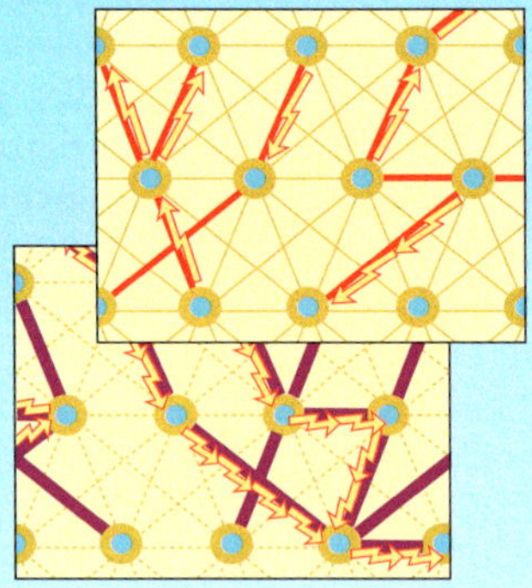

Umbau von Körper und Geist
Zwischen Kindheit und Erwachsenenalter liegt die Pubertät. Geschlechtsorgane, Gehirn und der restliche Körper entwickeln sich. Dann können wir Kinder bekommen und Verantwortung tragen.

Vielfalt und Toleranz
In und nach der Pubertät zeigt sich auch, dass Sexualität etwas sehr Individuelles und Intimes ist. Dieser Vielfalt begegnet man am besten mit gegenseitigem Respekt und Toleranz.

Hormone – chemische Botenstoffe
Hormone steuern die Entwicklung. Sie sind auch an der Regelung geschlechtsspezifischer Vorgänge beteiligt, etwa der Ausprägung der sekundären Geschlechtsmerkmale, der Reifung der Spermien oder dem Ablauf des weiblichen Zyklus.

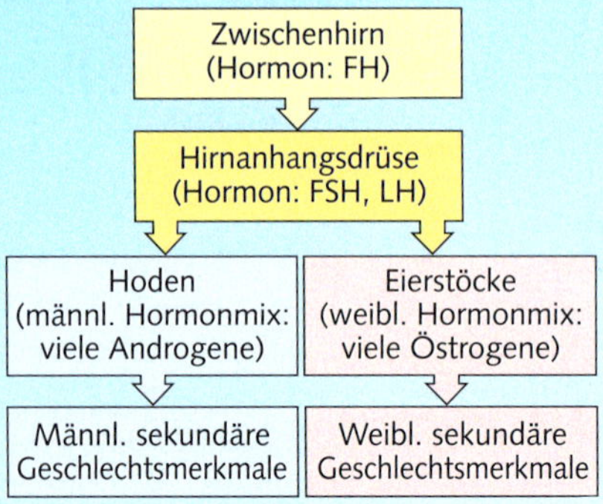

Geschlechtsspezifischer Mix
Das Freisetzende Hormon (FH), das Luteinisierende Hormon (LH), das Follikelstimulierende Hormon (FSH) sowie die oft als Geschlechtshormone bezeichneten Androgene und Östrogene finden sich sowohl im männlichen als auch im weiblichen Körper, allerdings in unterschiedlichen Mengenverhältnissen.

Wie ein Kind entsteht.
Aus einer von einem Spermium befruchteten Eizelle kann sich zunächst ein Embryo entwickeln, aus dem während der Schwangerschaft schließlich ein Kind wird.

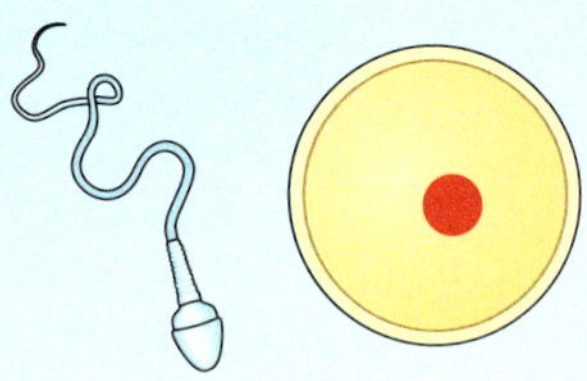

Schwangerschaftskonfliktberatung
Kommt es zu einer ungewollten Schwangerschaft, muss sich eine Frau informieren und beraten lassen, bevor sie entscheidet, was geschehen soll und ob sie gegebenenfalls eine Abtreibung wünscht.

Schwangerschaftsverhütung
Viele Paare wollen (noch) kein Kind und verhüten deshalb. Man sollte Vor- und Nachteile der verschiedenen Methoden kennen, sie nach eigenen Bedürfnissen gewichten und dann die passende Methode auswählen. Nur Kondome schützen zudem vor Geschlechtskrankheiten und AIDS.

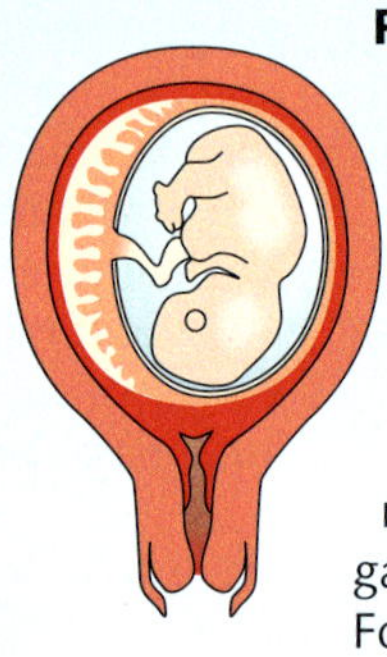

Reproduktionsmedizin
Die In-vitro-Fertilisation (IVF) erfüllt vielen Paaren den Kinderwunsch, die auf natürliche Weise keine Kinder bekommen. Manche finden es bedenklich, dass dabei bisweilen mehr Embryonen erzeugt als ausgetragen werden. Gesetze regeln daher den Umgang mit Embryonen. Embryonen sind zum einen Forschungsobjekte, z. B. als Stammzelllieferanten, zum anderen menschliche Wesen, die vor Missbrauch geschützt werden müssen.

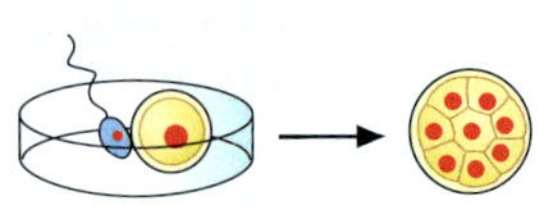

Lebensphasen
Das Leben mit Kindern findet in verschiedenen Formen des Zusammenlebens statt. In Deutschland entscheiden sich derzeit zu wenig Menschen, Kinder zu bekommen. Das bringt Probleme mit sich.

1. Beschreibe je einen „typischen Tag“ im Leben eines Kindes, eines Jugendlichen und eines Erwachsenen.

2. Unter dem Stichwort „Gender Mainstreaming“ findest du im Internet zahlreiche Beispiele sowohl für gelungene als auch für fragwürdige Maßnahmen im Sinne einer Gleichstellung beider Geschlechter. Recherchiere und beachte dabei die Hinweise zur kritischen Nutzung der Informationsquelle Internet. Stelle ein Beispiel in Form eines kurzen Vortrages vor. Nenne dabei auch deine Quelle und versuche, ihre Verlässlichkeit abzuschätzen.

3. Erstelle einen „Zykluskalender“, in den du für die Tage des Zyklus stichpunktartig aufschreibst, was in Sachen Hormone, Eizellen, Gebärmutter usw. im Körper passiert. Wenn es sich anbietet, kannst du Tage zusammenfassen. Beginne mit dem Tag, an dem die Menstruationsblutung einsetzt.

4. Stelle die einzelnen Phasen der Schwangerschaft von der Befruchtung bis zur Geburt zusammen. Recherchiere möglichst für jeden Abschnitt die wichtigsten Fakten sowie eine passende Abbildung. Stelle alles zu einer Broschüre „Wie ein Kind entsteht“ zusammen.

5. Skizziere, inwieweit Frauen bereits während der Schwangerschaft auf das ungeborene Kind Rücksicht nehmen sollten. Wähle eine geeignete Darstellungsform (zum Beispiel Text, Collage, Zeichnung mit Piktogrammen).

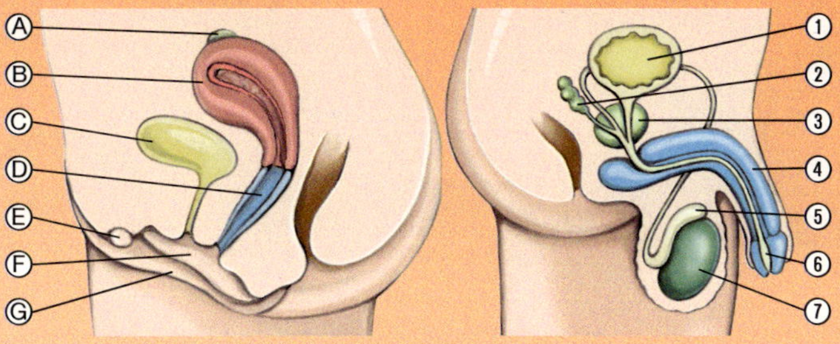

6. Ordne den Buchstaben und Ziffern in den Abbildungen die richtigen Fachbegriffe zu.

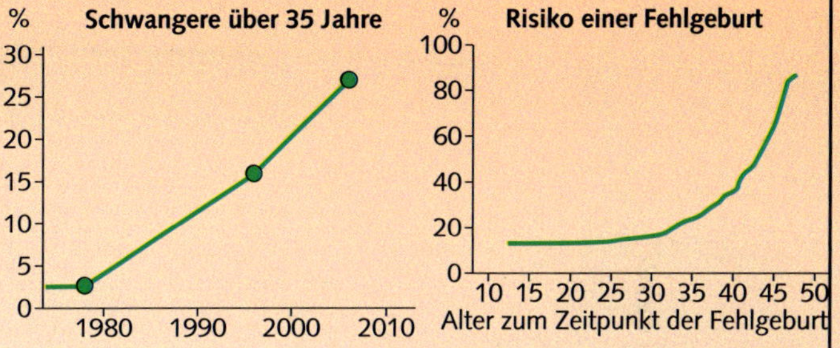

7. a) Erörtere die Aussagen der Grafiken zunächst einzeln.
b) Stelle dann den Zusammenhang her und ziehe aus den dargestellten Informationen eine Schlussfolgerung.

8. a) Recherchiere den Text des Songs „Jein“ von „Fettes Brot“. Welche Beispiele für „Zwickmühlen“ werden genannt?
b) Erläutere, was man unter einem Dilemma versteht – inwieweit ist es mit den „Zwickmühlen“ im Lied vergleichbar?
c) Frauen, die ungewollt schwanger werden, finden sich häufig in einer Dilemmasituation wieder. Erläutere.

9. a) Finde mehr über den „Generationenvertrag“ heraus und erkläre diesen Begriff kurz.
b) Erläutere vor diesem Hintergrund, warum die Unlust Erwachsener, Kinder zu bekommen, ein Problem ist.

Eine Spielerei mit bunten Bausteinen oder ernsthaftes naturwissenschaftliches Arbeiten?

Was haben ein Mönch und Erbsen mit Vererbung zu tun?

Warum sehen Menschen so unterschiedlich aus und sind sich doch so ähnlich?

Vererbung

Gibt es ein Albino-Gen?

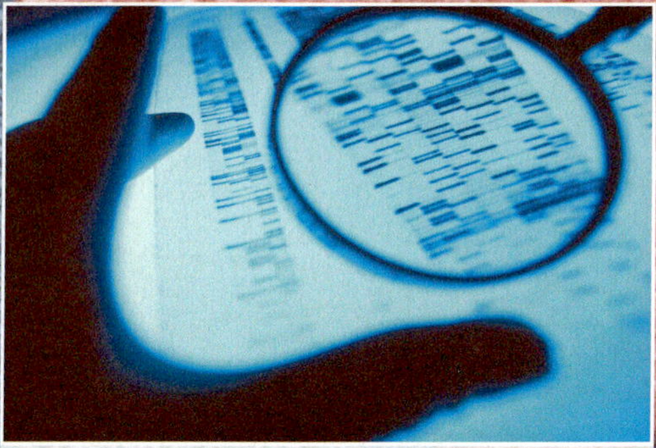

Was ist ein genetischer Fingerabdruck?
Werden wir damit durchleuchtet?

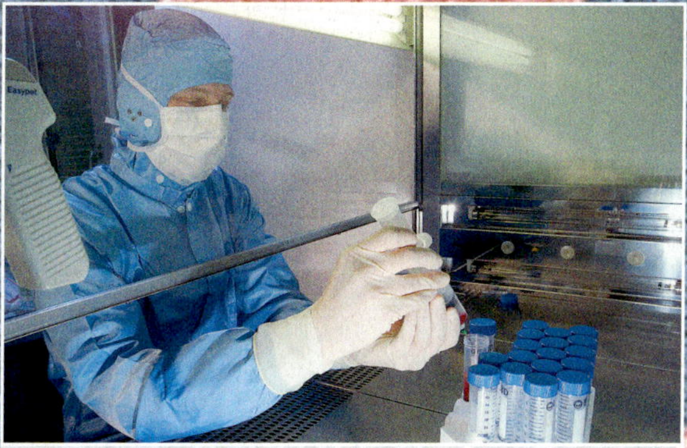

Werden hier Gene manipuliert? Ist das immer gefährlich?

Ganz der Vater – ganz die Mutter?

A

B

C

D

I

II

III

IV

1. a) Die oberen Abbildungen zeigen zwei Elternpaare, die unteren vier Kinder. Jedes Paar hat zwei Kinder. Ordne den Kindern ihre jeweiligen Eltern zu.
b) Begründe, warum die Kinder ihren Eltern ähneln.
c) Erkläre, weshalb sich Geschwister äußerlich durchaus unterscheiden können, obwohl sie die gleichen Eltern haben.

2. a) Erstellt Steckbriefe von euch, in denen ihr Namen, Größe, Haarfarbe, Augenfarbe, bevorzugte Kleidung, Hobbys usw. notiert.
b) Einige Steckbriefe werden vorgelesen, ohne dabei den Namen zu nennen. Versucht eure Mitschülerinnen und Mitschüler anhand der Steckbriefe zu identifizieren. Notiert die Merkmale, an denen es euch gelungen ist.
c) Bei einigen Mitschülerinnen und Mitschülern ähneln sich die Steckbriefe. Erläutert die möglichen Ursachen.

Art	Anzahl der Chromosomen
Mensch	46
Schimpanse	48
Goldhamster	44
Goldfisch	94
Stechmücke	6
Champignon	8
Wurmfarn	164

3. Die Tabelle zeigt die Chromosomenzahl verschiedener Arten. Was fällt dir auf?

4. Erläutere die Aussage der Karikatur.

Beim Blick in ein Familienalbum fallen häufig bemerkenswerte Übereinstimmungen auf. So ähneln Kinder oft in ihrem Gesichtsausdruck oder ihrer Statur den Eltern und Großeltern. Diese Ähnlichkeiten beschränken sich nicht nur auf äußerlich sichtbare Merkmale. Auch bei Verhaltensweisen, Charaktereigenschaften oder ausgeprägten Fähigkeiten kann man häufig Übereinstimmungen feststellen. Wie kommt es zu dieser Familienähnlichkeit und warum treten Merkmale der Eltern wieder bei den Kindern auf?

1 **Familienähnlichkeit**

Erst die Erkenntnisse der **Vererbungslehre** oder **Genetik** brachten Antworten auf diese Fragen. So hat man in den ▸Zellkernen **Chromosomen** gefunden. Das sind besonders geformte Körperchen, die sich im Lichtmikroskop nach spezieller Anfärbung beobachten lassen. Die Chromosomen enthalten ▸DNA, auf der die Information für die Bildung der verschiedenen Merkmale verschlüsselt vorliegt. Jeweils bestimmte DNA-Abschnitte und damit auch bestimmte Abschnitte des Chromosoms sind dabei für die Bildung von Merkmalen verantwortlich. Man nennt diese Abschnitte **Erbanlagen** oder **Gene.** Jedes Lebewesen besitzt in seinen Körperzellen eine typische Anzahl von Chromosomen, beim Menschen sind es 46. Jeweils zwei Chromosomen zeigen vergleichbare Gestalt. Man nennt sie **homologe Chromosomen.**
Die 46 Chromosomen lassen sich also in einem so genannten **Karyogramm** zu 23 Paaren ordnen. Je ein Chromosom eines Paares stammt dabei von der Mutter und eines vom Vater. Die Körperzellen besitzen demnach einen doppelten oder **diploiden Chromosomensatz.**

Eizellen und Spermien enthalten von jedem homologen Chromosomenpaar jedoch nur ein Chromosom. Sie besitzen einen einfachen oder **haploiden Chromosomensatz.** Er besteht beim Menschen aus 23 Chromosomen.
Bei der geschlechtlichen Fortpflanzung verschmelzen die haploiden Chromosomensätze der Keimzellen. Die befruchtete Eizelle und der daraus entstehende Mensch haben demzufolge wieder einen diploiden Chromosomensatz mit 46 Chromosomen.
Zusammen mit den Chromosomen werden bei der Fortpflanzung auch die Gene für bestimmte Merkmale von Mutter und Vater an die Kinder weitergegeben. Diese Weitergabe der Gene an die Nachkommen ist der Grund für die beobachtete Familienähnlichkeit.

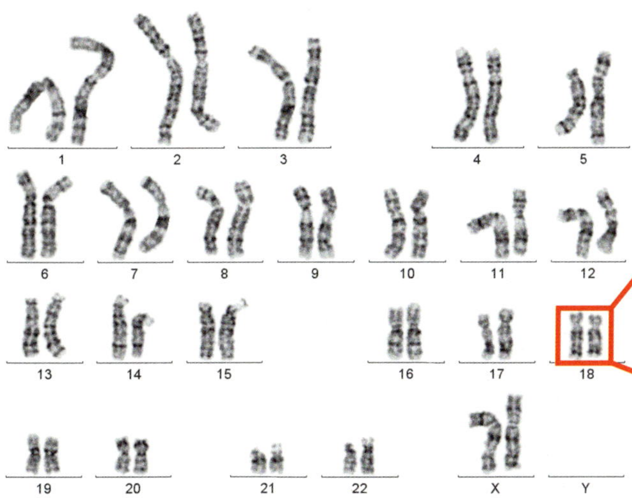

2 **Karyogramm mit diploidem Chromosomensatz einer Frau**

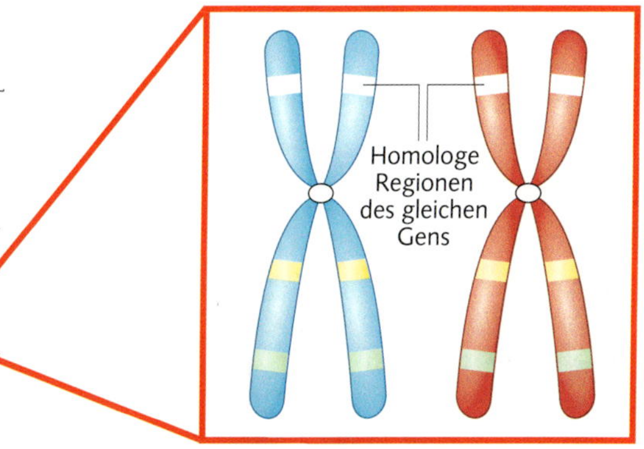

3 **Homologes Chromosomenpaar; je ein Chromosom stammt von einem Elternteil**

Die Erbinformationen liegen im Zellkern

1. a) Beschreibe schrittweise, wie im abgebildeten Versuch vorgegangen wurde und welches Ergebnis man erhielt.
b) Ziehe aus dem Versuchsergebnis Rückschlüsse auf die Rolle des Zellkerns.

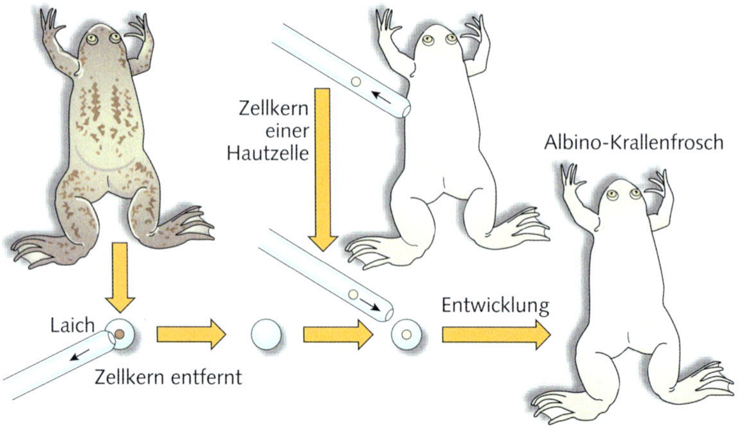

2. DNA lässt sich aus verschiedenen pflanzlichen oder tierischen Geweben gewinnen. So könnt ihr vorgehen, um DNA aus Paprika zu isolieren.

Besorgt die auf dem Foto abgebildeten Materialien. Stellt zunächst etwas Spiritus in den Kühlschrank oder auf Eis. Bereitet dann 20 ml Extraktionslösung vor, indem ihr 2 ml Spülmittel mit Wasser auf 20 ml auffüllt, etwa 0,5 g Kochsalz dazugebt und umrührt.

Schneidet etwa 1/8 Paprika in kleine Würfel. Gebt sie in den Mörser zusammen mit etwa 10 ml der Extraktionslösung. Zerreibt nun das Pflanzenmaterial etwa 10 min lang gründlich. Durch das Reiben brechen die Zellen mechanisch auf und das Spülmittel löst die fetthaltigen Zell- und Kernmembranen auf.
Schneidet aus Kaffeefilterpapier einen passenden Rundfilter und faltet ihn zum Filtrieren. Hinweis: Laborfilter haben oft zu feine Poren. Filtriert das Material aus dem Mörser in ein Reagenzglas.
Füllt in ein zweites Reagenzglas etwa 2 cm hoch eiskalten Spiritus. Lasst nun langsam 1 bis 2 ml des Filtrats in den Spiritus laufen.

Beobachtet das Ausfallen der DNA. Versucht, DNA-Fäden mit dem Holzstab hochzuziehen.
Beschreibt eure Beobachtungen und erklärt sie im Zusammenhang mit dem Bau der DNA.

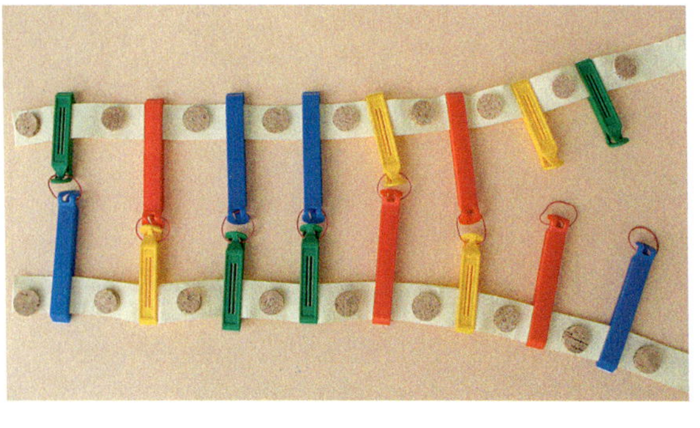

3. Entwerft und baut ▸ Modelle der DNA-Doppelhelix. Präsentiert und erklärt eure Modelle. Geht dabei auf folgende Fragen ein.
a) Wie sind die Zucker-Phosphat-Ketten der Einzelstränge und wie sind die vier Basen im Modell dargestellt?
b) Wie wird die Paarung der zusammenpassenden Basen gezeigt?
c) Lässt sich die Doppelhelixstruktur erkennen?
d) Lässt sich mit dem Modell auch die ▸ DNA-Replikation zeigen?

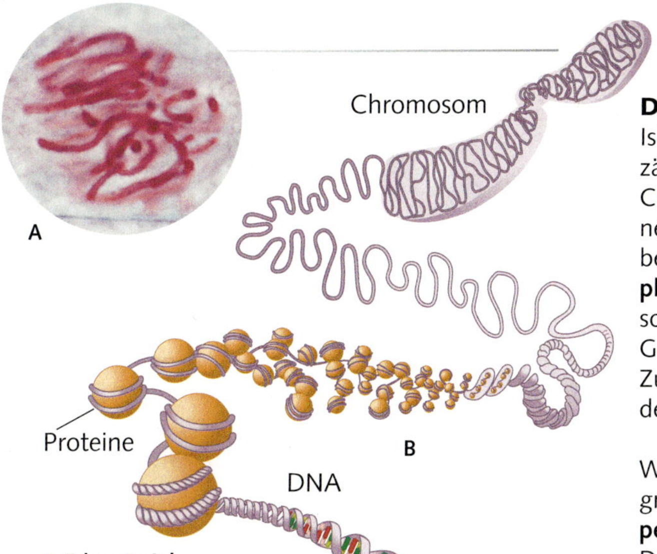

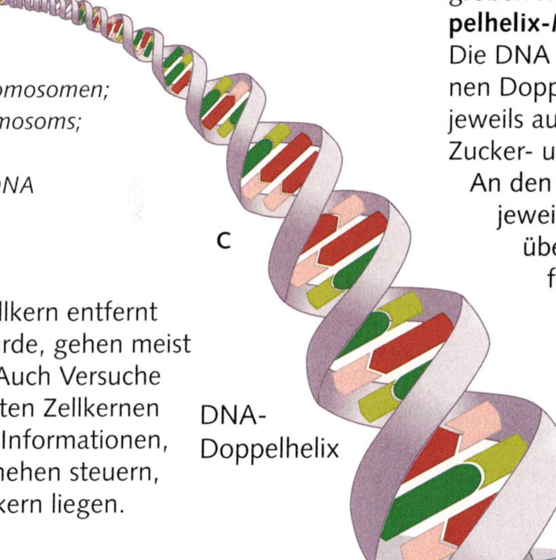

1 Erbmaterial.
A *angefärbte Chromosomen;*
B *Bau eines Chromosoms;*
C *Bau der DNA;*
D *Bausteine der DNA*

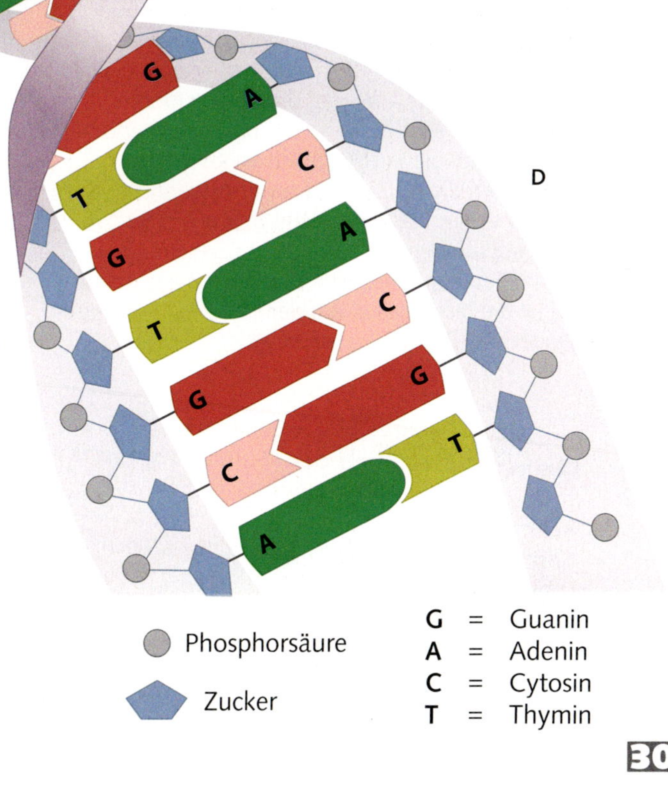

Im Zellkern

Zellen, deren Zellkern entfernt oder zerstört wurde, gehen meist bald zugrunde. Auch Versuche mit ausgetauschten Zellkernen zeigen, dass die Informationen, die das Zellgeschehen steuern, offenbar im Zellkern liegen.

Chromosomen

Mikroskopiert man Zellkerne im Lichtmikroskop, so findet man dort Material, das sich mithilfe bestimmter Farbstoffe anfärben lässt. Während dieses Material meist locker verteilt im Zellkern liegt, bildet es bei einer ▸ Zellteilung dichtere, aufspiralisiertere Packungen. In diesem Zustand sind die ▸ Chromosomen gut sichtbar.
Vor Zellteilungen verdoppelt sich das Chromosomenmaterial. Bei der Zellteilung selbst werden die Chromosomen in zwei Hälften gespalten, die dann sorgfältig auf beide Tochterzellen verteilt werden. Dies legt nahe, dass die Erbinformationen in den Chromosomen zu suchen sind.

Chromosomen bestehen chemisch aus ▸ Proteinen (Eiweißstoffen) und aus so genannter DNA. Sie bildet einen mehrere Zentimeter langen, extrem dünnen Faden, der um Proteine gewickelt ist. Je nach Situation ist der Protein-DNA-Faden weniger oder stärker aufspiralisiert. Deshalb sind die Chromosomen im mikroskopischen Bild unterschiedlich gut erkennbar.

Die DNA – ein sehr großes Molekül

Isoliert man **DNA** aus Zellkernen, so erhält man ein zähes, Fäden ziehendes Material.
Chemische Analysen zeigen, aus welchen Bausteinen die DNA besteht. Es handelt sich um einen bestimmten **Zucker,** die Desoxyribose, um **Phosphorsäure,** die der DNA ihre saure Eigenschaft gibt, sowie um vier organische **Basen:** Adenin (A), Guanin (G), Cytosin (C) und Thymin (T). Jeweils ein Zucker- und ein Phosphorsäurebaustein sowie eine der vier Basen sind zu einem **Nukleotid** verbunden.

Wie Millionen dieser Nukleotide nun zu einem sehr großen Molekül verbunden sind, erklärt das ▸ **Doppelhelix-Modell** der DNA.
Die DNA bildet einen wendeltreppenartig gewundenen Doppelstrang. Die beiden Stränge werden jeweils aus abwechselnd aneinandergehängten Zucker- und Phosphorsäurebausteinen gebildet.
An den Zuckerbausteinen hängt zusätzlich noch jeweils eine der vier Basen. Immer zwei gegenüberliegende Basen bilden eine „Treppenstufe". Dabei liegen sich immer Adenin und Thymin oder Guanin und Cytosin gegenüber. Es gibt also eine feste **Basenpaarung.**

A

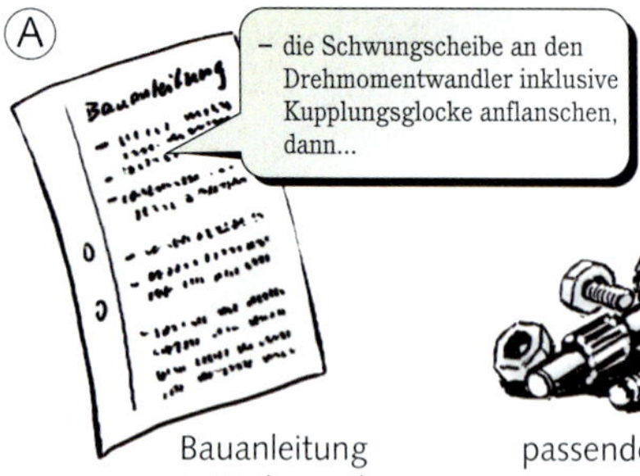

Bauanleitung in Fachsprache

passende Bauteile

Fachmann: versteht Information und setzt sie um

funktionierendes Getriebe

B

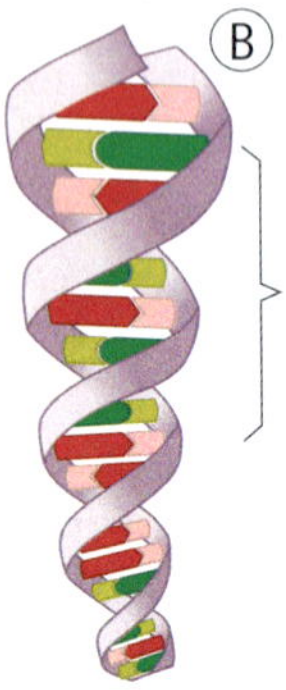

Gen: Abschnitt auf der DNA mit der Bauanleitung für ein Protein

Aminosäuren (Bausteine)

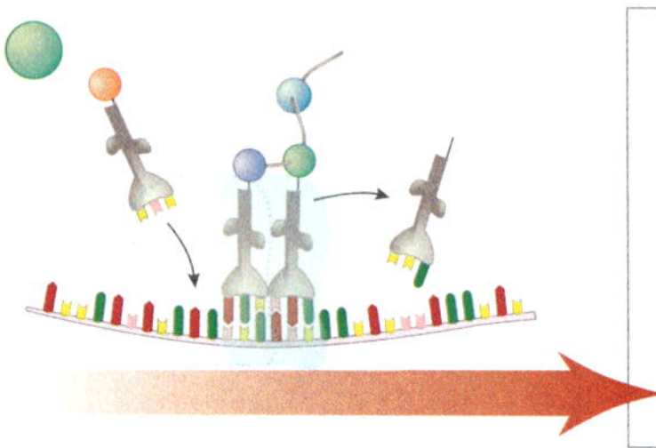

Proteinbiosynthese: chemischer Lese- und Übersetzungsmechanismus

Protein

2 Informationen umsetzen. A *Von der Bauanleitung zum funktionierenden Getriebe;* **B** *Vom Gen zum Merkmal (lockiges Haar)*

Die DNA als Informationsträger

Die DNA lässt sich als Bau- und Betriebsanleitung für die Zelle und letztlich für den Körper auffassen. Die Anleitung ist als stabile DNA-Doppelhelix im Zellkern gespeichert.
Wie kann die DNA Informationen speichern und weitergeben, und wie können diese umgesetzt werden?
Bevor sich Zellen teilen, wird durch eine identische ▸ DNA-Verdoppelung die Anleitung kopiert und die Information an die Tochterzellen weitergegeben. Nützlich wird die Anleitung aber erst, wenn sie gelesen und umgesetzt wird. Ähnlich wie ein Text mit 26 Buchstaben in einer Fachsprache geschrieben und vom Fachmann gelesen und umgesetzt werden kann, ist die Information auf der DNA in der **Reihenfolge** der vier **Basen** verschlüsselt.

In den Zellen sorgt nun ein chemischer Lese- und Übersetzungsmechanismus dafür, dass anhand der Reihenfolge der Basen die entsprechenden **Proteine** gebildet werden. Dies bezeichnet man als ▸ Proteinbiosynthese.

Vom Gen zum Merkmal

Einen Abschnitt auf der DNA, der die Information zum Aufbau eines bestimmten Proteins enthält, nennt man **Gen.**
Manche Proteine dienen direkt zum Aufbau des Körpers, andere wirken als ▸ Enzyme. Dort ermöglichen sie chemische Reaktionen, bei denen beispielsweise Blütenfarbstoffe gebildet werden. Letztlich werden alle **Merkmale** eines Organismus auf der Grundlage der Gene ausgebildet. Diese Ausbildung wird aber durch Umwelteinflüsse mitgesteuert.

Kleines Wörterbuch der Molekulargenetik

Acid: englisch für Säure
Chromosom: anfärbbares Körperchen (griechisch chroma: „Farbe"; und soma: „Körper")
DNA/DNS: Abkürzung für die englische oder deutsche Bezeichnung desoxyribonucleic acid bzw. Desoxyribonukleinsäure
Helix: griechisch für Windung, Spirale
Nukleus: Zellkern (lateinisch nucleus: „Kern")
Nukleinsäuren: im Zellkern zu findende Säuren wie DNA und RNA
Nukleotid: Baustein der DNA oder RNA aus Zucker, Phosphorsäure und einer der vier Basen
Makromolekül: Riesenmolekül (griechisch makros: „groß"; Gegenteil zu mikros: „klein")
RNA/RNS: Abkürzung für englisch ribonucleic acid bzw. Ribonukleinsäure
Ribose und **Desoxyribose:** zwei ähnliche Zucker, Bestandteile der RNA bzw. DNA

Die Entschlüsselung der DNA – eine Erfolgsgeschichte

Die DNA-Doppelhelix – ein tragfähiges Modell
Nachdem man die chemischen Bestandteile der DNA bereits gefunden hatte, konnte man sich nicht vorstellen, wie aus doch recht einfachen Bausteinen ein so komplexes Molekül entstehen kann, das Informationen zum Aufbau eines ganzen Organismus trägt.

Francis CRICK und der junge James WATSON machten sich 1951 daran, die DNA-Struktur zu entschlüsseln. Um sich genauere Vorstellungen von der möglichen Molekülstruktur machen zu können, bauten sie Modelle der DNA-Bausteine und probierten verschiedenste Zusammensetzungen aus.
Dabei nutzten sie die Erkenntnisse von Rosalind FRANKLIN. Die Forscherin hatte Röntgenstrahlen durch Kristalle isolierter DNA geschickt und aus den Röntgenmustern geschlossen, dass das DNA-Molekül kreis- oder schraubenförmige Strukturen aufweisen muss. Auch die Ergebnisse von Erwin CHARGAFF flossen in die Arbeiten ein: er hatte festgestellt, dass Adenin immer in der gleichen Menge wie Thymin in der DNA vorkommt und dass dasselbe auch für Guanin und Cytosin gilt. Dies brachte WATSON und CRICK auf die Idee der Basenpaarung.
1953 war es dann so weit: WATSON und CRICK präsentierten ihr Modell der DNA-Doppelhelix. Es erklärt alle bekannten Eigenschaften der DNA und ist bis heute gültig. 1962 erhielten die Forscher den Nobelpreis für ihre Entdeckung.

1 James WATSON und Francis CRICK an ihrem Modell der DNA

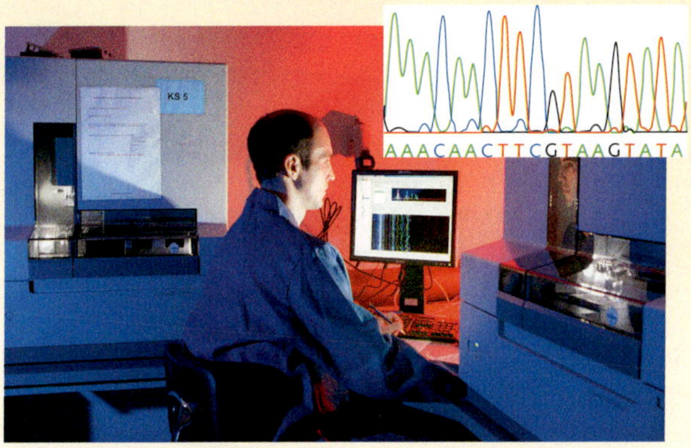

2 Automatisierte DNA-Analyse und Ausgabe der Basenabfolge am Computer

Auch heute veranschaulicht man sich den Aufbau der DNA mit Modellen, seien es die DNA-Modelle an Schulen, die Grafiken in Büchern, Animationen am Computer oder selbst gebastelte Modelle.

Das Human-Genom-Projekt
Forschergruppen aus zahlreichen Ländern schlossen sich 1990 – anfangs unter der Leitung von James WATSON – zum Human-Genom-Projekt zusammen. Ziel war es, innerhalb von etwa zwanzig Jahren die Reihenfolge der Basen in der menschlichen DNA zu entschlüsseln. Es kam anders. Rasante Fortschritte in der biochemischen Technik ermöglichten eine ungeahnte Automatisierung der DNA-Analyse. So konnte bereits 2001 die Abfolge der 3 Milliarden Basenpaare des Menschen vorgestellt werden.

Nun kennt man zwar die Buchstabenfolge des Lebens und kann auf etwa 25 000 menschliche Gene schließen, aber in weiten Bereichen der DNA ist der Sinn der dort gespeicherten Information noch unbekannt. Um sie zu entschlüsseln, arbeiten mehr als 1000 Forschergruppen aus über 50 Ländern in der Human-Genom-Organisation (HUGO) heute weltweit zusammen.

1. Erläutere, wie die Vorarbeiten anderer Forscher in die Entwicklung des DNA-Modells von WATSON und CRICK einflossen.

2. Begründe mithilfe eines geeigneten Vergleichs, warum die Kenntnis der Basenfolge der DNA noch nicht die dort niedergelegte Information liefert.

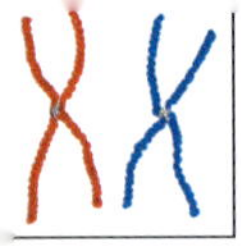

Zellteilung führt zu Vermehrung und Wachstum

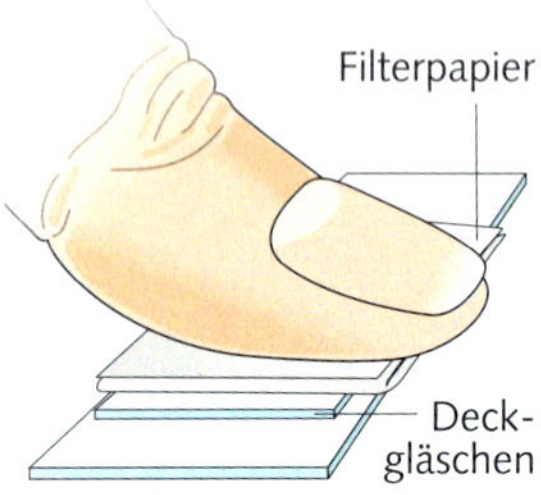

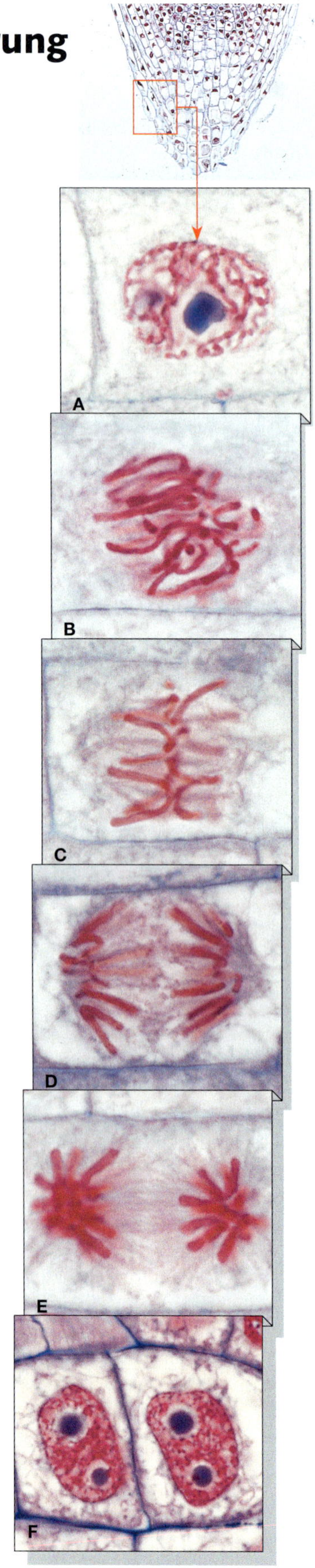

1. In den Wurzelspitzen austreibender Zwiebeln finden viele Zellteilungen statt. Folgende Anleitung hilft dir, Präparate zur mikroskopischen Untersuchung der Mitosestadien anzufertigen.
a) Entferne die äußerste Schale einer Küchenzwiebel und setze sie auf ein Glas mit Wasser. Im Glas soll so viel Wasser sein, dass die Zwiebel die Wasseroberfläche gerade nicht berührt.
b) Nach zwei bis vier Tagen haben sich kleine Wurzeln gebildet. Schneide etwa 3 mm lange Spitzen ab und gib sie in ein kleines Becherglas mit etwas Karmin-Essigsäure. Koche die Wurzelspitzen 5–10 min lang, bis die Färbelösung fast eingedampft ist.
c) Bringe drei bis vier Wurzelspitzen mit der Pinzette auf einen Objektträger und lege ein Deckgläschen auf. Fertige nun ein Quetschpräparat an. Lege dazu den Objektträger auf den Tisch als ebenen Untergrund. Falte ein Stück Filterpapier mehrfach und lege es auf das Deckgläschen. Drücke dann von oben mit dem Daumen kräftig auf das Filterpapier, möglichst ohne seitliches Verrutschen.
d) Mikroskopiere die Wurzelspitzen. Suche zunächst bei geringer Vergrößerung Zellen in verschiedenen Mitosestadien. Mikroskopiere dann bei starker Vergrößerung (z. B. 500-fach) und fertige mikroskopische Zeichnungen einzelner Mitosestadien an.

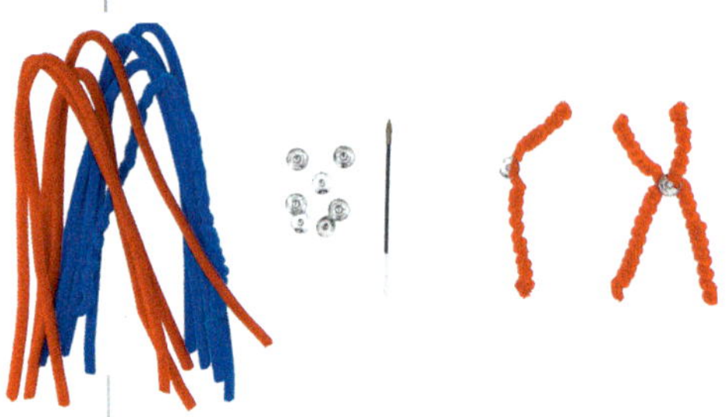

2. a) Stellt die einzelnen Phasen der Mitose mithilfe eines Modells aus Pfeifenputzern nach.
b) Erklärt bei der Präsentation, was das Modell gut zeigt.
c) Welche Vorgänge der Mitose werden damit nicht so gut oder gar nicht dargestellt?

3. a) Beschreibe die Phasen der Mitose und erläutere dabei die Veränderungen und die Bewegungen der Chromosomen.
b) Warum muss einer Zellteilung eine Mitose vorausgehen?

4. Wie unterscheiden sich die Chromatidenzahlen der Chromosomen während der verschiedenen Phasen des Zellzyklus? Benenne die Vorgänge, die zur Veränderung der Chromatidenzahl führen.

5. Recherchiere Beispiele, in denen Zellteilungen zu Gewebewucherungen an Stellen führen, wo normalerweise kein Wachstum stattfindet.

Vermehrung und Wachstum durch Zellteilung

Einzellige Lebewesen vermehren sich durch Zellteilung. Vielzeller wie die meisten Pflanzen und Tiere wachsen, indem sich Zellen vermehren. Auch im erwachsenen Körper werden immer wieder Zellen durch Zellteilungen erneuert.

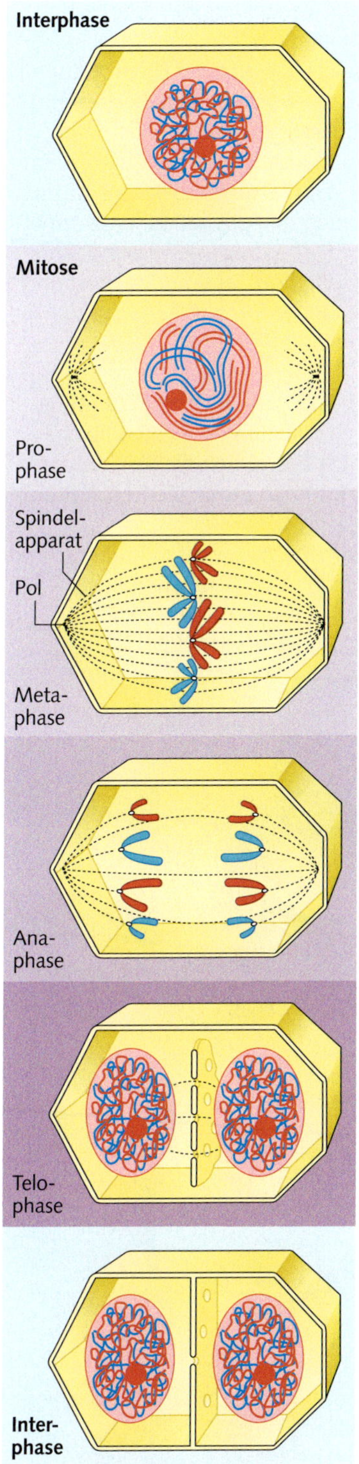

1 Mitose und Interphasen

Mitose

Bei jeder Zellteilung findet auch eine **Kernteilung** statt, die so genannte **Mitose.** Mehrere Phasen lassen sich dabei unterscheiden.

Prophase: Die ▸ Chromosomen werden im mikroskopischen Bild deutlicher sichtbar, weil sie sich stärker aufspiralisieren.

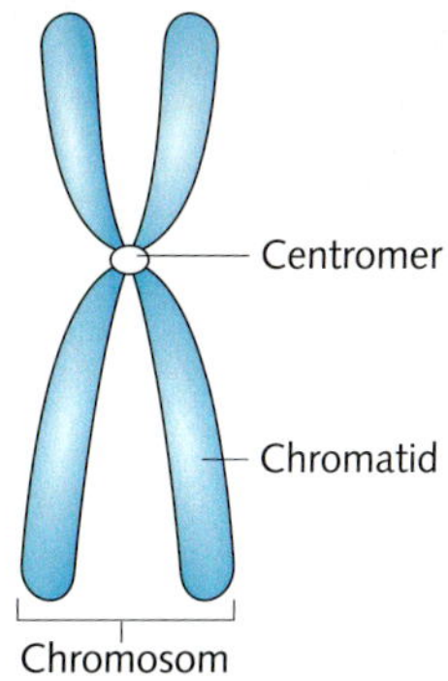

2 Metaphasechromosom

Die Kernmembran löst sich auf. Außerdem bildet sich ein so genannter **Spindelapparat,** eine faserige Struktur, mit der die Chromosomen bewegt werden.

Metaphase: Die Chromosomen haben jetzt ihre dichtest gepackte Form erreicht und sind daher unter dem Mikroskop am deutlichsten zu sehen. Jedes Chromosom besteht aus zwei Hälften, den beiden **Chromatiden.** Diese hängen nur noch an einer leicht eingeschnürt wirkenden Stelle, dem **Centromer,** zusammen. Der Spindelapparat nimmt Verbindung zu den Centromeren auf und ordnet die Chromosomen in einer Ebene in der Mitte der Zelle an.

Anaphase: Jetzt werden die Chromosomen in ihre beiden Chromatiden getrennt und die Chromatiden werden vom Spindelapparat zu den beiden Polen der Zelle gezogen. Dabei gelangt von jedem Chromosom eins der Chromatiden in die eine Hälfte der Zelle, das andere in die andere Hälfte. So wird gewährleistet, dass die neuen Zellen je einen kompletten Satz Chromosomen mit der vollständigen Erbinformation erhalten.

Telophase: Die Chromosomen entspiralisieren sich und werden wieder schwächer sichtbar. Der Spindelapparat löst sich auf. Es bilden sich Kernmembranen, und die beiden neuen Zellen werden durch die Bildung von Zellmembranen und Zellwänden voneinander getrennt.

Der Zellzyklus

Zwischen zwei Zellteilungen, in der **Interphase,** wachsen die Zellen wieder zu ihrer ursprünglichen Größe heran. Die Chromosomen sind nicht als solche erkennbar, da sie in weiten Bereichen entspiralisiert sind. An der DNA wird Information zur ▸ Proteinbiosynthese abgelesen und es findet intensiver Stoffwechsel statt. Durch identische ▸ DNA-Verdoppelung entstehen wieder zwei Chromatiden an jedem Chromosom.

In rasch wachsenden Geweben wiederholt sich dieser Kreislauf aus Zellteilung und Interphase innerhalb etwa eines Tages.

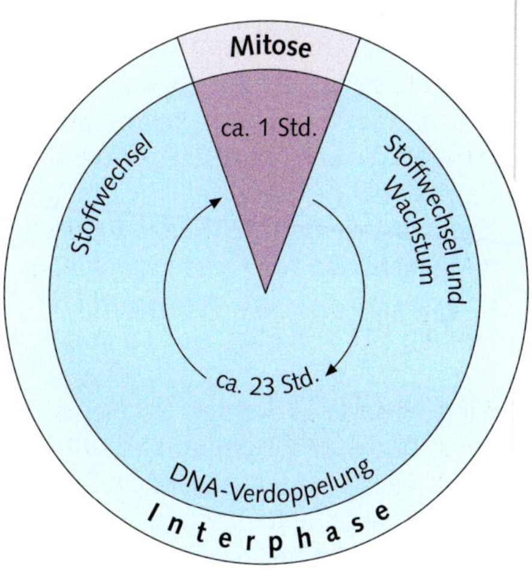

3 Zellzyklus

Die DNA wird identisch verdoppelt

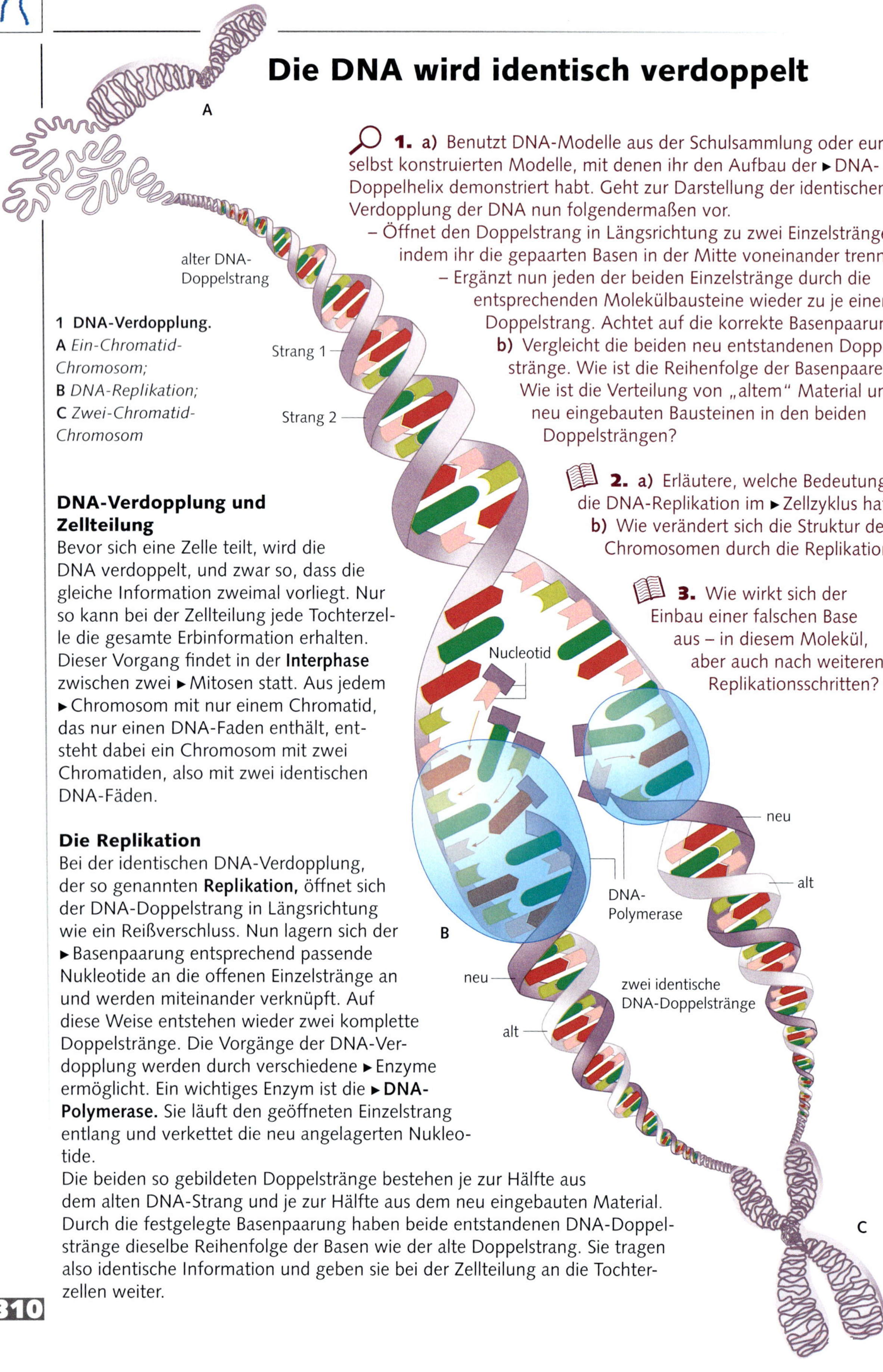

1 DNA-Verdopplung.
A *Ein-Chromatid-Chromosom;*
B *DNA-Replikation;*
C *Zwei-Chromatid-Chromosom*

1. a) Benutzt DNA-Modelle aus der Schulsammlung oder eure selbst konstruierten Modelle, mit denen ihr den Aufbau der ▸ DNA-Doppelhelix demonstriert habt. Geht zur Darstellung der identischen Verdopplung der DNA nun folgendermaßen vor.
– Öffnet den Doppelstrang in Längsrichtung zu zwei Einzelsträngen, indem ihr die gepaarten Basen in der Mitte voneinander trennt.
– Ergänzt nun jeden der beiden Einzelstränge durch die entsprechenden Molekülbausteine wieder zu je einem Doppelstrang. Achtet auf die korrekte Basenpaarung.
b) Vergleicht die beiden neu entstandenen Doppelstränge. Wie ist die Reihenfolge der Basenpaare? Wie ist die Verteilung von „altem" Material und neu eingebauten Bausteinen in den beiden Doppelsträngen?

2. a) Erläutere, welche Bedeutung die DNA-Replikation im ▸ Zellzyklus hat.
b) Wie verändert sich die Struktur der Chromosomen durch die Replikation?

3. Wie wirkt sich der Einbau einer falschen Base aus – in diesem Molekül, aber auch nach weiteren Replikationsschritten?

DNA-Verdopplung und Zellteilung

Bevor sich eine Zelle teilt, wird die DNA verdoppelt, und zwar so, dass die gleiche Information zweimal vorliegt. Nur so kann bei der Zellteilung jede Tochterzelle die gesamte Erbinformation erhalten. Dieser Vorgang findet in der **Interphase** zwischen zwei ▸ Mitosen statt. Aus jedem ▸ Chromosom mit nur einem Chromatid, das nur einen DNA-Faden enthält, entsteht dabei ein Chromosom mit zwei Chromatiden, also mit zwei identischen DNA-Fäden.

Die Replikation

Bei der identischen DNA-Verdopplung, der so genannten **Replikation,** öffnet sich der DNA-Doppelstrang in Längsrichtung wie ein Reißverschluss. Nun lagern sich der ▸ Basenpaarung entsprechend passende Nukleotide an die offenen Einzelstränge an und werden miteinander verknüpft. Auf diese Weise entstehen wieder zwei komplette Doppelstränge. Die Vorgänge der DNA-Verdopplung werden durch verschiedene ▸ Enzyme ermöglicht. Ein wichtiges Enzym ist die ▸ **DNA-Polymerase.** Sie läuft den geöffneten Einzelstrang entlang und verkettet die neu angelagerten Nukleotide.

Die beiden so gebildeten Doppelstränge bestehen je zur Hälfte aus dem alten DNA-Strang und je zur Hälfte aus dem neu eingebauten Material. Durch die festgelegte Basenpaarung haben beide entstandenen DNA-Doppelstränge dieselbe Reihenfolge der Basen wie der alte Doppelstrang. Sie tragen also identische Information und geben sie bei der Zellteilung an die Tochterzellen weiter.

Der genetische Fingerabdruck

Ein Tropfen Blut überführte den Täter

Klauheim. Der Raub in der Fabrikantenvilla vom vergangenen Sonntag konnte jetzt aufgeklärt werden. Einer der Täter hatte sich offenbar beim Einstieg durch das zerschlagene Fenster verletzt. Aus den Blutspuren konnte die Polizei einen genetischen Fingerabdruck erstellen und einen der bereits Verdächtigen überführen.

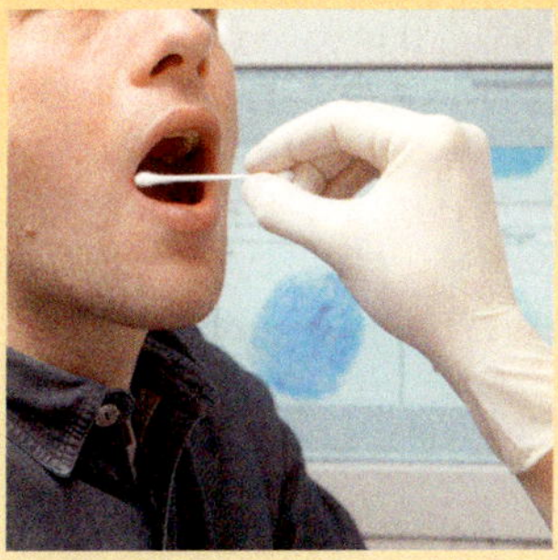

Speichelprobe

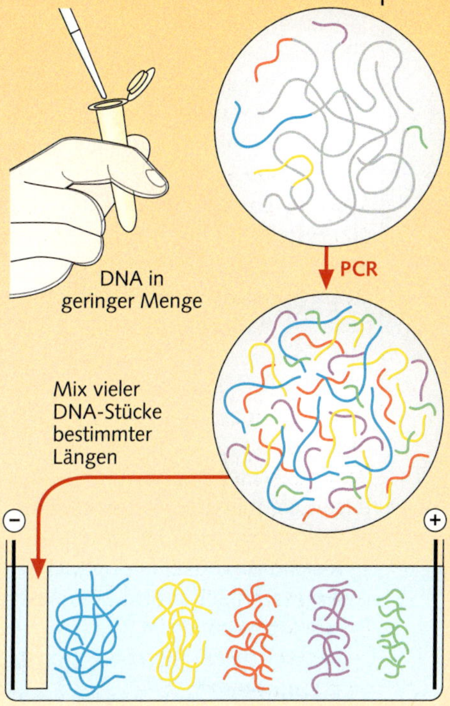

Auftrennung der DNA-Stücke in der Gelelektrophorese

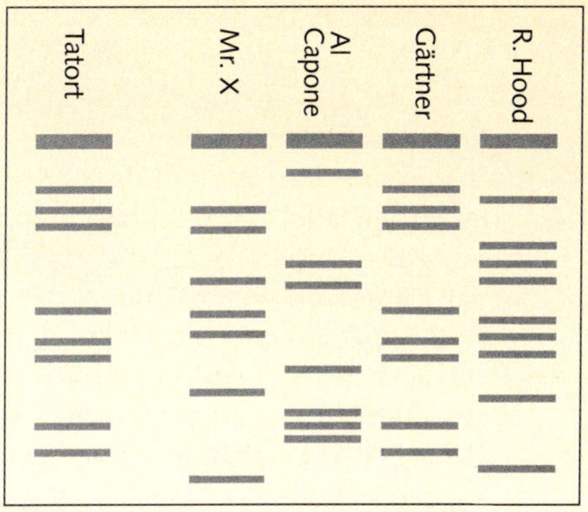

Bandenmuster genetischer Fingerabdrücke

Solche oder ähnliche Geschichten erfahren wir immer wieder aus den Medien. Eine winzige Menge Blut, Sperma- oder Speichelspuren, ein Haar oder eine Hautschuppe reichen, um einen **genetischen Fingerabdruck** zu erstellen. Darüber lassen sich Personen mit fast hundertprozentiger Sicherheit identifizieren. Verbrecher können so überführt werden, aber auch Unfallopfer kann man identifizieren oder einen Vaterschaftstest durchführen.

Wie funktioniert der Test? Voraussetzung ist die **Polymerase-Ketten-Reaktion,** kurz **PCR** (polymerase chain reaction). Sie ahmt die natürliche Verdopplung der DNA mithilfe des Enzyms DNA-Polymerase im Reagenzglas nach. Zur Erstellung eines genetischen Fingerabdrucks vervielfältigt man gezielt nur wenige Bereiche der DNA und zwar solche, in denen sich die Menschen unterscheiden. Diese Bereiche liegen zwischen den eigentlichen Genen und sind unterschiedlich lang. Bei der Vervielfältigung entsteht so ein Mix aus DNA-Stücken unterschiedlicher, aber bestimmter Längen. Vielfach hintereinander durchgeführt, erhält man in der PCR genügend Material für die weitere Untersuchung.
Man führt nun eine **Gelelektrophorese** durch, um die DNA-Stücke aus dem Mix voneinander zu trennen und die verschiedenen Längen herauszufinden. Dazu gibt man die Probe in eine Vertiefung in einem Gel. Wenn nun elektrische Spannung angeschlossen wird, wandern die leicht negativ geladenen DNA-Stücke in Richtung Pluspol. Die kleineren Stücke wandern schneller durch die Poren des Gels als die größeren. So kommt es zu einer Auftrennung der verschieden langen DNA-Stücke, die nach dem Anfärben als Banden in dem Gel sichtbar werden. Das Bandenmuster ist für jeden Menschen etwa so charakteristisch wie sein Fingerabdruck.

Die eigentlichen Gene, also die Bereiche mit den Erbinformationen für die Proteinsynthese, dürfen für einen genetischen Fingerabdruck nicht untersucht werden. In diesen Bereichen unterscheiden sich die Menschen ohnehin nur minimal.
Nicht zu verwechseln ist der genetische Fingerabdruck daher mit einem **Gentest.** Bei einer solchen ▸ **Gendiagnose** wird mit ähnlichen Methoden für medizinische Zwecke ein Gen genauer untersucht, z. B. wenn der Verdacht auf eine Erbkrankheit vorliegt.

1. Ermittele aus dem oben gezeigten Bandenmuster den wahrscheinlichen Täter.

2. Kann man aus einem genetischen Fingerabdruck Erbeigenschaften wie Haarfarbe oder Krankheitsrisiken ablesen? Begründe deine Ansicht.

Proteinbiosynthese – die Information wird lebendig

1. a) Benenne die zwei Hauptschritte der Proteinbiosynthese und die Produkte, die dabei jeweils entstehen.
b) Benenne die RNA-Typen, die bei der Proteinbiosynthese eine Rolle spielen und beschreibe jeweils ihre Funktion.

2. Erläutere, wie bei der Translation die Reihenfolge der Basen auf der mRNA in die Reihenfolge der Aminosäuren des Proteins übersetzt wird.

3. a) Erläutere den Begriff Triplettcode.
b) Erkläre, warum eine Kombination aus zwei Basen nicht ausreichen würde, um 20 Aminosäuren eindeutig zu codieren.
c) Ermittele, wie viele verschiedene Aminosäuren mit der Kombination aus drei Basen theoretisch codiert werden könnten.

4. Der Triplettcode wird häufig als Codesonne dargestellt. Die Buchstaben stehen für die Basen der mRNA und eine Kombination aus drei Basen, ein Triplett, ist von innen nach außen zu lesen. Dann gelangt man zu einer Abkürzung für eine der Aminosäuren. So liest man beispielsweise für CCA die Abkürzung Pro ab, die für die Aminosäure Prolin steht. Daneben lässt der Triplettcode noch Raum für Start- und Stopp-Tripletts und manche Aminosäuren sind mehrfach codiert.
Ermittele mithilfe der Codesonne,
- welche Aminosäure durch AAA codiert wird.
- welche Aminosäure durch UGC codiert wird.
- welche Tripletts für die Aminosäure Alanin (Ala) codieren können.
- bei welchen Tripletts die Translation beendet wird (Stopp-Signal).

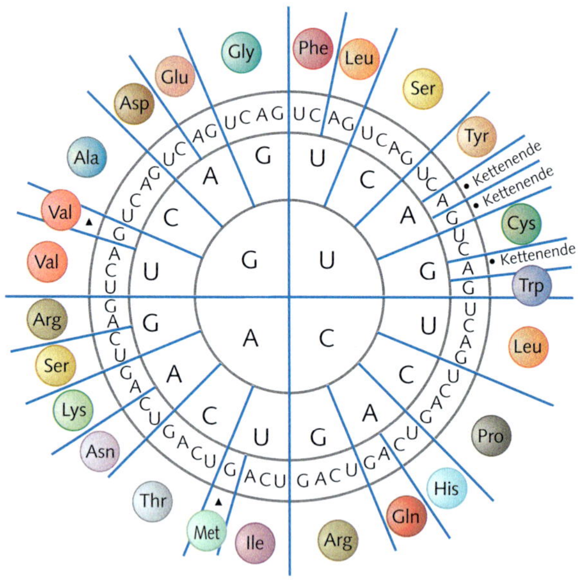

▲ Start - Codons: hier beginnt die Translation
• Stopp - Codons: hier endet die Translation

5. Stelle die Proteinbiosynthese in Form eines Flussdiagramms dar.

6. a) Konstruiert in Gruppen ▸ Modelle, mit denen ihr die Vorgänge der Transkription und der Translation veranschaulichen könnt.
b) Präsentiert die Proteinbiosynthese mithilfe eures Modells.
c) Diskutiert im Anschluss die Aussagekraft des Modells mit seinen Vor- und Nachteilen.

7. ▸ Genmutationen sind Veränderungen der DNA. Erläutert die Auswirkungen einer veränderten Reihenfolge der DNA-Basen auf die Reihenfolge der mRNA-Basen und auf das gebildete Protein.

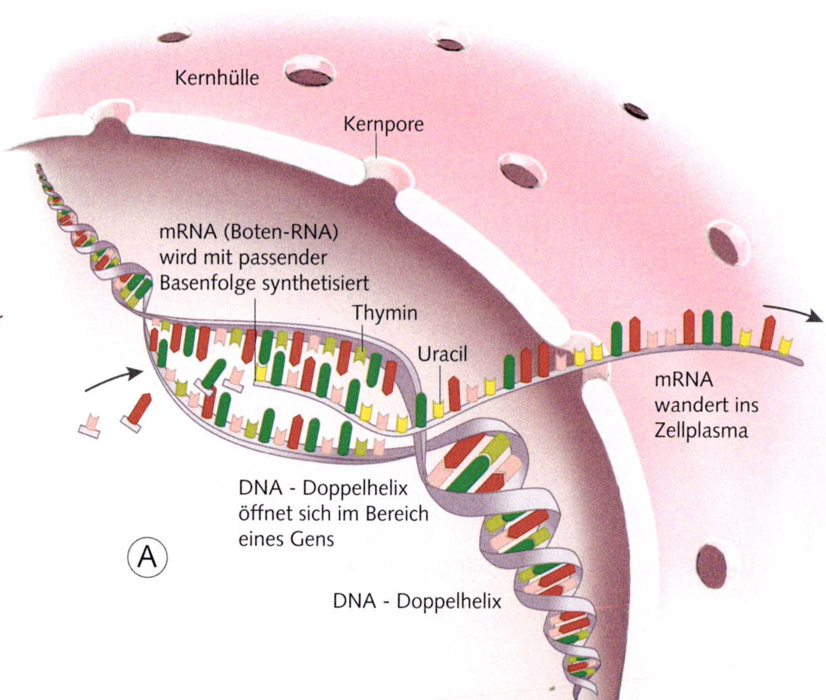

A

Proteinbiosynthese in zwei Schritten

Proteine sind lange, räumlich aufgeknäulte Ketten aus oft Hunderten von Aminosäurebausteinen. Es gibt 20 verschiedene Aminosäuren. Die Reihenfolge, in der sie in der Kette vorliegen, bestimmt die Funktion eines jeden Proteins.

Die Herstellung von Proteinen in der Zelle läuft in zwei Schritten ab. Zuerst wird bei der **Transkription** im Zellkern eine Abschrift der auf der DNA gespeicherten Erbinformation angefertigt und in Form einer Boten-RNA ins Zellplasma geschickt. Dort wird im zweiten Schritt, der **Translation,** das Protein gebildet.

Die Transkription

Soll ein bestimmtes Protein gebildet werden, öffnet sich die DNA-Doppelhelix im Bereich des Gens, das die Bauanleitung für dieses Protein enthält. Entlang dieser DNA-Vorlage wird nun aus Nukleotiden eine entsprechende Boten-RNA (**mRNA** von engl. messenger RNA) mit passender Basenfolge synthetisiert. Im Unterschied zur DNA enthält RNA als Zucker Ribose anstatt Desoxyribose und die Base Uracil anstatt Thymin. Die einzelsträngige mRNA transportiert nun die so kopierte Information der DNA ins Zellplasma zu den Ribosomen.

Die Translation

Im Zellplasma lagern sich ▸ **Ribosomen** an die mRNA an. Anschließend wird die Reihenfolge der Basen auf der mRNA schrittweise in die Reihenfolge der Aminosäuren des sich bildenden Proteins übersetzt. Welche Aminosäure als nächstes in eine wachsende Proteinkette eingebaut werden soll, wird jeweils durch die Kombination von drei Basen, einem so genannten **Triplett,** auf der mRNA bestimmt. So bedeutet das Triplett GGU den Einbau der Aminosäure Glycin, das Triplett UCA den Einbau von Serin. Diese Zuordnung zwischen einem Basentriplett und einer Aminosäure bezeichnet man als **genetischen Code.** Interessanterweise ist er bei allen Lebewesen derselbe, bei Bakterien ebenso wie beim Gänseblümchen oder dem Menschen. Der Code ist **universell.**

Für den Transport zu den Ribosomen werden die Aminosäuren an so genannten tRNAs **(transfer RNAs)** gebunden. Da es 20 verschiedene Aminosäuren gibt, sind auch 20 verschiedene tRNAs nötig. Jede tRNA besitzt auf der einen Seite eine Kombination von drei Basen, die bestimmt, welche Aminosäure auf der anderen Seite der tRNA angekoppelt wird. Wenn eine mit einer Aminosäure beladene tRNA eine Basenkombination besitzt, die zum Basentriplett auf der mRNA passt, dann kann sie sich in ein Ribosom einlagern. So werden die Aminosäuren in der richtigen Reihenfolge miteinander verbunden. Die tRNA, die ihre Aminosäure abgegeben hat, löst sich vom Ribosom. Dieses „rutscht" auf der mRNA ein Triplett weiter und die nächste beladene tRNA lagert sich an. So wächst die Proteinkette, bis ein Stopp-Signal kommt, das die Translation beendet. Das Protein faltet sich schon während seiner Bildung auf und nimmt schließlich die für seine Funktion entscheidende Form ein.

Proteine bestimmen Merkmale

Proteine sind entweder direkt am Aufbau der Zellen beteiligt oder sie wirken als ▸ **Enzyme** im Stoffwechsel. Dann ermöglichen sie bestimmte Reaktionen, die zu bestimmten **Merkmalen** führen wie der Farbe einer Blüte oder der Fähigkeit vieler, aber nicht aller Menschen, ▸ Milchzucker zu verdauen.

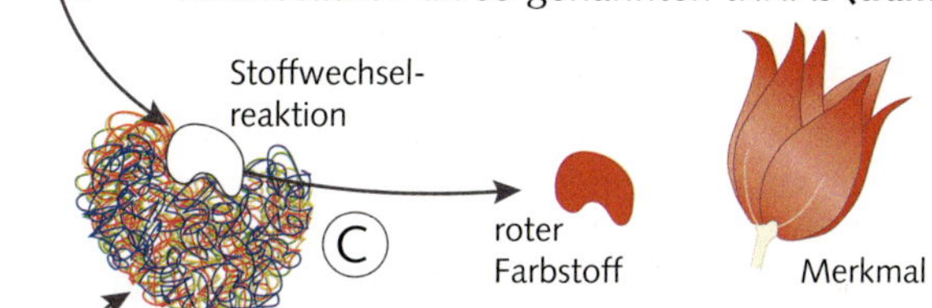

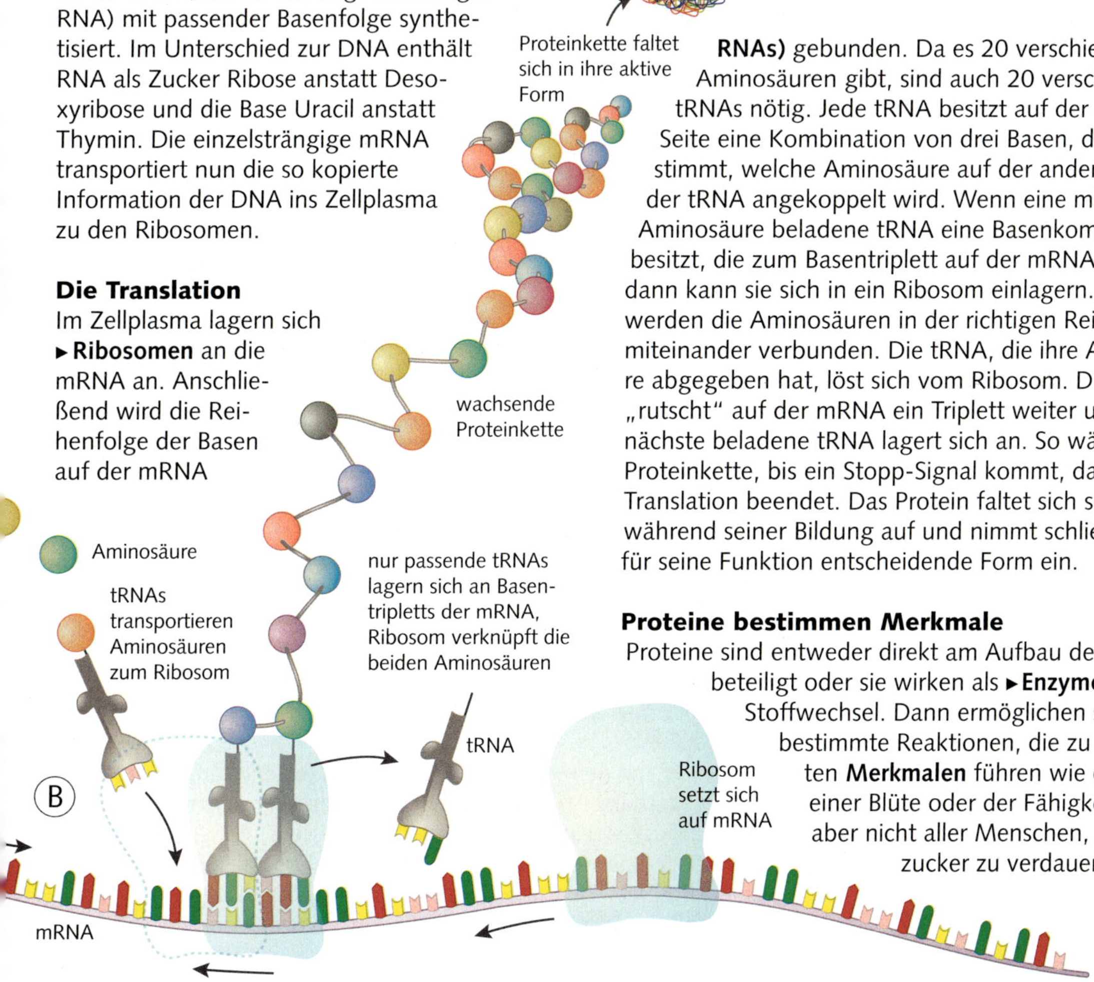

1 Proteinbiosynthese. A *Transkription;* **B** *Translation;* **C** *Protein und Merkmalsentstehung*

Enzyme regulieren den Stoffwechsel

1. Bei manchen Stoffwechselvorgängen entsteht in den Zellen Wasserstoffperoxid (H_2O_2). Wenn es zerfällt, kann der frei werdende Sauerstoff zu Zellschäden führen. Daher haben viele Zellen ein Enzym, die Katalase, das entstehendes H_2O_2 sofort zerlegt, damit es sich nicht ansammelt.
Reaktion: $2\ H_2O_2 \longrightarrow 2H_2O + O_2$
Im folgenden Versuch könnt ihr die Wirkung von Katalase nachweisen.
a) Gib etwa 1 ml H_2O_2 in einen kleinen Erlenmeyerkolben.
Achtung: H_2O_2 wirkt ätzend, also nicht berühren und Schutzbrille tragen!
Reibe etwas rohe Kartoffel und gib eine Spatelspitze davon in den Erlenmeyerkolben. Beobachte und beschreibe, was passiert. Teste mit der Hand von außen die Temperatur des Kolbens.
b) Weise mit der Glimmspanprobe den Sauerstoff nach. Zünde dazu einen längeren Holzspan an, lasse ihn etwas brennen, puste die Flamme aus und führe den noch glimmenden Span in den Erlenmeyerkolben ein. Wenn der Span wieder aufflammt, ist dies ein Nachweis für einen erhöhten Sauerstoffanteil.
c) Führe den Versuch noch einmal durch. Koche aber zuvor die Kartoffelstücke kurz auf.
d) Schreibe ein ausführliches Versuchsprotokoll.

2. a) Erkläre die Wirkungsweise von Enzymen mithilfe des Schlüssel-Schloss-Prinzips.
b) Erkläre auch, was beim Erhitzen von Enzymen passiert.

3. Forme aus Knetmasse Enzymmodelle und dazu passende Ausgangsstoffe. Erläutere, warum für jede Stoffwechselreaktion ein anderes Enzym gebraucht wird.

4. Waschmittel enthalten häufig Enzyme. Versuche herauszufinden, wozu die Enzyme in dem Produkt dienen.

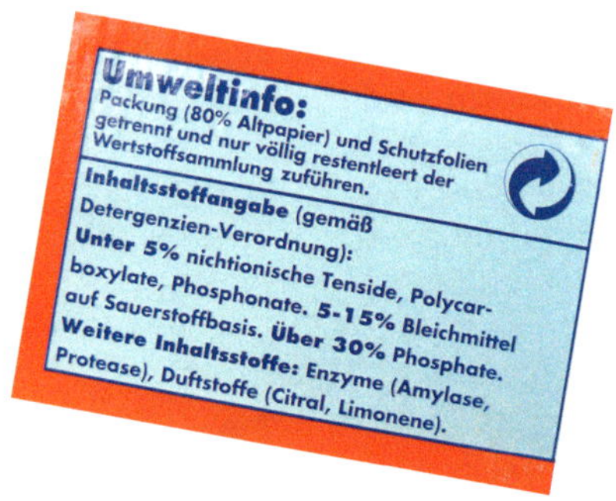

5. Betrachte Abbildung 1 und wende die dort vorgestellten Formen für Glucose und Enzyme auf folgendes Beispiel an.
a) Maltose ist ein Zweifachzucker aus zwei Glucose-Bausteinen. Skizziere ein Maltose-Molekül.
b) Erkläre mithilfe des Schlüssel-Schloss-Modells, warum das Enzym Saccharase den Zucker Maltose nicht spaltet.
c) Entwirf eine Skizze für das Enzym Maltase, das Maltose zu zwei Glucose-Molekülen spaltet.

6. Hefezellen können mithilfe von Enzymen verschiedene Zuckerarten als Nährstoffe verwenden. Dabei entsteht Kohlenstoffdioxid, das als Gas aufsteigt.
a) Plant einen Versuch, mit dem ihr untersuchen könnt, ob Bäckerhefe Haushaltszucker (Saccharose), Traubenzucker (Glucose), Fruchtzucker (Fructose), Milchzucker (Lactose), Malzzucker (Maltose) verwerten können. Testet auch Speisestärke.
b) Führt den Versuch durch. Zieht aus dem Ergebnis Rückschlüsse auf die Enzyme, die die Hefezellen bilden können (Amylase, Saccharase, Maltase, Lactase).

Enzyme sind Biokatalysatoren
Du kennst Enzyme vielleicht als ▸ Verdauungsenzyme, die Nährstoffe in ihre Bestandteile zerlegen. Amylase zerlegt Stärke bereits im Mund zu Malzzucker (Maltose). Pepsin zerlegt im Magen Proteine, und Lipasen im Darm zerlegen Fette. Aber auch für den Stoffwechsel jeder Zelle sind Enzyme unentbehrlich. Sie beschleunigen als **biologische Katalysatoren** Stoffwechselreaktionen, die von alleine nicht mit der nötigen Geschwindigkeit ablaufen würden. Wie chemische Katalysatoren gehen auch die Enzyme aus der Reaktion unverändert hervor. Die Namensendung **„-ase"** bezeichnet typischerweise ein Enzym. Saccharase ist zum Beispiel das Enzym, das den Haushaltszucker Saccharose spaltet. DNA-Polymerase ist ein Enzym der ▸DNA-Replikation.

Ohne Gen kein Enzym
Was kann passieren, wenn ein Enzym im Organismus fehlt? Manche Menschen haben ▸Albinismus. Ihre Haare sind weiß und ihre Haut ist ganz hell und lichtempfindlich. Ihnen fehlt ein Enzym, das für die Synthese des dunklen Hautfarbstoffs Melanin gebraucht wird. Das Enzym kann im Zuge der ▸Proteinbiosynthese nicht gebildet werden, weil das Gen dafür fehlt. Albinismus ist daher auch erblich. Aber die Gene müssen nicht nur vorhanden sein, sie müssen auch aktiv sein, das heißt, es muss ▸Transkription stattfinden. Und auch das ist nicht immer der Fall, wie folgendes Beispiel zeigt. Manche Menschen vertragen keine Milch, weil sie den darin enthaltenen **Milchzucker,** die Lactose, nicht verdauen können. Sie haben eine so genannte Lactose-Unverträglichkeit. Bei ihnen ist im Erwachsenenalter

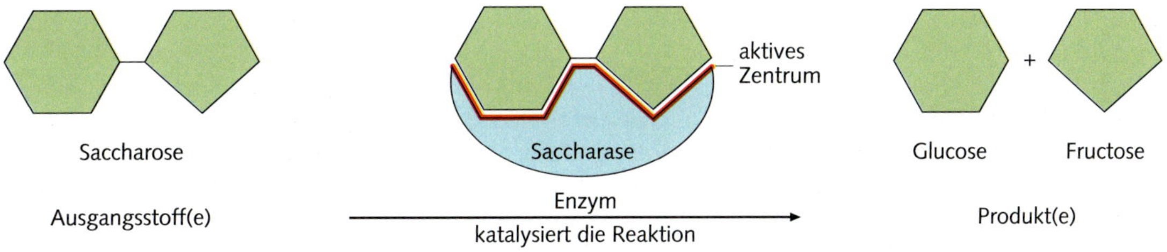

1 Schlüssel-Schloss-Prinzip der Enzymwirkung

Das Schlüssel-Schloss-Prinzip
Enzyme sind Proteine mit einer ganz bestimmten räumlichen Form. Der Stoff, der in der Reaktion umgesetzt wird, passt in einen besonders geformten Bereich des Enzyms, das so genannte **aktive Zentrum.** Stoff und Enzym passen zusammen wie ein Schlüssel ins Schloss. Der Ausgangsstoff lagert sich an das aktive Zentrum und wird durch dieses etwas beeinflusst, sodass die Reaktion zum Produkt leichter stattfinden kann. Das Produkt löst sich dann vom aktiven Zentrum, sodass dieses wieder für die nächste Reaktion frei wird.

Enzyme sind sensible Spezialisten
Dieses Prinzip der Enzymwirkung erklärt auch weitere Eigenschaften der Enzyme: Jedes Enzym ist nur auf eine bestimmte Reaktion spezialisiert. Andere Reaktionen mit anderen Ausgangsstoffen benötigen andere passende Enzyme. In den meisten Zellen sind daher über 2000 verschiedene Enzyme gleichzeitig aktiv. Und wenn durch Hitze, Säure oder andere Einflüsse die Proteinstruktur eines Enzyms verändert wird, funktioniert es nicht mehr.

das Gen für das Enzym Lactase dauerhaft abgeschaltet. Jogurt hingegen können viele dieser Menschen essen, da die Milchsäure-Bakterien im Jogurt den Milchzucker mit ihrer Lactase bereits gespalten haben.

2 Milchprodukte

Enzyme – vielfältige Helfer im Alltag
Die speziellen Wirkungen der Enzyme werden vielfach genutzt. In Waschmitteln helfen Proteasen, Eiweißflecken zu entfernen, Lipasen wirken gegen Fettflecken. Auch die Lebensmittelindustrie verwendet Enzyme, zum Beispiel Amylasen in Backmischungen. Alle Enzyme werden durch Organismen produziert. Manchmal kommt dabei die ▸Gentechnik zum Einsatz.

Mutationen verändern die DNA

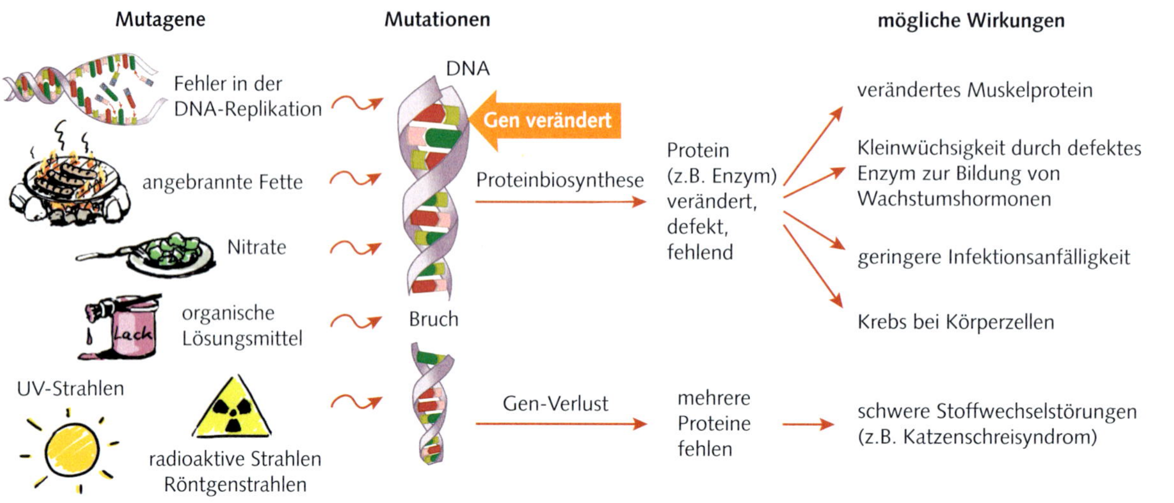

1. a) Mutationen können das Erbgut von Körperzellen oder von ▸Keimzellen betreffen. Erläutere die unterschiedlichen Konsequenzen.

2. Schreibe einen kleinen Praxisratgeber „Mutagene – wie lassen sich unnötige Belastungen vermeiden?".

Mutationen

Ungerichtete Veränderungen des Erbgutes bezeichnet man als **Mutationen.** Sie kommen natürlicherweise zwar selten, aber doch immer mal wieder vor. Man unterscheidet drei Typen von Mutationen.
▸**Genmutationen** verändern ein einzelnes Gen. Hierbei können in der DNA Basen ausgetauscht werden, verloren gehen oder ergänzt werden. Dies kann sich auf den Organismus auswirken, muss es aber nicht.
Bei ▸**Chromosomenmutationen** sind größere Bereiche eines Chromosoms betroffen. Ganze Stücke mit mehreren Genen können zum Beispiel verloren gehen.
Bei ▸**Genommutationen** wird die Zahl der Chromosomen verändert.
Anders als bei Genmutationen haben Chromosomen- und Genommutationen meist schwerwiegendere Folgen.

Unbemerkt, schädlich oder nützlich

Viele Mutationen haben so geringe Auswirkungen, dass sie sich nicht oder nur unwesentlich auf die Merkmale des Organismus auswirken. Da die Organismen aber bereits sehr gut an ihre Lebensbedingungen angepasst sind und die Mutationen zufällig und ungerichtet erfolgen, führen sie oft auch zu schädlichen Effekten. Beim Menschen sind solche Mutationen beispielsweise die Ursache von ▸Erbkrankheiten.
Nur selten findet eine Mutation statt, die für ihren Träger zufällig von Vorteil ist. Aber gerade solche kleinen Veränderungen, die durch Mutationen entstehen, bilden eine wesentliche Grundlage für die ▸**Evolution** der Lebewesen und für den Erfolg von ▸**Züchtungen** bei Nutzpflanzen und Nutztieren.

Mutationen betreffen Keimzellen oder Körperzellen

Finden Mutationen bei der Bildung von ▸**Keimzellen** statt, ist der gesamte Organismus betroffen, der sich nach der Befruchtung daraus entwickelt. Auch kann diese Veränderung an nachfolgende Generationen weitervererbt werden. Mutationen, die in **Körperzellen** stattfinden, werden hingegen nicht weitervererbt, können dem Körper aber durchaus Probleme bereiten, beispielsweise ▸Krebs auslösen.

Mutagene erhöhen die Mutationsrate

Energiereiche Strahlen, bestimmte Chemikalien und andere äußere Einflüsse, die die Häufigkeit von Mutationen erhöhen, nennt man **Mutagene.** Um zusätzliche Mutationen zu vermeiden, sollten die Belastungen mit Mutagenen möglichst gering gehalten werden. Dazu dienen Maßnahmen am Arbeitsplatz, in der Medizin, aber auch in der Freizeit.

Präsentieren mit Modellen

Wenn ihr komplizierte Vorgänge oder Sachverhalte aus dem Bereich der Molekularbiologie darstellen wollt, könnt ihr gut mit Modellen arbeiten. Auf diese Weise wird eure Präsentation anschaulich und eure Aussagen sind leichter verständlich. Leitfragen können euch bei der Erarbeitung geeigneter Modelle helfen. Zudem solltet ihr einige Regeln beim Präsentieren beachten.

1 Modell der Proteinbiosynthese

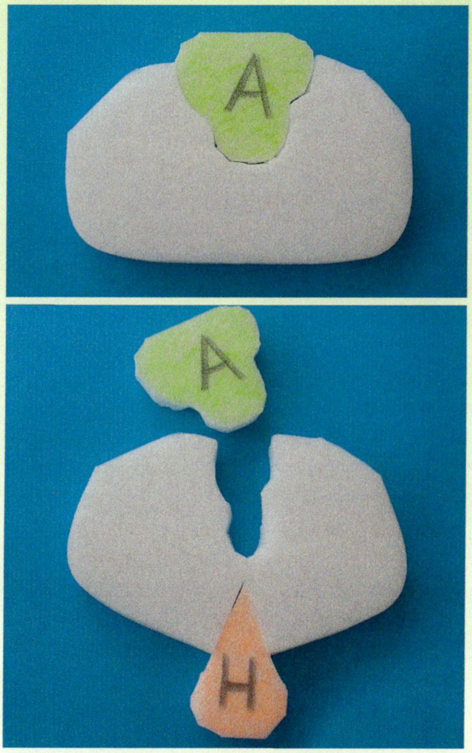

2 Modell zur Hemmung eines Enzyms

Leitfragen zur Erstellung von Modellen

1. Was will ich mit dem Modell zeigen?
   - *den Ablauf der Proteinbiosynthese*
   - *das Schlüssel-Schloss-Prinzip der Enzymwirkung*
   - *Wirkung eines Enzym-Hemmstoffs*
2. Welche Materialien eignen sich? Wie kann ich sie beschaffen und bearbeiten? Wie groß ist der Zeitaufwand und wie teuer wird es?
   - *Pappe, Moosgummi, Farbfolien, Magnetstreifen, Knetmasse, Schaumstoff, Spiel- oder Bastelwaren, Holz, Metall*
3. Was lässt sich mit dem Modell gut zeigen und was zeigt es nicht, ungenau oder sogar falsch?
   - *zweidimensional oder räumlich*
   - *stark vereinfachend oder sehr genau*
   - *Abänderungen leicht oder schwer durchführbar*
4. Wie lässt sich das Modell präsentieren?
   - *groß genug, um es direkt zu zeigen*
   - *an der Tafel mit Magnetstreifen befestigen*
   - *Projektion mit Overhead-Projektor*
   - *Computerpräsentation*

Regeln zum Präsentieren

- Achtet darauf, dass das Modell für alle Zuschauer gut sichtbar ist und dass ihr bei Erklärungen nicht im Wege steht.
- Erklärt die Sachverhalte so, dass sie für eure Zuhörer verständlich sind. Verwendet dabei die Fachbegriffe und zeigt die Sachverhalte gleichzeitig am Modell. Zum Beispiel:
  „Diese Vertiefung stellt das aktive Zentrum dar. Der Ausgangsstoff A passt dort hinein wie ein Schlüssel ins Schloss."
- Weist auf Grenzen des Modells hin.
  „In Wirklichkeit ist das DNA-Molekül Tausende von Basenpaaren lang."

1. Stellt in Gruppen Enzymmodelle aus verschiedenen Materialien her. Präsentiert damit die Enzymwirkung und stellt die Vorteile eurer Modelle heraus. Erläutert aber auch, was die Modelle jeweils nicht zeigen.

2. Erkläre, wie sich DNA-Modelle unterscheiden können, je nachdem, ob man den Aufbau als Doppelhelix zeigen möchte oder den Replikationsvorgang vorführen möchte.

3. In diesem Buch werden Pfeifenputzer als Chromosomenmodelle vorgeschlagen. Stelle Vorzüge und Grenzen dieses Modells heraus.

4. Entwickelt in Gruppen andere Chromosomenmodelle und präsentiert sie.

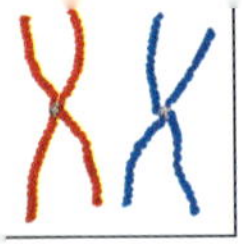

Keimzellbildung und Befruchtung

1. a) Baue aus verschiedenfarbigen „Pfeifenputzern" und Druckknöpfen zwei Chromosomenmodelle. Rolle die Enden des Pfeifenputzers über eine Kugelschreibermine zu Spiralen auf. Baue in gleicher Weise ein zweites Modell in einer anderen Farbe.
b) Vergleiche die Teile deines Modells mit den Bestandteilen eines Chromosoms.
c) Vollziehe mit den beiden Chromosomenmodellen den Ablauf der Meiose nach und beschreibe die Vorgänge. Benutze dabei die Fachbegriffe.

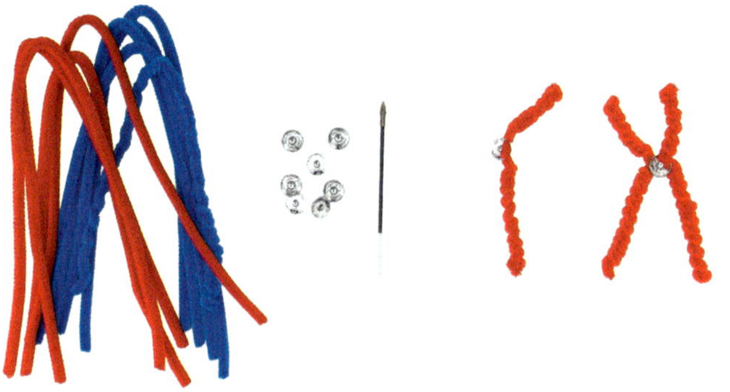

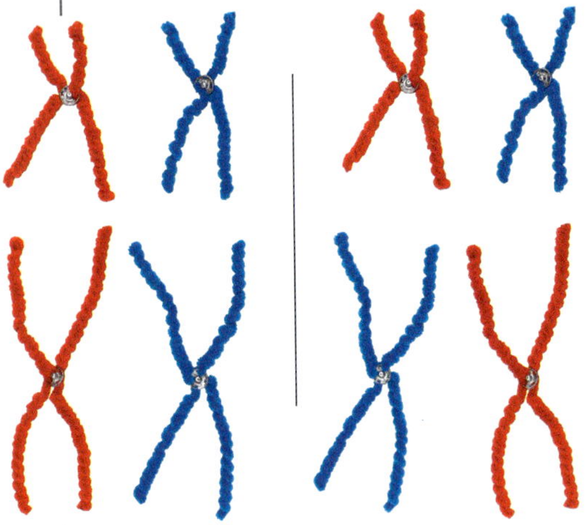

2. a) Baue entsprechend der Anleitung aus Aufgabe 1 und der Abbildung vier Chromosomenmodelle unterschiedlicher Größe und Farbe. Verdeutliche mithilfe der Modelle die Rekombination von Chromosomen und ermittle die Zahl möglicher Kombinationen.
b) Gib die Zahl möglicher Kombinationen mit drei, vier und 23 Chromosomenpaaren an.

3. Die Abbildung zeigt schematisch einen Vorgang, der bei der Meiose stattfinden kann. Man nennt ihn Crossing-over.
a) Beschreibe den Vorgang anhand der Abbildungen.
b) Erläutere die Auswirkungen des Crossing-overs.

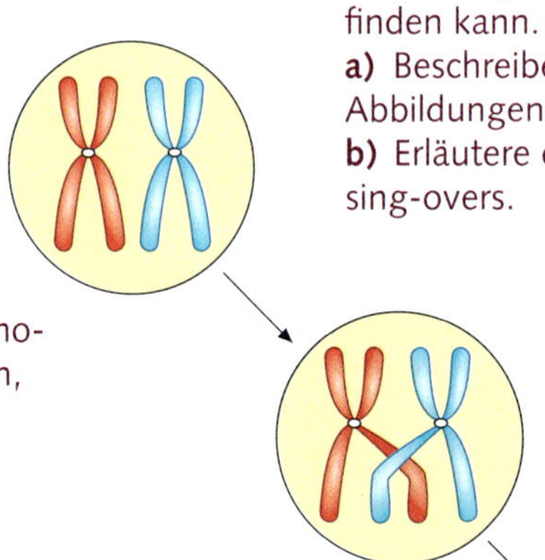
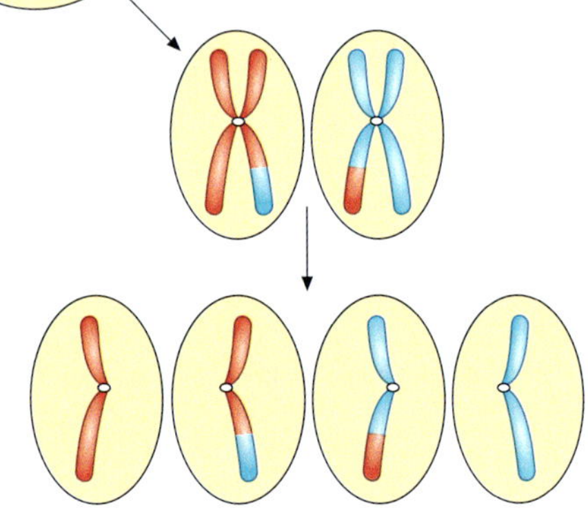

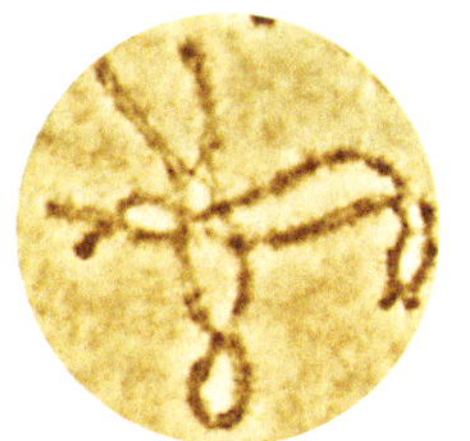

4. Erkläre die Bedeutung folgender Begriffe: haploid, diploid, homologe Chromosomen, Keimzellen, Zygote, Rekombination, Befruchtung.

5. a) Benenne die in der lichtmikroskopischen Aufnahme gezeigte Phase der Meiose.
b) Erläutere mithilfe der Fachbegriffe, was hier passiert.

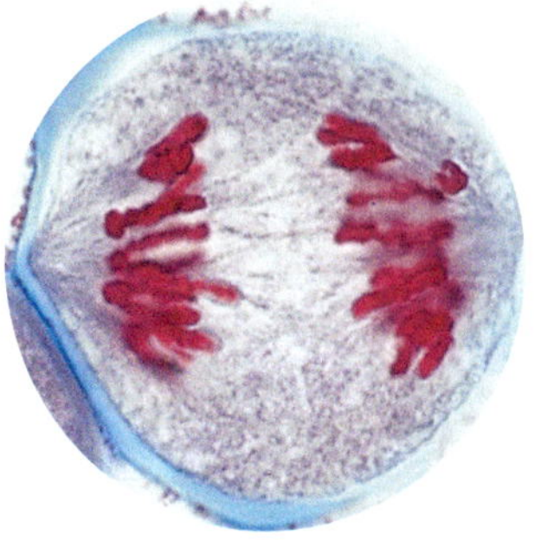

Die zur geschlechtlichen Fortpflanzung notwendigen ▸**Keimzellen** werden aus spezialisierten Zellen der Eierstöcke und Hoden gebildet. Der ▸diploide Chromosomensatz dieser Zellen muss dabei zum ▸haploiden Satz der Eizellen und Spermien vermindert werden. So wird sichergestellt, dass es von einer Generation zur nächsten Generation nicht zu einer Verdopplung der Chromosomenzahl kommt.

Meiose – Kernteilung bei der Keimzellbildung

Bei der Bildung der Keimzellen findet eine besondere Kernteilung statt, die Meiose. Sie lässt sich in zwei Abschnitte unterteilen:
Im Verlauf der **Meiose I** lagern sich die ▸homologen Chromosomen in der Prophase I paarweise nebeneinander. Man spricht von der Paarung der homologen Chromosomen. In den sich anschließenden Phasen, der Metaphase I und Anaphase I, werden die homologen Chromosomen dann getrennt und auf die Tochterzellen verteilt. Dabei ist es zufällig, in welche der beiden Zellen das ursprünglich von der Mutter oder das vom Vater stammende Chromosom gelangt. Da hierbei auch die Gene vermischt und neu kombiniert werden, spricht man auch von Neu- oder **Rekombination.** Am Ende der Telophase I liegen zwei Zellen mit jeweils haploidem Chromosomensatz vor.
Die sich anschließende **Meiose II** gleicht in ihrem Verlauf einer ▸Mitose. Die Chromatiden der Zwei-Chromatid-Chromosomen werden getrennt, sodass anschließend vier haploide Keimzellen entstehen, die jeweils Ein-Chromatid-Chromosomen enthalten.
Bei der folgenden **Befruchtung** verschmilzt ein Spermium mit der Eizelle. Die befruchtete Eizelle ist dann diploid.
Durch die zufällige Verteilung homologer Chromosomen während der Meiose und das zufällige Zusammentreffen von Ei- und Spermienzelle bei der Befruchtung werden Gene neu kombiniert. So entsteht eine große Vielfalt, die man als ▸**genetische Variabilität** bezeichnet.

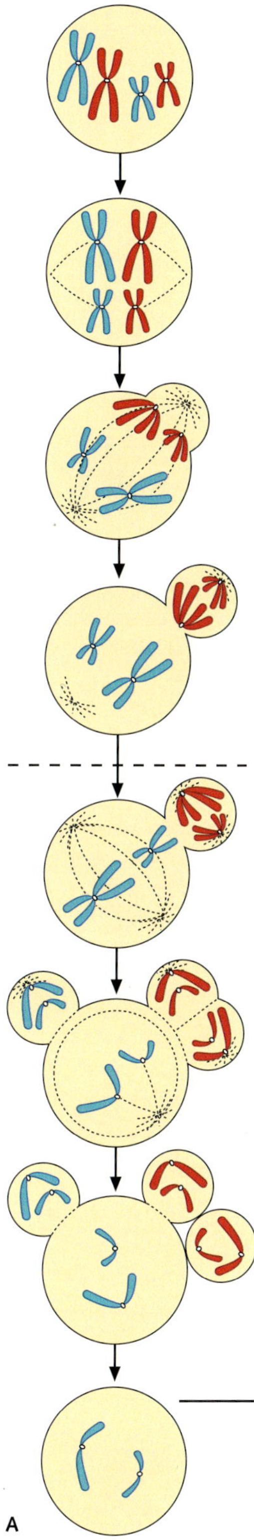
A

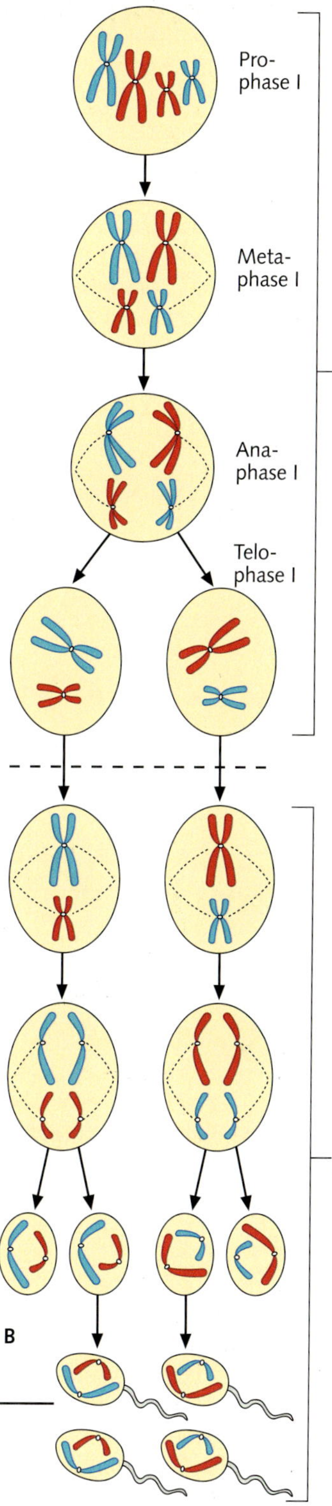

B

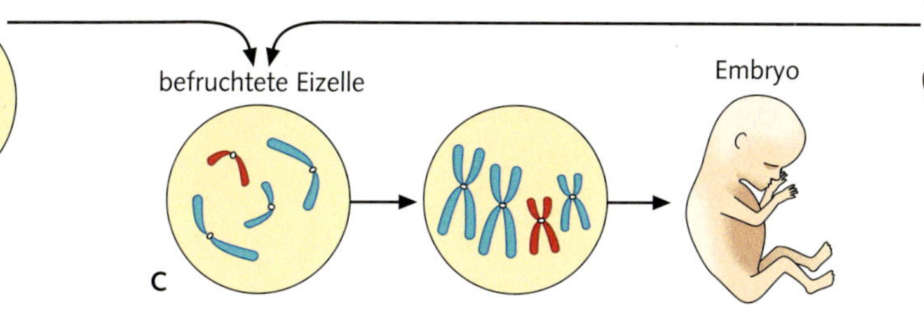

C

1 Keimzellbildung. **A** *bei der Frau;* **B** *beim Mann;* **C** *Befruchtung und Entwicklung*

Ein Mönch entdeckt die Gesetzmäßigkeiten der Vererbung

In der Mitte des 19. Jahrhunderts führte der Augustinermönch Johann Gregor MENDEL in seinem Klostergarten Kreuzungsexperimente mit der Gartenerbse durch. Er entdeckte dabei die grundlegenden Prinzipien der Vererbung und stellte allgemein gültige Vererbungsregeln auf. Dass MENDEL seine Entdeckungen machen konnte, bevor man die Meiose kannte, lag nicht zuletzt an seiner experimentellen Vorgehensweise: MENDEL plante seine Versuche sorgfältig, führte sie exakt durch und deutete die Beobachtungen auf geniale Weise. Bei der Wahl des Versuchsobjektes besaß MENDEL zudem eine glückliche Hand: Die Gartenerbse lässt sich einfach in großen Mengen anbauen und erzeugt innerhalb kurzer Zeit zahlreiche Samen als Nachkommen. Sie hat erbliche **Merkmale,** die stets in zwei klar zu unterscheidenden **Merkmalsformen** vorkommen. Beispielsweise tritt das Merkmal Blütenfarbe nur in den beiden Merkmalsformen einer weißen oder einer purpurfarbenen Blüte auf. Mischformen, wie etwa eine rosafarbene Blüte, treten bei der Erbsenpflanze nicht auf.

1 **Johann Gregor MENDEL**

2 **Erbsenblüte und Früchte mit Samen**

Die Blüten von Erbsenpflanzen enthalten männliche und weibliche Geschlechtsorgane. Gelangt Pollen von den Staubblättern auf den Fruchtknoten derselben Blüte, so findet **Selbstbestäubung** statt.

MENDEL sorgte wiederholt für Selbstbestäubung bei den Erbsenpflanzen mit einer bestimmten Merkmalsform und sortierte dabei solche mit unerwünschten Merkmalsformen aus. Auf diese Weise erhielt er Pflanzen, die für diese Merkmalsform **reinerbig** waren. Die beobachtete Form musste für viele Generationen die einzige auftretende Form sein. Eine Pflanze mit weißen Blüten ist beispielsweise reinerbig, wenn ihre Samen immer wieder Pflanzen mit weißer Blüte hervorbringen.

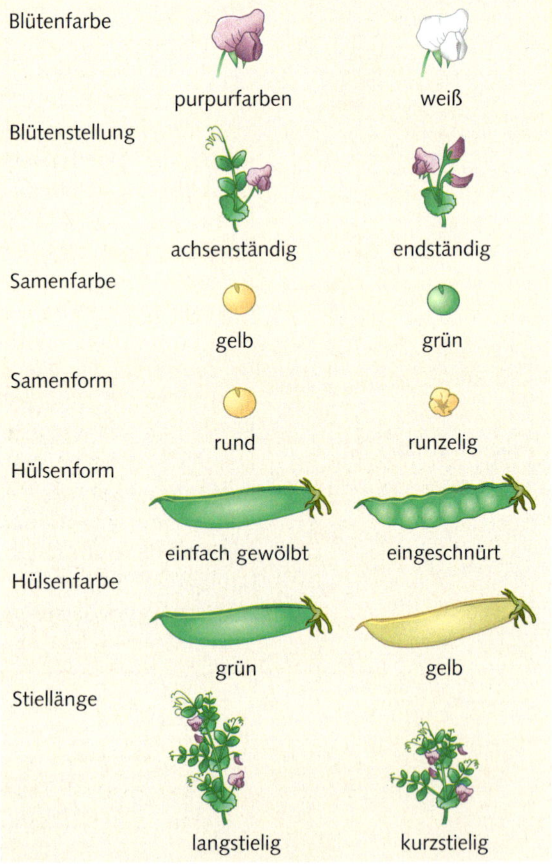

3 **Merkmale und Merkmalsformen, die von MENDEL untersucht wurden**

Mit den erhaltenen reinerbigen Pflanzen führte MENDEL dann Kreuzungsexperimente durch. Zum Beispiel kreuzte er eine Pflanze mit purpurfarbenen Blüten mit einer, die weiße Blüten besaß. Zuvor entfernte er die Staubgefäße der purpurfarbenen Blüte, um eine Selbstbestäubung zu verhindern. Bei der anschließenden **Fremdbestäubung** übertrug er mithilfe eines Pinsels den Pollen der weißen Blüte auf die Narbe der purpurfarbenen Blüte. Im Fruchtknoten entwickelten sich dann die Samen, aus denen sich nach dem Aussäen neue Erbsenpflanzen bildeten. Die Samen und die entstehenden neuen Pflanzen sind **mischerbige** Individuen oder **Hybriden.** Sie bildeten die erste Tochtergeneration, die man erste Filialgeneration **(F_1-Generation)** nennt. Die Pflanzen, die den Pollen lieferten und empfingen, waren die Eltern- oder Parentalgeneration **(P-Generation).** In weiteren Experimenten ließ MENDEL die F_1-Pflanzen sich selbst bestäuben und erhielt so die zweite Tochtergeneration **(F_2-Generation).**

MENDEL wiederholte seine Versuche viele Male und notierte exakt, welche Merkmalsform wie häufig in jeder Generation auftrat. Über einen Zeitraum von sieben Jahren kultivierte er etwa 28 000 Erbsenpflanzen. Aus 355 Fremdbestäubungen mit unterschiedlichen Merkmalen zog er 12 980 Pflanzenhybriden. Auf diese Weise erhielt er umfangreiches und gesichertes Zahlenmaterial. Zufällige Ergebnisse einzelner Kreuzungen, etwa infolge einer gestörten Fruchtbarkeit einzelner Pflanzen, konnten so das Gesamtergebnis nicht nachhaltig beeinflussen.
Die Kreuzungen und die dabei erhaltenen Zahlenwerte protokollierte er sorgfältig. Seine Experimente konnten so jederzeit von anderen Forschern wiederholt und überprüft werden.

4 MENDELs ehemalige Versuchsflächen im Kloster Brünn

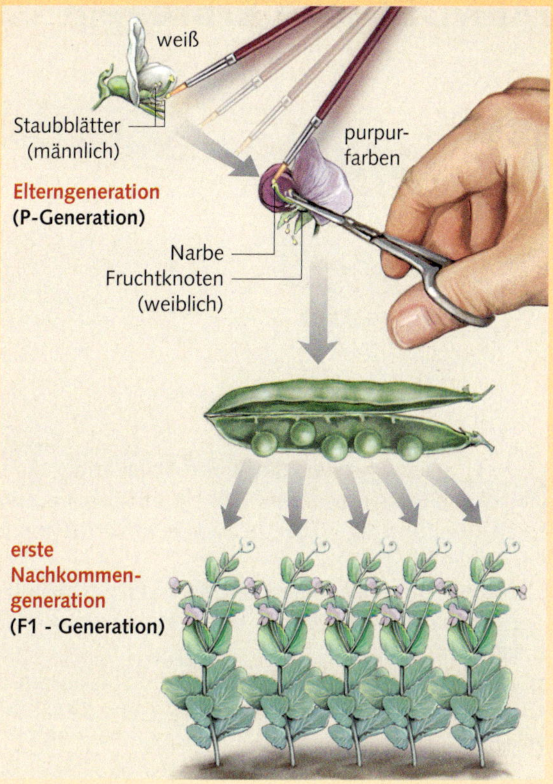

5 Fremdbestäubung bei der Erbse und anschließende Aussaat der Samen

1865 veröffentlichte MENDEL sein Werk: „Versuche über Pflanzenhybriden", in dem er seine Beobachtungen und Deutungen beschrieb. Bei der mathematischen Auswertung seiner Experimente waren ihm bestimmte Gesetzmäßigkeiten aufgefallen, die später als **MENDELsche Erbregeln** bezeichnet wurden.
MENDELS Werk wurde zunächst nicht beachtet und geriet in Vergessenheit. Erst um 1900 gelangten verschiedene Forscher unabhängig voneinander zu den gleichen Beobachtungen und Folgerungen wie MENDEL. Auch heute noch bilden die MENDELschen Regeln die Grundlagen der Genetik.

1. Erkläre den Unterschied zwischen einem Merkmal und einer Merkmalsform.

2. Erläutere, warum Erbsenpflanzen für Kreuzungsexperimente sehr gut geeignet sind.

3. Erkläre, warum MENDEL so viel Mühe auf die Züchtung reinerbiger Parentalgenerationen verwandte.

MENDELsche Erbregeln

1. a) Mische zwei Sätze von Spielkarten, die unterschiedliche Farben besitzen. Ziehe dann zufällig jeweils zwei Spielkarten und lege diese zu Paaren nebeneinander, bis alle Karten verteilt sind.
b) Notiere die Anzahl der verschiedenen Farbkombinationen. Die Kombinationen rot-blau und blau-rot werden dabei zusammengefasst.
c) Erkläre, wofür in diesem Modell die Spielkarten und die Kartenpaare stehen. Welche MENDELsche Regel soll hier veranschaulicht werden?

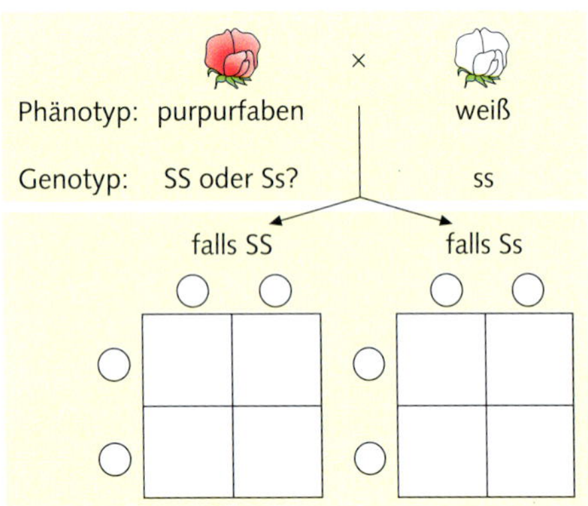

2. Der Genotyp einer Pflanze mit purpurfarbenen Blüten soll ermittelt werden. Dazu wird sie mit einer weiß blühenden Pflanze (Genotyp ss) gekreuzt.
a) Zeichne das oben stehende Schema in dein Biologieheft.
b) Vervollständige das Schema, indem du die Keimzellen der P-Generation und die Genotypen und Phänotypen der F_1-Generation für beide Möglichkeiten einträgst.
c) Erläutere, wie anhand der Kreuzungsergebnisse der unbekannte Genotyp ermittelt werden kann.

3. Erkläre die Bedeutung folgender Begriffe: Allel, Genotyp, Phänotyp, reinerbig, mischerbig, dominant, rezessiv.

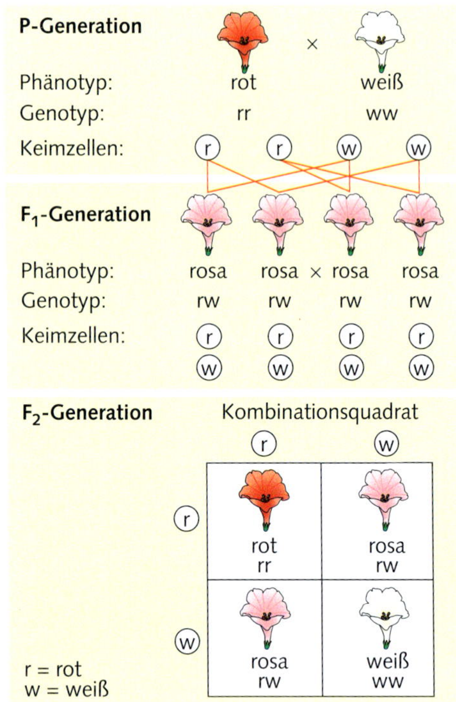

4. Die Abbildungen oben zeigen einen besonderen Erbgang der Blütenfarbe bei der Wunderblume.
a) Erläutere die Unterschiede zu einem ▶dominant-rezessiven Erbgang.
b) Prüfe, ob die MENDELschen Regeln auch bei diesem Erbgang gelten.

Gestalt der Hülse	einfach gewölbt	eingeschnürt	P: einfach gewölbte oder eingeschnürte Hülsen F_2: 882 einfach gewölbte und 299 eingeschnürte Hülsen
	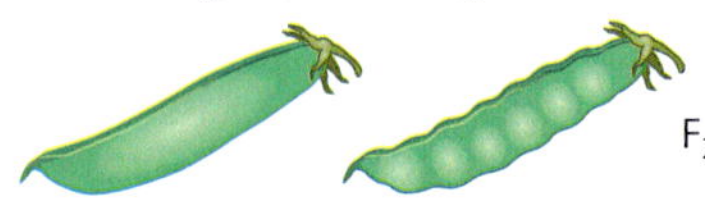		
Färbung der Hülse			P: grüne oder gelbe Hülsen F_2: 428 grüne Hülsen und 152 gelbe Hülsen

5. Ermittle anhand der oben stehenden Kreuzungsergebnisse für jede Merkmalsform, ob sie dominant oder rezessiv vererbt wird.

MENDELsche Erbregeln

MENDEL kreuzte reinerbige Elternpflanzen, die sich nur in dem Merkmal Blütenfarbe unterschieden. Dazu brachte er beispielsweise Pollen einer purpurfarbenen Blüte auf die Narben einer Pflanze mit weißen Blüten. Die daraus hervorgegangenen ▸Hybriden der F_1-Generation besaßen ausschließlich purpurfarbene Blüten. Sie sahen also alle gleich aus. Aus den Ergebnissen dieser und ähnlicher Kreuzungen leitete er die **1. MENDELsche Erbregel** ab:
Kreuzt man die Individuen einer Art, die sich in einer Merkmalsform reinerbig unterscheiden, so sind die Nachkommen in der F_1-Generation untereinander gleich (Uniformitätsregel).

MENDEL kreuzte anschließend mischerbige Pflanzen der F_1-Generation miteinander. Die daraus hervorgehenden Samen säte er erneut aus, brachte sie zum Blühen und protokollierte folgendes Ergebnis: In der F_2-Generation traten 705 Pflanzen mit purpurfarbenen Blüten und 224 Pflanzen mit weißen Blüten auf. Dies entspricht ungefähr einem Zahlenverhältnis von 3:1. Aus diesen und ähnlichen Versuchen leitete er die **2. MENDELsche Erbregel** ab:
Kreuzt man die Hybriden der F_1-Generation untereinander, so treten in der F_2-Generation beide Merkmalsformen im Zahlenverhältnis 3 : 1 auf (Spaltungsregel).

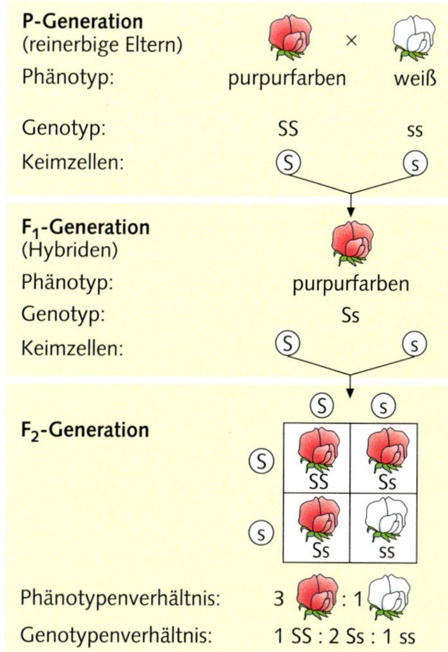

1 MENDELs Erbregeln und ihre Erklärung

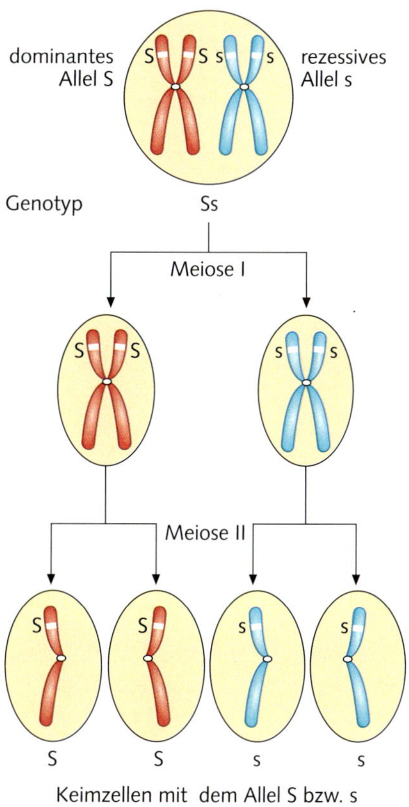

2 Allele werden im Verlauf der Meiose getrennt

Erklärung der MENDELschen Erbregeln

MENDEL nahm an, dass Pflanzen zwei Anlagen für die Bildung eines Merkmals besitzen. Wie wir heute wissen, handelt es sich hierbei um ▸Gene, die auf homologen Chromosomen liegen. Das Gen, das für die Bildung der Blütenfarbe bei Erbsen verantwortlich ist, kommt in zwei unterschiedlichen Formen vor, einer für purpurfarbene Blüten und einer anderen für weiße Blüten. Diese unterschiedlichen Formen oder Versionen eines Gens nennt man **Allele.** Die reinerbigen Eltern der P-Generation besitzen jeweils zwei identische Allele: SS bzw. ss. Sie bilden das Erbbild oder den **Genotyp** der Eltern. Der Genotyp führt zu einer bestimmten Merkmalsform und ergibt das äußere Erscheinungsbild, den **Phänotyp,** wie beispielsweise purpurfarbene Blüten.
Elterliche Allele werden im Verlauf der Keimzellenbildung getrennt und bei der Befruchtung neu zusammengeführt. Es entstehen mischerbige F_1-Pflanzen mit dem Genotyp Ss und dem Phänotyp purpurfarbener Blüten. Das Allel für purpurfarbene Blüten überdeckt also das Allel für weiße Blüten in seiner Wirkung, es ist **dominant.** Das Allel für weiße Blüten zeigt keine Wirkung, man nennt es **rezessiv.** Dominante Allele kennzeichnet man allgemein durch Großbuchstaben (hier: S), rezessive Allele durch den entsprechenden Kleinbuchstaben (s).
Aus den mischerbigen F_1-Pflanzen mit dem Genotyp Ss können Keimzellen mit dominanten S-Allelen oder rezessiven s-Allelen entstehen. Bei der Befruchtung sind nun unterschiedliche Kombinationen möglich: SS, sS, Ss oder ss. Das Genotypenverhältnis in der F_2-Generation ist also 1:2:1. Die drei Genotypen SS, Ss und sS führen zum Phänotyp der purpurfarbenen Blüten. Nur der Genotyp ss bringt weißblühende Pflanzen hervor. Auf diese Weise entsteht das beobachtete Phänotypenverhältnis von 3 : 1.

Erbanlagen können neu kombiniert werden

1. Die Gefiederfärbung von Wellensittichen ergibt sich durch das Zusammenspiel zweier Gene: Ein Gen bestimmt die Färbung der äußeren Teile der Feder, ein zweites die Färbung des Federkerns.
Im äußeren Bereich der Feder bewirkt das dominante Allel Y des ersten Gens Gelbfärbung, das rezessive Allel y bedingt Farblosigkeit.
Im Federkern führt das dominante Allel B des zweiten Gens zur Ausbildung des dunklen Farbstoffs Melanin, beim rezessiven Allel b unterbleibt die Melaninbildung.
a) Erkläre, wie die grüne Gefiederfärbung beim Wellensittich entsteht.
b) Bestimme den Genotyp und den Phänotyp der F_1- und der F_2-Generation einer Kreuzung zwischen reinerbig grünen und weißen Vögeln. Erstelle dazu Kombinationsquadrate.

3. a) In einem Kreuzungsexperiment wurde die Vererbung der Fellfarbe (schwarz/ rotbraun, Symbole S bzw. s) und die der Fellmusterung (einfarbig/gescheckt, Symbole E bzw. e) bei Rindern untersucht. Erläutere, welches Allel des jeweiligen Gens dominant und welches rezessiv ist.
b) Ermittle mithilfe von Kombinationsquadraten die Genotypen und die Phänotypen der F_1- und der F_2-Generation.

2. Für ein Simulationsspiel der 3. MENDELschen Regel werden vier Münzen benötigt, z. B. zwei 1-Euro-Münzen und zwei 50-Cent-Münzen. Die Münzen werden jeweils aus niedriger Höhe auf den Tisch geworfen. Dabei soll die Zahl jeweils für ein dominantes Allel (A bzw. B) und das Wappen der Münze für das rezessive Allel (a bzw. b) stehen.

Insgesamt werden 48 Würfe durchgeführt und die Ergebnisse nach folgendem Muster notiert. Beispiel:

	Genotyp	Phänotyp
1. Wurf	Aa BB	A B
2. Wurf	aA bb	A b
...		

a) Erläutere, warum es sich bei diesem Spiel um einen Modellversuch zur 3. MENDELschen Regel handelt.
b) Ermittele, in welchem Zahlenverhältnis die vier möglichen Phänotypen in eurem Spiel auftreten. Vergleiche dieses Zahlenverhältnis mit dem erwarteten Zahlenverhältnis von 9 : 3 : 3 : 1. Begründe mögliche Abweichungen.
c) Tragt die Ergebnisse der Klasse zusammen und vergleicht erneut das erwartete Zahlenverhältnis mit dem ermittelten Ergebnis.

MENDEL untersuchte auch die Vererbung bei Erbsenpflanzen, die sich in zwei Merkmalen unterschieden. Als Merkmale wählte er die Samenfarbe und die Samenform, die jeweils in zwei Merkmalsformen vorkommen. Bei der Farbe sind dies gelbe oder grüne Samen, bei der Form runde oder runzlige Samen.
MENDEL wählte als Elterngeneration reinerbige Erbsenpflanzen mit gelben und runden Samen sowie Pflanzen mit runzligen und grünen Samen. Entsprechend der ▸Uniformitätsregel sahen die Hybriden der F_1-Generation gleichartig aus. Ihre Samen waren gelb und rund. Die Merkmalsformen runde Samen und gelbe Samen mussten also dominant sein.

Als MENDEL die Pflanzen der F_1-Generation untereinander kreuzte, erhielt er in der F_2-Generation 315 gelb-runde, 101 gelb-runzlige, 108 grün-runde und 32 grün-runzlige Samen. Es entstanden also Samen vier verschiedener Phänotypen, die ungefähr im Zahlenverhältnis 9 : 3 : 3 : 1 aufspalteten. Neben den Merkmalskombinationen, die schon in der P- und F_1-Generation zu beobachten waren, traten jetzt aber auch zwei völlig neue Phänotypen auf: gelb-runzelige und grün-runde Samen. Offensichtlich konnten die Merkmalsformen unabhängig voneinander neu kombiniert werden. Diese und ähnliche Kreuzungsexperimente führten zur
3. MENDELschen Erbregel:
Kreuzt man Individuen, die sich in mehreren Merkmalen reinerbig unterscheiden, so werden die einzelnen Merkmalsformen unabhängig voneinander vererbt (Unabhängigkeitsregel).

Die **Neukombination** von Merkmalsformen erklärt sich dadurch, dass die Gene beider Merkmale auf unterschiedlichen, nicht homologen Chromosomen liegen. Das heißt, befinden sich die Gene für die Samenfarbe auf einem Chromosomenpaar und die Gene für die Samenform auf einem anderen Chromosomenpaar, so werden sie im Verlauf der ▸Meiose neu kombiniert. Auf diese Weise können aus den F_1-Pflanzen mit dem Genotyp GgRr vier verschiedene Keimzellen gebildet werden: GR, gR, Gr und gr. Sie führen nach der Befruchtung zu 16 Genotypen, die die vier Phänotypen gelb-rund, gelb-runzlig, grün-rund und grün-runzlig im Zahlenverhältnis 9 : 3 : 3 : 1 hervorbringen.

In der Tier- und Pflanzenzucht spielt die Neukombination von Merkmalsformen eine wichtige Rolle. Entsprechend den Züchtungszielen lassen sich so durch ▸Kombinationszüchtung Eigenschaften neu zusammenführen.

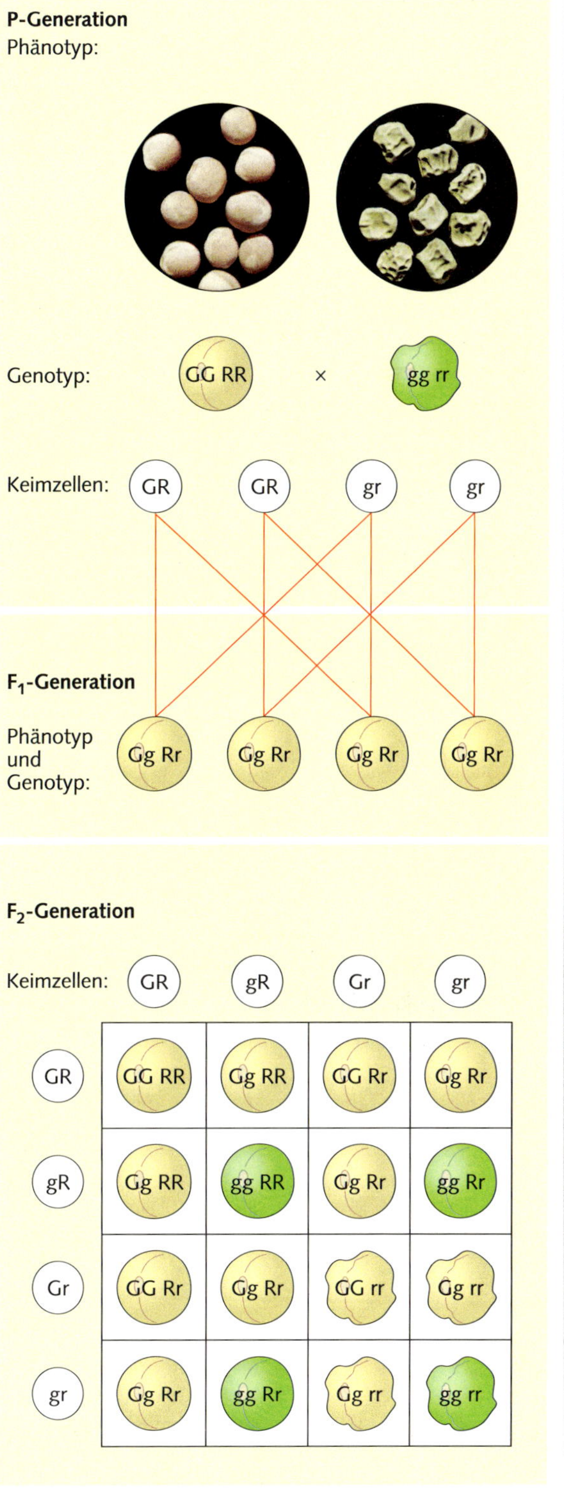

1 Erbgang mit zwei unterschiedlichen Merkmalen (R = rund, r = runzlig; G = gelb, g = grün)

Erbregeln gelten auch für den Menschen

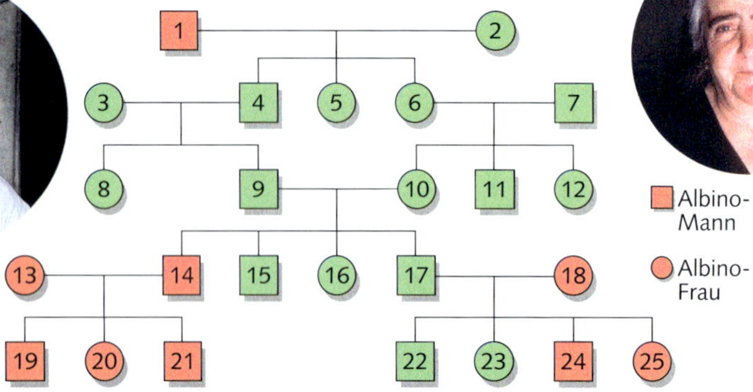

1. Beim Albinismus wird aufgrund eines Gendefekts der dunkle Farbstoff Melanin nicht gebildet. Albinos besitzen daher weiße Haare, eine sehr helle Haut und rötliche Augen. Sie sind sehr lichtempfindlich und müssen sich vor UV-Strahlung schützen.

a) Ermittle anhand des Stammbaums, ob Albinismus dominant oder rezessiv vererbt wird.

b) Ordne den Allelen die entsprechenden Groß- bzw. Kleinbuchstaben zu und gib die Genotypen sämtlicher Personen an.

2. In einer Familie mit zwei Kindern besitzen die Eltern die Blutgruppe A bzw. B. Gib die möglichen Genotypen der Eltern und die möglichen Genotypen und Phänotypen der Kinder an.

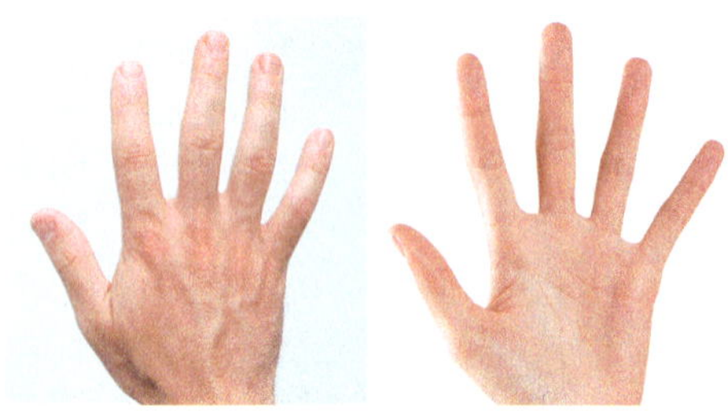

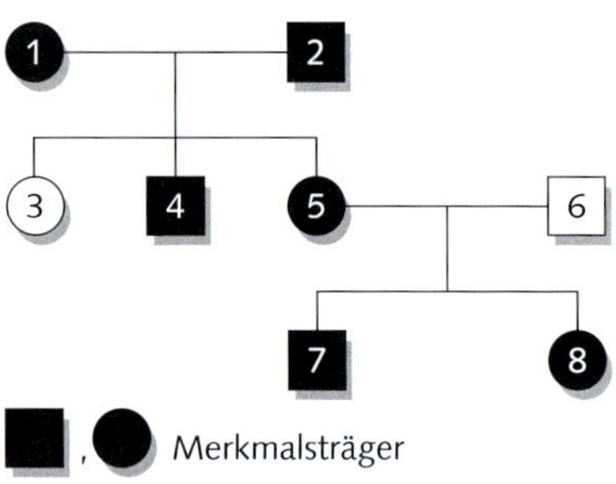

3. Auf einer Säuglingsstation wurden vier Kinder mit den Blutgruppen A, B, AB und 0 geboren. Die Blutgruppen der Eltern sind:
1. 0/0, 2. AB/0, 3. A/B, 4.B/B. Gib die möglichen Genotypen aller Personen an und ordne die vier Kinder begründet den jeweiligen Eltern zu.

4. a) Manche Menschen besitzen erblich bedingt verkürzte Finger. Ermittle anhand des Stammbaums, ob Kurzfingrigkeit dominant oder rezessiv vererbt wird.
b) Ordne den verschiedenen Allelen entsprechend Groß- bzw. Kleinbuchstaben zu und gib für alle Personen des Stammbaumes die Genotypen an.

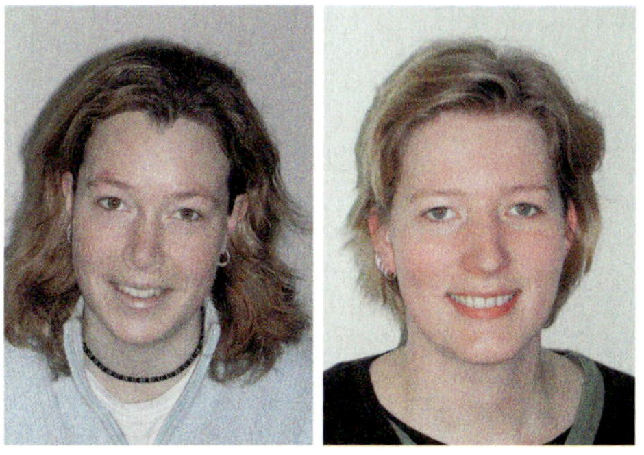

1 **Haaransatz. A** *Witwenspitz;* **B** *kein Witwenspitz*

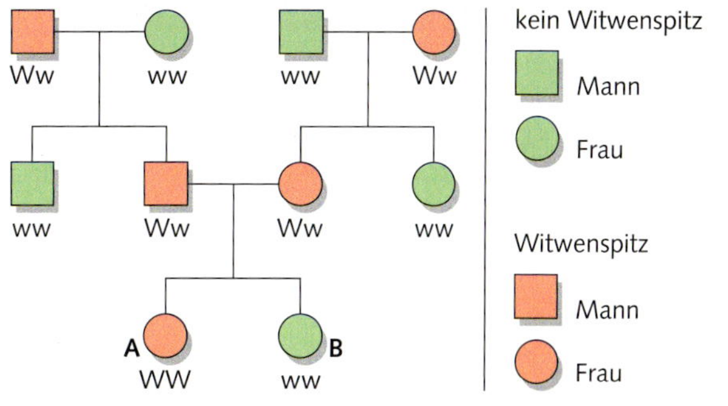

2 **Stammbaum zur Vererbung des Witwenspitzes**

Stammbaumanalyse

Viele Merkmale des Menschen wie die Haut- oder Haarfarbe werden nicht durch ein Gen bestimmt, sondern mehrere Gene sind gemeinsam für die Merkmalsform verantwortlich. In diesen Fällen lassen sich keine einfachen Erbgänge darstellen. Anders ist es bei Merkmalen, deren Ausprägung nur von einem Gen bestimmt wird. Ein Beispiel ist die Form des Haaransatzes. Dieser kann glatt oder dreieckig sein. Der dreieckige Haaransatz wird Witwenspitz genannt. Wie wird das Gen, das für die Ausprägung des Haaransatzes verantwortlich ist, vererbt? Beim Menschen können zur Klärung dieser Frage natürlich keine Kreuzungsversuche durchgeführt werden. Stattdessen kann man hier eine **Stammbaumanalyse** durchführen: Dabei verfolgt man das Auftreten einer Merkmalsform über mehrere Generationen und schließt dann vom Phänotyp zurück auf den Genotyp.

In dem Stammbaum zur Vererbung des Witwenspitzes erkennt man im unteren Abschnitt, dass die Eltern und deren Tochter A einen Witwenspitz haben, Tochter B jedoch nicht. Nimmt man an, dass das Allel für Witwenspitz dominant vererbt wird (Symbol W), lassen sich sämtlichen Personen des Stammbaumes bestimmte Genotypen zuordnen, ohne dass dabei Widersprüche auftreten. Bei rezessiver Vererbung wäre dies nicht möglich: Die Eltern mit Witwenspitz müssten dann den Genotyp ww besitzen und könnten nur Kinder mit Witwenspitz zeugen. Das Ergebnis der Stammbaumanalyse ist eindeutig: Der Witwenspitz wird dominant vererbt.

Blutgruppen

Auch die Blutgruppen des Menschen werden vererbt. Man unterscheidet hier vier verschiedene Phänotypen, die Blutgruppen A, AB, B und 0. Bei ihrer Vererbung zeigt sich eine Besonderheit:

Das entsprechende Gen liegt nicht in zwei, sondern in drei verschiedenen Allelen vor, die man als A, B und 0 bezeichnet. Jeder Mensch besitzt stets zwei dieser drei Allele. Die Allelkombination AA führt beispielsweise zur Blutgruppe A. Da die Allele A und B dominant über das rezessive Allel 0 sind, ergeben die Kombinationen A0 oder B0 die Blutgruppen A bzw. B. Bei der Allelkombination AB entsteht die Blutgruppe AB. In diesem Fall wirken beide Allele dominant, man spricht von **Kodominanz.**

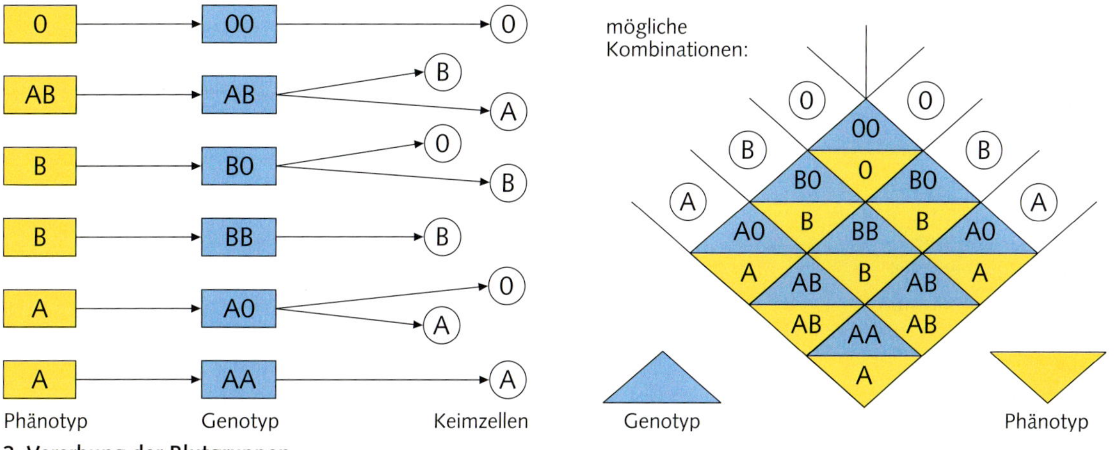

3 **Vererbung der Blutgruppen**

Vererbung des Geschlechts

1. a) Erläutere das Schema in Abbildung 3 und begründe, warum man bei der Geburt ein Geschlechterverhältnis von 1 : 1 erwarten kann.
b) Berechne das Geschlechterverhältnis für jedes in der Tabelle angegebene Jahr.
c) Vergleiche die Ergebnisse von a) und b) miteinander und versuche, mögliche Abweichungen zu erklären.

Jahr	Zahl der Geburten	Mädchen	Jungen
1965	1 044 328	507 398	536 930
1979	581 984	283 809	298 175
1980	620 657	302 177	318 480
1981	624 557	303 924	320 633
1982	612 179	301 880	319 293
1990	905 675	440 296	465 379
1991	830 019	403 921	426 098
1992	809 114	394 307	414 807

Zahl der zwischen 1965 und 1992 in Deutschland geborenen Mädchen und Jungen

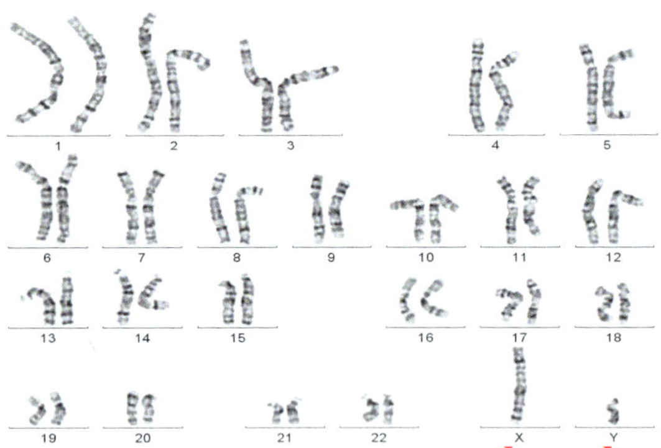

1 Karyogramm eines Mannes

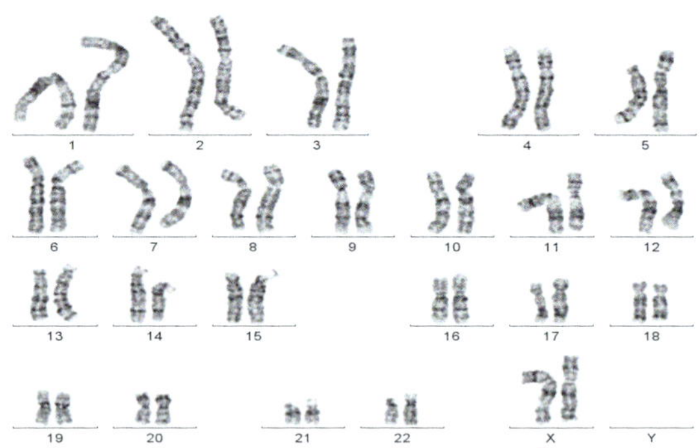

2 Karyogramm einer Frau

Vergleicht man das Karyogramm eines Mannes mit dem einer Frau, so fällt ein wesentlicher Unterschied auf: Der Mann besitzt ein ungleiches Chromosomenpaar mit einem kleineren, so genannten Y-Chromosom und einem größeren Chromosom, dem X-Chromosom. Im Gegensatz dazu kommt bei der Frau das X-Chromosom doppelt vor. Da diese Chromosomen das Geschlecht des Menschen bestimmen, werden sie als **Geschlechtschromosomen** bezeichnet. Im Verlauf der ▸Meiose werden beide Geschlechtschromosomen und die übrigen 44 Chromosomen getrennt.

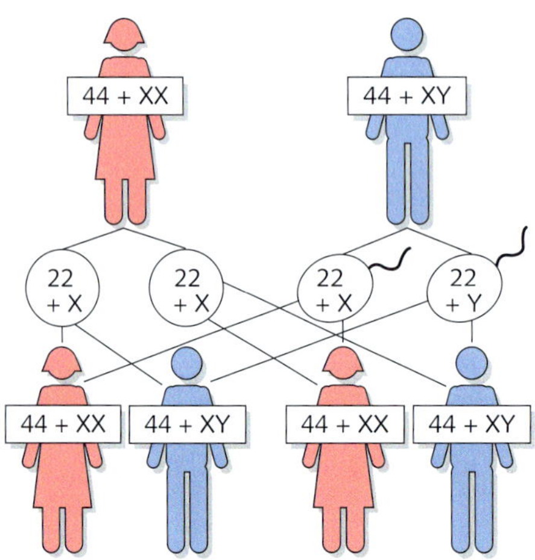

3 Vererbung des Geschlechts

Bei der Frau entstehen so Eizellen mit einem X-Chromosom und den anderen 22 Chromosomen. Beim Mann bilden sich Spermien, die neben den 22 Chromosomen entweder ein X-Chromosom oder ein Y-Chromosom enthalten.

Die Entscheidung über das Geschlecht des Kindes hängt dann vom Zufall ab: Gelingt es einem Spermium mit X-Chromosom, die Eizelle zu befruchten, entsteht ein Mädchen. Ein Spermium mit Y-Chromosom führt nach der Befruchtung zu einem Jungen.

Geschlechtsgebundene Vererbung

1. a) Welche Hinweise liefert der Stammbaum in Abbildung 1 für eine rezessive, geschlechtsgebundene Vererbung der Bluterkrankheit?
b) Erkläre den Begriff Überträgerin.
c) Überlege, ob es auch bluterkranke Frauen geben kann.
d) Entwickle eine Vermutung, warum die Bluterkrankheit gehäuft in Adelsfamilien auftrat.

2. Die Rot-Grün-Sehschwäche ist erblich. Betroffene erkennen beispielsweise an einer Ampel statt der Farben Rot und Grün nur einen grauen Farbton.
Recherchiert im Internet Farbsehtests und überprüft euer Farbsehvermögen.

3. In dem folgenden Text aus dem Jahr 1777 berichtet MR. SCOTT einem Freund über die Rot-Grün-Sehschwäche in seiner Familie:
„Es ist ein altes Familienleiden: mein Vater hat genau dieselbe Anomalie; meine Mutter und eine meiner Schwestern konnten alle Farben fehlerfrei sehen, meine andere Schwester und ich sind in der gleichen Weise unvollkommen; diese letzte Schwester hat zwei Söhne, beide betroffen, aber sie hat eine Tochter, die ganz normal ist; ich habe einen Sohn und eine Tochter, und beide sehen alle Farben ohne Ausnahme; so ging es auch meiner Frau; meiner Mutter Bruder hatte denselben Fehler wie ich, obgleich meine Mutter, wie schon erwähnt, alle Farben gut erkannte.“

a) Erstelle einen Stammbaum für MR. SCOTTs Familie.
b) Ermittle den Erbgang der Rot-Grün-Sehschwäche.
c) Bestimme sämtliche Genotypen des Stammbaums.

Bluterkrankheit
In europäischen Adelshäusern findet man gehäuft eine sonst recht seltene ▸ Erbkrankheit, die **Bluterkrankheit.** Bei Betroffenen ist die Blutgerinnung gestört, sodass bereits harmlose Verletzungen lebensbedrohend sein können. Von der Bluterkrankheit sind im nebenstehenden Stammbaum ausschließlich Männer betroffen. Dies lässt einen Zusammenhang zwischen der Krankheit und den Geschlechtschromosomen vermuten. Tatsächlich weiß man heute, dass ein Gen auf dem X-Chromosom für die Blutgerinnung verantwortlich ist und dass die Bluterkrankheit rezessiv vererbt wird (Symbol X^a). Männer besitzen nur ein X-Chromosom. Das wesentlich kleinere Y-Chromosom hat den Bereich, auf dem bei X-Chromosomen das Gen für Blutgerinnung liegt, nicht. Das rezessive Allel a führt folglich bei ihnen stets zur Bluterkrankheit.
Bei Männern kann man daher nur zwischen Blutern (Genotyp X^aY) und Gesunden (Genotyp X^AY) unterscheiden. Bei Frauen findet man auch mischerbige Genotypen X^AX^a. Diese Frauen sind gesund, können aber das Allel a auf ihre Kinder übertragen. Man bezeichnet sie daher als Überträgerinnen. Die Bluterkrankheit ist ein Beispiel für einen geschlechtsgebundenen oder **X-chromosomalen** Erbgang.
Ebenfalls X-chromosomal wird die **Rot-Grün-Sehschwäche** vererbt.

B

A
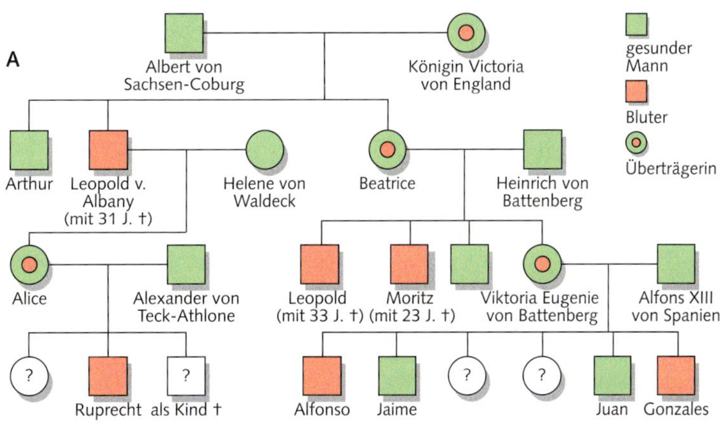

1 Bluterkrankheit. A *Stammbaum der Bluterkrankheit im europäischen Adel;* **B** *Königin VICTORIA von England*

Mutationen als Ursache für Krankheiten

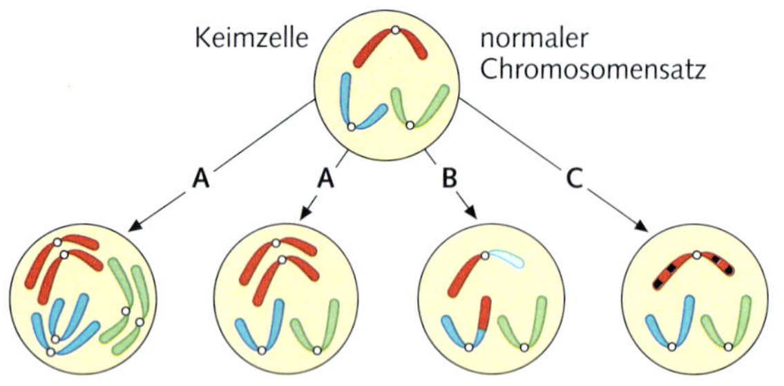

1. Ordne den Zellen A bis C den jeweiligen Mutationstyp zu und begründe deine Zuordnung.

2. a) Erkläre, wie es zur Sichelzellenanämie kommt, und begründe, warum diese Krankheit gehäuft in Afrika auftritt.
b) Nimm Stellung zu der Aussage: „Mutationen sind stets schädlich".

3. a) Verdeutliche, wie bei Genmutationen die Erbinformation verändert wird. Streiche dazu beispielsweise aus der Basenabfolge ... GAC GAC GAC ... eine Base. Ordne dann neu zu ▸Tripletts an.
b) Verfahre ähnlich mit dem Text:
WAS HAT DIE DNA MIT MIR VOR?
c) Welche Folgen kann das Fehlen einer Base in der DNA haben?

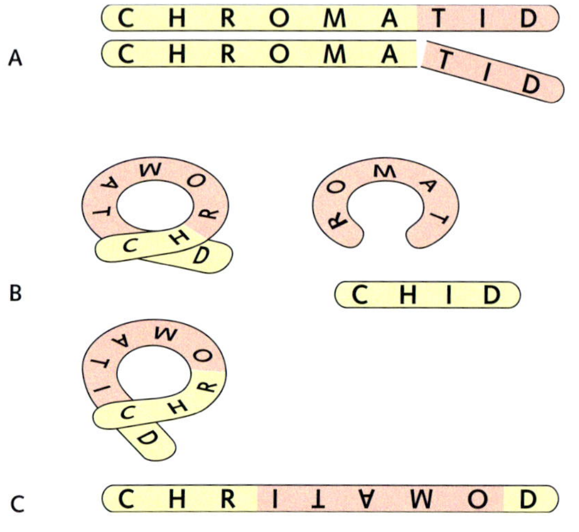

4. Die Abbildungen A bis C zeigen schematisch mögliche Chromosomenmutationen. Beschreibe die Abbildungen und erläutere, wie sich die Information der DNA dabei ändert.

5. a) In seltenen Fällen werden in der Meiose I die Chromosomen des Paares 21 nicht getrennt. Beschreibe die in der Abbildung gezeigten Vorgänge und erläutere die Konsequenzen dieser Nichttrennung.
b) Zeichne ein vergleichbares Schema, bei dem in der Meiose II die Schwesterchromatiden von Chromosom 21 nicht getrennt werden und erläutere auch hier die Konsequenzen.

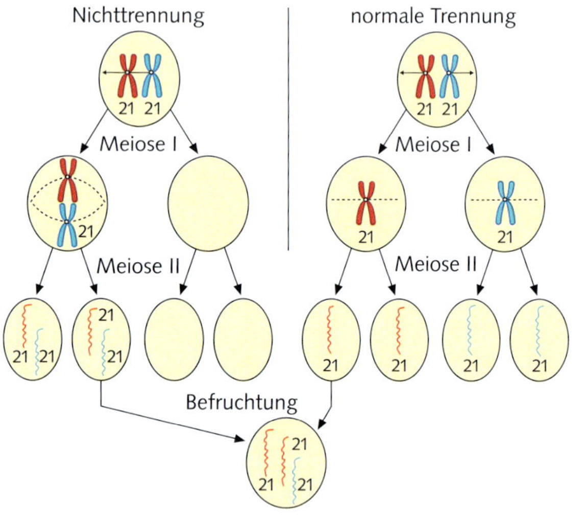

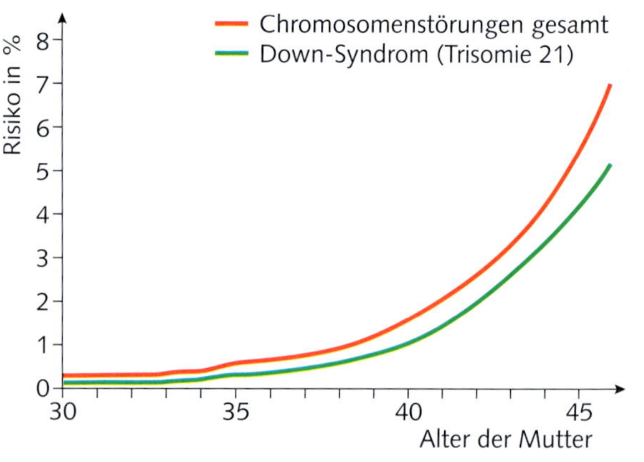

6. 1990 waren nur 5 Prozent der gebärenden Mütter älter als 35 Jahre, 2005 waren es bereits 16 Prozent. Erläutere mithilfe der Grafik die Problematik, die sich daraus ergibt.

Sichelzellenanämie – Folge einer Genmutation

Eine besonders in Afrika häufig auftretende Erbkrankheit ist die **Sichelzellenanämie.** Der Name dieser Krankheit rührt von der Sichelform der roten Blutkörperchen her, die im Blut Erkrankter auftreten.
Ursache der Sichelzellenanämie ist der Austausch einer Base in dem Gen, das die Information für die Bildung des roten Blutfarbstoffes Hämoglobin enthält. Hämoglobin ist Bestandteil der roten Blutkörperchen und dort für den Sauerstofftransport verantwortlich. Als Folge der ▸Genmutation wird ein verändertes Hämoglobin-Protein gebildet, das dann zu den sichelförmigen Blutkörperchen führt.
Die Schwere der Erkrankung hängt vom jeweiligen Genotyp ab: Bei reinerbigen Merkmalsträgern sind sämtliche roten Blutkörperchen verändert. Diese Blutkörperchen können Sauerstoff schlechter transportieren. Betroffene zeigen daher eine geringere körperliche Leistungsfähigkeit. Da die Zellen zudem häufiger zerbrechen, leiden Erkrankte auch an Blutarmut. Die Lebenserwartung ist deshalb deutlich vermindert. Mischerbige zeigen fast keine Symptome, da hier nur wenige der Blutkörperchen deformiert sind. Die Genmutation verleiht jedoch reinerbigen und mischerbigen Menschen eine besondere Eigenschaft: sie sind resistent gegen Malaria, was in vielen Gebieten Afrikas von Vorteil ist.

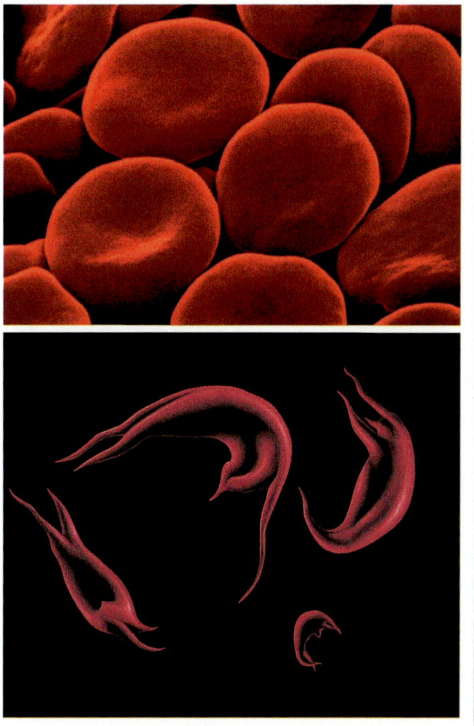

1 Rote Blutkörperchen. A *normal entwickelt;* **B** *bei Sichellzellenanämie*

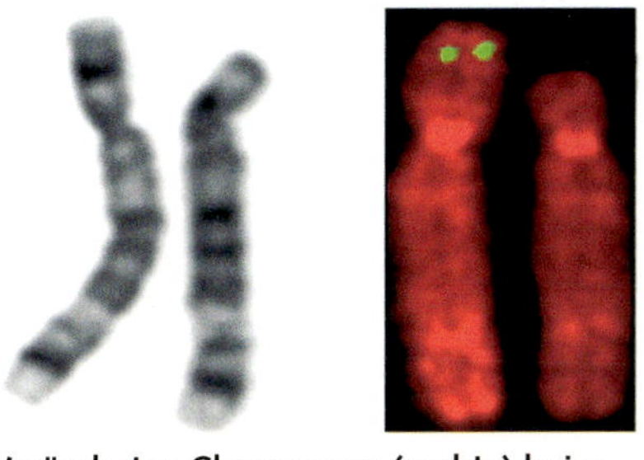

2 Verändertes Chromosom (rechts) beim Katzenschrei-Syndrom

Katzenschrei-Syndrom – Folge einer Chromosomenmutation

Eine menschliche Erbkrankheit ist das **Katzenschrei-Syndrom.** Die betroffenen Säuglinge schreien wie junge Katzen. Verantwortlich hierfür ist eine Missbildung des Kehlkopfes. Weitere Symptome des Katzenschrei-Syndroms sind Wachstumsstörungen und eine verringerte geistige Entwicklung. Ursache ist der Verlust eines aus mehreren Genen bestehenden Abschnittes von Chromosom 5. Beim Katzenschrei-Syndrom liegt demnach eine ▸Chromosomenmutation vor. Die Mutation ist sehr selten und tritt einmal bei 50 000 Geburten auf.

Trisomie 21 – Folge einer Genommutation

Die bei Neugeborenen häufigste Chromosomenveränderung ist die **Trisomie 21.** Das Chromosom 21 liegt in diesem Fall nicht wie üblich doppelt, sondern dreifach vor. Bei der Trisomie 21 handelt es sich folglich um eine ▸Genommutation. Nach seinem Entdecker wird das Krankheitsbild auch als **DOWN-Syndrom** bezeichnet. Äußere Merkmale dieses Syndroms sind eine geringe Körpergröße, die rundliche Kopfform sowie eine schmale Lidfalte der Augen. Daneben kommt es auch zur Fehlentwicklung innerer Organe. Die mit der Krankheit verbundene Verringerung geistiger Fähigkeiten kann durch frühe und intensive pädagogische Betreuung abgeschwächt werden.
Das Risiko, ein Kind mit DOWN-Syndrom zu gebären, wächst mit steigendem Alter der Mutter deutlich an.

3 Mädchen mit DOWN-Syndrom

Genetische Beratung

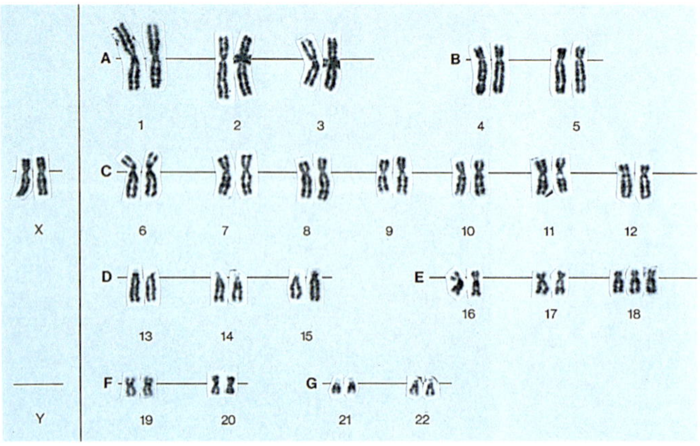

1. a) In einer genetischen Beratungsstelle wird das links stehende Karyogramm erstellt. Ermittle das Geschlecht und die hier vorliegende Mutation.

b) Erkläre, wie die Mutation entstanden sein kann.

2. Recherchiere im Internet, welche Erbkrankheit in Aufgabe 1 vorliegt und welche typischen Symptome auftreten.

3. Ein junges Paar mit zwei Kindern sucht eine genetische Beratungsstelle auf. Bei Verwandten des Mannes ist die unheilbare Nervenkrankheit Chorea Huntington aufgetreten. Erste Anzeichen dieser Krankheit treten mit 35 bis 40 Jahren auf. Chorea Huntington nimmt immer einen schweren Verlauf und führt im Durchschnitt 15 Jahre nach den ersten Anzeichen zum Tod. Durch einen Gentest kann die dominant vererbte Krankheit nachgewiesen werden.

a) Erläutere, in welchem ▸ Dilemma sich der Mann vor einem möglichen Gentest befindet.

b) Angenommen, der Gentest hätte erbracht, dass der Mann mischerbig für Chorea Huntington ist. Wie groß ist dann die Wahrscheinlichkeit, dass auch die Kinder erkranken?

4. Personen, die reinerbig für die Erbkrankheit Phenylketonurie (PKU) sind, können ein bestimmtes ▸ Enzym nicht bilden. Dadurch kann Phenylalanin nicht mehr zu Tyrosin umwandelt werden. Phenylalanin reichert sich im Blut an und führt so zu schweren geistigen Entwicklungsstörungen. Personen, die mischerbig für PKU sind, bilden die Hälfte der Enzyme und zeigen keine Krankheitssymptome. Mithilfe eines biochemischen Tests lassen sich die unterschiedlichen Genotypen der PKU ermitteln. Dazu wird verschiedenen Personengruppen eine gleiche Menge an Phenylalanin verabreicht und später die Tyrosinmenge im Blut bestimmt.

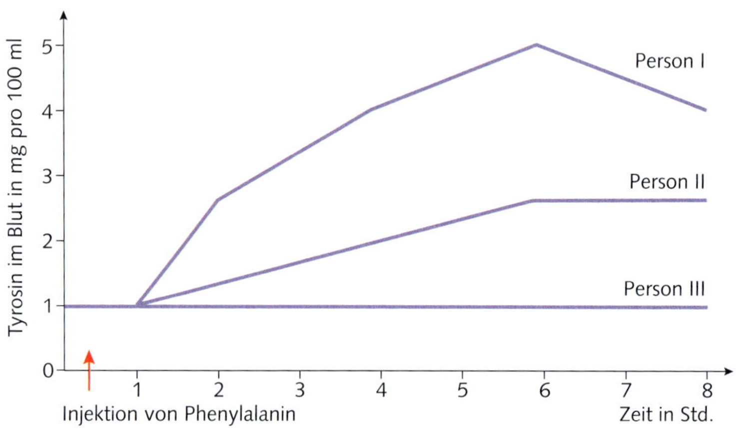

a) Ordne die Kurvenverläufe der Personen I-III folgenden Genotypen zu: reinerbig gesund, mischerbig, reinerbig erkrankt. Begründe deine Entscheidung.

b) Welchen Rat würdest du einem Paar geben, bei dem ein Partner das Testergebnis von Person I und der andere das von Person II hätte?

Paare mit Kinderwunsch können eine **genetische Beratungsstelle** aufsuchen, um sich hier über das Risiko einer genetischen Erkrankung des Kindes zu informieren. Dies ist beispielsweise dann sinnvoll, wenn innerhalb der Verwandtschaft eines Partners bestimmte Krankheiten gehäuft auftreten oder wenn gesunde Eltern bereits ein Kind mit einer genetisch bedingten Behinderung haben. Ein höheres Alter des Paares oder schädigende Umwelteinflüsse während einer bestehenden Schwangerschaft sind weitere Gründe für ein Beratungsgespräch.
Die Ratsuchenden werden zunächst eingehend über die Krankheit informiert. Es folgen verschiedene Untersuchungsmethoden: Zunächst wird ein Familienstammbaum erstellt. Mithilfe der ▸**Stammbaumanalyse** kann dann das Wiederholungsrisiko für eine Erbkrankheit berechnet werden. In manchen Fällen lassen sich erblich bedingte Stoffwechselstörungen der künftigen Eltern auch

1 **Beratungsgespräch**

mithilfe **biochemischer Methoden** nachweisen. Daneben erlauben ▸**Karyogramme** der Eltern Aussagen zu möglichen Chromosomen- oder Genommutationen.

Mit ▸**Gendiagnosen** lassen sich einige Gendefekte direkt nachweisen. Das Ergebnis der Untersuchungen kann die Ratsuchenden in bestimmten Fällen vor große Probleme stellen: Sollen sie sich beispielsweise für oder gegen ein Kind aussprechen, wenn die Wahrscheinlichkeit für eine schwere Behinderung bei 25 % liegt?
Traut sich das Paar ein Leben mit einem behinderten Kind zu, oder fühlen sie sich dieser Aufgabe nicht gewachsen?
Bei den Antworten auf diese Fragen kann eine genetische Beratung nur Informationen liefern, beispielsweise wie sich eine genetische Erkrankung entwickeln könnte. Sie kann daneben über die Möglichkeiten und Risiken ▸vorgeburtlicher Untersuchungen informieren. Die letztliche Entscheidung muss aber allein von den Ratsuchenden getroffen werden.

Streifzug

„Erbgesundheitspflege" im Nationalsozialismus

Am 14.7.1933 beschloss die Reichsregierung unter Adolf HITLER das „Gesetz zur Verhütung erbkranken Nachwuchses". Es zielte darauf ab, durch Unfruchtbarmachung (Sterilisation) erbkranker Menschen der Zunahme „ungünstiger" Erbanlagen entgegenzuwirken. Als „erbkrank" im Sinne des Gesetzes wurden u. a. angesehen: angeborener Schwachsinn, Schizophrenie, manisch-depressives Irresein, erbliche Fallsucht (Epilepsie), erbliche Blindheit und Taubheit, schwere körperliche Missbildungen.
Nach dem Gesetz konnte die Sterilisation gegen den Willen der Betroffenen durchgeführt werden. Ab 1933 begann man mit der Zwangsverwahrung, Zwangsarbeit und Zwangssterilisation. Allein zwischen 1934 und 1936 wurden rund 167 000 Menschen sterilisiert. Mit Erlass vom 1.9.1939 ermächtigte HILTER die Ärzte, unheilbar Kranken den „Gnadentod" zu gewähren. Daraufhin wurden mehrere tausend Kranke, viele davon Kinder, in Tötungsanstalten ermordet.

1. Erläutere, was mit dem abgebildeten Plakat bezweckt werden sollte. Nimm Stellung.

2. Vergleiche die „Erbgesundheitspflege" im Nationalsozialismus mit der genetischen Beratung heute.

2 **Nationalsozialistisches Propagandaplakat**

Heile Welt durch Gentherapie?

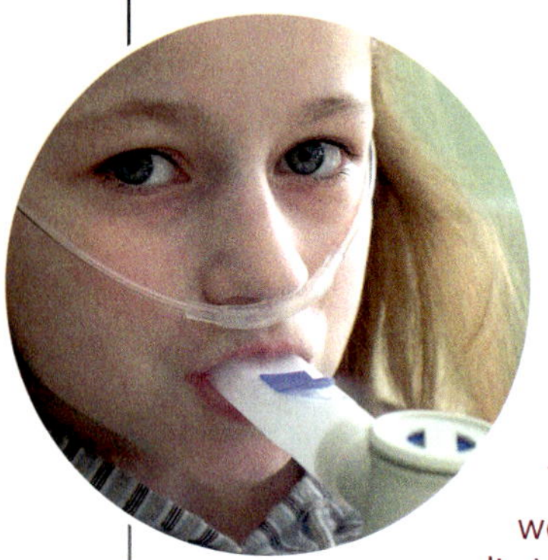

1. a) Recherchiere die Therapien, die normalerweise bei Mukoviszidose angewendet werden.
b) Welche der Therapien hilft gegen welches der Symptome, die in der Abbildung rechts beschrieben sind?

2. Wie unterscheidet sich die somatische Gentherapie von den gängigen Therapien?

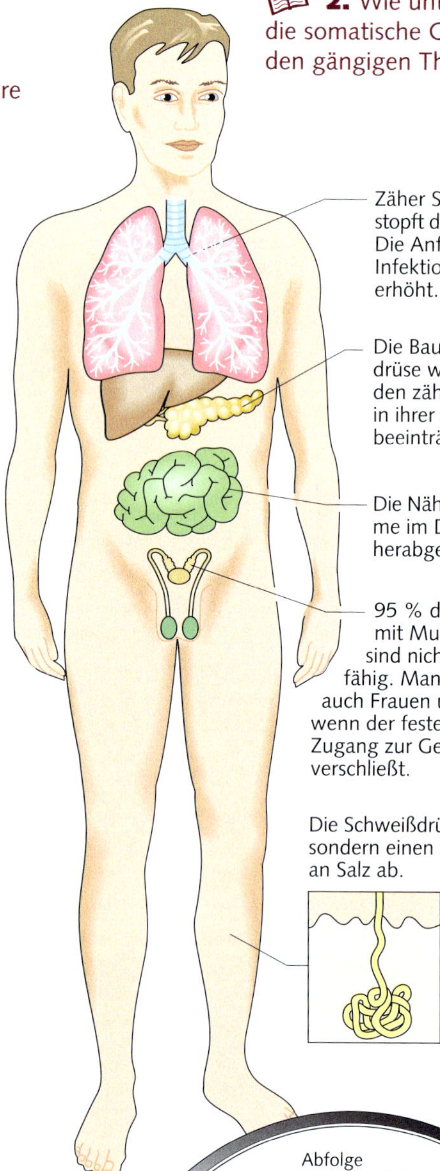

3. Die Lebenserwartung und die Erwartungen an das Leben von Mukoviszidosekranken haben sich verändert. Recherchiere im Internet z. B. unter www. muko.info/index.html oder gib die Suchbegriffe „Mukoviszidose“ und „Erfahrungsberichte“ in eine Internet-Suchmaschine ein.

4. Manche Forscher glauben, dass man in Zukunft Krankheiten wie Mukoviszidose mit einer so genannten Keimbahntherapie behandeln kann.
a) Finde mithilfe des Internets heraus, was man unter einer Keimbahntherapie versteht.
b) Welche ethischen Bedenken und rechtliche Vorschriften gibt es gegenüber der Keimbahntherapie?

5. Die mit 70 % häufigste Ursache für Mukoviszidose ist in der rechten Abbildung dargestellt.
a) Um welche Mutationsart handelt es sich? Begründe.
b) Notiere den verbleibenden DNA-Ausschnitt und nenne die Veränderungen, die sich im Rahmen der ▸Proteinbiosynthese daraus ergeben.

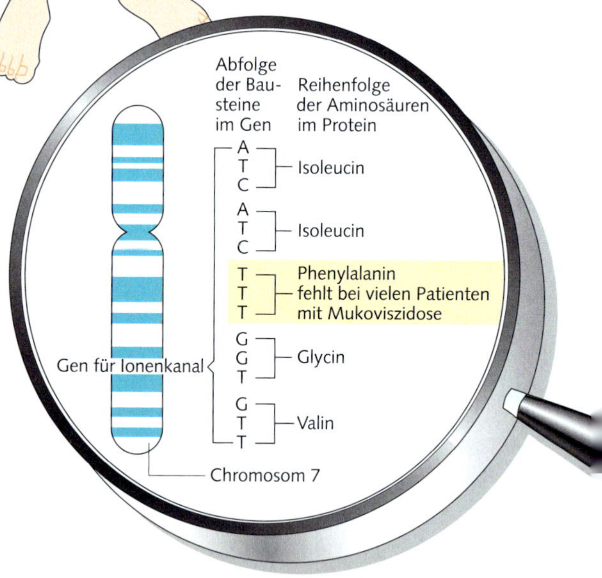

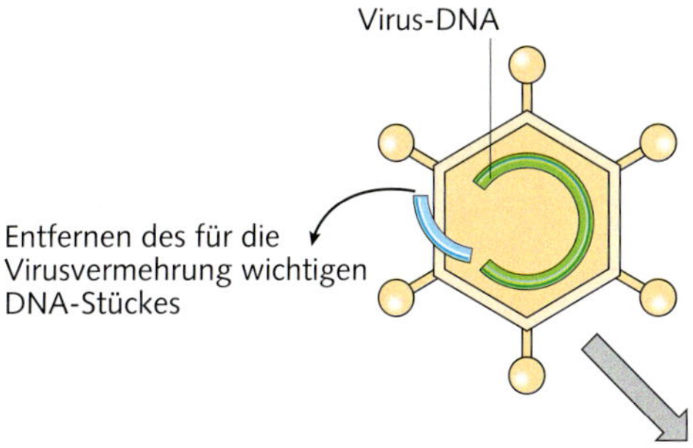

Hoffnungsträger somatische Gentherapie

Bisher ließen sich nur die Symptome der Mukoviszidose lindern. Besser wäre es aber, wenn man den genetischen Defekt direkt in den Zellkernen beheben könnte. Dies versucht die **somatische Gentherapie.** Der Begriff „somatisch" zeigt an, dass bei dieser Form der Gentherapie die Körperzellen verändert werden und nicht die ▸Keimzellen. Im Falle der Mukoviszidose werden dabei DNA-Stücke, die das intakte CFTR-Gen enthalten, mithilfe von ▸ **„Gentaxis"** in die betroffenen Zellen transportiert. Die Taxis sind **Adenoviren.** Mit ▸Restriktionsenzymen werden die DNA-Bereiche, die für die Virusvermehrung zuständig sind, zuvor entfernt. So können die Viren keine Erkrankungen mehr auslösen. Mit einem Nasenspray werden Millionen dieser Viren dann in den Körper des Mukoviszidosepatienten eingebracht. Die Viren dringen in die Schleimhautzellen ein und setzen dort ihre DNA mit dem CFTR-Gen frei. Mithilfe der zelleigenen ▸Proteinbiosynthese stellen die Schleimhautzellen dann das CFTR-Protein her und bauen es in die Zellmembran ein.
Tatsächlich traten nach einer solchen Behandlung bei einigen Patienten erhebliche Verbesserungen ein.
Dennoch gibt es Probleme. Es müssen sehr viele Viren aufgenommen werden, damit überhaupt ein Effekt erzielt wird. Zudem muss die Behandlung oft wiederholt werden, da die Virus-DNA nicht in die Zellkern-DNA eingebaut wird. Außerdem reagiert das Immunsystem auf die Viren und macht viele unschädlich, bevor sie aktiv werden können. Es wird also noch etwas Zeit vergehen, bis ein solcher Therapieansatz problemlos und wirkungsvoll angewendet werden kann.

Krank durch Gendefekt – Mukoviszidose

Mukoviszidose ist die häufigste erblich bedingte Krankheit in Westeuropa. Eines von 2500 Neugeborenen erkrankt daran und noch viel mehr Menschen sind Träger eines verursachenden ▸Allels. Wer an Mukoviszidose erkrankt, leidet an einem dauernd zähen Schleim, der die Atemwege und viele andere Organgänge, besonders aber die Bauchspeicheldrüse, verstopft.
Im Laufe der Zeit verschlimmern sich die Symptome und die Krankheit führt oft zu einem viel zu frühen Tod.
Die mit 70 % häufigste Ursache der Mukoviszidose ist eine ▸Mutation im CFTR-Gen auf Chromosom Sieben.
Bei gesunden Menschen enthält dieses Gen die Informationen für das CFTR-Protein. In Schleimhautzellen der Bronchien und anderer Organe wird dieses CFTR-Protein gebildet und dann in die Zellmembran eingebaut. In der Membran verankert, sorgt das Protein dafür, dass Chloridionen die Membran passieren können. Damit gewährleistet es indirekt die Verflüssigung von Schleim.
Ein Mensch erkrankt nur an Mukoviszidose, wenn bei ihm beide betreffende Chromosomen den Defekt tragen, er also ▸reinerbig ist. Ist er ▸mischerbig, reicht die Information des intakten Allels aus, das Protein ausreichend zu bilden. Da der Mensch nicht erkrankt, bemerkt er den Gendefekt gar nicht. Trotzdem kann er ihn aber an seine Nachkommen weitervererben. Wenn der zweite Elternteil auch Allelträger ist, kann das Kind von beiden Eltern das defekte Allel bekommen und ist dann in Bezug auf das defekte Allel reinerbig. Keines der beiden Allele kann dann den Defekt ausgleichen und das Kind erkrankt an Mukoviszidose.

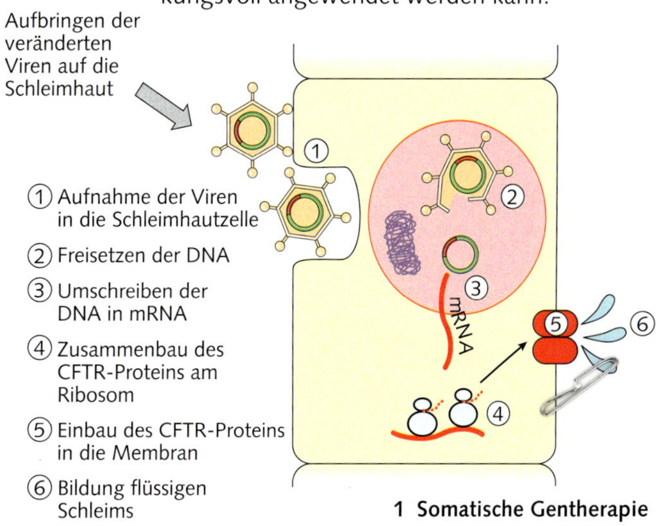

1 Somatische Gentherapie bei Mukoviszidose

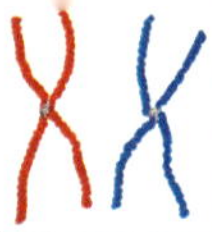

Was Stammzellen alles können

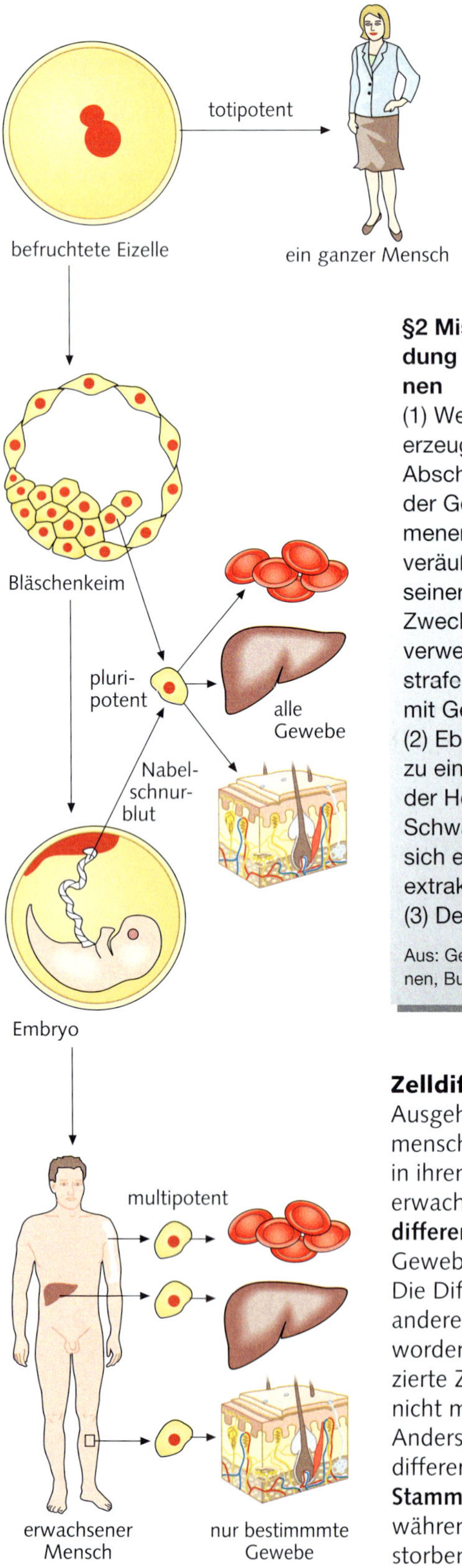

1. Erläutere anhand der Abbildung und des Informationstextes die unterschiedlichen Stammzelltypen: adulte, embryonale, multipotente, pluripotente, totipotente und iPS.

2. a) Beschreibe mithilfe des Informationstextes das Verfahren des therapeutischen Klonens.
b) Erläutere die Vorteile, die das therapeutische Klonen gegenüber Organtransplantationen von Mensch zu Mensch besitzt.
c) Entwickle eine Grafik, die das therapeutische Klonen mit iPS darstellt.

§2 Missbräuchliche Verwendung menschlicher Embryonen

(1) Wer einen extrakorporal erzeugten oder einer Frau vor Abschluss seiner Einnistung in der Gebärmutter entnommenen menschlichen Embryo veräußert oder zu einem nicht seiner Erhaltung dienenden Zweck abgibt, erwirbt oder verwendet, wird mit Freiheitsstrafe bis zu drei Jahren oder mit Geldstrafe bestraft.
(2) Ebenso wird bestraft, wer zu einem anderen Zweck als der Herbeiführung einer Schwangerschaft bewirkt, dass sich ein menschlicher Embryo extrakorporal weiterentwickelt.
(3) Der Versuch ist strafbar.

Aus: Gesetz zum Schutz von Embryonen, Bundesministerium der Justiz.

3. a) Fasse die Aussage des nebenstehenden Gesetzestextes mit eigenen Worten zusammen.
b) Welche Folgen kann das Gesetz für den medizinischen Fortschritt haben?
c) Stelle Argumente für und gegen die Forschung an embryonalen Stammzellen zusammen. Wie ist deine Meinung dazu?

4. Was versteht man unter ALS? Recherchiere Berichte betroffener Menschen und stelle den Krankheitsverlauf dar.

Zelldifferenzierung durch An- und Abschalten von Genen

Ausgehend von der befruchteten Eizelle entstehen alle Zellen des menschlichen Körpers durch ▸Zellteilungen. So haben alle Körperzellen in ihren Zellkernen dieselbe genetische Erbinformation. Im Körper eines erwachsenen Menschen gibt es dennoch ungefähr 200 verschieden **differenzierte Zelltypen,** die jeweils eine besondere Funktion in einem Gewebe übernommen haben und in ihrem Bau daran angepasst sind. Die Differenzierung kommt dadurch zustande, dass in jedem Zelltyp andere Gene aktiv sind. Gene, die nicht aktiv sind, sind abgeschaltet worden. Man spricht vom An- und Abschalten von Genen. Differenzierte Zellen erfüllen so ihre Funktionen im Gewebe, teilen sich aber nicht mehr.
Anders ist es bei **Stammzellen.** Sie sind nicht oder noch nicht fertig differenziert und können sich unbegrenzt teilen. Als **embryonale Stammzellen** bauen sie nach und nach den gesamten Embryo auf, während **adulte Stammzellen** im erwachsenen Körper alte und abgestorbene Zellen ersetzen.

Stammzelle ist nicht gleich Stammzelle

Adulte Stammzellen liegen beim erwachsenen Menschen verstreut in verschiedenen Geweben. Bei Bedarf teilen sich beispielsweise Stammzellen in der Haut und ihre Tochterzellen differenzieren sich zu den Zellen, die gebraucht werden, um abgestorbene Hautzellen zu ersetzen. Solche Stammzellen, die nur bestimmte andere Zellen hervorbringen, heißen **multipotent.**

Embryonale Stammzellen können noch mehr. Aus der befruchteten Eizelle kann sich ein kompletter Mensch entwickeln, sie ist **totipotent.** Wenn der Embryo sich zum Bläschenkeim entwickelt hat, kann jede einzelne seiner Zellen noch alle Gewebe des menschlichen Körpers, aber keinen ganzen Menschen mehr hervorbringen. Diese Stammzellen heißen **pluripotent.**

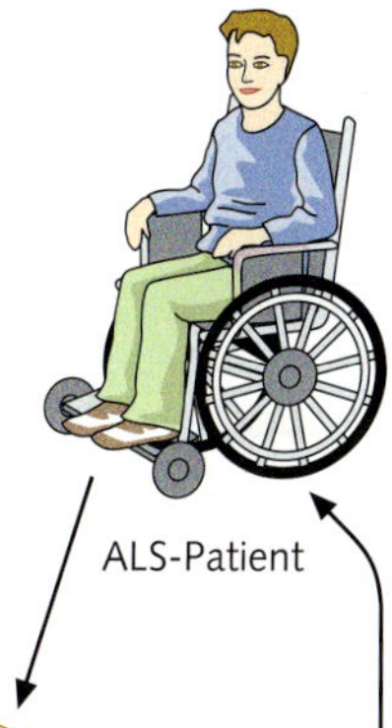

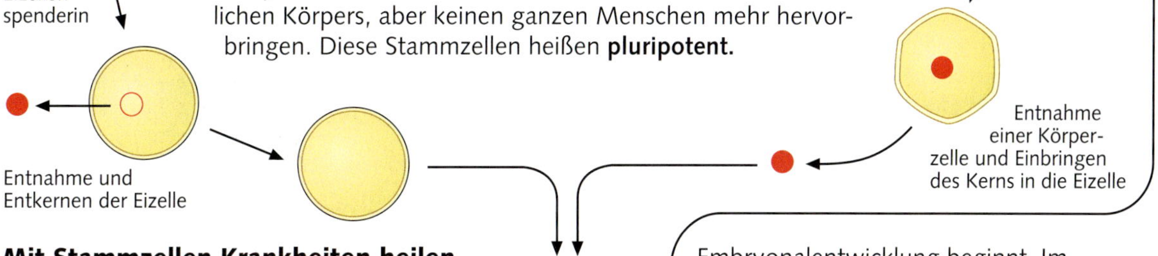

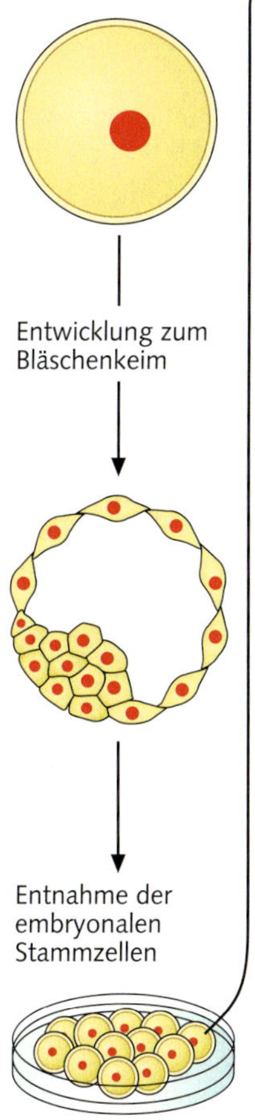

1 Therapeutisches Klonen (Schema)

Mit Stammzellen Krankheiten heilen

Stammzellen werden schon lange in der Medizin genutzt. Bei Leukämiekranken erzeugen defekte Stammzellen im Knochenmark zu viele weiße Blutzellen. Dadurch ist die gesamte Blutbildung gestört. Die vollständige Zerstörung der defekten Stammzellen und eine Knochenmarkstransplantation mit Stammzellen eines geeigneten, gesunden Spenders kann viele Leukämiekranke retten.

Therapeutisches Klonen – Hoffnung für Schwerkranke?

Viele tödlich verlaufende Krankheiten können gestoppt oder sogar geheilt werden, wenn erkrankte Organe ersetzt werden. Da sich bei der Organspende viele Probleme stellen und insbesondere die Abstoßung des transplantierten Gewebes lebenslang durch Medikamente unterdrückt werden muss, sucht die Stammzellenforschung andere Wege, um Gewebe und Organe für Schwerkranke herzustellen.

Die Krankheit ALS lässt motorische Nervenbahnen absterben. Dies führt zu Lähmungen und schließlich zum Atemstillstand der Erkrankten. Durch **therapeutisches Klonen** könnte den Patienten möglicherweise mit folgendem Verfahren geholfen werden: Aus einer Körperzelle gewinnt man den Zellkern mit den Erbinformationen des Erkrankten. Diesen Zellkern bringt man in die entkernte Eizelle einer Frau ein. In dieser Umgebung kann der Zellkern totipotent werden und die Embryonalentwicklung beginnt. Im Stadium des Bläschenkeims könnten einzelne Zellen des Embryos entnommen werden, um Nervengewebe für den ALS-Kranken zu bilden. Dieses Gewebe würde nicht abgestoßen.

Stammzellforschung ohne Embryonen

Die Verwendung von embryonalen Stammzellen ist aber ethisch bedenklich, denn die Embryonen hätten sich zu einem ganzen Menschen entwickeln können. Therapeutisches Klonen in der oben beschriebenen Form ist in Deutschland daher verboten. Viele Forscher meinen aber, dass man nur an embryonalen Stammzellen herausfinden kann, wie Stammzellen überhaupt funktionieren. Da mit der Stammzellforschung viele Hoffnungen verbunden sind, besteht hier ein ethisches ▸ Dilemma: Ungeborenes Leben soll krankes Leben heilen helfen.

Die Forschung sucht daher nach anderen Techniken. So ist es mithilfe von Viren als „Gentaxis" gelungen, Gene in die Hautzellen einzubringen, die die Zelle wieder in einen pluripotenten Zustand versetzten. Diese **iPS,** d. h. **induzierten pluripotenten Stammzellen,** könnten danach zum Beispiel das für ALS-Kranke benötigte Nervengewebe bilden. Allerdings gibt es bei diesem Verfahren noch viele Probleme und die Anwendung an Patienten ist noch nicht möglich.

Erbe und Umwelt ergänzen sich

1. a) Säe in zwei gleiche Schalen auf etwa gleich großen Portionen Watte etwa die gleichen Mengen Kressesamen aus. Verwende dazu Samen aus derselben Samentüte. Gieße mit den gleichen Wassermengen an. Stelle eine Schale in einen dunklen Schrank, die andere an einen hellen Ort. Die Temperaturen sollten in etwa gleich sein. Beide Schalen werden möglichst gleich feucht gehalten und etwa eine Woche stehen gelassen.
b) Notiere nun alle Unterschiede, die du zwischen den Pflanzen der beiden Schalen feststellen kannst. Mache auch eine „Kostprobe".
c) Werte das Versuchsergebnis aus. Worauf lassen sich die Unterschiede zurückführen, worauf lassen sie sich nicht zurückführen? Warum wurde bei der Anleitung unter a) so oft das Wort „gleich" verwendet?
d) Übertrage die Ergebnisse des Versuchs auf Lebensbedingungen von Pflanzen in der Natur. Welche Vorteile für das Überleben der Keimpflanzen ergeben sich aus den unterschiedlichen Wuchsformen?

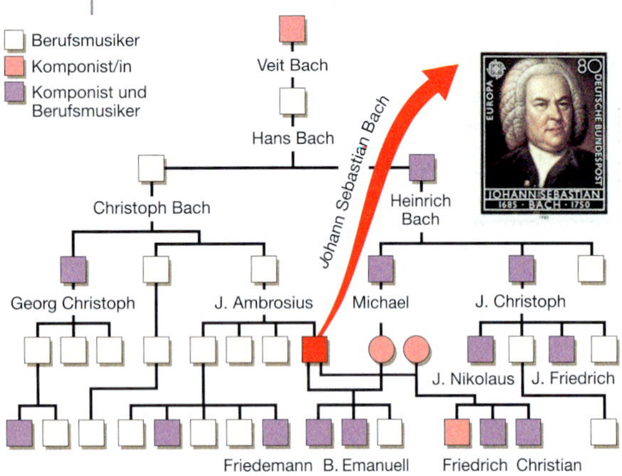

2. a) Begründe, warum der Stammbaum der Familie Bach manchmal als Beleg für die Erblichkeit der Musikbegabung angesehen wird.
b) Finde eine weitere mögliche Ursache für das gehäufte Auftreten von Musikern in einer Familie.
c) Nimm Stellung zu der Frage:
Ist Musikalität erblich oder erlernt?

3. Untersuchungen zeigen: Kinder, die ein Musikinstrument lernen, haben besondere Eigenschaften. Formuliere, welche besonderen Eigenschaften du vermutest. Versuche auch eine Erklärung dafür zu geben.

4. Im Museum wird es deutlich: weder in Rüstungen noch in Betten aus dem Mittelalter würden wir hineinpassen. Warum sind Menschen heute größer? Warum sind sogar die Jugendlichen in spanischen Städten viel größer als ihre Großeltern vom Lande?

5. CopyCat CC, das erste geklonte Kätzchen, und seine genetisch identische Klonmutter. Beschreibe und erkläre das Aussehen der Tiere.

1 Modifikation beim Löwenzahn. A *auf einer Wiese;* **B** *in einer Pflasterritze*

Modifikationen

Jeder hat schon beobachtet, dass Pflanzen wie der Löwenzahn je nach Standort unterschiedlich wachsen. Unterschiedliche Wasser- und Mineralsalzversorgung, Temperaturunterschiede sowie mehr oder weniger Fußtritte zeigen ihre Wirkung. Die Veränderung von Merkmalsausprägungen durch Umwelteinflüsse bezeichnet man als **Modifikationen.** Modifikationen werden nicht vererbt und müssen von den ▸Mutationen, den Veränderungen des Erbgutes, unterschieden werden.

Erbe und Umwelt ergänzen sich

Natürlich gibt es Salatsorten, die schöne, dicke Köpfe bilden, und andere, wie Pflücksalat, die nur kleine Blättchen bilden. Sie unterscheiden sich genetisch und aus Pflücksalat-Samen lässt sich auch bei bester Pflege kein Salatkopf ziehen.
Aber auch mit den Kopfsalatpflanzen ist es vielen Hobbygärtnern schon passiert, dass sie auf der Fensterbank Pflanzen vorgezogen haben, die keine Köpfe mehr bilden. Ist es nicht hell genug, „vergeilen" die Pflanzen: sie bilden kaum Blattgrün, werden lang und bleiben schwach. Diese natürliche Reaktion der Pflanzen auf **Lichtmangel** führt dazu, dass sie nicht unnötig Material und Energie in die Synthese von Chlorophyll stecken, das im Dunkeln doch nicht gebraucht wird. Der Lichtmangel schaltet dagegen Gene für ein schnelleres Längenwachstum an. Da in der natürlichen Vegetation Licht meist von oben kommt, hat die Pflanze durch den längeren Stängel bessere Überlebenschancen, denn vielleicht trifft sie so auf mehr Licht. Allerdings wird die Pflanze den Entwicklungsrückstand gegenüber gut belichteten Pflanzen kaum mehr aufholen können. Aus einmal vergeilten Salatsetzlingen ist es fast unmöglich, noch kräftige Köpfe zu ziehen, obwohl sie die genetische Ausstattung dafür gehabt hätten.

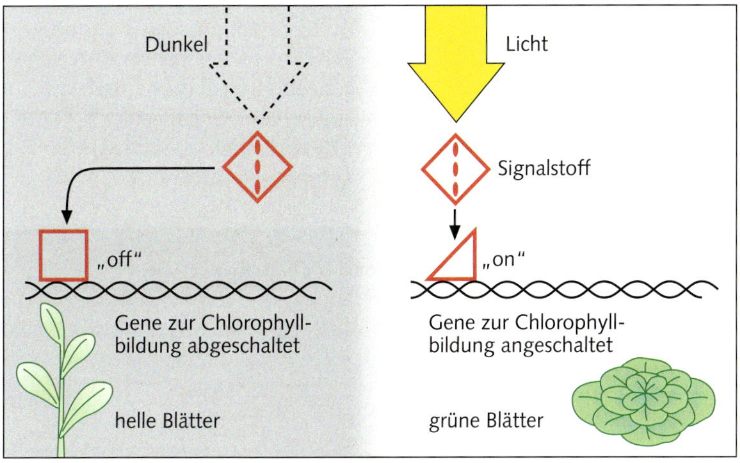

2 Genregulation durch Umwelteinflüsse

Auch **Menschen** können sich auf der Grundlage ihrer Gene sehr unterschiedlich entwickeln. Die Gene geben eine gewisse **Variationsbreite** vor. Aber sowohl körperliche Eigenschaften als auch die geistigen, handwerklichen oder künstlerischen Fähigkeiten entwickeln sich in einem engen Zusammenspiel zwischen **genetischer Veranlagung** und **Umwelteinflüssen.** So kann jemand eine erbliche Veranlagung für ▸Diabetes haben, aber seine Ernährung wird das Auftreten der Zuckerkrankheit stark beeinflussen. Ähnliches gilt für viele andere genetisch bedingte Erkrankungen. Umgekehrt ist die Leistung eines Spitzensportlers nicht ohne gewisse genetische Voraussetzungen möglich, aber eben auch nicht ohne hartes Training zu erreichen.

3 Frühkindliche Förderung

Bei Kindern und Jugendlichen sollten weder erkannte **„Begabungen"** brach liegen und sich nicht entwickeln, noch sollte man eine einmal diagnostizierte **„Schwäche"** in Mathematik, Sport oder Rechtschreibung als Ausrede dafür nutzen, daran nicht ernsthaft zu arbeiten.

Methoden der Tier- und Pflanzenzüchtung

1. Grenze die Begriffe Auslesezüchtung, Kombinationszüchtung, Mutationszüchtung und Inzucht voneinander ab. Nenne jeweils ein Beispiel für die entsprechende Züchtungsmethode.

2. a) Recherchiere nach den Stammformen von Rindern, Ziegen und Schweinen.
b) Recherchiere für eine Nutztierart verschiedene Rassen. Stelle einige Rassen mit ihren jeweiligen Besonderheiten vor. Welche Züchtungsziele standen im Vordergrund? Zeige Anpassungen an ein bestimmtes Klima oder eine besondere Umwelt.

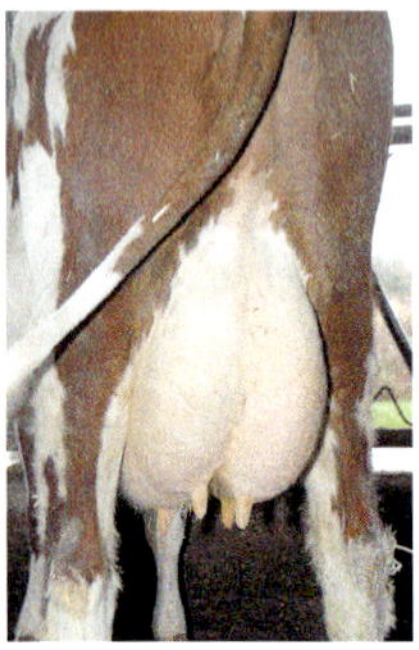

3. Tierfreunde beklagen: „Die heutige Milchkuh ist eine Qualzucht. Ihre Milchleistung wurde von 1500 Liter pro Jahr (1950) auf 6000 Liter pro Jahr (1990), mittlerweile auf 10000 Liter pro Jahr gesteigert. Für das Tier bedeutet das ständige Schmerzen durch ein viel zu großes, zum Bersten gefülltes Euter, das zehnmal mehr Milch enthält als ein Kalb benötigen würde."
a) In obiger Aussage wird eine Züchtungsleistung wertend dargestellt. Welche Wertung wird hier vorgenommen und welche Argumente werden angeführt?
b) Stelle andere Argumente vor, die zu einer anderen Wertung führen könnten.
c) Hole weitere Informationen zu dem Thema ein, zum Beispiel durch Befragung eines Milchbauern oder aus dem Internet. Finde mithilfe der Zusatzinformationen eine eigene Beurteilung der Sachlage.
Welche Kompromisse zwischen den verschiedenen Interessen sind denkbar?

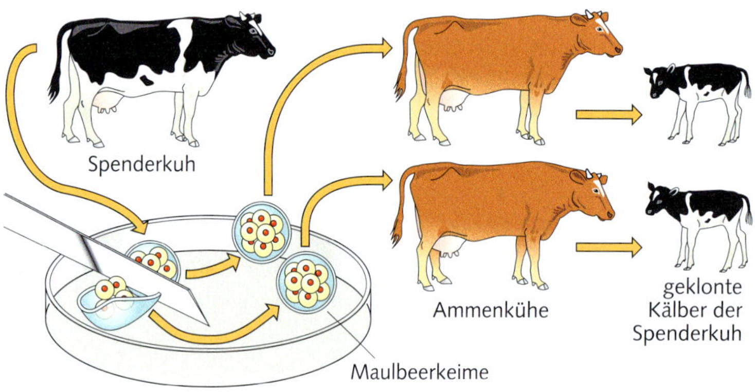

7. Benenne und beschreibe das oben dargestellte Verfahren der Tierzucht. Welches Ziel verfolgt man mit dieser Methode?

8. a) Beschreibe anhand des Informationstextes und der Abbildung 3, wie das Klonschaf „Dolly" erzeugt wurde.
b) Erläutere Unterschiede zu dem Verfahren in Aufgabe 7.

4. Stell dir vor, du solltest gelbe, tennisballgroße Tomaten züchten. Wie gehst du vor?

5. Bringt verschiedene Samentüten mit und vergleicht die Angaben auf den Tüten.
a) Bei welchen Samen handelt es sich um „Sorten" und bei welchen um F_1-Hybriden? Erkläre den Unterschied.
b) Beschreibe Vor- und Nachteile von F_1-Hybriden.

6. Die Menschheit hat durch Züchtung Tausende von Kulturpflanzensorten und eine noch viel höhere Zahl lokaler Unterarten hervorgebracht.
a) Warum ist die genetische Vielfalt vieler Kulturpflanzen heute gefährdet?
b) Wozu wird die genetische Vielfalt weiterhin benötigt?
c) Recherchiert, was man unter Genbanken versteht und welche Aufgaben sie haben. Stellt die Genbank in Gatersleben und die 2008 eröffnete Genbank auf Spitzbergen vor.

Klassische Züchtungsmethoden

Als der Mensch vor Tausenden von Jahren sesshaft wurde, baute er zunächst Wildpflanzen an und zog Wildtiere auf. Um besonders ertragreiche Pflanzen und kräftige Tiere zu gewinnen, wählte er gezielt Lebewesen mit erwünschten Merkmalen zur Fortpflanzung aus. Man bezeichnet diese Form der Züchtung als **Auslesezüchtung.**

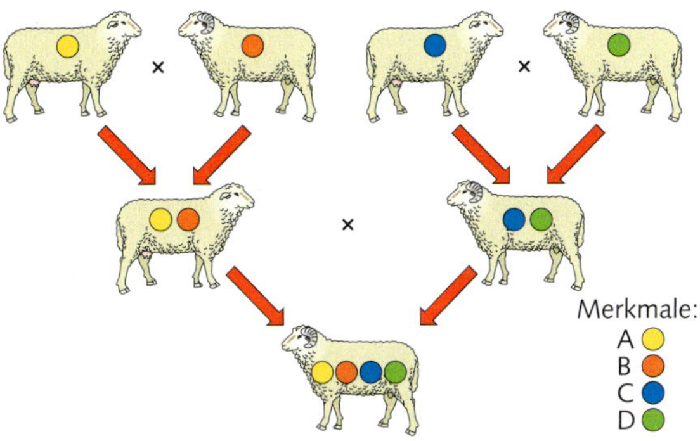

1 Kombinationszüchtung

Daneben kreuzte man Individuen, die unterschiedliche wünschenswerte Eigenschaften hatten. So gelang es, Rassen zu züchten, die mehrere nützliche Eigenschaften in sich vereinten, wie zum Beispiel eine hohe Milchleistung und eine gute Wollqualität bei Schafen. Die Methoden der **Kombinationszüchtung** konnten seit Entdeckung der ▸MENDELschen Regeln noch gezielter angewandt werden.

Veränderte Gene als Grundlage für die Züchtung entstehen natürlicherweise durch ▸Mutationen. So entsteht eine natürliche genetische Variabilität. Man kann sie verstärken, indem man ▸Mutagene wie Röntgenstrahlen oder bestimmten Chemikalien auf Pflanzen einwirken lässt und so die Mutationsrate erhöht. Eine solche **Mutationszüchtung** führt oft schneller zu gewünschten neuen Merkmalen.

Eine besondere Art der Mutation ist die **Polyploidie.** Hierbei ist der gesamte Chromosomensatz einer Pflanze verdoppelt oder vervielfacht. Solche Pflanzen sind zwar oft weniger gut fortpflanzungsfähig, aber zumeist kräftiger und ertragreicher als ihre ▸diploide Wildform. Viele Kulturpflanzen wie Erdbeeren, Himbeeren oder auch der Weizen sind polyploid.
Polyploidie kann spontan entstehen oder durch das Mitosegift Colchizin künstlich herbeigeführt werden. Dieses Gift, das in der Herbstzeitlose vorkommt, verhindert in der ▸Mitose die Trennung der Chromatiden und führt so zur Verdopplung der Chromosomenzahl.

Ziel der Züchtung ist es normalerweise, eine **Tierrasse** oder eine **Pflanzensorte** zu erhalten, die für die gewünschten Merkmale ▸reinerbig ist, sodass diese Merkmale auch in den Folgegenerationen immer wieder zuverlässig auftreten. Diese reinerbigen Tiere oder Pflanzen erreicht man am schnellsten durch **Inzucht,** das heißt durch Kreuzung nah verwandter Individuen. Da aber auch unerwünschte Gene reinerbig weitergegeben werden, sind Inzuchtlinien oft weniger vital und fortpflanzungsfähig.

Anders als bei der Züchtung von Rassen oder Sorten, die in vielen Genen reinerbig sind, nutzt man bei Gebrauchskreuzungen, so genannten ▸**F_1-Hybriden,** gezielt die Vorteile der Mischerbigkeit. Die Saatgutfirmen züchten dazu zunächst geeignete reinerbige Inzuchtlinien. Zwei verschiedene Linien werden dann gekreuzt und die F_1-Hybriden als Nutztiere beziehungsweise als Saatgut verkauft. Die Erscheinung, dass diese in vielen Genen mischerbigen F_1-Hybriden häufig deutlich leistungsfähiger sind als ihre reinerbigen Eltern, bezeichnet man als **Heterosiseffekt.**
Allerdings erhält sich dieser Effekt nicht in den nachfolgenden Generationen, da die Allele durch Neukombination kaum jemals wieder in dieser günstigen Kombination vorliegen. Die F_1-Hybriden müssen daher immer wieder neu durch Kreuzung aus den Inzuchtlinien gewonnen werden. So haben die Landwirte nicht die Möglichkeit, durch eigene Nachzucht Tiere oder Saatgut zu gewinnen, sondern sind auf ständigen Zukauf angewiesen.

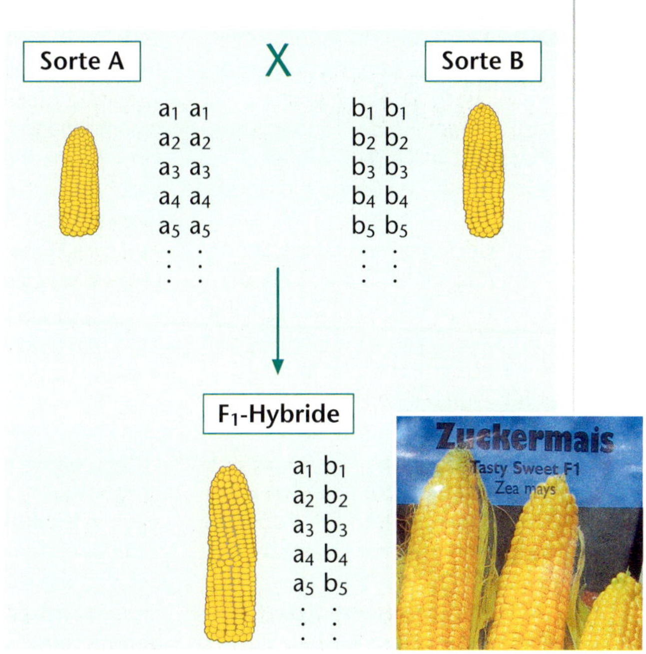

2 Hybridzüchtung

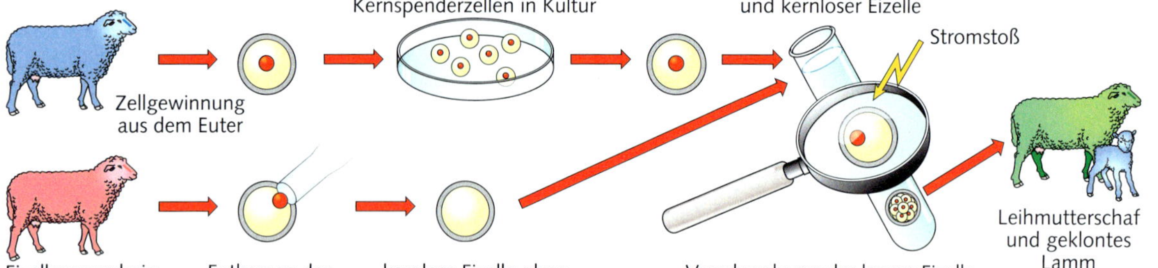

3 Klonen eines ausgewachsenen Schafes. A *Schema;*
B *Ian Wilmut mit dem von ihm geklonten Schaf „Dolly"*

Moderne Züchtungsmethoden

Um die wertvollen Eigenschaften von besonders leistungsstarken Lebewesen ganz gezielt und schnell weiterzuvererben, entwickelten Forscher neue biotechnische Verfahren. Ziel ist dabei, das Risiko einer unerwünschten Neukombination von Genen zu verringern oder ganz auszuschalten.

In der **Tierzucht** kontrolliert man die Vererbung durch **künstliche Befruchtung.** Die männlichen Tiere werden als Samenspender in Besamungsstationen gehalten. Das Sperma ausgewählter Tiere wird verschickt und mithilfe der künstlichen Besamung auf viele weibliche Tiere übertragen. Insbesondere in der Rinder- und Pferdezucht werden heute ca. 95 % der Tiere künstlich besamt.

Auch die künstliche Übertragung von Embryonen in die Gebärmutter eines weiblichen Tieres, der so genannte **Embryotransfer,** wird in der Tierzucht erfolgreich eingesetzt. Durch eine Hormonbehandlung löst man bei weiblichen Hochleistungszuchttieren die Reifung von mehreren Eizellen aus. Nach Besamung und Befruchtung entstehen mehrere Embryonen, die nach etwa 7 Tagen aus der Gebärmutter ausgespült werden. Diese Embryonen werden in andere, weniger leistungsstarke Leihmutterkühe eingesetzt. So erhält man viele Nachkommen des leistungsstarken Muttertieres, die jedoch nicht genetisch identisch sind.

Genetisch identische Tiere, so genannte **Klone,** kann man durch verschiedene Methoden erhalten. Eine ist die **Embryonenteilung.** Hierbei wird der Embryo in einem frühen Entwicklungsstadium entnommen und geteilt. Jedes Teilstück entwickelt sich danach weiter und kann – eingepflanzt in die Gebärmutter eines Ammentieres – zu einem kompletten Individuum heranwachsen.

Heute ist es sogar möglich, **Klone erwachsener Tiere** zu erzeugen. 1996 gelang es Wissenschaftlern, einem Schaf eine unbefruchtete Eizelle zu entnehmen. Sie entfernten den Zellkern aus dieser Eizelle und fügten stattdessen den Zellkern einer Körperzelle eines anderen, erwachsenen Schafes ein. Die so entstandene Zelle entwickelte sich zu einem Embryo, der dann in die Gebärmutter eines Leihmutterschafes eingepflanzt wurde. Die weitere Entwicklung verlief wie bei anderen Embryonen auch. Das geborene Schaf „Dolly" sorgte weltweit als erstes Klonschaf für Aufsehen. Obwohl das Klonen im Prinzip funktioniert, findet es keine breite Anwendung. Viele erfolglose Versuche sind nötig und oft sind die Klontiere schwer behindert oder nicht lebensfähig.

Bei **Pflanzen** ist das Klonen leichter möglich. Durch ungeschlechtliche Vermehrung zum Beispiel durch Stecklinge oder Ableger lassen sich immer wieder erbgleiche Individuen gewinnen. Pflanzen lassen sich auch in **Zellkulturen** aus einzelnen Zellen wieder heranziehen Es bildet sich dann zunächst ein Zellhaufen, Kallus genannt, der sich dann zu einer ganzen Pflanze ausdifferenzieren kann.

4 Kalluskultur

Die Grüne Revolution

Höhere Erträge durch moderne Landwirtschaft

Seit den 1960iger Jahren ermöglichte eine weit reichende Modernisierung der Landwirtschaft erhebliche Ertragssteigerungen, insbesondere auch in den Entwicklungsländern. Dies gelang durch die Verwendung von Hochleistungssorten oder ▸F_1-Hybriden sowie durch chemische Düngung, Pflanzenschutz und Bewässerung. Auf großen Flächen wurden Monokulturen angebaut und maschinell bearbeitet. Man machte sich Hoffnungen, so den Hunger in der Welt besiegen zu können, und sprach daher auch von einer „Grünen Revolution".

Tatsächlich ist die Nahrungsmittelproduktion pro Kopf weltweit heute höher als 1960, obwohl sich die Weltbevölkerung mehr als verdoppelt hat und die ▸landwirtschaftliche Nutzfläche nicht zunahm.

1 Traditionelle und moderne Landwirtschaft

2 Pestizidausbringung und Winderosion

Schattenseiten

Bald wurden jedoch die Probleme der modernen Agrarproduktion deutlich. Um die hohen Erträge zu erzielen, werden große Düngemittel- und Pestizidmengen eingesetzt. Sie belasten zunehmend die ▸Böden, Flüsse und Seen, das Grundwasser und teilweise sogar die Produkte selbst. Der Einsatz schwerer Maschinen führt zu verstärkter ▸Erosion durch Wasser und Wind, wodurch wertvoller Boden verloren geht. Umfangreiche Bewässerungssysteme lassen an vielen Orten den Grundwasserspiegel sinken, trocknen Flüsse und Seen aus und führen bei nicht sachgerechter Anwendung zur Versalzung der Böden. Alle genannten Maßnahmen zur Ertragssteigerung kosten viel und verursachen außerdem einen hohen Verbrauch an Energie.

Kleinbauern in den Entwicklungsländern können sich das oft nicht leisten. Viele müssen daher aufgeben und ziehen auf der Suche nach Arbeit in die Städte.
Nicht zuletzt führt der Anbau von nur noch wenigen Hochleistungssorten zu einer genetischen Verarmung, da die von den Kleinbauern ehemals gezüchteten Landsorten aussterben.

Landwirtschaft der Zukunft

Als „zweite Grüne Revolution" wird von manchen der Einsatz der ▸Gentechnik in der Landwirtschaft begrüßt, andere fürchten die sich dadurch noch verschärfenden Probleme.
Wenn Böden, Gewässer und letztlich auch genetische Ressourcen für die Nahrungsmittelproduktion auch in Zukunft zur Verfügung stehen sollen, muss sich die heutige Landwirtschaft an Prinzipien der ▸Nachhaltigkeit orientieren.
Und: weltweit hungern immer noch fast eine Milliarde Menschen, obwohl genügend Nahrungsmittel produziert werden. Neben den Produktionsproblemen müssen daher vor allem auch die Armuts- und Verteilungsprobleme gelöst werden.

1. Liste Maßnahmen zur Ertragssteigerung in der Agrarproduktion auf und stelle jeweils kurz dar, wie die Maßnahmen wirken und welche schädlichen Nebeneffekte sie haben können.

2. Landwirtschaft wird zum Beispiel als konventionell, biologisch, ökologisch, integriert oder nachhaltig bezeichnet. Suche Informationen zu diesen Begriffen und charakterisiere sie.

3. Untersuche über „Google Earth" zum Beispiel im Mittelmeerraum Gebiete mit Bewässerungssystemen und stelle sie der Klasse vor.

Gentechnik – Übertragung von Genen in einen anderen Organismus

1. a) Entwickelt in Gruppenarbeit ein ▸ Modell, mit dem ihr den Einbau eines Gens in einen Plasmidring vorführen könnt.
b) Präsentiert euer Modell der Klasse. Erläutert dabei die einzelnen Schritte und verwendet die Fachbegriffe.

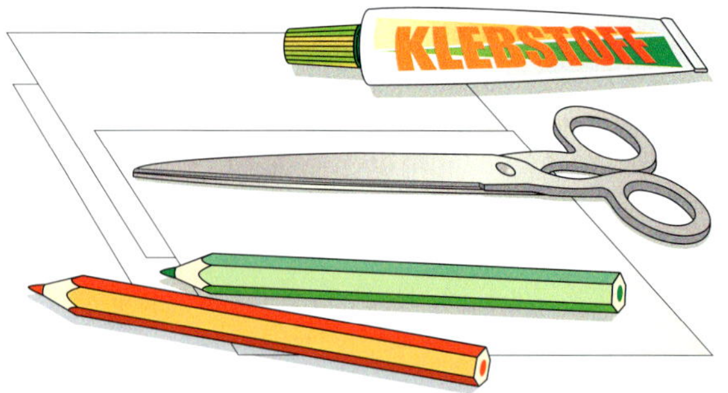

2. Gibt es noch andere Möglichkeiten außer durch Plasmide, Gene in einen anderen Organismus einzuschleusen? Recherchiere und stelle deine Ergebnisse an Hand geeigneter Abbildungen vor.

3. a) Leite aus dem Text die Definition für den Begriff „Gentechnik" ab.
b) Seit Jahrtausenden verändert der Mensch durch Züchtung Pflanzen und Tiere. Heute verändert der Mensch Pflanzen und Tiere durch Gentechnik. Erläutere die Unterschiede.

Was ist Gentechnik?

Wie mit jeder neuen Technik sind mit der Gentechnik sowohl Hoffnungen als auch Ängste verbunden. Einerseits hofft man, viele Krankheiten besser behandeln und den Hunger in der Welt bekämpfen zu können. Andererseits hat man Angst davor, dass unabsehbare Folgen eintreten. Wichtig ist also, dass man weiß, wie diese neue Technik funktioniert und welche Möglichkeiten, Chancen und Risiken damit verbunden sind.

Alle Lebewesen besitzen in ihren Zellen ▸ **DNA,** das ist sozusagen das Buch, in dem die komplette Bauanleitung eines Lebewesens mit den Buchstaben A, T, G und C geschrieben ist. Ein ▸ **Gen** ist wie ein Satz in diesem Buch.
Mithilfe der Gentechnik kann man in einem Lebewesen die Bauanleitung gezielt verändern. Man kann beispielsweise ganze Sätze entfernen oder nur einzelne Wörter ändern. Das Ergebnis ist ein **gentechnisch veränderter Organismus (GVO).**
Um DNA verändern zu können, brauchen Gentechniker bestimmte „Werkzeuge". Dazu zählen ▸ Enzyme, die DNA an bestimmten Stellen zerschneiden oder verbinden können. Diese nennt man **Restriktionsenzyme.** Zum Transport von Genen in einen anderen Organismus verwendet man so genannte „Gentaxis". Diese Funktion übernehmen häufig **Plasmide,** kleine ringförmige DNA-Moleküle, die in Bakterien vorkommen.

Was kann Gentechnik?

Bei den Methoden der klassischen ▸ Züchtung werden Individuen derselben ▸ Art miteinander gekreuzt. Bis das gewünschte Zuchtziel erreicht ist, vergehen jedoch manchmal viele Jahre. Mithilfe der Gentechnik ist es hingegen möglich, innerhalb kurzer Zeit ausgewählte Gene gezielt von einem Organismus auf einen anderen zu übertragen. Dabei ist es im Gegensatz zur Züchtung sogar möglich, Gene über die Grenzen einer Art hinweg zu übertragen. Mit Gentechnik kann man beispielsweise das Gen eines Menschen in ein Bakterium übertragen. Da der ▸ genetische Code in allen Organismen universell ist, kann das artfremde Gen innerhalb des Bakteriums als Bauanleitung für ein menschliches Protein dienen.

Die gentechnische Herstellung von Insulin

Viele Menschen sind an ▸Diabetes mellitus erkrankt. Sie können Insulin nicht, oder nur in zu geringen Mengen herstellen. Viele von ihnen müssen sich deshalb Insulin spritzen. Früher verwendete man das Insulin von Schweinen, dies führte oft zu schweren Unverträglichkeiten. Heute kann man mithilfe von Bakterien menschliches Insulin herstellen. In der Abbildung siehst du, wie der **Gentransfer** des menschlichen Insulin-Gens in ein Bakterium gentechnisch bewerkstelligt wird.

Die Werkzeuge der Gentechniker
Plasmid: ringförmiges DNA-Stück in Bakterien, das man als „Gentaxi" verwendet. Das gewünschte Gen wird damit in die Zelle eingeschleust
Restriktionsenzym: molekulare „Schere", die DNA an einer ganz bestimmten Stelle aufschneidet
Ligase: ein Enzym, das als „Kleber" die DNA wieder an einer ganz bestimmten Stelle verbindet

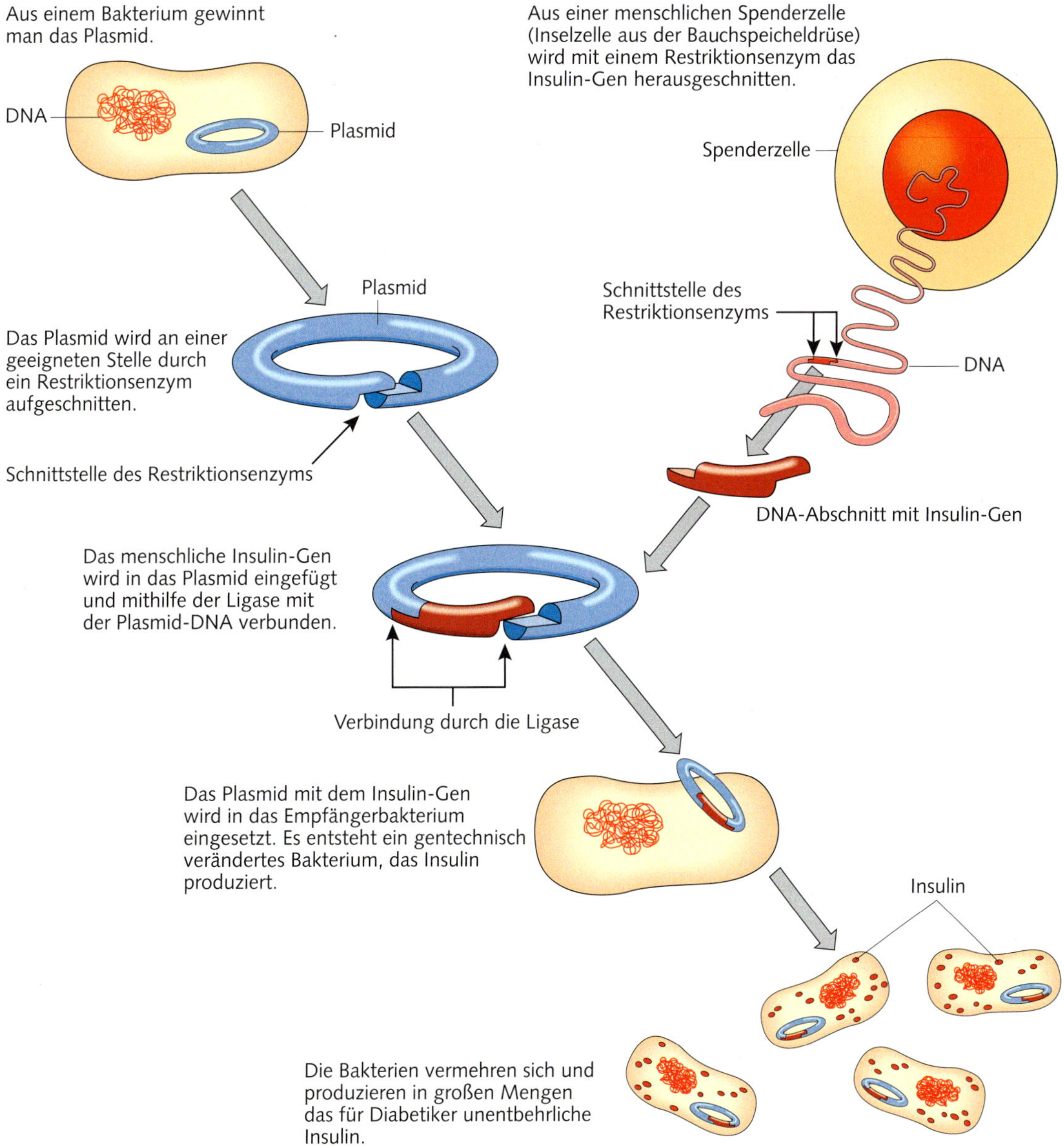

1 Gentechnische Herstellung von Insulin

Gentechnik in der Landwirtschaft

1. Schreibe mindestens drei verschiedene Eigenschaften auf, die durch Gentechnik in unterschiedliche Nutzpflanzen eingebracht wurden.

3. Durch Anwendung gentechnischer Verfahren wurde eine neue Reissorte, der „Golden Rice", entwickelt.
a) Was wurde in dieser neuen Reissorte verändert?
b) Wozu hat man diese Veränderungen vorgenommen?
c) Ist das angestrebte Ziel realisiert worden? Nimm Stellung zu der Frage.

2. Die Tabelle zeigt die Anbauflächen in Hektar von Bt-Mais in verschiedenen Ländern.
a) Erstelle aus den Daten ein geeignetes Diagramm.
b) Beschreibe, wie sich der Anbau in den Jahren verändert hat.
c) Stellt Vermutungen auf, warum es in Frankreich seit 2008 (und in Deutschland seit 2009) ein Anbauverbot gibt.

	1999	2006	2007	2008
Spanien	18 000	53 667	75 148	79 269
Frankreich	100	5 000	21 147	Anbauverbot
Deutsch-	350	947	2 685	3 179
USA	12 500 000	19 600 000	27 400 000	28 200 000
weltweit	7 800 000	24 000 000	35 200 000	35 200 000

4. Der Maiszünsler verursacht im Maisanbau bis zu 30 % Ertragsverluste.
a) Informiert euch, wie das Insekt lebt, und stellt es in der Klasse vor.
b) Nenne verschiedene Möglichkeiten der Schädlingsbekämpfung beim Maiszünsler.

Chancen und Risiken der „grünen Gentechnik"

- Das Erbgut wurde schon immer verändert.
- Der Anbau von GVO leistet einen unverzichtbaren Beitrag zur Lösung des Welternährungsproblems.
- Die GVO produzieren Proteine, die es in den Organismen vorher nicht gab. Diese Proteine können Allergien auslösen.
- Es werden weniger Spritzmittel ausgebracht.
- Die Veränderung der Erbinformation kann zu völlig unerwünschten Folgen führen.
- Die Landwirte sind abhängig von den Saatgutherstellern, die auch die entsprechenden Spritzmittel verkaufen.
- Die Fremdgene können unkontrolliert auf verwandte Nutzpflanzen und Wildpflanzen übertragen werden.

5. a) Suche nach Beispielen, die die Aussagen zu den Chancen und Risiken der „grünen Gentechnik" belegen oder widerlegen.
b) Nimm Stellung zu den Aussagen und begründe deine Meinung.

Die „Grüne Gentechnik"

Unter „Grüner Gentechnik" versteht man die gezielte gentechnische Veränderung von Pflanzen. Dabei werden unterschiedliche Ziele verfolgt, zum Beispiel gesteigerter Ertrag, erhöhter Vitamin- oder Eiweißgehalt, Verbesserung der Haltbarkeit. Ein weiteres Ziel ist es, Pflanzen zu gewinnen, die widerstandsfähig gegen Krankheiten und Schädlingsbefall sind. Diese ▸**GVO** sind dann **resistent,** also unempfindlich gegen bestimmte Schadinsekten, Viren, Pilze oder Bakterien. Auch werden Pflanzen genetisch so verändert, dass sie resistent gegen spezielle Pflanzengifte (Herbizide) sind, sodass auf Anbauflächen dieses Gift eingesetzt werden kann, ohne die angebauten Pflanzen zu schädigen. Es werden also nur noch die unerwünschten Pflanzen abgetötet.

2 Mais – gentechnisch verändert oder nicht?

Gentechnisch veränderter Mais

Ein Beispiel dafür, wie man eine Pflanze gentechnisch so verändert hat, dass sie gegen einen Schädling resistent wird, ist der **Bt-Mais.** Mais gehört mit Weizen und Reis zu den wichtigsten Nahrungs- und Futterpflanzen der Welt. Durch Ernteausfälle entstehen weltweit Schäden von mehreren 100 Millionen Euro. Grund für die Ernteausfälle beim Mais ist unter anderem der Befall durch einen Schädling, den **Maiszünsler.** Um diese Ausfälle zu verringern, wurde in Maispflanzen ein Gen eines Bodenbakteriums eingeschleust. Dieses Bakterium (Bacillus thuringiensis, Abkürzung: Bt) produziert ein Gift gegen Insektenlarven. Durch das eingeschleuste Gen stellen die Maispflanzen das Gift selbst her. Insektenlarven wie die des Maiszünslers, die von diesem gentechnisch veränderten Bt-Mais fressen, sterben.

Kritiker weisen auf mögliche Risiken hin: So könnten durch den Giftstoff andere Insektenlarven getötet werden. Außerdem muss sichergestellt werden, dass der Bt-Giftstoff nicht in den menschlichen Körper gelangt und ▸ Allergien auslöst. Im Übrigen ist es schwer zu verhindern, dass gentechnisch veränderter Pollen auch das Erbgut herkömmlicher Maissorten verändert.

1 Maiszünsler. A *Schmetterling;* **B** *Raupe;* **C** *Schadbild*

Gentechnik in Lebensmitteln – Genfood ja oder nein?

Die Diskussion um gentechnisch veränderte Lebensmittel wird in der Öffentlichkeit strittig geführt. Viele Verbraucher sind verunsichert und wollen wissen, ob „da Gentechnik drin ist" und woran man dies erkennt. Sie möchten selbst entscheiden, ob sie gentechnisch veränderte Lebensmittel kaufen. Aus diesem Grund müssen in der EU gentechnisch veränderte Tomaten, Kartoffeln oder Äpfel im Handel gekennzeichnet werden. Doch was ist mit anderen Lebensmitteln oder mit Fleisch von Tieren, die mit Bt-Mais gefüttert wurden? In der EU gibt es eine gesetzliche Regelung, wonach Lebensmittel hinsichtlich gentechnischer Veränderungen kennzeichnungspflichtig sind, wenn sie:

- ein GVO sind, z. B. Bt-Mais, GV-Kartoffeln
- GVO enthalten, z. B. Jogurt mit GV-Bakterien
- aus GVO hergestellt werden, z. B. Öl aus GV-Sojabohnen.

Nicht kennzeichnungspflichtig in Bezug auf Gentechnik sind Produkte, wenn sie:

- mithilfe von GVO produziert wurden, z. B. Fleisch, Eier und Milch von Tieren, die mit GV-Pflanzen gefüttert wurden
- wenn sie Zusatzstoffe, Enzyme und andere Hilfsstoffe enthalten, die von GV-Bakterien produziert wurden
- zufällig und nicht beabsichtigt GVO enthalten (Anteil < 0,9 %).

Gentechnik überall

1. Stelle für die abgebildeten Produkte dar, in welcher Weise die Gentechnik eine Rolle spielt.

2. a) Zahlreiche Lebensmittel werden mithilfe von rekombinanten Enzymen produziert. Nenne Gründe, warum es auf den Verpackungen selten Hinweise dafür gibt.
b) Begründe, weshalb der Anteil von Lebensmitteln, die gentechnisch hergestellte Enzyme enthalten, heute so hoch ist?

4. Informiere dich beispielsweise in einer Apotheke, welche rekombinanten Arzneimittel es gibt. Gegen welche Krankheiten werden sie eingesetzt?

5. a) Informiere dich über das so genannte „Gene-Pharming". Erläutere das Verfahren an einem geeigneten Beispiel.
b) Nenne Argumente für und gegen dieses gentechnische Verfahren zur Produktion von Arzneimitteln.

Gentechnik in der Lebensmittelindustrie

Die Verwendung von ▸Enzymen ist in der Lebensmittelindustrie von großer Bedeutung. Bei der Käseherstellung aus Kuhmilch werden beispielsweise Enzyme benötigt, die traditionell aus dem Labmagen von Kälbern gewonnen werden.
Natürlicherweise werden Enzyme in Organismen jedoch nur in sehr geringen Mengen hergestellt. Daher war ihre Gewinnung und industrielle Anwendung in Massenprodukten lange Zeit begrenzt und viel zu teuer. Auch eine chemische Synthese ist auf Grund der komplizierten Molekülstruktur der Enzyme kaum möglich.

Heute können Enzyme von gentechnisch veränderten Mikroorganismen kostengünstig in größeren Mengen hergestellt werden. Man spricht von **rekombinanten Enzymen.** In Deutschland werden etwa 70 % aller Lebensmittel unter Verwendung rekombinanter Enzyme produziert. Auch in der chemischen Industrie werden rekombinante Enzyme eingesetzt. Sie sind beispielsweise in fast allen Waschmitteln enthalten und werden auch für die Herstellung von Textilien, Leder, Papier und Kosmetika verwendet. Neben den Enzymen können Produkte der Lebensmittelindustrie auch gentechnisch hergestellte Zusatzstoffe wie zum Beispiel Geschmacksverstärker oder Vitamine enthalten.

Gentechnik in der Medizin

Viele Wirkstoffe in Medikamenten werden inzwischen gentechnisch hergestellt. Bei diesen so genannten **rekombinanten Arzneimitteln** handelt es sich meist um „körpereigene" Proteine wie beispielsweise die Hormone ▸Insulin oder Erythropoetin (EPO). Das EPO fördert als Medikament die Blutbildung, kann aber auch als Dopingmittel missbraucht werden.

Das **Gene-Pharming** ist hingegen ein Verfahren, um Arzneimittelwirkstoffe, aber auch andere artfremde Proteine in Tieren wie Schafen, Ziegen, Kühen oder Mäusen zu produzieren. So konnten beispielsweise transgene Ziegen erzeugt werden, die mit der Milch einen menschlichen Blutgerinnungsfaktor ausscheiden. Das Protein kann dann aus der Milch isoliert und zu einem Arzneimittel weiterverarbeitet werden.

Informationsquellen im Internet kritisch genutzt

Im Internet gibt es neben vielen brauchbaren Informationen auch falsche oder sehr einseitige Darstellungen von Sachverhalten. Weil jeder innerhalb gesetzlicher Regeln schreiben kann, was er möchte, musst du also vorsichtig sein, wenn du dir Informationen aus dem Internet beschaffst. Mithilfe der folgenden Fragen kannst du Internetangebote überprüfen und bewerten, wie seriös und objektiv die Inhalte sind und ob die Seite damit letztlich brauchbar ist.

1. a) Suche im Internet Argumente für und gegen den Anbau von Bt-Mais. Stelle die Argumente in einer Tabelle gegenüber.
b) Charakterisiere die Anbieter der Websites. Handelt es sich um eine Privatperson, eine Firma, eine wissenschaftliche Institution, eine Umweltorganisation oder eine andere öffentliche Organisation?
c) Belege anhand von Beispielen, wie die Meinungen der Anbieter die Auswahl der Informationen und die Darstellungen beeinflussen.

„copyright“: Verwendest du Texte und Abbildungen einer Internetseite für eigene Aufsätze oder Präsentationen, so musst du immer den ursprünglichen Verfasser zitieren.

DNA speichert Erbinformationen

Die DNA ist ein gewundener Doppelstrang aus Zucker- und Phosphorsäurebausteinen sowie aus vier verschiedenen Basen. Dabei liegen immer zwei Basen gepaart vor:
Adenin und Thymin;
Guanin und Cytosin.
In der Reihenfolge der Basen ist die Erbinformation verschlüsselt. Ein Gen enthält die Information zum Aufbau eines Proteins.

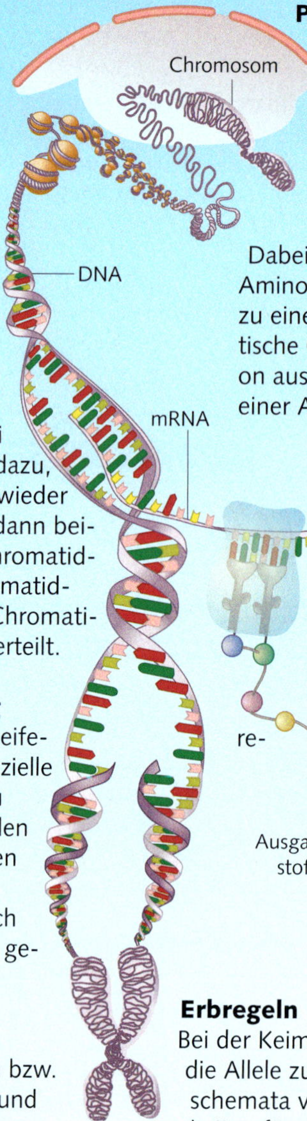

Proteinbiosynthese und genetischer Code

Zunächst wird in der Transkription entlang der DNA im Zellkern eine Boten-RNA (mRNA) mit der kopierten Information eines Gens erstellt. Danach findet im Zellplasma die Translation statt.
Dabei werden an den Ribosomen die Aminosäuren in der richtigen Reihenfolge zu einem Protein verbunden. Der genetische Code legt fest, wie eine Kombination aus drei Basen, ein Triplett, den Einbau einer Aminosäure ins Protein bestimmt.

DNA-Replikation und Zellteilung

In der Interphase zwischen zwei Zellteilungen wird die DNA identisch verdoppelt. Bei dieser Replikation führt die Basenpaarung dazu, dass die zu Einzelsträngen geöffnete DNA wieder zu zwei Doppelsträngen ergänzt wird, die dann beide dieselbe Information tragen. Aus Ein-Chromatid-Chromosomen werden dadurch Zwei-Chromatid-Chromosomen. In der Mitose werden die Chromatiden dann geordnet auf die Tochterzellen verteilt.

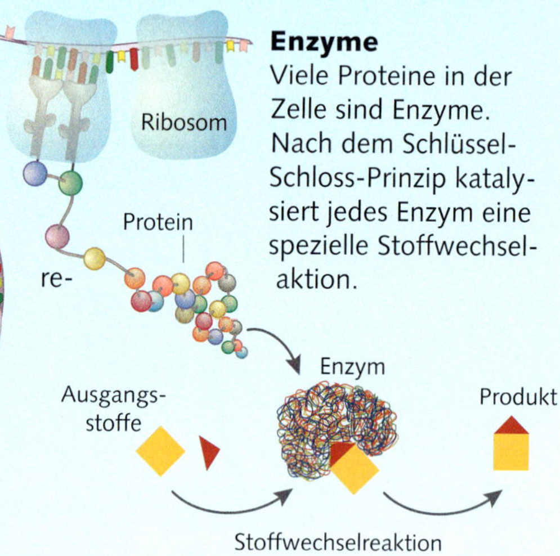

Enzyme

Viele Proteine in der Zelle sind Enzyme. Nach dem Schlüssel-Schloss-Prinzip katalysiert jedes Enzym eine spezielle Stoffwechselaktion.

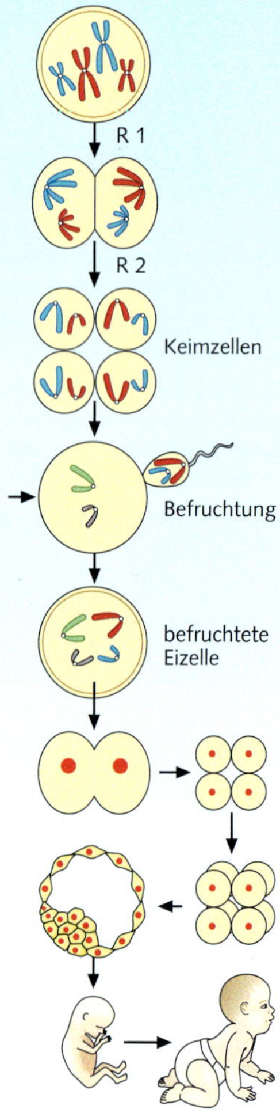

Keimzellbildung

Die Meiose oder Reifeteilung ist eine spezielle Kernteilung, die zu haploiden Keimzellen führt. Dabei werden die homologen Chromosomen nach dem Zufallsprinzip getrennt.

Befruchtung

Die Chromosomen bzw. Gene einer Eizelle und einer Spermazelle kommen bei der Befruchtung zufällig zusammen und bilden die genetische Ausstattung eines neuen Individuums.

Entwicklung

Der Embryo und der gesamte Organismus entwickeln sich durch Zellteilungen und Zelldifferenzierung in unterschiedliche Zelltypen auf der Grundlage der Erbinformation. Daneben spielen auch Umwelteinflüsse eine wichtige Rolle.

Erbregeln

Bei der Keimzellbildung und Befruchtung werden die Allele zufallsbedingt neu kombiniert. Erbschemata verdeutlichen die Wahrscheinlichkeiten für das Auftreten verschiedener Genotypen und Phänotypen. Gregor MENDEL entdeckte diese Zusammenhänge.

Gentechnik

Mithilfe der Gentechnik lassen sich gezielt Gene von einem Organismus auf einen anderen übertragen. Nutzen und Risiken der Gentechnik müssen in jedem Einzelfall kritisch geprüft werden.

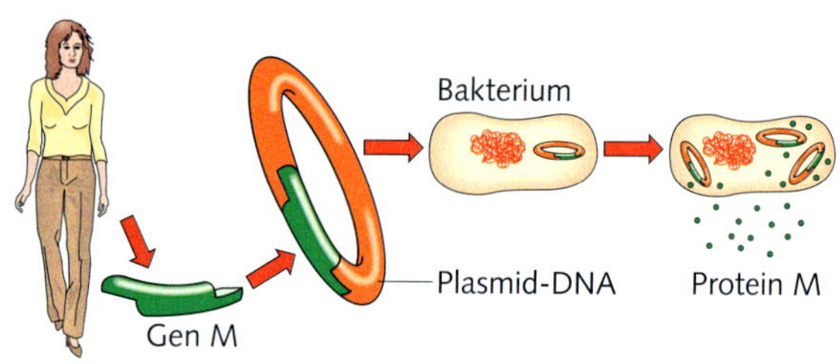

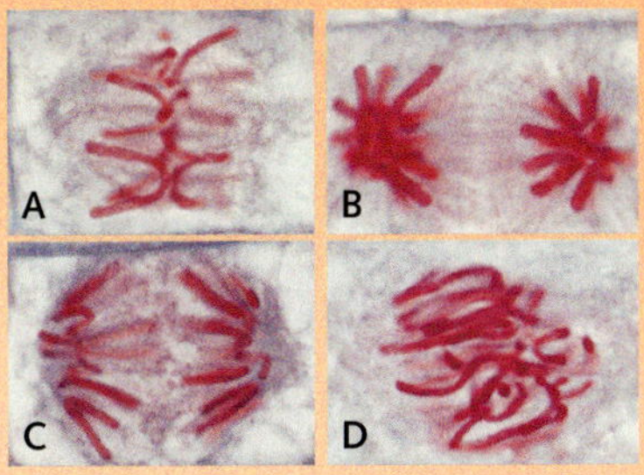

1. a) Bringe die oben dargestellten Phasen der Mitose in die richtige Reihenfolge und benenne sie.
b) Welche Vorgänge finden in der Interphase zwischen zwei Mitosen statt?

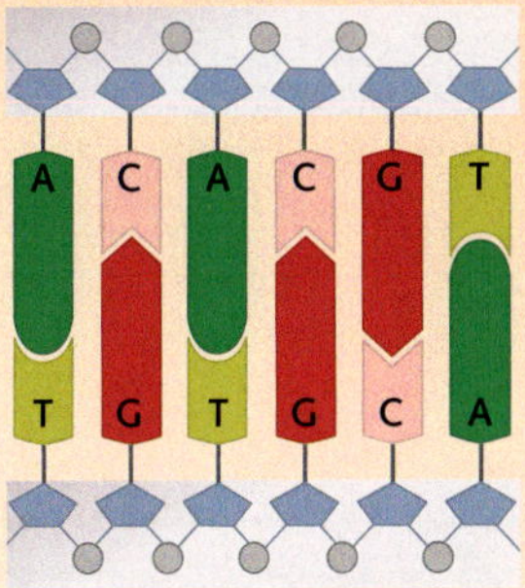

2. a) Beschrifte die markierten Bausteine der DNA.
b) In welcher Form ist auf der DNA Information gespeichert?
c) Erläutere das Prinzip der Basenpaarung.
d) Beschreibe den Vorgang der identischen Verdoppelung der Erbinformation.
e) Welche Rolle spielt die Basenpaarung dabei?

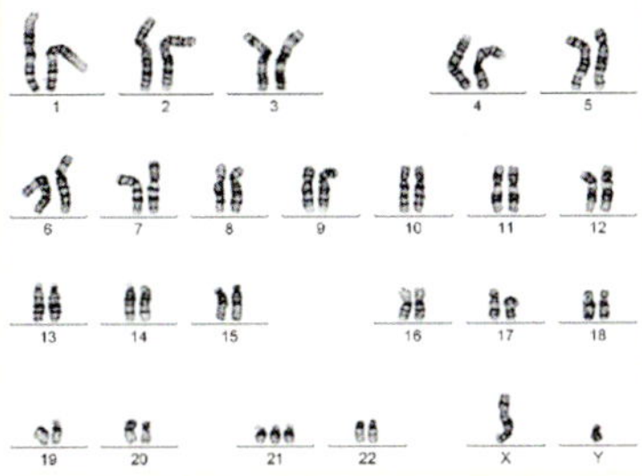

3. a) Werte das obige Karyogramm in Hinblick auf das Geschlecht und die genetische Auffälligkeit aus.
b) Benenne die Erkrankung und die für sie typischen Symptome.
c) Nenne Faktoren, die das Risiko für Chromosomenveränderungen erhöhen.

4. Ein reinerbig weißes Meerschweinchen (Genotyp ww) wird mit einem reinerbig schwarzen Meerschweinchen (Genotyp WW) gekreuzt. Schwarz (W) ist dominant gegenüber weiß (w).

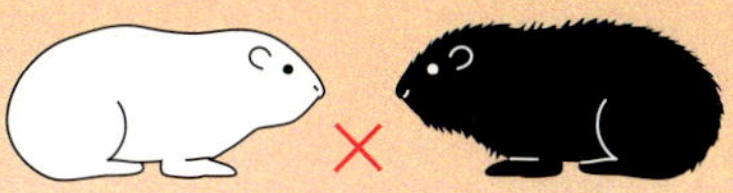

a) Welche Genotypen und welche Phänotypen treten in der 1. Tochtergeneration F_1 auf? Welche MENDELsche Erbregel wird hier deutlich?
b) Kreuze nun zwei Tiere der F_1-Generation untereinander. Ermittele die Wahrscheinlichkeiten für die Genotypen und die Phänotypen in der 2. Tochtergeneration F_2. Übertrage dazu folgendes Kreuzungsschema in dein Heft und ergänze es.

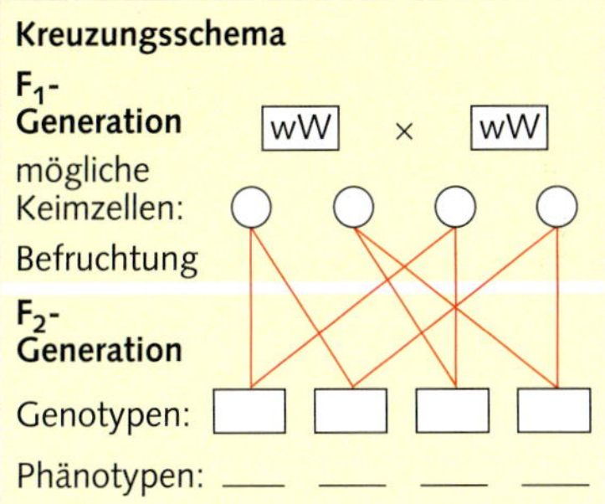

c) Führe dieselbe Kreuzung mithilfe eines Kombinationsquadrates aus.

Kombinationsquadrat
Eltern: wW X wW
Keimzellen und F_1:

Keim-zellen		

d) Welche MENDELsche Erbregel wird hier deutlich?

5. Die Meerschweinchen aus Aufgabe 5 unterscheiden sich nicht nur in der Fellfarbe, sondern zusätzlich in der Fellform. Die reinerbig weißen Meerschweinchen sind auch reinerbig glatthaarig, die reinerbig schwarzen sind reinerbig rauhaarig. Rauhaarig ist dominant gegenüber glatthaarig.
a) Bezeichne die Allele für „rauhaarig" und „glatthaarig" sinnvoll mit Buchstaben.
b) Schreibe die Genotypen der Elterntiere auf und erstelle Kombinationsquadrate für die F_1- und F_2-Generation. Welche Phänotypen treten in der F_2-Generation auf und mit welchen Wahrscheinlichkeiten?
c) Welche neuen Phänotypen sind durch diese Kombinationskreuzung entstanden?

6. Gesunde Eltern haben ein an Mukoviszidose erkranktes Kind.
a) Mit welcher Wahrscheinlichkeit wird ein weiteres Kind diese Erkrankung haben? Begründe mithilfe der Erbregeln.
b) Welche Möglichkeiten der Familienberatung und vorgeburtlichen Diagnostik gibt es in diesem Fall und welche Probleme sind damit verbunden?

7. Bluterkranke benötigen oft ein Medikament, das einen Blutgerinnungsfaktor enthält. Dieses menschliche Protein wird heute gentechnisch produziert. Erkläre anhand selbst erstellter Folien, wie dies geschieht.

8. Stelle eine Nutzpflanze vor, die gentechnisch verändert wurde. Welches Gen wurde eingebracht? Welcher Vorteil ergibt sich und welche Risiken sind damit verbunden?

9. Fertigt in Gruppen Collagen zu Mutagenen und zur Vermeidung von Mutagenen an.

Evolution – Entwicklung der Vielfalt

Welche Gründe gibt es für das Aussterben von Arten?

Wer war Charles DARWIN? Welche Erkenntnisse verdanken wir ihm?

Wann und wie hat alles Leben angefangen?

Wie könnte die Entwicklung der Menschheit weitergehen?

Sind Neandertaler unsere direkten Vorfahren oder nur entfernte Verwandte?

Woher wissen wir etwas über die Evolution der Lebewesen?

Fossilien – Zeugen der Vorzeit

A

1. Informiere dich über den Beruf des Paläontologen. Halte einen kurzen Vortrag vor der Klasse.

2. a) Erkläre den Prozess der Versteinerung eines Lebewesens.
b) Beschreibe weitere Formen der Fossilisation. Benutze dazu den Informationstext und die Pinnwand.

B

3. Begründe, weshalb man Fossilien von Tieren, die in oder am Wasser lebten, häufiger findet als die von Landtieren.

4. Informiert euch über Naturkundemuseen in eurer Umgebung und deren Angebote. Präsentiert eure Ergebnisse auf einem Plakat.

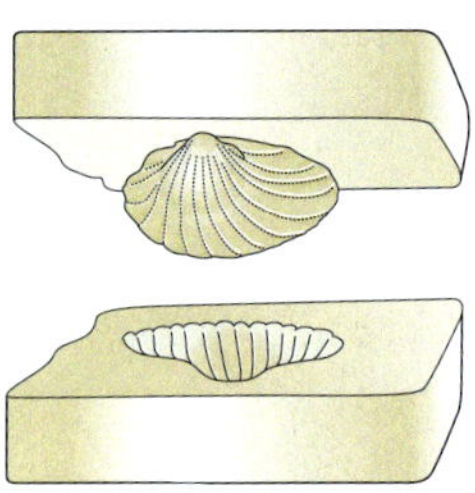

5. a) Überlegt euch, wie ihr mithilfe von Muscheln oder Schneckengehäusen und Gips selbst „Fossilienmodelle“ herstellen könnt.
Tipp: In eurer Materialkiste könnten sich folgende Dinge befinden: Herzmuschel (beide Schalenhälften); Klebstoff; 1 Gipsbecher; 1 Tetra-Pak®; Schnellgips; Seidenpapier; gelbe Kreide; Wasser; Handcreme; Löffel; Messer; Hammer; Gummibänder
b) Plant eure Vorgehensweise, stellt Fossilienmodelle her, präsentiert sie der Klasse und erläutert eure Vorgehensweise. Wo gab es Schwierigkeiten?
c) Welche der auf der Pinnwand beschriebenen Vorgänge der Fossilienentstehung habt ihr bei der Herstellung eurer Modelle nachvollzogen?
d) Welche Umstände und Prozesse ermöglichen unter natürlichen Bedingungen die Fossilbildung?

C

D

6. In einem Steinbruch im niedersächsischen Obernkirchen haben Paläontologen 2008 spektakuläre Funde von Saurierfußspuren (Foto) gemacht.
a) Informiere dich im Internet über die Funde sowie über die Entstehung der Fußspuren.
b) Erstelle einen Steckbrief zu den Sauriern, die dort gelebt haben.

Dinosaurierfunde – auch in Deutschland

1932 stießen Paläontologen – Wissenschaftler, die Lebewesen vergangener Erdzeitalter erforschen – in Trossingen in Baden-Württemberg bei einer groß angelegten Ausgrabung auf eine Vielzahl von Dinosaurierknochen. Vor 210 Millionen Jahren lebten dort Saurier. Es herrschte tropisches Klima, in dem diese Reptilien ideale Lebensbedingungen vorfanden. Nach wochenlangen Ausgrabungsarbeiten hatten die Paläontologen die Überreste von vier vollständigen und 17 nahezu vollständigen Skeletten des Pflanzenfressers Plateosaurus freigelegt.

So entstanden Fossilien

Vermutlich waren die in Trossingen gefundenen Tiere in ein großes Schlammloch geraten und dort verendet. Sand und Schlick bedeckten die toten Körper schnell, und die Weichteile verfaulten. Unter dem Sauerstoffabschluss wurden die Körper aber nicht vollständig zersetzt wie dies normalerweise nach dem Tod geschieht. Hartteile wie Knochen oder Zähne blieben erhalten. Immer neue Sand- und Schlammschichten, das **Sediment,** lagerten sich über den toten Sauriern ab. Dabei wurde durch Sickerwässer die ursprünglich mineralische Substanz der Hartteile in ihrer Struktur verändert. So entstanden naturgetreue Versteinerungen der Skelette. Bewegungen in der Erdkruste brachten die versteinerten Reste später wieder an die Erdoberfläche, wo sie durch die Einwirkungen von Regen und Wind freigelegt wurden. Derartige Überreste vergangener Lebewesen nennt man **Fossilien.** Dies können Abdrücke von Muscheln im Gestein, versteinerte Hartteile wie Panzer, Schalen oder Knochen, aber auch im Schlamm zu Stein gewordene Fußspuren sein. Die Veränderungen vom toten Lebewesen bis zum Fossil bezeichnet man als **Fossilisation.** Je feiner dabei das umliegende Sediment ist, desto mehr Einzelheiten sind an den Fossilien erkennbar. Derartige Funde wurden auf allen Erdteilen gemacht. Allerdings herrschten nur selten günstige Bedingungen für eine Fossilisation.

So entstehen Rekonstruktionen

Um sich Tiere, die vor vielen Millionen Jahren ausgestorben sind, als Lebewesen vorstellen zu können, versuchen Wissenschaftler versteinerte Tiere zu rekonstruieren. Vollständig erhaltene Organismen, so genannte **Körperfossilen,** sind dazu am besten geeignet. Allerdings stehen häufig nur Bruchstücke zur Verfügung und die Knochen befinden sich in einer unnatürlichen Lage. Durch den Vergleich mit ähnlichen Funden oder heute noch lebenden Arten ist die Rekonstruktion des Skeletts und sogar ganzer Tiere und Pflanzen möglich. Dabei müssen fehlende Knochen durch Nachbildungen ersetzt werden. Über die Struktur und Farbe der Haut oder die Funktion der Sinnesorgane liegen meist keine gesicherten Erkenntnisse vor. Je mehr man jedoch über die Ernährungsweise, das Fortpflanzungsverhalten, den Lebensraum, das Klima und das Erdzeitalter weiß, desto genauer kann man die Art rekonstruieren.

G

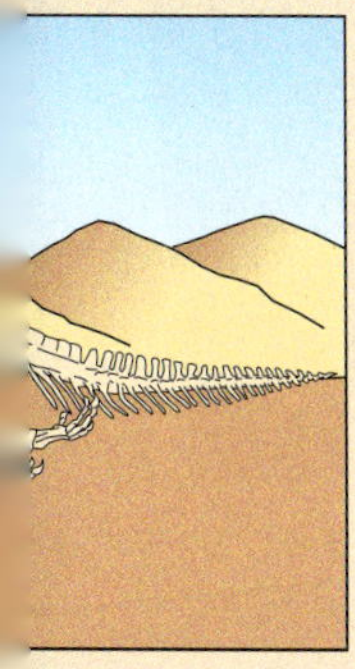

1 Fossilisation und Rekonstruktion. A–D *Entstehung eines Fossils;* **E** *Fund eines Saurierskeletts;* **F** *Rekonstruktion des Skeletts eines Plateosaurus;* **G** *vollständige Rekonstruktion eines Plateosaurus*

F

E

Fossilien

Inkohlung eines Farnwedels
Vor ca. 330 Millionen Jahren wuchsen auf der Erde riesige Sumpfwälder. Abgestorbene Pflanzenteile versanken im Sumpfboden und wurden unter Sauerstoffabschluss zu Torf. Durch ständige Ablagerung weiterer abgestorbener Pflanzen und Erde entstand unter zunehmendem Druck und hohen Temperaturen Braun- und schließlich Steinkohle. Teile von Schachtelhalmen oder Baumfarnen sind bis heute in den Kohleschichten erhalten.

Steinkern eines Ammoniten
Die mit den Tintenfischen verwandten Ammoniten lebten vor 360–100 Millionen Jahren. Sie besaßen ein schneckenähnliches Gehäuse. Nach dem Tod der Tiere verfaulten die Weichteile, das Gehäuse löste sich auf und der so entstandene Hohlraum füllte sich mit mineralischen Sedimenten. Durch den Druck der darüber liegenden Sedimentschichten entstand ein sogenannter Steinkern. Auf seiner Oberfläche können Merkmale der Innenseite sowie der Außenseite des ehemaligen Gehäuses sichtbar sein.

Abdruck eines Trilobiten
Trilobiten hatten vor 600–500 Millionen Jahren ihre größte Verbreitung in den urzeitlichen Meeren. Die Körper toter Tiere hinterließen im weichen Sediment Abdrücke. Während sich die Körper zersetzten, blieb die äußere Form der Lebewesen im durch zunehmenden Druck verfestigten Sedimentgestein erhalten. Trilobiten zählen zu den häufigsten Fossilien.

1. a) Beschreibe die Entstehung von Steinkohle.
b) Erstelle Steckbriefe von Pflanzen, die vor 330 Mio. Jahren gelebt haben.

2. In bestimmten Gesteinsschichten findet man versteinerte Baumstämme. Woraus besteht versteinertes Holz? Berichte.

Einschluss in Bernstein
Bernstein ist das gehärtete Harz von Nadelbäumen. Blieb ein Kleintier, z. B. eine Fliege, am frischen Harz eines Baumes kleben, wurde es von nachfließendem Harz luftdicht eingeschlossen. Bernsteinfunde liefern ein Bild von der Kleintierwelt von vor 40–30 Millionen Jahren.

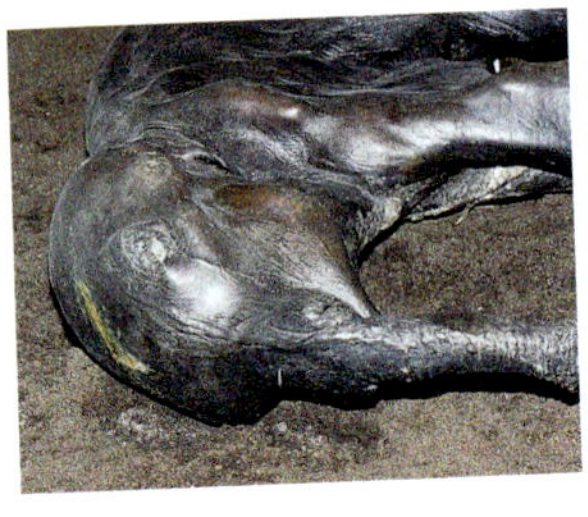

Mumifizierung eines Lebewesens
Bei der Mumifizierung wird die Verwesung eines toten Körpers verhindert. Dies kann durch große Kälte, beispielsweise den Einschluss in Eis und Schnee, durch hohe Temperaturen oder Austrocknung, zum Beispiel in Wüsten oder aufgrund chemischer Prozesse in Mooren unter Sauerstoffabschluss stattfinden. Das Gewebe und die inneren Organe bleiben so für lange Zeiträume erhalten. Bekannte Beispiele solcher Körperfossilien sind das Mammutbaby „Dima“ aus dem Dauerfrostboden Sibiriens, die Gletschermumie ▸ „Ötzi“ aus den Ötztaler Alpen und der „Tollundmann“ aus einem Moor in Dänemark.

Wie kann man das Alter von Fossilien bestimmen?

1. Weshalb ist die Altersbestimmung von Fossilien für Paläontologen von großer Bedeutung?

2. a) Beschreibe den Unterschied zwischen der relativen und der absoluten Datierung von Fossilien.
b) Was versteht man unter der ^{14}C-Methode? Erkläre mithilfe der Abbildung.

3. Informiert euch über Möglichkeiten der Altersbestimmung von Fossilien, die viel älter als 40 000 Jahre sind.

4. Informiert euch über Leitfossilien der unterschiedlichen Erdzeitalter und stellt sie vor.

5. Informiere dich über die Pollenanalyse und Dendrochronologie als Methoden der Altersbestimmung. Berichte.

Die relative Datierung
Der Verlauf der Evolution konnte durch die zeitliche Einordnung einer Vielzahl von gefundenen Fossilien erforscht werden. Die geologische Forschung bedient sich dabei der relativen Datierung mittels Schichtfolge. Liegen Sedimentgesteine in den Schichtfolgen horizontal vor, dann sind die weiter oben liegenden Schichten jünger als die darunter liegenden. In manchen Schichten findet man weltweit die gleichen Fossilien. Diese bezeichnet man als **Leitfossilien**. Entdeckt man solche Fossilien aus einer bekannten Schicht in Australien ebenfalls in China, wird daraus das ungefähre Alter der Gesteinsschicht und der darin entdeckten Fossilien abgeleitet. Diese Methode liefert aber nur ungefähre Angaben.

1 Fossil im Gestein

Die ^{14}C-Methode
Für eine exaktere Datierung nutzen Wissenschaftler physikalisch-chemische Gesetzmäßigkeiten bei der ^{14}C-Methode. In der Luft kommt neben dem Kohlenstoffisotop ^{12}C in geringer Menge das radioaktive ^{14}C vor. Beide werden bei der Fotosynthese in Pflanzen eingebaut und gelangen so über die Nahrungskette in alle Lebewesen. Der Anteil an ^{14}C ist Zeit ihres Lebens konstant.

Nach dem Tod verändert der Zerfall von ^{14}C das Verhältnis zum konstant bleibenden ^{12}C. Nach 5730 Jahren ist nur noch die Hälfte der ursprünglichen ^{14}C-Menge im Fossil enthalten. Man spricht deshalb von einer **Halbwertszeit** von 5730 Jahren. Nach 11 460 Jahren sind es dann nur noch 25 % der Ausgangsmenge. Stoßen Wissenschaftler auf einen fossilen Knochen, messen sie den verbliebenen ^{14}C-Gehalt und berechnen aus der Abnahme dann das Alter. Mit dieser Methode lassen sich bis zu 40 000 Jahre alte Fossilien bestimmen. Für die Datierung älterer Fossilien benötigt man radioaktive Elemente mit einer längeren Halbwertszeit.

Beginn vor etwa ... Mio. Jahren	
Quartär 2,6	Erdneuzeit
Tertiär 65	Erdneuzeit
Kreide 145	Erdmittelalter
Jura 200	Erdmittelalter
Trias 251	Erdmittelalter
Perm 299	Erdaltertum
Karbon 359	Erdaltertum
Devon 416	Erdaltertum
Silur 443	Erdaltertum
Ordovizium 488	Erdaltertum
Kambrium 542	Erdaltertum
Präkambrium 4,5 Mrd.	Erdurzeit

Den Fossilien auf der Spur

Wenn ihr mit eurer Klasse einen Steinbruch besucht, könnt ihr dort interessante Funde von Lebewesen aus der Vergangenheit machen. Versteinerungen unterschiedlichster Tiere und Pflanzen ermöglichen euch dabei einen direkten Einblick in die Lebenswelt vergangener Erdzeitalter.

Auf Fossilienjagd
Für eine Exkursion in einen Steinbruch müsst ihr eine Erlaubnis vom Betreiber einholen. Dieser ermöglicht meist auch eine Führung und zeigt euch Orte, an denen ihr gefahrlos suchen könnt. Bildet im Vorfeld Teams und geht mit eurer Gruppe auf Fossilienjagd. Neben Hammer und Meißel sollte eure Ausrüstung aus Arbeitshandschuhen, festen Schuhen, Plastiktüten, Schreibzeug, einer Lupe, einer Schutzbrille und einem Fotoapparat bestehen. Denkt immer an eure Sicherheit. Seid vorsichtig bei wackelnden und rutschenden Steinen! Achtet beim Losschlagen von Funden darauf, dass ihr vom Fossil wegarbeitet und euch selbst und andere nicht durch Hammerschläge oder Steinsplitter verletzt. Schlagt mit Hammer und Meißel Steine auseinander. Bewahrt eure Fundstücke jeweils in einer Plastiktüte auf und legt ein Kärtchen mit Fundort, Datum und Name des Finders bei.

Fossilien präparieren
Sucht gemeinsam eure besten Funde aus. Um die Fossilien in einer Ausstellung präsentieren zu können, solltet ihr sie dafür präparieren. Entfernt im Werkraum eurer Schule vorsichtig störende Gesteinsteile. Pinselt den Staub weg und klebt lose oder zerbrochene Teile mit Alleskleber sorgfältig wieder zusammen. Mit Klarlack schützt ihr eure Fossilien vor Beschädigungen. Nutzt Nachschlagewerke zur genaueren Bestimmung der Fossilien und ergänzt die Informationen auf den Fundkärtchen.

Fossilien im Museum
Vielleicht gibt es in eurer Nähe Naturkundemuseen mit Fossiliensammlungen. Informiert euch im Internet über deren Angebote und stellt sie in der Klasse vor. Organisiert mit einer Lehrerin oder einem Lehrer einen Besuch. Besprecht in euren Teams, über welche Fossilien ihr Informationen sammeln wollt und ob ihr ein Führungsangebot nutzen möchtet. Einige Museen bieten auch Projekte für Schulklassen an. Notiert im Vorfeld einige Fragen, die ihr im Museum stellen wollt. Denkt für die Dokumentation an Schreibmaterial und einen Fotoapparat. Achtet auch darauf, wie die Fossilien im Museum präsentiert werden.

Gestaltung einer Fossilienausstellung
Überlegt in euren Teams, wie ihr die ausgewählten und präparierten Fossilien aus dem Steinbruch ansprechend präsentieren könnt. Nutzt dabei auch eure Eindrücke und Informationen vom Museumsbesuch.
Für die Präsentation benötigt ihr Stellwände für eure Plakate und Tische für die Fundstücke. Beschriftet alle Fossilien und gebt deren ungefähres Alter an. Fügt Fotos, Skizzen und Bildmaterial aus dem Steinbruch und vom Museum hinzu. Sucht in Büchern und im Internet Informationen über die Umweltbedingungen, die eure Fossilien zu deren Lebzeiten vorfanden. Ihr könnt auch einige aufgeschlagene Bücher auslegen. Wenn nötig, ergänzt eure Funde mit Fossilien aus der biologischen Sammlung eurer Schule.

Wie alles anfing

1 Entstehung der Erde

Die Entstehung der Erde

Die Entstehung unserer Erde liegt etwa 4,5 Milliarden Jahre zurück. Zu Beginn war sie ein glühender ▸Gasball, der über viele hundert Millionen Jahre abkühlte. Ihre Entstehungszeit war geprägt durch Meteoriteneinschläge, extreme Regenfälle, gewaltige Gewitter, Vulkanausbrüche, dampfende Lagunen und Erdspalten. Man nimmt an, dass die **„Uratmosphäre"** aus Stickstoff, Kohlenstoffdioxid, Wasserdampf, Schwefelwasserstoff, Methan, Spuren von Ammoniak und anfänglich auch freiem Wasserstoff bestand.

Die chemische Evolution

Dem amerikanischen Studenten Stanley MILLER gelang es 1953 in einem Versuch, die Bedingungen der „Uratmosphäre" nachzuahmen, indem er die Ausgangssubstanzen Methan (CH_4), Kohlenstoffmonooxid (CO), Wasserstoff (H_2), Ammoniak (NH_3) und Wasser (H_2O) mischte. Er erhitzte das Gemisch, erzeugte mit Elektroden künstliche Blitze und bestrahlte seine „Uratmosphäre" mit UV-Licht. Wenige Tage später machte er die sensationelle Entdeckung, dass seine **„Ursuppe"** organische Verbindungen wie Ameisensäure und einige Aminosäuren enthielt. Variationen der Versuchsbedingungen führten später auch zu Fetten, Kohlenhydraten und Bestandteilen von ▸Nukleinsäuren. Die Ergebnisse der Experimente lassen den Schluss zu, dass die Bildung einfacher organischer Substanzen bereits zur Zeit der Uratmosphäre möglich war. Niemand weiß, ob dies tatsächlich so geschehen ist, doch die Ergebnisse von Gesteinsuntersuchungen stützen diese Theorie. Die Entstehung von organischen Verbindungen aus anorganischen Stoffen bezeichnet man als chemische Evolution.

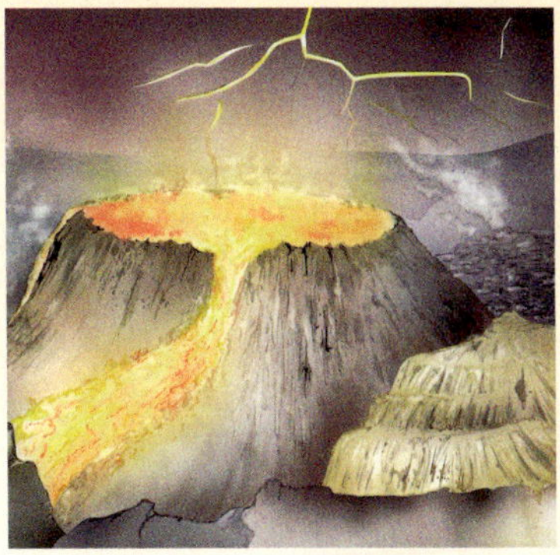

2 Schema einer Urlandschaft

Eine andere Theorie geht hingegen davon aus, dass die Entstehung des Lebens erst durch organische Moleküle von Meteoriten, die auf der Erde einschlugen, ermöglicht wurde. Gesicherte Erkenntnisse liegen allerdings bisher nicht vor.

Die biologische Evolution

Wie es weiterging und wie mit ▸Bakterien die biologische Evolution begann, ist noch unbekannt. Nach einem Modell des Nobelpreisträgers Manfred EIGEN organisieren Ketten von ▸RNA-Bausteinen die Herstellung bestimmter ▸Eiweiße. Über Millionen Jahre könnten sich auch einige davon zu kleinen Kügelchen zusammengeschlossen haben. Derartige Gebilde aus Eiweißhülle und RNA-Kern haben sich möglicherweise zur **„Urzelle"** weiterentwickelt. Inwieweit sich die Bausteine der Eiweiße und RNA bzw. DNA in der „Ursuppe" zusammenfügten, ist wissenschaftlich noch nicht geklärt.
Andere Wissenschaftler sehen in den „Schwarzen Rauchern" der Tiefsee die Quelle des Lebens. Untersuchungen an den „Black Smokern" ergaben, dass sich trotz Temperaturen von 350 °C und extremen Druckverhältnissen kleine zellähnliche Molekülverbindungen mit einer membranartigen Hülle, so genannte **Mikrosphären,** entwickeln. In ihnen vermuten einige Wissenschaftler Urformen erster Lebewesen.

1. Erläutere, was man unter der „chemischen" und der „biologischen" Evolution versteht.

2. Informiere dich im Internet über „Mikrosphären". Berichte.

1. Beschreibe die Auswirkungen, die das Auftreten von Sauerstoff auf die Entwicklung der Lebewesen hatte.

2. Schachtelhalme aus dem Perm und Karbon wurden bis zu 30 Meter hoch. Erstelle einen Steckbrief von einer Schachtelhalmart, die es heute noch gibt.

3. a) Im Jura lebten die größten und schwersten Dinosaurier. Stelle einen „Giganten" deiner Wahl auf einem Plakat vor.
b) Gegen Ende der Kreidezeit starben die Dinosaurier auf bisher ungeklärte Weise aus. Informiere dich über mögliche Gründe und stelle die Theorien in der Klasse vor.

4. Erkläre den Zusammenhang zwischen dem Aussterben der Dinosaurier und der nachfolgenden Artenfülle bei den Säugetieren.

5. Informiere dich über die Auswirkungen von Eiszeiten auf die Pflanzen und Tiere in der Erdneuzeit.

Erdzeitalter und ihre Lebewesen

Nach der Abkühlung der Erde entstanden verschiedene Gesteinsarten. Sie verwitterten im Laufe von Jahrmillionen und lagerten sich abwechselnd mit neu gebildetem vulkanischen Gestein übereinander ab. In jeder Schicht stößt man auf andere Fossilien. Das bedeutet, dass eine Entwicklung der Lebewesen, die **Evolution,** abgelaufen sein muss.

Die Erdurzeit

Fossilien von Urbakterien fand man schon in 3,8 Milliarden Jahren alten Gesteinen. Die Urbakterien ernährten sich durch Gärung von organischen Substanzen. Etwa 600 Millionen Jahre später hatten ▸Cyanobakterien die Fähigkeit entwickelt, mithilfe der Fotosynthese ihre Nährstoffe selbst zu bilden. Der dabei entstandene Sauerstoff war für damalige Lebewesen giftig. Nur Organismen, die sich davor schützen konnten, überlebten diese einschneidende Umweltveränderung. Erste ▸eukaryotische Zellen nutzten vor 1,5 Milliarden Jahren Sauerstoff bei der Zellatmung und gewannen dabei mehr Energie als bei der Gärung.

Das Erdaltertum

Ab dem **Kambrium** entwickelte sich eine Vielzahl mehrzelliger Organismen im Wasser wie Algen, Quallen und ▸Trilobiten. Es entstanden Gliederfüßer, die über einen festen Panzer als Verdunstungsschutz verfügten. Dies war Voraussetzung für die Eroberung des Landes. Mit den kieferlosen Fischen tauchten im **Ordovizium** die ersten Wirbeltiere im Wasser auf. Als erste höhere Pflanzen besiedelten im **Silur** Nacktfarne das Land. Im **Devon** lebten Lungenfische, Vorfahren der ersten Landwirbeltiere. Urlurche wie Ichthyostega besaßen bereits ein Skelett, das ihnen eine Fortbewegung auf vier Beinen ermöglichte. Obwohl sie schon den Großteil ihres Lebens

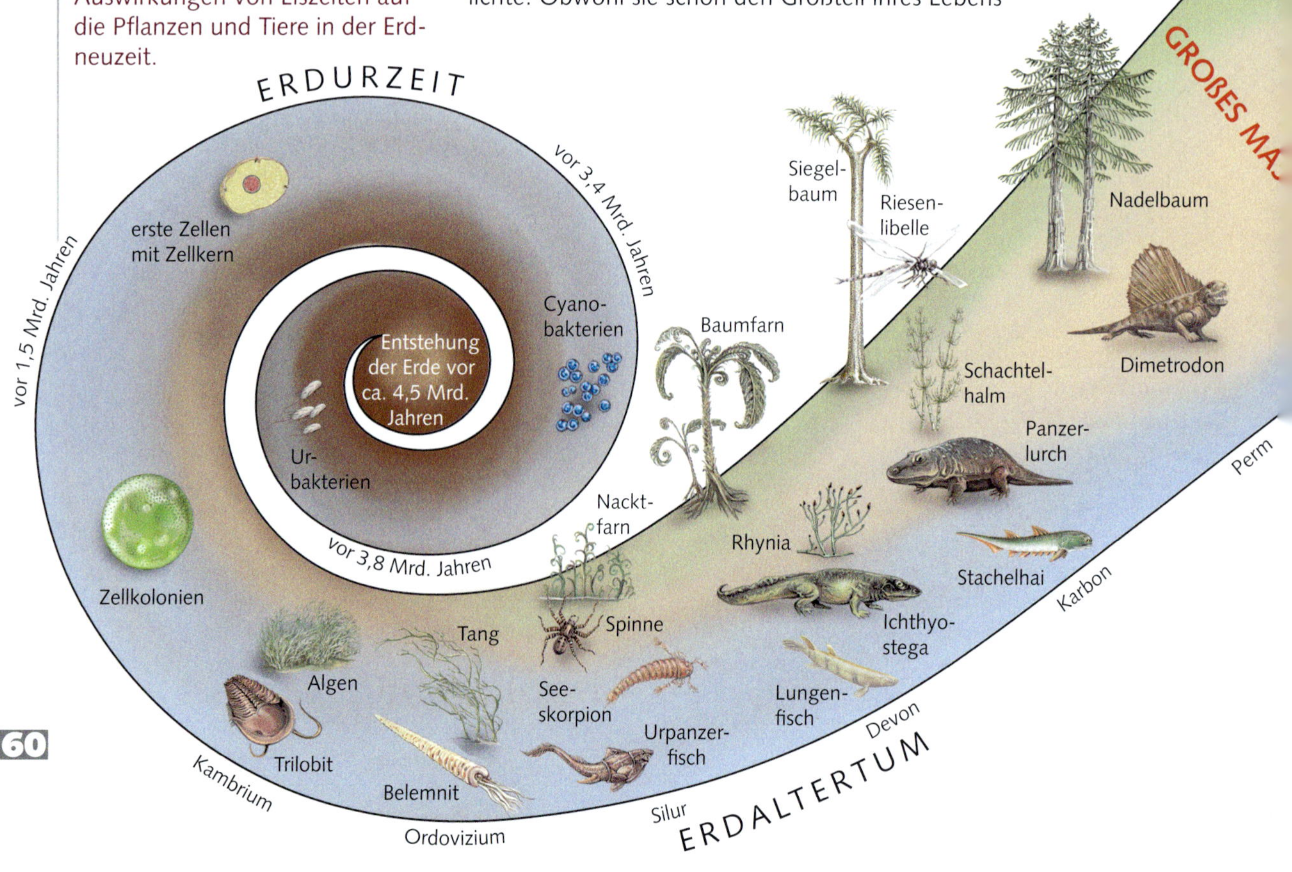

1 Entwicklung der Lebewesen im Laufe der Erdgeschichte

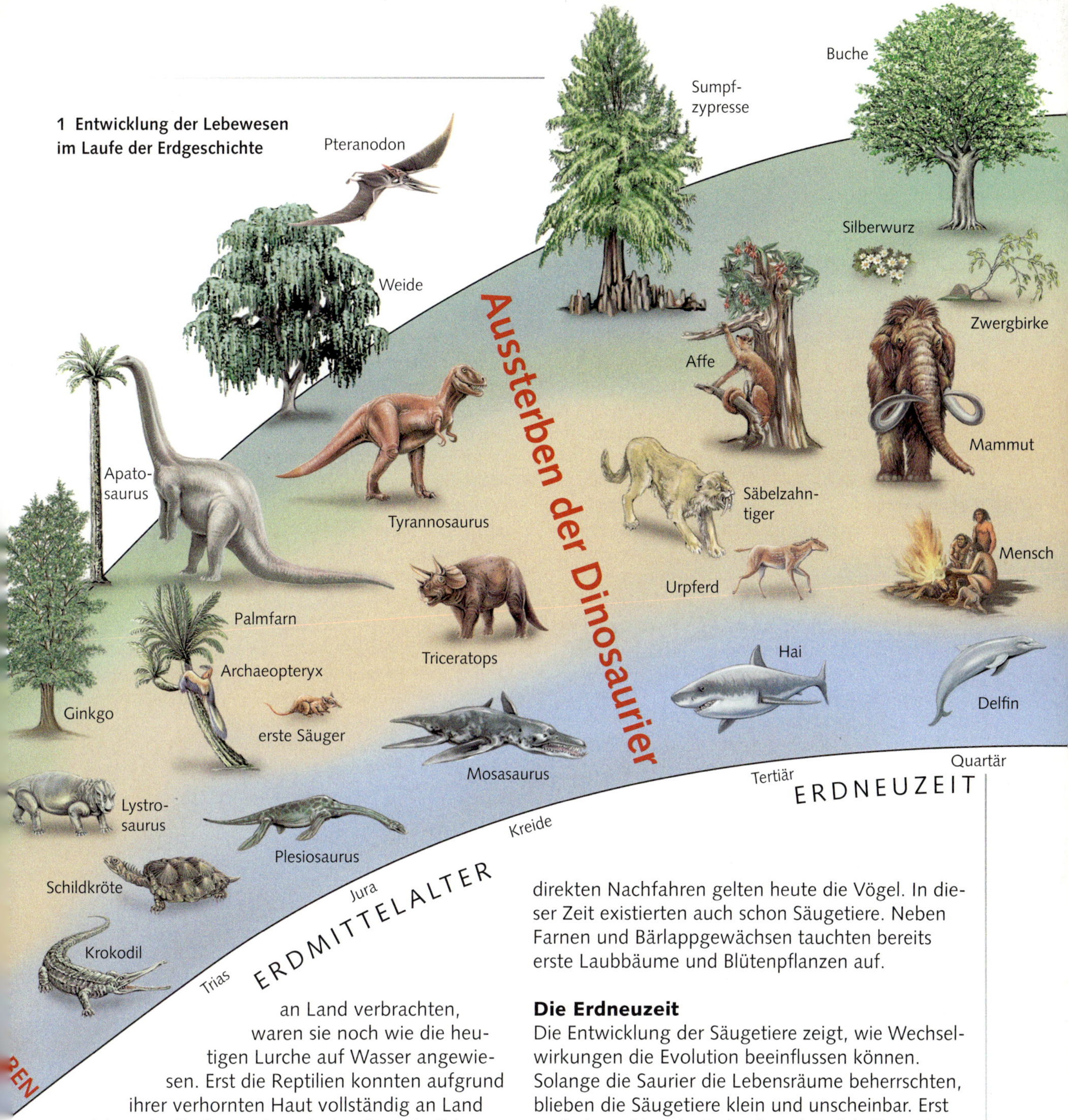

an Land verbrachten, waren sie noch wie die heutigen Lurche auf Wasser angewiesen. Erst die Reptilien konnten aufgrund ihrer verhornten Haut vollständig an Land leben. Im **Karbon** gab es riesige Sumpfwälder aus Siegel- und Schuppenbäumen sowie Schachtelhalmen. Deren Überreste sind als Kohlelager bis heute erhalten.

Das Erdmittelalter

Es war die Blütezeit der Saurier. Laufende, schwimmende und fliegende Saurier beherrschten fast alle Lebensräume der Erde. Im **Jura** entwickelten sich unter den Dinosauriern die größten und schwersten Landlebewesen, beispielsweise der Apatosaurus. Gegen Ende der **Kreidezeit** starben die Saurier jedoch auf bisher noch ungeklärte Weise aus. Als ihre direkten Nachfahren gelten heute die Vögel. In dieser Zeit existierten auch schon Säugetiere. Neben Farnen und Bärlappgewächsen tauchten bereits erste Laubbäume und Blütenpflanzen auf.

Die Erdneuzeit

Die Entwicklung der Säugetiere zeigt, wie Wechselwirkungen die Evolution beeinflussen können. Solange die Saurier die Lebensräume beherrschten, blieben die Säugetiere klein und unscheinbar. Erst nach deren Verschwinden konnten sich Säugetiere in großer Artenvielfalt entwickeln und besiedelten auch Polargebiete. Ihre gleichbleibende Körpertemperatur war hierbei eine wesentliche Voraussetzung. Im **Tertiär** wuchsen in Zeiten mit tropischem Klima Nadel- und Laubwälder fast bis zum Nordpol. In trockeneren und kühleren Perioden breiteten sich Eichen- und Buchenwälder aus. Gegen Ende des Tertiärs traten erste menschenähnliche Lebewesen auf. Die Tiere und Pflanzen im **Quartär** wurden den heutigen Formen immer ähnlicher. Erst vor etwa zwei Millionen Jahren begannen die ersten Menschen wie ▸ Homo habilis die Erde zu besiedeln.

Vom Wasser auf das Land

1. a) Nenne mindestens vier Bedingungen, die Pflanzen zur Besiedlung des Landes erfüllen mussten.
b) Nenne Gründe, weshalb die Tiere erst nach den Pflanzen das Land erobern konnten.

2. Informiere dich, welche Bedeutung die Pflanzen des Erdzeitalters ▸Karbon heute noch für uns Menschen haben. Berichte.

3. Beschreibe, welche Entwicklungen von Organen notwendig waren, damit die ersten Wirbeltiere das Wasser verlassen konnten.

4. In der Geschichte der Evolution verlief die Entwicklung von Tieren nicht nur vom Wasser zum Land, sondern auch vom Land wieder zurück ins Wasser. Informiere dich über solche Tierarten und stelle Beispiele vor.

5. Informiere dich, in welchem Erdzeitalter Tiere die Luft als Lebensraum eroberten. Finde Beispiele und stelle sie in einem Kurzvortrag vor.

6. Fertigt von einer der abgebildeten Tierarten einen Steckbrief an. Einigt euch, wer welches Lebewesen übernimmt. Stellt damit eine Wandzeitung zur Entwicklung der Pflanzen und Tiere zusammen.

Ohne Wasser kein Leben

Die ersten pflanzlichen Lebensformen waren einzellige **Algen,** die in den Urmeeren lebten. Sie waren in der Lage, über ihre gesamte Oberfläche im Wasser gelöste Mineralsalze und Kohlenstoffdioxid aufzunehmen. Später entstanden faden- und kugelförmige pflanzliche Vielzeller und Algen mit großen, blattähnlichen Körpern. Sie konnten bereits mithilfe des Chlorophylls in ihren Zellen das Sonnenlicht zur Energiegewinnung nutzen. Durch ▸ Fotosynthese waren sie in der Lage, anorganische Stoffe in organische Verbindungen umzubauen. Der dabei entstandene Sauerstoff reicherte sich im Wasser an und ermöglichte die Entwicklung erster tierischer Lebensformen, die Sauerstoff für ihre Lebensvorgänge benötigten.
Fossile Funde belegen, dass im **Kambrium** eine Vielzahl von Tierarten die Meere bevölkerte. Es waren Vorfahren der meisten noch heute lebenden Tierstämme wie Schwämme, Nesseltiere, Gliederfüßer, Weichtiere und Stachelhäuter. Am Ende des Kambriums traten dann erste Wirbeltiere auf. Es waren kieferlose, fischähnliche Lebewesen. Sie bewegten sich schlängelnd fort und filterten mit ihren Kiemen Schwebteilchen aus dem Wasser. Auch der Formen- und Artenreichtum bei den Algen, der vorherrschenden Pflanzengruppe, nahm in dieser Zeit zu. Die Landflächen waren aber nach wie vor unbesiedelt.

1 Pflanzen und Tiere erobern das Land

Pflanzen erobern das Land

Im **Silur** bestimmten Sumpflandschaften das Bild der Erde. Deren feuchte Festlandbereiche boten zusammen mit der veränderten Zusammensetzung der ▸ Atmosphäre gute Bedingungen für den Übergang der Pflanzen zum Landleben. Allerdings waren dafür Veränderungen in Bau und Funktion der Pflanzen nötig. Ein Leben außerhalb des Wassers erforderte die Entwicklung von Wurzeln und Leitbündeln zur Wasser- und Mineralsalzversorgung aus dem Boden. Zusätzlich waren ein Stützgewebe und Schutzeinrichtungen gegen das Austrocknen notwendig. Für die Fortpflanzung mussten sich Mechanismen entwickeln, die den Transport von männlichen und weiblichen Keimzellen ohne Wasser ermöglichten. Die ersten Pflanzen, die alle diese Bedingungen erfüllten, waren einfach gebaute Nacktfarne wie Rhynia, mit gegabeltem Stamm und noch ohne Blätter.

Im **Devon** und im **Karbon** entwickelten sich daraus höhere Sporenpflanzen. In den Sumpfwäldern wuchsen Riesenschachtelhalme, Baumfarne, Schuppen- und Siegelbäume. Daneben entstanden auch Nadelhölzer und Pflanzen, die mit dem Ginkgo verwandt sind.

Tiere erobern das Land

Spinnentiere und Insekten waren die ersten Tiere, die den Pflanzen auf das Festland folgten. Damit die ersten Wirbeltiere das Land betreten konnten, mussten sich neue Organe entwickeln, die die Aufnahme von Sauerstoff aus der Luft ermöglichten, wie bei den Lungenfischen. Sie leben im Wasser und atmen mit Kiemen. Zusätzlich haben sie einfach gebaute Lungen, mit denen sie Trockenzeiten überstehen. Außerdem mussten sich über mehrere Entwicklungsstufen Gliedmaßen entwickeln, die eine Fortbewegung an Land ermöglichten.
Als eines der ersten Landtiere gilt der amphibisch lebende Ichthyostega. Er besaß kräftige Gliedmaßen, die seitlich vom Körper abstanden und eine Wirbelsäule, die das Gewicht des Tieres an Land tragen konnte. Der Schwanz hatte eine Form, wie man sie bei den Kaulquappen der heutigen Lurche findet. Damit die Haut nicht austrocknete, musste er sich immer wieder ins Wasser begeben. Man vermutet, dass Ichthyostega mithilfe von Lungen, aber auch über die Haut atmete.
Hylonomus gilt als eines der ersten Wirbeltiere, das vollständig außerhalb des Wassers lebte. Bei diesem Reptil hatte sich eine trockene, schuppige Haut entwickelt und es atmete mithilfe von Lungen. Nach einer inneren Befruchtung legte es Eier mit einer vor Austrocknung schützenden Schale. Damit konnte sich Hylonomus weiter vom Ufer entfernen. Von den Reptilien stammen die Vögel ab.
Im **Perm** entwickelten sich dann erste säugetierähnliche Reptilformen. Aus ihnen gingen alle späteren Säugetierformen hervor.

Vom Urpferd zu heutigen Pferden

1. Das Hyracotherium war an das Leben im Unterholz des Waldes gut angepasst. Begründe diese Aussage.

2. Informiere dich, in welchen Ländern Fossilfunde vom Urpferd gemacht wurden. Stelle deine Ergebnisse auf einem Plakat vor.

3. Nenne mögliche Gründe, weshalb die Vorfahren der Pferde im Laufe ihrer Entwicklung immer größer wurden.

4. a) Ordne die Fußformen den jeweiligen Pferdearten zu.
b) Nenne Gründe dafür, wie und weshalb sich die Fußformen der Pferde im Laufe der Evolution stark veränderten.

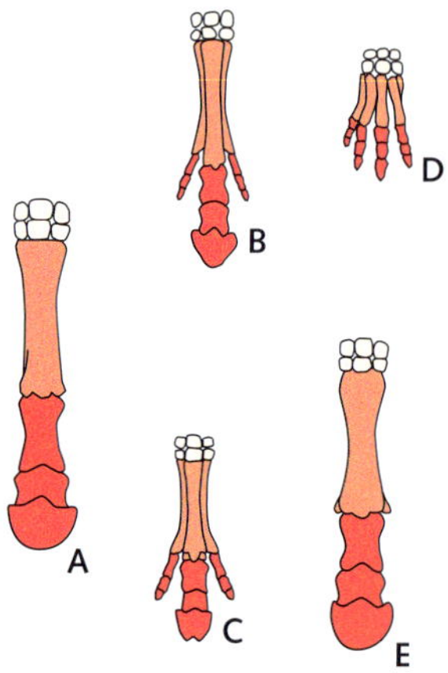

5. Sammle Informationen über den möglichen Urahn unseres heutigen Pferdes. Stelle die Ergebnisse in einem Kurzvortrag vor.

6. Informiere dich über die heute existierenden Pferdeartigen und stelle sie auf einem Plakat vor.

Entwicklung der Pferde
Die Entwicklungsgeschichte der Pferde ist aufgrund zahlreicher Fossilfunde gut bekannt. So fand man in der Grube Messel bei Darmstadt Fossilien von über 70 Exemplaren des Urpferds Hyracotherium. Darunter waren erwachsene Tiere, trächtige Stuten und Fohlen.

Urpferde waren Waldbewohner
Vor ca. 55 Millionen Jahren, als die Entwicklung der Pferde begann, waren große Teile Europas und Nordamerikas von dichten Urwäldern bedeckt.
Hier lebte das Urpferd **Hyracotherium,** das sich im Unterholz aufhielt. Es war fuchsgroß und hatte einen runden Rücken. Seine vier Zehen an den Vorderpfoten und drei Zehen an den Hinterpfoten waren für das Laufen auf weichem Waldboden bestens geeignet. Seine Nahrung bestand aus zarten Blättern und Früchten, die es mit spitzhöckrigen Zähnen zerkleinerte.

1 Urpferd Hyracotherium

Etwa 20 Millionen Jahre später hatte sich das größere **Mesohippus** mit 50 Zentimeter Schulterhöhe entwickelt. Es besaß nur drei Zehen,von denen der mittlere deutlich größer war. Zudem hatte es ein leistungsfähigeres Gebiss mit Ansätzen von Schneidezähnen, so dass es robustere Blätter fressen konnte.

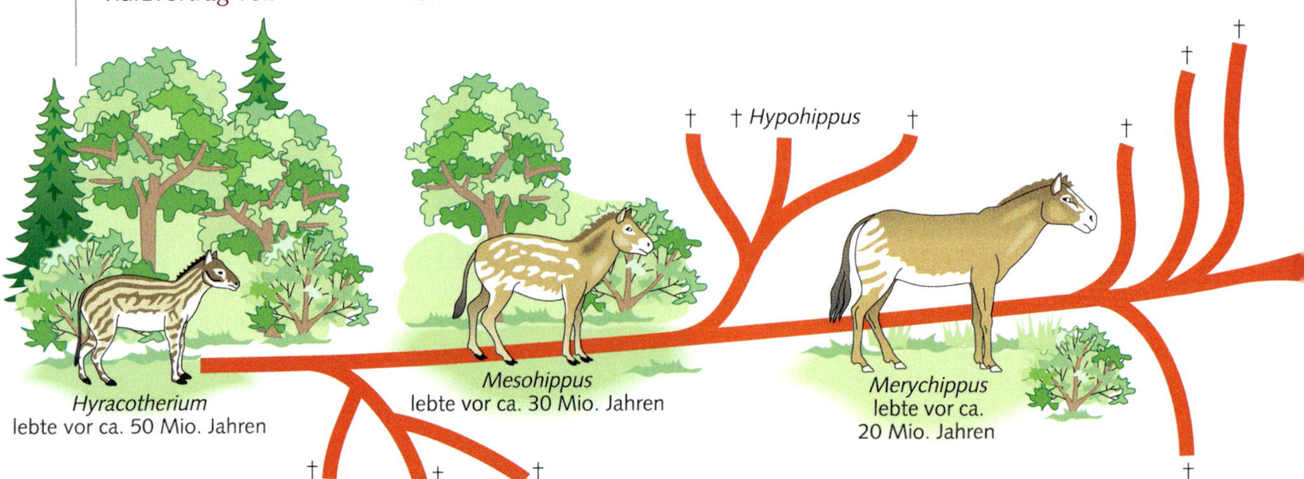

2 Entwicklung der Pferdeartigen

Vom Wald in die Steppe

Im Lauf der Zeit wurde das Klima immer kälter und trockener. Dadurch verschwanden große Waldflächen, und Grassteppen breiteten sich aus. Fossilien aus dieser Zeit sehen heutigen Pferden schon ähnlicher. So besaß das ponygroße **Merychippus** längere Beine, und der Mittelzeh hatte bereits eine Hufform. Der Hals und Schnauzenteil waren länger. Die Zähne zeigten nun Schmelzfalten und waren zum Zermahlen von harten Gräsern gut geeignet.

Mit **Pliohippus** hatte sich vor etwa 7 Millionen Jahren das Pferd in Nord- und Südamerika zu einem schnellen Steppentier weiterentwickelt. Es lief auf einer großen Zehe, die von einem Huf geschützt war. Mit über einem Meter Körpergröße und lang ausgebildeten Beinen war es vor Angriffen von Beutegreifern durch seine Schnelligkeit relativ sicher. Es war im Aussehen den heutigen Pferden bereits sehr ähnlich.

Die Entwicklung des Pferdes verlief nicht gradlinig. Immer wieder entstanden Formen, die aufgrund von Umweltveränderungen später wieder ausstarben, wie etwa Hypohippus und Hipparion, die in Eurasien lebten. Die weitere Entwicklung der Pferde vollzog sich hauptsächlich in Nordamerika. Vor etwa 2,5 Millionen Jahren gelangten über eine damals existierende Landverbindung wieder einige Pferdearten von Nordamerika nach Asien, Europa und schließlich auf den afrikanischen Kontinent. Über die Landbrücke von Panama besiedelten die Pferde auch Südamerika. In Nord- und Südamerika verschwanden sie vor etwa einer Million Jahren aus bisher ungeklärten Gründen. Erst im 16. Jahrhundert gelangten Pferde durch die Spanier mit dem Schiff aus Europa wieder nach Nordamerika zurück. Verwilderte Exemplare bildeten die Vorfahren der Mustangs.

Die heutigen Pferde

Ein Großteil der in Eurasien und Afrika vorkommenden Pferdearten starben in Folge der letzten Eiszeit vor ca. 12 000 Jahren aus. Nur wenige Vorfahren der heutigen Pferdartigen überlebten in den südlichen Steppen Eurasiens. Vor ca. 10 000 Jahren wurden Wildpferde von den damals lebenden Menschen gezähmt und gezielt weitergezüchtet. Welche Wildpferdart als Urahn unserer heutigen Pferderassen angesehen werden kann, ist wissenschaftlich noch umstritten. Zur Familie der Pferdeartigen zählt man ebenfalls Esel und Zebras, wobei die Abgrenzung der Arten noch nicht geklärt ist.

Verwandt oder nur ähnlich?

1. Der Vergleich von Vordergliedmaßen verschiedener Wirbeltiere liefert ein anschauliches Beispiel für homologe Organe. Haltet einen Vortrag über die Gemeinsamkeiten und Unterschiede in Bau und Funktion.

2. Informiere dich, welche Tiere näher miteinander verwandt sind: Fledermäuse und Pferde oder Fledermäuse und Vögel. Begründe deine Entscheidung.

3. a) Informiere dich über homologe Organe bei Pflanzen. Halte einen kurzen Vortrag.
b) Erkläre, weshalb es sich bei Stacheln und Dornen um analoge Organe handelt.

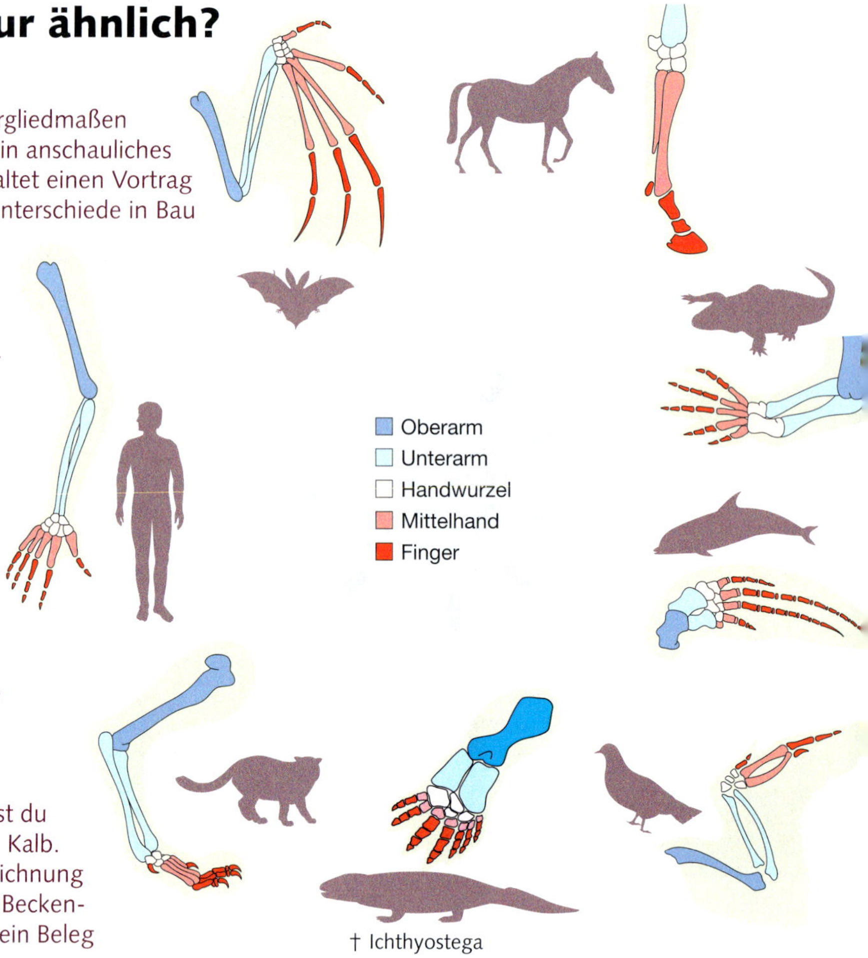

4. Auf dem Foto siehst du einen Buckelwal mit seinem Kalb. Inwieweit sind die in der Zeichnung abgebildeten rudimentären Becken- und Oberschenkelknochen ein Beleg für die Evolution?

5. Betrachte die Vorderflosse des Wals und vergleiche sie mit den Vordergliedmaßen anderer Wirbeltiere. Handelt es sich um ein homologes oder analoges Organ ? Begründe.

6. a) Seelöwen und Walrosse tragen auf den Flossen Reste von Fuß- bzw. Fingernägeln. Welche Schlüsse kann man daraus über die Entwicklungsgeschichte dieser Tierarten ziehen? Begründe deine Meinung.
b) Findet weitere Beispiele für rudimentäre Organe bei Tieren. Stellt eure Ergebnisse auf einem Plakat vor.

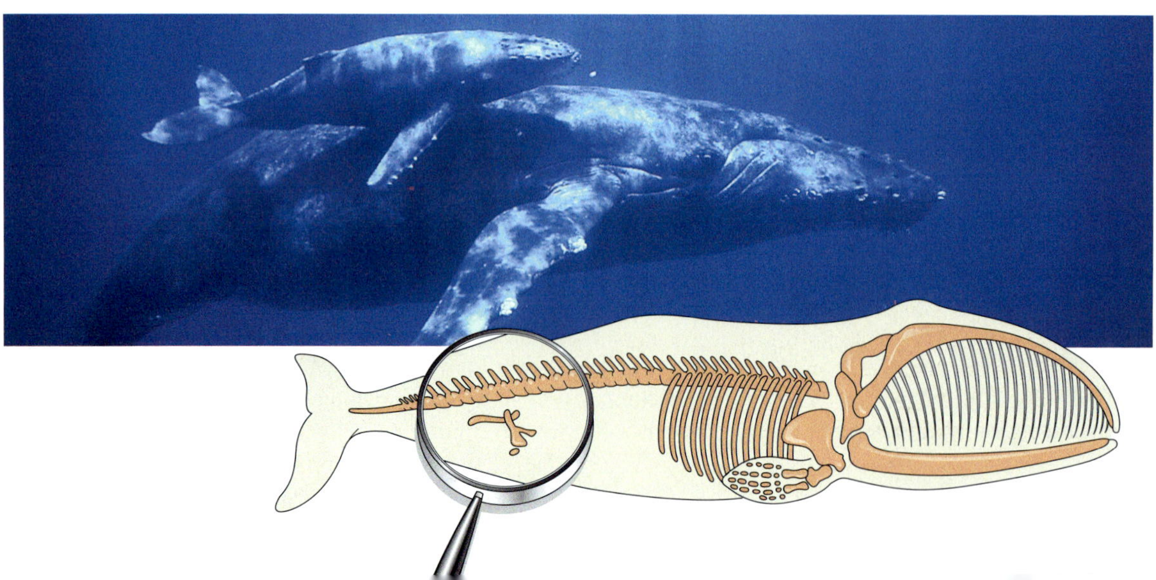

Methoden der Evolutionsforschung

Neben der Bestimmung und zeitlichen Einordnung von ▸ Fossilien beschäftigt sich die Evolutionsforschung mit möglichen Verwandtschaftsbeziehungen heutiger Lebewesen.

Homologe Organe

Vergleicht man den Flügel eines Vogels, die Flosse eines Delfins und das Bein einer Katze miteinander, erkennt man aufgrund der äußerlichen Verschiedenheit keine Gemeinsamkeiten. Dennoch weisen sie wie die Gliedmaßen aller Wirbeltiere den gleichen **Grundbauplan** auf. Alle besitzen Oberarm-, Unterarm- und Handknochen.

Obwohl die Gliedmaßen so unterschiedliche Funktionen erfüllen wie Fliegen, Schwimmen und Laufen, ist ihr Aufbau doch ähnlich. Solche Organe, die trotz unterschiedlicher Funktionen auf einen gemeinsamen Grundbauplan zurückzuführen sind, bezeichnet man als **homologe Organe.** Ein gemeinsamer Grundbauplan bei verschiedenen Wirbeltierklassen ist ein Hinweis auf die stammesgeschichtliche Verwandtschaft. Dieser wurde im Laufe der Evolution durch häufige geringe genetische Veränderungen abgewandelt. Wenn unterschiedliche Arten von Lebewesen homologe Organe aufweisen, lässt dies auf gemeinsame Vorfahren schließen. Je mehr homologe Organe bei ihnen auftreten, desto größer ist die verwandtschaftliche Nähe.

Rudimentäre Organe

Bei einigen Arten findet man weit zurückgebildete Organe, die keine Funktion mehr erfüllen. So verfügen Wale über Reste von Becken- und Oberschenkelknochen, obwohl sie keine hinteren Extremitäten mehr haben. Solche Organreste bezeichnet man als **rudimentäre Organe.** Sie sind ein Beleg dafür, dass die Vorfahren der Wale vierbeinige Landsäugetiere waren. Ihre hinteren Gliedmaßen bildeten sich im Laufe der stammesgeschichtlichen Entwicklung bei der Anpassung an das Leben im Wasser wieder zurück.

Analoge Organe

Gleiches Aussehen oder gleiche Funktion sind aber nicht immer ein Hinweis auf eine stammesgeschichtliche Verwandtschaft. Maulwurf und Maulwurfsgrille graben beide mit ihren Vorderextremitäten Gänge unter der Erde, in denen sie Würmer und Insekten erbeuten. Obwohl die Grabbeine beider Tierarten dem gleichen Zweck dienen, haben sie einen vollkommen unterschiedlichen Aufbau. Der Maulwurf hat typische Wirbeltiergliedmaßen, wogegen die Maulwurfsgrille ein abgewandeltes Insektenbein mit einem Außenskelett aus Chitin aufweist. Bei Organen, die die gleiche Funktion erfüllen, aber unterschiedlicher Herkunft in Bezug auf den Grundbauplan sind, spricht man von **analogen Organen.**

1 Analoge Organe (Grabbeine). A *Maulwurf;* **B** *Maulwurfsgrille*

Der gleiche Lebensraum und seine spezifischen Bedingungen führen bei manchen Lebewesen zu deutlichen körperlichen Übereinstimmungen. So zeigen einige schnell schwimmende Beutegreifer wie Haie, Delfine und ein ausgestorbener Fischsaurier eine ähnliche Körperform, obwohl sie nicht eng miteinander verwandt sind. Solche Ähnlichkeiten, die sich bei unterschiedlicher Lebensweise als Anpassung an den gleichen Lebensraum entwickelt haben, nennt man **Konvergenz.** Sie stellt jedoch keinen Beleg für die Evolution dar.

2 Konvergenz. A *Hai;* **B** *Fischsaurier;* **C** *Delfin*

Belege für die Evolution

1. Archaeopteryx (B) weist Merkmale von Vögeln (C) und Reptilien (Dinosaurier A) auf. Erstelle eine Tabelle.

2. a) Recherchiere die Fundorte der bisher in Deutschland gefundenen Archaeopteryx-Fossilien. In welchen Museen werden sie ausgestellt?
b) An welchen Orten weltweit hat man Funde gemacht? Stelle einige vor.

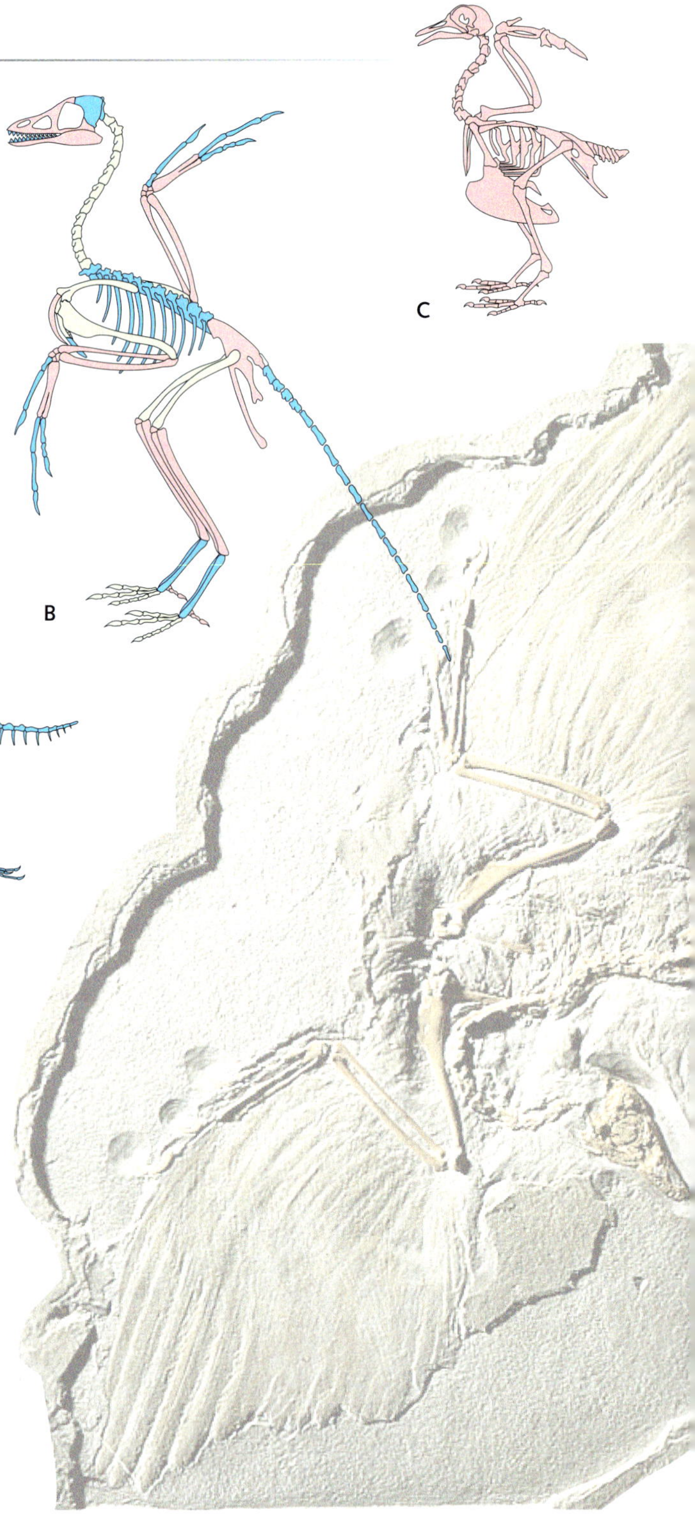

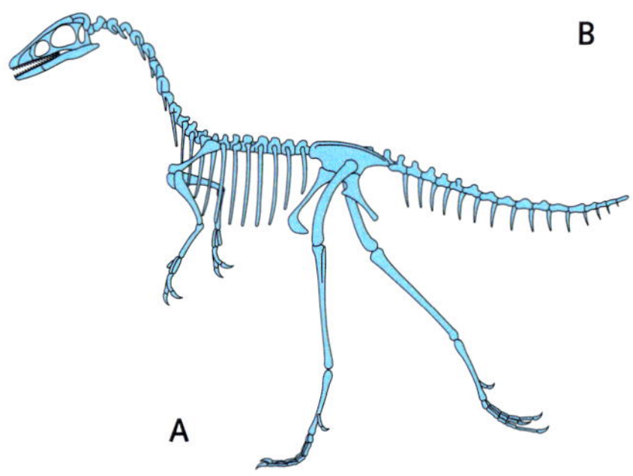

A

3. a) Erkläre, warum Tierarten wie Achaeopteryx und Ichthyostega als Mosaikformen bezeichnet werden.
b) Erläutere, welche Bedeutung solche Tierarten für die Bewertung der Evolutionstheorie ▸DARWINs haben.
c) Suche weitere Beispiele für Mosaikformen und stelle deine Ergebnisse vor.

4. a) Erkläre, weshalb die Bezeichnung „lebendes Fossil" in sich widersprüchlich ist.
b) Erstelle Steckbriefe von lebenden Fossilien wie Schnabeltier, Brückenechse, Pfeilschwanzkrebs.

5. Bearbeitet die folgenden Aufgaben zum Rahmenthema: „Der Ginkgo – ein lebendes Fossil" mit der Methode ▸Gruppenpuzzle.
a) Vergleicht das Blatt des Ginkgo mit dem Blatt eines Laubbaums. Nennt Unterschiede.
b) Informiert euch über die medizinische Nutzung des Ginkgo-Baums. Nennt Beispiele.
c) Für den Ginkgo gibt es in vielen Ländern unterschiedliche Namen. Sammelt Informationen über deren Bedeutung und stellt sie in der Klasse vor.

Der Archaeopteryx – eine Mosaikform

Fossiliensammler machten 1861 im bayerischen Solnhofen einen für die Evolutionstheorie wichtigen Fund. Sie stießen in Gesteinsschichten des Jura auf das versteinerte Skelett eines rabengroßen Tieres. Neben Federn, Flügeln und einem vogelartigen Kopf besaß es aber auch Zähne im Schnabel, Krallen an den Flügeln und einen langen, knöchernen Reptilienschwanz. Weitere Untersuchungen zeigten zudem einen vogeltypischen Schultergürtel und die zu einem Gabelbein verwachsenen Schlüsselbeine. Diese Merkmale findet man heute nur bei Vögeln. Außerdem besaß das Tier eine Wirbelsäule mit nicht verwachsenen Wirbeln und Bauchrippen. Dies sind typische Reptilienmerkmale. Das ungewöhnliche Tier, das wie ein Fantasietier aus Einzelteilen eines Vogels und eines Reptils zusammengesetzt schien, war das erste entdeckte Bindeglied zwischen zwei Wirbeltierklassen. Diese **Mosaikform** erhielt den Namen Archaeopteryx, was so viel bedeutet wie uralte Feder. Die Tierart lebte vor etwa 150 Millionen Jahren. Über die Lebensweise weiß man bisher nur wenig. So fehlen genaue Belege, ob Archaeopteryx bereits aktiv fliegen konnte oder lediglich zum Gleitflug fähig war. Gegen eine längere Fortbewegung in der Luft sprechen die schweren, noch nicht hohlen Knochen und die wenig entwickelte Brustmuskulatur, die man bei Vögeln in ausgeprägter Form findet.

1 Archaeopteryx.
A *Versteinertes Skelett;*
B *Rekonstruktion*

Funde von Archaeopteryx waren wissenschaftlich deshalb von großer Bedeutung, weil sie Merkmale von zwei benachbarten Klassen aufweisen: den Reptilien und den Vögeln.

Der Ginkgo – ein lebendes Fossil

Die bis zu 40 Meter hohen Ginkgobäume wachsen häufig in Parks und am Straßenrand. ▸Paläontologen gehen davon aus, dass die Vorfahren dieser Bäume schon vor etwa 250 Millionen Jahren, also vor dem Auftauchen der Saurier, auf der Erde vorkamen. Bis zur ▸ Kreidezeit existierten sie weltweit in vielfältigen Arten. Klimatische Veränderungen während der Eiszeit verdrängten den Ginkgo jedoch vor rund 2,5 Millionen Jahren aus Europa, aber er überlebte in Südostasien. Erst 1730 brachten ihn holländische Seefahrer aus Japan nach Europa zurück. Neben seiner hohen Widerstandsfähigkeit gegenüber Schadstoffen wird den Blättern und Samen eine gesundheitsfördernde Wirkung nachgesagt. Die einzige heute noch lebende Art „Ginkgo biloba" gilt als **lebendes Fossil** aus der Pflanzenwelt, da sie Merkmale aus der langen Entwicklungsgeschichte beibehalten hat, die bei anderen Arten verloren gegangen sind.

2 Ginkgoblatt

Das Schnabeltier

Schon zu Lebzeiten der Dinosaurier gab es vor 100 Millionen Jahre die ersten Schnabeltiere. Seit der Entdeckung des australischen Schnabeltiers vor etwa 200 Jahren war seine zoologische Zuordnung immer wieder umstritten. Bei genaueren Untersuchungen stellte man fest, dass dieses Tier Merkmale von Reptilien und Säugetieren aufweist. Reptilienmerkmale sind die Eier mit ihrer weichen und ledrigen Schale sowie der Giftsporn an den Hinterfüßen der Männchen. Zudem haben Schnabeltiere nur eine hintere Körperöffnung, die Kloake, die gleichzeitig Ausscheidung- und Geschlechtsöffnung ist. Merkmale von Säugetieren sind der fellüberzogene Körper, die annähernd konstante Körpertemperatur sowie Drüsen an Brust und Bauch, die eine milchartige Flüssigkeit produzieren. Wegen dieser Kombination von Merkmalen wird das Schnabeltier auch als **lebendes Fossil** bezeichnet.

3 Schnabeltier

Das „Geheimnis" der Entstehung neuer Arten

1. Stelle in Grundzügen dar, wie sich im Laufe von Milliarden Jahren während der frühen Evolution ▸ Eukaryoten entwickelt haben.

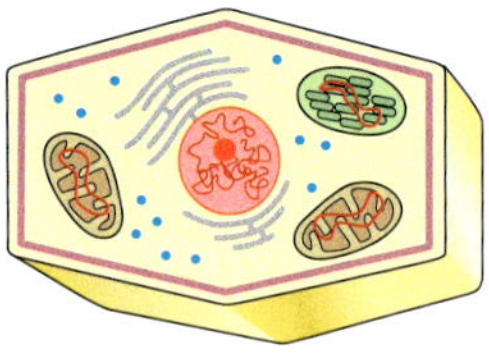

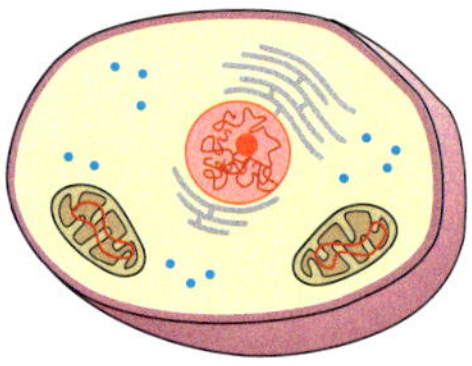

2. Informiere dich über Charles DARWIN.

a) Wofür ist er bekannt?

b) Wie ist er bei der Entwicklung seiner Theorie vorgegangen?

c) Welche Entdeckung ▸ Gregor MENDELs hat dazu beigetragen, DARWINs Theorie zu stützen?

3. Die Theorie der Evolution durch natürliche Selektion kann man am gut dokumentierten Beispiel der Birkenspanner in England darstellen.

a) Erläutere Darwins Theorie der natürlichen Selektion am Beispiel der Birkenspanner.

b) Das Prinzip der Selektion wird auch bei der ▸ Züchtung von Nutzpflanzen oder Nutztieren angewandt. Wie gehen Züchter dabei vor?

Informiere dich auch im Internet und halte einen Kurzvortrag.

4. Beispiele für Mutanten bei Tieren sind oftmals weiße Exemplare einer bestimmten Tierart.

a) Erklärt an diesem Phänomen, wie sich ▸ Mutationen negativ auswirken können.

b) Wann könnte eine solche Mutation erwünscht sein?

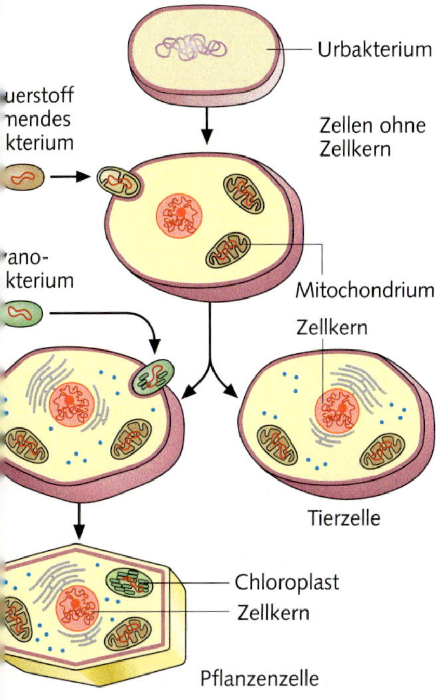

Endosymbiontentheorie

Entstehung von Lebewesen

Vor etwa 3,8 Milliarden Jahren entstanden auf der Erde aus einfachen chemischen Verbindungen komplexe Moleküle und schließlich erste Zellen. Leben war entstanden. Die ersten Lebewesen waren ▸Urbakterien. Es waren von der Außenwelt durch Zellmembranen abgegrenzte Organismen. Sie nahmen energiereiche Stoffe auf und wandelten die darin gespeicherte Energie in andere Energieformen um. Damit betrieben sie Stoffwechsel. Sie vermehrten sich ungeschlechtlich durch ▸Zellteilung.

Die Entwicklung vielzelliger Lebewesen

Die Urbakterien besaßen weder einen Zellkern noch andere Zellorganellen. Sie waren ▸Prokaryoten. Die Entstehung von „echten" Zellen, wie sie Pflanzen und Tiere besitzen, erklären Wissenschaftler mit der **Endosymbiontentheorie.** Sie beschreibt den Zusammenschluss von verschiedenen urtümlichen Bakterien, die eine **Symbiose,** eine Gemeinschaft zum beiderseitigen Vorteil, miteinander eingingen. Sauerstoff atmende Bakterien schlossen sich mit Urbakterien zusammen und entwickelten sich zu ▸Mitochondrien. Die neuen Zellen bildeten einen abgegrenzten Zellkern, und es entstanden so genannte ▸Eukaryoten. Als weitere „Untermieter" wurden Fotosynthese betreibende ▸Cyanobakterien aufgenommen. Sie entwickelten sich zu ▸Chloroplasten in den Pflanzenzellen. Im Laufe der Evolution entstanden aus eukaryotischen Zellen alle vielzelligen Lebewesen.

Darwins Entdeckung

Alles dies war Charles DARWIN unbekannt, als er sich zu Beginn des 19. Jahrhunderts anlässlich einer Forschungsreise auf den Galapagosinseln aufhielt. Hier beobachtete er unter anderem Finkenarten, die trotz ihrer unterschiedlichen Lebensweisen viele gemeinsame Merkmale aufwiesen. Sie ähnelten sich äußerlich und auch in ihrem Verhalten, unterschieden sich jedoch vor allem in Form und Größe der Schnäbel. DARWIN erkannte, dass die verschiedenen Finkenarten Nachkommen einer gemeinsamen Urform sein mussten. Diese Urform gelangte vermutlich vor langer Zeit vom amerikanischen Festland auf die 1000 Kilometer entfernten Inseln. Die Vögel vermehrten sich stark. Da die Nahrungsmenge begrenzt war, machten sich die Vögel bald untereinander Konkurrenz. DARWIN nahm an, dass günstige Schnabelformen dazu führten, dass manche Vögel neue Nahrungsquellen erschließen und sich so zahlreicher fortpflanzen konnten. Auf diese Weise entwickelten sich unterschiedliche Arten.

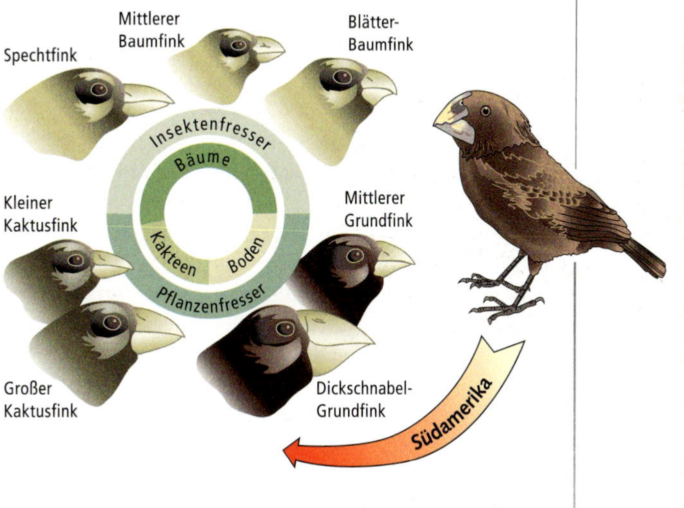

2 Darwin-Finken

Mechanismen der Evolution – Mutation und Selektion

Aufgrund seiner Beobachtungen und Veröffentlichungen anderer Wissenschaftler entwickelte DARWIN eine Theorie zur Entstehung von Arten durch natürliche Selektion.
Erst als zu Beginn des 20. Jahrhunderts die ▸MENDELschen Regeln bekannt wurden, konnte man die Theorie von DARWIN mit der ▸Genetik in Verbindung bringen. ▸ Mutationen wurden als die Auslöser von erblichen Veränderungen bei Individuen einer Art erkannt.
Nach der heute noch gültigen Theorie der Evolution liefern damit Zufallsereignisse wie Mutationen und ▸Rekombinationen das Ausgangsmaterial für die natürliche Selektion.

Vielfalt der Lebewesen

1. Ein Beispiel für die Entstehung neuer Arten durch geographische Isolation sind die Grün- und Grauspechte.
a) Wie haben sich die beiden Arten entwickelt? Recherchiere und berichte.
b) Nenne weitere Arten, die sich durch Isolationsmechanismen entwickelt haben.

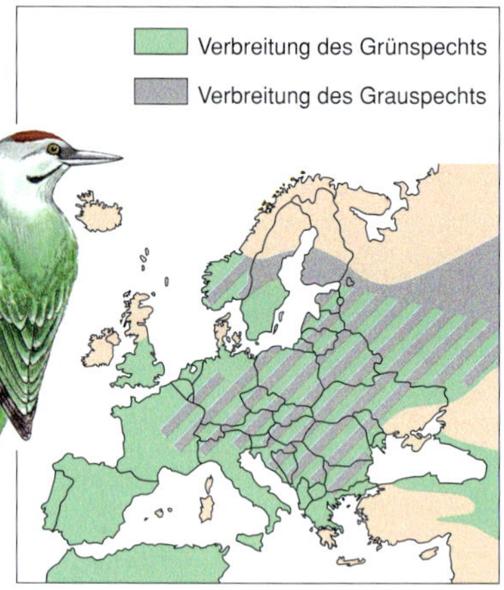

2. Nenne Beispiele, wie verschiedene Arten durch Kooperation Vorteile für das Überleben beider Arten erreichen. Die Abbildung zeigt ein Beispiel.

3. Blattläuse vermehren sich durch ungeschlechtliche Fortpflanzung. Nenne weitere Beispiele für ungeschlechtliche Fortpflanzung. Welche Vorteile bietet diese Art der Fortpflanzung?
b) Welche Vorteile haben Arten, die sich sexuell fortpflanzen, gegenüber solchen, die sich ungeschlechtlich fortpflanzen?
c) Welche Bedeutung hat die sexuelle Fortpflanzung für die Veränderung der Arten? Verdeutliche deine Überlegungen an Beispielen.

Die Rolle der Isolation

▸ Mutationen und ▸ Rekombination der ▸ Gene sind Voraussetzungen für die Bildung neuer Arten. Neue Arten entwickeln sich jedoch nur, wenn unterschiedliche Selektionsfaktoren wirken. Die Mutationen bei den ▸ Darwin-Finken führten dazu, dass die Vögel neue Nahrungsquellen erschließen und so unterschiedliche ökologische Nischen besetzen konnten. Die dadurch erlangte Anpassung wurde durch Fortpflanzung an die Nachkommen weitergegeben. Schließlich sind die Finkenarten durch diese **ökologische Isolation** so unterschiedlich geworden, dass sie sich untereinander nicht mehr fortpflanzen.

1 Schildkröte auf Santa Cruz

2 Schildkröte auf Española

Auch der unterschiedliche Körperbau der Riesenschildkröten auf einzelnen Inseln des Galapagos-Archipels fiel DARWIN auf. Die Arten sind durch ihre Panzerform ideal an ihre Futterpflanzen angepasst: hohe Kakteenzweige auf Española und Bodenpflanzen auf Santa Cruz. Die **geografische Isolation** der Inseln – getrennt durch das Meer – verhindert eine Paarung von Schildkröten verschiedener Inseln, so dass sich die unterschiedlichen Merkmale immer deutlicher ausprägten.
Tiere einer Art können auch durch Gebirge, Wüsten und Eismassen voneinander isoliert werden und so neue Arten bilden. Der Unterschied zwischen den neu gebildeten Arten wird umso größer, je länger die Isolation andauert.

Die Rolle der Sexualität

Viele Pflanzenarten und auch einige Tierarten können durch ungeschlechtliche Vermehrung Nachkommen bilden. Dabei werden die eigenen Gene zu 100 % an die Nachkommen weitergegeben. Eine Durchmischung findet nicht statt. Die geschlechtliche oder sexuelle Fortpflanzung hat demgegenüber einen großen Vorteil: Schon bei der ▸Meiose werden die Chromosomen zufällig neu verteilt. Bei der ▸Befruchtung kommt es zur Vermischung der mütterlichen und väterlichen Gene. So entstehen zahlreiche Neukombinationen. Dadurch können Nachkommen mit neuen Eigenschaften auftreten. Die damit verbundene Vielfalt (Variabilität) innerhalb einer Art führt dazu, dass einzelne Individuen an die vorhandenen Umweltbedingungen besser angepasst sind als andere. Dadurch wird das Überleben der Art als Ganzes gesichert. Außerdem führte die sexuelle Fortpflanzung zu einer explosionsartigen Vielfalt bei der Entstehung neuer Arten. Es gibt unendlich viele Strategien bei Pflanzen und Tieren, die sexuelle Fortpflanzung sicherzustellen. Dazu gehört auch, dass sich zum Beispiel innerhalb eines Rudels nur die stärksten und überlebensfähigsten Tiere paaren. Kämpfe um die ▸Rangordnung innerhalb eines Wolfsrudels sind eine solche Strategie, die Gene der überlebensfähigsten Tiere zu vermehren.

3 Wölfe kämpfen um die Rangordnung

4 Koevolution. Orchidee und Schwärmer auf Madagaskar

Koevolution und Kooperation

Konkurrenz um Nahrung, Lebensraum und Fortpflanzung führte im Laufe der Evolution zu erstaunlichen Entwicklungen. Manche Pflanzen locken Insekten zur Bestäubung mit besonderen Düften, täuschenden Blütenformen oder mit Lockstoffen, die den Sexuallockstoffen der Insekten nachempfunden sind.
Bei der **Koevolution** von zwei Arten übt jede Art einen Selektionsdruck auf die andere Art aus. So besitzt beispielsweise eine bestimmte Orchideenart auf Madagaskar einen über 30 cm langen Nektarsporn und kann nur von einer ganz bestimmten Nachtschwärmerart bestäubt werden, die einen über 30 cm langen Rüssel besitzt. Rüssel und Sporn sind schrittweise durch Mutation und natürliche Selektion entstanden.

Für zahlreiche Lebewesen ist **Kooperation** ein Mittel, um in der Konkurrenz mit anderen zu überleben. Ein Beispiel ist die **Symbiose** zwischen Seeanemonen und Clownfischen. Diese Fische leben im Schutze der giftigen Tentakeln der Anemone. Im Gegenzug säubern die Clownfische die Seeanemone von Schmutzpartikeln und verteidigen sie gegen Schmetterlingsfische, die sich von Seeanemonen ernähren. Andere Arten leben noch enger zusammen. Kühe könnten Gras nicht verdauen, wenn nicht in ihrem Pansen Millionen von ▸Bakterien und Wimperntierchen die aus Zellulose bestehenden Zellwände der ▸pflanzlichen Zellen aufspalten würden. Dafür haben die Mikroorganismen bei einer konstanten Temperatur von 37° – 39 °C optimale Bedingungen für das eigene Überleben.

5 Kooperation. Clownfisch und Seeanemone

Ausgestorbene Tiere

Brachiosaurus
- Pflanzenfresser
- war etwa 23 m lang, 13 m hoch und wog 38 t
- lebte etwa vor 150 Millionen Jahren
- verschwand vor etwa 65 Millionen Jahren

Mammut
- Grasfresser
- Kältespezialist
- lebte etwa 1,8 Millionen Jahre in Afrika, Eurasien und Nordamerika
- eine letzte Population auf der Wrangel-Insel im Eismeer verschwand vor etwa 4000 Jahren

Wandertaube
- Pflanzenfresser
- war um 1810 der am weitesten verbreitete Vogel der Welt
- starb 1914 aus

Säbelzahnkatze
- aktiver Räuber
- lebte etwa 20 bis 30 Millionen Jahre lang in Eurasien, Afrika und Amerika
- verschwand vor rund 30000 Jahren

1. Recherchiere, warum die einzelnen Arten ausgestorben sind.

2. Berichte am Beispiel der Dinosaurier, welche anderen Arten die Lebensräume der Dinosaurier besetzten.

3. Nenne Tier- und Pflanzenarten, die heute vom Aussterben bedroht sind und stelle die Gründe dar.

4. Welche Gründe gibt es, bedrohten Arten zu helfen?

Gruppenpuzzle

Eine Form des Gruppenunterrichts ist das Gruppenpuzzle. Dabei erarbeitet jede Schülerin und jeder Schüler ein Teilthema eines Rahmenthemas in Stillarbeit im Selbststudium. Anschließend unterrichten sie ihre Mitschülerinnen und Mitschüler darüber in kleinen Gruppen. Ein derartiger Gruppenunterricht verläuft in vier Schritten:

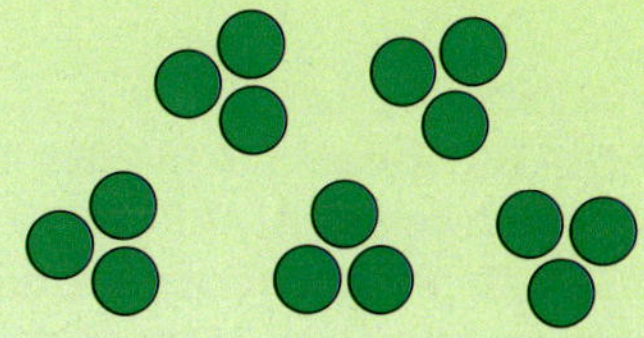

1. Gruppen bilden

Bildet Gruppen mit mindestens drei Schülerinnen und Schülern. Die Anzahl ist abhängig von der Zahl der Teilthemen eines Rahmenthemas.

2. Teilthemen übernehmen und bearbeiten

Ein Rahmenthema im Bereich der Evolution könnte lauten: „Ausgestorbene Tierarten und Gründe für das Aussterben". Mögliche Teilthemen findet ihr in der nebenstehenden Abbildung. In den Gruppen formuliert ihr Inhalte, die in den Teilthemen bearbeitet werden sollen. Für unsere Teilthemen könnten die Überschriften lauten:

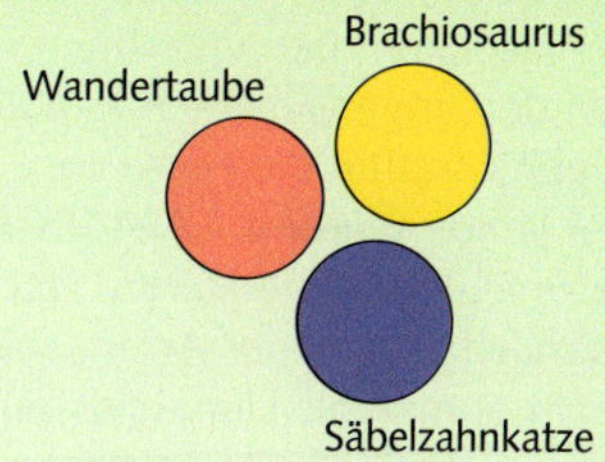

Wie sahen die Tiere aus? (Körperbau)
Wie lebten sie? (Verhalten, Nahrung)
Welchen Lebensraum beanspruchten die Tiere? (Anpassung an die Umwelt)
Wann lebten sie?
Warum sind sie ausgestorben?

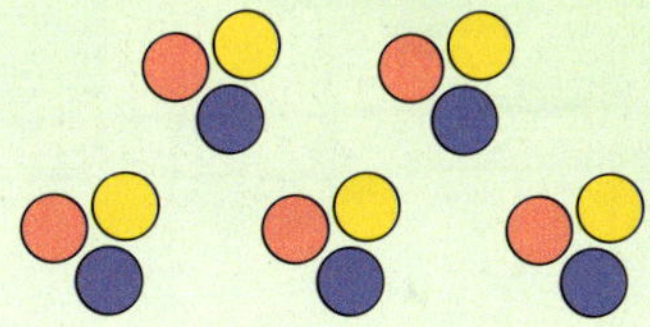

Jedes Gruppenmitglied wählt sich eines der drei Teilthemen und bearbeitet es in Einzelarbeit. Informationsmaterial zum Thema findet sich im Internet, in Büchern oder in bereitgestellten Arbeitsblättern.

3. Vertiefen und Sichern in der Expertenrunde

Alle Schülerinnen und Schüler, die dasselbe Teilthema bearbeitet haben, setzten sich jetzt zu einer Expertenrunde zusammen.
In dieser Runde besprecht ihr das zuvor Erarbeitete, beantwortet euch gegenseitig offene Fragen und helft einander, euch zu Experten zu machen. Am Ende steht eine Lernkontrolle.

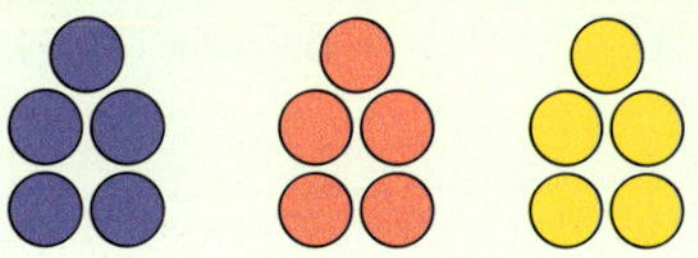

Danach plant ihr gemeinsam, wie ihr euer Wissen am wirkungsvollsten vermittelt, welche Hilfsmittel ihr einsetzt und wie ihr die Zeit einteilt. Die Lernziele für eure Mitschülerinnen und Mitschüler sind die gleichen, die ihr euch gesetzt habt. Schließlich überlegt ihr gemeinsam einige Kontrollfragen und die dazu gehörigen Antworten, mit denen ihr den Erfolg der Mitschülerinnen und Mitschüler überpüfen wollt.

4. Unterrichtsrunde

Nun geht ihr zurück in eure Gruppen, die ihr zu Beginn gebildet hattet. Jede Schülerin und jeder Schüler hat einen unterschiedlichen Unterrichtsteil ausgearbeitet.
Jetzt kommt die Umsetzung. Alle dürfen abwechselnd ihre Rollen tauschen und sind für ihr Teilthema Lehrerin oder Lehrer. Reihum unterrichtet nun jede Schülerin und jeder Schüler als „Lehrperson" das vorbereitete Teilthema. Die anderen Gruppenmitglieder sind dann die „Schüler". Zum Schluss können alle in einem Test überprüfen, ob sie die gesetzten Lernziele erreicht haben.

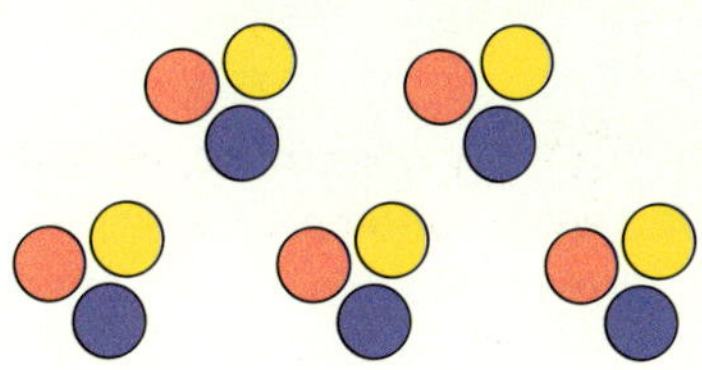

Entstehung von Arten

1. Welche Erklärungen zur Entstehung der Arten beruhen auf naturwissenschaftlichen Beobachtungen? Welche sind religiös begründet?

2. Auf einigen sturmumtosten Inseln in der Nähe der Antarktis, den Kerguelen, gibt es viele flügellose Insektenarten. Erkläre ihre Entstehung nach den Theorien von LAMARCK und DARWIN.

LAMARCKs und DARWINs Theorien zur Entstehung von Arten
Jean-Baptiste de LAMARCK (1744–1829) beschrieb 1809 als einer der ersten Forscher eine Theorie zur Entstehung von Arten. Danach erfordern sich ändernde Umweltbedingungen neue Angepasstheiten. Dadurch verändert sich die Lebensweise von Individuen. Durch Gebrauch oder Nichtgebrauch verändern sich so im Laufe des Lebens die Organe und Eigenschaften eines Individuums. Die im Laufe des Lebens erworbenen Eigenschaften eines Tieres werden dann an die Nachkommen vererbt.
So soll der lange Giraffenhals dadurch entstanden sein, dass die Vorfahren der heutigen Giraffen die Hälse zum Fressen nach oben reckten und diese dadurch immer länger wurden. LAMARCK erkannte zwar den Artenwandel, konnte ihn jedoch nicht richtig erklären. Nach seiner Ansicht führte der Artenwandel nicht zur Vervielfachung der Arten, sondern zu ihrer Vervollkommnung. Seine Theorie bezeichnet man als **Lamarckismus** und gilt heute als überholt.

1 Jean-Baptiste de LAMARCK

2 LAMARCKs Theorie zur Entstehung der Arten

3 DARWINs Theorie zur Entstehung der Arten

4 Charles DARWIN

Charles DARWIN (1809–1882) vertrat wie LAMARCK die Ansicht, dass sich alle Arten aus früheren Formen entwickelt haben. Er ging aber von der Entstehung der Arten durch ▸natürliche Selektion aus. In seinem 1859 veröffentlichten Buch „Über die Entstehung der Lebewesen" stellte er seine Theorie vor. So erzeugt jede Art mehr Nachkommen, als zu ihrer Erhaltung notwendig wäre. Nicht alle Nachkommen eines Elternpaares sind immer völlig gleich, sondern weisen kaum merkliche Unterschiede in ihren Eigenschaften auf. Diese Unterschiede, die durch ▸Mutation entstanden sind, können für den Träger von Vor- oder Nachteil in der Auseinandersetzung mit der Umwelt sein. Es überleben nur diejenigen, die den jeweiligen Lebensbedingungen am besten angepasst sind. Sie pflanzen sich vermehrt fort und vererben ihre Merkmale. Durch diese natürliche Auslese verändern sich Arten langsam über viele Generationen hinweg. Für die Giraffen bedeutet dies nach DARWIN: Diejenigen mit nachteiligen Eigenschaften wie den kürzeren Hälsen haben geringere Chancen zu überleben und sich zu vermehren. Von den Giraffen mit längeren Hälsen dagegen überleben mehr Tiere und vererben ihre Eigenschaften auf die Nachkommen. Seine als **Darwinismus** bezeichnete Theorie ist in weiten Teilen bis heute gültig und wurde durch die Erkenntnisse der ▸Genetik weiterentwickelt.

Schöpfungsmythen

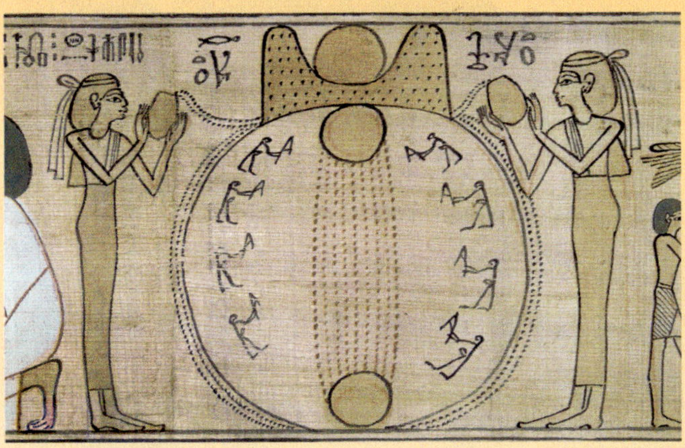

1 Schöpfungsmythos in Ägypten

Alte Mythen

Die Überlegungen und Theorien über die Entstehung des Lebens sind schon sehr alt. In fast allen Kulturen gibt es Vorstellungen über ein **schöpferisches Wesen.** So hatten die Menschen der Antike in Ägypten, im römischen Reich, in Griechenland und Germanien recht genaue Vorstellungen von der Erschaffung der Welt. Ihren Schöpfungsmythen liegt zugrunde, dass eine Gottheit die lebendige Welt aus dem Chaos geschaffen hat. Ähnliche Schöpfungsmythen finden sich auch bei den Mayas und Atzteken sowie bei den Völkern Ostasiens.

Naturreligionen

Bei den Aborigines ist die Regenbogenschlange der Quell allen Lebens. Im Zentrum ihres Schöpfungsglaubens stehen die „Creative Ancestors", die schöpferischen Ahnen, die alle Lebewesen erschufen. Sie sind die eigentlichen Schöpfer der Welt. Die Aborigines behandeln die Erde mit Respekt und Verantwortung, um sie im Urzustand der Schöpfung zu erhalten und so auch an ihre Nachkommen weiterzugeben. Auch in den Traditionen der Indianer Nordamerikas ist alles Erschaffene beseelt. Von den Menschen wird erwartet, dass sie alles Geschaffene respektvoll behandeln.

2 Uluru (Ayers Rock) in Australien: Der heilige Berg der Aborigines, an dem sie die schöpferischen Ahnen verehren

Christliche Schöpfungsmythen

Für den christlichen Kulturkreis ist die Schöpfungsgeschichte der jüdischen Religion von Bedeutung. Danach schuf Gott die Welt mit allen Lebewesen. Jedes Lebewesen, das wir heute kennen, hat Vorfahren, die in gleicher Gestalt seit Anbeginn der Welt vorhanden sind. Aus diesem Glauben leiten manche Anhänger die Auffassung ab, dass sich die Arten seit dem Beginn des Lebens auf der Erde nicht mehr verändert haben. Auf dieser Grundlage beruht die Theorie von der **Konstanz der Arten.**

3 MICHELANGELO: Erschaffung des Adam

Seit Beginn des 20. Jahrhunderts gibt es eine Bewegung, die das Ziel verfolgt, anstelle der Evolutionstheorie den Schöpfungsbericht der Bibel als Grundlage eines Weltbildes wieder einzusetzen. Man nennt diese Richtung **Kreationismus.**

Die Kreationisten sind sich darin einig, dass die heute bekannten Organismen nicht auf einen gemeinsamen Vorfahren zurückgehen, sondern als so genannte Grundtypen von einem Schöpfer oder Designer geschaffen wurden.

Mensch und Menschenaffen – miteinander verwandt?

1 Jane GOODALL bei ▸Verhaltensforschungen

1. Sucht in Tierlexika, Zeitschriften und Büchern Abbildungen und Beschreibungen von Primatenarten. Stellt auf einem großen Plakat die Abstammung der Primaten dar.

Bonobo *(Große Menschenaffen)*

2. Erstelle eine Tabelle und vergleiche Mensch und Bonobo, eine Zwergschimpansenart. Berücksichtige dabei Körperhaltung, Schädel, Kiefer, Hände und Füße, Becken sowie Chromosomen und auch das Sozialverhalten.

Gibbon *(Kleine Menschenaffen)*

Kapuzineraffe *(Neuweltaffen)*

3. Die Abbildung zeigt die Verwandtschaftsbeziehungen zwischen Menschenaffen und Menschen, die auf einem Vergleich der DNA beruhen. Werte das Diagramm aus. **Tipp:** Schimpanse und Bonobo unterscheiden sich in 0,7 % der DNA. Sie entwickelten sich vor etwa drei Millionen Jahren auseinander. Der Punkt zeigt den Zeitpunkt des letzten gemeinsamen Vorfahren an (Ablesebeispiel).

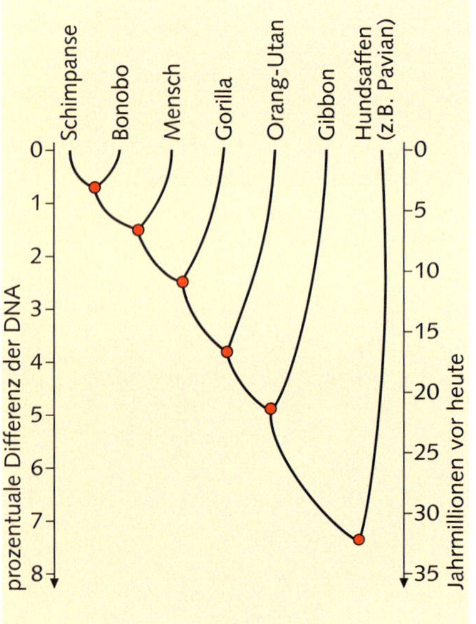

Katta *(Lemuren)*

Die Primaten ...

Die Art Homo sapiens, zu der wir zählen, bildet zusammen mit den Menschenaffen und den übrigen Affen die Säugetierordnung der Primaten. Die Mitglieder dieser Ordnung zeichnen sich durch gemeinsame Merkmale wie Greifhände und -füße, nach vorne gerichtete Augen, relativ große Gehirne, langsames Wachstum, späte Geschlechtsreife und komplexe Sozialstrukturen aus.
Über einen gemeinsamen Vorfahren von Gorilla, Schimpanse, Bonobo und Mensch wissen wir noch nicht viel. Bekannt ist, dass sich die Entwicklungslinien von Schimpanse und Mensch vor etwa sechs Millionen Jahren trennten, die von Schimpanse und Gorilla vor mehr als zehn Millionen Jahren.

Pavian *(Hundsaffen)*

... miteinander verwandt?

Wir haben mit den Menschenaffen und den übrigen Affen viele Merkmale gemeinsam. Die moderne Primatenforschung, die auch die ▸DNA-Analyse einsetzt, sieht Verwandtschaftsbeziehungen zwischen Menschenaffen und Menschen. Am deutlichsten wird dies, wenn man Menschen und Bonobos miteinander vergleicht. Sie sind wohl unsere nächsten Verwandten im Tierreich.

Gemeinsamkeiten
Der Bonobo hat wie der Mensch **Greifhände.** Auch seine Fingerspitzen sind tastempfindlich. Sie können selbst kleine Gegenstände mit Daumen und Zeigefinger greifen. Allerdings geht der Bonobo mit seinen Fingern nicht so geschickt um wie der Mensch. Seine Daumen sind zu kurz und können den vier Fingern nicht gegenübergestellt werden.
Das **Gebiss** des Bonobo besteht wie beim Menschen aus 32 Zähnen. Die Anzahl der **Skelettknochen** ist ebenfalls gleich. Das **Gesicht** ist fast unbehaart. Die **Augen** sind nach vorn gerichtet und ermöglichen so das räumliche Sehen. Der Gesichtsausdruck kann unterschiedliche Stimmungen wie Freude, Angst oder Ärger wiedergeben. Untersuchungen des Erbgutes von Menschen und Bonobos ergaben eine Übereinstimmung von mehr als 98 Prozent.

Unterschiede
Zwischen Mensch und Bonobo gibt es allerdings auch gewichtige Unterschiede.

Skelett
Einige dieser Unterschiede hängen mit unserem aufrechten Gang zusammen. Dieser führte zu einer Umformung des gesamten Skeletts. So ist der Fuß des Menschen ein Standfuß, bei dem die große Zehe anliegt und der ein ausgeprägtes Fußgewölbe besitzt. Bei den Menschenaffen kann die große Zehe abgespreizt werden und dient auch zum Greifen. Die Beine des Menschen sind etwas verlängert und stärker als die Arme. Das Becken ist breiter und schüsselförmig. Die Wirbelsäule ist doppelt S-förmig gekrümmt, sodass der Körperschwerpunkt über dem Becken liegt.
Mit dem aufrechten Gang brauchte der Mensch die Hände nicht mehr zur Fortbewegung. Sie entwickelten sich zu Greifhänden, deren Daumen den anderen Fingern gegenübergestellt ist.

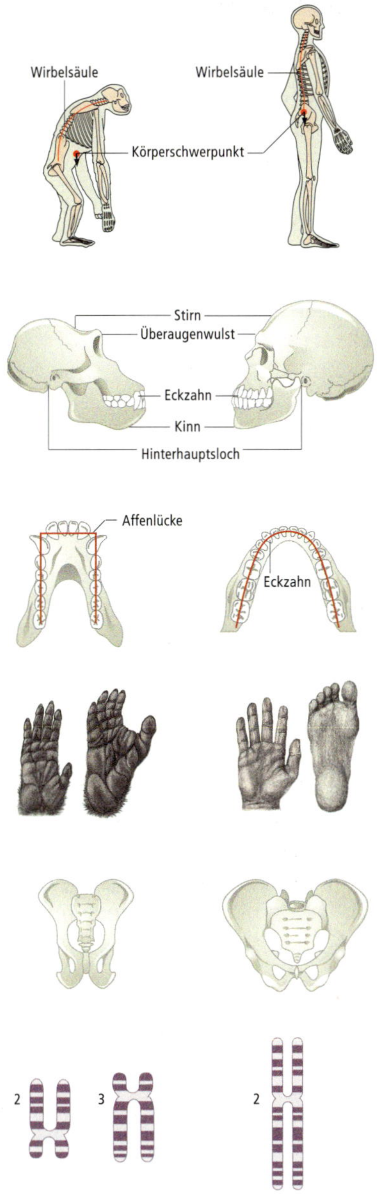

2 Bonobo und Mensch im Vergleich

Schädel
Auch die Schädelform ist unterschiedlich. Während der Bonobo eine vorgezogene Schnauze hat, fehlt diese beim Menschen. Der Gesichtsschädel des Menschen ist kleiner, der Hirnschädel jedoch größer. Er bietet Platz für ein großes, gut entwickeltes Gehirn. Die Überaugenwülste fehlen und die Stirn ist hoch und nicht fliehend wie beim Bonobo. Das Gebiss des Bonobo ist durch kräftige Eckzähne gekennzeichnet. Deshalb sieht man im U-förmigen Gebiss die so genannte Affenlücke. Der Mensch verfügt über ein nur wenig differenziertes Allesfressergebiss mit kleinen Eckzähnen. Die „Affenlücke" fehlt.

Sprache
Der Zahnbogen im Kiefer des Menschen ist halbrund. Er ermöglicht gemeinsam mit der Gaumenwölbung, der guten Beweglichkeit der Zunge und der Stellung und Ausbildung des Kehlkopfes die differenzierte Lautsprache des Menschen.

Chromosomen
Auch bei den ▸Chromosomen bestehen Unterschiede. Das Chromosom Nr. 2 des Menschen entspricht den Chromosomen 2 und 3 des Bonobo. Dies konnte durch die Bandenmuster belegt werden.

Sozialverhalten
Im Sozialverhalten gibt es ebenfalls Unterschiede. Das Bonobojunge ist bei seiner Geburt sehr weit entwickelt. Es kann sich aktiv im Fell der Mutter festhalten. Der menschliche Säugling wird getragen. Die Kindheit und die Lernphase dauern beim Menschen viel länger als beim Bonobo. Dabei werden auch Informationen und Traditionen ausgetauscht, die aus ganz anderen Menschengruppen stammen. Seine differenzierte ▸Sprache, die kulturellen Leistungen und der ständig weiterentwickelte ▸Werkzeuggebrauch haben den Menschen zu dem gemacht, was er heute ist.

Woher kommt der Mensch?

1. Die Vormenschen nennt man mit wissenschaftlichem Namen Australopithecinen. Ihre fossilen Reste fand man ausschließlich in Afrika.
a) Durch welche Merkmale zeichnen sie sich aus? Erstellt Steckbriefe ausgewählter Arten der Australopithecinen.
b) Wodurch unterscheiden sich Australopithecinen von den Menschenaffen und dem modernen Menschen?

2. Warum kann man die Entdeckung von „Lucy" als seltenen Glücksfall betrachten? Welchen wissenschaftlichen Namen trägt Lucy? Wie kam „Lucy" zu ihrem Namen?

3. Erläutere die Aussage: „Die Wiege der Menschheit liegt in Afrika".

4. Informiere dich über einzelne Grabungsstätten und berichte, was dort jeweils gefunden wurde.

Spuren des Vormenschen in Ostafrika

Fossilienfundorte:
① Afar, ② Omo, ③ Samburu, ④ Olduvai, ⑤ Laetoli

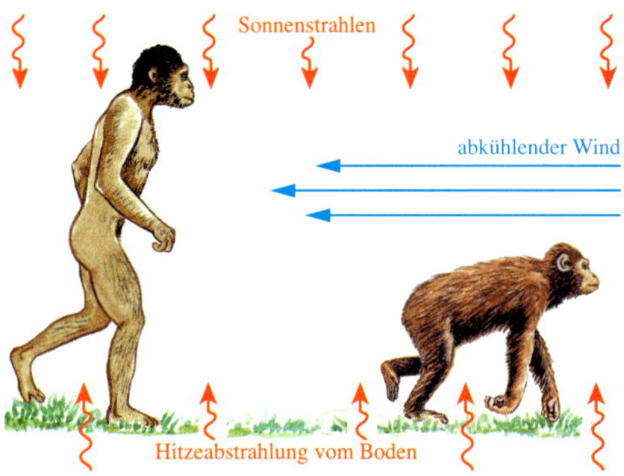

5. Wissenschaftler sehen einen Selektionsvorteil im aufrechten Gang. Die nebenstehende Abbildung stellt einen von mehreren Erklärungsversuchen dar. Beschreibe.

6. Präsentiert mit dem PC Eigenschaften und Leistungen der Neandertaler. Berücksichtigt dabei Werkzeugbau und -gebrauch, Jagdtechniken, Wohnkultur, künstlerisches Schaffen, Totenkult und Verständigungsmöglichkeiten durch Sprache.

7. Nach dem Homo erectus verließ auch Homo sapiens in einer großen Auswanderungswelle Afrika. Beschreibt die Wanderrouten. Welche Gründe sprechen für bestimmte Wanderrouten?

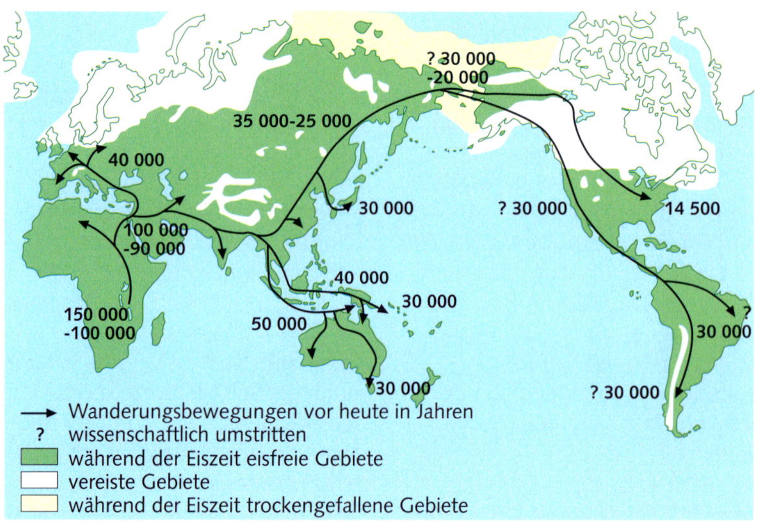

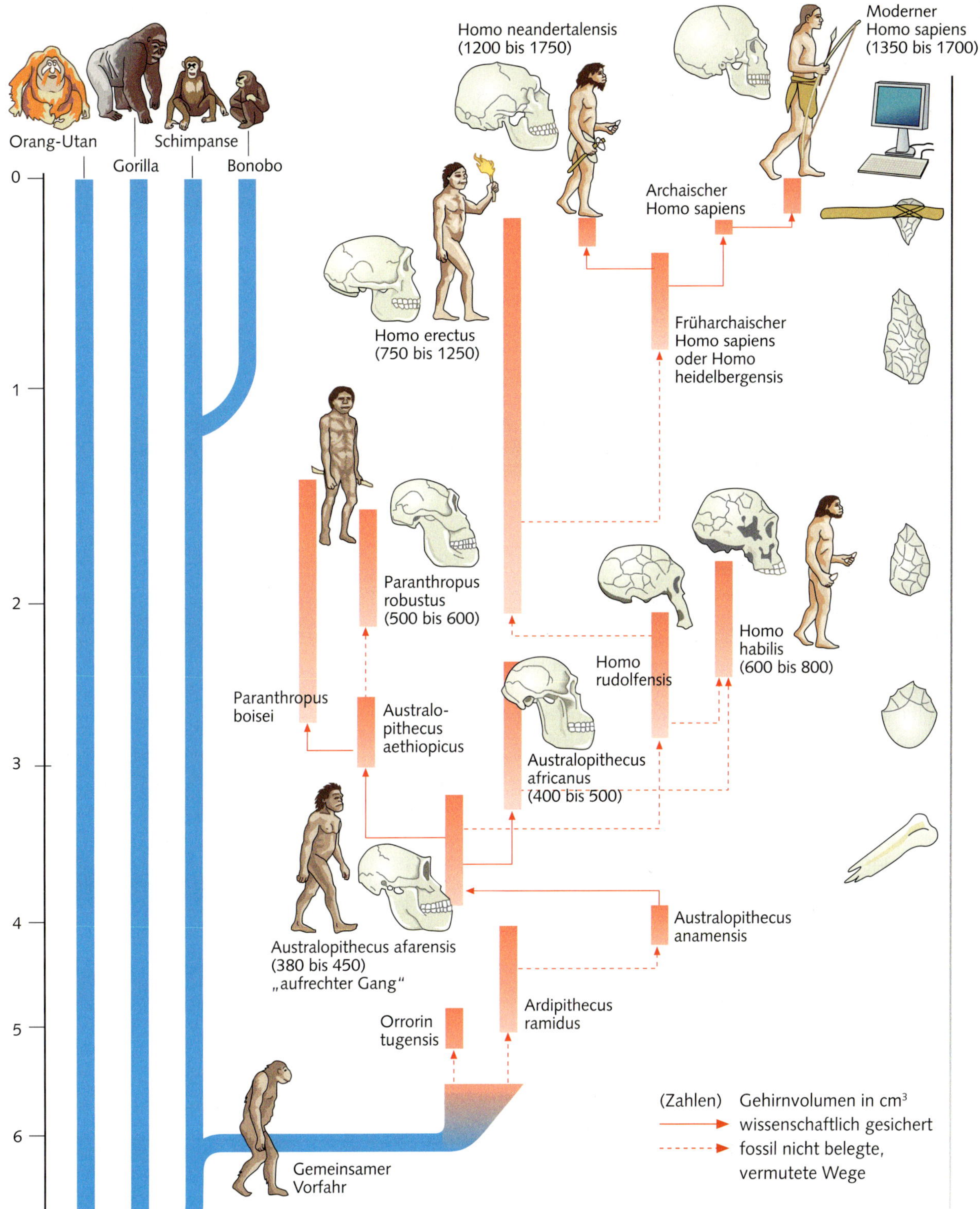

8. Die Abbildung ist eine mögliche Darstellung des Stammbaumes des Menschen. Sie ist eine Momentaufnahme des gegenwärtigen Forschungsstandes. Mit jedem neuen Fund kann der Stammbaum eine Veränderung erfahren.
Erstellt Steckbriefe von ausgewählten Frühmenschenarten. Berücksichtigt dabei Aussehen, Lebensweise und Fundorte. Ordnet sie in der richtigen zeitlichen Abfolge.

9. Beschreibe anhand der Schädel sowie der Waffen und Werkzeuge die Entwicklung zum heutigen Menschen.

Herkunft des Menschen

Unser Wissen um die Herkunft des Menschen ist immer noch lückenhaft. Mithilfe von ▸Fossilien versucht man zu klären, wer die Vorfahren des Menschen waren und wie die Evolution des Menschen verlief. Aufgrund immer neuer Funde stellt sich die Ahnengalerie des Menschen wie ein vielfältig verzweigter Stammbaum dar.

1 **Ahnengalerie der Menschen**

Proconsul – Vorfahre von Affe und Mensch?

An den Ufern des Victoria-Sees in Ostafrika wurden 1948 Fossilien gefunden, die etwa 20 Millionen Jahre alt waren. Forscher vermuteten in den Skelettresten ein Wesen, das Merkmale von Affen und Menschen in sich vereinte. Sie nannten es **Proconsul.** Diese Lebewesen waren etwa paviangroße Baumbewohner. Sie könnten die gemeinsamen Vorfahren der Menschenaffen und Menschen gewesen sein.

Die Australopithecinen

Als das Klima in Afrika trockener wurde, lichteten sich die Wälder, und Grassteppen breiteten sich aus. Einige Formen von Proconsul verließen die Bäume und lebten an den Waldrändern auch auf dem Boden. Aus ihnen entwickelten sich die Urahnen des heutigen Menschen. Es waren Vormenschen. Mit wissenschaftlichem Namen nennt man sie **Australopithecinen** („Südaffen"). Die Australopithecinen bewohnten sowohl Urwaldränder als auch die Baumsavannen Afrikas. Aufgrund ihres veränderten Körperbaus konnten sie sich bereits längere Zeit aufrecht halten. Arme und Hände wurden kaum noch zur Fortbewegung am Boden gebraucht. Als Werkzeuge nutzten sie Stöcke und Knochen.1974 fand eine Forschergruppe um Donald JOHANSON in der Region Afar in Äthiopien ein etwa drei Millionen Jahre altes, erstaunlich menschenähnliches Skelett. Man gab ihm den Namen „Lucy". Mit wissenschaftlichem Namen heißt es **Australopithecus afarensis** („Südaffe aus Afar"). Diese Vormenschenart wurde nur etwa 1,2 bis 1,5 m groß und ernährte sich ausschließlich von Pflanzen.
Man nimmt an, dass Lucys Art zu den Vorfahren der heutigen Menschen zählt. Über lange Zeiträume lebte sie gemeinsam mit anderen Australopithecinenarten.

3 **Australopithecus afarensis**

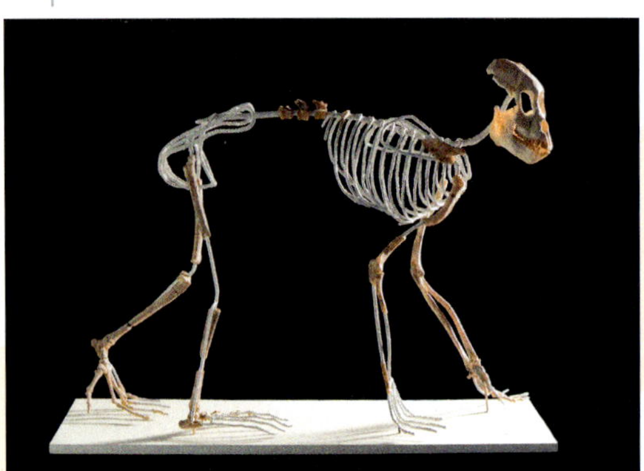

2 **Proconsul**

Die Frühmenschen

Als erste Frühmenschenarten entwickelten sich **Homo rudolfensis** („Mensch vom Rudolfsee") und **Homo habilis** („Geschickter Mensch"). Sie stellten Hammer- und Schneidwerkzeuge aus Stein her und ernährten sich sowohl von Pflanzen als auch von Fleisch. Obwohl sie noch viele Gemeinsamkeiten mit den Vormenschen aufwiesen, zeichneten sie sich durch einen entscheidenden Vorteil aus: Sie hatten bereits ein größeres und leistungsfähigeres Gehirn als ihre Vorfahren. Bedingt durch ein vorteilhaftes Klima und eine gesteigerte Anpassungsfähigkeit entstand in Afrika auch **Homo erectus** („Aufrecht gehender Mensch"). Diese Frühmenschen waren größer und kräftiger als ihre Vorgänger. Aus Holz und Stein fertigten sie Waffen und Werkzeuge, mit denen sie Wildtiere töten und zerlegen konnten. Neue Waffen wie hölzerne Speere erlaubten ihnen, Tiere aus größerer Entfernung zu erlegen. Auch nutzten sie als erste Frühmenschen das Feuer. Das veränderte ihre Lebensweise grundlegend. Sie wurden vom Aasfresser zum Jäger. Das Feuer ermöglichte eine bessere Nutzung der Nährstoffe, spendete Wärme und gab Schutz vor wilden Tieren. Dadurch war es möglich, den afrikanischen Kontinent zu verlassen und in die kälteren Regionen in Europa und Asien einzuwandern.

4 Homo erectus

Der Neandertaler

Mit dem **Homo neanderthalensis** („Mensch aus dem Neandertal") begann vor etwa 200 000 Jahren eine neue Epoche in der Entwicklung der Menschheit. Die Neandertaler wurden etwa so groß wie die heutigen Menschen, besaßen aber ein kräftigeres Skelett und einen größeren Schädel mit starken Überaugenwülsten, fliehender Stirn und flachem Kinn. Über ihre Lebensweise und ihre geistigen Fähigkeiten wurde viel gestritten.
Früher galten sie als primitive Vorfahren der heutigen Menschen. Inzwischen weiß man jedoch, dass sie über erstaunliche geistige Eigenschaften verfügten und beachtliche technische und kulturelle Leistungen vollbrachten. Vor etwa 30 000 Jahren starben sie aus.

5 Homo sapiens

Der moderne Mensch

Die Neandertaler waren nicht die Vorfahren des modernen Menschen **Homo sapiens** („Wissender Mensch"). In Europa lebten Angehörige dieser Art bereits vor etwa 40 000 Jahren, also vor dem Aussterben der Neandertaler. In ihrem gesamten Körperbau glichen sie eher dem heutigen Menschen. Sie hinterließen in Höhlen, in denen sie lebten, kunstvolle Malereien. Man fand auch Schmuck, Musikinstrumente und Waffen aus Knochen oder Elfenbein. Die ältesten Funde von Homo sapiens stammen aus Afrika. Sie sind etwa 130 000 Jahre alt. Daraus schließen Forscher, dass die Entstehung des modernen Menschen in Afrika liegt. Von dort aus hat er sich über die ganze Erde verbreitet.

6 Menschen im 21. Jahrhundert

Kulturelle Evolution des Menschen

1. Informiert euch über die Werkzeuge des Homo habilis. Aus welchen Materialien stellte er sie her? Wozu benutzte er Werkzeuge? Präsentiert eure Ergebnisse mithilfe von Folien.

2. a) Beschreibe, wie die Nutzung des Feuers die Lebensweise der damaligen Menschen veränderte.
b) Erkläre, warum die Nutzung des Feuers die Ausbreitung des Menschen über alle Erdteile ermöglichte.

3. In Spanien und Frankreich wurden in Höhlen Malereien von außerordentlicher Ausdruckskraft gefunden. Wer könnte sie gestaltet haben? Welche Maltechniken wurden angewendet? Versucht, einige Malereien nachzugestalten. Macht eine Ausstellung.

4. Erläutere, welche Auswirkung die Kommunikation mithilfe von Computern und weltweiten Nachrichtennetzen auf die Menschheit hat.

5. a) Tiere nutzen Formen der ▸Verständigung. Worin liegt der wesentliche Unterschied zur Sprache des Menschen?
b) Manche Staaten bildende Insekten verfügen über ein kompliziertes Kommunikationssystem. Vergleicht es mit dem bei Wirbeltieren und Menschen. Präsentiert eure Ergebnisse.

Fortschritte

Vom Faustkeil zum Laserskalpell, von der Höhlenzeichnung zum Internet: Diese Fortschritte machen deutlich, dass die Menschen sich auch kulturell weiterentwickelten. Bedingt durch die besondere Ausprägung des ▸Großhirns entwickelten unsere Vorfahren besondere Fertigkeiten, die sie im Laufe der Zeit immer weiter verfeinerten.

Werkzeuge

1 Faustkeil

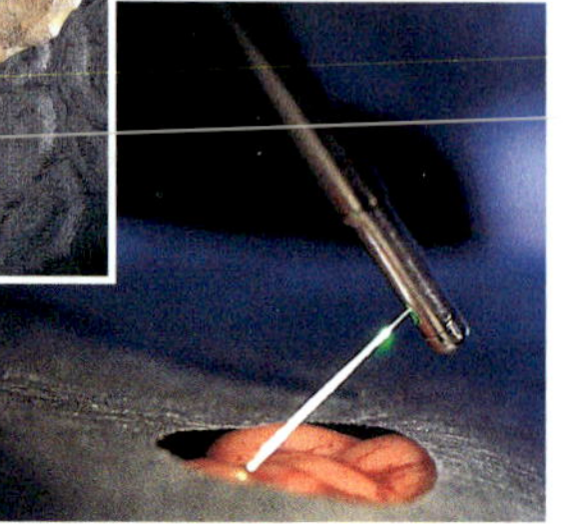

2 Laserskalpell

Vor über zwei Millionen Jahren machte ▸Homo habilis eine entscheidende Entdeckung: Steine ließen sich als Werkzeuge benutzen. Damit begann die kulturelle Evolution des Menschen.
Als erste Werkzeuge wurden Steine und auch Knochen so benutzt, wie sie gefunden wurden. Während einer Million Jahre änderte sich daran wenig. Dann lernten unsere Vorfahren Steine, Knochen und Stöcke so zu bearbeiten, dass neue Geräte daraus entstanden. Mit **Steinwerkzeugen** konnten Menschen Tiere erlegen, Felle schneiden, Nahrung zerkleinern und weitere Werkzeuge herstellen. Ein Beispiel dafür ist der Faustkeil. Er war Werkzeug und Waffe zugleich.
Erst vor etwa zehntausend Jahren lernten unsere Vorfahren die Metallgewinnung und **Metallbearbeitung.** Nun entstanden leistungsfähigere Werkzeuge, die sich gegen die Steingeräte durchsetzten. Heute ermöglicht uns die Lasertechnologie, Licht zum Schneiden zu verwenden.

Feuer

Ein weiterer entscheidender Schritt in der kulturellen Entwicklungsgeschichte des Menschen war die Nutzung des Feuers. Schon ▸Homo erectus besorgte sich ▸Feuer, bewahrte und nutzte es, weil es enorme Vorteile brachte.

Sprache und Schrift

Sprache ist eines der wesentlichen Kennzeichen des Menschen. Sie ermöglicht es, Informationen auszutauschen, Pläne zu schmieden und Erfahrungen an andere weiterzugeben.
Viele Wissenschaftler sind der Ansicht, dass **Sprache** in erster Linie eine soziale Funktion hatte. Sie gewährleistete den sozialen Zusammenhalt der Gruppe. Wahrscheinlich verfügte bereits Homo erectus über eine einfache Sprachfähigkeit.

3 Schriftzeichen auf Tontafel

4 Bücherstapel und weltweite Information

Nach der Sprache folgte die **Schrift.** Mit ihrer Hilfe werden Informationen langfristig festgehalten. Sie ermöglicht es jeder Generation, auf den Erfahrungen der vorherigen aufzubauen. Durch die Erfindung des Buchdrucks erhielten sehr viele Menschen dieselben Informationen und gaben sie weiter.
Dieser Prozess wird heute durch Computer und weltweite Nachrichtennetze beschleunigt. Über Kontinente hinweg werden so in wenigen Sekunden Informationen ausgetauscht. Nahezu das gesamte Wissen der Menschheit steht an beinahe jedem Ort der Welt fast allen Menschen zur Verfügung.

Kunst

Einen riesigen Sprung machte die kulturelle Evolution des Menschen vor 50 000 bis 30 000 Jahren. Neben Werkzeugen und Waffen wurden auch **Kunstgegenstände** und **Schmuck** aus dieser Zeit gefunden. In Höhlen und an Felswänden in Südeuropa stieß man auf viele farbige steinzeitliche Malereien von außerordentlicher Aussagekraft. Häufige Motive der steinzeitlichen Künstler waren Jagdtiere. In Höhlen der Schwäbischen Alb entdeckte man Kleinplastiken von Tieren und Menschen und sogar Musikinstrumente aus Knochen. Bis heute zeigt sich das künstlerische Schaffen des Menschen in vielfältiger Form.

5 Höhlenmalerei

6 Venusfigürchen

7 Moderne Kunst

Religion

Auch religiöse Vorstellungen entwickelten sich im Laufe der kulturellen Evolution. Die frühen Höhlenmalereien dienten wahrscheinlich dazu, Macht über Jagdbeute zu erlangen. Die weiblichen Figuren werden als Fruchtbarkeitsgöttinnnen gedeutet. **Religiöse Rituale** sind uns schon aus der Altsteinzeit bekannt. So pflegten etwa die Neandertaler einen Höhlenbärenkult. Grabbeigaben wie Nahrungsmittel, Waffen und Werkzeuge neben den Skeletten verstorbener Neandertaler weisen darauf hin, dass diese Menschen bereits Vorstellungen von einem Leben nach dem Tode hatten.

Aus vielen Regionen der Erde sind uns beeindruckende Steinzeitbauten bekannt, die häufig religiösen Zwecken dienten. Bis heute versuchen Menschen, ihren religiösen Vorstellungen durch beeindruckende Bauten wie Kathedralen, Tempel und Moscheen Ausdruck zu verleihen.

8 Stonehenge und Kölner Dom

Das Beil des „Ötzi"

1 Der Mann aus dem Eis. A *Fundstelle der Eismumie*, B *Kleidung des Mannes aus dem Eis (Rekonstruktion)*

Der Mann aus dem Eis

Am 19. September 1991 entdecken Bergsteiger in den Ötztaler Alpen eine leblose Gestalt, die im Gletschereis eingebettet ist. Die schnell verständigte Polizei prüft den Fund und lässt ihn durch Archäologen bergen. Die anfängliche Vermutung bestätigt sich rasch. Bei der Gestalt handelt es sich um die Mumie eines Mannes, deren Alter auf mindestens 5000 Jahre geschätzt wird. Der im Gletschereis konservierte Steinzeitmensch gibt uns einmalige Informationen über unsere Vorfahren aus dieser Epoche. Die ebenfalls erhaltene Ausrüstung sowie weitere Funde ermöglichen eine genaue Vorstellung vom Leben in dieser Zeit.

2 Beil mit Kupferklinge

Überraschung: Ein Beil mit einer Kupferklinge

Der Gletschermann war optimal ausgerüstet. Er trug zweckmäßige Lederkleidung und einen Regenumhang aus Grasgeflecht. Eine Gürteltasche enthielt viele nützliche Werkzeuge wie eine Knochenahle zum Bohren und Nähen, Zunder und Feuerstein sowie Feuersteingeräte zum Schneiden, Bohren und Schaben. Als Waffen dienten mit großer Präzision gefertigte Pfeile und ein Bogen. „Ötzi" besaß auch ein Beil mit einer Kupferklinge. Dieses Beil war für die Wissenschaftler eine Überraschung, hatten sie doch bislang angenommen, der Guss von Kupferklingen sei erst tausend Jahre später erfunden worden.

Wie starb der Mann aus dem Eis?

Lange haben Wissenschaftler gerätselt, wie „Ötzi" zu Tode kam. Wahrscheinlich starb er in einem Kampf. In seiner Schulter fand man eine Pfeilspitze. Der Pfeil tötete ihn nicht sofort, verletzte aber eine Arterie. Außerdem wies er schwere Kopfverletzungen durch einen Schlag mit einem Stein auf. Wahrscheinlich fiel er bewusstlos auf einen Felsbrocken und verblutete.

Leben in der Steinzeit

„Ötzi", so wurde der Gletschermann nach seinem Fundort benannt, war wahrscheinlich ein Hirte, der seine Schaf- und Ziegenherden auf die Hochweiden des Ötztals trieb. Die Menschen seines Dorfes ernährten sich durch den Anbau von Nutzpflanzen und die ▸Züchtung von Nutztieren. Auf den Äckern wurden Zugtiere und Pflüge eingesetzt. Das Rad war bereits bekannt. In den dicht bewaldeten Tälern jagten die Menschen Wildtiere. Sie wohnten in Häusern, die mit Stroh gedeckt waren und auf Steinsockeln standen.

3 Leben in der Steinzeit

Herausforderungen unserer Zeit

1. Erstellt eine Mindmap zum Thema „Herausforderungen unserer Zeit“.

2. Die Bevölkerung in Europa schrumpft. In Afrika, Asien und Südamerika steigt sie stark an. Nenne Gründe für diese Entwicklung.

Folgen der kulturellen Evolution

Neben der biologischen und kulturellen Evolution fand auch eine soziokulturelle Evolution statt. Sie veränderte neben der Nutzung von Technologien die sozialen Strukturen und Werte unserer Gesellschaft.

Klimawandel durch Umweltbelastung

Eine Auswirkung der veränderten Nutzung von Technologien ist der ▸Klimawandel. Durch den Hunger nach Energie in der Industriegesellschaft werden die ▸fossilen Brennstoffvorräte der Erde wie Kohle, Erdöl und Erdgas extrem ausgebeutet. Bei der Energienutzung für Verkehr, Heizung und Industrie werden große Mengen an Schadstoffen wie etwa CO_2 frei, die den Klimawandel begünstigen.
Der Anstieg des Meeresspiegels durch die ▸globale Erwärmung wirkt sich vor allem auf die Küstenregionen der Welt aus. Katastrophale Überflutungen sind die Folge. Im Binnenland sorgen zunehmend sintflutartige Regenfälle für Überschwemmungen.

1 Smog, Dürre und Überflutung

Dürre und Überflutungen

Der Klimawandel hat weit reichende Auswirkungen auf die ▸Ökosysteme der Erde. Dürren und Überflutungen nehmen zu.
Die Wüstenbildung ist ein wachsendes Problem. Auch Teile Süd- und Mitteleuropas werden in der Zukunft von Dürre bedroht. Eine Verantwortung für den Kampf gegen die Ausdehnung von Wüsten haben auch die Bewohner der Industrieländer.

Armut und Flüchtlingsströme

Die Gründe für die ungleiche Verteilung der Güter auf der Welt sind vielfältig: zum Beispiel Wandel der sozialen Strukturen, Wandel der Werte, individuelle Verantwortlichkeit. In Entwicklungsländern herrschen Hunger und Armut. Hier haben die Menschen am stärksten unter ▸Bevölkerungswachstum, Umweltverschmutzung und Klimawandel zu leiden. Umweltkatastrophen und Kriege zwingen viele Menschen, ihre Heimatländer zu verlassen.

2 Hunger

Menschen – frei und gleich an Rechten und Pflichten

1. Welche Faktoren haben zum Entstehen unterschiedlicher Menschengruppen beigetragen?

2. Die meisten Wissenschaftler lehnen heute den Begriff Rasse als Bezeichnung für verschiedene Menschengruppen ab. Suche in Berichten über das 3. Reich und im Internet nach Argumenten für diese Ablehnung. Begründe.

Menschenrechte

Die Generalversammlung der **Vereinten Nationen** verkündete 1948 die **Allgemeine Erklärung der Menschenrechte.** Die Würde aller Menschen soll durch Rechte gesichert werden, die in 30 Artikeln festgelegt sind.

Artikel 1
Alle Menschen sind frei und gleich an Würde und Rechten geboren. Sie sind mit Vernunft und Gewissen begabt und sollen einander im Geiste der Brüderlichkeit begegnen.

Artikel 3
Jeder Mensch hat das Recht auf Leben, Freiheit und Sicherheit der Person.

Artikel 5
Niemand darf der Folter oder grausamer, unmenschlicher oder erniedrigender Behandlung oder Strafe unterworfen werden.

Artikel 7
Alle Menschen sind vor dem Gesetz gleich und haben ohne Unterschied Anspruch auf gleichen Schutz durch das Gesetz.

Definitionen

Rassismus
Als Rassismus bezeichnen wir weltanschauliche Überzeugungen, nach denen Menschen anderer Völker oder ethnischer Gruppen gegenüber der eigenen als minderwertig eingestuft werden.

Völkermord
Das Verbrechen der Vernichtung einer nationalen, ethnischen oder religiösen Gruppe bezeichnet man im Völkerrecht als Völkermord.

Ethnozid
So bezeichnet man die gewollte organisierte Vernichtung der kulturellen Identität von Menschen einer bestimmten ethnischen Gruppe durch politische, soziale und kulturelle Umerziehung.

3. Lies die Definitionen. Schlage unbekannte Wörter im Lexikon nach. Nenne Beispiele für Rassismus und Völkermord.

4. Informiert euch über die religiös-kulturellen Konflikte im Nahen Osten sowie zwischen verschiedenen ethnischen Gruppen in den USA, Australien und in europäischen Ländern und berichtet.

5. Nenne Einrichtungen, die über die Einhaltung der Menschenrechte wachen. Benutze dazu Nachschlagewerke und informiere dich im Internet.

6. Sucht im Internet nach Beispielen kultureller Vielfalt und Bereicherung in Vielvölkerstaaten.

a) Was bewirken Zuwanderung und moderner Tourismus?

b) Welche Chancen ergeben sich für ein multikulturelles Europa?

Die Evolution der Hautfarben

Alle Menschen dieser Erde haben die gleiche Grundgestalt und können sich als Erwachsene untereinander fortpflanzen. Doch offensichtlich gibt es Unterschiede wie zum Beispiel in der Hautfarbe, der Form der Lippen und Augen und der Struktur der Haare. Wie kommt es zu solchen Unterschieden?
Die ersten hominiden Vorfahren des Menschen lebten als dunkelhäutige, haarige Primaten in Afrika. Später verließen die Menschen ihre Urheimat Afrika und besiedelten neue Lebensräume. Es entstanden Gruppen, die durch Meere, Wüsten, Gebirge oder Eis voneinander isoliert waren. Die Evolution der Hautfarben liegt begründet in der Isolation einzelner Gruppen sowie möglicherweise in der Unterschiedlichkeit der besiedelten Klimazonen im Hinblick auf die Intensität der UV-Strahlen.

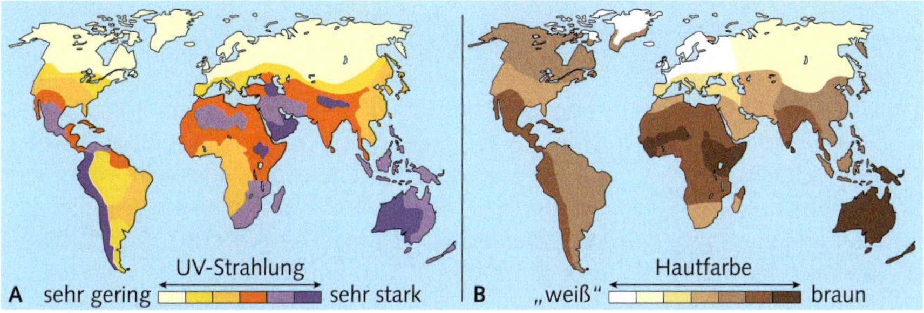

1 Mögliche Ursachen für die Evolution der Hautfarben. A *Intensität der UV-Stahlung;* **B** *Grad der Pigmentierung*

2 Variabilität beim Menschen. A *Norwegerin,* **B** *Peruaner,* **C** *Aborigine/Australien,* **D** *Chinesin,* **E** *Polynesierin,* **F** *Westafrikanerin*

Vielfalt der Menschen

Die verschiedenen Menschengruppen blieben nicht dauerhaft voneinander getrennt. Schon früh gelangten Menschen verschiedener Regionen durch Handelsreisen und Erorberungszüge in Kontakt miteinander. Dabei kam es zu Beziehungen von Männern und Frauen unterschiedlicher Kulturen und verschiedenen Aussehens. Ihre Nachkommen waren den jeweiligen Volksgruppen nicht mehr eindeutig zuzuordnen. Da durch Tourismus und Flugverkehr heute die Kontakte zwischen den Völkern noch enger sind, leben in allen Kontinenten Menschen mit Merkmalen verschiedener Völker.
Viele Ausdrucksformen menschlichen Verhaltens wie Trauer, Zorn, Ekel oder Freude sind in allen Kulturen ähnlich. Andererseits zeichnen sich Menschen neben ihrem Aussehen durch große kulturelle Vielfalt aus. Sie unterscheiden sich in Sprache, Religion, Kleidermoden, Wertvorstellungen und anderen Aspekten.

Menschen – gleich an Würde und Rechten

Obwohl es auch heute noch Unterschiede gibt, sind sie doch gering im Vergleich zu den Gemeinsamkeiten. Deshalb lehnen es die meisten Wissenschaftler ab, Menschen in verschiedene Rassen einzuteilen.
Die Unterschiede zwischen einzelnen Gruppen führen leider oft zu fremdenfeindlichen Vorurteilen und zu ethnischen und religiösen Konflikten oder Kriegen. Um das zu verhindern, muss man wissen, dass Menschen zwar Unterschiede aufweisen, aber alle gleich an Würde und Rechten sind. Die Menschenrechte sind ein wichtiges kulturelles Gut der gesamten Menschheit und werden von vielen als Meilenstein der soziokulturellen Evolution angesehen. Jeder Mensch besitzt unabhängig von seinen Eigenschaften, seinem körperlichen oder geistigen Zustand, seinen Leistungen oder sozialem Status aufgrund seiner bloßen Existenz einen Wert. Die Achtung vor der Würde jedes Menschen ist im deutschen Grundgesetz festgeschrieben: **„Die Würde des Menschen ist unantastbar."**

Evolution

Unter Evolution versteht man die Veränderung der von einer Generation auf die nächste übertragenen Eigenschaften. Sie verläuft meist sehr langsam, aber doch stetig. Und so haben sich durch die Evolution im Laufe der Erdgeschichte aus den ersten einfachen Formen des Lebens zahlreiche und teils hoch organisierte Lebensformen entwickelt.

Fossilien – Spuren des Lebens

Versteinerte Überreste ausgestorbener Lebewesen nennt man Fossilien. Sie geben in ihrer Gesamtheit Auskunft über das Leben in vorgeschichtlicher Zeit. Jedes Erdzeitalter ist durch

charakteristische Gruppen von Pflanzen und Tieren gekennzeichnet. Weit verbreitete und nur in bestimmten Gesteinsschichten vorkommende Formen bezeichnet man als Leitfossilien.

Entwicklung der Pflanzen

Die ersten Pflanzen in der Erdurzeit waren im Wasser lebende einzellige Algen. Im Erdaltertum folgten als erste Landpflanzen sporenbildende Farnpflanzen, Bärlappgewächse und Schachtelhalme. Nacktsamer wie Nadelhölzer entstanden Ende des Erdaltertums. Am Ende der Kreidezeit im Erdmittelalter entwickelten sich die Bedecktsamer.

Entwicklung der Tiere

Die Entwicklung der Tiere begann in der Erdurzeit im Wasser mit Einzellern und einfachen Vielzellern. Es folgten zu Beginn des Erdaltertums Wirbellose wie Ammoniten, Trilobiten und Muscheln. Mitte des Erdaltertums erschienen erste Fische als Wirbeltiere in großer Vielfalt. Danach „eroberten“ mit Ichthyostega die ersten Wirbeltiere das Land.

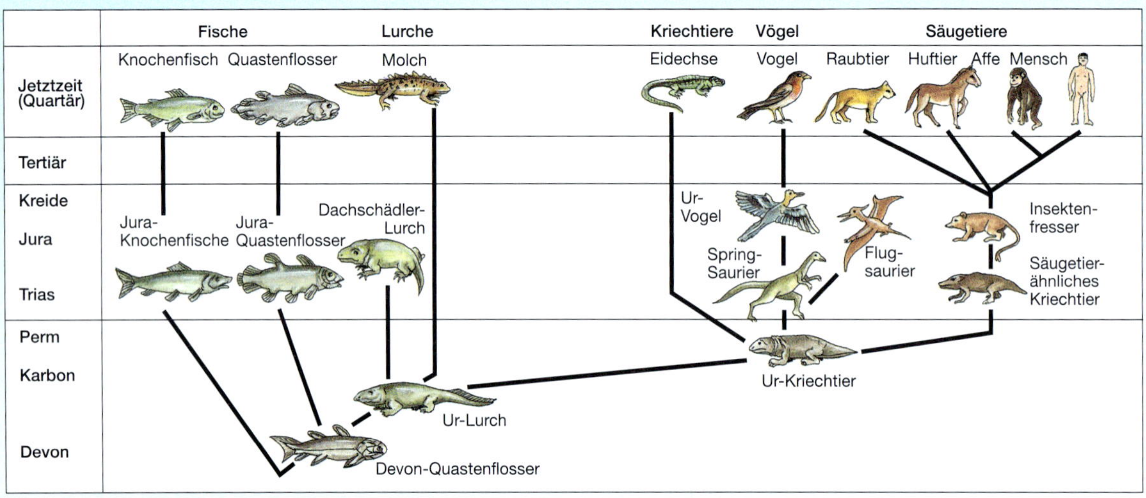

Ursachen der Evolution

DARWIN hat Mitte des vorletzten Jahrhunderts eine umfassende Theorie zur Entstehung der Arten im Verlauf der Erdgeschichte entwickelt.
Heute geht man davon aus, dass im Laufe der Evolution durch das Zusammenwirken von **Evolutionsfaktoren** wie Mutation, Rekombination der Gene, Selektion, geografische Isolation sowie Umweltverhältnissen viele Millionen Pflanzen- und Tierarten entstanden sind.

Entwicklung des Menschen

Aufgrund von Fossilfunden kann man sich vorstellen, wie die Entwicklung zum heutigen Menschen ablief. Sie verlief nicht geradlinig. Aus **Vormenschen** vom Typ Australopithecus gingen die ersten Menschen hervor. Über **Frühmenschen** wie dem Homo rudolfensis und dem Homo erectus entstand der **Jetztmensch** Homo sapiens. Alle auf der Erde lebenden Menschen gehören zu einer Art.

Die **kulturelle Evolution** ist gekennzeichnet durch die Entwicklung von Werkzeugen, Waffen, Gebrauch des Feuers, Nutzung und Züchtung von Haustieren, Sprache, Schrift, Kunst sowie religiösen Vorstellungen.

1. Die chemische und biologische Evolution sind der Beginn des Lebens auf der Erde.
a) Erläutere diese von Wissenschaftlern formulierte Hypothese.
b) Welcher Zeitraum wird hierfür angenommen?

2. Die in und um Chemnitz geborgenen Reste eines „Versteinerten Waldes“ werden auf ein Alter von ca. 290 Mio. Jahre geschätzt.

a) Welcher erdgeschichtlichen Epoche ist dieser Wald zuzurechnen?
b) Welche Baumarten gab es zur damaligen Zeit?
c) Wie mag es zur Fossilisation der Bäume gekommen sein?

3. a) Welche Bedeutung hatte der Fund des Archaeopteryx im Jahre 1861 für die Erforschung der Evolution? Berichte.
b) Nenne „lebende Fossilien“ und erläutere, wie man bei diesen zu dieser auf den ersten Blick widersprüchlichen Bezeichnung kommt.

4. Durch welche Faktoren kommt es im Verlauf der Evolution zur Bildung neuer Pflanzen- und Tierarten? Erläutere diese Entwicklung anhand von Beispielen.

5. Was versteht man unter Koevolution? Erläutere dies anhand eines Beispiels.

6. Wie ist es vermutlich zum langen Hals, den langen Vorder- und kurzen Hinterbeinen bei der Giraffe im Verlauf der Evolution gekommen? Beantworte diese Frage in einem erläuternden Text anhand der Theorien von LAMARCK und DARWIN.

7. Welche körperlichen Merkmale sind beim Menschen und beim Schimpansen
a) übereinstimmend,
b) voneinander abweichend?

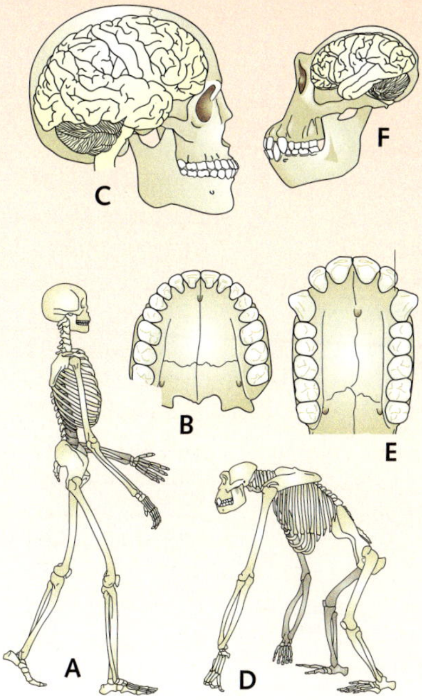

8. a) Zu welcher Zeit etwa lebte das Lebewesen, das gemeinsame Merkmale sowohl eines Affen als auch eines Menschen in sich vereinigte?
b) Welchen Namen hat man diesem Lebewesen gegeben?
c) Welche Bedeutung hat dieses Lebewesen zur Erforschung der Evolution der Hominiden?

9. Ein Ausschnitt aus dem Stammbaum des Menschen zeigt eine „Momentaufnahme“ des Forschungsstandes der vermutlichen Evolution des Menschen.
a) Ordne die menschlichen Vorfahren den entsprechenden Ziffern im Stammbaum zu:
H. erectus; H. heidelbergensis, H. rudolfensis, archaischer H. sapiens; H. neanderthalensis; Australopithecus afarensis; moderner H. sapiens; H. habilis, Australopithecus africanus
b) Man spricht bei der Evolution der Lebewesen von einer ungerichteten Entwicklung. Begründe dies anhand des Stammbaums vom Pferd und vom Menschen.

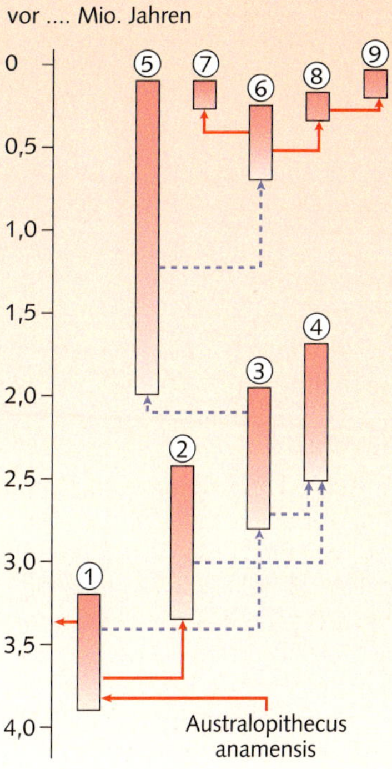

Stichwortverzeichnis

Fette Seitenzahlen weisen auf ausführliche Behandlung im Text oder auf Abbildungen hin
f. = die folgende Seite;
ff. = die folgenden Seiten

H

I

J

K

L

M

Bildquellenverzeichnis

Trotz entsprechender Bemühungen ist es nicht in allen Fällen gelungen, den Rechtsinhaber ausfindig zu machen. Gegen Nachweis der Rechte zahlt der Verlag für die Abdruckerlaubnis die gesetzlich geschuldete Vergütung.

Cover (Bernstein): Getty Images, München; Cover (Laborantin): Andrew Douglas/Masterfile, Düsseldorf; Cover (Mitose): SPL/THOMAS DEERINCK, NCMIR/Agentur Focus, Hamburg; Cover (Blutkörperchen): Getty Images, München; 3.1: Minkus, Isernhagen; 3.2: Yann Arthus-Bertrand/Corbis, Düsseldorf; 3.3: Manfred Mehlig/mauritius images, Mittenwald; 4.1: Tetzlaft/Helga Lade, Frankfurt; 4.2: Sandhofer/Helga Lade Fotoagentur HmbH/picture-alliance, Frankfurt; 5.1: Superstock/mauritius images, Mittenwald; 5.2: David Brandt/Ausstellung „Glück – welches Glück"; 6.1: imagebroker.net/mauritius images, Mittenwald; 6.2: SPL/eye of science/Agentur Focus, Hamburg; 7.1: Minkus, Isernhagen; 7.2: SPL/Andrew Syred/Agentur Focus, Hamburg; 8.1: Frans Lanting/Corbis, Düsseldorf; 10.1: Minkus, Isernhagen; 10.2: KHS Bildarchiv, Finningen; 10.3: Dr. Nittinger/Xeniel-Dia, Neuhausen; 11.1: Prof. G. Wanner/Karly, München; 11.2: aus: Hans Kleinig, Peter Sitte: Zellbiologie, 3. Auflage 1992, © Elsevier GmbH, Spektrum Akademischer Verlag, Heidelberg/Spektrum Akademischer Verlag, Heidelberg, Berlin; 11.5: eye of science, Reutlingen; 12–24.Icon: Johannes Lieder, Ludwigsburg; 12.1: Freudner-Huneke, Neckargemünd; 13.1: Klett GmbH/picture-alliance, Frankfurt; 13.2A–B: Karly, München; 13.3: Dr. Jaenicke, Rodenberg; 14.1, 14.2: Freudner-Huneke, Neckargemünd; 15.1A: NAS/M. Abbey/Okapia, Frankfurt; 16.1: Mathias Erhard, Reutlingen; 16.2: Jürgen Haberstroh, Axams/Österreich; 16.3A–C: floramedia service AG, Vaduz; 18.1A: Dr. R. Elinson/Duquesne University; 18.1B–F: Pfletschinger/Tierbildarchiv Angermayer, Holzkirchen; 18.2: Otto Ehrmann/Bildarchiv Boden, Creglingen; 19.1A: Boerhaave Museum, Leiden, Holland; 19.1B: Carl Zeiss Jena GmbH/Optisches Museum Jena; 19.2A: Deutsches Museum, München; 19.2B: Wisniewski/TopicMedia Service, Ottobrunn; 19.3A: Hans-Rudolf Schulz/Keystone, Hamburg; 19.3B: Visual Unlimited/Corbis, Düsseldorf; 20.1: Dr. Bernd Nussinger, Nürnberg; 20.2, 21.1: Prof. G. Wanner/Karly, München; 21.2: aus: Kleinig, Sitte: Zellbiologie, 4. Aufl., 2002 © Spektrum Akademischer Verlag, Heidelberg, Berlin/Spektrum Akademischer Verlag, Heidelberg, Berlin; 21.4A: SPL/A. Dowsett Health Protection Agency/Agentur Focus, Hamburg; 22.1B: Karly, München; 22.1C–D: Okapia, Frankfurt; 23.1E: aus: Hans Kleinig, Peter Sitte: Zellbiologie, 3. Auflage 1992, © Elsevier GmbH, Spektrum Akademischer Verlag, Heidelberg/Spektrum Akademischer Verlag, Heidelberg, Berlin; 23.1F: Dr. Jaenicke, Rodenberg; 25.1A–B: Johannes Lieder, Ludwigsburg; 25.2: Birke/mauritius images, Mittenwald; 25.3A: NAS/M. Abbey/Okapia, Frankfurt; 26.1: Yann Arthus-Bertrand/Corbis, Düsseldorf; 26.2: Walz/TopicMedia Service, Ottobrunn; 26.3: imagebroker.net/mauritius images, Mittenwald; 26.4: age/mauritius images, Mittenwald; 27.1: Peter Hirth/Transit, Leipzig; 27.2: imagebroker/Gabrielle THERIN-WEISE /mauritius images, Mittenwald; 27.3: Robert Lehmann/ALIMDI.NET, Deisenhofen; 28-52.Icon, 28.1: Astrofoto, Sörth; 28.2: mauritius images, Mittenwald; 28.3: Walter Allgoewer/Fotex, Hamburg; 28.4: Prof. Dr. Weber, Reutlingen; 29.1A: Thonig/mauritius images, Mittenwald; 29.1B: Hans Reinhard/mauritius images, Mittenwald; 29.1C: Elfner/Tierbildarchiv Angermayer, Holzkirchen; 30.1A: Wendler/Okapia, Frankfurt; 30.1B: J. Giustina/Wildlife, Hamburg; 31.2A: Mathias Erhard, Reutlingen; 31.2B: Reinhard-Tierfoto, Heiligkreuzsteinach; 31.3A–B: Reinhard/Tierbildarchiv Angermayer, Holzkirchen; 32.1: Glammeier, Hannover; 32.2–3: Tegen, Hambühren; 34.1B: Dr. Ursula Hofmann, Göttingen; 35.1: Tegen, Hambühren; 40.1: fm/mauritius images, Mittenwald; 40.4: Tegen, Hambühren; 40.5: Tierbildarchiv Angermayer, Holzkirchen; 40.6: Reinhard-Tierfoto, Heiligkreuzsteinach; 42.1a: Eberhard Grames, Berlin; 43.1a: Sammlung//Gesellschaft für ökologische Forschung, München; 43.1b: Wolfgang Zängl/Gesellschaft für ökologische Forschung, München; 44.1: Zeeb, Holzgerlingen; 44.3a: Manfred Scharnberg/Visum, Hamburg; 44.3c: McPHOTO/blickwinkel, Witten; 44.3d: Matthias Luedecke, Berlin; 49.1: N. Y. Gold/zefa/Corbis, Düsseldorf; 49.1: alamy/Mauritius images, Mittenwald; 49.2b: McPHOTO/blickwinkel, Witten; 49.2c: Norbert Pelka/Dittmar/ Silvestris, Kastl/ Obb.; 50.1b: RWE Power AG, Essen; 50.1c: Czerski/mauritius images, Mittenwald; 50.1d: E. Haefele/Joker, Bonn; 50.1f: Harald Lange/Fotex, Hamburg; 50.1g: Picturefile David Graham, Paris; 50.2: Bundesanstalt für Landwirtschaft und Ernährung, Bonn; 51.1: Michel Rauch/Biosphoto, Avignon; 51.2: Biosphärenreservat Pfälzerwalt-Nordvogesen, Lambrecht (Pfalz); 52.1: Wu/Wildlife, Hamburg; 52.2: Ekholm/mauritius images, Mittenwald; 52.3–4: Das Luftbild-Archiv, Wennigsen; 52.5: A1PIX, Taufkirchen; 52.6: Dr. Philipp, Berlin; 54/55.1: Manfred Mehlig/mauritius images, Mittenwald; 54.2A: Klaus-Gerhard Dumrath/mauritius images, Mittenwald; 54.2B: Berg/mauritius images, Mittenwald; 54.3: Oxford Scientific/mauritius images, Mittenwald; 55.1: N. Benvie/Wildlife, Hamburg; 55.2: age/mauritius images, Mittenwald; 55.3: AVA/mauritius images, Mittenwald; 56–92.Icon: Reinhard/Tierbildarchiv Angermayer, Holzkirchen; 56.1: G. Delpho/Wildlife, Hamburg; 56.2: Stock4B, München; 56.3: Robert Knöll/mauritius images, Mittenwald; 56.4: imagebroker.net/mauritius images, Mittenwald; 58.2A: Tero Niemi/Naturbild/AB/Okapia, Frankfurt; 58.2B–C: Schmidt/Tierbildarchiv Angermayer, Holzkirchen; 59.F: Lane/TopicMedia Service, Ottobrunn; 59.1G: Wothe/TopicMedia Service, Ottobrunn; 59.1H: Schmidt/Tierbildarchiv Angermayer, Holzkirchen; 61.1B–E: Freudner-Huneke, Neckargemünd; 62.1: Kruse, Wankendorf; 62.3–4: Gaßmann, Bad Münstereifel; 63.5A: Oregon Scientific; 63.5B–C: www.conrad.de/Conrad Electronic SE, Hirschau; 63.6: Gaßmann, Bad Münstereifel; 64.1A: imagebroker.net/mauritius images, Mittenwald; 64.1B: Thonig/mauritius images, Mittenwald; 64.1C: age/mauritius images, Mittenwald; 66.1A: Alfred Albinger/mauritius images, Mittenwald; 66.1B: Schacke/Okapia, Frankfurt; 66.1C: Tönnies, Laatzen; 66.2A: M. Gabriel/Wildlife, Hamburg; 66.2B: TopicMedia Service, Ottobrunn; 66.2C, 70.2A: Dobers, Walsrode; 70.3A: D. Harms/Wildlife, Hamburg; 70.3B: Claudia Schäfer/Okapia, Frankfurt; 71.2A: Tönnies, Laatzen; 71.2B: Dobers, Walsrode; 72.1A: Reinhard/Tierbildarchiv Angermayer, Holzkirchen; 72.1B: Radtke, Hilchenbach; 73.1A: Reinhard/Okapia, Frankfurt; 73.1B: R. König/Blickwinkel, Witten; 73.2–3: Reinhard/Okapia, Frankfurt; 74.3A: Wothe/TopicMedia Service, Ottobrunn; 74.3B: NAS/Maslowski Photo/Okapia, Frankfurt; 74.3C: Laub/Okapia, Frankfurt; 74.3D: Lothar Lenz, Dohr; 74.3E: Manfred Danegger/Okapia, Frankfurt; 74.4: ROOT-UNEP/Still Pictures, Berlin; 75.1A li.: Tönnies, Laatzen; 75.1A M.: mauritius images, Mittenwald; 75.1A re.: digitalma, Wiese/Keystone, Hamburg; 75.1B: Dietmar Nill/Okapia, Frankfurt; 76.1: Gerhard/TopicMedia Service, Ottobrunn; 76.2: Kruse, Wankendorf; 76.3: Manfred Danegger/Okapia, Frankfurt; 77.1A–D: Pfletschinger/Tierbildarchiv Angermayer, Holzkirchen; 78.1A–C, 78.3, 78.4: Kruse, Wankendorf; 78.6: Pfletschinger/Tierbildarchiv Angermayer, Holzkirchen; 80 o. li.: Rohdich/TopicMedia Service, Ottobrunn; 80 u. li., 80 re., 80.1: Pfletschinger/Tierbildarchiv Angermayer, Holzkirchen; 81.3A: Kunz/Greiner + Meyer, Braunschweig; 81.3B: Bogon/Wildlife, Hamburg; 81.3C: Harms/Wildlife, Hamburg; 81.3D: Pfletschinger/Tierbildarchiv Angermayer, Holzkirchen; 84.1A: Tönnies, Laatzen; 84.1B–C: Wellinghorst, Quakenbrück; 84.1D: Dr. Philipp, Berlin; 84.1E: Markmann/Okapia, Frankfurt; 86.1A–C: Dr. Philipp, Berlin; 86.2A: Dr. E. Pott/Okapia, Frankfurt; 86.2B: W. Irsch/TopicMedia Service, Ottobrunn; 86.2C: Münker/TopicMedia Service, Ottobrunn; 86.2D: Kuch/TopicMedia Service, Ottobrunn; 86.3A–B: Dr. Philipp, Berlin; 87.2A: Pott/Okapia, Frankfurt; 88.3: Wilhelm Irsch/Okapia, Frankfurt; 88.4: Reinhard/Okapia, Frankfurt; 89.2: Vogt, Duisburg; 90.1: Eschment/Silvestris, Kastl; 90.4: Trans Fair, Köln; 90.5: Nikky/mauritius images, Mittenwald; 90.6, 90.7: Lyß, Wolfenbüttel; 90.8: Schuchardt, Göttingen; 90.9: Lyß, Wolfenbüttel; 92.1B: Afis/mauritius images, Mittenwald; 92.2A: Willna/TopicMedia Service, Ottobrunn; 92.2C: mauritius images, Mittenwald; 92.2D: digitalma, Wiese/Keystone, Hamburg; 92.2E: Dietmar Nill/Okapia, Frankfurt; 93.5: Dr. Philipp, Berlin; 94/95.1: Tetzlaft/Helga Lade, Frankfurt; 94.2: Herbert Kehrer/Okapia, Frankfurt; 94.3: Willi Rolfes/Okapia, Frankfurt; 94.4: W. Kolvoort/Foto Natura/Okapia, Frankfurt; 95.1: Bartomeu Borrell Casals/Okapia, Frankfurt; 95.2: Boelle/Andia, Pacé; 95.3: Thomas Langreder/Visum, Hamburg; 96–116.Icon: www.naturbildportal.de; 96.1: E. Morell/Helga Lade, Frankfurt; 96.2: Kuhn/Okapia, Frankfurt; 96.3: W. Rolfes/Arco Images, Lünen; 96.4: Simper, Wennigsen; 97.2: Dr. Philipp, Berlin; 97.4A: Schrempp/Greiner + Meyer, Braunschweig; 97.4C: Lichtbildarchiv Dr. Keil, Neckargemünd; 99.1A: Dr. Philipp, Berlin; 99.1B: Arndt/TopicMedia Service, Ottobrunn; 99.1C: Sailer/Schnizler/Blickwinkel, Witten; 99.1D: Pfletschinger/Tierbildarchiv Angermayer, Holzkirchen; 100.3: Beuck, Helvesiek; 101.1A: imagebroker.net/mauritius images, Mittenwald; 101.2A: Hans Reinhard/Okapia, Frankfurt; 101.2B: Karly, München; 102.1: Beck/mauritius images, Mittenwald; 103.2A: Rauschenbach/mauritius images, Mittenwald; 103.2B: Brockhaus/TopicMedia Service, Ottobrunn; 103.2C: Lothar Lenz, Dohr; 103.2D: Hecker/TopicMedia Service, Ottobrunn; 103.2E: Pieper/TopicMedia Service, Ottobrunn; 103.4A: FLPA/TopicMedia Service, Ottobrunn; 104.1: Axel Grambow/Okapia, Frankfurt; 104.2: Dr. Frieder Sauer/Okapia, Frankfurt; 104.3: Pfletschinger/Tierbildarchiv Angermayer, Holzkirchen; 104.4: Hecker/Okapia, Frankfurt; 105.1–2: Hecker/Sauer/Blickwinkel, Witten; 105.3: Hecker/TopicMedia Service, Ottobrunn; 105.4A: Bernhardt Apparatebau, Wedel; 105.4B: Manning/mauritius images, Mittenwald; 105.4C: Freund/Okapia, Frankfurt; 105.5: Hecker/TopicMedia Service, Ottobrunn; 106.1: Tegen, Hambühren; 106.4: Colin Miklins/Okapia, Frankfurt; 113.1: Otto Stadler/Das Fotoarchiv, Essen; 113.2A: dpa/dpaweb/picture-alliance, Frankfurt; 113.2B: Dr. Philipp, Berlin; 114.1: Peters/mediacolors, Zürich; 114.2A–B: Walory, Münster; 116.2: G. Schwabe/Arco Images, Lünen; 117.1: Mehlig/mauritius images, Mittenwald; 117.4A: Martinez/TopicMedia Service, Ottobrunn; 117.4B: Pfletschinger/Tierbildarchiv Angermayer, Holzkirchen; 118–119.Topic: Sandhofer/Helga Lade Fotoagentur HmbH/picture-alliance, Frankfurt; 118.2: World Pictures/mauritius images, Mittenwald; 118.3: ZB/picture-alliance, Frankfurt; 119.1: Rabisch, Duingen; 119.2: NPL/Arco Images, Lünen; 120–144.Icon: Dobers, Walsrode; 120.1: Das Luftbild-Archiv, Wennigsen; 120.2–3: Dobers, Walsrode; 120.4: Dr. Philipp, Berlin; 121.1: Dobers, Walsrode; 121.2–3: Behrens, Lehrte; 121.4: Glammeier, Hannover; 122.1: Preuß, Leichlingen; 123.1B: Dobers, Walsrode; 124.1A–B: Rabisch, Duingen; 125.1: Möller/Okapia, Frankfurt; 125.2A: A. Jagel/Blickwinkel, Witten; 125.2B: R. Greulich/Naturbild/Okapia /picture-alliance, Frankfurt; 126.1A–C: Reinhard-Tierfoto, Heiligkreuzsteinach; 126.1D: Lothar Lenz, Dohr; 126.1E: Reinhard/Okapia, Frankfurt; 127.1: Danegger/TopicMedia Service, Ottobrunn; 127.2: Bildagentur Geduldig, Maulbronn; 127.3: DK Images, GB-London; 127.4: J. & Ch. Sohns/TopicMedia Service, Ottobrunn; 130.1A: Dobers, Walsrode; 130.1B: Schulz, Rosendahl; 131.1C: A1PIX, Taufkirchen; 130.1D: Hecker/TopicMedia Service, Ottobrunn; 130.1E: Jens-Peter Laub/Okapia, Frankfurt; 130.1F: Pfletschinger/Tierbildarchiv Angermayer, Holzkirchen; 131.1G: Hans Reinhard/mauritius images, Mittenwald; 131.1H: bluemagenta/D. Heinemann/Shotshop, Berlin; 131.1I: dpa/picture-alliance, Frankfurt; 130.2: Zooey Braun/Artur, Essen; 132.1: Wellinghorst, Quakenbrück; 132.3: Irsch/TopicMedia Service, Ottobrunn; 132.4: Tönnies, Laatzen; 132.6: Wellinghorst, Quakenbrück; 134.1: Dr. Brehm/TopicMedia Service, Ottobrunn; 134.4–5: Kruse, Wankendorf; 136.1: Bildagentur Huber, Garmisch-Partenkirchen; 136.5B: Prof. Wanner/Karly, München; 137.1: Scheuerecher/mauritius images, Mittenwald; 137.3: Sohns/Okapia, Frankfurt; 138.4A: Okapia, Frankfurt; 138.4B: Reinhard-Tierfoto, Heiligkreuzsteinach; 139.6: Pfletschinger/Tierbildarchiv Angermayer, Holzkirchen; 140.3: Willner/TopicMedia Service, Ottobrunn; 140.4: Sauer/TopicMedia Service, Ottobrunn; 141.1A: Reinhard/Okapia, Frankfurt; 141.1B: Kruse, Wankendorf; 141.2A: Günter/TopicMedia Service, Ottobrunn; 141.2B: Dobers, Walsrode; 141.4: M. Popow/Blickwinkel, Witten; 142.2: dpa/picture-alliance, Frankfurt; 142.3: Lyß, Wolfenbüttel; 143.1: Stadler/TopicMedia Service, Ottobrunn; 143.2: Held/travelstock44.de; 143.3A: Lehmann/TopicMedia Service, Ottobrunn; 143.3B: Pelka/TopicMedia Service, Ottobrunn; 144 o.: Dobers, Walsrode; 144.1B: Rabisch, Duingen; 144.1C: Dr. Philipp, Berlin; 144.1D: Frank Peters/Visum, Hamburg; 145.2: Dirk von Mallinckrodt/mauritius images, Mittenwald; 146–147.1: Superstock/mauritius images, Mittenwald; 146.2: imagebroker.net/mauritius images, Mittenwald; 146.3: MCPhoto/Blickwinkel, Witten; 147.1: Phonak GmbH, Fellbach-Oeffingen; 147.2: Lyß, Wolfenbüttel; 147.3: ZB/picture-alliance, Frankfurt; 148–176.Icon: Klaus G. Kohn, Braunschweig; 148.1: dpa/picture-alliance, Frankfurt; 148.2: Friedel Gierth/mauritius images, Mittenwald; 148.3: Michael Krenz, Lippstadt; 149.1A: G.I. Bernard/OSF/Okapia, Frankfurt; 149.1B: Vario Images, Bonn; 149.1C: Firofoto/mediacolors, Zürich; 149.1D: Volkmar Schulz/Keystone, Hamburg; 149.1E: Foodpix/mauritius images, Mittenwald; 150.1A–B: Minkus, Isernhagen; 150.2: Kruse, Wankendorf; 150.4: Schwanke & Raasch, Hannover; 150.5: Kruse, Wankendorf; 151.2A: Schwanke & Raasch, Hannover; 151.2B: Fritz Rauschenbach/mauritius images, Mittenwald; 152.3: Stelter; 153.1–2: Freudner-Huneke, Neckargemünd; 153.3–4: Tegen, Hambühren; 154.2A–B: Kruse, Wankendorf; 156.1: Tegen, Hambühren; 156.2: Michael J. Fabian, Hannover; 157.1A–B: Mathias Erhard, Reutlingen; 157.2: Phywe Systeme GmbH, Göttingen; 158 o. li.: Kruse, Wankendorf; 158 o. re.: Kruse, Wankendorf; 160 o.: imagebroker.net/mauritius images, Mittenwald; 160.2: TPH/Helga Lade, Frankfurt; 161.1: Minkus, Isernhagen; 161.2: Reinhard Eisele/Project Photos, Augsburg; 161 o. 1: Wolfgang Weinhäupl/Okapia, Frankfurt; 161 o. 2: Hama GmbH & Co. KG, Monheim; 161 o. 3: Nikky/mauritius images, Mittenwald; 161 o. 4: Reinhard Kleinschmidt/Okapia, Frankfurt; 162.1A: Jupiterimages/Getty Images, München; 162.1B: Okapia/picture-alliance, Frankfurt; 162.3: Minkus, Isernhagen; 162.4: Michael J. Fabian, Hannover; 163.1A: Photononstop/mauritius images, Mittenwald; 164.2: Michael J. Fabian, Hannover; 164.3, 166.1: Minkus, Isernhagen; 167.1: dpa/picture-alliance, Frankfurt; 167.2: Thomas Einberger/argum, München; 168.1A: Lyß, Wolfenbüttel; 168.1B: Tegen, Hambühren; 169.1: ZB-Fotoreport/Andreas Lander/picture-alliance, Frankfurt; 169.2: Kiepke/PhotoPress Bildagentur GmbH, Stockdorf/München; 169.3: teco Schallschutz GmbH, Peine; 170.2A–F: Minkus, Isernhagen; 170.3: dpa-Fotoreport/Andreas Wrede/picture-alliance, Frankfurt; 171.1A: Okapia, Frankfurt; 171.2: Katharina Eglau/Joker, Bonn; 171.3: Freudner-Huneke, Neckargemünd; 171.4: Lyß, Wolfenbüttel; 172.1A: Tönnies, Laatzen; 172.1B–C: Minkus, Isernhagen;

172.3: Lyß, Wolfenbüttel; 172.4: Tegen, Hambühren; 174.1: Lyß, Wolfenbüttel; 174.2: Bernhard Classen/Vario Images, Bonn; 175.1: Lyß, Wolfenbüttel; 175.2: Freudner-Huneke, Neckargemünd; 175.3: picture-alliance, Frankfurt; 175.4: Stefan Kiefer/Vario Images, Bonn; 176.1A: Kunst & Scheidulin/age/mauritius images, Mittenwald; 176.1B: G.I. Bernard/OSF/Okapia, Frankfurt; 176.1C: Vario Images, Bonn; 176.1D: Tetra Images/Vario Images, Bonn; 176.1E: BIS/A1PIX, Taufkirchen; 176.1F: Johnér RF/F1Online, Frankfurt; 176.1H: Kunst & Scheidulin/age/mauritius images, Mittenwald; 176.2: Stefan Kriegel, Nürnberg; 177.3A: Vario Images, Bonn; 177.3B: Alaska Stock/Okapia, Frankfurt; 177.3C: BIS/A1PIX, Taufkirchen; 177.3D. Westend61, Fürstenfeldbruck; 178/179.1: David Brandt/Ausstellung „Glück – welches Glück"; 178.1: medicalpicture, Köln; 178.2: Claas Adler/buchcover.com; 178.3: dpa-sportreport/picture-alliance, Frankfurt; 178.4: dpa/picture-alliance, Frankfurt; 179.3: Jim Craigmyle/Corbis, Düsseldorf; 180–202 Icon: medicalpicture, Köln; 180.1: SPL/Nancy Kedersha/Agentur Focus, Hamburg; 181.1: David Stoecklein/Corbis, Düsseldorf; 184.2: Bodo Mueller, Bartensleben; 186.1: imagebroker/mauritius images, Mittenwald; 186.2: Xinhua/Das Fotoarchiv, Essen; 186.4: Zorin/Fotex, Hamburg; 187.1: Bildagentur Huber, Garmisch-Partenkirchen; 187.2A: Johannes Lieder, Ludwigsburg; 188.1: AFP/Getty Images, München; 188.2: Peter Widmann, Tutzing; 188.3A: Michael Weber/ALIMDI.NET, Deisenhofen; 189.1A: Mathias Dietze/die-KLEINERT.de, München; 191.1: Zillmann/Okapia, Frankfurt; 191.2: Prof. Dr. Marcus E. Raichle, Washington University in St. Luis, Department of Biomedical Engineering; 191.3: Kompetenznetz Schlaganfall, Berlin; 192.1: Gudrun Petersen/Joker, Bonn; 192.2: McPHOTOs/blickwinkel, Witten; 192.3: Thomas Del Brase /Getty Images, München; 193.1: photothek.net, Radevormwald; 193.2: Reg Charity/Corbis, Düsseldorf; 196.1: Juniors Bildarchiv, Ruhpolding; 198.1: Werner/Silvestris, Kastl; 198.3: Jean-Yves Ruszniewski/TempSport/Corbis, Düsseldorf; 198.4: dpa/picture-alliance, Frankfurt; 200.1, 200.3, 201.2: Minkus, Isernhagen; 204–205.1: imagebroker.net/mauritius images, Mittenwald; 204.2: Laurence Mouton/PhotoAlto, Müllheim; 204.2: Photononstop/mauritius images, Mittenwald; 205.1: Matthias Schlief/mauritius images, Mittenwald; 205.2: O. Diez/Bildagentur-online, Burgkunstadt; 206–232.Icon: Eugen Gebhardt/mauritius images, Mittenwald; 207.1A: Hans Reinhard/Okapia, Frankfurt; 207.1B: John Powell/Das Fotoarchiv, Essen; 208.1A: Andrea Marka/mauritius images, Mittenwald; 208.1B: S. Kuttig/Plainpicture, Hamburg; 208.1C: BilderBox, Thening; 208.1D: Werner Otto, Oberhausen; 208.2: Haag + Kropp/mauritius images, Mittenwald; 208.3: Lyß, Wolfenbüttel; 210.1: ORE/A1PIX, Taufkirchen; 211.1: age/mauritius images, Mittenwald; 211.3A: Kruse, Wankendorf; 213.1: Minkus, Isernhagen; 213.4: ACE/mauritius images, Mittenwald; 215.2: Tegen, Hambühren; 216.1: Seiffe/Food Centrale, Hamburg; 216.2: Deutsche Zöliakie-Gesellschaft, Stuttgart; 217.3: Tegen, Hambühren; 217.4: Andrea Kuenzig/Das Fotoarchiv, Essen; 218.1: Tegen, Hambühren; 218.3: Eugen Gebhardt/mauritius images, Mittenwald; 220.2: Klaus G. Kohn, Braunschweig; 221.1A–C: Minkus, Isernhagen; 226.2: Tegen, Hambühren; 226.3: Meckes/Ottawa/eos/Agentur Focus, Hamburg; 227.2: eos/Agentur Focus, Hamburg; 228.1: Dobers, Walsrode; 230.2: Bristol-Myers Sqibb, München; 231.1: Campbell/Arnold/Okapia, Frankfurt; 233.1: Michael J. Fabian, Hannover; 234–235.1: SPL/eye of science/Agentur Focus, Hamburg; 234.3: Martin Harvey/Peter Arnold, Berlin; 234.4: Ripp/mauritius images, Mittenwald; 235.1: Michael J. Fabian, Hannover; 235.2: imagebroker / Silwen Randebrock /mauritius images, Mittenwald; 235.3: Phototake/mauritius images, Mittenwald; 236–268.Icon: Martin Harvey/Peter Arnold, Berlin; 236.1: ZB/A. Lander/picture-alliance, Frankfurt; 236.2: Bobby Yip/Reuters/Corbis, Düsseldorf; 237.1a: Tönnies, Laatzen; 237.1b: Lindner/mauritius images, Mittenwald; 237.1c: Matheisel/Silvestris, Kastl; 237.1d: Minkus, Isernhagen; 237.1e: Prof. Wanner/Karly, München; 237.1f: Reportagebild/Silvestris, Kastl; 237.1g: Lutz/Okapia, Frankfurt; 237.1h: Minkus, Isernhagen; 237.1i: Wessel-Schulze, Hemmingen; 237.1j: Deiseroth, Niederaula; 238.1: chromorange/picture-alliance, Frankfurt; 238.3: dpa-Grafik /picture-alliance, Frankfurt; 238.4: Emschergenossenschaft, Essen; 239.1a: dpa/picture-alliance, Frankfurt; 239.1b: BIS/A1PIX, Taufkirchen; 239.1c: Klaus Rose/Okapia, Frankfurt; 240.1: SPL/A. Dowsett, Health Protection Agency/Agentur Focus, Hamburg; 241.1 A: Okapia, Frankfurt; 242.1: Okapia, Frankfurt; 243.2A: Scharf/Arnold, Inc./Okapia, Frankfurt; 243.2B: Institut Pasteur/CNRI/Okapia, Frankfurt; 243.2C: eye of science, Reutlingen; 243.3: Karly, München; 244.1A: Durham/Science-Photo/Library/Agentur Focus, Hamburg; 244.1B: Deutsches Museum, München; 245.1: Bruckner/Silvestris, Kastl; 245.2: Institut für Wissenschaftliche Fotografie Kage, Lauterstein; 245.3: Lieder, Ludwigsburg; 245.4: Hecker/Silvestris, Kastl; 246.1: Minkus, Isernhagen; 247.2: Meckes/Institut für Wissenschaftliche Fotografie Kage, Lauterstein; 248.1: Behrens, Lehrte; 248.2: BilderBox, Thening; 250.1: Deutsche Aids-Stiftung, Bonn; 251.1: dpa-infografik/picture-alliance, Frankfurt; 252.3: Bundeszentrale für gesundheitliche Aufklärung / BzgA, Köln; 252.4: APA-PictureDesk, Wien; 253.1: André Demmrich, Berlin; 253.2: AFP/Getty Images, München; 254.1: Greg Evans/Okapia, Frankfurt; 254.2: Heitmann/Silvestris, Kastl; 254.3: SPL/Photo Insolite Realite/Agentur Focus, Hamburg; 254.4: Havel/mauritius images, Mittenwald; 254.5: Steve Teague/Getty Images, München; 254.6: Meckes/eye of science/Agentur Focus, Hamburg; 255.1A: SPL/Burgess/Agentur Focus, Hamburg; 255.1B: Auli/mauritius images, Mittenwald; 256.1: vario images, Bonn; 256.3: Michael J. Fabian, Hannover; 256.4: © Visionär/Fotolia.com, New York; 258.2: Globus/picture-alliance, Frankfurt; 258.3: Minkus, Isernhagen; 258.5: BIS/A1PIX, Taufkirchen; 259.2: Stiftung Deutsches Hygienemuseum, Dresden; 260.1a: Siegfried Kuttig, Lüneburg; 260.1b: imagebroker/mauritius images, Mittenwald; 260.1c: Hartmut Schwarzbach/argus, Hamburg; 260.1d: Philippe Turpin/Belpress/Andia, Pacé; 260.1e: apply pictures/plainpicture, Hamburg; 260.1f: John Powell/Das Fotoarchiv, Essen; 262.1: Sven Picker/Visum, Hamburg; 263.1a: Martina Hengesbach/Joker, Bonn; 263.1b: Riedmiller/Caro, Berlin; 264.1: Reinhard/Okapia, Frankfurt; 264.2: SPL/Burgess/Agentur Focus, Hamburg; 264.3: Erol Gurian/Joker, Bonn; 266.1a: BA Geduldig, Maulbronn; 266.1b: Andreas Springen; 266.2–3: Minkus, Isernhagen; 266.4: Dr. Jaenicke, Rodenberg; 267.1: Karsten Kramer, Frankfurt; 267.2: Helmut Rueffler/Look-foto, München; 267.3: images.de, Berlin; 267.4: dpa/Heiko Wolfraun/picture-alliance, Frankfurt; 267.5: Reinhard Eisele/project photos, Augsburg; 269.1a: Okapia, Frankfurt; 269.2b: A.B. Dowsett/SPL/Agentur Focus, Hamburg; 269.4, 270–271.1: Minkus, Isernhagen; 272–298.Icon: SPL/Christian Darkin/Agentur Focus, Hamburg; 272.1A–B: Minkus, Isernhagen; 272.2A: imagebroker/mauritius images, Mittenwald; 272.2B: Serge Kozak/zefa/Corbis, Düsseldorf; 272.3B: decode/ALIMDI.NET, Deisenhofen; 273.1A: Peter Widmann, Tutzing; 273.1B: www.BilderBox.com, Breitbrunn; 273.1C: Image Source, Köln; 274.1: imagebroker / photorevolution_de/mauritius images, Mittenwald; 274.2: AFP/Getty Images, München; 274.3: photopool; 274.4: fux/Fotolia.com, New York; 274.5: Folio Images/plainpicture, Hamburg; 275.1A: www.bildagentur-online.com, Burgkunstadt; 275.1B: Schreowig/Eva Oertwig/picture-alliance, Frankfurt ; 277.1: MEB/A1PIX, Taufkirchen; 277.2: Alexander Tsiaras, „Wunder Mensch – Eine faszinierende Reise durch unseren Körper" (ISBN 978-3-8289-2222-8); 283.2: SPL/Animate4.com/Agentur Focus, Hamburg; 283.3: Volkmar Schulz/Keystone, Hamburg; 283.4: Sammlung Richter /Cinetext, Frankfurt; 284.1A: Mantis Wildlife Films/OSF/Okapia, Frankfurt; 284.1B: SPL/Christian Darkin/Agentur Focus, Hamburg; 284.1C: Mantis Wildlife Films/OSF/Okapia, Frankfurt; 284.1D: SPL/Pascal Goetheluck/Agentur Focus, Hamburg; 284.1E: Manfred & Christina Kage/Okapia, Frankfurt; 284.2A: www.keilig.de/page2/page22/page32/page32.html; 285.1: Lennart Nilsson/Albert Bonniers Förlag AB, Stockholm; 286.2 B: Derek Bromhall/Okapia, Frankfurt; 286.3: Leiber/Picture Press, München; 288.2A: Klaus G. Kohn, Braunschweig; 288.3: Hans-Peter Merten/mauritius images, Mittenwald; 289.1: Stills-Online Bildagentur, Hamburg; 289.2–3: Minkus, Isernhagen; 289.4: Stills-Online Bildagentur, Hamburg; 289.5: Minkus, Isernhagen; 289.6: Tegen, Hambühren; 290.1: F1Online, Frankfurt; 290.2: dpa/picture-alliance, Frankfurt; 290.4: Deutsche Behindertenhilfe - Aktion Mensch, Bonn; 291.1 B: SPL/Ian Hooton/Agentur Focus, Hamburg; 292.1: Grabowsky/photothek.net, Radevormwald; 293.1: Galina Barskaya /Fotolia.com, New York; 296.1a: Kerscher/Silvestris, Kastl; 296..1B: Grasser/mauritius images, Mittenwald; 296..1C: Mischke/Okapia, Frankfurt; 297.1: TV-yesterday, München; 297.2: Thomas Koehler/photothek.net, Radevormwald; 298.1A: Marina Raith/mauritius images, Mittenwald; 299.1: Chrigel Ott, Wien; 299.4A: dpa/picture-alliance, Frankfurt; 299.4B: Jazz Archiv /picture-alliance, Frankfurt; 300–301.Hintergrund: SPL/Andrew Syred/Agentur Focus, Hamburg; 300.1: Juice Images/F1Online, Frankfurt; 300.2A: Deutsches Museum, München; 300.2B: Michael Rogosch, Dortmund; 300.2C: SPL/David Aubrey/Agentur Focus, Hamburg; 301.1: Sahlan Hayes/Fairfaxphotos, Syndney, NSW; 301.2: SPL/Tek Image/Agentur Focus, Hamburg; 301.3: Werner Krug/Eccocell Biotechnologie, Graz; 302–350.Icon: Walory, Münster; 302.1A–H: Minkus, Isernhagen; 303.1: © MoCoPhoto /Fotolia.com, New York; 303.2: Institut für Humangenetik, Universitätsklinikum, RWTH Aachen; Leitung der Zytogenetik: Dr. rer.nat. Herdit M. Schüler; 304.3: Freudner-Huneke, Neckargemünd; 305.1A: Lieder, Ludwigsburg; 306.3: Norbert Nordmann/PAN-IMAGES, Fuldabrück; 306.4 A: Goldwell GmbH, Griesheim; 306.4 B: denkou images/F1Online, Frankfurt; 307.1: Agentur Focus, Hamburg; 307.2A: Jochen Tack Fotografie, Essen; 308.1A: Dr. Jaenicke, Rodenberg; 308.2: Ernst Harstrick /mauritius images, Mittenwald; 308.3, 308.4A–F: Lieder, Ludwigsburg; 308.5: Walory, Münster; 311.1: vario images, Bonn; 314.2: Freudner-Huneke, Neckargemünd; 314.3: Lyß, Wolfenbüttel; 315.2: Helga Lade, Frankfurt; 317.1, 317.2a–b: Freudner-Huneke, Neckargemünd; 318.1–2: Walory, Münster; 318.3: Lieder, Ludwigsburg; 318.4B: Lichtbildarchiv Dr. Keil, Neckargemünd; 320.1: Deutsches Museum, München; 321.4: vario images, Bonn; 322.1: Walory, Münster; 324.2A: mauritius images, Mittenwald; 324.2B: De Meester, J./Arco Images, Lünen; 324.2C: Wegner, P./Arco Images, Lünen; 324.2D: Michael Krabs/ALIMDI.NET, Deisenhofen; 324.3: Walory, Münster; 326.1A–B: Photononstop/mauritius images, Mittenwald; 326.2A: Joanna T. / Alamy/mauritius images, Mittenwald; 326.2B: Paul, Silje/Picture Press, München; 327.1A–B: Dr. E. Lucius, Kiel; 328.1–2: Institut für Humangenetik, Universitätsklinikum, RWTH Aachen; Leitung der Zytogenetik: Dr. rer.nat. Herdit M. Schüler; 329.1A–B: Minkus, Isernhagen; 331.1A: Okapia, Frankfurt; 331.1B: SPL/Francis Leroy/Agentur Focus, Hamburg; 331.2: SPL/Agentur Focus, Hamburg; 331.3: Mika/zefa/Corbis, Düsseldorf; 332.1: Zentrum für Humangenetik und Laboratoriumsmedizin Dr. Klein und Dr. Rost, Martinsried; 333.1: Kraus/F1Online, Frankfurt; 333.2: Deutsches Historisches Museum, Berlin; 334.1: ZB/picture-alliance, Frankfurt; 338.1: Lyß, Wolfenbüttel; 338.3: Freudner-Huneke, Neckargemünd; 338.4: Heidi Velten /mauritius images, Mittenwald; 338.5: Associated Press, Frankfurt; 339.1A: Rossenbach/mauritius images, Mittenwald; 339.1B: Grasser/mauritius images, Mittenwald; 339.3: Ralf Gerard/Joker, Bonn; 340.1: dpa/picture-alliance, Frankfurt; 340.3: ZB/picture-alliance, Frankfurt; 340.4: dpa/picture-alliance, Frankfurt; 341.2B: Freudner-Huneke, Neckargemünd; 342.3B: Colin McPherson/Corbis, Düsseldorf; 342.4: B. Foroughi, Institut für Resistenzgenetik, Grünbach; 343.1A: Tönnies, Laatzen; 343.1B: W. Wayne Lockwood, M.D./Corbis, Düsseldorf; 343.2A: SET/A1PIX, Taufkirchen; 343.2B: Altrendo Images/Getty Images, München; 346.1: Golden Rice Humanitarian Board; 347.1A–B: D. Harms/Wildlife, Hamburg; 347.1C: Gerd Spelsberg/www.biosicherheit.de; 347.2A: picture-alliance/Okapia, Frankfurt; 347.2B: Aucouturier /Andia, Pacé; 348.1b: TopicMedia Service, Ottobrunn; 348.1 C: Stills-Online Bildagentur, Hamburg; 348.1 D: Teubner Foodfoto/Stockfood, München; 348.1F: Schott AG, Mainz; 351.1A–D: Lieder, Ludwigsburg; 351.2: Zentrum für Humangenetik und Laboratoriumsmedizin, Martinsried; 352-353.1: Frans Lanting/Corbis, Düsseldorf; 352.2: akg-images, Berlin; 352.3: Karen Kasmauski/Corbis, Düsseldorf; 352.4: Konopka; 353.5: Schnaubelt/Bilderberg, Hamburg; 353.6: HSC/A1PIX, Taufkirchen; 353.7: Roger Ressmeyer/Corbis, Düsseldorf; 354–390.Icon: Staatliches Museum für Naturkunde, Stuttgart; 354.3: dpa/picture-alliance, Frankfurt; 355.2E: Manzoni/Pantarei/Centro Studi Ricerche Ligabue, Venezia; 355.2F: Louie Psihoyos/Corbis, Düsseldorf; 355.2 G: vario images, Bonn; 356.1: Dr. Sauer/Silvestris, Kastl; 356.2: Staatliches Museum für Naturkunde, Stuttgart; 356.3: Hessisches Landesmuseum, Damstadt; 356.4: Cancalosi/Okapia, Frankfurt; 356.5: Breck/Okapia, Frankfurt; 357.2: Peter Arnold/Okapia, Frankfurt; 358.1: De Cuveland/Silvestris, Kastl; 358.2–3: Mathias Erhard, Reutlingen; 358.4: vario images, Bonn; 358.5: Dr. H. Gaßmann, Bad Münstereifel; 358.6–7: Mathias Erhard, Reutlingen; 364.2: Forschungsinstitut und Naturkundemuseum Senckenberg, Frankfurt; 365.1a: Erich Kuchling/westend61, Fürstenfeldbruck; 365.1b: Okapia, Frankfurt; 365.1c–d: Juniors Bildarchiv, Ruhpolding; 365.1e: M. Willemeit/blickwinkel, Witten; 366.1a: Fleetham/TopicMedia Service, Ottobrunn; 367.1a: Lenz/TopicMedia Service, Ottobrunn; 367.1b: Frieder Sauer/Okapia, Frankfurt, 369.2: NTH/A1PIX, Taufkirchen; 369.3: Okapia, Frankfurt; 370.3a: NPL/Arco Images, Lünen; 370.3b: aus: Evolution - Die Entwicklung von den ersten Lebensspuren bis zum Menschen, Reihe Verständliche Forschung, Spektrum der Wissenschaft, Heidelberg, 1988; 370.4: Zoo Safaripark Stukenbrock, Schloss Holte-Stukenbrock; 372.2–3: Pfletschinger/Tierbildarchiv Angermayer, Holzkirchen; 372.4–5: fm/mauritius images, Mittenwald; 373.1: imagebroker / Bernd Zoller /mauritius images, Mittenwald; 373.2: Prof. Dr. L. T. Wasserthal/Friedrich-Alexander-Universität Erlangen-Nürnberg; 373.3: Okapia, Frankfurt; 374.1: ZB/dpa/picture-alliance, Frankfurt; 374.2: imagebroker/Norbert Eisele-Hein/mauritius images, Mittenwald; 374.3: Senckenberg Museum für Naturkunde, Görlitz; 374.4: P.Barruell/WWF/Wildlife, Hamburg; 376.1, 376.3: Deutsches Museum, München; 377.1: akg-images, Berlin; 377.2: Rossi/The Image Bank, München; 377.3: akg-images/picture-alliance, Frankfurt; 378.5: Gunther Michel/Biosphoto, Avignon; 382.1: © Wiss. Rekonstruktionen: W. Schnaubelt & N. Kieser - Atelier WILD LIFE ART für das Hessische Landesmuseum (HLMD); 382.2–3, 383.1: LWL-Museum für Naturkunde, Westfälisches Landesmuseum, Münster; 383.2: Neanderthal Museum, Mettmann; 383.3: Ariel Skelley/Corbis, Düsseldorf; 384.1: Ehrich/Löbbecke-Museum, Düsseldorf; 384.2: Steger, München; 384.3: Helmes, Aachen; 385.4a–b: Behrens, Lehrte; 385.5: Eulner, Haan; 385.6: akg-images, Berlin; 385.7: Hinterglasbild Allerheiligen I, 1911, von Wassily Kandinsky, © VG Bild-Kunst, Bonn 2000; 385.8a: Eulner, Haan; 386.1A: Studio X Images de Presse, Limours; 386.1B: Südtiroler Archäologiemuseum, Bozen; 386.2: Bridgemanart, Berlin; 387.1: A. Ishokon/UNEP/Still Pict./Okapia, Frankfurt; 387.2: Holger Hollemann/dpa-Report/picture-alliance, Frankfurt; 387.3: Mattes/mauritius images, Mittenwald; 387.4: Telegraph Colour/Silvestris, Kastl; 388.1: The Image Works/Visum, Hamburg; 388.5: Ark Edwards/Still Pictures, Berlin; 389.2A: Gerard/Explorer/Photo Researchers Inc., New York; 389.2B: Charles & Josette Lenars/Corbis, Düsseldorf; 389.2C: AFP/Getty Images, München; 389.2D: Bruce Brander/Photo Researchers Inc., New York; 389.2E: D.R. Frazier/Photo Researchers Inc., New York; 389.2F: Heine/Silvestris, Kastl; 390.1: Stammers/OSF/Okapia, Frankfurt; 391.1: Gestaltung: J. Rieß, Chemnitz/Bundesministerium für Finanzen, Berlin; 391.2: F1Online, Frankfurt